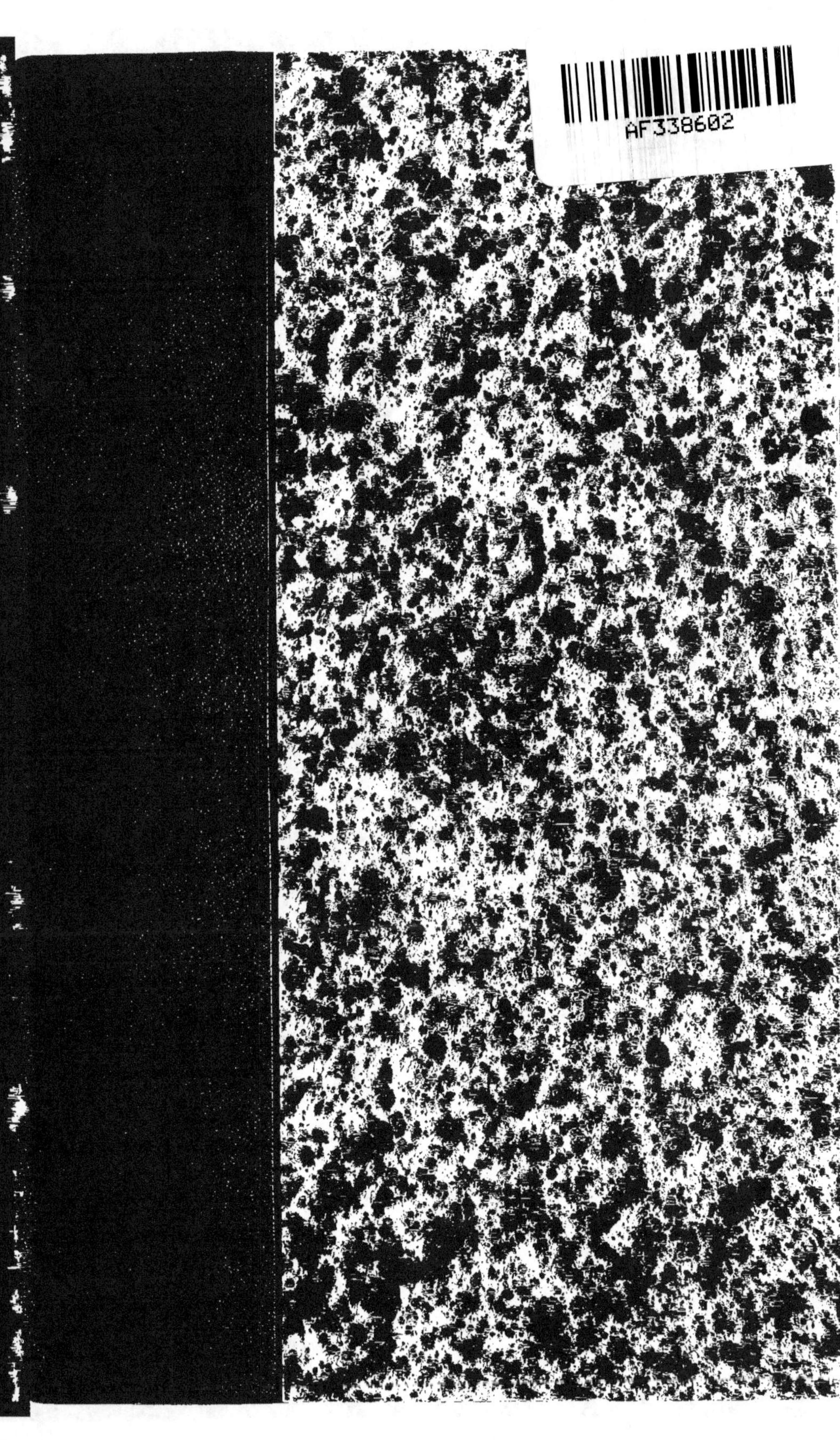

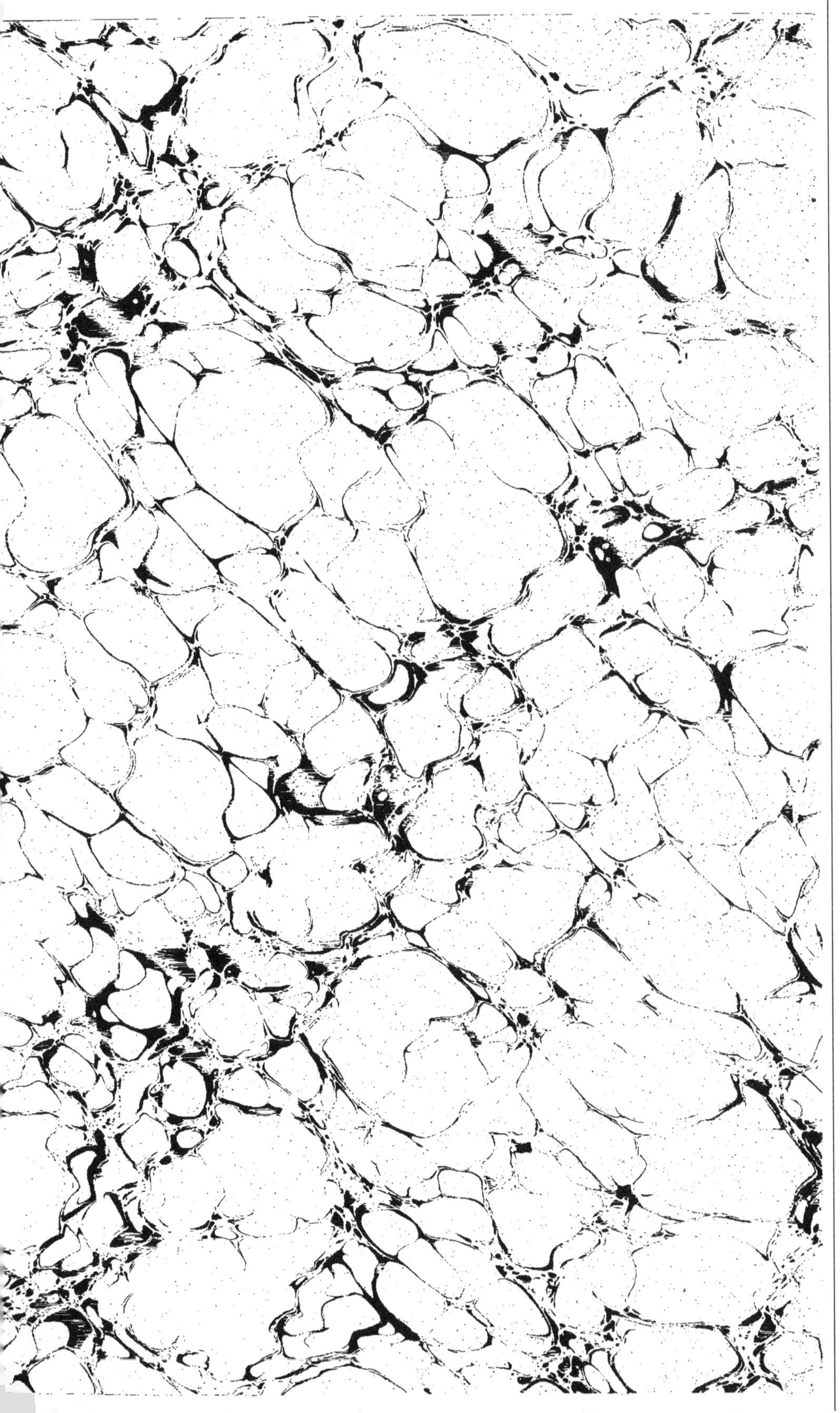

NOUVELLE GALERIE

D'HISTOIRE NATURELLE

IMPRIMERIE CENTRALE DES CHEMINS DE FER. — IMPRIMERIE CHAIX. — RUE BERGÈRE, 20, PARIS. — 12218-4.

LE PAON.

NOUVELLE GALERIE
D'HISTOIRE NATURELLE

TIRÉE DES ŒUVRES COMPLÈTES

DE BUFFON ET DE LACÉPÈDE

PRÉCÉDÉE D'UNE VIE DE BUFFON

Par FLOURENS,

de l'Académie française

ORNÉE DE TRENTE-DEUX GRAVURES SUR ACIER

D'APRÈS LES DESSINS DE MM. TRAVIÈS ET HENRY GOBIN

PARIS

GARNIER FRÈRES, LIBRAIRES-ÉDITEURS

6, RUE DES SAINTS-PÈRES, 6

—

1885

VIE DE BUFFON

I

Buffon[1] était né à Montbar (en Bourgogne) le 7 septembre 1707 ; il mourut à Paris, au Jardin du Roi, le 16 avril 1788. Il vécut ainsi quatre-vingt-un ans, dont il consacra plus de la moitié à ses grands travaux. « J'ai passé, disait-il lui-même avec une juste fierté, j'ai passé cinquante ans à mon bureau[2]. »

Son père, Benjamin Leclerc, était conseiller au parlement de Bourgogne ; sa mère passe pour avoir été une femme de beaucoup d'esprit[3] ; et lui-même se plaisait à le rappeler.

Né dans la patrie féconde de saint Bernard et de Bossuet, il commença par faire d'excellentes études au collège de Dijon. Bientôt après, « le hasard, dit Cuvier, le lia avec un Anglais de son âge (le jeune duc de Kingston), dont le gouverneur, homme instruit, lui inspira le goût des sciences. Ils voyagèrent ensemble en France et en Italie ; Buffon passa ensuite quelques mois en Angleterre[4]... »

De retour en France, il traduisit la *Statique des végétaux*, de Hales, et le *Traité des fluxions*, de Newton. Il écrivit les deux belles *préfaces* qu'il mit en tète de ces deux ouvrages, et publia plusieurs

---

1. Georges-Louis Leclerc, comte de Buffon.
2. Hérault de Séchelles, *Voyage à Montbar*, page 41.
3. « Buffon avait ce principe qu'en général les enfants tenaient de leur mère leurs qualités intellectuelles et morales ; et lorsqu'il l'avait développé dans la conversation, il en faisait sur-le-champ l'application à lui-même, en faisant un éloge pompeux de sa mère, qui avait en effet beaucoup d'esprit, des connaissances étendues, une tête très bien organisée, et dont il aimait à parler souvent. » (Hérault de Séchelles, *Voyage à Montbar*, page 21.)
4. *Biographie universelle*. Article Buffon.

mémoires sur la géométrie, sur la physique, sur l'agriculture[1] ; enfin, en 1739[2], il fut nommé intendant du Jardin du Roi ; et dès lors commencèrent cette grande vie, ces brillants travaux, et cette gloire nouvelle de l'union de l'éloquence avec les sciences que la France ne connaissait pas encore.

Descartes avait écrit avec génie, mais avec un génie qui était plutôt celui du style philosophique que celui de l'éloquence même. Fontenelle avait porté dans les sciences toutes les ressources de la langue la plus ingénieuse et la plus fine qu'un siècle d'esprit ait jamais parlée. Buffon y porta l'éloquence. C'est une remarque qui a été faite de nos jours, et qui aurait flatté Buffon, que « le mot de grand *coloriste* était inconnu dans la langue de Bossuet et de Racine[1]. » Buffon est surtout un grand peintre : il a été nommé le *peintre de la nature* ; il mérite le beau titre qu'il donne lui-même à Platon, de *peintre d'idées*.

Fontenelle raconte, à sa manière, toute la petite suite d'événements qui avaient fini par faire sortir la direction du Jardin des Plantes des mains des premiers médecins du roi.

« Nous avons fait en 1718, dit Fontenelle, une petite histoire du Jardin royal des Plantes. Comme la surintendance en était attachée à la place de premier médecin, et que ce qui dépend d'un seul homme dépend aussi de ses goûts, et a une destinée fort changeante, un premier médecin peu touché de la botanique avait négligé ce jardin pour le laisser tomber dans un état où l'on ne pouvait plus le souffrir... Il était arrivé précisément la même chose une seconde fois, et par la même raison, en 1732, à la mort d'un autre premier médecin[1]. »

---

1. Voici les titres de quelques-uns : *Expériences sur la force des bois; Moyen facile d'augmenter la solidité, la force et la durée du bois; Recherches sur la cause de l'excentricité des couches ligneuses* (en commun avec Duhamel), etc.; *Observations sur les couleurs accidentelles; Dissertation sur la cause du strabisme ou des yeux louches*, etc., etc.; *Invention des miroirs pour brûler à de grandes distances; Réflexions sur la loi d'attraction*, etc.

2. Il entra à l'Académie des Sciences le 18 mars de cette même année 1739.

3. Voyez le *Tableau de la Littérature française au* XVIIe *siècle*, par M. Villemain, tome II, page 229, 2e édition.

4. *Éloge de Dufay*.

Enfin la surintendance des premiers médecins fut supprimée ;
la direction du jardin fut jugée digne d'une attention particulière, continue, et, sous le nom d'intendance, confiée, en 1732,
à Dufay, savant d'un esprit étendu et flexible[1], homme actif,
administrateur habile, et qui, près de mourir, se fiant à une
inspiration heureuse, désigna Buffon pour son successeur.

« Il fit son testament, dit Fontenelle, dont c'était presque
une partie qu'une lettre qu'il écrivit à M. de Maurepas, pour lui
indiquer celui qu'il croyait le plus propre à lui succéder dans
l'intendance du Jardin royal. Il le prenait dans l'Académie des
sciences, à laquelle il souhaitait que cette place fût toujours unie;
et le choix de M. de Buffon qu'il proposait était si bon, que le
roi n'en a pas voulu faire d'autre[2]. »

Buffon avait épousé, en 1762, Mlle de Saint-Bélin, dont les
contemporains ont loué la grâce et la bonté[3]. Il en eut un fils
qui fut colonel de cavalerie, et qui, à peine âgé de vingt-neuf ans,
mourut sur l'échafaud révolutionnaire quelques jours avant le
9 thermidor de l'an III.

En montant sur l'échafaud, ce fils, héritier de l'un des plus
glorieux noms du grand siècle, prononça, dit-on, avec calme,
ces admirables paroles : « *Citoyens, je me nomme Buffon.* »

On nous a conservé un mot du fils de Buffon encore enfant.

Etant tombé dans l'eau à l'âge de douze ans, on l'accusa
d'avoir eu peur : « J'ai eu si peu peur, dit-il, que dût-on me
donner l'espérance de vivre cent ans comme mon grand-papa, je
consentirais à mourir dans l'instant, si je pouvais ajouter une
année à la vie de mon père : non pas dans l'instant, dit-il en se

---

1. « Il fut si pleinement académicien, qu'outre la chimie, qui était la science dont
il tirait son titre particulier, il embrassa encore les cinq autres qui composent avec
elle l'objet total de l'Académie : l'anatomie, la botanique, la géométrie, l'astronomie,
la mécanique... Il est jusqu'à présent le seul qui nous ait donné dans tous les six
genres des Mémoires que l'Académie a jugés dignes d'être présentés au public. »
(Fontenelle, *Éloge de Dufay.*)

2. *Éloge de Dufay.*

3. « ... C'était, dit Hérault de Séchelles, une femme charmante qu'il avait épousée
à cinquante-cinq ans par inclination, et dont il fut toujours adoré... » (*Voyage à
Montbar.* p. 34.)

reprenant ; je demanderais un quart d'heure pour jouir du plaisir de ce que j'aurais fait[1]. »

Nous quittons à regret ce noble et infortuné jeune homme, qui ne nous est connu que par deux mots, et par deux mots pleins d'âme.

L'admiration publique n'attendit pas la mort de Buffon pour lui rendre un hommage digne de ce beau siècle, tout voué au culte de l'esprit, et qui porta Voltaire en triomphe.

Une statue lui fut élevée dans les galeries du Jardin du Roi avec cette inscription :

Majestati naturæ par ingenium[2].

Vers le même temps, son fils lui en élevait une autre plus modeste, dans ses jardins de Montbar. Je tiens peu à savoir quel fut le sentiment qu'il éprouva en voyant la première ; mais ce que j'aime à apprendre, c'est qu'il ne put voir la seconde sans « être attendri jusqu'aux larmes[3] ».

II

Buffon eut deux grandes passions, celle du travail et celle de la gloire ; et il eut le bonheur que celle du travail fut la première. « Je passais, a-t-il dit lui-même, douze heures, quatorze heures à l'étude : *c'était tout mon plaisir.* En vérité, je m'y livrais

---

1. *Nouveaux Mélanges, extraits des manuscrits de Mme Necker* (t. II, p. 90).

2. En peignant le génie en général, Buffon peint son propre génie : « La puissance de comparer des images avec des idées, de donner des couleurs à nos pensées, de représenter et d'agrandir nos sensations, de peindre le sentiment, en un mot, de saisir vivement les circonstances et de voir nettement les rapports éloignés des objets que nous considérons... » (T. IV, p. 69.)

3. « Le comte de Buffon fils venait d'élever un monument à son père dans les jardins de Montbar. Auprès de la tour, qui est d'une très grande élévation, il avait fait placer une colonne avec cette inscription :

Excelsæ turri, humilis columna.
Parenti suo, filius Buffon, 1785.

» On m'a dit que le père avait été attendri jusqu'aux larmes de cet hommage. Il disait à son fils : « Mon fils, cela te fera honneur. » (Hérault de Séchelles, *Voyage à Montbar*, p. 9.)

bien plus que je ne m'occupais de la gloire; la gloire vient après, si elle peut, et elle vient presque toujours [1]. »

Nommé intendant du Jardin du Roi, il partagea son temps entre ce jardin, qui lui doit tant de gloire, et sa retraite de Montbar. Il passait quatre mois à Paris et huit mois à Montbar : c'est à Montbar qu'il a écrit sa grande *Histoire naturelle*, comme Montesquieu son *Esprit des Lois* à *la Brède*. Les deux grands ouvrages du XVIIIe siècle sont le fruit du génie qui a eu le courage de la solitude.

III

Ce qui domine dans le caractère de Buffon, c'est l'élévation, c'est la force, c'est l'amour de la grandeur et de la gloire : il aimait la magnificence en tout [2]. Sa belle figure, son air majestueux, semblaient avoir quelque rapport avec la grandeur de son génie; et la nature ne lui avait rien refusé de tout ce qui pouvait fixer sur lui l'attention des hommes.

Rien n'est plus connu que la naïveté de son amour-propre; il s'admirait de bonne foi, avec franchise, mais avec bonhomie. On lui demandait un jour combien il comptait de grands hommes; il répondit : « Cinq : Newton, Bacon, Leibnitz, Montesquieu et moi. » On voudrait qu'il ne se fût pas mis sur la liste; pour moi, je le lui pardonne, car il y mettait Montesquieu.

Il a été le plus réfléchi des écrivains, et le plus réservé des philosophes du XVIIIe siècle; et cependant il loue Pline de « cette hardiesse de penser, qui est le germe de la philosophie ». Mais la philosophie dont il parle, quand il parle ainsi, est la *philosophie abstraite*. Dans la *philosophie appliquée*, Buffon est surtout remarquable par le bon sens.

J.-J. Rousseau déclame contre la *société*, contre la *propriété*, contre les *sciences*, contre tout ce qui lie l'homme à l'homme et les

1. Hérault de Séchelles, *Voyage à Montbar*, page 49.
2. Il disait « qu'il ne pouvait travailler que lorsqu'il se sentait bien propre et bien arrangé. » (Hérault de Séchelles, *Voyage à Montbar*, p. 43.)

peuples entre eux : Buffon laisse déclamer J.-J. Rousseau ; il nous prouve que « l'homme ne peut que par le nombre, et qu'il n'est fort que par sa réunion ; » il nous montre « la propriété naissant partout du travail », et « l'attachement à la patrie, des premiers actes de la propriété » ; il laisse Jean-Jacques écrire contre les lettres et les cultiver avec passion ; et il nous fait voir que l'intelligence de l'homme est sa force, et « sa vraie gloire, la science ».

Ce qui est la marque la plus sûre d'un esprit sain et fort, Buffon a mis la modération en tout. La Sorbonne imagina de lui faire une petite querelle ; il subit la petite querelle de la Sorbonne. On écrivit beaucoup contre lui, il ne répondit jamais. Dans son grand ouvrage, on trouve à peine quelques traits dictés par l'humeur, et l'on voudrait que ces traits n'y fussent pas. Quand Buffon écrit ces mots : *le peuple des naturalistes, le vulgaire savant, les écrivains qui n'ont d'autre mérite que de crier contre les systèmes,* etc., etc., il oublie, et me fait oublier à moi-même, pour un moment, le grand Buffon, ce Buffon « dont la vue fut dirigée, pendant cinquante ans, vers les grands objets de la nature ».

Finissons cet article par un mot de lui qui est plein de charme : « Le bonheur vient de la douceur de l'âme. »

IV

Je ne me propose pas d'examiner ici le style de Buffon. Je n'ai voulu écrire que l'*Histoire de ses pensées*.

L'étude de son style demanderait une étude nouvelle, très différente de celle-ci, et qui ne serait pas moins étendue[1] ; car Buffon, qui est si grand par la pensée, est plus grand encore par la parole : *Grandis est verbis,* comme dit l'orateur romain[2].

----

1. Cette belle étude a, d'ailleurs, été faite par un grand maître. Voyez le chapitre sur Buffon, dans le *Tableau de la littérature française au* XVIIIe *siècle,* par M. Villemain (t. II, p. 201).

2. *Brutus, sive De claris oratoribus.*

Il y a, dans le style d'un grand écrivain, le génie et l'art :
l'art peut être imité plus ou moins, le génie ne peut l'être. On
assure que lorsque Gueneau de Montbeillard publia, sous le nom
de Buffon, ses premiers articles, on s'y méprit d'abord, c'est qu'il
avait imité l'art de Buffon ; mais on ne s'y méprit pas longtemps :
c'est qu'il n'avait pu imiter son génie. L'*art du style* appartient
moins à l'écrivain ; le *génie du style* est l'*homme même* [1].

L'art n'est que l'extérieur du style.

Au reste, même pour cet art, pour cet *extérieur du style*, que
Gueneau de Montbeillard est loin de Buffon ! Et puis, il imite !
Celui qui imite n'aura jamais de style, parce que, comme le dit
Buffon, le *style est l'homme*. Mme Necker remarque, avec beaucoup
d'esprit, que Buffon lui-même, lorsqu'il *s'imite*, ne réussit plus :
« L'éloge du chevalier de Chastelux, composé par M. de Buffon,
quand le chevalier fut reçu à l'Académie française, est, dit-elle,
le seul mauvais ouvrage qu'ait fait M. de Buffon, et il est mauvais
parce que M. de Buffon s'est imité lui-même ; il n'avait que des
idées communes à ce sujet, et il a voulu cependant les couvrir
de son beau style [2].... »

Il y a une chose que les imitateurs de style n'imiteront jamais :
c'est le génie de l'expression. Buffon dit : « Cette volonté *vive*
acheva mon existence ; » il définit les passions désordonnées : *des
abus de l'âme*. Parle-t-il du travail des oiseaux qui préparent leur
nid, il l'appelle un *travail chéri*, et vous croyez entendre La
Fontaine [3]. Il dit, en parlant des fauvettes : « vives, agiles, légères
et sans cesse *remuées* ». Un imitateur, un écrivain ordinaire
n'aurait pas dit *remuées* ; mais Mme de Sévigné l'aurait dit.

C'est par le génie de l'expression que Buffon excelle. C'est
ce génie de l'expression que d'Alembert ne sentait pas, et qu'ad-

---

1. « Le style est l'homme même. » (*Discours de réception à l'Académie
française.*)

2. « On cherche en vain, disait Buffon, à imiter le style d'un grand écrivain ;
on ne peut y réussir : car on n'est éloquent que par l'âme ; et mettre de l'âme dans
une phrase, c'est être soi et non pas un autre. » (Mme Necker, *Nouveaux Mélanges*, etc.,
t. I, p. 135.)

3. Ses œufs, ses tendres œufs, sa plus douce espérance.

mirait Jean-Jacques ; et quand je lis Jean-Jacques, je ne m'étonne pas de son *hommage* [1].

Comme tous les grands écrivains, comme tous les grands penseurs, Buffon a dit ou écrit plusieurs mots qui sont devenus des maximes.

On répète tous les jours le mot que je viens de citer : *le style est l'homme même;* celui-ci : *le génie n'est qu'une plus grande aptitude à la patience,* n'est guère moins célèbre.

A soixante-dix ans, il disait encore : « J'apprends tous les jours à écrire; » et son dernier ouvrage, les *Époques de la nature,* est en effet, de tous ses admirables ouvrages, le plus parfait.

Il était très difficile sur le style des autres.

Il ne trouvait pas que Montesquieu eût un style. « Le style du président de Montesquieu! disait-il; mais Montesquieu a-t-il un style? » — « N'aurait-il pas mérité, dit Grimm à cette occasion, qu'on eût osé lui répondre : Il est vrai, Montesquieu n'a que le style du génie; et vous, monsieur, vous avez le génie du style. » La réponse de Grimm n'est pas bien bonne : Montesquieu avait le *style du génie* et le *génie du style.*

La conversation de Buffon était négligée : il s'y délassait; cependant, pour peu qu'il le voulût, elle devenait singulièrement attachante. En effet, que de rapports nouveaux, que d'idées inconnues Buffon ne devait-il pas apporter dans cette portion brillante du monde qui s'intitulait *le monde,* et où il était le seul qui sût les choses qu'il savait! « La conversation de M. de Buffon, dit Mme Necker, a un attrait particulier... Il s'est occupé toute sa vie d'idées étrangères aux autres hommes, en sorte que tout ce qu'il dit a le piquant de la nouveauté [2]. »

Aux yeux de Buffon, le génie suprême était le génie du style : « La quantité des connaissances, la singularité des faits,

---

1. « Il est un sanctuaire où Buffon a composé presque tous ses ouvrages, le *Berceau de l'Histoire naturelle,* comme disait le prince Henri, qui voulut l'aller voir, et où J.-J. Rousseau se mit à genoux et baisa le seuil de la porte. J'en parlais à M. de Buffon : « Oui, me dit-il, Rousseau y fit un hommage. » (Hérault de Séchelles, *Voyage à Montbar,* page 13.)

2. *Nouveaux Mélanges,* etc., t. I, p. 323.

la nouveauté même des découvertes, ne sont pas, dit-il, de sûrs
garants de l'immortalité... Les ouvrages bien écrits seront les
seuls qui passeront à la postérité [1]. »

Que faut-il, dit-il encore, pour émouvoir la multitude et
l'entraîner? que faut-il pour ébranler la plupart même des autres
hommes et les persuader? un ton véhément et pathétique, des
gestes expressifs et fréquents, des paroles rapides et sonnantes.
Mais pour le petit nombre de ceux dont la tête est ferme, le
goût délicat et le sens exquis, et qui comptent pour peu le ton,
les gestes et le vain son des mots, il faut des choses, des pensées,
des raisons ; il faut savoir les présenter, les nuancer, les
ordonner : il ne suffit pas de frapper l'oreille et d'occuper les
yeux, il faut agir sur l'âme et toucher le cœur en parlant à
l'esprit [2]. »

Ainsi, l'éloquence même, l'éloquence de la parole, n'est pas le
style. Nous ne trouvons éloquent aujourd'hui que ce qui l'est
par le style. La grande influence s'est déplacée. L'art d'écrire
est, de nos jours, ce que fut l'éloquence parlée dans les temps
antiques ; toutes les forces nouvelles de l'esprit humain se
résument dans ce grand art; et, comme il appartenait à Buffon
de le proclamer, la puissance des temps modernes est le style [3].

1. *Discours de réception à l'Académie française.*
2. *Ibidem.*
3. Les œuvres de Buffon ont fourni pour la plus grande partie la matière dont
est composée la *Nouvelle Galerie d'Histoire naturelle*. Les œuvres de Lacépède n'ont
été mises à contribution que pour les *Cétacés*, les *Reptiles* et les *Poissons*. *(Note des
éditeurs.)*

NOTICE BIOGRAPHIQUE

SUR

LACÉPÈDE [1]

LACÉPÈDE (Bernard-Germain-Étienne de la Ville, comte de), naturaliste, est né à Agen, en 1756, d'une famille considérée, qui peut-être se rattachait à une illustre maison de Lorraine. Il reçut une excellente éducation, fut de bonne heure passionné pour la musique, admirateur de Buffon, et plein de goût pour la physique.

Bien accueilli par Glück et par Buffon, en relation avec les hommes les plus distingués du temps, plein d'enthousiasme, Lacépède eut un brevet de colonel au service des cercles allemands, sans quitter Paris, composa des opéras, que diverses circonstances empêchèrent de représenter, des symphonies, des sonates, et publia, en 1785, sa *Poétique de la Musique,* qui fut accueillie avec faveur. Ses ouvrages de physique, *Essai sur l'Électricité physique générale et particulière,* eurent moins de succès ; mais Buffon, qu'il avait su flatter, lui offrit la place de garde du Cabinet du Roi, et lui proposa de continuer la partie de son *Histoire naturelle* qui traitait des animaux. Il publia bientôt, 1788-89, 2 vol. de son *Histoire des Reptiles* [2].

Favorable à la révolution, Lacépède fut président de section, commandant de la garde nationale de son quartier, administrateur du département de la Seine, député de Paris à l'Assemblée législative, président de cette assemblée. Mais au jour des proscriptions, il

---

1. Extrait du *Dictionnaire encyclopédique d'Histoire, de Biographie, de Mythologie et de Géographie* de L. Grégoire.

2. Les reptiles tirés de cet ouvrage et qui figurent dans la *Nouvelle Galerie d'Histoire Naturelle* sont : les tortues, les crapauds, les crocodiles, le basilic, le caméléon, le scinque, le boa devin, le naja ou serpent à lunettes des Indes orientales. (*Note des éditeurs.*)

fut forcé de quitter Paris, de donner sa démission de sa place au Muséum et il ne revint qu'après le 9 Thermidor. On lui donna une chaire créée pour lui, et ses leçons eurent du succès ; il fit partie de l'Institut à sa création. De 1798 à 1803, il publia son *Histoire des Poissons*, dans un style élégant et pur ; puis, en 1804, l'*Histoire naturelle des Cétacés*[1], qu'il regardait comme le plus achevé de ses ouvrages.

Sénateur, après le 18 Brumaire, président du sénat, 1801, grand chancelier de la Légion d'honneur, 1803, ministre d'État, Lacépède refusa le ministère de l'intérieur. On lui a souvent reproché l'adulation de ses harangues officielles à Napoléon. On lui doit des éloges pour les soins qu'il donna à l'institution de la Légion d'honneur, à l'organisation des maisons d'Écouen, de Saint-Denis, des Loges, etc. ; il était généreux et d'une affabilité extraordinaire. Il se prononça pour l'acceptation des propositions de paix faites à Châtillon en 1814, pour que l'impératrice restât à Paris, à l'approche des alliés.

Pair de France en 1814, puis pendant les Cent Jours, Lacépède ne rentra à la Chambre haute qu'en 1819. Il mourut à Épinay en 1825.

Outre les ouvrages déjà cités, on lui doit : *la Ménagerie du Muséum d'Histoire naturelle,* ouvrage inachevé, 1801 ; *Notice historique sur Dolomieu ;* 2 romans assez mauvais, *Ellival et Caroline, Ellival et Alphonsine de Florentino,* 1816, 1817 ; une édition des *OEuvres complètes de Buffon,* 1818, 12 vol. in-8° ; *Histoire générale, physique et civile de l'Europe, depuis les dernières années du ve siècle jusque vers le milieu du* xviiie, 1826, 18 vol. in-8°, etc., etc. Les *OEuvres de Lacépède* ont été publiées par M. Desmarets, 1826 et ann. suiv., 11 vol. in-8°.

---

1. Nous avons extrait de l'*Histoire des Poissons,* pour la *Nouvelle Galerie,* les squales, la murène anguille, le murénophis hélène, le pétromyzon lamproie, le gymnote électrique et l'ammodyte appât : et de l'*Histoire des Cétacés,* la baleine franche et le cachalot macrocéphale. *(Note des éditeurs.)*

NOUVELLE GALERIE

D'HISTOIRE NATURELLE

LA BALEINE FRANCHE

En traitant de la baleine, nous ne voulons parler qu'à la raison ; et cependant l'imagination sera émue par l'immensité des objets que nous exposerons.

Nous aurons sous les yeux le plus grand des animaux. La masse et la vitesse concourent à sa force : l'Océan lui a été donné pour empire ; et, en le créant, la nature paraît avoir épuisé sa puissance merveilleuse.

Nous devons, en effet, rejeter parmi les fables l'existence de ce monstre hyperboréen, de ce redoutable habitant des mers, que des pêcheurs effrayés ont nommé *Kraken*, et qui, long de plusieurs milliers de mètres, étendu comme un banc de sable, semblable à un amas de roches, colorant l'eau salée, attirant sa proie par le liquide abondant que répandaient ses pores, s'agitant en polype gigantesque, et relevant des bras nombreux comme autant de mâts démesurés, agissait de même qu'un volcan sous-marin et entr'ouvrait, disait-on, son large dos, pour engloutir, ainsi que dans un abîme, des légions de poissons et de mollusques.

Mais, à la place de cette chimère, la baleine franche montre sur la surface des mers son énorme volume. Lorsque le temps ne manque pas à son développement, ses dimensions étonnent. On ne peut guère douter qu'on ne l'ait vue, à certaines époques et dans certaines mers, longue de près de cent mètres; et dès lors, pour avoir une idée distincte de sa grandeur, nous ne devons plus la comparer avec les plus colossaux des animaux terrestres. L'hippopotame, le rhinocéros, l'éléphant, ne peuvent pas nous servir de terme de comparaison. Nous ne trouvons pas non plus cette mesure dans ces arbres antiques dont nous admirons les cimes élevées : cette échelle est encore trop courte. Il faut que nous ayons recours à ces flèches élancées dans les airs, au-dessus de quelques temples gothiques; ou plutôt il faut que nous comparions la longueur de la baleine entièrement développée à la hauteur de ces monts qui forment les rives de tant de fleuves, lorsqu'ils ne coulent plus qu'à une petite distance de l'Océan, et particulièrement à celle des montagnes qui bordent les rivages de la Seine. En vain, par exemple, placerions-nous par la pensée une grande baleine auprès d'une des tours du principal temple de Paris; en vain la dresserions-nous contre ce monument : un tiers de l'animal s'élèverait au-dessus du sommet de la tour.

Longtemps ce géant des géants a exercé sur son vaste empire une domination non combattue.

Sans rival redoutable, sans besoins difficiles à satisfaire, sans appétits cruels, il régnait paisiblement sur la surface des mers dont les vents ne bouleversaient pas les flots, ou trouvait aisément, dans les baies entourées de rivages escarpés, un abri sûr contre les fureurs des tempêtes.

Mais le pouvoir de l'homme a tout changé pour la baleine. L'art de la navigation a détruit la sécurité, diminué le domaine, altéré la destinée du plus grand des animaux. L'homme a su lui opposer un volume égal au sien, une force égale à la sienne. Il a construit, pour ainsi dire, une montagne flottante; il l'a animée, en quelque sorte, par son génie; il lui a donné la résistance des bois les plus compacts; il lui a imprimé la vitesse des vents, qu'il a su maîtriser par ses voiles; et, la conduisant contre le colosse de l'Océan, il l'a contraint à fuir jusque vers les extrémités du monde.

C'est malgré lui néanmoins que l'homme a ainsi relégué la baleine.

Il ne l'a pas attaquée pour l'éloigner de sa demeure, comme il en a écarté le tigre, le condor, le crocodile et le serpent devin : il l'a combattue pour la conquérir. Mais pour la vaincre il ne s'est pas contenté d'entreprises isolées et de combats particls : il a médité de grands préparatifs, réuni de grands moyens, concerté de grands mouvements, combiné de grandes manœuvres ; il a fait à la baleine une véritable guerre navale ; et la poursuivant avec ses flottes jusqu'au milieu des glaces polaires, il a ensanglanté cet empire du froid, comme il avait ensanglanté le reste de la terre ; et les cris du carnage ont retenti dans ces montagnes flottantes, dans ces solitudes profondes, dans ces asiles redoutables des brumes, du silence et de la nuit.

Cependant, avant de décrire ces terribles expéditions, connaissons mieux cette énorme baleine.

Les individus de cette espèce, que l'on rencontre à une assez grande distance du pôle arctique, ont depuis vingt jusqu'à quarante mètres de longueur. Leur circonférence, dans l'endroit le plus gros de leur tête, de leur corps ou de leur queue, n'est pas toujours dans la même proportion avec leur longueur totale. La plus grande circonférence surpassait en effet la moitié de la longueur dans un individu de seize mètres de long ; elle n'égalait pas cette même longueur totale dans d'autres individus longs de plus de trente mètres.

Le poids total de ces derniers individus surpassait cent cinquante mille kilogrammes.

On a écrit que les femelles étaient plus grosses que les mâles. Cette différence, que Buffon a fait observer dans les oiseaux de proie, et que nous avons indiquée pour le plus grand nombre des poissons, lesquels viennent d'un œuf comme les oiseaux, serait remarquable dans des animaux qui ont des mamelles, et qui mettent au jour des petits tout formés.

Quoi qu'il en soit de cette supériorité de la baleine femelle sur la baleine mâle, l'une et l'autre, vues de loin, paraissent une masse informe. On dirait que tout ce qui s'éloigne des autres êtres par un attribut très frappant, tel que celui de la grandeur, s'en écarte aussi par le plus grand nombre de ses autres propriétés ; et l'on croirait que lorsque la nature façonne plus de matière, produit un plus grand volume, anime des organes plus étendus, elle est forcée, pour ainsi dire, d'employer des précautions particulières, de réunir des proportions peu communes, de fortifier les ressorts en les rapprochant, de consolider l'ensemble par la juxtaposition d'un très grand nombre de parties, et d'exclure ainsi ces rapports entre les dimensions, que nous considérons comme les éléments de la beauté des formes, parce que nous les trouvons dans les objets les plus analogues à nos sens, à nos qualités, à nos modifications, et avec lesquels nous communiquons le plus fréquemment.

En s'approchant néanmoins de cette masse informe, on la voit en quelque sorte se changer en un tout mieux ordonné. On peut comparer ce gigantesque ensemble à une espèce de cylindre immense et irrégulier, dont le diamètre est égal, ou à peu près, au tiers de la longueur.

La tête forme la partie antérieure de ce cylindre démesuré; son volume égale le quart et quelquefois le tiers du volume total de la baleine. Elle est convexe par-dessus, de manière à représenter une portion d'une large sphère. Vers le milieu de cette grande voûte et un peu sur le derrière s'élève une bosse, sur laquelle sont placés les orifices des deux *évents*.

On donne ce nom d'*évents* à deux canaux qui partent du fond de la bouche, parcourent obliquement, et en se courbant, l'intérieur de la tête, et aboutissent vers le milieu de sa partie supérieure. Le diamètre de leur orifice extérieur est ordinairement le centième, ou environ, de la longueur totale de l'individu.

Ils servent à rejeter l'eau qui pénètre dans l'intérieur de la gueule de la baleine franche, ou à introduire jusqu'à son larynx, et par conséquent jusqu'à ses poumons, l'air nécessaire à la respiration de ce cétacé, lorsque ce grand mammifère nage à la surface de la mer, mais que sa tête est assez enfoncée dans l'eau pour qu'il ne puisse aspirer l'air par la bouche sans aspirer en même temps une trop grande quantité de fluide aqueux.

La baleine fait sortir par ces évents un assez grand volume d'eau pour qu'un canot puisse en être bientôt rempli. Elle lance ce fluide avec tant de rapidité, particulièrement quand elle est animée par des affections vives, tourmentée par des blessures et irritée par la douleur, que le bruit de l'eau qui s'élève et retombe en colonne ou se disperse en gouttes, effraye presque tous ceux qui l'entendent pour la première fois, et peut retentir fort loin, si la mer est très calme. On a comparé ce bruit, ainsi que celui que produit l'aspiration de la baleine, au

bruissement sourd et terrible d'un orage éloigné. On a écrit qu'on le
distinguait d'aussi loin que le coup d'un gros canon. On a prétendu
d'ailleurs que cette aspiration de l'air atmosphérique et ce double jet
d'eau communiquaient à la surface de la mer un mouvement que
l'on apercevait à une distance de plus de deux mille mètres ; et
comment ces effets seraient-ils surprenants, s'il est vrai, comme on
l'a assuré, que la baleine franche fait monter l'eau qui jaillit de ses
évents jusqu'à plus de treize mètres de hauteur ?

Il paraît que cette baleine a reçu un organe particulier pour lancer
ainsi l'eau au-dessus de sa tête. On sait du moins que d'autres cétacés
présentent cet organe, dont on peut voir la description dans les *Leçons
d'anatomie comparée* de notre savant collègue M. Cuvier et il existe
vraisemblablement dans tous les cétacés, avec quelques modifications
relatives à leur genre et à leur espèce.

Cet organe consiste dans deux poches grandes et membraneuses,
formées d'une peau noirâtre et muqueuse, ridées lorsqu'elles sont vides,
ovoïdes lorsqu'elles sont gonflées. Ces deux poches sont couchées sous
la peau, au devant des évents, avec la partie supérieure desquelles
elles communiquent. Des fibres charnues très fortes partent de la circonférence du crâne, se réunissent au-dessus de ces poches ou bourses,
et les compriment violemment à la volonté de l'animal.

Lors donc que le cétacé veut faire jaillir une certaine quantité d'eau
contenue dans sa bouche, il donne à sa langue et à ses mâchoires le
mouvement nécessaire pour avaler cette eau, mais comme il ferme en
même temps son pharynx, il force ce fluide à remonter dans les évents ;
il lui imprime un mouvement assez rapide pour que cette eau très
pressée soulève une valvule charnue placée dans l'évent vers son
extrémité supérieure et au-dessous de ses poches ; l'eau pénètre dans
les poches ; la valvule se referme ; l'animal comprime ses bourses ; l'eau
en sort avec violence ; la valvule, qui ne peut s'ouvrir que de bas en
haut, résiste à son effort ; et ce liquide, au lieu de rentrer dans la
bouche, sort par l'orifice supérieur de l'évent et s'élève dans l'air à une
hauteur proportionnée à la force de la compression des bourses.

L'ouverture de la bourse de la baleine franche est très grande ;
elle se prolonge jusqu'au-dessous des orifices supérieurs des évents ;
elle s'étend même vers la base de la nageoire pectorale, et l'on
pourrait dire par conséquent qu'elle va presque jusqu'à l'épaule. Si

l'on regarde l'animal par côté, on voit le bord supérieur et le bord inférieur de cette ouverture présenter, depuis le bout du museau jusqu'auprès de l'œil, une courbe très semblable à la lettre *S* placée horizontalement.

Les deux mâchoires sont à peu près aussi avancées l'une que l'autre. Celle de dessous est très large, surtout vers le milieu de sa longueur.

L'intérieur de la gueule est si vaste dans la baleine franche, que dans un individu de cette espèce, qui n'était encore parvenu qu'à vingt-quatre mètres de longueur, et qui fut pris en 1726, au cap de Hourdel, dans la baie de la Somme, la capacité de la bouche était assez grande pour que deux hommes aient pu y entrer sans se baisser.

La langue est molle, spongieuse, arrondie par devant, blanche, tachetée de noir sur les côtés, adhérente à la mâchoire inférieure, mais susceptible de quelques mouvements. Sa longueur surpasse souvent neuf mètres ; sa largeur est de trois ou quatre. Elle peut donner plus de six tonneaux d'huile ; et Duhamel assure que, lorsqu'elle est salée, elle peut être recherchée comme un met délicat.

La baleine franche n'a pas de dents ; mais tout le dessous de la mâchoire supérieure, ou, pour mieux dire, toute la voûte du palais, est garnie de lames que l'on désigne par le nom de *fanons*. Donnons une idée nette de leur contexture, de leur forme, de leur grandeur, de leur couleur, de leur position, de leur nombre, de leur mobilité, de leur développement, de l'usage auquel la nature les a destinés, et de ceux auxquels l'art a su les faire servir.

La surface d'un fanon est unie, polie et semblable à celle de la corne. Il est composé de poils, ou plutôt de crins, placés à côté les uns des autres dans le sens de sa longueur, très rapprochés, réunis et comme collés par une substance gélatineuse qui, lorsqu'elle est sèche, lui donne presque toutes les propriétés de la corne, dont il a l'apparence.

Chacun de ces fanons est d'ailleurs très aplati, allongé et très semblable, par sa forme générale, à la lame d'une faux. Il se courbe un peu dans sa longueur comme cette lame, diminue graduellement de hauteur et d'épaisseur, se termine en pointe et montre, sur son bord inférieur ou concave, un tranchant analogue à celui de la faux.

Ce bord concave ou inférieur est garni, presque depuis son origine jusqu'à la pointe du fanon, de crins qu'aucune substance gélatineuse ne réunit, et qui représentent, le long de ce bord tranchant et aminci, une sorte de frange d'autant plus longue et d'autant plus touffue qu'elle est plus près de la pointe ou de l'extrémité du fanon.

La couleur de cette lame cornée est ordinairement noire et marbrée de nuances moins foncées ; mais le fanon est souvent caché sous une espèce d'épiderme dont la teinte est grisâtre.

Maintenant disons comment les fanons sont placés.

Le palais présente un os qui s'étend depuis le bout du museau jusqu'à l'entrée du gosier. Cet os est recouvert d'une substance blanche et ferme, à laquelle on a donné le nom de *gencive de la baleine*. C'est le long et de chaque côté de cet os que les fanons sont distribués et situés transversalement.

En se supposant dans l'intérieur d'une baleine franche, on voit donc au-dessus de sa tête deux rangées de lames parallèles et transversales. Ces lames presque verticales ne sont que faiblement inclinées en arrière. Le bout de chaque fanon, opposé à sa pointe, entre dans la *gencive*, la traverse et pénètre jusqu'à l'os longitudinal. Le bord convexe de la lame s'applique contre le palais, s'insère même dans sa substance. Les franges de crin attachées au bord concave de chaque fanon font paraître le palais comme hérissé de poils très gros et très durs ; et sortant vers la pointe de chaque lame au delà des lèvres, elles forment, le long de ces lèvres, une frange extérieure, ou une sorte de *barbe*, qui a fait donner le nom de *barbes* aux fanons des baleines.

Le palais étant un peu ovale, il est évident que les lames transversales sont d'autant plus longues qu'elles sont situées plus près du plus grand diamètre transversal de cet ovale, lequel se trouve vers le milieu de la longueur du palais. Les fanons les plus courts sont vers l'entrée du gosier, ou vers le bout du museau.

Il n'est pas rare de mesurer des fanons de cinq mètres de longueur. Ils ont alors, au bout qui pénètre dans la gencive, quatre ou cinq décimètres de hauteur et deux ou trois centimètres d'épaisseur; et l'on compte fréquemment trois ou quatre cents de ces lames cornées, grandes ou petites, de chaque côté de l'os longitudinal.

Mais, indépendamment de ces lames en forme de faux, on trouve des fanons très petits, couchés l'un au-dessus de l'autre, comme les tuiles qui recouvrent les toits, et placés dans une gouttière longitudinale, que l'on voit au-dessous de l'extrémité de l'os longitudinal du palais. Ces fanons particuliers empêchent que cette extrémité, quelque mince, et, par conséquent, quelque tranchante qu'elle puisse être, ne blesse la lèvre inférieure.

Cependant, comment se développent ces fanons?

Le savant anatomiste de Londres, M. Hunter, a fait voir que ces productions se développaient d'une manière très analogue à celle dont croissent les cheveux de l'homme et la corne des animaux ruminants. C'est une nouvelle preuve de l'identité de nature que nous avons tâché de faire reconnaître entre les cheveux, les poils, les crins, la corne, les plumes, les écailles, les tubercules, les piquants et les aiguillons. Mais, quoi qu'il en soit, le fanon tire sa nourriture, et en quelque sorte le ressort de son extension graduelle, de la substance blanche à laquelle on a donné le nom de *gencive*. Il est accompagné, pour ainsi dire, dans son développement, par des lames qu'on a nommées *intermédiaires*, parce qu'elles le séparent du fanon le plus voisin, et qui, posées sur la même base, produites dans la même substance, formées dans le même temps, ne faisant qu'un seul corps avec le fanon, le renforçant, le maintenant à sa place, croissant dans la même proportion, et s'étendant jusqu'à la lèvre supérieure, s'y altèrent, s'y ramollissent, s'y délayent, et s'y dissolvent comme un épiderme trop longtemps plongé dans l'eau. L'auteur de l'*Histoire hollandaise des pêches dans la mer du Nord* rapporte qu'on trouve souvent, au milieu de beaux fanons, des fanons plus petits, que l'on regarde comme ayant poussé à la place de lames plus grandes, déracinées et arrachées par quelque accident.

On assure que lorsque la baleine franche ferme entièrement la gueule ou dans quelque autre circonstance, les fanons peuvent se rapprocher un peu l'un de l'autre, et se disposer de manière à être un peu plus inclinés que dans leur position ordinaire.

Après la mort de la baleine, l'épiderme glutineux qui recouvre les fanons se sèche et les colle les uns aux autres. Si l'on veut les préparer pour le commerce et les arts, on commence donc par les séparer avec un coin; on les fend ensuite dans le sens de leur longueur avec des coperets bien aiguisés; on divise ainsi les différentes couches dont

ils sont composés, et qui étaient retenues l'une contre l'autre par des
filaments entrelacés et par une substance gélatineuse ; on les met dans
de l'eau froide, ou quelquefois dans de l'eau chaude ; on les attendrit

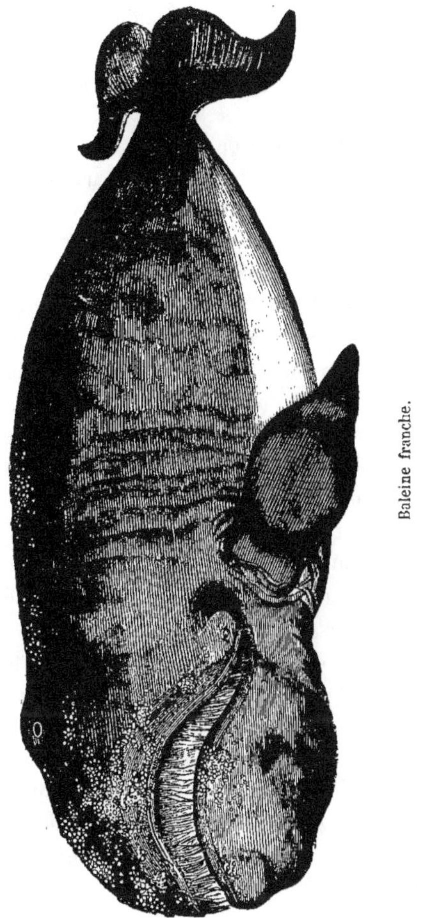

souvent dans l'huile que la baleine a fournie ; on les ratisse au bout
de quelques heures ; on les brosse ; on les place, un à un, sur une planche
bien polie ; on les racle de nouveau ; on en coupe les extrémités ; on

les expose à l'air pendant quelques heures, et on les dispose de manière qu'ils puissent continuer de sécher sans s'altérer et se rompre.

C'est après avoir eu recours à ces procédés qu'on se sert ou qu'on s'est servi de ces fanons pour plusieurs ouvrages, et particulièrement pour fortifier des corsets, soutenir des paniers, former des parapluies, monter des lunettes[1], garnir des éventails, composer des baguettes et faire des cannes flexibles et légères. On a pensé aussi qu'on pourrait en dégager les crins de manière à s'en servir pour faire des cordes, de la ficelle, et même une sorte de grosse étoffe.

Mais quel est l'organe de la baleine qui ne mérite pas une attention particulière? Examinons ses yeux et reconnaissons les rapports de leur structure avec la nature de son séjour.

L'œil est placé immédiatement au-dessus de la commissure des lèvres, et par conséquent très près de l'épaule de la baleine. Presque également éloigné du monticule des évents et de l'extrémité du museau, très rapproché du bord inférieur de l'animal, très écarté de l'œil opposé, il ne paraît destiné qu'à voir les objets auxquels la baleine présente son immense côté; et il ne faut pas négliger d'observer que voilà un rapport frappant entre la baleine franche, qui parcourt avec tant de vitesse la surface de l'Océan et plonge dans ses abîmes, et plusieurs des oiseaux privilégiés qui traversent avec tant de rapidité les vastes champs de l'air et s'élancent au plus haut de l'atmosphère. L'œil de la baleine est cependant placé sur une espèce de petite convexité qui, s'élevant au-dessus de la surface des lèvres, lui permet de se diriger de telle sorte que lorsque l'animal considère un objet un peu éloigné, il peut le voir de ses deux yeux à la fois, rectifier les résultats de ses sensations, et mieux juger de la distance.

Mais ce qui étonne dans le premier moment de l'examen, c'est que l'œil de la baleine soit si petit, qu'on a peine quelquefois à le découvrir. Son diamètre n'est souvent que la cent quatre-vingt-douzième partie de la longueur totale du cétacé. Il est garni de paupières, comme l'œil des autres mammifères; mais ses paupières sont si gonflées par

---

1. Depuis 1787, à Songeons, près de Beauvais, département de l'Oise, on monte les lunettes en fanon, au lieu de les monter en cuir ou en métal. Ce changement a beaucoup augmenté la fabrique. On y voit à présent des femmes, et même des enfants de dix à douze ans, monter des lunettes avec adresse et habileté. (*Description du département de l'Oise*. par M. de Cambri; ouvrage digne d'un administrateur habile et d'un ami très éclairé de sa patrie, des sciences et des arts.)

la graisse huileuse qui en occupe l'intérieur, qu'elles n'ont presque aucune mobilité; elles sont d'ailleurs dénuées de cils, et l'on ne voit aucun vestige de cette troisième paupière que l'on peut apercevoir dans l'homme, que l'on remarque dans les quadrupèdes, et qui est si développée dans les oiseaux.

La baleine paraît donc privée de presque tous les moyens de garantir l'intérieur de son œil des impressions douloureuses de la lumière très vive que répandent autour d'elle, pendant les longs jours de l'été, la surface des mers qu'elle fréquente, ou les montagnes de glace dont elle est entourée. Mais, avant la fin de cet article, nous remarquerons combien les effets de la conformation particulière de cet organe peuvent suppléer au nombre et à la mobilité des paupières.

L'œil de la baleine, considéré dans son ensemble, est assez aplati par devant pour que son axe longitudinal ne soit quelquefois à son axe transverse que dans le rapport de 6 à 11. Mais il n'en est pas de même du cristallin : conformé comme celui des poissons, des phoques, de plusieurs quadrupèdes ovipares qui marchent ou nagent souvent au-dessous de l'eau, et des cormorans, ainsi que de quelques oiseaux plongeurs, le cristallin de la baleine franche est assez convexe par devant et par derrière pour ressembler à une sphère, au lieu de représenter une lentille, de même que celui des quadrupèdes, et surtout celui des oiseaux. Il paraît du moins que le rapport de l'axe longitudinal du cristallin à son diamètre transverse est, dans la baleine franche, comme celui de 13 à 15, lors même que ce diamètre et cet axe sont le plus différents l'un de l'autre.

La forme générale de l'œil est maintenue, en très grande partie, dans la baleine franche, comme dans les animaux dont l'œil n'est pas sphérique, par l'enveloppe à laquelle on a donné le nom de *sclérotique*, et qui environne tout l'organe de la vue, excepté dans l'endroit où la *cornée* est située. Ce nom de *sclérotique* venant de *sclerotes*, qui, en grec, signifie *dureté*, convient bien mieux à l'enveloppe de l'œil de la baleine franche dans laquelle elle est très dure, qu'à celle de l'œil de l'homme, et de l'œil des quadrupèdes, dans lesquels, ainsi que dans l'homme, elle est remarquable par sa mollesse. Mais la sclérotique de la baleine franche n'a pas dans toute son étendue une égale dureté : elle est beaucoup plus dure dans ses parties latérales que dans le fond de l'œil, quoiqu'elle soit très fréquemment, dans ce même fond, épaisse de plus de trente-six millimètres, pendant que l'épaisseur des parties latérales n'en excède guère vingt-quatre. Cette différence vient de ce que les mailles que l'on voit dans la substance fibreuse, et en apparence tendineuse, de la sclérotique sont plus grandes dans le fond que sur les côtés de l'œil, et qu'au lieu de contenir une matière fongueuse et flexible, comme sur ces mêmes côtés, elles sont remplies, vers le fond de l'œil, d'une huile proprement dite.

Au reste, cette portion moins dure de la sclérotique de la baleine est traversée par un canal dans lequel passe l'extrémité du nerf optique : les parois de ce canal sont formées par la dure-mère ; et c'est de la face externe de cette dure-mère que se détachent, comme par un épanouissement, les fibres qui composent la sclérotique.

On distingue d'autant plus ces fibres, que leur couleur est blanche, et que la substance renfermée dans les mailles qu'elles entourent est d'une nuance brune.

Nous entrons avec plaisir dans les détails en apparence les plus minutieux, parce que tout intéresse dans un colosse tel que la baleine franche, et que nous découvrons facilement dans ses organes très développés ce que notre vue, même aidée par la loupe et par le microscope, ne peut pas toujours distinguer dans les organes analogues des autres animaux. La baleine franche est, pour ainsi dire, un grand exemple de l'être organisé, vivant et sensible, dont aucun caractère ne peut échapper à l'examen.

C'est ainsi, par exemple, qu'on voit dans la baleine, encore mieux que dans le rhinocéros ou dans d'autres énormes quadrupèdes, la manière dont la sclérotique se réunit souvent à la cornée. Au lieu d'être simplement attachée à cette cornée par une cellulosité, elle pénètre fréquemment dans sa substance ; et l'on aperçoit facilement les fibres blanches de la sclérotique de la baleine, qui entrent dans l'épaisseur de sa cornée, en filaments très déliés, mais assez longs.

C'est encore ainsi que, dans la choroïde ou seconde enveloppe de l'œil de la baleine, on peut distinguer sans aucune loupe des ouvertures des vaisseaux, de même que la membrane intérieure que l'on connaît sous le nom de *Ruyschienne*, et que l'on compte, pour ainsi dire, les fibres rayonnantes qui, semblables à des cercles, entourent le cristallin sphérique.

Continuons cependant.

Lorsque la prunelle de la baleine franche est rétrécie par la dilatation de l'iris, elle devient une ouverture allongée transversalement.

L'ensemble de l'œil est d'abord mû dans ce cétacé par quatre muscles droits, par un autre muscle droit, nommé *suspenseur*, et divisé en quatre, et par deux muscles obliques, l'un supérieur et l'autre inférieur.

Remarquons encore que la baleine, comme la plupart des animaux qui vivent dans l'eau, n'a pas de points lacrymaux, ni de glandes destinées à répandre sur le devant de l'œil une liqueur propre à le tenir dans l'état de propreté et de souplesse nécessaire ; mais que l'on trouve sous la paupière supérieure des sortes de lacunes d'où s'écoule une humeur épaisse et mucilagineuse.

Passons maintenant à l'examen de l'organe de l'ouïe.

La baleine a dans cet organe, comme tous les cétacés, un labyrinthe, trois canaux membraneux et demi-circulaires, un limaçon, un orifice *cochléaire*, un vestibule, un orifice *vestibulaire*, une cavité appelée *caisse du tympan*, une membrane du tympan, des osselets articulés et placés dans cette caisse depuis cette membrane du tympan jusqu'à l'orifice vestibulaire, une trompe nommée *trompe d'Eustache*[1], et un canal qui, de la membrane du tympan, aboutit et s'ouvre à l'extérieur.

Le limaçon de la baleine est même fort grand ; toutes ses parties sont bien développées. L'orifice ou la fenêtre cochléaire qui fait communiquer ce limaçon avec la caisse du tympan offre une grande étendue. Le marteau, un des osselets de la caisse du tympan, et qui communique immédiatement avec la membrane du même nom, présente aussi des dimensions très remarquables par leur grandeur.

Mais la spirale du limaçon ne fait qu'un tour et demi et ne s'élève pas à mesure qu'elle enveloppe son axe. Il est si difficile d'apercevoir les canaux demi-circulaires, qu'un très grand anatomiste, Pierre Camper, en a nié l'existence, et qu'on croirait peut-être encore qu'ils manquent à l'oreille de la baleine, malgré les indications de l'analogie, sans les recherches éclairées de notre confrère Cuvier. Le marteau n'a point cet appendice que l'on connaît sous le nom de *manche ;* le tympan

---

1. Le tube dont nous parlons, et tous les tubes analogues que peut présenter l'organe de l'ouïe de l'homme ou des animaux, ont été appelés *trompe d'Eustache*, parce que celui de l'oreille de l'homme a été découvert par Eustache, habile anatomiste du xvie siècle.

a la forme d'un entonnoir allongé dont la pointe est fixée au bas du col du marteau. Le *méat*, ou conduit extérieur, n'est osseux dans aucune de ses portions; c'est un canal cartilagineux et très mince, qui part du tympan, serpente dans la couche graisseuse, parvient jusqu'à la surface de la peau, s'ouvre à l'extérieur par un trou très petit, et n'est terminé par aucun vestige de conque, de pavillon membraneux ou cartilagineux, d'oreille externe plus ou moins large ou plus ou moins longue.

Ce défaut d'oreille extérieure qui lie la baleine franche avec tous les autres cétacés, avec les lamantins, les dugons, les morses, et le plus grand nombre de phoques, les éloigne de tous les autres mammifères, et pourrait presque être compté parmi les caractères distinctifs des animaux qui passent la plus grande partie de leur vie dans l'eau douce ou salée.

L'oreille des cétacés présente cependant des particularités plus dignes d'attention que celles que nous venons d'indiquer.

L'*étrier*, l'un des osselets de la caisse du tympan, n'a, au lieu des deux branches qu'il offre dans la plupart des mammifères, qu'un corps conique, comprimé et percé d'un très petit trou.

La partie de l'os temporal à laquelle on a donné le nom de *rocher* et dans l'intérieur de laquelle sont creusées les cavités de l'oreille des mammifères, est, dans la baleine, d'une substance plus dure que dans aucune autre espèce d'animal vertébré. Mais voici un fait plus extraordinaire et plus curieux.

Le rocher de la baleine franche n'est point articulé avec les autres parties osseuses de la tête; il est suspendu par des ligaments, et placé à côté de la base du crâne, sous une sorte de voûte formée en grande partie par l'os occipital.

Ce rocher, ainsi isolé et suspendu, présente, vers le bord interne de sa face supérieure, une proéminence demi-circulaire, qui contient le limaçon. On voit sur cette même proéminence un orifice qui appartient au méat ou conduit auditif interne, et qui répond à un trou de la base du crâne.

Au-dessous du labyrinthe que renferme ce rocher est la caisse du tympan.

Cette caisse est fermée par une lame osseuse, que l'on croirait roulée sur elle-même, et dont le côté interne est beaucoup plus épais que le côté extérieur.

L'ouverture extérieure de cette caisse, sur laquelle est tendue la membrane du tympan, n'est pas limitée par un cadre osseux et régulier comme dans plusieurs mammifères, mais rendue très irrégulière par trois apophyses placées sur sa circonférence.

Cette même caisse du tympan adhère aux autres portions du rocher par son extrémité postérieure, et par une apophyse de la partie antérieure de son bord le plus mince.

De l'extrémité antérieure de la caisse, par la trompe, analogue à la *trompe d'Eustache* de l'homme. Ce tube est membraneux, perce l'os maxillaire supérieur, et aboutit à la partie supérieure de l'évent par un orifice qu'une valvule rend impénétrable à l'eau lancée par ce même évent, même avec toute la vitesse que l'animal peut imprimer à ce fluide.

Mais après avoir jeté un coup d'œil sur le corps de la baleine franche, après avoir considéré sa tête et les principaux organes que contient cette tête si extraordinaire et si vaste, que devons nous d'abord examiner ?

La queue de ce cétacé.

Cette partie de la baleine a la figure d'un cône, dont la base s'applique au corps proprement dit. Les muscles qui la composent sont très vigoureux. Une saillie longitudinale s'étend dans sa partie supérieure, depuis le milieu de sa longueur jusqu'à son extrémité. Elle est terminée par une grande nageoire, dont la position est remarquable. Cette nageoire est horizontale, au lieu d'être verticale comme la nageoire de la queue des poissons ; et cette situation, qui est aussi celle de la caudale de tous les autres cétacés, suffirait seule pour faire distinguer toutes les espèces de cette famille d'avec tous les animaux vertébrés et à sang rouge.

Cette nageoire horizontale est composée de deux lobes ovales, dont la réunion produit un croissant échancré dans trois endroits de son intérieur, et dont chacun peut offrir un mouvement très rapide, un jeu très varié et une action indépendante.

Dans une baleine franche, qui n'avait que vingt-quatre mètres de longueur, et qui échoua en 1726 au cap de Hourdel, il y avait un espace de quatre mètres entre les deux pointes du croissant formé par les deux lobes de la caudale, et par conséquent une distance égale au sixième de la longueur totale. Dans une plus petite encore, et qui n'était longue que de seize mètres, cette distance entre les deux pointes du croissant surpassait le tiers de la plus grande longueur de l'animal.

Ce grand instrument de natation est le plus puissant de ceux que la baleine a reçus; mais il n'est pas le seul. Ses deux bras peuvent être comparés aux deux nageoires pectorales des poissons : au lieu d'être composés, ainsi que ces nageoires, de rayons soutenus et liés par une membrane, ils sont formés, sans doute, d'os que nous décrirons bientôt, de muscles et de chair tendineuse, recouverts par une peau épaisse; mais l'ensemble que chacun de ces bras présente consiste dans une sorte de sac aplati, arrondi dans la plus grande partie de sa circonférence, terminé en pointe, ayant une surface assez étendue pour que sa longueur surpasse le sixième de la longueur totale du cétacé, et que sa largeur égale le plus souvent la moitié de sa longueur, réunissant enfin tous les caractères d'une rame agile et forte.

Cependant, si la présence de ces trois rames ou nageoires donne à la baleine un nouveau trait de conformité avec les autres habitants des eaux, et l'éloigne des quadrupèdes, elle se rapproche de ces mammifères par une partie essentielle de sa conformation, par les organes qui lui servent à perpétuer son espèce.

Le tissu muqueux qui sépare l'épiderme de la peau est plus épais que dans tous les autres mammifères. La couleur de ce tissu, ou ce qui est la même chose, la couleur de la baleine, varie beaucoup suivant la nourriture, l'âge, le sexe, et peut-être suivant la température du séjour habituel de ce cétacé. Elle est quelquefois d'un noir très pur, très foncé, et sans mélange; d'autres fois d'un noir nuancé ou mêlé de gris. Plusieurs baleines sont moitié blanches et moitié brunes. On en trouve d'autres jaspées ou rayées de noir et de jaunâtre. Souvent le dessous de la tête et du corps présente une blancheur éclatante. On a vu dans les mers du Japon, et, ce qui est moins surprenant, au Spitzberg, et par conséquent à dix degrés du pôle boréal, des baleines entièrement blanches ; et l'on peut rencontrer fréquemment de ces cétacés marqués de blanc sur un fond noir, ou gris, ou jaspé, etc., parce que la cicatrice des blessures de ces animaux produit presque toujours une tache blanche.

La chair qui est au-dessous de l'épiderme et de la peau est rougeâtre, grossière, dure et sèche, excepté celle de la queue, qui est moins coriace et plus succulente, quoique peu agréable à un goût délicat, surtout dans certaines circonstances où elle répand une odeur rebutante. Les Japonais cependant, et particulièrement ceux qui sont obligés de supporter des travaux pénibles, l'ont préférée à plusieurs autres aliments ; ils l'ont trouvée très bonne, très fortifiante et très salubre.

Entre cette chair et la peau est un lard épais, dont une partie de la graisse est si liquide, qu'elle s'écoule et forme une huile, même sans être exprimée.

Il est possible que cette huile très fluide passe au travers des intervalles des tissus ou des pores des membranes, qu'elle parvienne jusque dans l'intérieur de la gueule, qu'elle soit rejetée par les évents avec l'eau de la mer, qu'elle nage sur l'eau salée, et qu'elle soit avidement recherchée par des oiseaux de mer, ainsi que Duhamel l'a rapporté.

Le lard a moins d'épaisseur autour de la queue qu'autour du corps proprement dit ; mais il en a une très grande au-dessous de la mâchoire inférieure, où cette épaisseur est quelquefois de plus d'un mètre, Lorsqu'on le fait bouillir, on en retire deux sortes d'huile : l'une pure et légère ; l'autre un peu mêlée, onctueuse, gluante, d'une fluidité que le froid diminue beaucoup, moins légère que la première, mais cependant moins pesante que l'eau. Il n'est pas rare qu'une seule baleine franche donne jusqu'à quatre-vingt-dix tonneaux de ces différentes huiles.

Lorsqu'on a sous les yeux le cadavre d'une baleine franche, et qu'on a enlevé son épiderme, son tissu muqueux, sa peau, son lard et sa chair, que découvre-t-on ? sa charpente osseuse.

Quelles particularités présentent les os de la tête ? Pendant que l'animal est encore très jeune, les pariétaux se soudent avec les temporaux et avec l'occipital, et ces cinq os réunis forment une voûte de plusieurs mètres de long, sur une largeur égale à plus de la moitié de la longueur.

Le sphénoïde reste divisé en plusieurs pièces pendant toute la vie de la baleine.

Les sutures que l'animal présente lorsqu'il est un peu avancé en âge sont telles que les deux pièces qui se réunissent, amincies dans leurs bords et taillées en biseau à l'endroit de leur jonction, représentent chacune une bande ou face inclinée et s'appliquent, dans cette portion de leur surface l'une au-dessus de l'autre, comme les écailles de plusieurs poissons.

Si l'on ouvre le crâne, on voit que l'intérieur de sa base est presque de niveau. On ne découvre ni *fosse ethmoïdale*, ni *lame criblée*, ni aucune protubérance semblable à ces quatre crochets, ou *apophyses clinoïdes*, qui s'élèvent sur le fond du crâne de l'homme et d'un si grand nombre de mammifères.

Que remarque-t-on cependant de particulier à la baleine franche, lorsqu'on regarde le dehors de ce crâne?

Les deux ouvertures que l'on nomme *trous orbitaires internes antérieurs* et qui font communiquer la cavité de l'orbite de l'œil, ou la *fosse orbitaire*, avec le creux auquel on a donné le nom de *fosse nasale*, sont, dans la baleine franche, très petits et recouverts par des lames osseuses.

Ce cétacé n'a pas ce trou qu'on appelle *incisif*, et que montre, dans tant de mammifères, la partie des os intermaxillaires qui suit l'extrémité de la mâchoire.

Mais, au lieu d'un seul orifice comme dans l'homme, trois ou quatre trous servent à la communication de la cavité de l'orbite avec l'intérieur de l'os maxillaire supérieur.

Les deux os de la mâchoire inférieure forment par leur réunion une portion de cercle ou d'ellipse qui a communément plus de huit ou neuf mètres d'étendue, et que les pêcheurs ont fréquemment employée comme un trophée, et dressée sur le tillac, pour annoncer la prise d'une baleine et la grandeur de leur conquête.

L'une des galeries du Muséum d'histoire naturelle renferme trois os maxillaires d'une baleine : la longueur de ces os est de neuf mètres ou environ.

L'occiput est arrondi. Il s'articule avec l'épine dorsale à son extrémité postérieure, et par de larges *condyles* ou faces saillantes.

On compte sept vertèbres du cou, comme dans l'homme et presque tous les mammifères. La première de ces vertèbres, qu'on appelle l'*atlas*, est soudée avec la seconde, qui a reçu le nom d'*axis*.

Dans la baleine de vingt-quatre mètres de longueur, qui échoua en 1726 au cap de Hourdel, l'épine dorsale avait auprès de la caudale un demi-mètre de diamètre, et par conséquent a été comparée avec raison à une grosse poutre de quatorze ou quinze mètres de longueur. On a écrit que sa couleur et sa contexture paraissaient, au premier coup d'œil, semblables à celles d'un grès grisâtre ; on aurait pu ajouter : et enduit d'une substance huileuse. Presque tous les os de la baleine franche réunissent en effet à une compacité et à un tissu particuliers une sorte d'apparence onctueuse qu'ils doivent à l'huile dont ils sont pénétrés pendant qu'ils sont encore frais.

Dans une baleine échouée, en 1763, sur un des rivages d'Islande, on compta en tout soixante-trois vertèbres suivant MM. Olafsen et Povelsen.

Il paraît que la baleine dont nous écrivons l'histoire a quinze côtes de chaque côté de l'épine du dos, et que chacune de ces côtes à très souvent plus de sept mètres de longueur, sur un demi-mètre de circonférence.

Le sternum, avec lequel les premières de ces côtes s'articulent, est large, mais peu épais, surtout dans sa partie intérieure.

Les clavicules que l'on trouve dans ceux des mammifères qui font un très grand usage de leurs bras, soit pour grimper sur les arbres, soit pour attaquer et se défendre, soit pour saisir et porter à leur bouche l'aliment qu'ils préfèrent, n'ont point d'analogues dans la baleine franche.

On peut voir, dans l'une des galeries du Muséum national d'histoire naturelle, une omoplate qui appartenait à une baleine, et dont la longueur est de trois mètres.

L'os du bras proprement dit, ou l'*humérus*, est très court, arrondi vers le haut, et comme marqué par une petite tubérosité.

Le *cubitus* et le *radius*, ou les deux os de l'avant-bras, sont très comprimés ou aplatis latéralement.

On ne compte que cinq os dans le carpe ou dans la main proprement dite. Ils forment deux rangées, l'une de trois, l'autre de deux pièces ; ils sont très aplatis, réunis de manière à présenter l'image d'une sorte de pavé, et presque tous hexagones.

Les os du métacarpe sont aussi très aplatis et soudés les uns aux autres.

Le nombre des phalanges n'est pas le même dans les cinq doigts.

Tous ces os du bras, de l'avant-bras, du carpe, du métacarpe et des doigts, non seulement sont articulés de manière qu'ils ne peuvent se mouvoir les uns sur les autres, comme les os des extrémités antérieures de l'homme et de plusieurs mammifères, mais encore sont réunis par des cartilages très longs, qui recouvrent quelquefois la moitié des os qu'ils joignent l'un à l'autre, et ne laissent qu'un peu de souplesse à l'ensemble qu'ils contribuent à former. Il n'y a d'ailleurs aucun muscle propre à tourner l'avant-bras de telle sorte que la paume de la main devienne alternativement supérieure ou inférieure à la face qui lui est opposée ; ou, ce qui est la même chose, il n'y a ni *supinateur*, ni *pronateur*. Des rudiments aponévrotiques de muscles sont étendus sur toute la surface des os et en consolident les articulations.

Tout concourt donc pour que l'extrémité antérieure de la baleine franche soit une véritable rame élastique et puissante, plutôt qu'un organe propre à saisir, retenir et palper les objets extérieurs.

Cette élasticité et cette vigueur doivent d'autant moins étonner que la nageoire pectorale ou l'extrémité antérieure de la baleine est très charnue ; que lorsqu'on dépèce ce cétacé, on enlève de cette nageoire de grandes portions de muscles, et que l'irritabilité de ces parties musculaires est si vive qu'elles bondissent longtemps après avoir été détachées du corps de l'animal.

Mais qu'avons-nous à dire du fluide qui nourrit ces muscles et entretient ces qualités?

La quantité de sang qui circule dans la baleine est plus grande à proportion que celle qui coule dans les quadrupèdes. Le diamètre de l'aorte surpasse souvent quatre décimètres. Le cœur est large et aplati. On a écrit que le *trou botal*, par lequel le sang des mammifères qui ne sont pas encore nés peut parcourir les cavités du cœur, aller des veines dans les artères, et circuler dans la totalité du système vasculaire sans passer par les poumons, restait ouvert dans la baleine franche pendant toute sa vie, et qu'elle devait à cette particularité la facilité de vivre longtemps sous l'eau. On pourrait croire que cette ouverture du trou botal est en effet maintenue par l'habitude que la jeune baleine contracte en naissant de passer un temps assez long dans le fond de la mer, et par conséquent sans gonfler ses poumons par des inspirations de l'air atmosphérique, et sans donner accès dans leurs vaisseaux au sang apporté par les veines, qui alors est forcé de couler par le trou botal pour pénétrer jusqu'à l'aorte. Quoi qu'il en soit cependant de la durée de cette ouverture, la baleine franche est obligée de venir fréquemment à la surface de la mer, pour respirer l'air de l'atmosphère, et introduire dans ses poumons le fluide réparateur sans lequel le sang auruit bientôt perdu les qualités les plus nécessaires à la vie; mais comme ses poumons sont très volumineux, elle a moins besoin de renouveler souvent les inspirations qui les remplissent de fluide atmosphérique.

Le gosier de la baleine est très étroit, et beaucoup plus qu'on ne le croirait lorsqu'on voit toute l'étendue de la gueule de cet animal démesuré.

L'œsophage est beaucoup plus grand à proportion, long de plus de trois mètres, et revêtu à l'intérieur d'une membrane très dense, glanduleuse et plissée.

Le célèbre Hunter nous a appris que la baleine, ainsi que tous les autres cétacés, présentait dans son estomac une conformation bien remarquable dans un habitant des mers, qui vit de substance animale. Cet organe a de très grands rapports avec l'estomac des animaux ruminants. Il est partagé en plusieurs cavités très distinctes, et il en offre même cinq, au lieu de n'en montrer que quatre, comme ces ruminants.

Ces cinq portions, ou, si on l'aime mieux, ces cinq estomacs, sont renfermées dans une enveloppe commune; et voici les formes particulières qui leur sont propres. Le premier est un ovoïde imparfait, sillonné à l'intérieur de rides grandes et irrégulières. Le second, très grand et plus long que le premier, a sur sa surface intérieure des plis nombreux et inégaux; il communique avec la troisième par un orifice rond et étroit, mais qu'aucune valvule ne ferme. Le troisième ne paraît, à cause de sa petitesse, qu'un passage du second au quatrième. Les parois intérieures de ce dernier sont garnies d'appendices menus et déliés, que l'on a comparés à des poils; il aboutit au cinquième par une ouverture ronde, plus étroite que l'orifice par lequel les aliments entrent du troisième estomac dans cette quatrième poche; et enfin le cinquième est lisse et se réunit par le pylore avec les intestins proprement dits, dont la longueur est souvent de plus de cent vingt mètres.

La baleine franche a un véritable cœcum, un foie très volumineux, une rate peu étendue, un pancréas très long, une vessie ordinairement allongée et de grandeur médiocre.

Mais ne devons-nous pas maintenant remarquer quels sont les effets des divers organes que nous venons de décrire, quel usage la baleine peut en faire, et avant cette recherche, quels caractères particuliers appartiennent aux centres d'action qui produisent ou modifient les sensations de la baleine, ses mouvements et ses habitudes?

Le cerveau de la baleine non seulement ne renferme pas cette cavité digitale et ce lobe postérieur qui n'appartiennent qu'à l'homme et à des espèces de la famille des singes, mais encore est très petit relativement à la masse de ce cétacé. Il est des baleines franches dans lesquelles le poids du cerveau n'est que le vingt-cinq millième du poids total de l'animal, pendant que dans l'homme il est au-dessus du quarantième; dans tous les quadrupèdes dont on a pu connaître exactement l'intérieur de la tête, et particulièrement dans l'éléphant, au-dessus du cinq centième; dans le serin, au-dessus du vingtième; dans le coq et le moineau, au-dessus du trentième; dans l'aigle, au-dessus du deux centième; dans la grenouille, au-dessus du deux centième; dans la couleuvre à collier, au-dessus du huit centième; et dans le cyprin carpe, au-dessus du six centième.

A la vérité, il n'est guère que du six millième du poid total de l'individu dans la tortue marine, du quatorze centième dans l'ésoce brochet, du deux millième dans le silure glanis, du deux mille cinq centième dans le squale requin, et du trente-huit millième dans le scombre thon.

Le diaphragme de la baleine franche est doué d'une grande vigueur. Les muscles abdominaux, qui sont très puissants et composés d'un mélange de fibres musculaires et de fibres tendineuses, l'attachent par devant. La baleine a, par cette organisation, la force nécessaire pour contre-balancer la résistance du fluide aqueux qui l'entoure, lorsqu'elle a besoin d'inspirer un grand volume d'air; et d'ailleurs la position du diaphragme, qui, au lieu d'être verticale, est inclinée en arrière, rend plus facile cette grande inspiration, parce qu'elle permet aux poumons de s'étendre le long de l'épine du dos et de se développer dans un plus grand espace.

Nous animons le colosse dont nous étudions les propriétés; nous avons vu la structure des organes de ses sens, quels en sont les résultats, quelle est la délicatesse de ses sens, quelle est, par exemple, la finesse du toucher.

La baleine a deux bras; elle peut les appliquer à des objets étrangers; elle peut placer ces objets entre son corps et l'un de ses bras, les retenir dans cette position, toucher à la fois plus d'une de leurs

surfaces. Mais ce bras ne se plie pas comme celui de l'homme, et la
main qui le termine ne se courbe pas et ne se divise pas en doigts
déliés et flexibles, pour s'appliquer à tous les contours, pénétrer dans
les cavités, saisir toutes les formes. La peau de la baleine dénuée
d'écailles et de tubercules, n'arrête pas les impressions ; elle ne les
intercepte pas, si elle les amortit par son épaisseur et les diminue
par sa densité ; elle les laisse pénétrer jusqu'aux houppes nerveuses,
répandues auprès de presque tous les points de la surface extérieure
de l'animal. Mais quelle couche de graisse ne trouve-t-on pas au-dessous
de cette peau ? et tout le monde sait que les animaux dans lesquels la
peau recouvre une très grande quantité de graisse ont à proportion
beaucoup moins de sensibilité dans cette même peau.

La grandeur, la mollesse et la mobilité de la langue ne permettent
pas de douter que le sens du goût n'ait une sorte de finesse dans la
baleine franche. La voilà donc beaucoup plus favorisée que les poissons
pour le goût et pour le toucher, quoique moins bien traitée pour
ces deux sens que la plupart des mammifères. Mais quel degré de
force a, dans cet animal extraordinaire, le sens de l'odorat, si étonnant dans plusieurs quadrupèdes, si puissant dans presque tous les
poissons ? Ce cétacé a-t-il reçu un odorat exquis, que semblent lui assurer, d'un côté, sa qualité de mammifère, et, de l'autre, celle d'habitant
des eaux ?

Au premier coup d'œil, non seulement on considérerait l'odorat
de la baleine comme très faible, mais même on pourrait croire qu'elle
est entièrement privée d'odorat ; et dès lors combien l'analogie serait
trompeuse relativement à ce cétacé !

En effet, la baleine franche manque de cette paire de nerfs qui
appartient aux quadrupèdes, aux oiseaux, aux quadrupèdes ovipares,
aux serpents et aux poissons, que l'on a nommée *la première paire* à
cause de la portion du cerveau de laquelle elle sort, et de sa direction
vers la partie la plus avancée du museau, et qui a reçu aussi le nom
de *paire de nerfs olfactifs*, parce qu'elle communique au cerveau les
impressions des substances odorantes.

De plus, les longs tuyaux que l'on nomme *évents*, et que l'on a
aussi appelés *narines*, ne présentent ni *cryptes* ou cavités, ni *follicules
muqueux*, ni lames saillantes, ne communiquent avec aucun *sinus*, ne
montrent aucun appareil propre à donner ou fortifier les sensations

de l'odorat, et ne sont revêtus à l'intérieur que d'une peau sèche, peu sensible et capable de résister, sans en être offensée, aux courants si souvent renouvelés d'une eau salée, rejetée avec violence.

Mais apprenons de notre savant confrère M. Cuvier que la baleine franche doit avoir, comme les autres cétacés, un organe particulier, qui est dans ces animaux celui de l'odorat, et qu'il a vu dans le dauphin vulgaire, ainsi que dans le marsouin.

Nous avons dit, en parlant de la conformation de l'oreille, que le tuyau auquel on a donné le nom de *trompe d'Eustache*, et qui fait communiquer l'intérieur de la caisse du tympan avec la bouche, remontait vers le haut de l'évent, dans la cavité duquel il aboutissait. La partie de ce tuyau, qui est voisine de l'oreille, montre à sa face interne un trou assez large, qui donne dans un espace vide. Ce creux est grand, situé profondément, placé entre l'œil, l'oreille et le crâne, et entouré d'une cellulosité très ferme, qui en maintient les parois. Ce creux se prolonge en différents sinus, terminés par des membranes collées contre les os. Ces sinus et cette cavité sont tapissés d'une membrane noirâtre, muqueuse et tendre. Ils communiquent avec les sinus frontaux par un canal qui va en montant, et qui passe au-devant de l'orbite.

On voit donc que les émanations odorantes, apportées par l'eau de la mer ou par l'air de l'atmosphère, pénètrent facilement jusqu'à ce creux et à ces sinus par l'orifice de l'évent ou l'ouverture de la bouche, par l'évent et par la trompe d'Eustache. On doit y supposer le siège de l'odorat.

A la vérité, on ne trouve dans ces sinus ni dans cette cavité que des ramifications de la cinquième paire de nerfs; et c'est la première paire qui, dans presque tous les animaux, reçoit et transmet les impressions des corps odorants.

Mais qu'on ait sans cesse présente une importante vérité: les nerfs qui se distribuent dans les divers organes des sens sont tous de même nature; ils ne diffèrent que par leurs divisions plus ou moins grandes: ils feraient naître les mêmes sensations s'ils étaient également déliés et placés de manière à être également ébranlés par la présence des corps extérieurs. Nous ne voyons par l'œil et n'entendons par l'oreille, au lieu de voir par l'oreille et d'entendre par l'œil, que parce que le nerf optique est placé au fond d'une sorte de lunette qui écarte les

rayons inutiles, réunit ceux qui forment l'image de l'objet, propor-
tionne la vivacité de la lumière à la délicatesse des rameaux nerveux,
et parce que le nerf acoustique se développe dans un appareil qui donne
aux vibrations sonores le degré de netteté et de force le plus analogue
à la ténuité des expansions de ce même nerf. Plusieurs fois, enfin,
des coups violents, ou d'autres impressions que l'on n'éprouvait que
par un véritable toucher, soit à l'extérieur, soit à l'intérieur, ont donné
la sensation du son ou celle de la lumière.

Quoi qu'il en soit cependant du véritable organe de l'odorat
dans la baleine, les observations prouvent, indépendamment de toute
analogie, qu'elle sent les corpuscules odorants, et même qu'elle distingue de loin les nuances ou les diverses qualités des odeurs.

Nous préférons de rapporter à ce sujet un fait que nous trouvons
dans les notes manuscrites qui nous ont été remises par notre véné-
rable collègue le sénateur Pléville Le Peley, vice-amiral et ancien ministre de la marine. Ce respectable homme d'État, l'un des plus braves
militaires, des plus intrépides navigateurs et des plus habiles marins,
dit dans une de ses notes, que nous transcrivons avec d'autant plus
d'empressement qu'elle peut être très utile à ceux qui s'occupent de
de la grande pêche de la morue : « La baleine poursuivant à la côte
de Terre-Neuve la morue, le capelan, le maquereau, inquiète souvent les
bateaux pêcheurs ; elle les oblige quelquefois à quitter le fond dans
le fort de la pêche et leur fait perdre la journée.

» J'étais un jour avec mes pêcheurs ; des baleines parurent sur l'horizon ; je me préparai à leur céder la place ; mais la quantité de morue
qui était dans le bateau y avait répandu beaucoup d'eau qui s'était
pourrie ; pour porter la voile nécessaire, j'ordonnai qu'on jetât à la mer
cette eau qui empoisonnait ; peu après je vis les baleines s'éloigner,
et mes bateaux continuèrent de pêcher.

» Je réfléchis sur ce qui venait de se passer, et j'admis pour un
moment la possibilité que cette eau infecte avait fait fuir les baleines.

» Quelques jours après, j'ordonnai à tous mes bateaux de conserver
cette même eau et de la jeter à la mer tous ensemble, si les baleines
approchaient, sauf à couper leurs câbles et à fuir, si ces monstres
continuaient d'approcher.

» Ce second essai réussit à merveille : il fut répété deux ou trois
fois et toujours avec succès ; et depuis je me suis intimement persuadé

que la mauvaise odeur de cette eau pourrie est sentie de loin par la baleine, et qu'elle lui déplaît.

» Cette découverte est fort utile à toutes les pêches faites par bateaux, etc. »

Les baleines franches sont donc averties fortement et de loin de la présence des corps odorants.

Elles entendent aussi, à de grandes distances, des sons ou des bruits même assez faibles.

Et d'abord, pour percevoir les vibrations du fluide atmosphérique, elles ont un canal déférent très large, leur *trompe d'Eustache* ayant un grand diamètre. Mais de plus, dans le temps même où elles nagent à la surface de l'Océan, leur oreille est presque toujours plongée à deux ou trois mètres au-dessous du niveau de la mer. C'est donc par le moyen de l'eau que les vibrations sonores parviennent à leur organe acoustique et, tout le monde sait que l'eau est un des meilleurs conducteurs de ces vibrations, que les sons les plus faibles suivent des courants ou des masses d'eau jusqu'à des distances bien supérieures à l'espace qui leur fait parcourir le fluide atmosphérique.

Combien de fois, assis sur les rives d'un grand fleuve, n'ai-je pas, dans ma patrie [1], entendu, de près de vingt myriamètres, des bruits et particulièrement des coups de canon, que je n'aurais peut-être pas distingués de quatre ou cinq myriamètres s'ils ne m'avaient été transmis que par l'air de l'atmosphère !

Voici d'ailleurs une raison forte pour supposer dans l'oreille de la baleine franche un assez haut degré de délicatesse. Ceux qui se sont occupés d'acoustique ont pu remarquer depuis longtemps, comme moi, que les personnes dont l'organe de l'ouïe est le plus sensible, et qui reconnaissent dans un son les plus faibles nuances d'élévation, d'intensité ou de toute autre modification, ne reçoivent cependant des corps sonores que les impressions les plus confuses, lorsqu'un bruit violent, tel que celui du tambour ou d'une grosse cloche, retentit auprès d'elles. On les croirait alors très sourdes : elles ne s'aperçoivent même, dans ces moments d'ébranlement extraordinaire, d'aucun autre effet sonore que celui qui agite leur organe auditif, très facile à émouvoir. D'un autre côté, les pêcheurs qui poursuivent la baleine franche savent que lorsqu'elle rejette par ses évents une très grande quantité d'eau,

1. Près d'Agen.

le bruit du fluide, qui s'élève en gerbes et retombe en pluie sur la surface de l'Océan, l'empêche si fort de distinguer d'autres effets sonores, que, dans cette circonstance, des bâtiments peuvent souvent s'approcher d'elle sans qu'elle en soit avertie et qu'on choisit presque toujours ce moment d'étourdissement pour l'atteindre avec plus de facilité, l'attaquer de plus près et la harponner plus sûrement.

La vue des baleines franches doit être néanmoins aussi bonne et peut-être meilleure que leur ouïe.

En effet, nous avons dit que leur cristallin était presque sphérique. Il a souvent une densité supérieure à celle du cristallin des quadrupèdes et des autres animaux qui vivent toujours dans l'air de l'atmosphère. Il présente même une seconde qualité plus remarquable encore: imprégné de substance huileuse, il est plus inflammable que le cristallin des animaux terrestres.

Aucun physicien n'ignore que plus les rayons lumineux tombent obliquement sur la surface d'un corps diaphane, et plus en le traversant ils sont *réfractés*, c'est-à-dire détournés de leur première direction et réunis dans un foyer à une plus petite distance de la substance transparente.

La réfraction des rayons de la lumière est donc plus grande au travers d'une sphère que d'une lentille aplatie. Elle est aussi proportionnée à la densité du corps diaphane ; et Newton a appris qu'elle est également d'autant plus forte que la substance traversée par les rayons lumineux exerce, par sa nature inflammable, une attraction plus puissante sur ces mêmes rayons.

Trois causes très actives donnent donc au cristallin des baleines, comme à celui des phoques et des poissons, une réfraction des plus fortes.

Quel est cependant le fluide que traverse la lumière pour arriver à l'organe de la vue des baleines franches? Leur œil, placé auprès de la commissure des lèvres, est presque toujours situé à plusieurs mètres au-dessous du niveau de la mer, lors même qu'elles nagent à la surface de l'Océan : les rayons lumineux ne parviennent donc à l'œil des baleines qu'en passant au travers de l'eau. La densité de l'eau est très supérieure à celle de l'air, et beaucoup plus rapprochée de la densité du cristallin des baleines. La réfraction des rayons lumineux est d'autant plus faible que la densité du fluide qu'ils traversent est moins différente de celle du corps diaphane qui doit les réfracter. La lumière passant de l'eau dans l'œil et dans le cristallin des baleines serait donc très peu réfractée ; le foyer où les rayons se réuniraient serait très éloigné de ce cristallin ; les rayons ne seraient pas rassemblés au degré convenable lorsqu'ils tomberaient sur la rétine, et il n'y aurait pas de vision distincte, si cette cause d'une grande faiblesse dans la réfraction n'était contre-balancée par les trois causes puissantes et contraires que nous venons d'indiquer.

Le cristallin des baleines franches présente un degré de sphéricité, de densité et d'inflammabilité, ou, en un seul mot, un degré de force réfringente très propre à compenser le défaut de réfraction que produit la densité de l'eau. Ces cétacés ont donc un organe optique très adapté au fluide dans lequel ils vivent : la lame d'eau qui couvre leur œil, et au travers de laquelle ils aperçoivent les corps étrangers, est pour eux comme un instrument de dioptrique, comme un verre artificiel, comme une lunette capable de rendre leur vue nette et distincte, avec cette différence qu'ici c'est l'organisation de l'œil qui corrige les effets d'un verre qu'ils ne peuvent quitter, et que les lunettes de l'homme compensent au contraire les défauts d'un œil déformé, altéré ou affaibli, auquel on ne peut rendre ni sa force, ni sa pureté, ni sa forme.

Ajoutons une nouvelle considération.

Les rivages couverts d'une neige brillante, et les montagnes de glace polies et éclatantes, dont les baleines franches sont souvent très près, blesseraient d'autant plus leurs yeux que ces organes ne sont pas garantis par des paupières mobiles, comme ceux des quadrupèdes, et que, pendant plusieurs mois de suite, ces mers hyperboréennes et gelées réfléchissent les rayons du soleil. Mais la lame d'eau qui recouvre l'œil de ces cétacés est comme un voile qui intercepte une grande quantité de rayons de lumière ; l'animal peut l'épaissir facilement et avec promptitude, en s'enfonçant de quelques mètres de plus au-dessous de la surface de la mer ; et si, dans quelques circonstances très rares et pendant des moments très courts, l'œil de la baleine est tout à fait hors de l'eau, on va comprendre aisément ce qui remplace le voile aqueux qui ne le garantit plus d'une lumière trop vive.

La réfraction que le cristallin produit est si fort augmentée par le peu de densité de l'air qui a pris alors la place de l'eau, et qui aboutit jusqu'à la cornée, que le foyer des rayons lumineux, plus rapproché du cristallin, ne tombe plus sur la rétine, n'agit plus sur les houppes nerveuses qui composent la véritable partie sensible de l'organe, et ne peut plus éblouir le cétacé.

Les baleines franches ont donc reçu de grandes sources de sensibilité, d'instinct et d'intelligence, de grands principes de mouvement, de grandes causes d'action.

Voyons agir ces animaux, dont tous les attributs sont des sujets d'admiration et d'étude.

Suivons-les sur les mers.

On a cru reconnaître pendant plusieurs années le même mâle assidu auprès de la même femelle, partager son repos et ses jeux, la suivre avec fidélité dans ses voyages, la défendre avec courage et ne l'abandonner qu'à la mort.

On dit que la mère porte son fœtus pendant dix mois ou environ; que pendant la gestation elle est plus grasse qu'auparavant, surtout lorsqu'elle approche du temps où elle doit mettre bas.

Quoi qu'il en soit, elle ne donne ordinairement le jour qu'à un baleineau à la fois, et jamais la même portée n'en a renfermé plus de deux. Le baleineau a presque toujours plus de sept à huit mètres en venant à la lumière. Les pêcheurs du Groenland, qui ont eu tant d'occasions d'examiner les habitudes de la baleine franche, ont exposé la manière dont la baleine mère allaite son baleineau. Lorsqu'elle veut lui donner à teter, elle s'approche de la surface de la mer, se retourne à demi, nage ou flotte sur un côté, et, par de légères mais fréquentes oscillations, se place tantôt au-dessous, tantôt au-dessus de son baleineau, de manière que l'un et l'autre puissent alternativement rejeter par leurs évents l'eau salée trop abondante dans leur gueule, et recevoir le nouvel air atmosphérique nécessaire à leur respiration.

Le lait ressemble beaucoup à celui de la vache, mais contient plus de crème et de substance nutritive.

Le baleineau tette au moins pendant un an; les Anglais l'appellent alors *Shorthead*. Il est très gros et peut donner environ cinquante tonneaux de graisse. Au bout de deux ans, il reçoit le nom de *Stant*, paraît, dit-on, comme hébété, et ne fournit qu'une trentaine de tonneaux de substance huileuse. On le nomme ensuite *Sculfish*, et l'on ne connaît plus son âge que par la longueur des barbes ou extrémités de fanons qui bordent ses mâchoires.

Ce baleineau est, pendant le temps qui suit immédiatement sa naissance, l'objet d'une grande tendresse, et d'une sollicitude qu'aucun obstacle ne lasse, qu'aucun danger n'intimide. La mère le soigne même quelquefois pendant trois ou quatre ans, suivant l'assertion des premiers navigateurs qui sont allés à la pêche de la baleine, et suivant l'opinion d'Albert, ainsi que de quelques autres écrivains qui sont venus après lui. Elle ne le perd pas un instant de vue. S'il ne nage encore qu'avec peine, elle le précède, lui ouvre la route au milieu des flots agités, ne souffre pas qu'il reste trop longtemps sous l'eau, l'instruit par son exemple, l'encourage, pour ainsi dire, par son attention, le soulage dans sa fatigue, le soutient lorsqu'il ne ferait plus que de vains efforts, le prend entre sa nageoire pectorale et son corps, l'embrasse avec tendresse, le serre avec précaution, le met quelquefois sur son dos, l'emporte avec elle, modère ses mouvements pour ne pas laisser échapper son doux fardeau, pare les coups qui pourraient l'atteindre, attaque l'ennemi qui voudrait le lui ravir, et, lors même qu'elle trouverait aisément son salut dans la fuite, elle combat avec acharnement, brave les douleurs les plus vives, renverse et anéantit ce qui s'oppose à sa force, ou répand tout son sang et meurt plutôt que d'abandonner l'être qu'elle chérit plus que sa vie.

Affection mutuelle et touchante du mâle, de la femelle, et de l'individu qui leur doit le jour, première source du bonheur pour tout être sensible, la surface entière du globe ne peut donc vous offrir un asile ! Ces immenses mers, ces vastes solitudes, ces déserts reculés des pôles, ne peuvent donc vous donner une retraite inviolable ! En vain vous vous êtes confiées à la grandeur de la distance, à la rigueur des frimas, à la violence des tempêtes : ce besoin impérieux de jouissances sans cesse renouvelées, que la société humaine a fait naître, vous poursuit à travers l'espace, des orages et des glaces ; il vous trouble au bout du monde, comme au sein des cités qu'il a élevées ; et, fils ingrat de la nature, il ne tend qu'à l'attrister et l'asservir !

Cependant quel temps est nécessaire pour que ce baleineau si chéri, si soigné, si protégé, si défendu, parvienne au terme de son accroissement ?

On l'ignore. On ne connaît pas la durée du développement des baleines : nous savons seulement qu'il s'opère avec une grande lenteur. Il y a plus de cinq ou six siècles qu'on donne la chasse à ces animaux ;

et néanmoins, depuis le premier carnage que l'homme en a fait, aucun de ces cétacés ne paraît avoir eu le temps nécessaire pour acquérir le volume qu'ils présentaient lors des premières navigations et des premières pêches dans les mers polaires. La vie de la baleine peut donc être de bien des siècles ; et lorsque Buffon a dit : *Une baleine peut bien vivre mille ans, puisqu'une carpe en vit plus de deux cents,* il n'a rien dit d'exagéré. Quel nouveau sujet de réflexions !

Voilà, dans le même objet, l'exemple de la plus longue durée, en même temps que de la plus grande masse ; et cet être si supérieur est un des habitants de l'antique Océan.

Mais quelle quantité d'aliments et quelle nourriture particulière doivent développer un volume si énorme, et conserver pendant tant de siècles le souffle qui l'anime, et les ressorts qui le font mouvoir ?

Quelques auteurs ont pensé que la baleine franche se nourrissait de poissons, et particulièrement de gades, de scombres et de clupées ; ils ont même indiqué les espèces de ces osseux qu'elle préférait ; mais il paraît qu'ils ont attribué à la baleine franche ce qui appartient au *Nordcaper* et à quelques autres baleines. La *franche* n'a vraisemblablement pour aliments que des crabes et des mollusques, tels que des *actinis* et des *clios.* Ces animaux, dont elle fait sa proie, sont bien petits ; mais leur nombre compense le peu de substance que présente chacun de ces mollusques ou insectes. Ils sont si multipliés dans les mers fréquentées par la baleine franche, que ce cétacé n'a souvent qu'à ouvrir la gueule pour en prendre plusieurs milliers à la fois. Elle les aspire, pour ainsi dire, avec l'eau de la mer qui les entraîne, et qu'elle rejette ensuite par ses évents, et comme cette eau salée est quelquefois chargée de vase et charrie des algues et des débris de ces plantes marines, il ne serait pas surprenant qu'on eût trouvé dans l'estomac de quelques baleines franches des sédiments de limon et des fragments de végétaux marins, quoique l'aliment qui convient au cétacé dont nous écrivons l'histoire ne soit composé que de substances véritablement animales.

Une nouvelle preuve du besoin qu'ont les baleines franches de se nourrir de mollusques et de crabes est l'état de maigreur auquel elles sont réduites lorsqu'elles séjournent dans des mers où ces mollusques et ces crabes sont en très petit nombre. Le capitaine Jacques Colnett a vu et pris de ces baleines dénuées de graisse, à seize degrés trente minutes de latitude boréale, dans le grand Océan équinoxial, auprès de Guatémala, et par conséquent dans la zone torride. Elles étaient si maigres que, lorsqu'elles furent dépecées, leurs carcasses coulèrent à fond comme des pierres pesantes.

Les qualités des aliments de la baleine franche donnent à ses excréments un peu de solidité et une couleur ordinairement voisine de celle du safran, mais qui, dans certaines circonstances, offre des nuances rougeâtres et peut fournir, suivant l'opinion de certains auteurs, une teinture assez belle et durable. Cette dernière propriété s'accorderait avec ce que nous avons dit dans plus d'un endroit de l'*Histoire des poissons*. Nous y avons fait observer que les mollusques non seulement élaboraient cette substance qui, en se durcissant autour d'eux, devenait une nacre brillante ou une coquille ornée des plus vives couleurs, mais encore paraissaient fournir aux poissons dont ils étaient la proie la matière argentine qui se rassemblait en écailles resplendissantes du feu des diamants et des pierres précieuses. La chair et les sucs de ces mollusques, décomposés et remaniés, pour ainsi dire, dans les organes de la baleine franche, ne produisent ni nacre, ni coquille, ni écailles vivement coloriées, mais transmettraient à un des résultats de la digestion de ce cétacé des éléments de couleur plus ou moins nombreux et plus ou moins actifs.

Au reste, à quelque distance que la baleine franche doive aller chercher l'aliment qui lui convient, elle peut la franchir avec une grande facilité ; sa vitesse est si grande que ce cétacé laisse derrière lui une voie large et profonde, comme celle d'un vaisseau qui vogue à pleines voiles. Elle parcourt onze mètres par seconde. Elle va plus vite que les vents alizés; deux fois plus prompte, elle dépasserait les vents les plus impétueux ; trente fois plus rapide, elle aurait franchi l'espace aussitôt que le son. En supposant que douze heures de repos lui suffisent par jour, il ne lui faudrait que quarante-sept jours ou environ pour faire le tour du monde en suivant l'équateur, et vingt-quatre jours pour aller d'un pôle à l'autre, le long d'un méridien.

Comment se donne-t-elle cette vitesse prodigieuse ? Par sa caudale, mais surtout par sa queue.

Ses muscles étant non seulement très puissants, mais très souples, ses mouvements sont faciles et soudains. L'éclair n'est pas plus prompt qu'un coup de sa caudale. Cette nageoire, dont la surface est quelquefois de neuf ou dix mètres carrés, et qui est horizontale, frappe l'eau avec violence, de haut en bas, ou de bas en haut, lorsque l'animal a besoin, pour s'élever, d'éprouver de la résistance dans le fluide au-dessus duquel sa queue se trouve, ou que, tendant à s'enfoncer dans l'Océan, il cherche un obstacle dans la couche aqueuse qui recouvre sa queue. Cependant, lorsque la baleine part des profondeurs de l'Océan pour monter jusqu'à la surface de la mer, et que sa caudale agit plusieurs fois de haut en bas, il est évident qu'elle est obligée, à chaque coup, de relever sa caudale, pour la rabaisser ensuite. Elle ne la porte cependant vers le haut qu'avec lenteur, au lieu que c'est avec rapidité qu'elle la ramène vers le bas jusqu'à la ligne horizontale et même au delà.

Par une suite de cette différence, l'action que le cétacé peut exercer de bas en haut, et qui l'empêcherait de s'élever, est presque nulle relativement à celle qu'il exerce de haut en bas; et, ne perdant presque aucune partie de la grande force qu'il emploie pour son ascension, il monte avec une vitesse extraordinaire.

Mais, lorsqu'au lieu de monter ou de descendre, la baleine veut s'avancer horizontalement, elle frappe vers le haut et vers le bas avec une égale vitesse; elle agit dans les deux sens avec une force égale ; elle trouve une égale résistance; elle éprouve une égale réaction. La caudale néanmoins, en se portant vers le bas et vers le haut, et en se relevant ou se rabaissant ensuite comme un ressort puissant, est hors de la ligne horizontale; elle est pliée sur l'extrémité de la queue, à laquelle elle est attachée; elle forme avec cette queue un angle plus ou moins ouvert, et tourné alternativement vers le fond de l'Océan et vers l'atmosphère; elle présente donc aux couches d'eau supérieures et aux couches inférieures une surface inclinée; elle reçoit, pour ainsi dire, leur réaction sur un plan incliné.

Quelles sont les deux directions dans lesquelles elle est repoussée?

Lorsque, après avoir été relevée et descendant vers la ligne horizontale, elle frappe la couche d'eau inférieure, il est clair qu'elle est repoussée dans une ligne dirigée de bas en haut, mais inclinée en avant. Lorsqu'au contraire, après avoir été rabaissée, elle se relève vers la ligne horizontale pour agir contre la couche d'eau supérieure, la réaction qu'elle reçoit est dans le sens d'une ligne dirigée de haut en bas et néanmoins inclinée en avant. L'impulsion supérieure et l'impulsion inférieure se succédant avec tant de rapidité que leurs effets doivent être considérés comme simultanés, la caudale est donc poussée en même temps dans deux directions qui tendent, l'une vers le haut, et l'autre vers le bas. Mais ces deux directions sont obliques; elles partent en quelque sorte du même point, elles forment un angle et elles peuvent être regardées comme les deux côtés contigus d'un parallélogramme. La caudale, et par conséquent la baleine, dont tout le corps partage le mouvement de cette nageoire, doivent donc suivre la diagonale de ce parallélogramme, et par conséquent se mouvoir en avant. La baleine parcourt une ligne horizontale, si la répulsion supérieure et la répulsion inférieure sont égales ; elle s'avance en s'élevant, si la réaction qui vient d'en bas l'emporte sur l'autre ; elle s'avance en s'abaissant, si la répulsion produite par les couches supérieures est la plus forte ; et la diagonale qu'elle décrit est d'autant plus longue dans un temps donné, ou, ce qui est la même chose, sa vitesse est d'autant plus grande, que les couches d'eau ont été frappées avec plus de vigueur, que les deux réactions sont plus puissantes, et que l'angle formé par les directions de ces deux forces est plus aigu.

Ce que nous venons de dire explique pourquoi, dans les moments où la baleine veut monter verticalement, elle est obligée, après avoir relevé sa caudale, et à l'instant où elle veut frapper l'eau, non seulement de ramener cette nageoire jusqu'à la ligne horizontale, comme lorsqu'elle ne veut que s'avancer horizontalement, mais même de la lui faire dépasser vers le bas. En effet, sans cette précaution, la caudale, en se mouvant sur son articulation, en tournant sur l'extrémité de la queue comme sur une charnière, et en ne retombant cependant que jusqu'à la ligne horizontale serait repoussée de bas en haut sans doute, mais dans une ligne inclinée en avant, parce qu'elle aurait agi elle-même par un plan incliné sur la couche d'eau inférieure. Ce n'est qu'après avoir dépassé la ligne horizontale qu'elle reçoit de la couche inférieure une impulsion qui tend à la porter de bas en haut et en même temps en arrière, et qui, se combinant avec la première répulsion, laquelle est dirigée vers le haut et obliquement en avant, peut déterminer la caudale à parcourir une diagonale qui se trouve la ligne verticale, et par conséquent forcer la baleine à monter verticalement.

Un raisonnement semblable démontrerait pourquoi la baleine, qui veut descendre dans une ligne verticale, est obligée, après avoir rabaissé sa caudale, de la relever contre les couches supérieures, non seulement jusqu'à la ligne horizontale, mais même au-dessus de cette ligne.

Au reste, on comprendra encore mieux les effets que nous venons d'examiner, lorsqu'on saura de quelle manière la baleine franche est plongée dans l'eau, même lorsqu'elle nage à la surface de la mer. On peut commencer d'en avoir un idée nette, en jetant les yeux sur es dessins que sir Joseph Banks, mon illustre confrère, a bien voulu m'envoyer, que j'ai fait graver, et qui représentent la baleine nordcaper. Qu'on regarde ensuite le dessin qui représente la baleine franche, et que l'on sache que, lorsqu'elle nage même au plus haut des eaux, elle est assez enfoncée dans le fluide qui la soutient pour qu'on n'aperçoive que le sommet de sa tête et celui de son dos. Ces deux sommités s'élèvent seules au-dessus de la surface de la mer. Elles paraissent comme deux portions de sphère séparées, car l'enfoncement compris entre le dos et la tête est recouvert par l'eau ; et du haut de la sommité antérieure, mais très près de la surface des flots, jaillissent les deux colonnes aqueuses que la baleine franche lance par ses évents.

La caudale est donc placée à une distance de la surface de l'Océan, égale au sixième ou à peu près de la longueur totale du cétacé ; et, par conséquent, il est des baleines où cette nageoire est surmontée par une couche d'eau épaisse de six ou sept mètres.

La caudale cependant n'est pas pour la baleine le plus puissant instrument de natation.

La queue de ce cétacé exécute, vers la droite ou vers la gauche, à la volonté de l'animal, des mouvements analogues à ceux qu'il imprime à sa caudale ; et dès lors cette queue doit lui servir, non seulement à changer de direction et à tourner vers la gauche ou vers la droite, mais encore à s'avancer horizontalement. Quelle différence cependant entre les effets que la caudale peut produire, et la vitesse que la baleine peut recevoir de sa queue, qui, mue avec agilité comme la caudale, présente des dimensions supérieures à celles de cette nageoire ! C'est dans cette queue que réside la véritable puissance de la baleine franche ; c'est le grand ressort de sa vitesse ; c'est le grand levier avec lequel elle ébranle, fracasse et anéantit ; ou plutôt toute la force du cétacé réside dans l'ensemble formé par sa queue et par la nageoire qui la termine. Ses bras, ou, si on l'aime mieux, ses

nageoires pectorales, peuvent bien ajouter à la facilité avec laquelle
la baleine change l'intensité ou la direction de ses mouvements,
repousse ses ennemis ou leur donne la mort; mais, nous le répétons,
elle a reçu ses rames proprement dites, son gouvernail, ses armes,
sa lourde massue, lorsque la nature a donné à sa queue et à la
nageoire qui y est attachée la figure, la disposition, le volume, la
masse, la mobilité, la souplesse, la vigueur qu'elles montrent, et par
le moyen desquelles elle a pu tant de fois briser ou renverser et sub-
merger de grandes embarcations.

Ajoutons que la facilité avec laquelle la baleine franche agite non
seulement ses deux bras, mais encore les deux lobes de sa caudale,
indépendamment l'un de l'autre, est pour elle un moyen bien utile
de varier ses mouvements, de fléchir sa route, de changer sa position,
et particulièrement de se coucher sur le côté, de se renverser sur le
dos, et de tourner à volonté sur l'axe que l'on peut supposer dans
le sens de sa plus grande longueur.

S'il est vrai que la baleine franche a au-dessous de la gorge un
vaste réservoir qu'elle gonfle en y introduisant de l'air de l'atmosphère,
et qui ressemble plus ou moins à celui que nous ferons reconnaître
dans d'autres énormes cétacés, elle est aidée, dans plusieurs circonstances de ses mouvements, de ses voyages, de ses combats, par une
nouvelle et grande cause d'agilité et de succès.

Mais, quoi qu'il en soit, comment pourrait-on être étonné des
effets terribles qu'une baleine franche peut produire, si l'on réfléchit
au calcul suivant?

Une baleine franche peut peser plus de cent cinquante mille kilogrammes. Sa masse est donc égale à celle de cent rhinocéros, ou de
cent hippopotames, ou de cent éléphants ; elle est égale à celle de cent
quinze millions de quelques-uns des quadrupèdes qui appartiennent
à la famille des rongeurs et au genre des musaraignes. Il faut multiplier les nombres qui représentent cette masse par ceux qui désignent
une vitesse suffisante pour faire parcourir à la baleine onze mètres par
seconde. Il est évident que voilà une mesure de la force de la baleine.
Quel choc ce cétacé doit produire !

Un boulet de quarante-huit a sans doute une vitesse cent fois
plus grande ; mais comme sa masse est au moins six mille fois plus
petite, sa force n'est que le soixantième de celle de la baleine. Le choc

de ce cétacé est donc égal à celui de soixante boulets de quarante-huit.
Quelle terrible batterie! Et cependant, lorsqu'elle agite une grande
partie de sa masse, lorsqu'elle fait vibrer sa queue, qu'elle lui imprime
un mouvement bien supérieur à celui qui lui fait parcourir onze
mètres par seconde, qu'elle lui donne, pour ainsi dire, la rapidité de
l'éclair, quel violent coup de foudre elle doit frapper!

Est-on surpris maintenant que, lorsque des bâtiments l'assiègent
dans une baie, la baleine n'ait besoin que de plonger et de se relever
avec violence au-dessous de ces vaisseaux, pour les soulever, les cul-
buter, les couler à fond, disperser cette faible barrière et cingler en
vainqueur sur le vaste Océan?

A la force individuelle les baleines franches peuvent réunir la
puissance que donne le nombre. Quelque troublées qu'elles soient
maintenant dans leurs retraites boréales, elles vont encore souvent
par troupes. Ne se disputant pas une nourriture qu'elles trouvent ordinairement en très grande abondance, et n'étant pas habituellement
agitées par des passions violentes, elles sont naturellement pacifiques,
douces, et entraînées les unes vers les autres par une sorte d'affection
quelquefois assez vive et même assez constante. Mais si elles n'ont
pas besoin de se défendre les unes contre les autres, elles peuvent
être contraintes d'employer leur puissance pour repousser des ennemis
dangereux, ou d'avoir recours à quelques manœuvres pour se délivrer d'attaques importunes, se débarrasser d'un concours fatigant et
faire cesser des douleurs trop prolongées.

Un insecte de la famille des crustacés, et auquel on a donné le
nom de *Pou de baleine*, tourmente beaucoup la baleine franche. Il
s'attache si fortement à la peau de ce cétacé, qu'on la déchire plutôt
que de l'en arracher. Il se cramponne particulièrement à la commissure
des nageoires, aux lèvres, aux parties de la génération, aux endroits
les plus sensibles, et où la baleine ne peut pas, en se frottant, se délivrer de cet ennemi, dont les morsures sont très douloureuses et très
vives, surtout pendant le temps des chaleurs.

D'autres insectes pullulent aussi sur son corps. Très souvent
l'épaisseur de ses téguments la préserve de leur piqûre, et même du
sentiment de leur présence; mais dans quelques circonstances, ils
doivent l'agiter, comme la mouche du désert rend furieux le lion et
la panthère, du moins, s'il est vrai, ainsi qu'on l'a écrit, qu'ils se

multiplient sur la langue de ce cétacé, la rongent et la dévorent, au point de la détruire presque en entier, et de donner la mort à la baleine.

Ces insectes et ces crustacés attirent fréquemment sur le dos de la baleine franche un grand nombre d'oiseaux de mer qui aiment à se nourrir de ces crustacés et de ces insectes, les cherchent sans crainte sur ce large dos et débarrassent le cétacé de ces animaux incommodes, comme le pique-bœuf délivre les bœufs qui habitent les plaines brûlantes de l'Afrique des larves de taons, ou d'autres insectes fatigants et funestes.

Aussi n'avons-nous pas été surpris de lire dans le Voyage du capitaine Colnett autour du cap Horn et dans le grand Océan, que depuis *l'île Grande* de l'océan Atlantique, jusqu'auprès des côtes de la Californie, il avait vu des troupes de *pétrels bleus* accompagner les baleines franches.

Mais voici trois ennemis de la baleine, remarquables par leur grandeur, leur agilité, leurs forces et leurs armes. Ils la suivent avec acharnement, ils la combattent avec fureur ; et cependant reconnaissons de nouveau la puissance de la baleine franche : leur audace s'évanouit devant elle, s'ils ne peuvent pas, réunis plusieurs ensemble, concerter différentes attaques simultanées, combiner les efforts successifs de divers combattants, et si elle n'est pas encore trop jeune pour présenter tous les attributs de l'espèce.

Ces trois ennemis sont le squale scie, le cétacé auquel nous donnons le nom de *dauphin gladiateur* et le squale requin.

Le squale scie, que les pêcheurs nomment souvent *vivelle*, rencontre-t-il une baleine franche dont l'âge soit encore très peu avancé et la vigueur peu développée ; il ose, si la faim le dévore, se jeter sur ce cétacé.

La jeune baleine, pour le repousser, enfonce sa tête dans l'eau, relève sa queue, l'agite et frappe des deux côtés.

Si elle atteint son ennemi, elle l'accable, le tue, l'écrase d'un seul coup. Mais le squale se précipite en arrière, l'évite, bondit, tourne et retourne autour de son adversaire, change à chaque instant son attaque, saisit le moment le plus favorable, s'élance sur la baleine, enfonce dans son dos la lame longue, osseuse et dentelée, dont son museau est garni, la retire avec violence, blesse profondément le jeune cétacé, le déchire, le suit dans les profondeurs de l'Océan, le force à remonter vers la surface de la mer, recommence un combat terrible, et, s'il ne peut lui donner la mort, expire en frémissant.

Les dauphins gladiateurs se réunissent, forment une grande troupe, s'avancent tous ensemble vers la baleine franche, l'attaquent de toutes parts, la mordent, la harcèlent, la fatiguent, la contraignent à ouvrir sa gueule, et, se jetant sur sa langue, dont on dit qu'ils sont très avides, la mettant en pièces et l'arrachant par lambeaux, causent des douleurs insupportables au cétacé vaincu par le nombre et l'ensanglantent par des blessures mortelles.

Les énormes requins du Nord, que quelques navigateurs ont nommés *ours de mer* à cause de leur voracité, combattent la baleine sous l'eau : ils ne cherchent pas à se jeter sur sa langue; mais ils parviennent à enfoncer dans son ventre les quintuples rangs de leurs dents pointues et dentelées, et lui enlèvent d'énormes morceaux de téguments et de muscles.

Cependant un mugissement sourd exprime, a-t-on dit, et les tourments et la rage de la baleine.

Une sueur abondante manifeste l'excès de sa lassitude et le commencement de son épuisement. Elle montre par là un nouveau rapport avec les quadrupèdes, et particulièrement avec le cheval. Mais cette transpiration a un caractère particulier : elle est, au moins en grande partie, le produit de cette substance graisseuse que nous avons vue distribuée au-dessous de ses téguments, et que des mouvements forcés et une extrême lassitude font suinter par les pores de sa peau. Une agitation violente et une natation très rapide peuvent donc, en se prolongeant trop longtemps, ou en revenant très fréquemment, maigrir la baleine franche, comme le défaut d'une nourriture assez copieuse et assez substantielle.

Au reste, cette sueur qui annonce la diminution de ses forces n'étant qu'une transpiration huileuse ou graisseuse très échauffée, il n'est pas surprenant qu'elle répande une odeur souvent très fétide; et cette émanation infecte est une nouvelle cause qui attire les oiseaux de mer autour des troupes de baleines franches, dont elle peut leur indiquer de loin la présence.

Cependant la baleine blessée, privée de presque tout son sang, harassée, excédée, accablée par ses propres efforts, n'a qu'un faible reste de sa vigueur et de sa puissance. L'*ours blanc*, ou plutôt l'*ours maritime*, ce vorace et redoutable animal, que la faim rend si souvent plus terrible encore, quitte alors les bancs de glace ou les rives gelées sur lesquels il se tient en embuscade, se jette à la nage, arrive jusqu'à ce cétacé, ose l'attaquer. Mais, quoique expirante, elle montre encore qu'elle est le plus grand des animaux ; elle ranime ses forces défaillantes ; et, peu d'instants même avant sa mort, un coup de sa queue immole l'ennemi trop audacieux qui a cru ne trouver en elle qu'une victime sans défense. Elle peut d'autant plus faire ce dernier effort, que ses muscles sont très susceptibles d'une excitation soudaine. Ils conservent une grande irritabilité longtemps après la mort du cétacé, ils sont par conséquent très propres à montrer les phénomènes électriques auxquels on a donné le nom de *galvanisme ;* et un physicien ne manquera pas d'observer que la baleine franche non seulement vit au milieu des eaux comme la *raie torpille*, le *gymnote engourdissant*, le *malaptérure électrique*, etc., mais encore est imprégnée, comme ces poissons, d'une grande quantité de substance huileuse et idio-électrique.

Le cadavre de la baleine flotte sur la mer. L'ours maritime, les squales, les oiseaux de mer, se précipitent alors sur cette proie facile, la déchirent et la dévorent.

Mais cet ours maritime n'insulte ainsi, pour ainsi dire, aux derniers moments de la jeune baleine, que dans les parages polaires, les seuls qu'il infeste ; et la baleine franche habite dans tous les climats. Elle appartient aux deux hémisphères, ou plutôt les mers australes et les mers boréales lui appartiennent.

Disons maintenant quels sont les endroits qu'elle paraît préférer.

Quels sont les rivages, les continents et les îles, auprès desquels on l'a vue, ou les mers dans lesquelles on l'a rencontrée ?

Le Spitzberg, vers le quatre-vingtième degré de latitude ; le nouveau Groënland ; l'Islande ; le vieux Groenland ; le détroit de Davis ; le Canada ; Terre-Neuve ; la Caroline ; cette partie de l'océan Atlantique austral qui est située au quarantième degré de latitude et vers le trente-sixième degré de longitude occidentale à compter du méridien de Paris ; l'île Mocha, placée également au quarantième degré de latitude et voisine des côtes du Chili, dans le grand Océan méridional ; Guatémala ; le golfe de Panama ; les îles Gallapago, et les rivages

La pêche à la baleine.

occidentaux du Mexique, dans la zone torride ; le Japon ; la Corée ;
les Philippines ; le cap de Galles, à la pointe de l'île Ceylan ; les
environs du golfe Persique ; l'île de Socotara, près de l'Arabie heureuse ;
la côte orientale d'Afrique ; Madagascar ; la baie de Saint-Hélène ; la
Guinée ; la Corse, dans la Méditerranée ; le golfe de Gascogne ; la Bal-
tique ; la Norvège.

Nous venons, par la pensée, de faire le tour du monde, et, dans
tous les climats, dans toutes les zones, dans toutes les parties de
l'Océan, nous voyons que la baleine franche s'y est montrée. Mais nous
avons trois considérations à présenter à ce sujet.

Premièrement, on peut croire qu'à toutes les latitudes on a vu
les baleines franches réunies plusieurs ensemble, pourvu qu'on les
rencontrât dans l'Océan ; et ce n'est presque jamais que dans de
petites mers, dans des mers intérieures et très fréquentées comme la
Méditerranée, que ces cétacés, tels que la baleine franche prise près
de l'île de Corse en 1620, ont paru, isolés, après avoir été apparemment rejetés de leur route, entraînés et égarés par quelque grande
agitation des eaux.

Secondement, les anciens Grecs, et surtout Aristote, ses contemporains, et ceux qui sont venus après lui, ont pu avoir des notions
très multipliées sur les baleines franches, non seulement parce que
plusieurs de ces baleines ont pu entrer accidentellement dans la
Méditerranée, dont ils habitaient les bords, mais encore à cause des
relations que la guerre et le commerce avaient données à la Grèce avec
la mer d'Arabie, celle de Perse, et les golfes du Sinde et du Gange,
que fréquentaient les cétacés dont nous parlons, et où ces baleines
franches devaient être plus nombreuses que de nos jours.

Troisièmement, les géographes apprendront avec intérêt que,
pendant longtemps, on a vu tous les ans, près des côtes de la Corée,
entre le Japon et la Chine, des baleines dont le dos était encore chargé
de harpons lancés par les pêcheurs européens près des rivages du
Spitzberg ou du Groenland.

Il est donc au moins une saison de l'année où la mer est assez
dégagée de glace pour livrer un passage qui conduise de l'océan Atlantique septentrional dans le grand Océan boréal, au travers de l'océan
Glacial arctique.

Les baleines harponnées dans le nord de l'Europe et retrouvées dans le nord de l'Asie ont dû passer au nord de la Nouvelle-Zemble, s'approcher très près du pôle, suivre presque un diamètre du cercle polaire, pénétrer dans le grand Océan par le détroit de Behring, traverser le bassin du même nom, voguer le long du Kamtschatka, des îles Kuriles, de l'île de Jéso, et parvenir jusque vers le trentième degré de latitude boréale près de l'embouchure du fleuve qui baigne les murs de Nankin.

Elles ont dû, pendant ce long trajet, parcourir une ligne au moins de quatre-vingts degrés ou de mille myriamètres ; mais, d'après ce que nous avons déjà dit, il est possible que, pour ce grand voyage, elles n'aient eu besoin que de dix ou onze jours.

Et quel obstacle la température de l'air pourrait-elle opposer à la baleine franche ? Dans les zones brûlantes, elle trouve aisément, au fond des eaux, un abri ou un soulagement contre les effets de la chaleur de l'atmosphère. Lorsqu'elle nage à la surface de l'Océan équinoxial, elle ne craint pas que l'ardeur du soleil de la zone torride dessèche sa peau d'une manière funeste, comme les rayons de cet astre dessèchent, dans quelques circonstances, la peau de l'éléphant et des autres pachydermes ; les téguments qui revêtent son dos, continuellement arrosés par les vagues, ou submergés à sa volonté lorsqu'elle sillonne pendant le calme la surface unie de la mer, ne cessent de conserver toute la souplesse qui lui est nécessaire, et, lorsqu'elle s'approche du pôle, n'est-elle pas garantie des effets nuisibles du froid par la couche épaisse de graisse qui la recouvre ?

Si elle abandonne certains parages, c'est donc principalement ou pour se procurer une nourriture plus abondante, ou pour chercher à se dérober à la poursuite de l'homme.

Dans le xiie, le xiiie et le xvie siècle, les baleines franches étaient si répandues auprès des rivages français, que la pêche de ces animaux y était très lucrative ; mais, harcelées avec acharnement, elles se retirèrent vers des latitudes plus septentrionales.

L'historien des pêches des Hollandais dans les mers du Nord dit que les baleines franches, trouvant une nourriture abondante et un repos très peu troublé auprès des côtes du Groenland, de l'île de J. Mayen et du Spitzberg, y étaient très multipliées ; mais que, les pêcheurs des différentes nations arrivant dans ces parages, se les partageant comme leur domaine, et ne cessant d'y attaquer ces grands cétacés, les baleines franches, devenues farouches, abandonnèrent des mers où un combat succédait sans cesse à un autre combat, se réfugièrent vers les glaces du pôle, et conserveront cet asile jusqu'à l'époque où, poursuivies au milieu de ces glaces les plus septentrionales, elles reviendront vers les côtes du Spitzberg et les baies du Groenland, qu'elles habitaient paisiblement avant l'arrivée des premiers navigateurs.

Voilà pourquoi, plus on approche du pôle, plus on trouve de bancs de glace, et plus les baleines que l'on rencontre sont grosses, chargées de graisse huileuse, familières pour ainsi dire, et faciles à prendre.

Et voilà pourquoi encore les grandes baleines franches que l'on voit en deçà du soixantième degré de latitude, vers le Labrador, par exemple, et vers le Canada, paraissent presque toutes blessées par des harpons lancés dans les parages polaires.

On assure néanmoins que, pendant l'hiver, les baleines disparaissent d'auprès des rivages envahis par les glaces, quittent le voisinage du pôle et s'avancent dans la zone tempérée, jusqu'au retour du printemps. Mais, dans cette migration périodique, elles ne doivent pas fuir un froid qu'elles peuvent supporter; elles n'évitent pas les effets directs d'une température rigoureuse; elles ne s'éloignent que de ces croûtes de glace, ou de ces masses congelées, durcies, immobiles et profondes, qui ne leur permettraient ni de chercher leur nourriture sur les bas-fonds, ni de venir à la surface de l'Océan respirer l'air de l'atmosphère, sans lequel elles ne peuvent vivre.

Lorsqu'on réfléchit aux troupes nombreuses des baleines franches qui, dans des temps très reculés, habitaient toutes les mers, à l'énormité de leurs os, à la nature de ces parties osseuses, à la facilité avec laquelle ces portions compactes et huileuses peuvent résister aux effets de l'humidité, on n'est pas surpris qu'on ait trouvé des fragments de squelettes de baleine dans plusieurs contrées du globe, sous des couches plus ou moins épaisses; ces fragments ne sont que de nouvelles preuves du séjour de l'Océan au-dessus de toutes les portions de la terre qui sont maintenant plus élevées que le niveau des mers.

Et cependant comment le nombre de ces cétacés ne serait-il pas très diminué?

Il y a plus de deux ou trois siècles que les Basques, ces marins intrépides, les premiers qui aient osé affronter les dangers de l'océan Glacial et voguer vers le pôle arctique, animés par le succès avec lequel

ils avaient pêché la baleine franche dans le golfe de Gascogne, s'avancèrent en haute mer, parvinrent, après différentes tentatives, jusqu'aux
côtes d'Islande et à celles du Groenland, développèrent toutes les
ressources d'un peuple entreprenant et laborieux, équipèrent des
flottes de cinquante ou soixante navires, et, aidés par les Islandais,
trouvèrent dans une pêche abondante le dédommagement de leurs
peines et de leurs efforts.

Dès la fin du xvi⁰ siècle, en 1598, sous le règne d'Élisabeth, les
Anglais, qui avaient été obligés jusqu'à cette époque de se servir des
Basques pour la pêche de la baleine, l'extraction de l'huile, et même,
suivant MM. Pennant et Hackluyts, pour le radoub des tonneaux,
envoyèrent dans le Groenland des navires destinés à cette même pêche.

Dès 1608, ils s'avancèrent jusqu'au quatre-vingtième degré de latitude septentrionale et prirent possession de l'île de J. Mayen, et du
Spitzberg, que les Hollandais avaient découvert en 1596.

On vit dès 1612 ces mêmes Hollandais, aidés par les Basques,
qui composaient une partie de leurs équipages et dirigeaient leurs tentatives, se montrer sur les côtes du Spitzberg, sur celles du Groenland,
dans le détroit de Davis, résister avec constance aux efforts que les
Anglais ne cessèrent de renouveler afin de leur interdire les parages
fréquentés par les baleines franches, et faire construire avec soin dans
leur patrie les magasins, les ateliers et les fourneaux nécessaires pour
tirer le parti le plus avantageux des produits de la prise de ces cétacés.

D'autres peuples, encouragés par les succès des Anglais et des
Hollandais, les Brémois, les Hambourgeois, les Danois, arrivèrent dans
les mers du Nord. Tout concourut à la destruction de la baleine ; leurs
rivalités se turent ; ils partagèrent les rivages les plus favorables à
leur entreprise ; ils élevèrent paisiblement leurs fourneaux sur les côtes
et dans le fond des baies qu'ils avaient choisis ou qu'on leur avait
cédés.

Les Hollandais particulièrement, réunis en compagnies, formèrent
de grands établissements sur les rivages du Spitzberg, de l'île de
J. Mayen, de l'Islande, du Groenland et du détroit de Davis, dont les
golfes et les anses étaient encore peuplés d'un grand nombre de cétacés.

Ils fondèrent, dans l'île d'Amsterdam, le village de Smeerenbourg
(bourg de la fonte) ; ils y bâtirent des boulangeries, des entrepôts, des
boutiques de diverses marchandises, des cabarets, des auberges ; ils

y envoyèrent, à la suite de leurs escadres pêcheuses, des navires chargés de vin, d'eau-de-vie, de tabac, de différents comestibles.

On fondit dans ces établissements, ainsi que dans les fourneaux des autres nations, presque tout le lard des baleines dont on s'était rendu maître; on y prépara l'huile que donnait cette fonte; un égal nombre de vaisseaux put rapporter le produit d'un plus grand nombre de ces animaux.

Les baleines franches étaient encore sans méfiance; une expérience cruelle ne leur avait pas appris à reconnaître les pièges de l'homme et à redouter l'arrivée de ses flottes: loin de les fuir, elles nageaient avec assurance le long des côtes et dans les baies les plus voisines; elles se montraient avec sécurité à la surface de la mer; elles environnaient en foule les navires; se jouant autour de ces bâtiments, elles se livraient, pour ainsi dire, à l'avidité des pêcheurs, et les escadres les plus nombreuses ne pouvaient emporter la dépouille que d'une petite partie de celles qui se présentaient d'elles-mêmes au harpon.

En 1672, le gouvernement anglais encouragea par une prime la pêche de la baleine.

En 1695, la compagnie anglaise formée pour cette même pêche était soutenue par des souscriptions, dont la valeur montait à 82,000 livres sterling.

Le capitaine hollandais Zorgdrager, qui commandait le vaisseau nommé *les Quatre Frères*, rapporte qu'en 1697 il se trouva dans une baie du Groenland, avec quinze navires brémois, qui avaient pris cent quatre-vingt-dix baleines; cinquante bâtiments de Hambourg, qui en avaient harponné cinq cent quinze; et cent vingt et un vaisseaux hollandais, qui en avaient pris douze cent cinquante-deux.

Pendant près d'un siècle, on n'a pas eu besoin, pour trouver de grandes troupes de ces cétacés, de toucher aux plages de glaces : on se contentait de faire voile vers le Spitzberg et les autres îles du Nord, et l'on fondait, dans les fourneaux de ces contrées boréales, une si grande quantité d'huile de baleine, que les navires pêcheurs ne suffisaient pas pour la rapporter, et qu'on était obligé d'envoyer chercher une partie considérable de cette huile par d'autres bâtiments.

Lorsque ensuite les baleines franches furent devenues si farouches dans les environs de Smeerenbourg et des autres endroits fréquentés par les pêcheurs, qu'on ne pouvait plus ni les approcher ni les surprendre, ni les tromper et les retenir par des appâts; on redoubla de patience et d'efforts. On ne cessa de les suivre dans leurs retraites successives. On put d'autant plus aisément ne pas s'écarter de leurs traces, que ces animaux paraissaient n'abandonner qu'à regret les plages où ils avaient pendant tant de temps vogué en liberté, et les bancs de sable qui leur avaient fourni l'aliment qu'ils préfèrent. Leur migration fut lente et progressive; elles ne s'éloignèrent d'abord qu'à de petites distances; et lorsque, voulant, pour ainsi dire, le repos par-dessus tout, elles quittèrent une patrie trop fréquemment troublée, abandonnèrent pour toujours les côtes, les baies, les bancs, auprès desquels elles étaient nées, et allèrent au loin se réfugier sur les bords des glaces, elles virent arriver leurs ennemis d'autant plus acharnés contre elles que, pour les atteindre, ils avaient été forcés de braver les tempêtes et la mort.

En vain un brouillard, une brume, un orage, un vent impétueux empêchaient souvent qu'on ne poursuivît celles que le harpon avait percées; en vain ces cétacés blessés s'échappaient quelquefois à de si grandes distances, que l'équipage du canot pêcheur était obligé de couper la ligne attachée au harpon, et qui, l'entraînant avec vitesse, l'aurait bientôt assez éloigné des vaisseaux pour qu'il fût perdu sur la surface des mers; en vain les baleines que la lance avait ensanglantées avertissaient, par leur fuite précipitée, celles que l'on n'avait pas encore découvertes de l'approche de l'ennemi; le courage ou plutôt l'audace des pêcheurs surmontait tous les obstacles. Ils montaient au haut des mâts, pour apercevoir de loin les cétacés qu'ils cherchaient; ils affrontaient les glaçons flottants, et, voulant trouver leur salut dans le danger même, ils amarraient leurs bâtiments aux extrémités des glaces mouvantes.

Les baleines, fatiguées enfin d'une guerre si longue et si opiniâtre, disparurent de nouveau, s'enfoncèrent sous les glaces fixes et choisirent particulièrement leur asile sous cette croûte immense et congelée que les Bataves avaient nommée *Westys* (la glace de l'Ouest).

Les pêcheurs allèrent jusqu'à ces glaces immobiles, au travers de glaçons mouvants, de montagnes flottantes, et par conséquent de tous les périls; ils les investirent, et, s'approchant dans leurs chaloupes de ces bords glacés, ils épièrent avec une constance merveilleuse les

moments où les baleines étaient contraintes de sortir de dessous leur
voûte gelée et protectrice, pour respirer l'air de l'atmosphère.

Immédiatement avant la guerre de 1744, les Basques se livraient
encore à ces nobles et périlleuses entreprises, dont ils avaient les premiers donné le glorieux exemple.

Bientôt après, les Anglais donnèrent de nouveaux encouragements
à la pêche de la baleine, par la formation d'une société respectable, par
l'assurance d'un intérêt avantageux, par une prime très forte, par de
grandes récompenses distribuées à ceux dont la pêche avait été la plus
abondante, par des indemnités égales aux pertes éprouvées dans les
premières tentatives, par une exemption de droits sur les objets
d'approvisionnement, par la liberté la plus illimitée accordée pour la
formation des équipages, que dans aucune circonstance une levée
forcée de matelots ne pouvait atteindre ni inquiéter.

Avant la révolution qui a créé les États-Unis, les habitants du
continent de l'Amérique septentrionale avaient obtenu, dans la pêche de
la baleine, des succès qui présageaient ceux qui leur étaient réservés.
Dès 1765, Anticost, Rhode-Island et d'autres villes américaines avaient
armé un grand nombre de navires. Deux ans après, les Bataves
envoyèrent cent trente-deux navires pêcheurs sur les côtes du Groenland et trente-deux au détroit de Davis. En 1768, le grand Frédéric,
dont les vues politiques étaient aussi admirables que les talents militaires, ordonna que la ville d'Embden équipât plusieurs navires pour
la pêche des baleines franches. En 1774, une compagnie suédoise, très
favorisée, fut établie à Gothembourg, pour envoyer pêcher dans le
détroit de Davis et près des rivages du Groenland. En 1775, le roi de
Danemark donna des bâtiments de l'État à une compagnie établie à
Berghem pour le même objet. Le parlement d'Angleterre augmenta,
en 1779, les faveurs dont jouissait ceux qui prenaient part à la pêche
de la baleine. Le gouvernement français ordonna, en 1784, qu'on
armât à ses frais six bâtiments pour la même pêche, et engagea
plusieurs familles de l'île de Nantuckett, très habiles et très
exercées dans l'art de la pêche, à venir s'établir à Dunkerque. Les
Hambourgeois ont encore envoyé, en 1789, trente-deux navires au
Groenland ou au détroit de Davis. Et comment un peuple navigateur
et éclairé n'aurait-il pas cherché à commencer, conserver ou perfectionner des entreprises qui procurent une si grande quantité d'objets

de commerce nécessaires ou précieux, emploient tant de constructeurs, donnent des bénéfices considérables à tant de fournisseurs d'agrès, d'apparaux ou de vivres, font mouvoir tant de bras et forment les matelots les plus sobres, les plus robustes, les plus expérimentés, les plus intrépides?

En considérant un si grand nombre de résultats importants, pourrait-on être étonné de l'attention, des soins, des précautions multipliées, par lesquels on tâche d'assurer ou d'accroître les succès de la pêche de la baleine?

Les navires qu'on emploie à cette pêche ont ordinairement de trente-cinq à quarante mètres de longueur. On les double d'un bordage de chêne, assez épais et assez fort pour résister au choc des glaces. On leur donne à chacun depuis six jusqu'à huit ou neuf chaloupes, d'un peu plus de huit mètres de longueur, de deux mètres ou environ de largeur, et d'un mètre de profondeur depuis le plat-bord jusqu'à la quille. Un ou deux harponneurs sont désignés pour chacune de ces chaloupes pêcheuses. On les choisit assez adroits pour percer la baleine, encore éloignée, dans l'endroit le plus convenable ; assez habiles pour diriger la chaloupe suivant la route de la baleine franche, même lors-qu'elle nage entre deux eaux ; et assez expérimentés pour juger de l'endroit où ce cétacé élèvera le sommet de sa tête au-dessus de la surface de la mer, afin de respirer par ses évents l'air de l'atmosphère.

Le harpon qu'ils lancent est un dard un peu pesant et trian-gulaire, dont le fer, long de près d'un mètre, doit être doux, bien corroyé, très affilé au bout, tranchant des deux côtés et barbelé sur ses bords.

Ce fer, ou le dard proprement dit, se termine par une douille de près d'un mètre de longueur, dans laquelle on fait entrer un manche très gros, et long de deux ou trois mètres. On attache au dard même, ou à sa douille, la ligne, qui est faite du plus beau chanvre, et que l'on ne goudronne pas, pour qu'elle conserve sa flexibilité, malgré le froid extrême que l'on éprouve dans les parages où l'on fait la pêche de la baleine.

La lance dont on se sert pour cette pêche diffère du harpon en ce que le fer n'a pas d'*ailes* ou *oreilles*, qui empêchent qu'on ne la retire facilement du corps de la baleine et qu'on en porte plusieurs coups de suite avec force et rapidité. Elle a souvent cinq mètres de long, et la longueur du fer est à peu près le tiers de la longueur totale de cet instrument.

Le printemps est la saison la plus favorable pour la pêche des baleines franches, aux degrés très voisins du pôle. L'été l'est beaucoup moins. En effet, la chaleur du soleil, après le solstice, fondant la glace en différents endroits, produit des ouvertures très larges dans les portions de plages congelées où la croûte était moins épaisse. Les baleines quittent alors les bords des immenses bancs de glace, même lorsqu'elles ne sont pas poursuivies. Elles parcourent de très grandes distances au-dessous de ces champs vastes et endurcis, parce qu'elles respirent facilement dans cette vaste retraite, en nageant d'ouverture en ouverture ; et les pêcheurs peuvent d'autant moins les suivre dans ces espaces ouverts, que les glaçons détachés qui y flottent briseraient ou arrêteraient les canots que l'on voudrait y faire voguer.

D'ailleurs, pendant le printemps, les baleines trouvent, en avant des champs immobiles de glace, une nourriture abondante et convenable.

Il est sans doute des années et des parages où l'on ne peut que pendant l'été ou pendant l'automne surprendre les baleines, ou se rencontrer avec leur passage ; mais on a souvent vu, dans le mois d'avril ou de mai, un si grand nombre de baleines franches réunies entre le soixante-dix-septième et le soixante-dix-neuvième degré de latitude nord, que l'eau lancée par leurs évents, et retombant en pluie plus ou moins divisée, représentait de loin la fumée qui s'élève au-dessus d'une immense capitale.

Néanmoins les pêcheurs qui, par exemple dans le détroit de Davis ou vers le Spitzberg, pénètrent très avant au milieu des glaces, doivent commencer leurs tentatives plus tard et les finir plus tôt, pour ne pas s'exposer à des dégels imprévus ou à des gelées subites, dont les effets pourraient leur être funestes.

Au reste, les glaces des mers polaires se présentent aux pêcheurs de baleines dans quatre états différents.

Premièrement, ces glaces sont contiguës ; secondement, elles sont divisées en grandes plages immobiles ; troisièmement, elles consistent dans des bancs de glaçons accumulés ; quatrièmement enfin, ces bancs ou montagnes d'eau gelée sont mouvants, et les courants ainsi que les vents les entraînent.

Les pêcheurs hollandais ont donné le nom de *champs de glace* aux espaces glacés de plus de deux milles de diamètre, de *bancs de glace* aux espaces gelés dont le diamètre a moins de deux milles mais plus d'un demi-mille; et de *grands glaçons*, aux espaces glacés qui n'ont pas plus d'un demi-mille de diamètre.

On rencontre, vers le Spitzberg, de grands bancs de glace qui ont quatre ou cinq myriamètres de circonférence. Comme les intervalles qui les séparent forment une sorte de port naturel, dans lequel la mer est presque toujours tranquille, les pêcheurs s'y établissent sans crainte; mais ils redoutent de se placer entre les petits bancs qui n'ont que deux ou trois cents mètres de tour, et que la moindre agitation de l'Océan peut rapprocher les uns des autres. Ils peuvent bien, avec des *gaffes* ou d'autres instruments, détourner de petits glaçons. Ils ont aussi employé souvent, avec succès, pour amortir le choc des glaçons plus étendus et plus rapides, le corps d'une baleine dépouillé de son lard et placé sur le côté et en dehors du bâtiment. Mais que servent ces précautions ou d'autres semblables contre ces masses durcies et mobiles qui ont plus de cinquante mètres d'élévation? Ce n'est que lorsque ces glaçons étendus et flottants sont très éloignés l'un de l'autre qu'on ose pêcher la baleine dans les vides qui les séparent. On cherche un banc qui ait au moins trois ou quatre *brasses* de profondeur au-dessous de la surface de l'eau, et qui soit assez fort par son volume, et assez stable par sa masse, pour retenir le navire qu'on y amarre.

Il est très rare que l'équipage d'un seul navire puisse poursuivre en même temps deux baleines au milieu des glaces mouvantes. On ne hasarde une seconde attaque que lorsque la baleine franche, harponnée et suivie, est entièrement épuisée et près d'expirer.

Mais dans quelque parage que l'on pêche, dès que le matelot *guetteur*, qui est placé dans un point élevé du bâtiment, d'où sa vue peut s'étendre au loin, aperçoit une baleine, il donne le signal convenu; les chaloupes partent, et à force de rames on s'avance en silence vers l'endroit où on l'a vue. Le pêcheur le plus hardi et le plus vigoureux est debout sur l'avant de sa chaloupe, tenant le harpon de la main droite. Les Basques sont fameux par leur habileté à lancer cet instrument de mort.

Dans les premiers temps de la pêche de la baleine, on approchait

le plus possible de cet animal avant de lui donner le premier coup de
harpon. Quelquefois même le harponneur ne l'attaquait que lorsque
la chaloupe était arrivée sur le dos de ce cétacé.

Mais le plus souvent, dès que la chaloupe est arrivée à dix mètres
de la baleine franche, le harponneur jette avec force le harpon contre
l'un des endroits les plus sensibles de l'animal, comme le dos, le dessous
du ventre, les deux masses de chair mollasse qui sont à côté des évents.
Le plus grand poids de l'instrument étant dans le fer triangulaire, de
quelque manière qu'il soit lancé, sa pointe tombe et frappe la première.
Une ligne de douze brasses ou environ est attachée à ce fer et prolongée par d'autres cordages.

Albert rapporte que de son temps des pêcheurs, au lieu de jeter
le harpon avec la main, le lançaient par le moyen d'une baliste; et le
savant Schneider fait observer que les Anglais, voulant atteindre la
baleine à une distance bien supérieure à celle de dix mètres, ont renouvelé ce dernier moyen, en remplaçant la baliste par une arme à feu,
et en substituant le harpon à la balle de cette arme, dans le canon de
laquelle ils font entrer le manche de cet instrument. Les Hollandais ont
employé, comme les Anglais, une sorte de mousquet pour lancer le
harpon avec moins de danger et avec plus de force et de facilité.

A l'instant où la baleine e sent blessée, elle s'échappe avec vitesse.
Sa fuite est si rapide que, si l corde formée par toutes les lignes qu'elle
entraîne lui résistait un instant, la chaloupe chavirerait et coulerait
à fond; aussi a-t-on grand soin d'empêcher que cette *corde* ou *ligne*
générale ne s'accroche; et de plus, on ne cesse de la mouiller, afin
que son frottement contre le bord de la chaloupe ne l'enflamme et
n'allume pas le bois.

Cependant l'équipage, resté à bord du vaisseau, observe de loin
les manœuvres de la chaloupe. Lorsqu'il croit que la baleine s'est
assez éloignée pour avoir obligé de filer la plus grande partie des
cordages, une seconde chaloupe force de rames vers la première, et
attache successivement ses lignes à celles qu'emporte le cétacé.

Le secours se fait-il attendre, les matelots de la chaloupe l'appellent à grands cris. Ils se servent de grands porte-voix; ils font
entendre leurs trompes ou cornets de détresse. Ils ont recours aux
deux lignes qu'ils nomment *lignes de réserve*; ils font deux tours de la
dernière qui leur reste; ils l'attachent au bord de leur nacelle; ils

se laissent remorquer par l'énorme animal; ils relèvent de temps en temps la chaloupe qui s'enfonce presque à fleur d'eau, en laissant couler peu à peu cette seconde *ligne de réserve*, leur dernière ressource; et enfin, s'ils ne voient pas la corde extrêmement longue et violemment tendue se casser avec effort, ou le harpon se détacher de la baleine en déchirant les chairs du cétacé, ils sont forcés de couper eux-mêmes cette corde et d'abandonner leur proie, le harpon et leurs lignes, pour éviter d'être précipités sous les glaces ou engloutis dans les abîmes de l'Océan.

Mais lorsque le service se fait avec exactitude, la seconde chaloupe arrive au moment convenable; les autres la suivent et se placent autour de la première, à la distance d'une portée de canon l'une de l'autre, pour veiller sur un plus grand champ. Un pavillon particulier nommé *gaillardet*, et élevé sur le vaisseau, indique ce que l'on reconnaît, du haut des mâts, de la route du cétacé. La baleine, tourmentée par la douleur que lui cause sa large blessure, fait les plus grands efforts pour se délivrer du harpon qui la déchire; elle s'agite, se fatigue, s'échauffe; elle vient chercher à la surface de la mer un air qui la rafraîchisse et lui donne des forces nouvelles. Toutes les chaloupes voguent alors vers elle; le harponneur du second de ces bâtiments lui lance un second harpon; on l'attaque avec la lance. L'animal plonge et fuit de nouveau avec vitesse; on le poursuit avec courage; on le suit avec précaution. Si la corde attachée au second harpon se relâche et surtout si elle flotte sur l'eau, on est sûr que le cétacé est très affaibli, et peut-être déjà mort; on la ramène à soi; on la retire, en la disposant en cercles ou plutôt en spirales, afin de pouvoir la filer de nouveau avec facilité, si le cétacé, par un dernier effort, s'enfuit une troisième fois. Mais quelques forces que la baleine conserve après la seconde attaque, elle reparaît à la surface de l'Océan beaucoup plus tôt qu'après sa première blessure. Si quelque coup de lance a pénétré jusqu'à ses poumons, le sang sort en abondance par ses deux évents; on ose alors approcher de plus près du colosse; on le perce avec la lance, on le frappe à coups redoublés, on tâche de faire pénétrer l'arme meurtrière au défaut des côtes. La baleine, blessée mortellement, se réfugie quelquefois sous des glaces voisines; mais la douleur insupportable que ses plaies profondes lui font éprouver, les harpons qu'elle emporte, qu'elle secoue, et dont le mouvement agrandit ses blessures, sa fatigue extrême, son affaiblissement que chaque instant accroît, tout l'oblige à sortir de cet asile. Elle ne suit plus dans sa fuite de direction déterminée. Bientôt elle s'arrête, et, réduite aux abois, elle ne peut plus que soulever son énorme masse et chercher à parer avec ses nageoires les coups qu'on lui porte encore. Redoutable cependant lors même qu'elle expire, ses derniers moments sont ceux du plus grand des animaux. Tant qu'elle combat encore contre la mort, on évite avec effroi sa terrible queue, dont un seul coup ferait voler la chaloupe en éclats ; on ne manœuvre que pour l'empêcher d'aller terminer sa terrible agonie dans des profondeurs recouvertes par des bancs de glace, qui ne permettraient d'en retirer son cadavre qu'avec beaucoup de peine.

Les Groenlandais, par un usage semblable à celui qu'Oppien attribue à ceux qui pêchaient de son temps dans la mer Atlantique, attachent aux harpons qu'ils lancent, avec autant d'adresse que d'intrépidité, contre la baleine, des espèces d'outres faites avec de la peau de phoque, et pleines d'air atmosphérique. Ces outres très légères, non seulement font que les harpons qui se détachent flottent et ne sont pas perdus, mais encore empêchent le cétacé blessé de plonger dans la mer et de disparaître aux yeux des pêcheurs. Elles augmentent assez la légèreté spécifique de l'animal, dans un moment où l'affaiblissement de ses forces ne permet à ses nageoires et à sa queue de lutter contre cette légèreté qu'avec beaucoup de désavantage, pour que la petite différence qui existe ordinairement entre cette légèreté et celle de l'eau salée s'évanouisse, et que la baleine ne puisse pas s'enfoncer.

Les habitants de plusieurs îles voisines du Kamtschatka vont, pendant l'automne, à la recherche des baleines franches, qui abondent alors près de leurs côtes. Lorsqu'ils en trouvent d'endormies, ils s'en approchent sans bruit et les percent avec des dards empoisonnés. La blessure, d'abord légère, fait bientôt éprouver à l'animal des tourments insupportables : il pousse, a-t-on écrit, des *mugissements horribles*, s'enfle et périt.

Duhamel dit, dans son *Traité des pêches*, que plusieurs témoins oculaires, dignes de foi, ont assuré les faits suivants.

Dans l'Amérique septentrionale, près des rivages de la Floride, des sauvages, aussi exercés à plonger qu'à nager, et aussi audacieux qu'adroits, ont pris des baleines franches, en se jetant sur leur tête, enfonçant dans leur évent un long cône de bois, se cramponnant à ce cône, se laissant entraîner sous l'eau, reparaissant avec l'animal, faisant entrer un autre cône dans le second évent, réduisant ainsi les baleines à ne respirer que par l'ouverture de leur gueule, et les forçant à se jeter à la côte, ou à échouer sur des bas-fonds, pour tenir leur bouche ouverte sans avaler un fluide qu'elles ne pourraient plus rejeter par des évents entièrement fermés.

Les pêcheurs de quelques contrées sont quelquefois parvenu à fermer, avec des filets très forts, l'entrée très étroite d'anses dans lesquelles les baleines avaient pénétré pendant la haute mer, et où, laissées à sec par la retraite de la marée, que les filets les ont empêchées de suivre, elles se sont trouvées livrées sans défense aux lances et aux harpons.

Lorsqu'on s'est assuré que la baleine est morte, ou si affaiblie qu'on n'a plus à craindre qu'une blessure nouvelle lui redonne un accès de rage dont les pêcheurs seraient à l'instant les victimes, on la remet dans sa position naturelle, par le moyen de cordages fixés à deux chaloupes qui s'éloignent en sens contraire, si elle s'était tournée sur un de ses côtés ou sur son dos. On passe un nœud coulant par-dessus la nageoire de la queue, ou on perce cette queue pour y attacher une corde ; on fait passer ensuite un *funin* au travers des deux nageoires pectorales qu'on a percées, on les ramène sur le ventre de l'animal ; on les serre avec force, afin qu'elles n'opposent aucun obstacle aux rameurs pendant la remorque de la baleine ; et les chaloupes se préparent à l'entraîner vers le navire ou vers le rivage où l'on doit la dépecer.

Si l'on tardait trop d'attacher une corde à l'animal expiré, son cadavre dériverait, et, entraîné par des courants ou par l'agitation des vagues, pourrait échapper aux matelots, ou, dénué d'une assez grande quantité de matière huileuse et légère, s'enfoncerait et ne remonterait que lorsque la putréfaction des organes intérieurs l'aurait gonflé au point d'augmenter beaucoup son volume.

L'auteur de l'*Histoire des pêches des Hollandais dans les mers du Nord* fait observer avec soin que si l'on remorquait la baleine par la tête, la gueule énorme de ce cétacé, qui est toujours ouverte après la mort de l'animal, parce que la mâchoire inférieure n'est plus maintenue contre celle d'en haut, serait comme une sorte de gouffre, qui agirait sur un immense volume d'eau et ferait éprouver aux rameurs une résistance souvent insurmontable.

Lorsqu'on a amarré le cadavre d'une baleine franche au navire, et que son volume n'est pas trop grand relativement aux dimensions du vaisseau, les chaloupes vont souvent à la recherche d'autres individus, avant qu'on s'occupe de dépecer la première baleine.

Mais enfin on prépare deux *palans*, l'un pour tourner le cétacé, et l'autre pour tenir sa gueule élevée au-dessus de l'eau, de manière qu'elle ne puisse pas se remplir. Les dépeceurs garnissent leurs bottes de crampons, afin de se tenir fermes et de marcher en sûreté sur la baleine, et les opérations du dépècement commencent.

Elles se font communément à bâbord. Avant tout, on tourne un peu l'animal sur lui-même par le moyen d'un *palan* fixé par un bout au mât de misaine, et attaché par l'autre à la queue de la baleine. Cette manœuvre fait que la tête du cétacé, laquelle se trouve du côté de la poupe, s'enfonce un peu dans l'eau. On la relève, et un funin serre assez fortement une mâchoire contre l'autre, pour que les dépeceurs puissent marcher sur la mâchoire inférieure sans courir le danger de tomber dans la mer, entraînés par le mouvement de cette mâchoire d'en bas. Deux dépeceurs se placent sur la tête et sur le cou de la baleine ; deux harponneurs se mettent sur son dos ; et des aides, distribués dans des chaloupes, dont l'une est à l'avant et l'autre à l'arrière de l'animal, éloignent du cadavre les oiseaux d'eau, qui se précipiteraient hardiment et en grand nombre sur la chair et sur le lard du cétacé. Cette occupation a fait donner à ces aides le nom de *cormorans*. Leur fonction est aussi de fournir aux travailleurs les instruments dont ceux-ci peuvent avoir besoin. Les principaux de ces instruments consistent dans des couteaux de bon acier, nommés *tranchants*, dont la longueur est de deux tiers de mètre, et dont le manche a deux mètres de long ; dans d'autres couteaux, dans des mains de fer, dans des crochets, etc.

Le dépècement commence derrière la tête, très près de l'œil. La pièce de lard qu'on enlève, et que l'on nomme *pièce de revirement*, a deux tiers de mètre de largeur ; on la lève dans toute la longueur de la baleine. On donne communément un demi-mètre de large aux autres bandes qu'on coupe ensuite, et qu'on lève toujours de la tête à la queue, dans toute l'épaisseur de ce lard huileux. On tire ces différentes bandes dessus le navire, par le moyen de crochets ; on les traîne sur le tillac, et on les fait tomber dans la cale, où on les arrange. On continue alors de tourner la baleine, afin de mettre entièrement découvert le côté par lequel on a commencé le dépècement, et de dépouiller la partie inférieure de ce même côté, sur laquelle on enlève les bandes huileuses avec plus de facilité que sur le dos, parce que le lard y est moins épais.

Quand cette dernière opération est terminée, on travaille au dépouillement de la tête. On coupe la langue très profondément, et avec d'autant plus de soin que celle d'une baleine franche ordinaire donne communément six tonneaux d'huile. Plusieurs pêcheurs cependant ne cherchent à extraire cette huile que lorsque la pêche n'a pas été abondante : on a prétendu qu'elle était plus sèche que les huiles provenues des autres parties de la baleine ; qu'elle était assez corrosive pour altérer les chaudières dans lesquelles on la faisait couler ; et que c'était principalement cette huile, extraite de la langue, que les ouvriers employés à découper le lard prenaient garde de laisser rejaillir sur leurs mains ou sur leurs bras, pour ne pas être incommodés au point de courir le danger de devenir perclus.

Pour enlever plus facilement les fanons, on soulève la tête avec une *amure* fixée au pied de l'*artimon* ; et trois crochets attachés aux *palans* dont nous avons parlé, enfoncés dans la partie supérieure du museau, font ouvrir la gueule au point que les dépeceurs peuvent couper les racines des fanons.

On s'occupe ensuite du dépècement du second côté de la baleine franche. On achève de faire tourner le cétacé sur son axe longitudinal, et on enlève le lard du second côté, comme on a enlevé celui du premier. Mais comme, dans le revirement de l'animal, la partie inférieure du second côté est celle qui se présente la première, la dernière bande dont ce même côté est dépouillé est la grande pièce dite *de revirement*. Cette grande bande a ordinairement dix mètres de longueur, lors même que le cétacé ne fournit que deux cent cinquante myriagrammes d'huile et cent myriagrammes de fanons.

Il est aisé d'imaginer les différences que l'on introduit dans les opérations que nous venons d'indiquer, si on dépouille la baleine sur la côte ou près du rivage, au lieu de la dépecer auprès du vaisseau.

Lorsqu'on a fini d'enlever le lard, la langue et les fanons, on repousse et laisse aller à la dérive la carcasse gigantesque de la baleine franche. Les oiseaux d'eau s'attroupent sur ces restes immenses, quoiqu'ils soient moins attirés par ces débris que par un cadavre qui n'est pas encore dénué de graisse. Les ours maritimes s'assemblent aussi autour de cette masse flottante et en font curée avec avidité.

Veut-on cependant arranger le lard dans des tonneaux? On le sépare de la couenne. On le coupe par morceaux de trois décimètres carrés de surface ou environ, et on entasse ces morceaux dans les tonnes.

Veut-on le faire fondre, soit à bord du navire, comme les Basques le préféraient, soit dans un atelier établi à terre, comme on le fait dans plusieurs contrées et comme les Hollandais l'ont pratiqué pendant long-temps à Smeerenbourg dans le Spitzberg?

On se sert de chaudières de cuivre rouge ou de fer fondu. Ces chaudières sont très grandes : ordinairement elles contiennent chacune environ cinq tonneaux de graisse huileuse. On les pose sur un fourneau de cuivre et on les y maçonne, pour éviter que la chaudière, en se renversant sur le feu, n'allume un incendie dangereux. On met de l'eau dans la chaudière, avant d'y jeter le lard, afin que cette graisse ne s'attache pas au fond de ce vaste récipient et ne s'y grille pas sans se fondre. On le remue d'ailleurs avec soin, dès qu'il commence à s'échauffer. Trois heures après le commencement de l'opération, on puise l'huile, toute bouillante, avec de grandes cuillers de cuivre ; on la verse sur une grille qui recouvre un grand baquet de bois : la grille purifie l'huile, en retenant les morceaux, pour ainsi dire, infusibles, que l'on nomme *lardons*[1].

L'huile, encore bouillante, coule du premier baquet dans un second, que l'on a rempli aux deux tiers d'eau froide, et auquel on a donné com-munément un mètre de profondeur, deux de large et cinq ou six de long. L'huile surnage dans ce second baquet, se refroidit et continue de se purifier, en se séparant des matières étrangères, qui tombent au fond du réservoir. On la fait passer du second baquet dans un troisième, et du troisième dans un quatrième. Ces deux derniers sont

---

1. On remet ces lardons dans la chaudière, pour en tirer une colle qui sert à différents usages; et, après l'extraction de cette colle, on emploie à nourrir des chiens le marc épais qui reste au fond de la cuve.

remplis, comme le second, d'eau froide, jusqu'aux deux tiers ; l'huile
achève de s'y perfectionner ; et du dernier baquet on la fait entrer,
par une longue gouttière, dans les tonneaux destinés à la conserver
ou à la transporter au loin.

Au reste, moins le temps pendant lequel on garde le lard
dans les tonnes est long, et plus l'huile qu'on en retire doit être
recherchée.

L'huile et les fanons de la baleine franche ne sont pas les seules
parties utiles de cet animal. Les Groenlandais et d'autres habitants
des contrées du Nord trouvent la peau et les nageoires de ce cétacé
très agréables au goût. Sa chair fraîche ou salée a souvent servi à la
nourriture des équipages basques. Le capitaine Colnett rapporte que
le cœur d'une jeune baleine, qui n'avait encore que cinq mètres de
longueur, et que ses matelots prirent au mois d'août 1793, près de
Guatémala, dans le grand Océan équinoxial, parut un mets exquis à
son équipage. Les intestins de la baleine franche servent à remplacer
le verre des fenêtres ; les tendons fournissent des fils propres à faire
des filets ; on fait de très bonnes lignes avec les poils qui terminent
les fanons, et on emploie dans plusieurs pays les côtes et les grands
os des mâchoires pour composer la charpente des cabanes, ou pour
mieux enclore des jardins et des champs.

Les avantages que l'on retire de la pêche des baleines franches
ont facilement engagé dans nos temps modernes les peuples entrepre-
nants et déjà familiarisés avec les navigations lointaines à chercher ces
cétacés partout où ils ont espéré de les trouver. On les poursuit maintenant dans l'hémisphère austral comme dans l'hémisphère arctique, et
dans le grand Océan boréal comme dans l'océan Atlantique septentrional : on les y pêche même, au moins très souvent, avec plus de
facilité, avec moins de danger, avec moins de peine. On les atteint à
une assez grande distance du cercle polaire, pour n'avoir pas besoin
de braver les rigueurs du froid ni les écueils de glace. Le capitaine
Colnett trouva, par exemple, un grand nombre de ces animaux vers
le quarantième degré de latitude australe, auprès de l'île Mocha et
des côtes occidentales du Chili ; et à la même latitude, ainsi que dans
le même hémisphère, et vers le trente-septième degré de longitude
occidentale du méridien de Paris, il avait vu, peu de temps auparavant,
de si grandes troupes de ces baleines, qu'il les crut assez nombreuses

pour fournir toute l'huile que pourrait emporter la moité des vaisseaux baleiniers de Londres.

Cette multitude de baleines disparaîtra cependant dans l'hémisphère austral, de même que dans le boréal. La plus grande des espèces s'éteindra comme tant d'autres. Découverte dans ses retraites les plus cachées, atteinte dans ses asiles les plus reculés, vaincue par la force irrésistible de l'intelligence humaine, elle disparaîtra de dessus le globe ; il ne restera pas même l'espérance de la trouver dans quelque partie de la terre non encore visitée par des voyageurs civilisés, comme on peut avoir celle de découvrir, dans les immenses solitudes du nouveau continent, l'*Éléphant de l'Ohio* et le *Mégathérium*. Quelle portion de l'Océan n'aura pas été en effet traversée dans tous les sens ? Quel rivage n'aura pas été reconnu ? de quelles plages gelées les deux zones glaciales auront-elles pu dérober les tristes bords ? On ne verra plus que quelques restes de cette espèce gigantesque ; ses débris deviendront une poussière, que les vents disperseront, et elle ne subsistera que dans le souvenir des hommes et dans les tableaux du génie. Tout diminue et dépérit donc sur le globe. Quelle révolution en remontera les ressorts ? La nature n'est immortelle que dans son ensemble ; et si l'art de l'homme embellit et ranime quelques-uns de ses ouvrages, combien d'autres qu'il dégrade, mutile et anéantit !

LE CACHALOT

MACROCÉPHALE

Quel colosse nous avons encore sous les yeux ! Nous voyons un des géants de la mer, des dominateurs de l'Océan, des rivaux de la baleine franche. Moins fort que le premier des cétacés, il a reçu des armes formidables, que la nature n'a pas données à la baleine. Des dents terribles par leur force et par leur nombre[1] garnissent les deux côtés de la mâchoire inférieure. Son organisation intérieure, un peu différente de celle de la baleine, lui impose d'ailleurs le besoin d'une nourriture plus substantielle, que des légions d'animaux assez grands peuvent seules lui fournir. Aussi ne règne-t-il pas sur les ondes en vainqueur pacifique, comme la baleine ; il y exerce un empire redouté : il ne se contente pas de repousser l'ennemi qui l'attaque, de briser l'obstacle qui l'arrête, d'immoler l'audacieux qui le blesse ; il cherche sa proie, il poursuit ses victimes, il provoque au combat ; et s'il n'est pas aussi avide du sang et de carnage que plusieurs animaux féroces, s'il n'est pas le tigre de la mer, du moins n'est-il pas l'éléphant de l'Océan.

Sa tête est une des plus volumineuses, si elle n'est pas la plus grande de toutes celles que l'on connaît. Sa longueur surpasse presque toujours le tiers de la longueur totale du cétacé. Elle paraît comme une grosse masse tronquée par devant, presque cubique, et terminée par conséquent à l'extrémité du museau par une surface très étendue, presque carrée et presque verticale. C'est dans la surface inférieure de ce cube immense, mais imparfait, que l'on voit l'ouverture de la bouche, étroite, longue, un peu plus reculée que le bout du museau, et fermée à la volonté du cachalot par la mâchoire d'en bas, comme par un vaste couvercle renversé.

1. Suivant Anderson, le nom de *cachalot* a été donné, sur les rives occidentales de la France méridionale, au cétacé que nous décrivons, et signifie *animal à dents*.

LA BALEINE

LE CACHALOT

Garnier frères Éditeurs

Cette mâchoire d'en bas est donc évidemment plus courte que celle d'en haut. Nous avons dans le Muséum d'histoire naturelle les deux mâchoires d'un cachalot macrocéphale. La supérieure a cinq mètres quatre-vingt-douze centimètres de longueur; l'inférieure n'est longue que de quatre mètres quatre-vingt-six centimètres.

Mais la mâchoire d'en haut du macrocéphale l'emporte encore plus par sa largeur que par sa longueur sur celle d'en bas, qu'elle entoure, et qui s'emboîte entre ses deux branches. Celle du cachalot que nous venons d'indiquer a un mètre soixante-deux centimètres de large; l'inférieure n'a, vers le bout du museau, que trente-deux centimètres de largeur; et ses deux branches, en s'écartant, ne forment qu'un angle de quarante degrés.

Chaque branche de la mâchoire d'en bas a quelquefois cependant un tiers de mètre d'épaisseur. La chair des gencives est ordinairement très blanche, dure comme de la corne, revêtue d'une sorte d'écorce profondément ridée, et ne peut être détachée de l'os qu'après avoir éprouvé pendant plusieurs heures une ébullition des plus fortes.

Le nombre des dents qui garnissent de chaque côté la mâchoire d'en bas est de vingt-trois, suivant le professeur Gmelin; il était de vingt-quatre dans l'individu dont une partie de la charpente osseuse est conservée dans le Muséum d'histoire naturelle; il était de vingt-cinq dans un autre individu examiné par Anderson; et selon plusieurs écrivains, il varie depuis vingt-trois jusqu'à trente. On ne peut plus douter que ce nombre ne dépende de l'âge du cétacé et ne croisse avec cet âge; mais nous devons remarquer, avec le savant Hunter, que dans les cétacés la dent paraît toute formée dans l'alvéole; elle ne s'allonge qu'en pénétrant dans la gencive. La mâchoire s'accroît en se prolongeant par son bout postérieur. C'est vers le gosier qu'il paraît de nouvelles dents à mesure que l'animal se développe; et de là vient que dans les cétacés, et particulièrement dans le macrocéphale, les alvéoles de la mâchoire supérieure sont d'autant plus profonds qu'ils sont plus près du museau.

Ces dents sont fortes, coniques, un peu recourbées vers l'intérieur de la gueule. Les deux premières et les quatre dernières de chaque rangée sont quelquefois moins grosses et plus pointues que les autres. Elles ont à l'intérieur la couleur et la dureté de l'ivoire; mais elles sont, à l'extérieur, plus tendres et plus grises. On a écrit qu'elles devenaient plus longues, plus grosses et plus recourbées, à mesure que le cétacé vieillit. Lorsqu'elles n'ont encore qu'un sixième de mètre de longueur, leur circonférence est d'un douzième de mètre à l'endroit où elles ont le plus de grosseur. La mâchoire supérieure présente autant d'alvéoles qu'il y a de dents à la mâchoire d'en bas. Ces alvéoles reçoivent, lorsque la bouche se ferme, la partie de ces dents qui dépasse les gencives; et presque à la suite de chacune de ces cavités on découvre une dent petite, pointue à son extrémité, située horizontalement, et dont on voit à peine, au-dessus de la chair, une surface plane, unie et oblique.

La langue est charnue, un peu mobile, d'un rouge livide, et remplit presque tout le fond de la gueule.

L'œil est situé plus haut que dans plusieurs grands cétacés. On le voit au-dessus de l'espace qui sépare l'ouverture de la gueule de la base de la pectorale, et à une distance presque égale de cet espace et du sommet de la tête. Il est noirâtre, entouré de poils très ras et très difficiles à découvrir. Cet organe n'a d'ailleurs qu'un très petit diamètre et Anderson assure que dans un individu de cette espèce, poussé dans l'Elbe par une forte tempête en décembre 1720, et qui avait plus de vingt-trois mètres de longueur, le cristallin n'était que de la grosseur d'une balle de fusil.

Au reste, nous devons faire remarquer avec soin que l'œil du macrocéphale est placé au sommet d'une d'éminence ou de bosse, peu sensible à la vérité, mais qui cependant s'élève au-dessus de la surface de la tête, pour que le museau n'empêche pas cet organe de recevoir les rayons lumineux réfléchis par les objets placés devant le cétacé, pourvu que ces objets soient un peu éloignés. Aussi le capitaine Colnett dit-il, dans la relation de son voyage, que le cachalot poursuit sa proie sans être obligé d'incliner le grand axe de sa tête et de son corps sur la ligne le long de laquelle il s'avance.

On a peine à distinguer l'orifice du conduit auditif. Il est cependant situé sur une sorte d'excroissance de la peau, entre l'œil et le bras ou la nageoire pectorale.

Les deux évents aboutissent à une même ouverture, dont la largeur est souvent d'un sixième de mètre. L'animal lance avec force, et à une assez grande hauteur, l'eau qu'il fait jaillir par cet orifice. Mais ce fluide, au lieu de s'élever verticalement, décrit une courbe dirigée en avant, et par conséquent, au lieu de retomber sur les évents, lorsque le cachalot est en repos, retombe dans la mer, à une distance plus ou moins grande de l'extrémité du museau. Cet effet vient de la direction des évents et de la position de leur orifice. Ces tuyaux forment une diagonale qui part du fond du palais, traverse l'intérieur de la tête et se rend à l'extrémité supérieure du bout du museau, où elle se termine par une ouverture inclinée à l'horizon. L'eau lancée par cette ouverture et par ces tuyaux inclinés tend à s'élever dans l'atmosphère dans la même direction; et sa pesanteur, qui la ramène sans cesse vers la surface de la mer, doit alors lui faire décrire une parabole en avant du tube dont elle est partie.

Le macrocéphale n'est pas obligé de se servir d'évents pour respirer, aussi souvent que la baleine franche; il reste beaucoup plus longtemps sous l'eau; et l'on doit croire, d'après le capitaine Colnett, que plus il est grand, et moins, tout égal d'ailleurs, il vient fréquemment à la surface de l'Océan.

La nuque est indiquée dans ce cétacé par une dépression, qui s'étend de chaque côté jusqu'à la nageoire pectorale.

Vers les deux tiers de la longueur du dos, s'élève une sorte de callosité longitudinale que l'on croirait tronquée par derrière et qui présente la figure d'un triangle rectangle très allongé.

Le ventre est gros et arrondi. La queue, dont la longueur est souvent inférieure à celle de la tête, est conique, d'un très petit diamètre vers la caudale, et par conséquent très mobile.

La graisse ou le lard que l'on trouve au-dessus de la peau a près de deux décimètres d'épaisseur. La chair est d'un rouge pâle.

On a écrit que le diamètre de l'aorte du macrocéphale était souvent d'un tiers de mètre, et qu'à chaque systole il sort du cœur de ce cétacé près de cinquante litres de sang.

Les sept vertèbres du corps, ou du moins les six dernières, sont soudées ensemble; elles sont réunies par une sorte d'ankylose, qui cependant n'empêche pas de les distinguer toutes et de voir que les cinq intermédiaires sont très minces. Cette particularité contribue à montrer pourquoi le cachalot ne remue pas la tête sans mouvoir le corps.

On ignore encore le nombre des vertèbres dorsales et caudales du macrocéphale; mais on conserve, dans les galeries d'anatomie comparée du Muséum d'histoire naturelle, trente-trois de ces vertèbres, dont la hauteur est de dix-huit centimètres, et la largeur de vingt et un.

Anderson ayant examiné le bout de la queue du cachalot macrocéphale de vingt-trois mètres de longueur, pris dans l'Elbe, et dont nous avons déjà parlé, trouva que les vertèbres qui la soutenaient réunies les unes aux autres par des cartilages souples, devaient avoir été très mobiles.

On peut voir aussi, dans les galeries du Muséum, deux vraies côtes du cachalot que nous tâchons de bien connaître. Elles sont comprimées, courbées dans un tiers de leur longueur, terminées par deux extrémités dont la distance mesurée en ligne droite est de cent treize centimètres, et articulées de manière qu'elles forment avec celles du côté opposé, un angle de quatre-vingt-dix degrés ou environ.

M. Chappuis, de Quimper, écrivit dans le temps à mon savant collègue Faujas, de Saint-Fond, que des cachalots macrocéphales, échoués sur la côte de Bretagne, n'avaient que huit côtes de chaque côté, et que la longueur de ces côtes était de cent soixante-cinq centimètres.

L'os du front, très étroit de devant en arrière, ressemble, dans le cachalot, comme dans tous les cétacés, à une bande transversale qui s'étend de chaque côté jusqu'à l'orbite, dont il compose le plafond ; mais il descend moins bas dans le macrocéphale que dans plusieurs autres de ces mammifères, parce que l'œil y est plus élevé, ainsi que nous venons de le voir.

Si nous considérons le bras, nous trouverons que les deux os de l'avant-bras, le *cubitus* et le *radius*, sont aplatis et articulés avec l'*humérus* et avec le carpe, de manière à n'avoir pas de mouvements particuliers, au moins très sensibles ; que les phalanges des doigts sont également aplaties, et que toutes les parties qui composent le bras sont réunies et recouvertes de manière à former une véritable nageoire un peu ovale, ordinairement longue de plus d'un mètre et épaisse de plus d'un décimètre.

La nageoire de la queue se divise en deux lobes dont chacun est échancré en forme de faux. Le bout d'un de ces lobes est souvent éloigné de l'extrémité de l'autre, de près de cinq mètres.

Le dos du macrocéphale est noir ou noirâtre, quelquefois mêlé de reflets verdâtres ou de nuances grises ; on a vu aussi la partie supérieure d'individus de cette espèce, teinte d'un bleu d'ardoise et tachetée de blanc.

Le ventre du macrocéphale est blanchâtre. Sa peau a la douceur de la soie.

Nous avons déjà dit que sa longueur pouvait être de plus de vingt-trois mètres ; sa circonférence, à l'endroit le plus gros de son corps, est alors au moins de dix-sept mètres ; sa plus grande hauteur est même quelquefois supérieure ou du moins égale au tiers de sa longueur totale.

Mais nous ne pouvons terminer la description de ce cétacé, qu'a-près avoir parlé de deux substances remarquables qu'on trouve dans son intérieur, ainsi que dans celui de presque tous les autres cachalots. L'une de ces deux substances est celle qui est connue dans le commerce sous le nom impropre de *blanc de baleine ;* et l'autre est l'*ambre gris.*

Que la première soit d'abord l'objet de notre examen.

La tête du cachalot macrocéphale, cette tête si grande, si grosse, si élevée, même dans celle de ses portions qui saille le plus en avant, renferme dans sa partie supérieure une cavité très vaste et très distincte de celle qui contient le cerveau, et qui est très petite. Le capitaine Colnett nous dit, dans la relation de son voyage, que, dans un macro-céphale pris auprès de la côte occidentale du Mexique en août 1793, cette cavité occupait près du quart de la totalité de la tête. Elle était inclinée en avant, s'avançait d'un côté jusqu'au bout du museau, et de l'autre, s'étendait jusqu'au delà des yeux. On peut voir la position, la forme et la grandeur de cette cavité, dans la tête du macrocéphale, qui a près de six mètres de long, que l'on conserve dans le Muséum d'histoire naturelle, que nous avons fait graver, et dont l'os frontal a été scié de manière à laisser apercevoir cet énorme vide.

Cette cavité est recouverte par plusieurs téguments, par la peau du cétacé, par une couche de graisse ou de lard d'un décimètre au moins d'épaisseur, et par une membrane dont le capitaine Colnett dit que la couleur est noire, et dans laquelle on voit de très gros nerfs.

La calotte solide que l'on découvre quand on a enlevé ces téguments est plus ou moins dure, suivant l'âge du cétacé ; mais il paraît que, tout égal d'ailleurs, elle est toujours plus dure dans le macrocéphale que dans d'autres espèces de cachalots qui produisent du *blanc,* et dont nous parlerons bientôt.

La cavité est divisée en deux grandes portions par une membrane parsemée de nerfs et étendue horizontalement. Ces deux portions sont traversées obliquement par des évents : elles sont d'ailleurs inégales.

La supérieure est la moins grande : l'inférieure, qui est située au-dessus
du palais, a quelquefois plus de deux mètres et demi de hauteur. Il
n'est donc pas surprenant qu'on retire souvent de ces deux cavités,
lesquelles ont été comparées à des *cavernes*, plus de dix-huit ou même
vingt tonneaux de blanc liquide. Mais cette substance fluide n'est pas
contenue uniquement dans ces deux grands espaces. Chacune de ces
vastes cavernes est séparée en plusieurs compartiments, formés par des
membranes verticales, dont on a considéré la nature comme semblable
à celle de la pellicule intérieure d'un œuf d'oiseau, et c'est dans ces
compartiments qu'on trouve le *blanc*. Cette matière est liquide pendant
la vie de l'animal; elle est encore fluide lorsqu'on l'extrait peu de
temps après la mort du cétacé. A mesure néanmoins qu'elle se refroidit,
elle se coagule; si elle est mêlée avec une certaine quantité d'huile, il
faut un refroidissement plus considérable pour la fixer; et lorsqu'elle a
perdu sa fluidité, elle ressemble, suivant Hunter, à la pulpe intérieure
du *melon d'eau*. Elle est très blanche; on a cependant écrit que ses
nuances étaient quelquefois altérées par le climat, vraisemblablement
par la nourriture et l'état de l'individu. Devenue concrète, elle est cristalline et brillante. C'est une matière huileuse, que l'on trouve autour
du cerveau, mais qui est très différente, par sa nature, de la substance
médullaire. Le blanc que l'on retire de la portion supérieure de la grande
cavité est très souvent moins pur que celui de la portion inférieure;
mais on amène l'un et l'autre à un très haut degré de pureté, en le
séparant, à l'aide de la presse, d'une certaine quantité d'huile qui l'altère,
et en le soumettant à plusieurs fusions, cristallisations et pressions
successives. Il est alors cristallisé en lames blanches, brillantes et
argentines. Il a une odeur particulière et fade, très facile à distinguer
de celle que donne la rancidité. Lorsqu'on l'écrase, il se change en
une poussière blanche, encore lamelleuse et brillante, mais onctueuse
et grasse. On le fond à une température plus basse que la cire, mais à
une température plus élevée que la graisse ordinaire. Mis en contact
avec un corps incandescent, il s'enflamme, brûle sans pétillement,
répand une flamme vive et claire, et peut être employé avec d'autant
plus d'avantage à faire des bougies, que, lorsqu'il est en fusion, il ne
tache pas les étoffes sur lesquelles il tombe, mais s'en sépare par le
frottement, sous la forme d'une poussière.

Un canal communique avec la cavité qui contient le blanc du

cachalot. Très gros du côté de cette cavité, il s'en éloigne avec la moelle épinière et se divise en un très grand nombre de petits vaisseaux, qui, s'étendant jusqu'aux extrémités du cétacé, distribuent dans toutes les parties de l'animal la substance blanche et liquide que nous examinons. Ce canal se vide dans la cavité de la tête, à mesure qu'on retire le blanc de cette cavité, et la substance fluide qui sort de ce gros vaisseau remplace, pendant quelques moments, celui qu'on puise dans la tête.

On trouve aussi, dans la graisse du macrocéphale, de petits intervalles remplis de *blanc*. Lorsqu'on a vidé une de ces loges particulières, elle se remplit bientôt de celui des loges voisines ; et, de proche en proche, tous ces interstices reçoivent un nouveau fluide, qui provient du grand canal dont la moelle épinière est accompagnée dans toute sa longueur.

Il y a donc dans le cachalot, à l'histoire duquel cet article est consacré, un système général de vaisseaux propres à contenir et à transmettre le blanc, lequel système a beaucoup de rapport, dans sa composition, dans sa distribution, dans son étendue et dans la place qu'il occupe, avec l'ensemble formé par le cerveau, la moelle épinière et les nerfs proprement dits.

Il ne faut donc pas être étonné qu'on retire du corps et de la queue du macrocéphale une quantité de blanc égale, ou à peu près, à celle que l'on trouve dans sa tête, et que cette substance soit d'un égal degré de pureté dans les différentes parties du cétacé.

Pour empêcher que ce blanc ne s'altère et n'acquière une teinte jaune, on le conserve dans des vases fermés avec soin. Des commerçants infidèles l'ont quelquefois mêlé avec de la cire; mais, en le faisant fondre, on s'aperçoit aisément de la falsification de cette substance.

Pour achever de la faire connaître, nous ne pouvons mieux faire que de présenter une partie de l'analyse qu'on en peut voir dans le grand et bel ouvrage de notre célèbre et savant collègue Fourcroy :

« Quand on distille le blanc à la cornue, on ne le décompose qu'avec beaucoup de difficulté; lorsqu'il est fondu et bouillant, il passe presque tout entier et sans altération dans le récipient; il ne donne ni eau, ni acide sébacique; ses produits n'ont pas l'odeur forte de ceux des graisses. Cependant une partie de ce corps graisseux est déjà dénaturée, puisqu'elle est à l'état d'huile liquide; et, si on le distille plusieurs fois de suite, on parvient à l'obtenir complètement huileux, liquide et inconcrescible. Malgré l'espèce d'altération qu'il éprouve dans ces distillations répétées, le blanc n'a point acquis encore plus de volatilité qu'il n'en avait ; et il faut, suivant M. Thouvenel, le même degré de chaleur pour le volatiser, que dans la première opération. L'huile dans laquelle il se convertit n'a pas non plus l'odeur vive et pénétrante de celles qu'on retire des autres matières animales traitées de la même manière. La distillation du blanc avec l'eau bouillante, d'après le chimiste déjà cité, n'offre rien de remarquable. L'eau de cette espèce de décoction est un peu louche ; filtrée et évaporée, elle donne un peu de matière muqueuse et amère pour résidu. Le blanc, traité par l'ébullition dans l'eau, devient plus solide et plus soluble dans l'alcool, qu'il ne l'est dans son état naturel.

» Exposé à l'air, le blanc devient jaune et sensiblement rance. Quoique sa rancidité soit plus lente que celle des graisses proprement dites, et quoique son odeur soit alors moins sensible que dans ces dernières, en raison de celle qu'il a dans son état frais, ce phénomène y est cependant assez marqué pour que les médecins aient fait observer qu'il fallait en rejeter alors l'emploi. Il se combine avec le phosphore et le soufre par la fusion ; il n'agit pas sur les substances métalliques.

» Les acides nitrique et muriatique n'ont aucune action sur lui. L'acide sulfurique concentré le dissout, en modifiant sa couleur, et l'eau le sépare de cette dissolution, comme elle précipite le camphre de l'acide nitrique ; l'acide sulfureux le décolore et le blanchit ; l'acide muriatique oxygéné le jaunit et ne le décolore pas quand il a pris naturellement cette nuance.

» Les lessives d'alcalis fixes s'unissent au blanc liquéfié, en le mettant à l'état savonneux : cette espèce de savon se sèche et devient friable ; sa dissolution dans l'eau est plus louche et moins homogène que celle des savons communs.

» Bouilli dans l'eau avec l'oxyde rouge de plomb, le blanc forme une masse emplastique, dure et cassante.

» Les huiles fixes se combinent promptement avec cette substance graisseuse, à l'aide d'une douce chaleur ; on ne peut pas plus la séparer de ces combinaisons, que les graisses et la cire. Les huiles volatiles dissolvent également le blanc, et mieux même qu'elles ne font les graisses proprement dites. L'alcool le dissout en le faisant chauffer ;

il s'en sépare une grande partie par le refroidissément; et, lorsque celui-ci est lent, le blanc se cristallise en se précipitant. L'éther en opère la dissolution encore plus promptement et plus facilement que l'alcool; il l'enlève même à celui-ci et il en retient une grande quantité. On peut aussi faire cristalliser très régulièrement le blanc, si, après l'avoir dissous dans l'éther à l'aide de la chaleur douce que la main lui communique, on le laisse refroidir et s'évaporer à l'air. La forme qu'il prend alors est celle d'écailles blanches, brillantes et argentées comme l'acide boracique, tandis que le suif et le beurre du cacao, traités de même, ne donnent que des espèces de mamelons opaques et groupés, ou des masses grenues irrégulières. »

Comment ne pas penser maintenant, avec notre collègue Fourcroy, que le blanc du cachalot est une substance très particulière, et qu'il peut être regardé comme ayant avec les huiles fixes les mêmes rapports que le camphre avec les huiles volatiles, tandis que la cire paraît être à ces mêmes huiles fixes ce que la résine est à ces huiles volatiles?

Mais nous avons dit souvent qu'il n'existait pas dans la nature de phénomène entièrement isolé. Aucune qualité n'a été attribuée à un être d'une manière exclusive. Les causes s'enchaînent comme les effets; elles sont rapprochées et liées de manière à former des séries non interrompues de nuances successives. A la vérité, la lumière n'éclaire pas encore toutes ces gradations. Ce que nous ne pouvons pas apercevoir est pour nous comme s'il n'existait pas, et voilà pourquoi nous croyons voir des vides autour des phénomènes; voilà pourquoi nous sommes portés à supposer des faits isolés, des facultés uniques, des propriétés exclusives, des forces circonscrites. Mais toutes ces démarcations ne sont que des illusions, que le grand jour de la science dissipera; elles n'existent que dans nos fausses manières de voir. Nous ne devons donc pas penser qu'une substance particulière n'appartienne qu'à quelques êtres isolés. Quelque limitée qu'une matière nous paraisse, nous devons être sûrs que ses bornes fantastiques disparaîtront à mesure que nos erreurs se dissiperont. On la retrouvera, plus ou moins abondante, ou plus ou moins modifiée, dans des êtres voisins ou éloignés des premiers qui l'auront présentée. Nous en avons une preuve frappante dans le blanc du cachalot: pendant longtemps, on l'a cru un produit particulier de l'organisation du macrocéphale.

Mais continuons d'écouter Fourcroy, et nous ne douterons plus que cette substance ne soit très abondante dans la nature. Une des sources les plus remarquables de cette matière est dans le corps, et particulièrement dans la tête du cachalot macrocéphale ; mais nous verrons bientôt que d'autres cétacés le produisent aussi. Il est même tenu en dissolution dans la graisse huileuse de tous les cétacés. L'huile de la baleine franche ou d'autres baleines, à laquelle on a donné dans le commerce le nom impropre d'*huile de poisson*, dépose, dans les vaisseaux où on la conserve, une quantité plus ou moins grande de *blanc*, entièrement semblable à celui du cachalot. La véritable huile de poisson, celle qu'on extrait du foie et quelques autres parties des vrais poissons, donne le même blanc, qui s'en précipite lorsque l'huile a été pendant longtemps en repos, et qui se cristallise en se séparant de cette huile. Les habitants des mers, soit ceux qui ont reçu des poumons et des mamelles, soit ceux qui montrent des branchies et des ovaires, produisent donc ce blanc dont nous recherchons l'origine.

Mais continuons.

Fourcroy nous dit encore qu'il a trouvé une substance analogue au blanc dans les calculs biliaires, dans les déjections bilieuses de plusieurs malades, dans le parenchyme du foie exposé pendant longtemps à l'air et desséché, dans les muscles qui se sont putréfiés sous une couche d'eau ou de terre humide, dans les cerveaux conservés au milieu de l'alcool, et dans plusieurs autres organes plus ou moins décomposés. Il n'hésite pas à déclarer que le *blanc* dont nous étudions les propriétés est un des produits les plus constants et les plus ordinaires des composés animaux altérés.

Observons cependant que cette substance blanche et remarquable, que les animaux terrestres ne produisent que lorsque leurs organes ou leurs fluides sont viciés, est le résultat habituel de l'organisation ordinaire des animaux marins, le signe de leur force constante et la preuve de leur santé accoutumée, plutôt que la marque d'un dérangement accidentel ou d'une altération passagère.

Observons encore, en rappelant et en réunissant dans notre pensée toutes les propriétés que l'analyse a fait découvrir dans le blanc du cachalot, que cette matière participe aux qualités des substances animales et à celles des substances végétales. C'est un exemple de plus de ces liens secrets qui unissent tous les corps organisés, et qui n'ont jamais échappé aux esprits attentifs.

Combien de raisons n'avons-nous pas, par conséquent, pour rejeter les dénominations si erronées de *blanc de baleine*, de *substance médullaire de cétacé*, de *substance cervicale*, de *spermaceti*, etc., et d'adopter pour le blanc le nom d'*adipocire*, proposé par Fourcroy, et qui montre que ce blanc, différent de la graisse et de la cire, tient cependant le milieu entre ces deux substances, dont l'une est animale et l'autre végétale?

On a beaucoup vanté les vertus de cette *adipocire* pour la guérison de plusieurs maux internes et extérieurs. M. Chappuis, de Douarnenez, que nous avons déjà cité au sujet des trente et un cachalots échoués sur les côtes de la ci-devant Bretagne en 1784, a écrit dans le temps au professeur Bonnaterre : « Le *blanc*, etc., est un onguent souverain pour les plaies récentes ; plusieurs ouvriers occupés à dépecer les cachalots échoués dans la baie d'Audierne en ont éprouvé l'efficacité, malgré la profondeur de leurs blessures. »

Mais rapportons encore les paroles de notre collègue Fourcroy. « L'usage médicinal de cette substance (l'*adipocire*) ne mérite pas les éloges qu'on lui prodiguait autrefois dans les affections catarrhales, les ulcères des poumons, des reins, les péripneumonies, etc. ; à plus forte raison est-il ridicule de le compter parmi les vulnéraires, les balsamiques, les détersifs, les consolidants, vertus qui, d'ailleurs, sont elles-mêmes le produit de l'imagination. M. Thouvenel en a examiné avec soin les effets dans les catarrhes, les rhumes, les rhumatismes goutteux, les toux gutturales, où on l'a beaucoup vanté ; et il n'a rien vu qui pût autoriser l'opinion avantageuse qu'on en avait conçue. Il n'en a pas vu davantage dans les coliques néphrétiques, les tranchées de femmes en couches, dans lesquelles on l'avait beaucoup recommandé. Il l'a cependant observé sur lui-même, en prenant ce médicament à la fin de deux rhumes violents, à une dose presque décuple de celle qu'on a coutume d'en prescrire ; il a eu constamment une accélération du pouls et une moiteur sensible. Il faut observer qu'en restant dans le lit, cette seule circonstance, jointe au dégoût que ce médicament inspire, a pu influer sur l'effet qu'il annonce. Aussi plusieurs personnes, à qui il l'a donné à forte dose, ont-elles eu des pesanteurs d'estomac et des vomissements, quoiqu'il ait eu le soin de faire mêler le blanc de baleine (l'*adipocire*) fondu dans l'huile, avec le jaune d'œuf et le sirop, en le réduisant ainsi à l'état d'une espèce de crème. Il n'a jamais retrouvé ce corps dans les excréments ; ce qui prouve qu'il était absorbé par les vaisseaux lactés et qu'il s'en faisait une véritable digestion. »

Ajoutons à tout ce qu'on vient de lire au sujet de l'*adipocire*, que cette substance est si distincte du cerveau, que si l'on perce le dessus de la tête du macrocéphale et qu'on parvienne jusqu'à ce blanc, le cétacé ne donne souvent aucun signe de sensibilité, au lieu qu'il expire lorsqu'on atteint la substance cérébrale.

Le macrocéphale produit cependant, ainsi que nous l'avons dit, une seconde substance recherchée par le commerce : cette seconde substance est l'*ambre gris*. Elle est bien plus connue que l'adipocire, parce qu'elle a été consacrée au luxe, adoptée par la sensualité, célébrée par la mode, pendant que l'adipocire n'a été regardée que comme utile.

L'ambre gris est un corps opaque et solide. Sa consistance varie suivant qu'il a été exposé à un air plus chaud ou plus froid. Ordinairement, néanmoins, il est assez dur pour être cassant. A la vérité, il n'est pas susceptible de recevoir un beau poli, comme l'ambre jaune ou le succin ; mais lorsqu'on le frotte, sa rudesse se détruit et sa surface devient aussi lisse que celle d'un savon très compact, ou même de la stéatite. Si on le racle avec un couteau, il adhère, comme la cire, au tranchant de la lame. Il conserve aussi, comme la cire, l'impression des ongles ou des dents. Une chaleur modérée le ramollit, le rend onctueux, le fait fondre en huile épaisse et noirâtre, fumer et se volatiliser par degrés, en entier, sans produire du charbon, mais en laissant à sa place une tache noire, lorsqu'il se volatilise sur du métal. Si ce métal est rouge, l'ambre se fond, s'enflamme, se boursoufle, fume et s'évapore avec rapidité sans laisser aucun résidu, sans laisser aucune trace de sa combustion. Approché d'une bougie allumée, cet ambre prend feu et se consume en répandant une flamme vive. Une aiguille rougie le pénètre, le fait couler en huile noirâtre et paraît, lorsqu'elle est retirée, comme si on l'avait trempée dans de la cire fondue.

L'humidité, ou du moins l'eau de la mer, peut ramollir l'ambre gris, comme la chaleur. En effet, on peut voir, dans le *Journal de physique* du mois de mars 1790, que M. Donadei, capitaine au régiment de Champagne et observateur très instruit, avait trouvé sur le rivage de l'océan Atlantique, dans le fond du golfe de Gascogne, un morceau d'ambre gris, du poids de près d'un hectogramme, et qui, mou et visqueux, acquit bientôt de la solidité et de la dureté.

L'ambre dont nous nous occupons est communément d'une couleur grise, ainsi que son nom l'annonce ; il est d'ailleurs parsemé de taches noirâtres, jaunâtres ou blanchâtres. On trouve aussi quelquefois de l'ambre d'une seule couleur, soit blanchâtre, soit grise, soit jaune, soit brune, soit noirâtre.

Peut-être devrait-on croire, d'après plusieurs observations, que ses nuances varient avec sa consistance.

Son goût est fade ; mais son odeur est forte, facile à reconnaître, agréable à certaines personnes, désagréable et même nuisible et insupportable à d'autres. Cette odeur se perfectionne et, pour ainsi dire, se purifie, à mesure que l'ambre gris vieillit, se dessèche et se durcit ; elle devient plus pénétrante et cependant plus suave, lorsqu'on frotte et lorsqu'on chauffe le morceau qui la répand ; elle s'exalte par le mélange de l'ambre avec d'autres aromates ; elle s'altère et se vicie par la réunion de cette même substance avec d'autres corps ; et c'est ainsi qu'on pourrait expliquer l'odeur d'alcali volatil que répandait l'ambre gris trouvé sur les bords du golfe de la Gascogne par M. Donadei, et qui se dissipa quelque temps après que ce physicien l'eut ramassé.

L'ambre gris est si léger qu'il flotte non seulement sur la mer, mais encore sur l'eau douce.

Il se présente en boules irrégulières : les unes montrent dans leur cassure un tissu grenu ; d'autres sont formées de couches presque concentriques, de différentes épaisseurs, et qui se brisent en écailles.

Le grand diamètre de ces boules varie ordinairement depuis un douzième jusqu'à un tiers de mètre ; et leur poids depuis un jusqu'à quinze kilogrammes. Mais on a vu des morceaux d'ambre d'une grosseur bien supérieure. La Compagnie des Indes de France exposa à la vente de l'Orient, en 1755, une boule d'ambre qui pesait soixante-deux kilogrammes. Un pêcheur américain d'Antioga a trouvé dans le ventre d'un cétacé, à seize myriamètres au sud-est des îles du Vent, un morceau d'ambre pesant soixante-cinq kilogrammes, et qu'il a vendu 500 livres sterling. La Compagnie des Indes orientales de Hollande a donné *onze mille rixdalers* à un roi de Tidor pour une masse d'ambre gris, du poids de quatre-vingt-onze kilogrammes. Nous devons dire cependant que rien ne prouve que ces masses n'aient pas été produites artificiellement par la fusion, la réunion et le refroidissement gradué, de plusieurs boules ou morceaux naturels. Mais quoi qu'il en soit, l'état de mollesse et de liquidité que plusieurs causes peuvent donner à l'ambre gris, et qui doit être son état primitif, explique comment ce corps odorant peut se trouver mêlé avec plusieurs substances très différentes de cet aromate, telles que des fragments de végétaux, des débris de coquilles, des arêtes ou d'autres parties de poisson.

Mais, indépendamment de cette introduction accidentelle et extraordinaire de corps étrangers dans l'ambre gris, cette substance renferme presque toujours des *becs* ou plutôt des mâchoires du mollusque auquel Linné a donné le nom de *sepia octopodia*, et que mon savant collègue M. Lamark a placé dans un genre auquel il à donné le nom d'*octopode*. Ce sont ces mâchoires, ou leurs fragments, qui produisent ces taches jaunâtres, noirâtres ou blanchâtres, si nombreuses sur l'ambre gris.

On a publié différentes opinions sur la production de cet aromate. Plusieurs naturalistes l'ont regardé comme un bitume, comme une huile minérale, comme une sorte de pétrole. Épaissi par la chaleur du soleil et durci par un long séjour au milieu de l'eau salée, avalé par le cachalot macrocéphale ou par d'autres cétacés, et soumis aux forces ainsi qu'aux sucs digestifs de son estomac, il éprouverait dans l'intérieur de ces animaux une altération plus ou moins grande. D'habiles chimistes, tels que Geoffroy, Neumann, Grim et Brow, ont adopté cette opinion, parce qu'ils ont retiré de l'ambre gris quelques produits analogues à ceux des bitumes. Cette substance leur a donné, par l'analyse, une liqueur acide, un sel acide concret, de l'huile et un résidu charbonneux. Mais, comme l'observe notre collègue Fourcroy, ces produits appartiennent à beaucoup d'autres substances qu'à des bitumes. De plus, l'ambre gris est dissoluble en grande partie dans l'alcool et dans l'éther; sa dissolution est précipitée par l'eau, comme celle des résines, et les bitumes sont presque insolubles dans ces liquides.

D'autres naturalistes, prenant les fragments de mâchoires de mollusques disséminés dans l'ambre gris pour des portions de becs d'oiseaux, ont pensé que cette substance provenait d'excréments d'oiseaux qui avaient mangé des herbes odoriférantes.

Quelques physiciens n'ont considéré l'ambre gris que comme le produit d'une sorte d'écume rendue par des phoques, ou un excrément de crocodile.

Pomet, Lémery et Formey, de Berlin, ont cru que ce corps n'était qu'un mélange de cire et de miel, modifié par le soleil et les eaux de la mer, de manière à répandre une odeur très suave.

Dans ces dernières hypothèses, des cétacés auraient avalé des morceaux d'ambre gris entraînés par les vagues et flottant sur la surface de l'Océan ; et cet aromate, résultat d'un bitume ou composé de cire et de miel, ou d'écume de phoque, ou de fiente d'oiseau, ou d'excréments de crocodile, roulé par les flots et transporté de rivage en rivage pendant son état de mollesse, aurait pu rencontrer, retenir et s'attacher plusieurs substances étrangères, et particulièrement des dépouilles d'oiseaux, de poissons, de mollusques, de testacés.

Des physiciens plus rapprochés de la vérité ont dit, avec *Clusius*, que l'ambre gris était une substance animale produite dans l'estomac d'un cétacé, comme une sorte de bézoard. Dudley a écrit dans les *Transactions philosophiques*, t. XXIII, que l'ambre était une production semblable au *musc* ou au *castoreum*, et qui se formait dans un sac particulier du cachalot; que ce sac était plein d'une liqueur analogue par sa consistance à de l'huile, d'une couleur d'orange foncé, et d'une odeur très peu différente de celle des morceaux d'ambre qui nageaient dans ce fluide huileux.

D'autres auteurs ont avancé que ce sac n'était que la vessie de l'urine, et que les boules d'ambre étaient des concrétions analogues aux pierres que l'on trouve dans la vessie de l'homme et de tant d'animaux; mais le savant docteur Swediawer a fait remarquer avec raison, dans l'excellent travail qu'il a publié sur l'ambre gris, que l'on trouve des morceaux de cet aromate dans les cachalots femelles comme dans les mâles, et que les boules qu'elles renferment sont seulement moins grosses et souvent moins recherchées. Il a montré que la formation de l'ambre dans la vessie et l'existence d'un sac particulier étaient entièrement contraires aux résultats de l'observation ; il a fait voir que ce prétendu sac n'est autre chose que le cœcum du macrocéphale, lequel cœcum a plus d'un mètre de longueur; et après avoir rappelé que, suivant Kæmpfer, l'ambre gris, nommé par les Japonais *excrément de baleine* (kusura no fu), était en effet un excrément de ce cétacé, il a exposé la véritable origine de cette substance singulière, telle que la démontrent des faits bien constatés.

L'ambre gris se trouve dans le canal intestinal du macrocéphale, à une distance de l'anus qui varie entre un et plusieurs mètres. Il est parsemé de fragments de mâchoires du mollusque nommé *seiche*, parce que le cachalot macrocéphale se nourrit principalement de ce mollusque, et que ces mâchoires sont d'une substance de corne qui ne peut pas être digérée.

Il n'est qu'un produit des excréments du cachalot; mais ce résultat n'a lieu que dans certaines circonstances et ne se trouve pas par conséquent dans tous les individus. Il faut, pour qu'il existe, qu'une cause quelconque donne au cétacé une maladie assez grave, une constipation forte, qui se dénote par un affaiblissement extraordinaire, par une sorte d'engourdissement et de torpeur, se termine quelquefois d'une manière funeste à l'animal par un abcès à l'abdomen, altère les excréments et les retient pendant un temps assez long, pour qu'une partie de ces substances se ramasse, se coagule, se modifie, se consolide et présente enfin les propriétés de l'ambre gris.

L'odeur de cet ambre ne doit pas étonner. En effet, les déjections de plusieurs mammifères, tels que les bœufs, les porcs, etc., repandent, lorsqu'elles sont gardées pendant quelque temps, une odeur semblable à celle de l'ambre gris. D'ailleurs on peut observer, avec Romé de Lisle, que les mollusques dont se nourrit le macrocéphale, et dont la substance fait la base des excréments de ce cétacé, répandent pendant leur vie, et même après qu'ils ont été desséchés, des émanations odorantes très peu différentes de celle de l'ambre, et que ces émanations sont très remarquables dans l'espèce de ces mollusques qui a reçu, soit des Grecs anciens, soit des Grecs modernes, les noms d'*Eledone*, *Bolitaine*, *Osmylos*, *Osmylios* et *Moschites*, parce qu'elle sent le musc.

L'ambre gris est donc une portion des excréments du cachalot macrocéphale ou d'autres cétacés, endurcie par les suites d'une maladie et mêlée avec quelques parties d'aliments non digérés; il est répandu dans le canal intestinal en boules ou morceaux irréguliers, dont le nombre est quelquefois de quatre ou de cinq.

Les pêcheurs exercés connaissent si le cachalot qu'ils ont sous les yeux contient de l'ambre gris.

Lorsqu'après l'avoir harponné ils le voient rejeter tout ce qu'il a dans l'estomac et se débarrasser très promptement de toutes ces matières fécales, ils assurent qu'ils ne trouveront pas d'ambre gris dans son corps ; mais lorsqu'il leur présente des signes d'engourdissement et de maladie, qu'il est maigre, qu'il ne donne pas d'excréments et que le milieu de son ventre forme une grosse protubérance, ils sont sûrs que ses intestins contiennent l'ambre qu'ils cherchent. Le capitaine Colnett dit, dans la relation de son voyage, que dans certaines circonstances, l'on coupe la queue et une partie du corps du cachalot, de manière à découvrir la cavité du ventre, et qu'on s'assure alors facilement de la présence de l'ambre gris, en sondant les intestins avec une longue perche.

Mais de quelque manière qu'on ait reconnu l'existence de cet ambre dans l'individu harponné, ou trouvé mort et flottant sur la surface de la mer, on lui ouvre le ventre, en commençant par l'anus, et en continuant jusqu'à ce qu'on ait atteint l'objet de sa recherche.

Quelle est donc la puissance du luxe, de la vanité, de l'intérêt, de l'imitation et de l'usage ! Quels voyages on entreprend, quels dangers on brave, à quelle cruauté on se condamne, pour obtenir une matière vile, un objet dégoûtant, mais que le caprice et le désir des jouissances privilégiées ont su métamorphoser en aromate précieux !

L'ambre contenu dans le canal intestinal du macrocéphale n'a pas le même degré de dureté que celui qui flotte sur l'Océan, ou que les vagues ont rejeté sur le rivage ; dans l'instant où on le retire du corps du cétacé, il a même encore la couleur et l'odeur des véritables excréments de l'animal à un si haut degré, qu'il n'en est distingué que par un peu moins de mollesse ; mais, exposé à l'air, il acquiert bientôt la consistance et l'odeur forte et suave qui le caractérisent.

On a vu de ces morceaux d'ambre, entraînés par les mouvements de l'Océan, sur les côtes du Japon, de la mer de Chine, des Moluques, de la Nouvelle-Hollande occidentale, du grand golfe de l'Inde, des Maldives, de Madagascar, de l'Afrique orientale et occidentale, du Mexique occidental, des îles Gallapagos, du Brésil, des îles Bahama, de l'île de la Providence, et même à des latitudes plus éloignées de la ligne, dans le fond du golfe de Gascogne, entre l'embouchure de l'Adour et celle de la Gironde, où M. Donadei a reconnu cet aromate, et où dix ans auparavant, la mer en avait rejeté une masse du poids de quarante kilogrammes. Ces morceaux d'ambre délaissés sur le rivage sont, pour les pêcheurs des indices presque toujours assurés du grand nombre des cachalots qui fréquentent les mers voisines. Et, en effet, le golfe de Gascogne, ainsi que l'a remarqué M. Donadei, termine cette portion de l'océan Atlantique septentrional qui baigne les bancs de Terre-Neuve, autour desquels naviguent beaucoup de cachalots, et qu'agitent si souvent des vents qui soufflent de l'est et poussent les flots contre les rivages de France. D'un autre côté, M. Levilain a vu non seulement une grande quantité d'ossements de cétacés gisant sur les bords de la Nouvelle-Hollande auprès de morceaux d'ambre gris, mais encore la mer voisine peuplée d'un grand nombre de cétacés et bouleversée pendant l'hiver par des tempêtes horribles, qui précipitent sans cesse vers la côte les vagues amoncelées ; et c'est d'après cette certitude de trouver beaucoup de cachalots auprès des rives où l'on avait vu des morceaux d'ambre, que la pêche particulière du macrocéphale et d'autres cétacés auprès de Madagascar, a été dans le temps proposée en Angleterre.

L'ambre gris, gardé pendant plusieurs mois, se couvre, comme le chocolat, d'une poussière grisâtre. Mais, indépendamment de cette décomposition naturelle, on ne peut souvent se le procurer par le commerce, qu'altéré par la fraude. On le falsifie communément en le mêlant avec des fleurs de riz, du styrax ou d'autres résines. Il peut aussi être modifié par les sucs digestifs de plusieurs oiseaux d'eau qui l'avalent et le rendent sans beaucoup changer ses propriétés ; et M. Donadei a écrit que les habitants de la côte qui borde le golfe de Gascogne appelaient *renardé* l'ambre dont la nuance était noire ; que, suivant eux, on ne trouvait cet ambre noir que dans les forêts voisines du rivage, mais élevées au-dessus de la portée des plus hautes vagues ; et que cette variété d'ambre tenait sa couleur particulière des forces intérieures des renards, qui étaient très avides d'ambre gris, n'en altéraient que faiblement les fragments, et cependant ne les rendaient qu'après en avoir changé la couleur.

L'ambre gris a été autrefois très recommandé en médecine. On l'a donné en substance ou en *teinture alcoolique*. On s'en est servi pour l'*essence d'Hoffmann*, pour la *teinture royale* du codex de Paris, pour des *trochisques* de la pharmacopée de Wurtemberg, etc. On l'a regardé comme stomachique, cordial, antispasmodique. On a cité des effets surprenants de cette substance dans les maladies convulsives les plus dangereuses, telles que le tétanos et l'hydrophobie. Le docteur Swediawer rapporte que cet aromate a été très purgatif pour un marin qui en avait pris un décagramme et demi après l'avoir fait fondre au feu. Dans plusieurs contrées de l'Asie et de l'Afrique, on en fait un grand usage dans la cuisine, suivant le docteur Swediawer. Les pèlerins de la Mecque en achètent une grande quantité pour l'offrir à la place de l'encens. Les Turcs ont recours à cet aromate comme à un aphrodisiaque.

Mais il est principalement recherché pour les parfums : il en est une des bases les plus fréquemment employées. On le mêle avec le musc, qu'il atténue, et dont il tempère les effets au point d'en rendre l'odeur plus douce et plus agréable. Et c'est enfin une des substances les plus divisibles, puisque la plus petite quantité d'ambre suffit pour parfumer pendant un temps très long un espace très étendu.

Ne cessons cependant pas de parler de l'ambre gris, sans faire observer que l'altération qui produit cet aromate n'a lieu que dans les cétacés dont la tête, le corps et la queue, organisés d'une manière particulière, renferment de grandes masses d'adipocire ; et il semble que l'on a voulu indiquer cette analogie en donnant à l'adipocire le nom d'*ambre blanc*, sous lequel cette matière blanche a été connue dans plusieurs pays.

Nous venons d'examiner les deux substances singulières que produit le cachalot macrocéphale ; continuons de rechercher les attributs et les habitudes de cette espèce de cétacé.

Il nage avec beaucoup de vitesse. Plus vif que plusieurs baleines, et même que le nordcaper, ne le cédant par sa masse qu'à la baleine franche, il n'est pas surprenant qu'il réunisse une grande force aux armes terribles qu'il a reçues. Il s'élance au-dessus de la surface de l'Océan avec plus de rapidité que les baleines, et par un élan plus élevé. Un cachalot que l'on prit en 1715 auprès des côtes de Sardaigne, et qui n'avait encore que seize mètres de longueur, rompit d'un coup de queue une grosse corde, avec laquelle on l'avait attaché à une barque, et, lorsqu'on eut doublé la corde, il ne la coupa pas, mais il entraîna la barque en arrière, quoiqu'elle fût poussée par un vent favorable.

Il est vraisemblable qu'il était de l'espèce du macrocéphale. Ce cétacé en effet n'est pas étranger à la Méditerranée. Les anciens n'en ont pas eu cependant une idée nette. Il paraît même que, sans en excepter Pline ni Aristote, ils n'ont pas bien distingué les formes ni les habitudes des grands cétacés, malgré la présence de plusieurs de ces énormes animaux dans la Méditerranée, et malgré les renseignements que leurs relations commerciales avec les Indes pouvaient leur procurer sur plusieurs autres. Non seulement ils ont appliqué à leur *mysticetus* des organes, des qualités ou des gestes du rorqual, aussi bien que de la baleine franche, mais encore ils ont attribué à leur baleine des propriétés du gibbar, du rorqual et du cachalot macrocéphale; et ils ont composé leur *physolus*, des traits de ce même macrocéphale mêlés avec ceux du gibbar. Au reste, on ne peut mieux faire, pour connaître les opinions des anciens au sujet des cétacés, que de consulter l'excellent ouvrage du savant professeur Schneider sur les synonymes des cétacés et des poissons, recueillis par Artedi.

Mais la Méditerranée n'est pas la seule mer intérieure dans laquelle pénètre le macrocéphale : il appartient même à presque toutes les mers. On l'a reconnu dans les parages du Spitzberg; auprès du cap Nord et des côtes de Finmarck; dans les mers du Groenland; dans le détroit de Davis; dans la plus grande partie de l'océan Atlantique septentrional; dans le golfe Britannique, auprès de l'embouchure de l'Elbe, dans lequel un macrocéphale fut poussé par une violente tempête, échoua et périt en décembre 1720; auprès de Terre-Neuve; aux environs de Bayonne; non loin du cap de Bonne-Espérance; près du canal de Mozambique, de Madagascar et de l'île de France; dans la mer qui baigne les rivages occidentaux de la Nouvelle-Hollande, où il doit avoir figuré parmi ces troupes de grands cétacés que le naturaliste Levilain a vu attirer des pétrels, lutter contre les vagues furieuses, bondir, s'élancer avec force, poursuivre des poissons et se presser auprès de la terre de Lewin, de la rivière des Cygnes et de la baie des Chiens-Marins, au point de gêner la navigation; vers les côtes de la Nouvelle-Zélande; près du cap de Corientes, du golfe de la Californie; à peu de distance de Guatemala, où le capitaine Colnett rencontra une légion d'individus de cette espèce; autour des îles Gallapagos; à la vue de l'île Mocha et du Chili, où, suivant le même voyageur, la mer paraissait couverte de cachalots; dans la mer du Brésil; et enfin auprès de notre Finistère.

En 1784, trente-deux macrocéphales échouèrent sur la côte occidentale d'Audierne, sur la grève nommée *Très-Couarem*. Le professeur Bonnaterre a publié dans l'*Encyclopédie méthodique*, au sujet de ces cétacés, des détails intéressants, qu'il devait à MM. Bastard, Chappuis fils et Derrien, et à M. Lecoz, mon ancien collègue à la première assemblée législative de France et maintenant archevêque de Besançon. Le 13 mars, on vit avec surprise une multitude de poissons se jeter à la côte, et un grand nombre de marsouins entrer dans le port d'Audierne. Le 14, à six heures du matin, la mer était grosse, et les vents soufflaient du sud-ouest avec violence. On entendit vers le cap Estain des mugissements extraordinaires, qui retentissaient dans les terres à plus de quatre kilomètres. Deux hommes, qui côtoyaient alors le rivage furent saisis de frayeur, surtout lorsqu'ils aperçurent, un peu au large, des animaux énormes, qui s'agitaient avec violence, s'efforçaient de résister aux vagues écumantes qui les roulaient et les précipitaient vers la côte, battaient bruyamment les flots soulevés, à coups redoublés de leur large queue, et rejetaient avec vivacité par leurs évents une eau bouillonnante, qui s'élançait en sifflant. L'effroi des spectateurs augmenta, lorsque les premiers de ces cétacés, n'opposant plus à la mer qu'une lutte inutile, furent jetés sur le sable; il redoubla encore, lorsqu'ils les virent suivis d'un très grand nombre d'autres colosses vivants. Les macrocéphales étaient cependant encore jeunes ; les moins grands n'avaient guère plus de douze mètres de longueur, et les plus grands n'en avaient pas plus de quinze ou seize. Ils vécurent, sur le sable, vingt-quatre heures ou environ.

Il ne faut pas être étonné que des milliers de poissons, troublés et effrayés, aient précédé l'arrivée de ces cétacés et fui rapidement devant eux. En effet, le macrocéphale ne se nourrit pas seulement du mollusque *seiche*, que quelques marins anglais appellent *squild* ou *squill*, qui est très commun dans les parages qu'il fréquente, qui est très répandu particulièrement auprès des côtes d'Afrique et sur celles du Pérou, et qui y parvient à une grandeur si considérable, que son diamètre y est quelquefois de plus d'un tiers de mètre. Il n'ajoute pas seulement d'autres mollusques à cette nourriture ; il est aussi très avide de poissons, notamment de cycloptères. On peut voir dans Duhamel qu'on a trouvé des poissons de deux mètres de longueur dans l'estomac du macrocéphale. Mais voici des ennemis bien autrement redoutables, dont ce cétacé fait ses victimes. Il poursuit les phoques, les baleinoptères à bec, les dauphins vulgaires. Il chasse les requins avec acharnement; et ces squales, si dangereux pour tant d'autres animaux, sont, suivant Otho Fabricius, saisis d'une telle frayeur à la vue du terrible macrocéphale, qu'ils s'empressent de se cacher sous le sable ou sous la vase, qu'ils se précipitent au travers des écueils, qu'ils se jettent contre les rochers avec assez de violence pour se donner la mort, et qu'ils n'osent pas même approcher de son cadavre, malgré l'avidité avec laquelle ils dévorent les restes des autres cétacés. D'après la relation du voyage en Islande de MM. Olafsen et Povelsen, on ne doit pas douter que le macrocéphale ne soit assez vorace pour saisir un bateau pêcheur, le briser dans sa gueule, et engloutir les hommes qui le montent ; aussi les pêcheurs islandais redoutent-ils son approche. Leurs idées superstitieuses ajoutent à leur crainte, au point de ne pas leur permettre de prononcer en haute mer le véritable nom du macrocéphale ; et, ne négligeant rien pour l'éloigner, ils jettent dans la mer, lorsqu'ils aperçoivent ce féroce cétacé, du soufre, des rameaux de genévrier, des noix muscades, de la fiente de bœuf récente, ou tâchent de le détourner par un grand bruit et par des cris perçants.

Le macrocéphale cependant rencontre dans de grands individus, ou dans d'autres habitants des mers que ceux dont il veut faire sa proie, des rivaux contre lesquels sa puissance est vaine. Une troupe nombreuse de macrocéphales peut même être forcée de combattre contre une autre troupe de cétacés, redoutables par leur force ou par leurs armes. Le sang coule alors à grands flots sur la surface de l'Océan, comme lorsque des milliers de harponneurs attaquent plusieurs baleines et la mer se teint en rouge sur une espace de plusieurs kilomètres.

Au reste, n'oublions pas de faire attention à ces mugissements qu'ont fait entendre les cachalots échoués dans la baie d'Audierne, et de rappeler ce que nous avons dit des sons produits par les cétacés, dans l'article de la *baleine franche.*

On a écrit que le temps de la gestation est de neuf ou dix mois, comme pour la baleine franche ; que la mère ne donne le jour qu'à un petit et tout au plus à deux. Mon ancien collègue M. l'archevêque de Besançon, et M. Chappuis, que j'ai déjà cités, ont communiqué dans le temps au professeur Bonnaterre, qui l'a publiée, une observation bien précieuse à ce sujet.

Les trente et un cachalots échoués en 1784 auprès d'Audierne étaient presque tous femelles. L'équinoxe du printemps approchait ; deux de

ces femelles mirent bas sur le rivage. Cet événement, hâté peut-être
par tous les efforts qu'elles avaient faits pour se soutenir en pleine
mer et par la violence avec laquelle les flots les avaient poussées sur
le sable, *fut précédé par des explosions bruyantes.* L'une donna deux
petits, et l'autre un seul. Deux furent enlevés par les vagues; le
troisième, qui resta sur la côte, était bien conformé, n'avait pas encore
de dents, et sa longueur était de trois mètres et demi; ce qui pourrait
faire croire que les jeunes cachalots vus par M. Colnett auprès des
îles Gallapagos lui ont paru moins longs qu'un double mètre, à cause
de la distance à laquelle il a dû être de ces jeunes cétacés, et de la
difficulté de les observer au milieu des flots, qui devaient souvent les
cacher en partie.

La mère montre pour son petit une affection plus grande encore
que dans presque toutes les autres espèces de cétacés. C'est peut-être
à un macrocéphale femelle qu'il faut rapporter le fait suivant, que l'on
trouve dans la relation du voyage de Fr. Pyrard. Cet auteur raconte
que, dans la mer du Brésil, un grand cétacé, voyant son petit pris
par des pêcheurs, se jeta avec une telle furie contre leur barque, qu'il
la renversa et précipita dans la mer son petit, qui par là fut délivré,
et les pêcheurs, qui ne se sauvèrent qu'avec peine.

Ce sentiment de la mère pour le jeune cétacé auquel elle a donné
le jour se retrouve même dans presque tous les macrocéphales, pour
les cachalots avec lesquels ils ont l'habitude de vivre. Nous lisons
dans la relation du voyage du capitaine Colnett, que, lorsqu'on attaque
une troupe de macrocéphales, ceux qui sont déjà pris sont bien moins
à craindre, pour les pêcheurs, que leurs compagnons encore libres,
lesquels, au lieu de plonger dans la mer ou prendre la fuite, vont
avec audace couper les cordes qui retiennent les premiers, repousser
ou immoler leurs vainqueurs, et leur rendre la liberté.

Mais les efforts des macrocéphales sont aussi vains que ceux de la
baleine franche. Le génie de l'homme dominera toujours l'intelligence
des animaux, et son art enchaînera la force des plus redoutables. On
pêche avec succès les macrocéphales, non seulement dans notre hémisphère mais dans l'hémisphère austral; et, à mesure que d'illustres
exemples et de grandes leçons apprennent aux navigateurs à faire avec
facilité ce qui naguère était réservé à l'audace éclairée des Magellan,
des Bougainville et des Cook, les stations et le nombre des pêcheurs

de ca chalots, ainsi que d'autres grands cétacés dont on recherche l'huile, les fanons, l'ambre ou l'adipocire, se multiplient dans les deux océans. Ces pêcheries ouvrent de nouvelles sources de richesses et créent de nouvelles pépinières de marins pour les Anglais et pour les Américains des États-Unis, ce peuple que la nature, la liberté et la philosophie appellent aux plus belles destinées, et qui l'emporte déjà sur tant d'autres nations, par l'habileté et la hardiesse avec lesquelles il parcourt la mer comme ses belles contrées, et recueille les trésors de l'Océan aussi facilement que les moissons de ses campagnes.

Les macrocéphales résistent plus longtemps que beaucoup d'autres cétacés aux blessures que leur font la lance et le harpon des pêcheurs. On ne leur arrache que difficilement la vie; et on assure qu'on a vu de ces cachalots respirer encore, quoique privés de parties considérables de leur corps, que le fer avait désorganisées au point de les faire tomber en putréfaction.

Il faut observer que cette force avec laquelle les organes du cachalot retiennent, pour ainsi dire, la vie, quoique étroitement liés avec d'autres organes lésés, altérés et presque détruits, appartient à une espèce de cétacé qui a moins besoin que les autres animaux de sa famille de venir respirer à la surface des mers le fluide de l'atmosphère, et qui par conséquent peut vivre sous l'eau pendant plus de temps.

La peau, le lard, la chair, les intestins et les tendons du cachalot macrocéphale sont employés, dans plusieurs contrées septentrionales, aux mêmes usages que ceux du narwal vulgaire. Ses dents et plusieurs de ses os y servent à faire des instruments ou de pêche ou de chasse. Sa langue cuite y est recherchée comme un très bon mets. Son huile, suivant plusieurs auteurs, donne une flamme claire, sans exhaler de mauvaise odeur; et l'on peut faire une colle excellente avec les fibres de ses muscles.

Réunissez à ces produits l'adipocire et l'ambre gris, et vous verrez combien de motifs peuvent inspirer à l'homme entreprenant et avide le désir de chercher le macrocéphale au milieu des frimas et des tempêtes, et de le provoquer jusqu'au bout du monde.

LE PAON [1]

Si l'empire appartenait à la beauté et non à la force, le paon
serait, sans contredit, le roi des oiseaux ; il n'en est point sur qui la
nature ait versé ses trésors avec plus de profusion : la taille grande,
le port imposant, la démarche fière, la figure noble, les proportions
du corps élégantes et sveltes, tout ce qui annonce un être de distinction lui a été donné ; une aigrette mobile et légère, peinte des plus
riches couleurs, orne sa tête et l'élève sans la charger ; son incom-
parable plumage semble réunir tout ce qui flatte nos yeux dans le
coloris tendre et frais des plus belles fleurs, tout ce qui les éblouit
dans les reflets pétillants des pierreries, tout ce qui les étonne dans
l'éclat majestueux de l'arc-en-ciel ; non seulement la nature a réuni sur
le plumage du paon toutes les couleurs du ciel et de la terre pour en
faire le chef-d'œuvre de sa magnificence, elles les a encore mêlées,
assorties, nuancées, fondues de son inimitable pinceau et en a fait un
tableau unique, où elles tirent de leur mélange avec des nuances plus
sombres, et de leurs oppositions entre elles, un nouveau lustre et des
effets de lumière si sublimes que notre art ne peut ni les imiter ni
les décrire.

Tel paraît à nos yeux le plumage du paon, lorsqu'il se promène
paisible et seul dans un beau jour de printemps ; mais si sa femelle
vient tout à coup à paraître, alors toutes ses beautés se multiplient, ses
yeux s'animent et prennent de l'expression, son aigrette s'agite sur
sa tête et annonce l'émotion intérieure ; les longues plumes de sa queue

---

1. Le *paon domestique*. — Ordre *id.*, genre *Paons*. — « Ce superbe oiseau, originaire du
nord de l'Inde, a été apporté en Europe par Alexandre. Les individus sauvages surpassent encore
les domestiques par leur éclat. Le bleu règne sur leur dos et sur leurs ailes au lieu de mailles
de vert doré ; leur queue est encore mieux fournie. » (Cuvier.)

déploient, en se relevant, leurs richesses éblouissantes ; sa tête et son cou, se renversant noblement en arrière, se dessinent avec grâce sur ce fond radieux, où la lumière du soleil se joue en mille manières, se perd et se reproduit sans cesse, et semble prendre un nouvel éclat plus doux et plus moelleux, de nouvelles couleurs plus variées et plus harmonieuses ; chaque mouvement de l'oiseau produit des milliers de nuances nouvelles, des gerbes de reflets ondoyants et fugitifs, sans cesse remplacés par d'autres reflets et d'autres nuances toujours diverses et toujours admirables.

Le paon ne semble alors connaître ses avantages que pour en faire hommage à sa compagne, qui en est privée sans en être moins chérie, et sa vivacité ne fait qu'ajouter de nouvelles grâces à ses mouvements, qui sont naturellement nobles, fiers et majestueux.

Mais ces plumes brillantes, qui surpassent en éclat les plus belles fleurs, se flétrissent aussi comme elles, et tombent chaque année ; le paon, comme s'il sentait la honte de sa perte, craint de se faire voir dans cet état humiliant, et cherche les retraites les plus sombres pour s'y cacher à tous les yeux, jusqu'à ce qu'un nouveau printemps, lui rendant sa parure accoutumée, le ramène sur la scène pour y jouir des hommages dus à sa beauté : car on prétend qu'il en jouit en effet, qu'il est sensible à l'admiration, que le vrai moyen de l'engager à étaler ses belles plumes, c'est de lui donner des regards d'attention et des louanges ; et qu'au contraire, lorsqu'on paraît le regarder froidement et sans beaucoup d'intérêt, il replie tous ses trésors et les cache à qui ne sait point les admirer.

Quoique le paon soit depuis longtemps comme naturalisé en Europe, cependant il n'en est pas plus originaire : ce sont les Indes orientales, c'est le climat qui produit le saphir, le rubis, la topaze, qui doit être regardé comme son pays natal ; c'est de là qu'il a passé dans la partie occidentale de l'Asie, où, selon le témoignage positif de Théophraste, cité par Pline, il avait été apporté d'ailleurs, au lieu qu'il ne paraît pas avoir passé de la partie la plus orientale de l'Asie, qui est la Chine, dans les Indes ; car les voyageurs s'accordent à dire que, quoique les paons soient fort communs aux Indes orientales, on ne voit à la Chine que ceux qu'on y transporte des autres pays, ce qui prouve au moins qu'ils sont très rares à la Chine.

Élien assure que ce sont les barbares qui ont fait présent à la

Grèce de ce bel oiseau ; et ces barbares ne peuvent guère être que les Indiens, puisque c'est aux Indes qu'Alexandre, qui avait parcouru

Le Paon.

l'Asie, et qui connaissait bien la Grèce, en a vu pour la première fois : d'ailleurs, il n'est point de pays où ils soient plus généralement répandus et en aussi grande abondance que dans les Indes. Mandeslo et Thévenot en ont trouvé un grand nombre dans la province de Guzarate ; Tavernier dans toutes les Indes, mais particulièrement dans les territoires de Baroche, de Cambaya et de Broudra ; François Pyrard aux environs de Calicut ; les Hollandais sur toute la côte de Malabar ; Lintscot dans l'île de Ceylan ; l'auteur du second Voyage de Siam, dans les forêts sur les frontières de ce royaume, du côté de Cambodge, et aux environs de la rivière de Meinam ; Le Gentil à Java, Gemelli Careri dans les îles Calamianes, situées entre les Philippines et Bornéo. Si l'on ajoute à cela que dans presque toutes ces contrées les paons vivent dans l'état de sauvages, qu'ils ne sont nulle part ni si grands ni si féconds[1], on ne pourra s'empêcher de regarder les Indes comme leur climat naturel ; et, en effet, un si bel oiseau ne pouvait guère manquer d'appartenir à ce pays si riche, si abondant en choses précieuses, où se trouve la beauté, la richesse en tout genre, l'or, les perles, les pierreries, et qui doit être regardé comme le climat du luxe de la nature. Cette opinion est confirmée en quelque sorte par le texte sacré ; car nous voyons que les paons sont comptés parmi les choses précieuses que la flotte de Salomon rapportait tous les trois ans ; et il est clair que c'est ou des Indes ou de la côte d'Afrique la plus voisine des Indes, que cette flotte, formée et équipée sur la mer Rouge, et qui ne pouvait s'éloigner des côtes tirait ses richesses : or, il y a de fortes raisons de croire que ce n'était point des côtes d'Afrique, car jamais voyageur n'a dit avoir aperçu dans toute l'Afrique, ni même dans les îles adjacentes, des paons sauvages qui pussent être regardés comme propres et naturels à ces pays, si ce n'est dans l'île de Sainte-Hélène, où l'amiral Verhowen trouva des paons qu'on ne pouvait prendre qu'en les tuant à coups de fusil ; mais on ne se persuadera pas apparemment que la flotte de Salomon, qui n'avait point de boussole, se rendît tous les trois ans à l'île de Sainte-Hélène, où d'ailleurs elle n'aurait trouvé ni or, ni argent, ni ivoire, ni presque rien de tout ce qu'elle cherchait : de plus, il me paraît vraisemblable que cette île, éloignée de plus de trois cents lieues du continent, n'avait pas même de paons du temps de Salomon, mais que ceux qu'y trouvèrent les Hollandais y avaient été lâchés par les Portugais, à qui elle avait appartenu, ou par d'autres, et qu'ils s'y

---

1. Petrus Martyr, *de Rebus Oceani*, dit que les paons pondent aux Indes de vingt à trente œufs.

étaient multipliés d'autant plus facilement que l'île de Sainte-Hélène n'a, dit-on, ni bête venimeuse ni animal vorace.

On ne peut guère douter que les paons que Kolbe a vus au cap de Bonne-Espérance, et qu'il dit être parfaitement semblables à ceux d'Europe, quoique la figure qu'il en donne s'en éloigne beaucoup, n'eussent la même origine que ceux de Sainte-Hélène, et qu'ils n'y eussent été apportés par quelques-uns des vaisseaux européens qui arrivent en foule sur cette côte.

On peut dire la même chose de ceux que les voyageurs ont aperçus au royaume de Congo avec des dindons qui certainement n'étaient point des oiseaux d'Afrique, et encore de ceux que l'on trouve sur les confins d'Angola, dans un bois environné de murs, où on les entretient pour le roi du pays : cette conjecture est fortifiée par le témoignage de Bosman, qui dit en termes formels qu'il n'y a point de paons sur la Côte-d'Or, et que l'oiseau pris par M. de Foquembrog et par d'autres pour un paon, est un oiseau tout différent, appelé *kroon-vogel*.

De plus, la dénomination de paon d'Afrique, donnée par la plupart des voyageurs aux demoiselles de Numidie, est encore une preuve directe que l'Afrique ne produit point de paons ; et si l'on en a vu anciennement en Libye, comme le rapporte Eustathe, c'en étaient sans doute qui avaient passé ou qu'on avait portés dans cette contrée de l'Afrique, l'une des plus voisines de la Judée, où Salomon en avait mis longtemps auparavant ; mais il ne paraît pas qu'ils l'eussent adoptée pour leur patrie et qu'ils s'y fussent beaucoup multipliés, puisqu'il y avait des lois très sévères contre ceux qui en avaient tué ou seulement blessé quelques-uns.

Il est donc à présumer que ce n'était point des côtes d'Afrique que la flotte de Salomon rapportait les paons, des côtes d'Afrique, dis-je, où ils sont fort rares, et où l'on n'en trouve point dans l'état de sauvages, mais bien des côtes d'Asie où ils abondent, où ils vivent presque partout en liberté, où ils subsistent et se multiplient sans le secours de l'homme, où ils ont plus de grosseur, plus de fécondité que partout ailleurs, où ils sont, en un mot, comme sont tous les animaux dans leur climat naturel.

Des Indes ils auront facilement passé dans la partie occidentale de l'Asie : aussi voyons-nous, dans Diodore de Sicile, qu'il y en avait beaucoup dans la Babylonie ; la Médie en nourissait aussi de très beaux et en si grande quantité que cet oiseau en a eu le surnom d'*avis Medica*. Philostrate parle de ceux du Phase, qui avaient une huppe bleue, et les voyageurs en ont vu en Perse.

De l'Asie ils ont passé dans la Grèce, où ils furent d'abord si rares qu'à Athènes on les montra pendant trente ans à chaque néoménie comme un objet de curiosité, et qu'on accourait en foule des villes voisines pour les voir.

On ne trouve pas l'époque certaine de cette migration du paon de l'Asie dans la Grèce ; mais il y a preuve qu'il n'a commencé à paraître dans ce dernier pays que depuis le temps d'Alexandre, et que sa première station au sortir de l'Asie a été l'île de Samos.

Les paons n'ont donc paru dans la Grèce que depuis Alexandre ; car ce conquérant n'en vit pour la première fois que dans les Indes, comme je l'ai déjà remarqué, et il fut tellement frappé de leur beauté qu'il défendit de les tuer sous des peines très sévères ; mais il y a toute apparence que peu de temps après Alexandre, et même avant la fin de son règne, ils devinrent fort communs ; car nous voyons dans le poète Antiphanes, contemporain de ce prince, et qui lui a survécu, qu'une seule paire de paons apportée en Grèce s'y était multipliée à un tel point qu'il y en avait autant que de cailles : et d'ailleurs Aristote, qui ne survécut que deux ans à son élève, parle en plusieurs endroits des paons comme d'oiseaux fort connus.

En second lieu, que l'île de Samos ait été leur première station à leur passage d'Asie en Europe, c'est ce qui est probable par la position même de cette île, qui est très voisine du continent de l'Asie ; et, de plus, cela est prouvé par un passage formel de Menodotus : quelques-uns même, forçant le sens de ce passage, et se prévalant de certaines médailles samiennes fort antiques, où était représentée Junon avec un paon à ses pieds[1], ont prétendu que Samos était la patrie première du paon, le vrai lieu de son origine, d'où il s'était répandu dans l'Orient comme dans l'Occident ; mais il est aisé de voir, en pesant les paroles de Menodotus, qu'il n'a voulu dire autre chose sinon qu'on avait vu des paons à Samos avant d'en voir vu dans aucune autre contrée située hors du continent de l'Asie, de même qu'on avait vu

---

1. On en voit encore aujourd'hui quelques-unes, et même des médaillons qui représenten temple de Samos avec Junon et ses paons.

dans l'Éolie (ou l'Étolie), des méléagrides qui sont bien connues pour être des oiseaux d'Afrique avant d'en voir en aucun autre lieu de la Grèce *(Veluti... quas meleagridas vocant ex Ætholiâ)*: d'ailleurs, l'île de Samos offrait aux paons un climat qui leur convenait, puisqu'ils y subsistaient dans l'état de sauvages, et qu'Aulu-Gelle regarde ceux de cette île comme les plus beaux de tous.

Ces raisons étaient plus que suffisantes pour servir de fondement à la dénomination d'oiseau de Samos, que quelques auteurs ont donnée au paon ; mais on ne pourrait pas la lui appliquer aujourd'hui, puisque M. de Tournefort ne fait aucune mention du paon dans la description de cette île, qu'il dit être pleine de perdrix, de bécasses, de bécassines, de grives, de pigeons sauvages, de tourterelles, de becfigues et d'une volaille excellente ; et il n'y a pas d'apparence que M. de Tournefort ait voulu comprendre sous la dénomination générique de volaille un oiseau aussi considérable et aussi distingué.

Les paons, ayant passé de l'Asie dans la Grèce, se sont ensuite avancés dans les parties méridionales de l'Europe, et de proche en proche en France, en Allemagne, en Suisse[1] et jusque dans la Suède, où, à la vérité, ils ne subsistent qu'en petit nombre, à force de soins, et non sans une altération considérable de leur plumage, comme nous le verrons dans la suite.

Enfin les Européens qui, par l'étendue de leur commerce et de leur navigation, embrassent le globe entier, les ont répandus d'abord sur les côtes d'Afrique et dans quelques îles adjacentes ; ensuite dans le Mexique et de là dans le Pérou et dans quelques-unes des Antilles, comme Saint-Domingue et la Jamaïque, où l'on en voit beaucoup aujourd'hui et où avant cela il n'y en avait pas un seul, par une suite de la loi générale du climat, qui exclut du Nouveau-Monde tout animal terrestre, attaché par sa nature aux pays chauds de l'ancien continent, loi à laquelle les oiseaux pesants ne sont pas moins assujettis que les quadrupèdes : or, l'on ne peut nier que les paons ne soient des oiseaux pesants, et les anciens l'avaient fort bien remarqué. Il ne faut que jeter un coup d'œil sur leur conformation extérieure pour juger qu'ils

---

1. Les Suisses sont la seule nation qui se soit appliquée à détruire, dans leur pays, cette belle espèce d'oiseau, avec autant de soin que toutes les autres en ont mis à la multiplier ; et cela en haine des ducs d'Autriche contre lesquels ils s'étaient révoltés, et dont l'écu avait une queue de paon pour cimier.

ne peuvent pas voler bien haut ni bien longtemps; la grosseur du corps, la brièveté des ailes et la longueur embarrassante de la queue sont autant d'obstacles qui les empêchent de fendre l'air avec légèreté : d'ailleurs les climats septentrionaux ne conviennent point à leur nature, et ils n'y restent jamais de leur plein gré.

Si on laisse à la paonne la liberté d'agir selon son instinct, elle déposera ses œufs dans un lieu secret et retiré : ses œufs sont blancs et tachetés comme ceux de dinde, et à peu près de la même grosseur ; lorsque sa ponte est finie, elle se met à couver.

On prétend qu'elle est sujette à pondre pendant la nuit, ou plutôt à laisser échapper ses œufs de dessus le juchoir où elle est perchée : c'est pourquoi on recommande d'étendre de la paille au-dessous pour empêcher qu'ils ne se brisent.

La paonne couve de vingt-sept à trente jours, plus ou moins, selon la température du climat et de la saison : pendant ce temps on a soin de lui mettre à portée une quantité suffisante de nourriture, de peur qu'étant obligée d'aller se repaître au loin, elle ne quittât ses œufs trop longtemps et ne les laissât refroidir. Il faut aussi prendre garde de la troubler dans son nid et de lui donner de l'ombrage; car, par une suite de son naturel inquiet et défiant, si elle se voit découverte, elle abandonnera ses œufs et recommencera une nouvelle ponte qui ne vaudra pas la première, à cause de la proximité de l'hiver.

On prétend que la paonne ne fait jamais éclore tous ses œufs à la fois; mais que dès qu'elle voit quelques poussins éclos, elle quitte tout pour les conduire : dans ce cas il faudra prendre les œufs qui ne seront point encore ouverts et les mettre éclore sous une autre couveuse, ou dans un four d'incubation.

Élien nous dit que la paonne ne reste pas constamment sur ses œufs, et qu'elle passe quelquefois deux jours sans y revenir, ce qui nuit à la réussite de la couvée. Mais je soupçonne quelque méprise dans ce passage d'Élien, qui aura appliqué à l'incubation ce qu'Aristote et Pline ont dit de la ponte, laquelle en effet est interrompue par deux ou trois jours de repos; au lieu que de pareilles interruptions dans l'action de couver paraissent contraires à l'ordre de la nature, et à ce qui s'observe dans toutes les espèces connues des oiseaux, si ce n'est dans le pays où la chaleur de l'air et du sol approche du degré nécessaire pour l'incubation.

Quand les petits sont éclos, il faut les laisser sous la mère pendant vingt-quatre heures, après quoi on pourra les transporter sous une mue ; Frisch veut qu'on ne les rende à la mère que quelques jours après.

Leur première nourriture sera de la farine d'orge détrempée dans du vin, du froment ramolli dans l'eau, ou même de la bouillie cuite et refroidie : dans la suite on pourra leur donner du fromage blanc bien pressé et sans aucun petit-lait, mêlé avec des poireaux hachés, et même des sauterelles, dont on dit qu'ils sont très friands ; mais il faut auparavant ôter les pieds à ces insectes. Quand ils auront six mois, ils mangeront du froment, de l'orge, du marc de cidre et de poiré, et même ils pinceront l'herbe tendre ; mais cette nourriture seule ne suffirait point, quoique Athénée les appelle *graminivores*.

On a observé que les premiers jours la mère ne revenait jamais coucher avec sa couvée dans le nid ordinaire, ni même deux fois dans un même endroit ; et comme cette couvée si tendre, et qui ne peut encore monter sur les arbres, est exposée à beaucoup de risques, on doit y veiller de près pendant ces premiers jours, épier l'endroit que la mère aura choisi pour son gîte, et mettre ses petits en sûreté sous une mue ou dans une enceinte formée en plein champ avec des claies préparées, etc.

Les paonneaux, jusqu'à ce qu'ils soient un peu forts, portent mal leurs ailes, les ont traînantes, et ne savent pas encore s'en servir : dans ces commencements, la mère les prend tous les soirs sur son dos et les porte l'un après l'autre sur la branche où ils doivent passer la nuit ; le lendemain matin elle saute devant eux du haut de l'arbre en bas, et les accoutume à en faire autant pour la suivre, et à faire usage de leurs ailes.

Une mère paonne, et même une poule ordinaire, peut mener jusqu'à vingt-cinq petits paonneaux, selon Columelle, mais seulement quinze selon Palladius ; et ce dernier nombre est plus que suffisant dans les pays froids, où les petits ont besoin de se réchauffer de temps en temps et de se mettre à l'abri sous les ailes de la mère, qui ne pourrait pas en garantir vingt-cinq à la fois.

On dit que si une poule ordinaire, qui mène ses poussins, voit une couvée de petits paonneaux, elle est tellement frappée de leur beauté qu'elle se dégoûte de ses petits et les abandonne pour s'attacher à ces étrangers ; ce que je rapporte ici non comme un fait vrai, mais comme un fait à vérifier, d'autant plus qu'il me paraît s'écarter du cours ordinaire de la nature, et que dans les premiers temps les petits paonneaux ne sont pas beaucoup plus beaux que les poussins.

A mesure que les jeunes paonneaux se fortifient, ils commencent à se battre (surtout dans les pays chauds) ; et c'est pour cela que les anciens, qui paraissent s'être beaucoup plus occupés que nous de l'éducation de ces oiseaux, les tenaient dans de petites cases séparées : mais les meilleurs endroits pour les élever, c'était, selon eux, ces petites îles qui se trouvent en quantité sur les côtes d'Italie, telle, par exemple, que celle de Planasie appartenant aux Pisans : ce sont en effet les seuls endroits où l'on puisse les laisser en liberté, et presque dans l'état de sauvages, sans craindre qu'ils s'échappent, attendu qu'ils volent peu et ne nagent point du tout, et sans craindre qu'ils deviennent la proie de leurs ennemis, dont la petite île est purgée. Ils peuvent y vivre selon leur naturel et leurs appétits, sans contrainte, sans inquiétude ; ils y prospéraient mieux, et, ce qui n'était pas négligé par les Romains, leur chair était d'un meilleur goût : seulement pour avoir l'œil dessus, et reconnaître si leur nombre augmentait ou diminuait, on les accoutumait à se rendre tous les jours, à une heure marquée et à un certain signal, autour de la maison, où on leur jetait quelques poignées de grain pour les attirer.

Lorsque les petits ont un mois d'âge, ou un peu plus, l'aigrette commence à leur pousser, et alors ils sont malades comme les dindonneaux lorsqu'ils poussent *le rouge :* ce n'est que de ce moment que le coq paon les reconnaît pour les siens ; car tant qu'ils n'ont point d'aigrette il les poursuit comme étrangers ; on ne doit néanmoins les mettre avec les grands que lorsqu'ils ont sept mois, et s'ils ne se perchaient pas d'eux-mêmes sur le juchoir il faut les y accoutumer, et ne point souffrir qu'ils dorment à terre à cause du froid et de l'humidité.

L'aigrette est composée de petites plumes, dont la tige est garnie depuis la base jusqu'auprès du sommet, non de barbes, mais de petits filets rares et détachés ; le sommet est formé de barbes ordinaires unies ensemble et peintes des plus belles couleurs.

Le nombre de ces petites plumes est variable ; j'en ai compté vingt-cinq dans un mâle et trente dans une femelle ; mais je n'ai pas observé

un assez grand nombre d'individus pour assurer qu'il ne puisse pas
y en avoir plus ou moins.

L'aigrette n'est pas un cône renversé comme on le pourrait croire;
sa base qui est en haut, forme une ellipse fort allongée, dont le grand
axe est posé selon la longueur de la tête: toutes les plumes qui la
composent ont un mouvement particulier assez sensible par lequel elles
s'approchent ou s'écartent les unes des autres, au gré de l'oiseau, et
un mouvement général par lequel l'aigrette entière tantôt se renverse
en arrière et tantôt se relève sur la tête.

Les sommets de cette aigrette ont, ainsi que tout le reste du plumage, des couleurs bien plus éclatantes dans le mâle que dans la
femelle : outre cela, le coq paon se distingue de sa poule, dès l'âge de
de trois mois, par un peu de jaune qui paraît au bout de l'aile; dans
la suite il s'en distingue par la grosseur, par un éperon à chaque
pied, par la longueur de sa queue, et par la faculté de la relever et
d'en étaler les belles plumes, ce qui s'appelle *faire la roue*. Willughby
croit que le paon ne partage qu'avec le dindon cette faculté remarquable; cependant on verra, dans le cours de cette histoire, qu'elle
leur est commune avec quelques tétras ou coqs de bruyère, quelques
pigeons, etc.

Les plumes de la queue, ou plutôt ces longues couvertures qui
naissent de dessus le dos auprès du croupion, sont en grand ce que
celles de l'aigrette sont en petit; leur tige est pareillement garnie,
depuis sa base jusque près de l'extrémité, de filets détachés de couleur
changeante, et elle se termine par une plaque de barbes réunies,
ornée de ce qu'on appelle l'*œil* ou le *miroir*. C'est une tache brillante,
émaillée des plus belles couleurs : jaune dorée de plusieurs nuances,
vert changeant en bleu et en violet éclatant, selon les différents aspects,
et tout cela empruntant un nouveau lustre de la couleur du centre qui
est un beau noir velouté.

Les deux plumes du milieu ont environ quatre pieds et demi, et
sont les plus longues de toutes, les latérales allant en diminuant de
longueur jusqu'à la plus extérieure; l'aigrette ne tombe point, mais
la queue tombe chaque année, en tout ou en partie, vers la fin de
juillet, et repousse au printemps; et pendant cet intervalle l'oiseau
est triste et se cache.

La couleur la plus permanente de la tête, de la gorge, du cou et

7

de la poitrine, c'est le bleu avec différents reflets de violet, d'or et de vert éclatant ; tous ces reflets, qui renaissent et se multiplient sans cesse sur son plumage, sont une ressource que la nature semble s'être ménagée pour y faire paraître successivement, et sans confusion, un nombre de couleurs beaucoup plus grand que son étendue ne semblait le comporter : ce n'est qu'à la faveur de cette heureuse industrie que le paon pouvait suffire à recevoir tous les dons qu'elle lui destinait.

De chaque côté de la tête on voit un renflement formé par les petites plumes qui recouvrent le trou de l'oreille.

Les paons paraissent se caresser réciproquement avec le bec ; mais en y regardant de plus près, j'ai reconnu qu'ils se grattaient les uns les autres autour de la tête, où ils ont des poux très vifs et très agiles ; on les voit courir sur la peau blanche qui entoure leurs yeux, et cela ne peut manquer de leur causer une sensation incommode ; aussi se prêtent-ils avec beaucoup de complaisance lorsqu'un autre les gratte.

Ces oiseaux se rendent les maîtres dans la basse-cour, et se font respecter de l'autre volaille, qui n'ose prendre sa pâture qu'après qu'ils ont fini leur repas : leur façon de manger est à peu près celle des gallinacés, ils saisissent le grain de la pointe du bec et l'avalent sans le broyer.

Pour boire ils plongent le bec dans l'eau, où ils font cinq ou six mouvements assez prompts de la mâchoire inférieure, puis en se relevant et tenant leur tête dans une situation horizontale, ils avalent l'eau dont leur bouche s'était remplie sans faire aucun mouvement du bec.

Les aliments sont reçus dans l'œsophage, où l'on a observé un peu au-dessus de l'orifice antérieur de l'estomac un bulbe glanduleux rempli de petits tuyaux qui donnent en abondance une liqueur limpide.

L'estomac est revêtu à l'extérieur d'un grand nombre de fibres motrices.

Dans un de ces oiseaux, qui a été disséqué par Gaspard Bartholin, il y avait bien deux conduits biliaires, mais il ne se trouva qu'un seul canal pancréatique, quoique d'ordinaire il y en ait deux dans les oiseaux.

Le *cœcum* était double, et dirigé d'arrière en avant ; il égalait en longueur tous les autres intestins ensemble, et les surpassait en capacité.

Le croupion est très gros, parce qu'il est chargé des muscles qui servent à redresser la queue et à l'épanouir.

Les excréments sont ordinairement moulés, et chargés d'un peu de cette matière blanche qui se trouve sur les excréments de tous les gallinacés et de beaucoup d'autres oiseaux.

On m'assure qu'ils dorment, tantôt en cachant la tête sous l'aile, tantôt en faisant rentrer leur cou en eux-mêmes et ayant le bec au vent.

Les paons aiment la propreté, et c'est par cette raison qu'ils tâchent de recouvrir et d'enfouir leurs ordures, et non parce qu'ils envient à l'homme les avantages qu'il pourrait retirer de leurs excréments, qu'on dit être bons pour le mal des yeux, pour améliorer la terre, etc., mais dont apparemment ils ne connaissent pas toutes les propriétés.

Quoiqu'ils ne puissent pas voler beaucoup, ils aiment à grimper ; ils passent ordinairement la nuit sur les combles des maisons, où ils causent beaucoup de dommage, et sur les arbres les plus élevés : c'est de là qu'ils font entendre souvent leur voix, qu'on s'accorde à trouver désagréable, peut-être parce qu'elle trouble le sommeil, et d'après laquelle on prétend que s'est formé leur nom dans presque toutes les langues.

On prétend que la femelle n'a qu'un seul cri, qu'elle ne fait guère entendre qu'au printemps, mais que le mâle en a trois ; pour moi, j'ai reconnu qu'il y avait deux tons, l'un plus grave, qui tient plus du haut-bois, l'autre plus aigu, précisément à l'octave du premier, et qui tient plus des sons perçants de la trompette ; et j'avoue qu'à mon oreille ces deux tons n'ont rien de choquant, de même que je n'ai rien pu voir de difforme dans les pieds de ces oiseaux ; et ce n'est qu'en prêtant aux paons nos mauvais raisonnements et même nos vices, qu'on a pu supposer que leur cri n'était autre chose qu'un gémissement arraché à leur vanité toutes les fois qu'ils aperçoivent la laideur de leurs pieds.

Théophraste avance que leurs cris, souvent répétés, sont le présage de pluie ; d'autres, qu'ils l'annoncent aussi lorsqu'ils grimpent plus haut que de coutume ; d'autres, que ces mêmes cris pronostiquaient la mort à quelque voisin ; d'autres, enfin, que ces oiseaux portaient toujours sous l'aile un morceau de racine de lin comme un amulette naturel pour se préserver des fascinations..., tant il est vrai que toute chose dont on a beaucoup parlé a fait dire beaucoup d'inepties !

Outre les différents cris dont j'ai fait mention, le mâle et la femelle produisent encore un certain bruit sourd, un craquement étouffé, une voix intérieure et renfermée qu'ils répètent souvent et quand ils sont inquiets et quand ils paraissent tranquilles ou même contents.

Pline dit qu'on a remarqué de la sympathie entre les pigeons et les paons ; et Cléarque parle d'un de ces derniers, qui avait pris un tel attachement pour une jeune personne, que, l'ayant vue mourir, il ne put lui survivre. Mais une sympathie plus naturelle et mieux fondée, c'est celle qui a été observée entre les paons et les dindons : ces deux oiseaux sont du petit nombre de ceux qui redressent leur queue et font la roue, ce qui suppose bien des qualités communes ; aussi s'accordent-ils mieux ensemble qu'avec tout le reste de la volaille, ce qui indiquerait une grande analogie entre les deux espèces.

La durée de la vie du paon est de vingt-cinq ans, selon les anciens ; et cette détermination me paraît bien fondée, puisqu'on sait que le paon est entièrement formé avant trois ans, et que les oiseaux en général vivent plus longtemps que les quadrupèdes, parce que leurs os sont plus ductiles ; mais je suis surpris que M. Willughby ait cru, sur l'autorité d'Élien, que cet oiseau vivait jusqu'à cent ans, d'autant plus que le récit d'Élien est mêlé de plusieurs circonstances visiblement fabuleuses.

J'ai déjà dit que le paon se nourrissait de toutes sortes de grains comme les gallinacés ; les anciens lui donnaient ordinairement, par mois, un boisseau de froment pesant environ vingt livres. Il est bon de savoir que la fleur de sureau leur est contraire, et que la feuille d'ortie est mortelle aux jeunes paonneaux, selon Franzius.

Comme les paons vivent aux Indes dans l'état de sauvages, c'est aussi dans ce pays qu'on a inventé l'art de leur donner la chasse ; on ne peut guère les approcher de jour, quoiqu'il se répandent dans les champs par troupes assez nombreuses; parce que, dès qu'ils découvrent le chasseur, ils fuient devant lui plus vite que la perdrix, et s'enfoncent dans des broussailles où il n'est guère possible de les suivre ; ce n'est donc que la nuit qu'on parvient à les prendre, et voici de quelle manière se fait cette chasse aux environs de Cambaie.

On s'approche de l'arbre sur lequel ils sont perchés, on leur présente une espèce de bannière qui porte deux chandelles allumées, et où l'on a peint des paons au naturel : le paon, ébloui par cette

lumière, ou bien occupé à considérer les paons en peinture qui sont
sur la bannière, avance le cou, le retire, l'allonge encore, et lorsqu'il se
trouve dans un nœud coulant qui y a été placé exprès, on tire la corde
et on se rend maître de l'oiseau.

Nous avons vu que les Grecs faisaient grand cas du paon, mais
ce n'était que pour rassasier leurs yeux de la beauté de son plumage,
au lieu que les Romains, qui ont poussé plus loin tous les excès du
luxe parce qu'ils étaient plus puissants, se sont rassasiés réellement
de sa chair ; ce fut l'orateur Hortensius qui imagina le premier d'en
faire servir sur table, et son exemple ayant été suivi, cet oiseau devint
très cher à Rome, et les empereurs renchérissant sur le luxe des
particuliers, on vit un Vitellius, un Héliogabale mettre leur gloire à
remplir des plats immenses de têtes ou de cervelles de paons, de
langues de phénicoptères, de foies de scares, et à en composer des mets
insipides, qui n'avaient d'autre mérite que de supposer une dépense
prodigieuse et un luxe excessivement destructeur.

Dans ces temps-là un troupeau de cent de ces oiseaux pouvait
rendre soixante mille sesterces, en n'exigeant de celui à qui on en
confiait le soin que trois paons par couvée ; ces soixante mille sesterces
reviennent, selon l'évaluation de Gassendi, à dix ou douze mille francs ;
chez les Grecs, le mâle et la femelle se vendaient mille drachmes, ce
qui revient à huit cent quatre-vingt-sept livres dix sous, selon la plus
forte évaluation, et à vingt-quatre livres, selon la plus faible ; mais il
paraît que cette dernière est beaucoup trop faible, sans quoi le passage
suivant d'Athénée ne signifierait rien : « N'y a-t-il pas de la fureur
à nourrir des paons dont le prix n'est pas moindre que celui des
statues ? »

Ce prix était bien tombé au commencement du xvi⁰ siècle, puisque dans la Nouvelle Coutume du Bourbonnais, qui est de 1521, un
paon n'était estimé que deux sous six deniers de ce temps-là, que
M. Dupré de Saint-Maur évalue à trois livres quinze sous d'aujourd'hui ;
mais il paraît que, peu après cette époque, le prix de ces oiseaux se
releva ; car Bruyer nous apprend qu'aux environs de Lisieux, où on
avait la facilité de les nourrir avec du marc de cidre, on en élevait
des troupeaux dont on tirait beaucoup de profit, parce que, comme
ils étaient fort rares dans le reste du royaume, on en envoyait de là
dans toutes les grandes villes pour les repas d'appareil : au reste, il n'y

a guère que les jeunes que l'on puisse manger, les vieux sont trop durs, et d'autant plus durs que leur chair est naturellement fort sèche ; et c'est sans doute à cette qualité qu'elle doit la propriété singulière, et qui paraît assez avérée, de se conserver sans corruption pendant plusieurs années. On en sert cependant quelquefois de vieux, mais c'est plus pour l'appareil que pour l'usage, car on les sert revêtus de leurs belles plumes ; et c'est une recherche de luxe assez bien entendue, que l'élégance industrieuse des modernes a ajoutée à la magnificence effrénée des anciens : c'était sur un paon ainsi préparé que nos anciens chevaliers faisaient, dans les grandes occasions, leur vœu appélé le *vœu du paon*.

On employait autrefois les plumes de paon à faire des espèces d'éventails ; on en formait des couronnes, en guise de laurier, pour les poëtes appelés *troubadours ;* Gessner a vu une étoffe dont la chaîne était de soie et de fil d'or, et la trame de ces mêmes plumes : tel était sans doute le manteau tissu de plumes de paon qu'envoya le pape Paul III au roi Pépin.

Selon Aldrovande, les œufs de paon sont regardés par tous les modernes comme une mauvaise nourriture, tandis que les anciens les mettaient au premier rang, et avant ceux d'oie et de poule commune ; il explique cette contradiction en disant qu'ils sont bons au goût et mauvais à la santé : reste à examiner si la température du climat n'aurait pas encore ici quelque influence [1].

LE PAON BLANC [2]

Le climat n'influe pas moins sur le plumage des oiseaux que sur le pelage des quadrupèdes : nous avons vu, dans les volumes précédents, que le lièvre, l'hermine et la plupart des autres animaux, étaient sujets

1. *L'histoire du paon* passe pour être le chef-d'œuvre de la plume de Gueneau de Montbeliard ; et, en effet, il y a de l'éclat ; mais, sous cet éclat, ne se trouvent plus la grande pensée, le sens profond, l'art consommé de Buffon. On reconnaît un heureux imitateur ; on ne sent plus le maître.

2. Simple variété du *paon domestique*.

à devenir blancs dans les pays froids, surtout pendant l'hiver ; e
voici une espèce de paons, ou, si l'on veut, une variété qui para
avoir éprouvé les mêmes effets par la même cause, et plus grand
encore, puisqu'elle a produit une race constante dans cette espèce,
qu'elle semble avoir agi plus fortement sur les plumes de cet oiseau
car la blancheur des lièvres et des hermines n'est que passagère et n
lieu que pendant l'hiver, ainsi que celle de la gelinotte blanche ou d
lagopède, au lieu que le paon blanc est toujours blanc, et dans tou
les pays, l'été comme l'hiver, à Rome comme à Torneo ; et cette couleu
nouvelle est même si fixe que des œufs de cet oiseau pondus et éclo
en Italie donnent encore des paons blancs. Celui qu'Aldrovande a fai
dessiner était né à Bologne, d'où il avait pris occasion de douter qu
cette variété fût propre aux pays froids : cependant la plupart de
naturalistes s'accordent à regarder la Norwège et les autres contrée
du nord comme son pays natal ; et il paraît qu'il y vit dans l'état d
sauvage, car il se répand pendant l'hiver dans l'Allemagne, où on e
prend assez communément dans cette saison ; on en trouve même dan
des contrées beaucoup plus méridionales, telles que la France et l'Italie
mais dans l'état de domesticité seulement.

M. Linnæus assure en général, comme je l'ai dit plus haut, qu
les paons ne restent pas même en Suède de leur plein gré, et il n'e
excepte point les paons blancs.

Ce n'est pas sans un laps de temps considérable, et sans des circon
stances singulières qu'un oiseau, né dans les climats si doux de l'Ind
et de l'Asie, a pu s'accoutumer à l'âpreté des pays septentrionaux : s'i
n'y a pas été transporté par les hommes, il a pu y passer soit par l
nord de l'Asie, soit par le nord de l'Europe. Quoiqu'on ne sache pa
précisément l'époque de cette migration, je soupçonne qu'elle n'est pa
fort ancienne ; car je vois d'un côté dans Aldrovande, Longolius, Sca
liger et Schwenckfeld, que les paons blancs n'ont cessé d'être rare
que depuis fort peu de temps ; et, d'un autre côté, je suis fondé à
croire que les Grecs ne les ont point connus, puisque Aristote ayant
parlé, dans son *Traité de la génération des animaux*, des couleurs variée
du paon, et ensuite des perdrix blanches, des corbeaux blancs, de
moineaux blancs, ne dit pas un mot des paons blancs.

Les modernes ne disent rien non plus de l'histoire de ces oiseaux,
si ce n'est que leurs petits sont fort délicats à élever : cependant il

est vraisemblable que l'influence du climat ne s'est point bornée à leur plumage, et qu'elle se sera étendue plus ou moins jusque sur leur tempérament, leurs habitudes, leur mœurs ; et je m'étonne qu'aucun naturaliste ne se soit encore avisé d'observer les progrès, ou du moins le résultat de ces observations plus intérieures et plus profondes ; il me semble qu'une seule observation de ce genre serait plus intéressante, ferait plus pour l'histoire naturelle que d'aller compter scrupuleusement toutes les plumes des oiseaux, et décrire laborieusement toutes les teintes et demi-teintes de chacune de leurs barbes dans les quatre parties du monde.

Au reste, quoique leur plumage soit entièrement blanc, et particulièrement les longues plumes de leur queue ; cependant on y distingue encore à l'extrémité des vestiges marqués de ces miroirs qui en faisaient le plus bel ornement, tant l'empreinte des couleurs primitives était profonde ! Il serait curieux de chercher à ressusciter ces couleurs, et de déterminer par l'expérience combien de temps et quel nombre de générations il faudrait dans un climat convenable, tel que les Indes, pour leur rendre leur premier éclat.

LE PAON PANACHÉ[1]

Frisch croit que le paon panaché n'est autre chose que le produit du mélange des deux précédents, je veux dire du paon ordinaire et du paon blanc ; et il porte en effet sur son plumage l'empreinte de cette double origine ; car il a du blanc sur le ventre, sur les ailes et sur les joues, et dans tout le reste il est comme le paon ordinaire, si ce n'est que les miroirs de la queue ne sont ni si larges, ni si ronds, ni si bien terminés : tout ce que je trouve dans les auteurs sur l'histoire particulière de cet oiseau se réduit à ceci, que leurs petits ne sont pas aussi délicats à élever que ceux du paon blanc.

1. Simple variété encore du *paon domestique*.

1. L'Ane. _ 2. Le Mulet.

L'ANE [1]

A considérer cet animal, même avec des yeux attentifs et dans un assez grand détail, il paraît n'être qu'un cheval dégénéré : la parfaite similitude de conformation dans le cerveau, les poumons, l'estomac, le conduit intestinal, le cœur, le foie, les autres viscères, et la grande ressemblance du corps, des jambes, des pieds et du squelette en entier, semblent fonder cette opinion ; l'on pourrait attribuer les légères différences qui se trouvent entre ces deux animaux à l'influence très ancienne du climat, de la nourriture, et à la succession fortuite de plusieurs générations de petits .chevaux sauvages à demi dégénérés, qui peu à peu auraient encore dégénéré davantage, se seraient ensuite dégradés autant qu'il est possible, et auraient à la fin produit à nos yeux une espèce nouvelle et constante, ou plutôt une succession d'individus semblables, tous constamment viciés de la même façon, et assez différents des chevaux pour pouvoir être regardés comme formant une autre espèce. Ce qui paraît favoriser cette idée, c'est que les chevaux varient beaucoup plus que les ânes par la couleur de leur poil ; qu'ils sont par conséquent plus anciennement domestiques, puisque tous les animaux domestiques varient par la couleur beaucoup plus que les animaux sauvages de la même espèce ; que la plupart des chevaux sauvages dont parlent les voyageurs sont de petite taille et ont, comme les ânes, le poil gris, la queue nue, hérissée à l'extrémité, et qu'il y a des chevaux sauvages, et même des chevaux domestiques qui ont la raie noire sur le dos, et d'autres caractères qui les rapprochent encore des ânes sauvages ou domestiques. D'autre côté, si l'on considère les différences du tempérament, du naturel, des mœurs,

1. Ordre des *Pachydermes,* famille des *Solipèdes,* genre *Cheval.* (Cuvier.)

du résultat, en un mot de l'organisation de ces deux animaux, et surtout l'impossibilité de les mêler pour en faire une espèce commune, ou même une espèce intermédiaire qui puisse se renouveler, on paraît encore mieux fondé à croire que ces deux animaux sont chacun d'une espèce aussi ancienne l'une que l'autre, et originairement aussi essentiellement différentes qu'elles le sont aujourd'hui, d'autant plus que l'âne ne laisse pas de différer matériellement du cheval par la petitesse de la taille, la grosseur de la tête, la longueur des oreilles, la dureté de la peau, la nudité de la queue, la forme de la croupe, et aussi par les dimensions des parties qui en sont voisines, par la voix, l'appétit, la manière de boire, etc. L'âne et le cheval viennent-ils donc originairement de la même souche ? sont-ils, comme le disent les nomenclateurs, de la même *famille ?* ou ne sont-ils pas, et n'ont-ils pas toujours été des animaux différents ?

Cette question, dont les physiciens sentiront bien la généralité, la difficulté, les conséquences, et que nous avons cru devoir traiter dans cet article, parce qu'elle se présente pour la première fois, tient à la production des êtres de plus près qu'aucune autre, et demande, pour être éclaircie, que nous considérions la nature sous un nouveau point de vue. Si, dans l'immense variété que nous présentent tous les êtres animés qui peuplent l'univers, nous choisissons un animal, ou même le corps de l'homme pour servir de base à nos conaissances, et y rapporter, par la voie de la comparaison, les autres êtres organisés, nous trouverons que, quoique tous ces êtres existent solitairement, et que tous varient par des différences graduées à l'infini, il existe en même temps un dessein primitif et général qu'on peut suivre très loin, et dont les dégradations sont bien plus lentes que celle des figures et des autres rapports apparents ; car, sans parler des organes de la digestion, de la circulation et de la génération, qui appartiennent à tous les animaux, et sans lesquels l'animal cesserait d'être animal et ne pourrait ni subsister ni se reproduire, il y a, dans les parties mêmes qui contribuent le plus à la variété de la forme extérieure, une prodigieuse ressemblance qui nous rappelle nécessairement l'idée d'un premier dessein, sur lequel tout semble avoir été conçu : le corps du cheval, par exemple, qui du premier coup d'œil paraît si différent du corps de l'homme, lorsqu'on vient à le comparer en détail et partie par partie, au lieu de surprendre par la différence, n'étonne plus que par

la ressemblance singulière et presque complète qu'on y trouve : en
effet, prenez le squelette de l'homme, inclinez les os du bassin, accour-
cissez les os des cuisses, des jambes et des bras, allongez ceux des
pieds et des mains, soudez ensemble les phalanges, allongez les
mâchoires en raccourcissant l'os frontal, et, enfin, allongez aussi l'épine
du dos, ce squelette cessera de représenter la dépouille d'un homme
et sera le squelette d'un cheval ; car on peut aisément supposer qu'en
allongeant l'épine du dos et les mâchoires on augmente en même
temps le nombre des vertèbres, des côtes et des dents ; et ce n'est en

L'Ane.

effet que par le nombre de ces os, qu'on peut regarder comme accessoires, et par l'allongement, le raccourcissement ou la jonction
des autres, que la charpente du corps de cet animal diffère de la
charpente du corps humain. On vient de voir, dans la description du
cheval, ces faits trop bien établis pour pouvoir en douter ; mais, pour
suivre ces rapports encore plus loin, que l'on considère séparément
quelques parties essentielles à la forme, les côtes, par exemple : on les
trouvera dans l'homme, dans tous les quadrupèdes, dans les oiseaux,
dans les poissons, et on en suivra les vestiges jusque dans la tortue,

où elles paraissent encore dessinées par les sillons qui sont sous son écaille ; que l'on considère, comme l'a remarqué M. Daubenton, que le pied d'un cheval, en apparence si différent de la main de l'homme, est cependant composé des mêmes os, et que nous avons à l'extrémité de chacun de nos doigts le même osselet en fer à cheval qui termine le pied de cet animal ; et l'on jugera si cette ressemblance cachée n'est pas plus merveilleuse que les différences apparentes, si cette conformité constante et ce dessein suivi de l'homme aux quadrupèdes, des quadrupèdes aux cétacés, des cétacés aux oiseaux, des oiseaux aux reptiles, des reptiles aux poissons, etc., dans lesquels les parties essentielles comme le cœur, les intestins, l'épine du dos, les sens, etc., se trouvent toujours, ne semblent pas indiquer qu'en créant des animaux l'Être suprême n'a voulu employer qu'une idée, et la varier en même temps de toutes les manières possibles, afin que l'homme pût admirer également et la magnificence de l'exécution et la simplicité du dessein.

Dans ce point de vue, non seulement l'âne et le cheval, mais même l'homme, le singe, les quadrupèdes et tous les animaux, pourraient être regardés comme ne faisant que la même *famille ;* mais en doit-on conclure que dans cette grande et nombreuse famille, que Dieu seul a conçue et tirée du néant, il y ait d'autres petites familles projetées par la nature et produites par le temps, dont les unes ne seraient composées que de deux individus, comme le cheval et l'âne ; d'autres de plusieurs individus, comme celle de la belette, de la martre, du furet, de la fouine, etc., et, de même que dans les végétaux, il y ait des familles de dix, vingt, trente, etc., plantes? Si ces familles existaient, en effet, elles n'auraient pu se former que par le mélange, la variation successive et la dégénération des espèces originaires ; et si l'on admet une fois qu'il y ait des familles dans les plantes et dans les animaux, que l'âne soit de la famille du cheval, et qu'il n'en diffère que parce qu'il a dégénéré, on pourra dire également que le singe est de la famille de l'homme, que c'est un homme dégénéré, que l'homme et le singe ont eu une origine commune comme le cheval et l'âne, que chaque famille, tant dans les animaux que dans les végétaux, n'a eu qu'une seule souche[1], et même que tous les animaux sont venus d'un seul

---

1. *Une seule souche.* Dans le langage des naturalistes, *famille* ne signifie pas *souche.* Buffon critique à tort Linné. Quand les naturalistes disent que deux animaux sont de la même *famille,* ils n'entendent pas dire que *l'un vient de l'autre ;* ils entendent seulement que ces deux animaux

animal, qui, dans la succession des temps, a produit, en se perfectionnant et en dégénérant, toutes les races des autres animaux.

Quoiqu'on ne puisse donc pas démontrer que la production d'une espèce par la dégénération soit une chose impossible à la nature, le nombre des probabilités contraires est si énorme que philosophiquement même on n'en peut guère douter ; car si quelque espèce a été produite par la dégénération d'un autre, si l'espèce de l'âne vient de l'espèce du cheval, cela n'a pu se faire que successivement et par nuances, il y

L'Ane du Poitou.

aurait eu, entre le cheval et l'âne, un grand nombre d'animaux intermédiaires, dont les premiers se seraient peu à peu éloignés de la nature du cheval, et les derniers se seraient approchés peu à peu de celle de l'âne; et pourquoi ne verrions-nous pas aujourd'hui les représentants, les descendants de ces espèces intermédiaires? pourquoi n'en est-il demeuré que les deux extrêmes?

ont une *organisation semblable*. Le cheval et l'âne, en tout si semblables, sont néanmoins deux *espèces distinctes*, mais deux *espèces* du même *genre*. et, à plus forte raison, de la même *famille;* car qui dit *genre* dit réunion d'*espèces*, et qui dit *famille* dit réunion de *genres.*

L'âne est donc un âne, et non point un cheval dégénéré, un cheval à à queue nue ; il n'est ni étranger, ni intrus, ni bâtard ; il a, comme tous les autres animaux, sa famille, son espèce[1] et son rang ; son sang est pur, et quoique sa noblesse soit moins illustre, elle est tout aussi bonne, tout aussi ancienne que celle du cheval ; pourquoi donc tant de mépris pour cet animal, si bon, si patient, si sobre, si utile? Les hommes mépriseraient-ils jusque dans les animaux ceux qui les servent trop bien et à trop peu de frais? On donne au cheval de l'éducation, on le soigne, on l'instruit, on l'exerce, tandis que l'âne, abandonné à la grossièreté du dernier des valets, ou à la malice des enfants, bien loin d'acquérir, ne peut que perdre par son éducation ; et s'il n'avait pas un grand fonds de bonnes qualités il les perdrait en effet par la manière dont on le traite : il est le jouet, le plastron, le bardot des rustres qui le conduisent le bâton à la main, qui le frappent, le surchargent, l'excèdent sans précaution, sans ménagement ; on ne fait pas attention que l'âne serait par lui-même, et pour nous, le premier, le plus beau, le mieux fait, le plus distingué des animaux si dans le monde il n'y avait point de cheval ; il est le second au lieu d'être le premier, et par cela seul il semble n'être plus rien : c'est la comparaison qui le dégrade ; on le regarde, on le juge, non pas en lui-même, mais relativement au cheval ; on oublie qu'il est âne, qu'il a toutes les qualités de sa nature, tous les dons attachés à son espèce, et on ne pense qu'à la figure et aux qualités du cheval, qui lui manquent, et qu'il ne doit pas avoir.

Il est de son naturel aussi humble, aussi patient, aussi tranquille que le cheval est fier, ardent, impétueux ; il souffre avec constance, et peut-être avec courage, les châtiments et les coups ; il est sobre et sur la quantité et sur la qualité de la nourriture ; il se contente des herbes les plus dures, les plus désagréables, que le cheval et les autres animaux lui laissent et dédaignent ; il est fort délicat sur l'eau, il ne veut boire que de la plus claire et aux ruisseaux qui lui sont connus ; il boit aussi sobrement qu'il mange, et n'enfonce point du tout son nez dans l'eau par la peur que lui fait, dit-on, l'ombre de ses oreilles :

---

1. L'*espèce* de l'*âne* est particulière et propre, puisque, même avec l'*espèce* du cheval, qui en est la plus voisine, l'âne ne produit que des *individus viciés et inféconds*.

L'*espèce* de l'âne, réunie à celles du cheval, du zèbre, de l'hémione, etc., etc., forme la *famille* des *solipèdes*.

comme l'on ne prend pas la peine de l'étriller, il se roule souvent sur
le gazon, sur les chardons, sur la fougère, et sans se soucier beaucoup
de ce qu'on lui fait porter, il se couche pour se rouler toutes les fois
qu'il le peut, et semble par là reprocher à son maître le peu de soin
qu'on prend de lui ; car il ne se vautre pas comme le cheval dans la
fange et dans l'eau, il craint même de se mouiller les pieds, et se
détourne pour éviter la boue ; aussi a-t-il la jambe plus sèche et plus
nette que le cheval ; il est susceptible d'éducation, et l'on en a vu
d'assez bien dressés pour faire curiosité de spectacle.

Dans la première jeunesse, il est gai, et même assez joli : il a de
la légèreté et de la gentillesse ; mais il la perd bientôt, soit par l'âge,
soit par les mauvais traitements, et il devient lent, indocile et têtu.
Il a pour sa progéniture le plus fort attachement. Pline nous assure
que lorsqu'on sépare la mère de son petit, elle passe à travers les
flammes pour aller le rejoindre ; il s'attache aussi à son maître, quoiqu'il en soit ordinairement maltraité ; il le sent de loin et le distingue
de tous les autres hommes ; il reconnaît aussi les lieux qu'il a coutume d'habiter, les chemins qu'il a fréquentés ; il a les yeux bons,
l'odorat admirable, surtout pour les corpuscules de l'ânesse, l'oreille
excellente, ce qui a encore contribué à le faire mettre au nombre des
animaux timides, qui ont tous, à ce qu'on prétend, l'ouïe très fine et
les oreilles longues : lorsqu'on le surcharge, il le marque en inclinant
la tête et baissant les oreilles ; lorsqu'on le tourmente trop il ouvre la
bouche et retire les lèvres d'une manière très désagréable, ce qui lui
donne l'air moqueur et dérisoire ; si on lui couvre les yeux, il reste
immobile ; et lorsqu'il est couché sur le côté, si on lui place la tête
de manière que l'œil soit appuyé sur la terre, et qu'on couvre l'autre
œil avec une pierre ou un morceau de bois, il restera dans cette
situation sans faire aucun mouvement et sans se secouer pour se
relever : il marche, il trotte et galope comme le cheval, mais tous
ses mouvements sont petits et beaucoup plus lents ; quoiqu'il puisse
d'abord courir avec assez de vitesse, il ne peut fournir qu'une petite
carrière pendant un petit espace de temps ; et, quelque allure qu'il
prenne, si on le presse il est bientôt rendu.

Le cheval hennit, l'âne brait, ce qui se fait par un grand cri
très long, très désagréable, et discordant par dissonances alternatives
de l'aigu au grave, et du grave à l'aigu ; ordinairement il ne crie que

lorsqu'il est pressé d'appétit : l'ânesse a la voix plus claire et plus perçante.

De tous les animaux couverts de poil, l'âne est celui qui est le moins sujet à la vermine ; jamais il n'a de poux, ce qui vient apparemment de la dureté et de la sécheresse de sa peau, qui est en effet plus dure que celle de la plupart des autres quadrupèdes ; et c'est par la même raison qu'il est bien moins sensible que le cheval au fouet et à la piqûre des mouches.

A deux ans et demi les premières dents incisives du milieu tombent , et ensuite les autres incisives à côté des premières tombent aussi et se renouvellent dans le même temps et dans le même ordre que celles du cheval ; l'on connaît aussi l'âge de l'âne par les dents : les troisièmes incisives de chaque côté le marquent comme dans le cheval.

L'âne qui, comme le cheval, est trois ou quatre ans à croître, vit aussi comme lui vingt-cinq ou trente ans ; on prétend seulement que les femelles vivent ordinairement plus longtemps que les mâles, mais cela ne vient peut-être que de ce qu'elles sont un peu plus ménagées, au lieu qu'on excède continuellement les mâles de fatigues et de coups ; ils dorment moins que les chevaux, et ne se couchent pour dormir que quands ils sont excédés.

Il y a parmi les ânes différentes races comme parmi les chevaux, mais que l'on connaît moins, parce qu'on ne les a ni soignés ni suivis avec la même attention : seulement on ne peut guère douter que tous ne soient originaires des climats chauds. Aristote assure qu'il n'y en avait point de son temps en Scythie, ni dans les autres pays septentrionaux qui avoisinent la Scythie, ni même dans les Gaules, dont le climat, dit-il, ne laisse pas d'être froid ; et il ajoute que le climat froid, ou les empêche de produire, ou les fait dégénérer, et que c'est par cette dernière raison que dans l'Illyrie, la Thrace et l'Épire, ils sont petits et faibles ; ils sont encore tels en France, quoiqu'ils y soient déjà anciennement naturalisés, et que le froid du climat soit bien diminué depuis deux mille ans par la quantité de forêts abattues et de marais desséchés ; mais ce qui paraît encore plus certain, c'est qu'ils sont nouveaux pour la Suède et pour les autres pays du Nord ; ils paraissent être venus originairement d'Arabie, et avoir passé d'Arabie en Égypte, d'Égypte en Grèce, de Grèce en Italie, d'Italie en France, et ensuite en Allemagne, en Angleterre, et enfin en Suède, etc., car ils sont en effet d'autant moins forts et d'autant plus petits que les climats sont plus froids.

Cette migration paraît assez bien prouvée par le rapport des voyageurs. Chardin dit « qu'il y a deux sortes d'ânes en Perse, les ânes du pays, qui sont lents et pesants, et dont on ne se sert que pour porter des fardeaux, et une race d'ânes d'Arabie, qui sont de fort jolies bêtes et les premiers ânes du monde ; ils ont le poil poli, la tête haute, les pieds légers, ils les lèvent avec action, marchant bien, et l'on ne s'en sert que pour montures ; les selles qu'on leur met sont comme des bâts ronds et plats par-dessus, elles sont de drap ou de tapisserie avec les harnais et les étriers ; on s'assied dessus plus vers la croupe que vers le col : il y a de ces ânes qu'on achète jusqu'à quatre cents livres, et l'on n'en saurait avoir à moins de vingt-cinq pistoles ; on les panse comme les chevaux, mais on ne leur apprend autre chose qu'à aller l'amble, et l'art de les y dresser est de leur attacher les jambes, celles de devant et celles de derrière du même côté, par deux cordes de coton, qu'on fait de la mesure du pas de l'âne qui va l'amble et qu'on suspend par une autre corde passée dans la sangle à l'endroit de l'étrier ; des espèces d'écuyers les montent soir et matin et les exercent à cette allure ; on leur fend les naseaux afin de leur donner plus d'haleine, et ils vont si vite qu'il faut galoper pour les suivre. »

Les Arabes, qui sont dans l'habitude de conserver avec tant de soin et depuis si longtemps les races de leurs chevaux, prendraient-ils la même peine pour les ânes ? ou plutôt ceci ne semble-t-il pas prouver que le climat d'Arabie est le premier et le meilleur climat pour les uns et pour les autres ? de là ils ont passé en Barbarie, en Égypte, où ils sont beaux et de grande taille, aussi bien que dans les climats excessivement chauds, comme aux Indes et en Guinée, où ils sont plus grands, plus forts et meilleurs que les chevaux du pays ; ils sont même en grand honneur à Maduré, où l'une des plus considérables et des plus nobles tribus des Indes les révère particulièrement, parce qu'ils croient que les âmes de toute la noblesse passent dans le corps des ânes ; enfin l'on trouve les ânes en plus grande quantité que les chevaux dans tous les pays méridionaux, depuis le Sénégal jusqu'à la Chine ; on y trouve aussi des ânes sauvages plus communément que que des chevaux sauvages : les Latins, d'après les Grecs, ont appelé l'âne sauvage *onager*, onagre, qu'il ne faut pas confondre, comme l'ont fait quelques naturalistes et plusieurs voyageurs, avec le zèbre, dont nous donnerons l'histoire à part, parce que le zèbre est un animal d'une espèce différente de celle de l'âne.

L'onagre, ou l'âne sauvage, n'est point rayé comme le zèbre, et il n'est pas, à beaucoup près, d'une figure aussi élégante : on trouve des ânes sauvages dans quelques îles de l'Archipel et particulièrement dans celle de Cérigo ; il y en a beaucoup dans les déserts de Libye et de Numidie : ils sont gris et courent si vite qu'il n'y a que les chevaux barbes qui puissent les atteindre à la course ; lorsqu'ils voient un homme, ils jettent un cri, font une ruade, s'arrêtent, et ne fuient que lorsqu'on les approche ; on les prend dans des pièges et dans des lacs de corde ; ils vont par troupes pâturer et boire, on en mange la chair. Il y avait du temps de Marmol, que je viens de citer, des ânes sauvages dans l'île de Sardaigne, mais plus petits que ceux d'Afrique ; et Pietro della Valle dit avoir vu un âne sauvage à Bassora ; sa figure n'était point différente de celle des ânes domestiques ; il était seulement d'une couleur plus claire, et il avait, depuis la tête jusqu'à la queue, une raie de poil blond ; il était aussi beaucoup plus vif et plus léger à la course que les ânes ordinaires.

Olearius rapporte qu'un jour le roi de Perse le fit monter avec lui dans un petit bâtiment en forme de théâtre, pour faire collation de fruits et de confitures ; qu'après le repas on fit entrer trente-deux ânes sauvages sur lesquels le roi tira quelques coups de fusil et de flèche, et qu'il permit ensuite aux ambassadeurs et autres seigneurs de tirer ; que ce n'était pas un petit divertissement de voir ces ânes, chargés qu'ils étaient quelquefois de plus de dix flèches, dont ils incommodaient et blessaient les autres quand ils se mêlaient avec eux, de sorte qu'ils se mettaient à se mordre et à ruer les uns contre les autres d'une étrange façon, et que quand on les eut tous abattus et couchés en rang devant le roi, on les envoya à Ispahan à la cuisine de la cour ; les Persans faisaient un si grand état de la chair de ces ânes sauvages, qu'ils en ont fait un proverbe, etc. Mais il n'y a pas apparence que ces trente-deux ânes sauvages fussent tous pris dans les forêts, et c'étaient probablement des ânes qu'on élevait dans de grands parcs pour avoir le plaisir de les chasser et de les manger.

On n'a point trouvé d'ânes en Amérique, non plus que de chevaux, quoique le climat, surtout celui de l'Amérique méridionale, leur convienne autant qu'aucun autre; ceux que les Espagnols y ont transportés d'Europe, et qu'ils ont abandonnés dans les grandes îles et dans le continent, y ont beaucoup multiplié, et l'on y trouve en plusieurs endroits des ânes sauvages qui vont par troupes, et que l'on prend dans des pièges comme les chevaux sauvages.

L'âne avec la jument produit les grands mulets; le cheval avec l'ânesse produit les petits mulets, différents des premiers à plusieurs égards; mais nous nous réservons de traiter en particulier de la génération des mulets, des jumars, etc., et nous terminerons l'histoire de l'âne par celle de ses propriétés et des usages auxquels nous pouvons l'employer.

Comme les ânes sauvages sont inconnus dans ces climats, nous ne pouvons pas dire si leur chair est en effet bonne à manger; mais ce qu'il y a de sûr c'est que celle des ânes domestiques est très mauvaise, et plus mauvaise, plus dure, plus désagréablement insipide que celle du cheval; Galien dit même que c'est un aliment pernicieux et qui donne des maladies : le lait d'ânesse, au contraire, est un remède éprouvé et spécifique pour certains maux, et l'usage de ce remède s'est conservé depuis les Grecs jusqu'à nous; pour l'avoir de bonne qualité il faut choisir une ânesse jeune, saine, bien en chair, qui ait mis bas depuis peu de temps, et qui n'ait pas été couverte depuis; il faut lui ôter l'ânon qu'elle allaite, la tenir propre, la bien nourrir de foin, d'avoine, d'orge et d'herbes dont les qualités salutaires puissent influer sur la maladie; avoir attention de ne pas laisser refroidir le lait, et même ne le pas exposer à l'air, ce qui le gâterait en peu de temps.

Les anciens attribuaient aussi beaucoup de vertus médicales au sang, à l'urine, etc., de l'âne et beaucoup d'autres qualités spécifiques à la cervelle, au cœur, au foie, etc., de cet animal; mais l'expérience a détruit, ou du moins n'a pas confirmé ce qu'ils nous en disent.

Comme la peau de l'âne est très dure et très élastique, on l'emploie utilement à différents usages; on en fait des cribles, des tambours et de très bons souliers; on en fait du gros parchemin pour les tablettes de poche, que l'on enduit d'une couche légère de plâtre; c'est aussi avec le cuir de l'âne que les Orientaux font le sagri, que nous appelons *chagrin*. Il y a apparence que les os, comme la peau de cet animal, sont aussi plus durs que les os des autres animaux, puisque les

anciens en faisaient des flûtes, et qu'ils les trouvaient plus sonnants
que les autres os.

L'âne est peut-être de tous les animaux celui qui, relativement à
son volume, peut porter les plus grands poids ; et comme il ne coûte
presque rien à nourrir, et qu'il ne demande, pour ainsi dire, aucun
soin, il est d'une grande utilité à la campagne, au moulin, etc. ; il
peut aussi servir de monture, toutes ses allures sont douces, et il
bronche moins que le cheval, on le met souvent à la charrue dans
les pays où le terrain est léger, et son fumier est un excellent engrais
pour les terres fortes et humides.

LE FLAMMANT.

Garnier frères, Editeurs

LE FLAMMANT

OU LE PHÉNICOPTÈRE

Dans la langue de ce peuple, spirituel et sensible, les Grecs, presque tous les mots peignaient l'objet ou caractérisaient la chose, et présentaient l'image ou la description abrégée de tout être idéal ou réel. Le nom de *phénicoptère*, oiseau à *l'aile de flamme*, est un exemple de ces rapports sentis qui font la grâce et l'énergie du langage de ces Grecs ingénieux; rapports que nous trouvons si rarement dans nos langues modernes, lesquelles ont souvent même défiguré leur mère en la traduisant. Le nom de ce phénicoptère, traduit par nous, ne peignit plus l'oiseau, et bientôt, ne représentant plus rien, perdit ensuite sa vérité dans l'équivoque. Nos plus anciens naturalistes français prononçaient *flambant* ou *flammant :* peu à peu l'étymologie oubliée permit d'écrire *flamant* ou *flamand*, et d'un oiseau couleur de feu ou de flamme, on fit un oiseau de *Flandre*, on lui supposa même des rapports avec les habitants de cette contrée où il n'a jamais paru[2]. Nous avons donc cru devoir rappeler ici son ancien nom qu'on aurait dû lui conserver comme plus riche, et si bien approprié que les Latins crurent devoir l'adopter.

Cette aile couleur de feu n'est pas le seul caractère frappant que porte cet oiseau ; son bec d'une forme extraordinaire, aplati et fortement fléchi en dessus vers son milieu, épais et carré en dessous comme

---

1. Genre *Flammants*. — Le genre des *Flammants* est, dans Cuvier, le dernier genre des *Échassiers :* il en a fait une sorte de division intermédiaire aux *Échassiers* et aux *Palmipèdes*.

2. Willughby, en remarquant cette dénomination trompeuse, dit que, loin que cet oiseau soit fréquent en Flandre, il ne croit pas même qu'on l'y ait jamais vu ; sur quoi Gessner s'abandonne à plusieurs mauvais raisonnements (lib. III, *de Avib.*), trouvant dans la grandeur de ces oiseaux du rapport avec la stature des *Flamands*; supposant d'ailleurs faussement que la plupart de ceux que l'on voit nous sont apportés de Flandre.

une large cuiller ; ses jambes d'une excessive hauteur ; son cou long
et grêle, son corps plus haut monté, quoique plus petit, que celui de
la cigogne, offrent une figure d'un beau bizarre et d'une forme distinguée parmi les plus grands oiseaux de rivage.

C'est avec raison que Willughby, parlant de ces grands oiseaux
à pieds demi palmés qui hantent le bord des eaux, sans néanmoins
nager ni se plonger, les appelle des espèces isolées, formant un genre
à part et peu nombreux, car le flammant en particulier paraît faire
la nuance entre la grande tribu des oiseaux de rivage et celle tout
aussi grande des oiseaux navigateurs, desquels il se rapproche par les
pieds à demi palmés, et dont la membrane étendue entre les doigts,
et de l'une à l'autre pointe, se retire dans son milieu par une double
échancrure ; tous les doigts sont très courts, et l'extérieur fort petit ;
le corps l'est aussi relativement à la longueur des jambes et du cou.
Scaliger le compare à celui du héron, et Gessner à celui de la cigogne,
en remarquant, ainsi que Willughby, la longueur extraordinaire de
son cou effilé.

Quand le flammant a pris son entier accroissement, dit Catesby,
il n'est pas plus pesant qu'un canard sauvage, et cependant il a cinq
pieds de hauteur. Ces grandes différences dans la taille, indiquées par
ces auteurs, tiennent à l'âge ainsi que les variétés qu'ils ont remarquées
dans le plumage ; il est en général doux, soyeux et lavé de teintes
rouges plus ou moins vives et plus ou moins étendues ; les grandes
pennes de l'aile sont constamment noires ; et ce sont les couvertures
grandes et petites, tant intérieures qu'extérieures, qui portent ce beau
rouge de feu, dont les Grecs frappés tirèrent le nom de phénicoptère.
Cette couleur s'étend et se nuance par degrés de l'aile au dos et au
croupion, sur la poitrine, et enfin sur le cou, dont le plumage au haut
et sur la tête n'est plus qu'un duvet ras et velouté ; le sommet de la
tête dénué de plumes, un cou très grêle, avec un large bec, donnent
à cet oiseau un air très extraordinaire ; son crâne paraît élevé et sa
gorge dilatée en avant pour recevoir la mandibule inférieure du bec
qui est très large dès l'origine ; les deux mandibules forment un canal
arrondi et droit jusque vers le milieu de leur longueur ; après quoi la
mandibule supérieure fléchit tout d'un coup par une forte courbure,
et de convexe qu'elle était devient une lame plate : l'inférieure se plie
à proportion, conservant toujours la forme d'une large gouttière ; et la

mandibule supérieure par une autre petite courbure à sa pointe vient s'appliquer sur l'extrémité de la mandibule inférieure ; les bords de toutes deux sont garnis en dedans d'une petite dentelure noire, aiguë dont les pointes sont tournées en arrière.

Le docteur Grew, qui a décrit très exactement ce bec, y remarque de plus un filet qui règne en dedans sous la partie supérieure et la partage par le milieu ; il est noir depuis sa pointe jusqu'à l'endroit où il fléchit, et de là jusqu'à la racine il est blanc dans l'oiseau mort, mais apparemment sujet à varier dans le vivant, puisque Gessner le dit d'un rouge vif, Aldrovande, brun, Willughby, bleuâtre, et Seba, jaune. « A une tête ronde et petite, dit Dutertre, est attaché un grand bec long de quatre pouces, moitié rouge et moitié noir, et recourbé en forme de cuiller. » Messieurs de l'Académie des Sciences, qui ont décrit cet oiseau sous le nom de *bécharu*, disent que le bec est d'un rouge pâle, et qu'il contient une grosse langue bordée de papilles charnues, tournées en arrière, qui remplit la cavité ou la large cuiller de la mandibule inférieure. Wormius décrit aussi ce bec extraordinaire, et Aldrovande remarque combien la nature s'est jouée dans sa conformation. Ray parle de sa figure étrange, mais aucun d'eux ne l'a examinée assez soigneusement pour décider un point que nous désirerions d'être à portée d'éclaircir : c'est de savoir si dans ce bec singulier, c'est, comme l'ont dit plusieurs naturalistes, la partie supérieure qui est mobile, tandis que l'inférieure est fixe et sans mouvement.

Des deux figures de cet oiseau données par Aldrovande, et qui lui avaient été envoyées de Sardaigne, l'une n'exprime point les caractères du bec qui sont assez bien rendus dans l'autre ; et nous devons remarquer à ce sujet que dans notre planche enluminée même, les traits de ce bec, son renflement, son aplatissement, ne sont pas assez fortement prononcés, et qu'il est figuré trop pointu.

Pline semble mettre cet oiseau au nombre des cigognes, et Seba se persuade mal à propos que le phénicoptère chez les anciens était rangé parmi les ibis. Il n'appartient ni à l'un ni à l'autre de ces genres : non seulement son espèce est isolée, mais seul il fait un genre à part ; et du reste, quand les anciens placent ensemble les espèces analogues, ce n'est point dans les idées étroites, ni suivant les méthodes scolastiques de nos nomenclateurs, c'est en observant dans la nature par quelles ressemblances des mêmes facultés, des

mêmes habitudes, elle rapproche certaines espèces, les rassemble et
en forme, pour ainsi dire, un groupe réuni par des manières communes
de vivre et d'être.

On peut s'étonner, avec raison, de ne point trouver dans Aristote
le nom du phénicoptère, quoique nommé dans le même temps par
Aristophane qui le range dans la troupe des oiseaux de marais (λιμναῖοι) ;
mais il était rare et peut-être étranger dans la Grèce. Héliodore dit
expressément que le phénicoptère est un oiseau du Nil : l'ancien
scoliaste sur Juvénal dit aussi qu'il est fréquent en Afrique ; cependant
il ne paraît pas que ces oiseaux demeurent constamment dans les
climats les plus chauds, car on en voit quelques-uns en Italie, et en
beaucoup plus grand nombre en Espagne ; et il est peu d'années où
il n'en arrive pas quelques-uns sur nos côtes de Languedoc et de
Provence, particulièrement vers Montpellier et Martigues, et dans les
marais près d'Arles ; d'où je m'étonne que Belon, observateur si
instruit, dise qu'on n'en voit aucun en France qui n'y ait été apporté
d'ailleurs. Cet oiseau aurait-il étendu ses migrations d'abord en Italie,
où autrefois il ne se voyait pas, et ensuite jusque sur nos côtes ?

Il est, comme on le voit, habitant des contrées du Midi, et se
trouve dans l'ancien continent, depuis les côtes de la Méditerranée
jusqu'à la pointe la plus australe de l'Afrique ; on en trouve en grand
nombre dans les îles du Cap-Vert, au rapport de Mandeslo, qui exagère
la grosseur de leur corps, en le comparant à celui du cygne. Dampier
rencontra quelques nids de ces oiseaux dans celles de Sal ; ils sont
en quantité dans les provinces occidentales de l'Afrique, à Angola,
Congo et Bissao, où par respect superstitieux les Nègres ne souffrent
pas qu'on tue un seul de ces oiseaux ; ils les laissent paisiblement
s'établir jusqu'au milieu de leurs habitations. On les trouve de même
à la baie Saldana, et dans toutes les terres voisines du cap de Bonne-
Espérance, où ils passent le jour sur la côte, et se retirent la nuit au
milieu des grandes herbes qui se trouvent dans quelques endroits dés
terres adjacentes.

Au reste, le flammant est certainement un oiseau voyageur, mais
qui ne fréquente que les pays chauds et tempérés, et ne visite pas ceux
du nord ; il est vrai qu'on le voit dans certaines saisons paraître en divers
lieux, sans qu'on sache précisément d'où il arrive, mais jamais on ne l'a
vu s'avancer dans les terres septentrionales, et s'il en paraît quelques-uns

Les Flammants.

dans nos provinces intérieures de France, seuls et égarés, ils semblent y avoir été jetés par quelque coup de vent. M. Salerne rapporte,
comme chose extraordinaire, qu'on en a tué un sur la Loire. C'est dans
les climats chauds que ses courses s'exécutent ; et il les a portées de
l'un à l'autre continent, car il est du petit nombre d'oiseaux communs
aux terres méridionales de tous deux.

On en voit au Valparais, à la Conception, à Cuba, où les
Espagnols les nomme *flamencos* ; il s'en trouve à la côte du Vénézuela
près de l'île Blanche et de l'île d'Aves, et sur l'île de la *Roche* qui
n'est qu'un amas d'écueils ; il sont bien connus à Cayenne, où les
naturels du pays leur donnent le nom de *tococo ;* on les voit border le
rivage de la mer ou voler en troupes ; on les retrouve dans les îles
de Bahama. Hans Sloane les place dans le catalogue des oiseaux de
la Jamaïque ; Dampier les retrouve à Rio de la Hacha ; ils sont en
très grand nombre à Saint-Domingue, aux Antilles et aux îles
Caribes, où ils se tiennent dans les petits lacs salés et sur les lagunes.
Celui dont Seba donne la figure lui avait été envoyé de Curaçao ; on
en trouve également au Pérou, jusqu'au Chili. Enfin il est peu de
régions de l'Amérique méridionale où quelques voyageurs n'aient rencontré ces oiseaux.

Les flammants d'Amérique sont partout les mêmes que ceux
de l'Europe et d'Afrique : l'espèce de ces oiseaux semble être
unique et plus isolée qu'aucune autre, puisqu'elle s'est refusée à toute
variété.

Ces oiseaux font leurs petits sur les côtes de Cuba et des îles de
Bahama, dans les plages noyées et sur les îles basses, telles que celles
d'*Aves*, où Labat trouva nombre de ces oiseaux et leurs nids ; ce sont
de petits tas de terre glaise et de fange amassée du marais, relevés
d'environ vingt pouces en pyramide au milieu de l'eau, où leur base
baigne toujours, et dont le sommet tronqué, creux et lissé, sans aucun
lit de plumes ni d'herbes, reçoit immédiatement les œufs que l'oiseau
couve en reposant sur ce petit monticule, les jambes pendantes, dit
Catesby, comme un homme assis sur un tabouret, et de manière qu'il
ne couve ses œufs que du croupion et du bas ventre. Cette singulière
situation est nécessitée par la longueur de ses jambes, qu'il ne pourrait jamais ranger sous lui s'il était accroupi. Dampier décrit de même
leur manière de nicher dans l'île de Sal. C'est toujours dans les lagu-

nes et les mares salées qu'ils placent leurs nids ; ils ne font que deux œufs ou trois au plus ; ces œufs sont blancs, gros comme ceux de l'oie et un peu plus allongés ; les petits ne commencent à voler que lorsqu'ils ont acquis presque toute leur grandeur ; mais ils courent avec une vitesse singulière, peu de jours après leur naissance.

Le plumage est d'abord d'un gris clair, et cette couleur devient plus foncée à mesure que leurs plumes croissent, mais il leur faut dix ou onze mois pour l'entier accroissement de leur corps, et ce n'est qu'alors qu'ils commencent à prendre leur belle couleur, dont les teintes sont faibles dans la jeunesse, et deviennent plus fortes et plus vives à mesure qu'ils avancent en âge. Suivant Catesby, il se passe deux ans avant qu'ils acquièrent toute leur belle couleur rouge. Le P. Dutertre fait la même remarque ; mais, quel que soit le progrès de cette teinte dans leur plumage, l'aile est colorée la première, et le rouge y est toujours plus éclatant que partout ailleurs ; cette couleur s'étend ensuite de l'aile sur le croupion, puis sur le dos et la poitrine et jusque sur le cou ; il y a seulement dans quelques individus de légères variétés de nuances qui paraissent suivre les différences du climat ; par exemple, nous avons remarqué le rouge plus ponceau dans le flammant du Sénégal, et plus orangé dans celui de Cayenne : seule différence qui ne suffit pas pour constituer deux espèces comme l'a fait Barrère.

Leur nourriture, dans tout pays, est à peu près la même ; ils mangent des coquillages, des œufs de poissons et des insectes aquatiques : ils les cherchent dans la vase en y plongeant le bec et partie de la tête ; ils remuent en même temps et continuellement les pieds de haut en bas pour porter la proie avec le limon dans leur bec, dont la dentelure sert à la retenir. C'est, dit Catesby, une petite graine ronde, semblable au millet, qu'ils élèvent ainsi en agitant la vase, qui fait le grand fonds de leur nourriture ; mais cette prétendue graine n'est vraisemblablement autre chose que des œufs d'insectes, et surtout des œufs de mouches et moucherons, aussi multipliés dans les plages noyées de l'Amérique, qu'ils peuvent l'être dans les terres basses du Nord, où M. de Maupertuis dit avoir vu des lacs tout couverts de ces œufs d'insectes qui ressemblaient à la graine de mil. Apparemment ces oiseaux trouvent aux îles de l'Amérique cet aliment en abondance ; mais sur les côtes d'Europe, on les voit se nourrir de poisson, les dentelures dont leur bec est armé n'étant pas moins propres que des dents à retenir cette proie glissante.

Ils paraissent comme attachés aux rivages de la mer : si l'on en voit sur des fleuves, comme sur le Rhône, ce n'est jamais bien loin de leur embouchure; ils se tiennent plus constamment dans les lagunes, les marais salés et sur les côtes basses; et l'on a remarqué, quand on a voulu les nourrir, qu'il fallait leur donner à boire de l'eau salée.

Ces oiseaux sont toujours en troupes, et pour pêcher ils se forment naturellement en file, ce qui de loin présente une vue singulière, comme de soldats rangés en ligne; ce goût de s'aligner leur reste, même lorsque placés l'un contre l'autre, ils se reposent sur la plage; ils établissent des sentinelles et font alors une espèce de garde, suivant l'instinct commun à tous les oiseaux qui vivent en troupes; et quand ils pêchent, la tête plongée dans l'eau, un d'eux est en vedette, la tête haute; et si quelque chose l'alarme, il jette un cri bruyant qui s'entend de très loin, et qui est assez semblable au son d'une trompette; dès lors toute la troupe se lève et observe dans son mouvement de vol un ordre semblable à celui des grues : cependant lorsqu'on surprend ces oiseaux, l'épouvante les rend immobiles et stupides, et laisse au chasseur tout le temps de les abattre presque jusqu'au dernier. C'est ce que témoigne Dutertre, et c'est aussi ce qui peut concilier les récits contraires des voyageurs, dont les uns représentent les flammants comme des oiseaux défiants et qui ne se laissent guère approcher, tandis que d'autres les disent lourds, étonnés, et se laissant tuer les uns après les autres.

Leur chair est un mets recherché ; Catesby la compare pour la délicatesse à celle de la perdrix; Dampier dit qu'elle est de fort bon goût quoique maigre ; Dutertre la trouve excellente, malgré un petit goût de marais ; et la plupart des voyageurs en parlent de même. M. de Peiresc est presque le seul qui la dise mauvaise; mais à la différence que peuvent y mettre les climats, il faut joindre l'épuisement de ces oiseaux qui n'arrivent sur nos côtes que fatigués d'un long vol. Les anciens en ont parlé comme d'un gibier exquis. Philostrate le compte entre les délices des festins ; Juvénal, reprochant aux Romains leur luxe déprédateur, dit qu'on les voit couvrir leurs tables et des oiseaux rares de Scythie et du superbe phénicoptère. Apicius donne la manière savante de l'assaisonner, et ce fut cet homme dont la voracité, dit Pline, *engloutissait les races futures*, qui découvrit à la langue du phénicoptère cette saveur qui la fit rechercher comme le morceau le plus rare. Quelque-uns de nos voyageurs, soit dans le préjugé des anciens ou d'après leur propre expérience, parlent aussi de l'excellence de ce morceau.

La peau de ces oiseaux, garnie d'un bon duvet, sert aux mêmes usages que celle du cygne. On peut les apprivoiser assez aisément, soit en les prenant jeunes dans le nid, soit même en les attrapant déjà grands dans les pièges ou de toute autre manière[1]; car quoiqu'ils soient très sauvages dans l'état de la liberté, une fois captif le flammant paraît soumis, et semble même affectionné; et en effet il est plus farouche que fier, et la même crainte qui le fait fuir, le subjugue quand il est pris. Les Indiens en ont d'entièrement privés. M. de Peiresc en avait vu de très familiers, puisqu'il donne plusieurs détails sur leur vie domestique. Ils mangent plus de nuit que de jour, dit-il, et trempent dans l'eau le pain qu'on leur donne; ils sont sensibles au froid et s'approchent du feu jusqu'à se brûler les pieds, et lorsqu'une de leurs jambes est impotente, ils marchent avec l'autre en s'aidant du bec et l'appuyant à terre comme un pied ou une béquille; ils dorment peu et ne reposent que sur une jambe, l'autre retirée sous le ventre; néanmoins ils sont délicats et assez difficiles à élever dans nos climats;

---

1. « Un flamant sauvage étant venu se poser dans une mare près de notre habitation, on y chassa un flamant domestique qui vivait dans la basse-cour, et le négrillon qui le soignait porta le baquet dans lequel il le nourrissait au bord de la mare, à quelque distance, et se cacha auprès. Le flamant domestique ne tarda pas à s'en approcher, et le flamant sauvage de le suivre; celui-ci voulant prendre sa part des aliments, le premier se mit à le chasser et à le battre, de manière que le petit nègre, qui faisait le mort à terre, trouva l'instant de le prendre en l'arrêtant par les jambes. Un de ces oiseaux, pris à peu près de même, a vécu quinze ans dans nos basses-cours; il vivait de bon accord avec les volailles, et caressait même ses compagnons de chambrée. les dindons et les canards, en les grattant sur le dos avec le bec. Il se nourrissait du même grain que ces volailles, pourvu qu'il fût mêlé avec un peu d'eau; au reste, il ne pouvait manger qu'en tournant le bec pour prendre les aliments de côté; il barbotait d'ailleurs comme les canards, et connaissait si bien ceux qui avaient coutume d'avoir soin de lui. que quand il avait faim, il allait à eux et les tirait avec le bec par les vêtements; il se tenait très souvent dans l'eau jusqu'à mi-jambes, ne changeant guère de place et plongeant de temps en temps sa tête au fond, afin d'attraper de petits poissons. dont il se serait nourri de préférence au grain; quelquefois il courait sur l'eau en la battant alternativement avec ses pattes, et en se soutenant par le mouvement de ses ailes à moitié étendues; il ne se plaisait point à nager, mais à trépigner dans peu d'eau. Quand il tombait, il ne se relevait que très difficilement; aussi ne s'appuyait-il jamais sur son ventre pour dormir: il retirait seulement une de ces jambes sous lui, restait sur l'autre comme sur un piquet, passait son coup sur son dos, et cachait sa tête entre le bout de son aile et son corps. toujours du côté opposé à la jambe qui était pliée. » (Lettre de M. Poumiés, commandant de milice au quartier de Nipes, à Saint-Domingue, communiquée par M. le chevalier Lefebvre-Deshayes.)

même il paraît qu'avec assez de docilité pour se plier aux habitudes
de la captivité, cet état est très contraire à leur nature, puisqu'ils ne
peuvent le supporter longtemps, et qu'ils y languissent plutôt qu'ils ne
vivent, car ils ne cherchent pas à se multiplier, et jamais ils n'ont
produit en domesticité.

LE CYGNE[1]

Dans toute société, soit des animaux, soit des hommes, la violence fit les tyrans, la douce autorité fait les rois : le lion et le tigre sur la terre, l'aigle et le vautour dans les airs, ne règnent que par la guerre, ne dominent que par l'abus de la force et par la cruauté ; au lieu que le cygne règne sur les eaux à tous les titres qui fondent un empire de paix, la grandeur, la majesté, la douceur : avec des puissances, des forces, du courage et la volonté de n'en pas abuser, et de ne les employer que pour la défense, il sait combattre et vaincre, sans jamais attaquer ; roi paisible des oiseaux d'eau, il brave les tyrans de l'air ; il attend l'aigle sans le provoquer, sans le craindre ; il repousse ses assauts, en opposant à ses armes la résistance de ses plumes, et les coups précipités d'une aile vigoureuse qui lui sert d'égide, et souvent la victoire couronne ses efforts. Au reste, il n'a que ce fier ennemi ; tous les autres oiseaux de guerre le respectent, et il est en paix avec toute la nature ; il vit en ami plutôt qu'en roi au milieu des nombreuses peuplades d'oiseaux aquatiques, qui toutes semblent se ranger sous sa loi ; il n'est que le chef, le premier habitant d'une république tranquille[2], où les citoyens n'ont rien à craindre d'un maître qui ne demande qu'autant qu'il leur accorde, et ne veut que calme et liberté.

Les grâces de la figure, la beauté de la forme, répondent, dans le cygne, à la douceur du naturel ; il plaît à tous les yeux, il décore, embellit tous les lieux qu'il fréquente ; on l'aime, on l'applaudit, on

1. *Le cygne à bec rouge ; le cygne à bec noir.* Ordre des *Palmipèdes,* famille des *Lamellirostres,* genre *Canards,* sous-genre *Cygnes.* (CUVIER.)

2. Les anciens croyaient que le cygne épargnait non seulement les oiseaux, mais même les poissons, ce qu'Hésiode indique dans son bouclier d'Hercule, en représentant des poissons nageant tranquillement à côté du cygne.

LE CYGNE (ESPÈCE SAUVAGE)

l'admire [1]; nulle espèce ne le mérite mieux ; la nature en effet n'a répandu sur aucune autant de ces grâces nobles et douces qui nous rappellent l'idée de ses plus charmants ouvrages : coupe de corps élégante, formes arrondies, gracieux contours, blancheur éclatante et pure, mouvements flexibles et ressentis, attitudes tantôt animées, tantôt laissées dans un mol abandon ; tout dans le cygne respire la volupté, l'enchantement que nous font éprouver les grâces et la beauté, tout nous l'annonce, tout le peint comme l'oiseau de l'amour, tout justifie la spirituelle et riante mythologie, d'avoir donné ce charmant oiseau pour père à la plus belle des mortelles.

A sa noble aisance, à la facilité, à la liberté de ses mouvements sur l'eau, on doit le reconnaître non seulement comme le premier des navigateurs ailés, mais comme le plus beau modèle que la nature nous ait offert pour l'art de la navigation. Son cou élevé et sa poitrine relevée et arrondie semblent en effet figurer la proue du navire fendant l'onde ; son large estomac en représente la carène ; son corps, penché en avant pour cingler, se redresse à l'arrière et se relève en poupe ; la queue est un vrai gouvernail ; les pieds sont de larges rames, et ses grandes ailes, demi-ouvertes au vent et doucement enflées, sont les voiles qui poussent le vaisseau vivant, navire et pilote à la fois.

Fier de sa noblesse, jaloux de sa beauté, le cygne semble faire parade de tous ses avantages ; il a l'air de chercher à recueillir des suffrages, à captiver les regards, et il les captive en effet, soit que voguant en troupe on voie de loin, au milieu des grandes eaux, cingler la flotte ailée, soit que, s'en détachant et s'approchant du rivage aux signaux qui l'appellent, il vienne se faire admirer de plus près en étalant ses beautés et développant ses grâces par mille mouvements doux, ondulants et suaves.

Aux avantages de la nature, le cygne réunit ceux de la liberté ; il

---

1. « L'intérêt, dit M. Baillon, qui a déterminé l'homme à dompter les animaux et à apprivoiser les oiseaux, n'a eu aucune part à la domesticité du cygne. Sa beauté et l'élégance de sa forme l'ont engagé à l'approcher de son habitation, uniquement pour l'orner. Il a eu dans tous les temps plus d'égards pour lui que pour les autres êtres dont il s'est rendu maître; il ne l'a pas tenu captif ; il l'a destiné à décorer les eaux de ses jardins, et l'a laissé y jouir de toutes les douceurs de la liberté... L'abondance et le choix de la nourriture ont augmenté le volume du corps du cygne privé, mais sa forme n'en a perdu rien de son élégance; il a conservé les mêmes grâces et la même souplesse dans tous ses mouvements; son port majestueux est toujours admiré : je doute même que tous ces agréments soient aussi étendus dans le sauvage. » (Note communiquée par M. Baillon, conseiller du roi, et son bailli de Waben, à Montreuil-sur-Mer.)

n'est pas du nombre de ces esclaves que nous puissions contraindre ou renfermer[1]; libre sur nos eaux, il n'y séjourne, ne s'établit qu'en y jouissant d'assez d'indépendance pour exclure tout sentiment de servitude et de captivité; il peut à son gré parcourir les eaux, débarquer au rivage, s'éloigner au large ou venir, longeant la rive, s'abriter sous les bords, se cacher dans les joncs, s'enfoncer dans les anses les plus écartées, puis, quittant sa solitude, revenir à la société et jouir du plaisir qu'il paraît prendre et goûter en s'approchant de l'homme, pourvu qu'il trouve en nous ses hôtes et ses amis, et non ses maîtres et ses tyrans.

Chez nos ancêtres, trop simples ou trop sages pour remplir leurs jardins des beautés froides de l'art en place des beautés vives de la nature, les cygnes étaient en possession de faire l'ornement de toutes les pièces d'eau; ils animaient, égayaient les tristes fossés des châteaux; ils décoraient la plupart des rivières, et même celle de la capitale[2], et l'on vit l'un des plus sensibles et des plus aimables de nos princes mettre au nombre de ses plaisirs celui de peupler de ces beaux oiseaux les bassins de ses maisons royales; on peut encore jouir aujourd'hui du même spectacle sur les belles eaux de Chantilly, où les cygnes font un des ornements de ce lieu vraiment délicieux dans lequel tout respire le noble goût du maître.

Le cygne nage si vite qu'un homme, marchant rapidement au rivage, a grand'peine à le suivre. Ce que dit Albert, *qu'il nage bien, marche mal et vole médiocrement*, ne doit s'entendre, quant au vol, que du cygne abâtardi par une domesticité forcée; car, libre sur nos eaux et surtout sauvage, il a le vol très haut et très puissant : Hésiode lui donne l'épithète d'*altivolans :* Homère le range avec les oiseaux grands voyageurs, les grues et les oies, et Plutarque attribue à deux cygnes ce que Pindare feint des deux aigles que Jupiter fit partir des deux côtés opposés du monde pour en marquer le milieu au point où ils se rencontrèrent.

1. Le cygne renfermé dans une cour est toujours triste : le gravier lui blesse les pieds, il fait tous ses efforts pour fuir et s'envoler, et il part en effet, si l'on n'a pas l'attention de lui couper les ailes à chaque mue : « J'en ai vu un, dit M. Baillon, qui a vécu ainsi pendant trois ans; il était inquiet ou sombre, toujours maigre et silencieux, au point qu'on n'a jamais entendu sa voix; on le nourrissait néanmoins largement de pain, de son, d'avoine, d'écrevisses et de poissons. Il s'est envolé quand on a cessé de rogner ses ailes. »

2. Témoin le nom de l'*île aux Cygnes* donné encore à ce terrain qu'embrassait la Seine au-dessous des Invalides. — « On voyait autrefois la Seine couverte de cygnes, principalement au-dessous de Paris. » (Salerne.)

Le cygne, supérieur en tout à l'oie, qui ne vit guère que d'herbages et de graines, sait se procurer une nourriture plus délicate et moins commune [1]; il ruse sans cesse pour attraper et saisir du poisson ; il prend mille attitudes différentes pour le succès de sa pêche, et tire tout l'avantage possible de son adresse et de sa grande force ; il sait éviter ses ennemis : un vieux cygne ne craint pas dans l'eau le chien le plus fort ; son coup d'aile pourrait casser la jambe d'un homme, tant il est prompt et violent ; enfin il paraît que le cygne ne redoute aucune embûche, aucun ennemi, parce qu'il a autant de courage que d'adresse et de force [2].

Les cygnes sauvages volent en grandes troupes, et de même les cygnes domestiques marchent et nagent attroupés ; leur instinct social est en tout très fortement marqué. Cet instinct, le plus doux de la nature, suppose des mœurs innocentes, des habitudes paisibles et ce naturel, délicat et sensible, qui semble donner aux actions produites par ce sentiment l'intention et le prix des qualités morales. Le cygne a de plus l'avantage de jouir jusqu'à un âge extrêmement avancé de sa belle et douce existence ; tous les observateurs s'accordent à lui donner une très longue vie ; quelques-uns même en ont porté la durée jusqu'à trois cents ans, ce qui sans doute est fort exagéré ; mais Willughby ayant vu une oie qui, par preuve certaine, avait vécu cent ans, n'hésite pas à conclure de cet exemple que la vie du cygne peut et doit être plus longue, tant parce qu'il est plus grand que parce qu'il faut plus de temps pour faire éclore ses œufs, l'incubation dans les oiseaux répondant au temps de la gestation dans les animaux, et ayant peut-être quelque rapport au temps de l'accroissement du corps, auquel est proportionnée la durée de la vie : or, le cygne est plus de deux ans à croître, et c'est beaucoup, car dans les oiseaux le développement entier du corps est bien plus prompt que dans les animaux quadrupèdes.

---

1. « Le cygne vit de graines et de poissons, surtout d'anguilles ; il avale aussi des grenouilles, des sangsues, des limaçons d'eau et de l'herbe ; il digère aussi promptement que le canard, et mange considérablement. » (M. Baillon.)

2. « Le cygne, écrit le même observateur, ruse sans cesse pour saisir les poissons, qui sont sa nourriture de préférence... Il sait éviter les coups que ses ennemis peuvent lui porter... Si un oiseau de proie menace les petits, le père et la mère les défendent avec intrépidité ; ils les rangent autour d'eux, et l'oiseau ravisseur n'ose plus approcher ; si quelques chiens veulent les assaillir, ils vont au-devant et les attaquent. Au reste, le cygne plonge, et fuit si a force de son ennemi est supérieure à la résistance qu'il peut lui opposer ; néanmoins ce n'est guère que dans l'obscurité de la nuit et pendant le sommeil que les cygnes sont quelquefois surpris par les renards et es loups. »

La femelle du cygne couve pendant six semaines au moins ; elle
commence à pondre au mois de février : elle met, comme l'oie, un
jour d'intervalle entre la ponte de chaque œuf ; elle en produit de cinq
à huit, et communément six ou sept ; ces œufs sont blancs et oblongs,
ils ont la coque épaisse et sont d'une grosseur très considérable ; le
nid est placé tantôt sur un lit d'herbes sèches au rivage, tantôt sur
un tas de roseaux abattus, entassés et même flottants sur l'eau. La
mère recueille nuit et jour ses petits sous ses ailes, et le père se présente avec intrépidité pour les défendre contre tout assaillant ; son
courage dans ces moments n'est comparable qu'à la fureur avec laquelle
il combat un rival qui vient le troubler dans la possession de sa bien-
aimée ; dans ces deux circonstances, oubliant sa douceur, il devient
féroce et se bat avec acharnement[1] ; souvent un jour entier ne suffit
pas pour vider leur duel opiniâtre ; le combat commence à grands
coups d'ailes, continue corps à corps, et finit ordinairement par la
mort d'un des deux, car ils cherchent réciproquement à s'étouffer en
se serrant le cou et se tenant par force la tête plongée dans l'eau : ce
sont vraisemblablement ces combats qui ont fait croire aux anciens
que les cygnes se dévoraient les uns les autres ; rien n'est moins vrai,
mais seulement ici comme ailleurs les passions furieuses naissent de
la passion la plus douce, et c'est l'amour qui enfante la guerre.

En tout autre temps ils n'ont que des habitudes de paix : aussi
propres que voluptueux, ils font toilette assidue chaque jour ; on les
voit arranger leur plumage, le nettoyer, le lustrer et prendre de l'eau
dans leur bec pour la répandre sur le dos, sur les ailes, avec un soin
qui suppose le désir de plaire, et ne peut être payé que par le
plaisir d'être aimé. Le seul temps où la femelle néglige sa toilette est
celui de la couvée, les soins maternels l'occupent alors tout entière,

1. « La Charente a son commencement et source de deux fontaines, l'une nommée *charnanat*
et l'autre l'admirable abyme *louvre*, lesquelles, rangées et associées en un, donnent être et nom
à la belle Charente ; or, sont-elles un vrai repaire et retraite d'un nombre de cygnes quasi
infini, qui est bien l'oiseau le plus noble, le plus aimable et le plus familier de tous autres
oiseaux de rivières ; il est vrai qu'il est ireux, et si faut dire colère quand il est irrité ; ce
qu'a été vu en une maison joignant ladite louvre : deux cygnes s'étant attaqués l'un à l'autre
en telle furie, qu'ils combattirent jusqu'à l'extrémité de la vie ; quoi voyant, quatre autres de
leurs compagnons soudain y accoururent, et comme si ce fussent personnes, tâchèrent à les
séparer et les réduire en concorde et mutuel amour ; en bonne foi méritant mieux le nom de
prodige, que nom qu'on lui sut donner. Mais si on leur démontre pareille douceur qu'est la
leur naturelle, et qu'on les amadoue et applaudisse un peu, lors ils se montrent doux et paisibles, et prennent plaisir à voir la face de l'homme. » *Cosmographie du Levant*, par André
Thevet ; Lyon, 1554, p. 189 et 190.

et à peine donne-t-elle quelques instants aux besoins de la nature et
à sa subsistance.

Les petits naissent fort laids et seulement couverts d'un duvet
gris ou jaunâtre, comme les oisons; leurs plumes ne poussent que
quelques semaines après, et sont encore de la même couleur; ce
vilain plumage change à la première mue, au mois de septembre; ils
prennent alors beaucoup de plumes blanches, d'autres plus blondes
que grises, surtout à la poitrine et sur le dos; ce plumage chamarré
tombe à la seconde mue, et ce n'est qu'à dix-huit mois et même à
deux ans d'âge que ces oiseaux ont pris leur belle robe d'un blanc pur

Le Cygne.

et sans tache: ce n'est aussi que dans ce temps qu'ils sont en état
de produire.

Les jeunes cygnes suivent leur mère pendant le premier été, mais
ils sont forcés de la quitter au mois de novembre; les mâles adultes
les chassent pour être plus libres auprès des femelles; ces jeunes
oiseaux, tous exilés de leur famille, se rassemblent par la nécessité
de leur sort commun; ils se réunissent en troupes et ne se quittent
plus que pour s'apparier et former eux-mêmes de nouvelles familles.

Comme le cygne mange assez souvent des herbes de marécages
et principalement de l'algue, il s'établit de préférence sur les rivières
d'un cours sinueux et tranquille, dont les rives sont bien fournies

d'herbages; les anciens ont cité le Méandre, le Mincio, le Strymon, le Caystre, fleuves fameux par la multitude des cygnes dont on les voit couverts : l'île chérie de Vénus, Paphos, en était remplie. Strabon parle des cygnes d'Espagne, et, suivant Ælien, l'on en voyait de temps en temps paraître sur la mer d'Afrique, d'où l'on peut juger, ainsi que par d'autres indications, que l'espèce se porte jusque dans les régions du Midi; néanmoins, celles du Nord semblent être la vraie patrie du cygne et son domicile de choix, puisque c'est dans les contrées septentrionales qu'il niche et multiplie. Dans nos provinces, nous ne voyons guère de cygnes sauvages que dans les hivers les plus rigoureux. Gessner dit qu'en Suisse on s'attend à un rude et long hiver quand on voit arriver beaucoup de cygnes sur les lacs. C'est dans cette même saison rigoureuse qu'ils paraissent sur les côtes de France, d'Angleterre, et sur la Tamise, où il est défendu de les tuer, sous peine d'une grosse amende; plusieurs de nos cygnes domestiques partent alors avec les sauvages si l'on n'a pas pris la précaution d'ébarber les grandes plumes de leurs ailes.

Néanmoins, quelques-uns nichent et passent l'été dans les parties septentrionales de l'Allemagne, dans la Prusse et la Pologne; et en suivant à peu près cette latitude, on les trouve sur les fleuves près d'Azof et vers Astracan, en Sibérie chez les Jakutes, à Séléginskoi, et jusqu'au Kamtschatka; dans cette même saison des nichées, on les voit en très grand nombre sur les rivières et les lacs de la Laponie; ils s'y nourrissent d'œufs et de chrysalides d'une espèce de moucheron dont souvent la surface de ces lacs est couverte. Les Lapons les voient arriver au printemps du côté de la mer d'Allemagne : une partie s'arrête en Suède et surtout en Scanie. Horrebows prétend qu'ils restent toute l'année en Islande, et qu'ils habitent la mer lorsque les eaux douces sont glacées; mais, s'il en demeure en effet quelques-uns, le grand nombre suit la loi commune de migration, et fuit un hiver que l'arrivée des glaces du Groënland rend encore plus rigoureux en Islande qu'en Laponie.

Ces oiseaux se sont trouvés en aussi grande quantité dans les parties septentrionales de l'Amérique que dans celles de l'Europe. Ils peuplent la baie d'Hudson, d'où vient le nom de *carry-swan's-nest*, que l'on peut traduire : *porte-nid de cygne*, imposé par le capitaine Button à cette longue pointe de terre qui s'avance du nord dans la baie. Ellis a trouvé des cygnes jusque sur l'*île de Marbre*, qui n'est qu'un amas de rochers bouleversés à l'entour de quelques petits lacs d'eau douce; ces oiseaux sont de même très nombreux au Canada, d'où il paraît qu'ils vont hiverner en Virginie et à la Louisiane; et ces cygnes du Canada et de la Louisiane, comparés à nos cygnes sauvages, n'ont offert aucune différence. Quant aux cygnes à tête noire des îles Malouines et de quelques côtes de la mer du Sud, dont parlent les voyageurs, l'espèce en est trop mal décrite pour décider si elle doit se rapporter ou non à celle de notre cygne.

Les différences qui se trouvent entre le cygne sauvage et le cygne privé ont fait croire qu'ils formaient deux espèces distinctes et séparées : le cygne sauvage est plus petit, son plumage est communément plus gris que blanc; il n'a pas de caroncule sur le bec, qui toujours est noir à la pointe, et qui n'est jaune que près de la tête; mais, à bien apprécier ces différences, on verra que l'intensité de la couleur, de même que la caroncule ou bourrelet charnu du front, sont moins des caractères de nature que des indices et des empreintes de domesticité; les couleurs du plumage et du bec étant sujettes à varier dans les cygnes comme dans les autres oiseaux domestiques, on peut donner pour exemples le cygne privé à bec rouge dont parle le docteur Plott; d'ailleurs cette différence dans la couleur du plumage n'est pas aussi grande qu'elle le paraît d'abord; nous avons vu que les jeunes cygnes naissent et restent longtemps gris; il paraît que cette couleur subsiste plus longtemps encore dans les sauvages, mais qu'enfin ils deviennent blancs avec l'âge; car Edwards a observé que dans le grand hiver de 1740 on vit aux environs de Londres plusieurs de ces cygnes sauvages qui étaient entièrement blancs; le cygne domestique doit donc être regardé comme une race tirée anciennement et originairement de l'espèce sauvage. MM. Klein, Frisch et Linnæus l'ont présumé comme moi, quoique Willughby et Ray prétendent le contraire.

Belon regarde le cygne comme le plus grand des oiseaux d'eau, ce qui est assez vrai, en observant néanmoins que le pélican a beaucoup plus d'envergure; que le grand albatros a tout au moins autant de corpulence, et que le flammant ou phénicoptère a bien plus de hauteur, eu égard à ses jambes démesurées. Les cygnes, dans la race domestique, sont constamment un peu plus gros et plus grands que dans l'espèce sauvage : il y en a qui pèsent jusqu'à vingt-cinq livres; la longueur du bec à la queue est quelquefois de quatre pieds et demi, et l'envergure de huit pieds; au reste, la femelle est en tout un peu plus petite que le mâle.

Le bec, ordinairement long de trois pouces et plus, est, dans la race domestique, surmonté à sa base par un tubercule charnu, renflé et proéminent, qui donne à la physionomie de cet oiseau une sorte d'expression; ce tubercule est revêtu d'une peau noire, et les côtés de la face, sous les yeux, sont aussi couverts d'une peau de même couleur; dans les petits cygnes de la race domestique le bec est d'une teinte plombée, il devient ensuite jaune ou orangé avec la pointe noire; dans la race sauvage le bec est entièrement noir avec une membrane jaune au front; sa forme paraît avoir servi de modèle pour le bec des deux familles les plus nombreuses des oiseaux palmipèdes, les oies et les canards; dans tous, le bec est aplati, épaté, dentelé sur les bords, arrondi en pointe mousse, et terminé à sa partie supérieure par un onglet de substance cornée.

Dans toutes les espèces de cette nombreuse tribu il se trouve, au-dessous des plumes extérieures, un duvet bien fourni qui garantit le corps de l'oiseau des impressions de l'eau. Dans le cygne, ce duvet est d'une grande finesse, d'une mollesse extrême et d'une blancheur parfaite; on en fait de beaux manchons et des fourrures aussi délicates que chaudes.

La chair du cygne est noire et dure, et c'est moins comme un bon mets que comme un plat de parade qu'il était servi dans les festins chez les anciens, et, par la même ostentation, chez nos ancêtres; quelques personnes m'ont néanmoins assuré que la chair des jeunes cygnes était aussi bonne que celle des oies du même âge.

Quoique le cygne soit assez silencieux, il a néanmoins les organes de la voix conformés comme ceux des oiseaux d'eau les plus loquaces; la trachée-artère, descendue dans le sternum, fait un coude, se relève, s'appuie sur les clavicules, et de là, par une seconde inflexion, arrive aux poumons. A l'entrée et au-dessus de la bifurcation, se trouve placé un vrai larynx, garni de son os hyoïde, ouvert dans sa membrane en bec de flûte; au-dessous de ce larynx le canal se divise en deux branches, lesquelles, après avoir formé chacune un renflement, s'attachent au poumon; cette conformation, du moins quant à la position du larynx, est commune à beaucoup d'oiseaux d'eau, et même quelques oiseaux de rivage ont les mêmes plis et inflexions à la trachée-artère, comme nous l'avons remarqué dans la grue, et, selon toute apparence, c'est ce qui donne à leur voix ce retentissement bruyant et rauque, ces sons de trompette ou de clairon qu'ils font entendre du haut des airs et sur les eaux.

Néanmoins, la voix habituelle du cygne privé est plutôt sourde qu'éclatante : c'est une sorte de *strideur* parfaitement semblable à ce que le peuple appelle le *jurement du chat*, et que les anciens avaient bien exprimé par le mot imitatif *drensant* : c'est, à ce qu'il paraît, un accent de menace ou de colère; l'on n'a pas remarqué que l'amour en eût de plus doux, et ce n'est point du tout sur des cygnes presque muets, comme le sont les nôtres dans la domesticité, que les anciens avaient pu modeler ces cygnes harmonieux qu'ils ont rendus si célèbres. Mais il paraît que le cygne sauvage a mieux conservé ses prérogatives, et qu'avec le sentiment de la pleine liberté il en a aussi les accents. L'on distingue en effet dans ses cris, ou plutôt dans les éclats de sa voix, une sorte de chant mesuré, modulé [1], des sons bruyants de

1. M. l'abbé Arnaud, dont le génie est fait pour ranimer les restes précieux de la belle et savante antiquité, a bien voulu concourir avec nous à vérifier et à apprécier ce que les anciens ont dit du chant du cygne. Deux cygnes sauvages, qui se sont établis d'eux-mêmes sur les magnifiques eaux de Chantilly, semblent s'être venus offrir exprès à cette intéressante vérification. M. l'abbé Arnaud est allé jusqu'à noter leur chant, ou pour mieux dire leurs cris harmonieux, et il nous en écrit en ces termes : « On ne peut pas dire exactement que les cygnes de Chantilly chantent, ils crient ; mais leurs cris sont véritablement et constamment modulés ; leur voix n'est point douce, elle est au contraire aiguë, perçante et très peu agréable : je ne puis la mieux comparer qu'au son d'une clarinette embouchée par quelqu'un à qui cet instrument ne serait point familier. Presque tous les oiseaux canores répondent au chant de l'homme, et surtout au son des instruments : j'ai joué pendant longtemps du violon auprès de nos cygnes, sur tous les tons et sur toutes les cordes ; j'ai même pris l'unisson de leurs propres accents, sans qu'ils aient paru y faire attention ; mais si, dans le bassin où ils nagent avec leurs petits, on vient à jeter une oie, le mâle, après avoir poussé des sons sourds, fond sur l'oie avec impétuosité, et, la saisissant au cou, il lui plonge, à très fréquentes reprises, la tête dans l'eau, et la frappe en même temps de ses ailes : ce serait fait de l'oie, si l'on ne venait à son secours. Alors, les ailes étendues, le cou droit et la tête haute, le cygne vient se placer vis-à-vis de sa femelle, et pousse un cri auquel la femelle répond par un cri plus bas d'un demi-ton. La voix du mâle va du *la* au *si bémol*; celle de la femelle du *sol dièse* au *la*. La première note est brève et de passage, et fait l'effet de la note que nos musiciens appellent *sensible*, de manière qu'elle n'est jamais détachée de la seconde, et se passe comme un *coulé*. Observez qu'heureusement pour l'oreille ils ne chantent jamais tous deux à la fois ; en effet, si, pendant que le mâle entonne le *si bémol*, la femelle faisait entendre le *la*, ou que le mâle donnât le *la* tandis que la femelle donne le *sol dièse*, il en résulterait la plus âpre et la plus insupportable des dissonances : ajoutons que ce dialogue est soumis à un rythme constant et réglé, à la mesure à deux temps. Du reste, l'inspecteur m'a assuré qu'au temps de leurs amours, ces oiseaux ont encore un cri plus perçant, mais beaucoup plus agréable. » — Nous joindrons ici une observation intéressante, qui ne nous a été communiquée qu'après l'impression des premières pages de cet article. — « Il y a une saison où l'on voit les cygnes se réunir et former une sorte d'association républicaine pour le bien commun : c'est celle des grands froids. Pour se main-

clairon, mais dont les tons aigus et peu diversifiés sont néanmoins très éloignés de la tendre mélodie et de la variété douce et brillante du ramage de nos oiseaux chanteurs.

Au reste, les anciens ne s'étaient pas contentés de faire du cygne un chantre merveilleux : seul entre tous les êtres qui frémissent à l'aspect de leur destruction, il chantait encore au moment de son agonie, et préludait par des sons harmonieux à son dernier soupir : c'était, disaient-ils, près d'expirer, et faisant à la vie un adieu triste et tendre, que le cygne rendait ces accents si doux et si touchants, et qui pareils à un léger et douloureux murmure, d'une voix basse, plaintive et lugubre, formaient son chant funèbre : on entendait ce chant, lorsqu'au lever de l'aurore les vents et les flots étaient calmés ; on avait même vu des cygnes expirant en musique et chantant leurs hymnes funéraires. Nulle fiction en histoire naturelle, nulle fable chez les anciens, n'a été plus célébrée, plus répétée, plus accréditée; elle s'était emparée de l'imagination vive et sensible des Grecs : poètes, orateurs, philosophes même l'ont adoptée comme une vérité trop agréable pour vouloir en douter. Il faut bien leur pardonner leurs fables ; elles étaient aimables et touchantes, elles valaient bien de tristes, d'arides vérités : c'étaient de doux emblèmes pour les âmes sensibles. Les cygnes, sans doute, ne chantent point leur mort ; mais toujours, en parlant du dernier essor et des derniers élans d'un beau génie prêt à s'éteindre, on rappellera avec sentiment cette expression touchante : *C'est le chant du cygne !*

tenir au milieu des eaux, dans le temps qu'elles se glacent, ils s'attroupent et ne cessent de battre l'eau, de toute la largeur de leurs ailes, avec un bruit qu'on entend de fort loin, et qui se renouvelle avec d'autant plus de force, dans les moments du jour et de la nuit, que la gelée prend avec plus d'activité; leurs efforts sont si efficaces, qu'il n'y a pas d'exemple que la troupe des cygnes ait quitté l'eau dans les plus longues gelées, quoiqu'on ait vu quelquefois un cygne seul et écarté de l'assemblée générale, pris par la glace au milieu des canaux. » (Extrait de la note rédigée par M. Grouvelle, secrétaire des commandements militaires de S. A. S. Monseigneur le prince de Condé.)

CRAPAUDS

LE CRAPAUD COMMUN

Depuis longtemps l'opinion a flétri cet animal dégoûtant dont l'approche révolte tous les sens. L'espèce d'horreur avec laquelle on le découvre est produite même par l'image que le souvenir en retrace ; beaucoup de gens ne se le représentent qu'en éprouvant une sorte de frémissement, et les personnes qui ont un tempérament faible et les nerfs délicats ne peuvent en fixer l'idée sans croire sentir dans leurs veines le froid glacial que l'on a dit accompagner l'attouchement du crapaud. Tout en est vilain, jusqu'à son nom, qui est devenu le signe d'une basse difformité ; on s'étonne toujours lorsqu'on le voit constituer une espèce constante d'autant plus répandue que presque toutes les températures lui conviennent, et en quelque sorte d'autant plus durable que plusieurs espèces voisines se réunissent pour former avec lui une famille nombreuse.

On est tenté de prendre cet animal informe pour un produit fortuit de l'humidité et de la pourriture, pour un de ces jeux bizarres qui échappent à la nature ; et on n'imagine pas comment cette mère commune, qui a réuni si souvent tant de belles proportions à tant de couleurs agréables, et qui même a donné aux grenouilles et aux raines une sorte de grâce, de gentillesse et de parure, a pu imprimer au crapaud une forme si hideuse. Et que l'on ne croie pas que ce soit d'après des conventions arbitraires qu'on le regarde comme un des êtres les plus défavorablement traités ; il paraît vicié dans toutes ses parties. S'il a des pattes, elles n'élèvent pas son corps disproportionné au-dessus de la fange qu'il habite. S'il a des yeux, ce n'est point en

quelque sorte pour recevoir une lumière qu'il fuit. Mangeant des
herbes puantes et vénéneuses, caché dans la vase, tapi sous des tas
de pierres, retiré dans des trous de rochers, sale dans son habitation,
dégoûtant par ses habitudes, difforme dans son corps, obscur dans ses
couleurs, infect par son haleine, ne se soulevant qu'avec peine,
ouvrant, lorsqu'on l'attaque, une gueule hideuse, n'ayant pour
toute puissance qu'une grande résistance aux coups qui le frappent,
que l'inertie de la matière, que l'opiniâtreté d'un être stupide, n'employant d'autre arme qu'une liqueur fétide qu'il lance, que paraît-il
avoir de bon, si ce n'est de chercher, pour ainsi dire, à se dérober à
tous les yeux, en fuyant la lumière du jour?

Cet être ignoble occupe cependant une assez grande place dans
le plan de la nature ; elle l'a répandu avec bien plus de profusion que
beaucoup d'objets chéris de sa complaisance maternelle. Il semble
qu'au physique comme au moral, ce qui est le plus mauvais est le plus
facile à produire ; et, d'un autre côté, on dirait que la nature a voulu,
par ce frappant contraste, relever la beauté de ses autres ouvrages.
Donnons donc dans cette histoire une place assez étendue à ces êtres
sur lesquels nous sommes forcés d'arrêter un moment l'attention.
Ne cherchons même pas à ménager la délicatesse ; ne craignons pas de
blesser les regards et tâchons de montrer le crapaud tel qu'il est.

Son corps, arrondi et ramassé, a plutôt l'air d'un amas informe
et pétri au hasard que d'un corps organisé, arrangé avec ordre et
fait sur un modèle. Sa couleur est ordinairement d'un gris livide,
tacheté de brun et de jaunâtre ; quelquefois, au commencement du
printemps, elle est d'un roux sale, qui devient ensuite tantôt presque
noir, tantôt olivâtre et tantôt roussâtre. Il est encore enlaidi par un
grand nombre de verrues ou plutôt de pustules d'un vert noirâtre
ou d'un rouge clair. Une éminence très allongée, faite en forme de
rein, molle et percée de plusieurs pores très visibles, est placée au-
dessus de chaque oreille. Le conduit auditif est fermé par une lame
membraneuse. Une peau épaisse, dure et très difficile à percer, couvre
son dos aplati ; son large ventre paraît toujours enflé , ses pieds de
devant sont très peu allongés et divisés en quatre doigts, tandis que
ceux de derrière ont chacun six doigts réunis par une membrane[1].

1. Le doigt intérieur est gros, mais très court et peu sensible dans le squelette.

Au lieu de se servir de cette large patte pour sauter avec agilité, il ne l'emploie qu'à comprimer la vase humide sur laquelle il repose ; et au-devant de cette masse, qu'est-ce qu'on distingue? une tête un peu plus grosse que le reste du corps, comme s'il manquait quelque chose à sa difformité ; une grande gueule garnie de mâchoires raboteuses, mais sans dents ; des paupières gonflées et des yeux assez gros, saillants, et qui révoltent par la colère qui paraît souvent les animer. On est tout étonné qu'un animal qui ne semble pétri que d'une vile et froide boue puisse sentir l'ardeur de la colère, comme si la nature avait permis ici aux extrêmes de se mêler, afin de réunir dans un seul être tout ce qui peut repousser l'intérêt. Il s'irrite avec force pour peu qu'on le touche ; il se gonfle et tâche d'employer ainsi sa vaine puissance. Il résiste longtemps aux poids avec lesquels on cherche à l'écraser, et il faut que toutes ses parties et ses vaisseaux soient bien peu liés entre eux, puisqu'on a vu des crapauds qui, percés d'outre en outre avec un pieu, ont cependant vécu plusieurs jours étant fichés contre terre.

Tout se ressent de la grossièreté de l'atmosphère ordinairement répandue autour du crapaud et de la disproportion de ses membres ; non seulement il ne peut point marcher, mais il ne saute qu'à une très petite hauteur ; lorsqu'il se sent pressé, il lance contre ceux qui le poursuivent les sucs fétides dont il est imbu ; il fait jaillir une liqueur limpide que l'on dit être son urine et qui, dans certaines circonstances, est plus ou moins nuisible. Il transpire de tout son corps une humeur laiteuse et il découle de sa bouche une bave, qui peuvent infecter les herbes et les fruits sur lesquels il passe, de manière à incommoder ceux qui en mangent sans les laver. Cette bave et cette humeur laiteuse peuvent être un venin plus ou moins actif, ou un corrosif plus ou moins fort, suivant la température, la saison et la nourriture des crapauds, l'espèce de l'animal sur lequel il agit et la nature de la partie qu'il attaque. La trace du crapaud peut donc être, dans certaines circonstances, aussi funeste que son aspect est dégoûtant. Pourquoi donc laisser subsister un animal qui souille et la terre et les eaux, et même le regard? Mais comment anéantir une espèce aussi féconde et répandue dans presque toutes les contrées

Le crapaud habite pour l'ordinaire dans les fossés, surtout dans ceux où une eau fétide croupit depuis longtemps ; on le trouve dans les fumiers, dans les caves, dans les antres profonds, dans les forêts, où il peut se dérober aisément à la clarté qui le blesse, en choisissant de préférence les endroits ombragés, sombres, solitaires, en s'enfonçant sous les décombres et sous les tas de pierres. Combien de fois n'a-t-on pas été saisi d'une espèce d'horreur, lorsque soulevant quelque gros caillou dans des bois humides, on a découvert un crapaud accroupi contre terre, animant ses gros yeux et gonflant sa masse pustuleuse?

C'est dans ces divers asiles obscurs qu'il se tient renfermé pendant tout le jour, à moins que la pluie ne l'oblige à en sortir.

Il y a des pays où les crapauds sont si fort répandus, comme auprès de Carthagène, et de Porto-Bello en Amérique, que non seulement, lorsqu'il pleut, ils y couvrent les terres humides et marécageuses, mais encore les rues, les jardins et les cours, et que les habitants de ces provinces de Carthagène et de Porto-Bello ont cru que chaque goutte de pluie était changée en crapaud. Ces animaux présentent, même dans ces contrées du nouveau monde, un volume considérable; les moins grands ont six pouces de longueur. Si c'est pendant la nuit que la pluie tombe, ils abandonnent presque tous leur retraite, et alors ils paraissent se toucher sur la surface de la terre qu'on dirait qu'ils ont entièrement envahie. On ne peut sortir sans les fouler aux pieds, et on prétend même qu'ils y font des morsures d'autant plus dangereuses qu'indépendamment de leur grosseur ils sont, dit-on, très venimeux. Il se pourrait en effet que l'ardeur de ces contrées et la nourriture qu'ils y prennent viciassent encore davantage la nature de leurs humeurs.

Pendant l'hiver, les crapauds se réunissent plusieurs ensemble, dans les pays où la température devenant trop froide pour eux les force à s'engourdir ; ils se ramassent dans le même trou, apparemment pour augmenter et prolonger le peu de chaleur qui leur reste encore. C'est dans ce temps qu'on pourrait plus facilement les trouver, qu'ils ne pourraient fuir, et qu'il faudrait chercher à diminuer leur nombre.

Lorsque les crapauds sont réveillés de leur long assoupissement, ils choisissent la nuit pour errer et chercher leur nourriture ; ils vivent, comme les grenouilles, d'insectes, de vers, de scarabées, de limaçons ; mais on dit qu'ils mangent aussi de la sauge, dont ils aiment l'ombre, et qu'ils sont surtout avides de ciguë, que l'on a quelquefois appelée le *persil du crapaud*.

Lorsque les premiers jours chauds du printemps sont arrivés, on les entend, vers le coucher du soleil, jeter un cri assez doux : apparemment c'est leur cri d'amour ; et faut-il que des êtres aussi hideux en éprouvent l'influence, et qu'ils paraissent même le ressentir plutôt que les autres quadrupèdes ovipares sans queue ?

Dans la ponte, les mâles des crapauds se donnent quelquefois plus de soins que ceux des grenouilles, non seulement pour féconder

Le Crapaud.

les œufs, mais encore pour les faire sortir du corps de leurs femelles, lorsqu'elles ne peuvent pas se défaire seules de ce fardeau. On ne peut guère en douter d'après les observations de M. Demours sur un crapaud terrestre trouvé par cet académicien dans le Jardin du Roi, surpris, troublé, sans être interrompu dans ses soins, et aidant avec ses pattes de derrière la sortie des œufs que la femelle ne pouvait pas faciliter par les divers mouvements qu'elle exécute lorsqu'elle est dans l'eau.

Au reste, des œufs abandonnés à terre ne doivent pas éclore, à moins qu'ils ne tombent dans quelques endroits assez obscurs, assez

couverts de vase et assez pénétrés d'humidité, pour que les petits
crapauds puissent s'y nourrir et s'y développer.

Les œufs, au bout de dix ou douze jours, ont le double de grosseur
que lors de la ponte ; les globules renfermés dans ces œufs, et qui
d'abord sont noirs d'un côté et blanchâtres de l'autre, se couvrent peu
à peu de linéaments. Au dix-septième ou dix-huitième jour on aperçoit
le petit têtard ; deux ou trois jours après il se dégage de la matière
visqueuse qui enveloppait les œufs ; il s'efforce alors de gagner la
surface de l'eau, mais il retombe bientôt au fond ; au bout de quelques
jours il a de chaque côté du cou un organe qui a quelques rapports
avec les ouïes des poissons, qui est divisé en cinq ou six appendices
frangés, et qui disparaît tout à fait le vingt-troisième ou le vingt-
quatrième jour. Il semble d'abord ne vivre que de la vase et des ordures
qui nagent dans l'eau ; mais, à mesure qu'il devient plus gros, il se
nourrit de plantes aquatiques. Son développement se fait de la même
manière que celui des jeunes grenouilles ; et lorsqu'il est entièrement
formé, il sort de l'eau et va à terre chercher les endroits humides.

Il en est des crapauds communs comme des autres quadrupèdes
ovipares ; ils sont beaucoup plus grands et plus venimeux à mesure
qu'ils habitent des pays plus chauds et plus convenables à leur nature.
Parmi les individus de cette espèce qui sont conservés au Cabinet du
Roi, il y en a un qui a quatre pouces et demi de longueur depuis le
museau jusqu'à l'anus. On en trouve sur la Côte-d'Or d'une grosseur
si prodigieuse que, lorsqu'ils sont en repos, on les prendrait pour des
tortues de terre ; ils y sont ennemis mortels des serpents ; Bosman
a été souvent le témoin des combats que se livrent ces animaux. Il
doit être curieux de voir le contraste de la lourde masse du crapaud
qui se gonfle et s'agite pesamment, avec les mouvements prestes et
rapides des serpents, lorsque, irrités tous les deux et leurs yeux en
feu, l'un résiste par sa force et son inertie aux efforts que son ennemi
fait pour l'étouffer au milieu des replis de son corps tortueux et que
tous deux cherchent à se donner la mort par leurs morsures et leur
venin fétide ou leurs liqueurs corrosives.

Ce n'est qu'au bout de quatre ans que le crapaud est en état de
se reproduire. On a prétendu que sa vie ordinaire n'était que de quinze
ou seize ans ; mais sur quoi l'a-t-on fondé ? Avait-on suivi avec soin
le même crapaud dans ses retraites écartées ? Avait-on recueilli un

assez grand nombre d'observations pour reconnaître la durée ordinaire
de la vie des crapauds, indépendamment de tout accident et du défaut
de nourriture ?

Nous avons au contraire un fait bien constaté, par lequel il est
prouvé qu'un crapaud a vécu plus de trente-six ans ; mais la manière
dont il a passé sa longue vie va bien étonner ; elle prouve jusqu'à quel
point la domesticité peut influer sur quelque animal que ce soit, et
surtout sur les êtres dont la nature est plus susceptible d'altération
et dans lesquels des ressorts moins compliqués peuvent plus aisément,
sans se rompre ou se désunir, être pliés dans de nouveaux sens. Ce
crapaud a vécu presque toujours dans une maison ou il a été, pour
ainsi dire, élevé et apprivoisé. Il n'y avait pas acquis sans doute cette
sorte d'affection que l'on remarque dans quelques espèces d'animaux
domestiques et qui étaient trop incompatibles avec son organisation
et ses mœurs, mais il y était devenu familier ; la lumière des bougies
avait été longtemps pour lui le signal du moment où il allait recevoir
sa nourriture ; aussi non seulement il la voyait sans crainte, mais même
il la recherchait. Il était déjà très gros lorsqu'il fut remarqué pour la
première fois ; il habitait sous un escalier qui était devant la maison ;
il paraissait tous les soirs au moment où il apercevait de la lumière
et levait les yeux comme s'il eût attendu qu'on le prît et qu'on le
portât sur une table où il trouvait des insectes, des cloportes et surtout des petits vers qu'il préférait peut-être à cause de leur agitation
continuelle ; il fixait sa proie ; tout d'un coup il lançait sa langue
avec rapidité et les insectes ou les vers y demeuraient attachés à cause
de l'humeur visqueuse dont l'extrémité de cette langue était enduite.

Comme on ne lui avait jamais fait de mal, il ne s'irritait point
lorsqu'on le touchait ; il devint l'objet d'une curiosité générale et les
dames mêmes demandèrent à voir le crapaud familier.

Il vécut plus de trente-six ans dans cette espèce de domesticité
et il aurait vécu plus de temps peut-être si un corbeau, apprivoisé
comme lui, ne l'eût attaqué à l'entrée de son trou et ne lui eût crevé
un œil, malgré tous les efforts qu'on fit pour le sauver. Il ne put plus
attraper sa proie avec la même facilité, parce qu'il ne pouvait juger
avec la même justesse de sa véritable place ; aussi périt-il de langueur
au bout d'un an.

Les différents faits observés relativement à ce crapaud, pendant sa

domesticité, prouvent peut-être qu'on a exagéré la sorte de méchan-
ceté et les goûts sales de son espèce. On pourrait dire cependant que
ce crapaud habitait l'Angleterre, et par conséquent à une latitude assez
élevée pour que toutes ses mauvaises habitudes fussent tempérées par
le froid; d'ailleurs, trente-six ans de domesticité, de sûreté et d'abondance peuvent bien changer les inclinations d'un animal tel que le
crapaud, le naturel des quadrupèdes ovipares paraissant, pour ainsi
dire, plus flexible que celui des animaux mieux organisés. Que l'on
croie tout au plus qu'avec moins de dangers à courir et une nourriture
d'une qualité particulière l'espèce du crapaud pourrait être perfection-
née comme tant d'autres espèces ; mais ne faudra-t-il pas toujours
reconnaître, dans les individus dont la nature seule aura pris soin, les
vices de conformation et d'habitudes qu'on leur a attribués?

Comme l'art de l'homme peut rendre presque tout utile puisqu'il
change quelquefois en médicaments salutaires les poisons les plus
funestes, on s'est servi des crapauds en médecine ; on les y a employés
de plusieurs manières[1] et contre plusieurs maux.

On trouve plusieurs observations d'après lesquelles il paraîtrait,
au premier coup d'œil, qu'un crapaud a pu se développer et vivre
pendant un nombre prodigieux d'années dans le creux d'un arbre ou
d'un bloc de pierre, sans aucune communication avec l'air extérieur ;
mais on ne l'a pensé ainsi que parce qu'on n'avait pas bien examiné
l'arbre ou la pierre avant de trouver le crapaud dans leurs cavités.
Cette opinion ne peut pas être admise, mais cependant on doit regarder comme très sûr qu'un crapaud peut vivre très longtemps et
même jusqu'à dix-huit mois sans prendre aucune nourriture, en quelque sorte sans respirer, et toujours renfermé dans des boîtes scellées
exactement. Les expériences de M. Hérissant le mettent hors de doute,
et ceci est une nouvelle confirmation de ce que nous avons dit dans
notre premier discours touchant la nature des quadrupèdes ovipares.

Voyons maintenant les caractères qui distinguent les crapauds différents du crapaud commun, tant en Europe que dans les pays étrangers ; il n'est presque aucune latitude où la nature n'ait prodigué ces

1. « Mes nègres, que les chaleurs du soleil et du sable avaient beaucoup incommodés, se
frottèrent le front avec des crapauds vivants, dont ils trouvèrent encore quelques-uns sous les
broussailles ; c'est assez leur coutume lorsqu'ils sont travaillés de la migraine, et ils en furent
soulagés. » (*Histoire naturelle du Sénégal*, par M. Adanson, p. 163.)

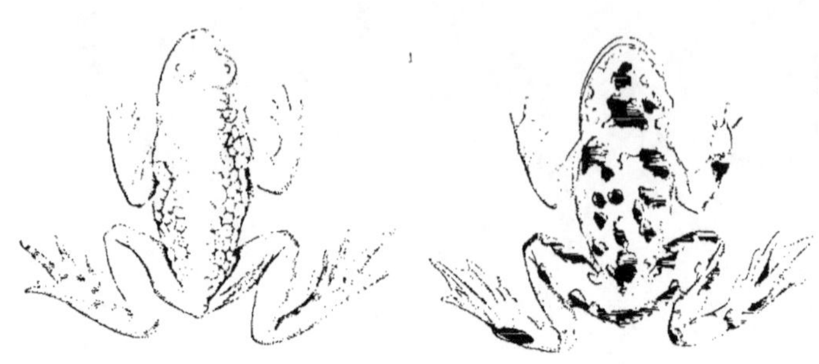
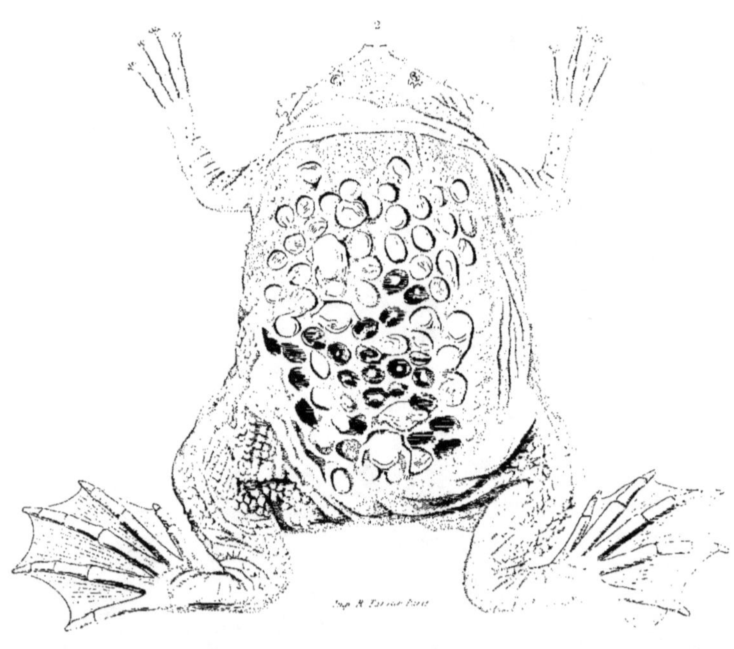

1 LE CRAPAUD COULEUR DE FEU (Bombinator igneus)   2 LE PIPA (Rana Pipa)

d'après le grand ouvrage de Cuvier édition de Masson

Garnier Frères Éditeurs

êtres hideux dont il semble qu'elle n'a diversifié les espèces que par
de nouvelles difformités, comme si elle avait voulu qu'il ne manquât
aucun trait de laideur à ce genre disgracié.

LE COULEUR-DE-FEU

M. Laurenti a découvert ce crapaud sur les bords du Danube.
C'est un des plus petits. Son dos, d'une couleur olivâtre très foncée,
est tacheté d'un noir sale; mais le ventre, la gueule, les pattes
et la plante des pieds sont d'un blanc bleuâtre tacheté d'un beau
vermillon, et c'est de là que lui vient son nom. Toute la surface de son
corps est parsemée de petites verrues. Quand il est exposé au soleil, sa
prunelle prend une figure parfaitement triangulaire dont le contour
est doré. Cette espèce est très nombreuse dans les marais du Danube ; une variété de ce crapaud a le ventre noir tacheté et ponctué
de blanc.

On trouve le couleur-de-feu à terre pendant l'automne; lorsqu'on
l'approche et qu'il est près de l'eau, il s'y élance avec légèreté ainsi
que les grenouilles ; mais s'il ne voit aucun moyen d'échapper, il s'affaisse contre terre comme pour se cacher. Dès qu'on le touche, sa
tête se contracte et se jette en arrière; si on le tourmente, il exhale une
odeur fétide et répand par l'anus une sorte d'écume. Son coassement,
qu'il fait entendre sans enfler sa gorge, est une sorte de grognement
sourd et entrecoupé, qui quelquefois se prolonge et ressemble un peu,
suivant M. Laurenti, à la voix d'une personne qui rit.

Les œufs hors du corps de la femelle sont disposés par pelotons,
ainsi que ceux des grenouilles, au lieu d'être rangés par files comme
les œufs du crapaud commun. Et ce qu'il y a de remarquable dans les
habitudes de ce petit animal qui semble faire, à certains égards, la
nuance entre les crapauds et les grenouilles, c'est qu'au lieu de craindre
la lumière, il se plaît, sur le bord de l'eau, à s'imbiber des rayons du
soleil. Il ne paraît pas, d'après les expériences de M. Laurenti, que
les humeurs du couleur-de-feu aient d'autre propriété nuisible que

celles d'assoupir certains petits animaux, tels que les lézards gris qui sont très sensibles à toutes sortes de venin, ainsi que nous l'avons déjà dit.

LE PIPA

De tous les crapauds de l'Amérique méridionale, l'un des plus remarquables est le pipa. Le mâle et la femelle sont assez différents l'un de l'autre, tant par la grandeur que par la conformation pour qu'on les regarde, au premier coup d'œil, comme deux espèces très distinctes. Aussi, au lieu de décrire l'espèce en général, croyons-nous devoir parler séparément du mâle et de la femelle.

Le mâle a quatre doigts séparés aux pieds de devant et cinq doigts palmés aux pieds de derrière. Chaque doigt des pieds de devant est fendu à l'extrémité en quatre petites parties. On a peine à distinguer le corps d'avec la tête. L'ouverture de la gueule est très grande; les yeux, placés au-dessus de la tête, sont très petits et assez distants l'un de l'autre. La tête et le corps sont très aplatis. La couleur générale en est olivâtre plus ou moins claire et semée de très petites taches rousses et rougeâtres.

La femelle diffère du mâle en ce qu'elle est beaucoup plus grande. Elle a également la tête et le corps aplatis. Mais la tête est triangulaire et plus large à la base que la partie antérieure du corps. Les yeux sont très petits et très distants l'un de l'autre, ainsi que dans le mâle. Elle a de même cinq doigts palmés aux pieds de derrière et quatre doigts divisés aux pieds de devant, mais chacun de ces quatre doigts est fendu à l'extrémité en quatre petites parties plus sensibles que dans le mâle. Son corps est communément hérissé partout de très petites verrues. L'individu femelle, qui est conservé au Cabinet du roi, a cinq pouces quatre lignes de longueur depuis le bout du museau jusqu'à l'anus.

Ce qui rend surtout remarquable ce grand crapeau de Surinam, c'est la manière dont les fœtus de cet animal croissent, se développent et éclosent. Les petits du pipa ne sont point conçus sous la peau du dos de leur mère, ainsi que l'a pensé Mlle de Mérian, à qui nous devons les premières observations sur cet animal; mais, lorsque les œufs ont été pondus par la femelle et fécondés par le mâle de la même manière que dans tous les crapauds, le mâle, au lieu de les disperser, les ramasse avec ses pattes, les pousse sous son ventre et les étend sur le dos de la femelle où ils se collent. La liqueur fécondante du mâle fait enfler la peau et tous les téguments du dos de la femelle qui forment alors autour des œufs des sortes de cellules.

Les œufs cependant grossissent et doivent éprouver, par la chaleur du corps de la mère, un développement plus rapide en proportion que dans les autres espèces de crapauds. Les petits éclosent et sortent ensuite de leurs cellules après avoir passé, en quelque sorte, par l'état de têtard; car ils ont, dans les premiers temps de leur développement, une queue qu'ils n'ont plus quand ils sont prêts à quitter leurs cellules.

Lorsqu'ils ont abandonné le dos de leur mère, celle-ci, en se frottant contre des pierres ou des végétaux, se dépouille des portions de cellules qui restent encore et de sa propre peau qui tombe alors en partie pour se renouveler.

Mais la nature n'a jamais présenté de phénomènes isolés; l'expression d'*extraordinaire* ou de *singulière* n'est point absolue, mais seulement relative à nos connaissances, et elle ne désigne en général qu'un degré plus ou moins grand dans une propriété déjà existante ailleurs; aussi la manière dont les petits du pipa se développent n'est point à la rigueur particulière à cette espèce. On en remarque une assez semblable, même parmi les quadrupèdes ovipares, puisque les petits du sarigue ou opossum ne prennent pendant quelque temps leur accroissement que dans une espèce de poche que la femelle a sous le ventre.

Au reste, il paraît que la chair de ce crapaud n'est pas malfaisante, et, suivant le rapport de Mlle de Mérian, les nègres en mangent avec plaisir.

LE COCHON[1]

LE COCHON DE SIAM[2] ET LE SANGLIER[3]

Nous mettons ensemble le cochon, le cochon de Siam et le sanglier, parce que tous trois ne font qu'une seule et même espèce; l'un est l'animal sauvage, les deux autres sont l'animal domestique : et quoiqu'ils diffèrent par quelques marques extérieures, peut-être aussi par quelques habitudes, comme ces différences ne sont pas essentielles, qu'elles sont seulement relatives à leur condition, que leur naturel n'est pas même fort altéré par l'état de domesticité, qu'enfin ils produisent ensemble des individus qui peuvent en produire d'autres, caractère qui constitue l'unité et la constance de l'espèce, nous n'avons pas dû les séparer.

Ces animaux sont singuliers : l'espèce en est, pour ainsi dire, unique; elle est isolée, elle semble exister plus solitairement qu'aucune autre, elle n'est voisine d'aucune espèce[4] qu'on puisse regarder comme principale ni comme accessoire, telle que l'espèce du cheval relativement à celle de l'âne, ou l'espèce de la chèvre relativement à la brebis; elle n'est pas sujette à une grande variété de races[5] comme celle du chien, elle participe de plusieurs espèces, et cependant elle diffère essentiellement de toutes. Que ceux qui veulent réduire la nature à

1. *Cochon domestique.*

2. *Variété du Cochon domestique.*

3. Ordre des *Pachydermes*; Genre *Cochon*. (CUVIER.) — Le *sanglier* est la souche de nos *Cochons domestiques.*

4. L'espèce du *sanglier* proprement dit, de notre *sanglier*, est *voisine* de plusieurs autres : du *sanglier à masque* ou d'Afrique, du *babiroussa*, des *sangliers d'Éthiopie* et du *Cap-Vert* ou *phacochères*, etc. Le *pécari*, le *tapir* sont comme des espèces *accessoires* du *sanglier*, etc.

5. Il y a un grand nombre de *variétés* ou *races* de *cochons domestiques.*

1. LE COCHON. _ 2. LE SANGLIER.

de petits systèmes[1], qui veulent renfermer son immensité dans les bornes d'une formule, considèrent avec nous cet animal, et voient s'il n'échappe pas à toutes leurs méthodes[2].

Par les extrémités il ne ressemble point à ceux qu'ils ont appelés *solipèdes*, puisqu'il a le pied divisé; il ne ressemble point à ceux qu'ils ont appelés *pieds fourchus*, puisqu'il a réellement quatre doigts au dedans, quoiqu'il n'en paraisse que deux à l'extérieur; il ne ressemble point à ceux qu'ils ont appelés *fissipèdes*, puisqu'il ne marche que sur deux doigts, et que les deux autres ne sont ni développés, ni posés comme ceux des fissipèdes, ni même assez allongés pour qu'il puisse s'en servir. Il a donc des caractères équivoques, des caractères ambigus, dont les uns sont apparents et les autres obscurs. Dira-t-on que c'est une erreur de la nature[3]? que ces phalanges, ces doigts, qui ne sont pas assez développés à l'extérieur, ne doivent point être comptés? Mais cette erreur est constante[4] : d'ailleurs, cet animal ne ressemble point aux pieds fourchus par les autres os du pied, et il en diffère encore par les caractères les plus frappants; car ceux-ci ont des cornes et manquent de dents incisives à la mâchoire supérieure; ils ont quatre estomacs, ils ruminent, etc.

Le cochon n'a point de cornes, il a des dents en haut comme en bas, il n'a qu'un estomac, il ne rumine point; il est donc évident qu'il n'est ni du genre des solipèdes, ni de celui des pieds fourchus; il n'est pas non plus de celui des fissipèdes, puisqu'il diffère de ces animaux non seulement par l'extrémité du pied, mais encore par les dents, par l'estomac, par les intestins, par les parties intérieures de la génération, etc. Tout ce que l'on pourrait dire, c'est qu'il fait la nuance, à certains égards, entre les solipèdes et les pieds fourchus, et à d'autres égards entre les pieds fourchus et les fissipèdes; car il diffère moins des solipèdes que des autres, par l'ordre et le nombre des dents; il leur ressemble encore par l'allongement des mâchoires; il n'a comme eux qu'un estomac, qui seulement est beaucoup plus grand;

1. Le petit plaisir de combattre *ceux qui veulent réduire la nature à de petits systèmes*, c'est-à-dire Linné, jette ici Buffon dans une foule de subtilités, souvent puériles.

2. Et comment cela? à moins qu'il ne s'agisse de *méthodes*, fausses et incomplètes. La vraie *méthode* n'est que l'expression des faits : elle se règle sur les faits, et non les faits sur elle.

3. Personne ne dira cela.

4. Rien ici n'est *erreur* : tout est *caractère*, caractère *constant*, et qui différencie, qui distingue le genre *cochon* de tous les autres genres.

mais par un appendice qui y tient, aussi bien que par la position des intestins, il semble se rapprocher des pieds fourchus ou ruminants; il leur ressemble encore par les parties extérieures de la génération, et en même temps il ressemble aux fissipèdes par la forme des jambes, par l'habitude du corps, par le produit nombreux de la génération.

Aristote est le premier qui ait divisé les animaux quadrupèdes en *solipèdes*, pieds *fourchus* et *fissipèdes*, et il convient que le cochon est d'un genre ambigu; mais la seule raison qu'il en donne, c'est que dans l'Illyrie, la Péonie et dans quelques autres lieux, il se trouve des cochons solipèdes.

Cet animal est encore une espèce d'exception à deux règles générales de la nature, c'est que plus les animaux sont gros, moins ils produisent, et que les fissipèdes sont de tous les animaux ceux qui produisent le plus; le cochon, quoique d'une taille fort au-dessus de la médiocre, produit plus qu'aucun des animaux fissipèdes ou autres; par cette fécondité, il semble même faire l'extrémité des espèces vivipares, et s'approcher des espèces ovipares. Enfin il est en tout d'une nature équivoque, ambiguë, ou, pour mieux dire, il paraîtra tel à ceux qui croient que l'ordre hypothétique de leurs idées fait l'ordre réel des choses, et qui ne voient dans la chaîne infinie des êtres que quelques points apparents auxquels ils veulent tout rapporter.

Ce n'est point en resserrant la sphère de la nature et en la renfermant dans un cercle étroit qu'on pourra la connaître; ce n'est point en la faisant agir par des vues particulières qu'on saura la juger, ni qu'on pourra la deviner; ce n'est point en lui prêtant nos idées qu'on approfondira les desseins de son auteur : au lieu de resserrer les limites de sa puissance, il faut les reculer, les étendre jusque dans l'immensité; il faut ne rien voir d'impossible, s'attendre à tout, et supposer que tout ce qui peut être est. Les espèces ambiguës, les productions irrégulières, les êtres anormaux, cesseront dès lors de nous étonner, et se trouveront aussi nécessairement que les autres dans l'ordre infini des choses; ils remplissent les intervalles de la chaîne, ils en forment les nœuds, les points intermédiaires, ils en marquent aussi les extrémités : ces êtres sont pour l'esprit humain des exemplaires précieux, uniques, où la nature, paraissant moins conforme à elle-même, se montre plus à découvert; où nous pouvons reconnaître des caractères singuliers et des traits fugitifs qui nous indiquent que

ses fins sont bien plus générales que nos vues, et que, si elle ne fait
rien en vain, elle ne fait rien non plus dans les desseins que nous lui
supposons.

En effet, ne doit-on pas faire des réflexions sur ce que nous
venons d'exposer? ne doit-on pas tirer des inductions de cette singulière conformation du cochon? il ne paraît pas avoir été formé sur
un plan original, particulier et parfait, puisqu'il est composé des autres
animaux; il a évidemment des parties inutiles, ou plutôt des parties
dont il ne peut faire usage, des doigts dont tous les os sont parfaitement formés, et qui cependant ne lui servent à rien. La nature est

Le Cochon.

donc bien éloignée de s'assujettir à des causes finales dans la composition des êtres; pourquoi n'y mettrait-elle pas quelquefois des parties
surabondantes, puisqu'elle manque si souvent d'y mettre des parties
essentielles? Combien n'y a-t-il pas d'animaux privés de sens et de
membres! Pourquoi veut-on que dans chaque individu toute partie
soit utile aux autres et nécessaire au tout? Ne suffit-il pas, pour qu'elles
se trouvent ensemble, qu'elles ne se nuisent pas, qu'elles puissent
croître sans obstacle et se développer sans s'oblitérer mutuellement?
Tout ce qui ne se nuit point assez pour se détruire, tout ce qui peut

subsister ensemble subsiste ; et peut-être y a-t-il dans la plupart des êtres moins de parties relatives, utiles ou nécessaires, que de parties indifférentes, inutiles ou surabondantes. Mais comme nous voulons toujours tout rapporter à un certain but, lorsque les parties n'ont pas des usages apparents, nous leur supposons des usages cachés, nous imaginons des rapports qui n'ont aucun fondement, qui n'existent point dans la nature des choses, et qui ne servent qu'à l'obscurcir : nous ne faisons pas attention que nous altérons la philosophie, que nous en dénaturons l'objet, qui est de connaître le *comment* des choses, la manière dont la nature agit ; et que nous substituons à cet objet réel une idée vaine, en cherchant à deviner le *pourquoi* des faits, la fin qu'elle se propose en agissant.

C'est pour cela qu'il faut recueillir avec soin les exemples qui s'opposent à cette prétention, qu'il faut insister sur les faits capables de détruire un préjugé général auquel nous nous livrons par goût, une erreur de méthode que nous adoptons par choix, quoiqu'elle ne tende qu'à voiler notre ignorance, et qu'elle soit inutile, et même opposée à la recherche et à la découverte des effets de la nature. Nous pouvons, sans sortir de notre sujet, donner d'autres exemples par lesquels ces fins que nous supposons si vainement à la nature sont évidemment démenties.

Les phalanges ne sont faites, dit-on, que pour former des doigts ; cependant il y a dans le cochon des phalanges inutiles, puisqu'elles ne forment pas des doigts dont il puisse se servir ; et dans les animaux à pied fourchu il y a de petits os qui ne forment pas même des phalanges. Si c'est là le but de la nature, n'est-il pas évident que dans le cochon elle n'a exécuté que la moitié de son projet, et que dans les autres à peine l'a-t-elle commencé ?

Aux singularités que nous avons déjà rapportées, nous devons en ajouter une autre ; c'est que la graisse du cochon est différente de celle de presque tous les autres animaux quadrupèdes, non seulement par sa consistance et sa qualité, mais aussi par sa position dans le corps de l'animal. La graisse de l'homme et des animaux qui n'ont point de suif, comme le chien, le cheval, etc., est mêlée avec la chair assez également ; le suif dans le bélier, le bouc, le cerf, etc., ne se trouve qu'aux extrémités de la chair ; mais le lard du cochon n'est ni mêlé avec la chair, ni ramassé aux extrémités de la chair ; il la

recouvre partout et forme une couche épaisse, distincte et continue
entre la chair et la peau. Le cochon a cela de commun avec la baleine
et les autres animaux cétacés, dont la graisse n'est qu'une espèce de
lard à peu près de la même consistance, mais plus huileux que celui
du cochon : ce lard, dans les animaux cétacés, forme aussi sous la
peau une couche de plusieurs pouces d'épaisseur qui enveloppe la
chair.

Encore une singularité, même plus grande que les autres, c'est
que le cochon ne perd aucune de ses premières dents : les autres animaux, comme le cheval, l'âne, le bœuf, la brebis, la chèvre, le chien,
et même l'homme, perdent tous leurs dents incisives ; ces dents de
lait tombent avant la puberté, et sont bientôt remplacées par d'autres :
dans le cochon, au contraire, les dents de lait ne tombent jamais[1],
elles croissent pendant toute la vie. Il a six dents au-devant de la
mâchoire inférieure qui sont incisives et tranchantes ; il a aussi à la
mâchoire supérieure six dents correspondantes ; mais, par une imperfection qui n'a pas d'exemple dans la nature, ces six dents de la
mâchoire supérieure sont d'une forme très différente de celle des dents
de la mâchoire inférieure : au lieu d'être incisives et tranchantes, elles sont
longues, cylindriques et émoussées à la pointe ; en sorte qu'elles forment
un angle presque droit avec celles de la mâchoire inférieure, et qu'elles
ne s'appliquent que très obliquement les unes contre les autres par
leurs extrémités.

Il n'y a que le cochon et deux ou trois autres espèces d'animaux
qui aient des défenses ou des dents canines[2] très allongées ; elles diffèrent des autres dents en ce qu'elles sortent au dehors et qu'elles
croissent pendant toute la vie. Dans l'éléphant[3] et la vache marine[4],
elles sont cylindriques et longues de quelques pieds ; dans le sanglier
et le cochon mâle elles se courbent en portion de cercle ; elles sont
plates et tranchantes, et j'en ai vu de neuf à dix pouces de longueur :
elles sont enfoncées très profondément dans l'alvéole, et elles ont aussi,
comme celles de l'éléphant, une cavité à leur extrémité supérieure.

---

1. Les *dents de lait* tombent et sont remplacées par d'autres, dans le *cochon* comme dans
tous les autres animaux.

2. Les *défenses* du *sanglier* sont, en effet, des *canines*.

3. Les *défenses* de l'*éléphant* sont des *incisives*, c'est-à-dire des dents implantées dans l'os
incisif.

4. Les *défenses* du *morse* ou *vache marine* sont des *canines*.

Mais l'éléphant et la vache marine n'ont des défenses qu'à la mâchoire supérieure, ils manquent même de dents canines à la mâchoire inférieure ; au lieu que le cochon mâle et le sanglier en ont aux deux mâchoires, et celles de la mâchoire inférieure sont plus utiles à l'animal ; elles sont aussi plus dangereuses, car c'est avec les défenses d'en bas que le sanglier blesse.

La truie, la laie et le cochon coupé ont aussi ces quatre dents canines à la mâchoire inférieure ; mais elles croissent beaucoup moins que celles du mâle, et ne sortent presque point au dehors. Outre ces seize dents, savoir, douze incisives et quatre canines, ils ont encore vingt-huit dents mâchelières, ce qui fait en tout quarante-quatre dents. Le sanglier a les défenses plus grandes, le boutoir plus fort et la hure plus longue que le cochon domestique ; il a aussi les pieds plus gros, les pinces plus séparées et le poil toujours noir.

De tous les quadrupèdes, le cochon paraît être l'animal le plus brut : les imperfections de la forme semblent influer sur le naturel ; toutes ses habitudes sont grossières, tous ses goûts sont immondes, toutes ses sensations se réduisent à une gourmandise brutale, qui lui fait dévorer indistinctement tout ce qui se présente, et même sa progéniture au moment qu'elle vient de naître. Sa voracité dépend apparemment du besoin continuel qu'il a de remplir la grande capacité de son estomac ; et la grossièreté de ses appétits, de l'hébétation du sens du goût et du toucher. La rudesse du poil, la dureté de la peau, l'épaisseur de la graisse, rendent ces animaux peu sensibles aux coups : l'on a vu des souris se loger sur leur dos et leur manger le lard et la peau sans qu'ils parussent le sentir. Ils ont donc le toucher fort obtus, et le goût aussi grossier que le toucher : leurs autres sens sont bons ; les chasseurs n'ignorent pas que les sangliers voient, entendent et sentent de fort loin, puisqu'ils sont obligés, pour les surprendre, de les attendre en silence pendant la nuit, et de se placer au-dessus du vent pour dérober à leur odorat les émanations qui les frappent de loin, et toujours assez vivement pour leur faire sur-le-champ rebrousser chemin.

Cette imperfection dans les sens du goût et du toucher est encore augmentée par une maladie qui les rend ladres, c'est-à-dire presque absolument insensibles, et de laquelle il faut peut-être moins chercher la première origine dans la texture de la chair ou de la peau de cet animal que dans sa malpropreté naturelle, et dans la corruption qui doit résulter des nourritures infectes dont il se remplit quelquefois; car le sanglier, qui n'a point de pareilles ordures à dévorer, et qui vit ordinairement de grain, de fruits, de gland et de racines, n'est point sujet à cette maladie, non plus que le jeune cochon pendant qu'il tette : on ne la prévient même qu'en tenant le cochon domestique dans une étable propre et en lui donnant abondamment des nourritures saines. Sa chair deviendra même excellente au goût, et le lard ferme et cassant, si, comme je l'ai vu pratiquer, on le tient pendant quinze jours ou trois semaines avant de le tuer dans une étable pavée toujours propre, sans litière, en ne lui donnant alors pour toute nourriture que du grain de froment pur et sec, et ne le laissant boire que très peu. On choisit pour cela un jeune cochon d'un an, en bonne chair et à moitié gras.

La manière ordinaire de les engraisser est de leur donner abondamment de l'orge, du gland, des choux, des légumes cuits et beaucoup d'eau mêlée de son : en deux mois ils sont gras, le lard est abondant et épais, mais sans être bien ferme ni bien blanc; et la chair, quoique bonne, est toujours un peu fade. On peut encore les engraisser avec moins de dépenses dans les campagnes où il y a beaucoup de glands, en les menant dans les forêts pendant l'automne lorsque les glands tombent et que la châtaigne et la faîne quittent leurs enveloppes : ils mangent également de tous les fruits sauvages et ils engraissent en peu de temps, surtout si le soir, à leur retour, on leur donne de l'eau tiède mêlée d'un peu de son et de farine d'ivraie; cette boisson les fait dormir et augmente tellement leur embonpoint qu'on en a vu ne pouvoir plus marcher ni presque se remuer. Ils engraissent aussi beaucoup plus promptement en automne dans le temps des premiers froids, tant à cause de l'abondance des nourritures que parce qu'alors la transpiration est moindre qu'en été.

On n'attend pas, comme pour le reste du bétail, que le cochon soit âgé pour l'engraisser : plus il vieillit, plus cela est difficile et moins sa chair est bonne.

On les met à l'engrais dès l'automne et il est assez rare qu'on les laisse vivre deux ans; cependant ils croissent encore beaucoup pendant la seconde, et ils continueraient de croître pendant la troisième, la quatrième, la cinquième, etc., année. Ceux que l'on remarque parmi les autres par la grandeur et la grosseur de leur corpulence ne sont que des cochons plus âgés que l'on a mis plusieurs fois à la glandée. Il paraît que la durée de leur accroissement ne se borne pas à quatre ou cinq ans : les *verrats* ou *cochons mâles*, que l'on garde pour la propagation de l'espèce, grossissent encore à cinq ou six ans; et plus un sanglier est vieux, plus il est gros, dur et pesant.

La durée de la vie du sanglier peut s'étendre jusqu'à vingt-cinq ou trente ans. Aristote dit vingt ans pour les cochons en général, et il ajoute que les mâles engendrent et que les femelles produisent jusqu'à quinze. La première portée de la truie n'est pas nombreuse, les petits sont faibles et même imparfaits quand elle n'a pas un an. La laie, qui ressemble à tous autres égards à la truie, ne porte qu'une fois l'an, apparemment par la disette de nourriture et par la nécessité où elle se trouve d'allaiter et de nourrir pendant longtemps tous les petits qu'elle a produits ; au lieu qu'on ne souffre pas que la truie domestique nourrisse tous ses petits pendant plus de quinze jours ou trois semaines : on ne lui en laisse alors que huit ou neuf à nourrir, on vend les autres ; à quinze jours ils sont bons à manger.

Ces animaux aiment beaucoup les vers de terre et certaines racines, comme celles de la carotte sauvage : c'est pour trouver ces vers et pour couper ces racines qu'il fouillent la terre avec leur boutoir. Le sanglier, dont la hure est plus longue et plus forte que celle du cochon, fouille plus profondément; il fouille aussi presque toujours en ligne droite dans le même sillon, au lieu que le cochon fouille çà et là, et plus légèrement. Comme il fait beaucoup de dégât, il faut l'éloigner des terrains cultivés, et ne le mener que dans les bois et sur les terres qu'on laisse reposer.

On appelle, en terme de chasse, *bêtes de compagnie*, les sangliers qui n'ont pas passé trois ans, parce que jusqu'à cet âge ils ne se séparent pas les uns des autres, et qu'ils suivent tous leur mère commune ; ils ne vont seuls que quand ils sont assez forts pour ne plus craindre les loups. Ces animaux forment donc d'eux-mêmes des espèces de troupes, et c'est de là que dépend leur sûreté : lorsqu'ils sont attaqués, ils résistent par le nombre, ils se secourent, se défendent, les plus gros font face en se pressant en rond les uns contre les autres, et en mettant les plus petits au centre. Les cochons domestiques se défendent aussi de la même manière, et l'on n'a pas besoin

Les Sangliers.

de chiens pour les garder ; mais, comme ils sont indociles et durs, un homme agile et robuste n'en peut guère conduire que cinquante.

En automne et en hiver, on les mène dans les forêts où les fruits sauvages sont abondants ; l'été, on les conduit dans les lieux humides et marécageux, où ils trouvent des vers et des racines en quantité, et au printemps on les laisse aller dans les champs et sur les terres en friche : on les fait sortir deux fois par jour, depuis le mois de mars jusqu'au mois d'octobre ; on les laisse paître depuis le matin, après que la rosée est dissipée, jusqu'à dix heures, et depuis deux heures après midi jusqu'au soir. En hiver, on ne les mène qu'une fois par jour dans les beaux temps : la rosée, la neige et la pluie leur sont contraires.

Lorsqu'il survient un orage, ou seulement une pluie fort abondante, il est assez ordinaire de les voir déserter le troupeau les uns après les autres, et s'enfuir en courant et criant jusqu'à la porte de leur étable : les plus jeunes sont ceux qui crient le plus, et le plus haut ; ce cri est différent de leur grognement ordinaire, c'est un cri de douleur semblable aux premiers cris qu'ils jettent lorsqu'on les garrotte pour les égorger. Le mâle crie moins que la femelle. Il est rare d'entendre le sanglier jeter un cri, si ce n'est lorsqu'il se bat et qu'un autre le blesse ; la laie crie plus souvent : et quand ils sont surpris et effrayés subitement, ils soufflent avec tant de violence qu'on les entend à une grande distance.

Quoique ces animaux soient fort gourmands, ils n'attaquent ni ne dévorent pas, comme les loups, les autres animaux ; cependant ils mangent quelquefois de la chair corrompue : on a vu des sangliers manger de la chair de cheval, et nous avons trouvé dans leur estomac de la peau de chevreuil et des pattes d'oiseaux ; mais c'est peut-être plutôt nécessité qu'instinct. Cependant on ne peut nier qu'ils ne soient avides de sang et de chair sanguinolente et fraîche, puisque les cochons mangent leurs petits, et même des enfants au berceau : dès qu'ils trouvent quelque chose de succulent, d'humide, de gras ou d'onctueux, ils le lèchent et finissent bientôt par l'avaler. J'ai vu plusieurs fois un troupeau entier de ces animaux s'arrêter, à leur retour des champs, autour d'un monceau de terre glaise nouvellement tirée ; tous léchaient cette terre, qui n'était que très légèrement onctueuse, et quelques-uns en avalaient une assez grande quantité. Leur gourmandise est, comme

l'on voit, aussi grossière que leur naturel est brutal ; ils n'ont aucun
sentiment bien distinct ; les petits reconnaissent à peine leur mère, ou
du moins sont fort sujets à se méprendre et à teter la première truie
qui leur laisse saisir ses mamelles. La crainte et la nécessité donnent
apparemment un peu plus de sentiment et d'instinct aux cochons
sauvages ; il semble que les petits soient fidèlement attachés à leur
mère, qui paraît être aussi plus attentive à leurs besoins que ne l'est la
truie domestique.

On chasse le sanglier à force ouverte avec des chiens, ou bien on le
tue par surprise pendant la nuit au clair de la lune : comme il ne fuit
que lentement, qu'il laisse une odeur très forte, qu'il se défend contre
les chiens et les blesse toujours dangereusement, il ne faut pas le chasser avec les bons chiens courants destinés pour le cerf et le chevreuil ;
cette chasse leur gâterait le nez et les accoutumerait à aller lentement :
des mâtins un peu dressés suffisent pour la chasse du sanglier. Il ne
faut attaquer que les plus vieux ; on les connaît aisément aux traces :
un jeune sanglier de trois ans est difficile à forcer, parce qu'il court
très loin sans s'arrêter, au lieu qu'un sanglier plus âgé ne fuit pas loin,
se laisse chasser de près, n'a pas grand'peur des chiens, et s'arrête
souvent pour leur faire tête. Le jour, il reste ordinairement dans sa
bauge, au plus épais et dans le plus fort du bois ; le soir, à la nuit,
il en sort pour chercher sa nourriture : en été, lorsque les grains sont
mûrs, il est assez facile de le surprendre dans les blés et dans les
avoines où il fréquente toutes les nuits. Dès qu'il est tué, les chasseurs
ont grand soin de lui couper les suites, dont l'odeur est si forte que
si l'on passe seulement cinq ou six heures sans les ôter toute la chair
en est infectée. Au reste, il n'y a que la hure qui soit bonne dans un
vieux sanglier, au lieu que toute la chair du marcassin, et celle du
jeune sanglier qui n'a pas encore un an, est délicate et même assez
fine. Celle du verrat, ou cochon domestique mâle, est encore plus
mauvaise que celle du sanglier ; ce n'est que par l'engrais qu'on la
rend bonne à manger.

Pour peu qu'on ait habité la campagne, on n'ignore pas les pro-
fits qu'on tire du cochon ; sa chair se vend à peu près autant que celle
du bœuf, le lard se vend au double, et même au triple ; le sang, les
boyaux, les viscères, les pieds, la langue, se préparent et se mangent.
Le fumier du cochon est plus froid que celui des autres animaux, et

l'on ne doit s'en servir que pour les terres trop chaudes et trop sèches. La graisse des intestins et de l'épiploon, qui est différente du lard, fait le saindoux et le vieux-oing. La peau a ses usages ; on en fait des cribles, comme l'on fait aussi des vergettes, des brosses, des pinceaux avec les soies. La chair de cet animal prend mieux le sel, le salpêtre, et se conserve salée plus longtemps qu'aucune autre.

Cette espèce, quoique abondante et fort répandue en Europe, en Afrique et en Asie, ne s'est point trouvée dans le continent du nouveau monde : elle y a été transportée par les Espagnols, qui ont jeté des cochons noirs dans le continent et dans presque toutes les grandes îles de l'Amérique ; ils se sont multipliés et sont devenus sauvages en beaucoup d'endroits ; ils ressemblent à nos sangliers, ils ont le corps plus court, la hure plus grosse et la peau plus épaisse que les cochons domestiques, qui, dans les climats chauds, sont tous noirs comme les sangliers.

Par un de ces préjugés ridicules que la seule superstition peut faire subsister, les Mahométans sont privés de cet animal utile : on leur a dit qu'il était immonde, ils n'osent donc ni le toucher, ni s'en nourrir. Les Chinois, au contraire, ont beaucoup de goût pour la chair du cochon ; ils en élèvent de nombreux troupeaux, c'est leur nourriture la plus ordinaire, et c'est ce qui les a empêchés, dit-on, de recevoir la loi de Mahomet. Ces cochons de la Chine, qui sont aussi ceux de Siam et de l'Inde, sont un peu différents de ceux de l'Europe ; ils sont plus petits et ils ont les jambes beaucoup plus courtes ; leur chair est plus blanche et plus délicate : on les connaît en France, et quelques personnes en élèvent ; ils se mêlent et produisent avec les cochons de la race commune. Les Nègres élèvent aussi une grande quantité de cochons, et quoiqu'il y en ait peu chez les Maures et dans tous les pays habités par les Mahométans, on trouve en Afrique et en Asie des sangliers aussi abondamment qu'en Europe.

Ces animaux n'affectent donc point de climat particulier ; seulement il paraît que dans les pays froids le sanglier, en devenant animal domestique, a plus dégénéré que dans les pays chauds : un degré de température de plus suffit pour changer leur couleur ; les cochons sont communément blancs dans nos provinces septentrionales de France, et même en Vivarais, tandis que dans la province du Dauphiné, qui en est très voisine, ils sont tous noirs ; ceux de Languedoc, de Provence,

d'Espagne, d'Italie, des Indes, de la Chine et de l'Amérique, sont aussi
de la même couleur ; le cochon de Siam ressemble plus que le cochon
de France au sanglier. Un des signes les plus évidents de la dégénération sont les oreilles ; elles deviennent d'autant plus souples, d'autant plus molles, plus inclinées et plus pendantes, que l'animal est
plus altéré, ou, si l'on veut, plus adouci par l'éducation et par l'état de
domesticité ; et, en effet, le cochon domestique a les oreilles beaucoup
moins raides, beaucoup plus longues et plus inclinées que le sanglier, qu'on doit regarder comme le modèle de l'espèce.

LE TAPIR [1] ou L'ANTA

C'est ici l'animal le plus grand [2] de l'Amérique, de ce nouveau monde où, comme nous l'avons dit, la nature vivante semble s'être rapetissée, ou plutôt n'avoir pas eu le temps de parvenir à ses plus hautes dimensions ; au lieu des masses colossales que produit la terre antique de l'Asie, au lieu de l'éléphant, du rhinocéros, de l'hippopotame, de la girafe et du chameau, nous ne trouvons dans ces terres nouvelles que des sujets modelés en petit : des tapirs, des lamas, des vigognes, des cabiais, tous vingt fois plus petits que ceux qu'on doit leur comparer dans l'ancien continent ; et non seulement la matière est ici prodigieusement épargnée, mais les formes mêmes sont imparfaites et paraissent avoir été négligées ou manquées ; les animaux de l'Amérique méridionale, qui seuls appartiennent en propre à ce nouveau continent, sont presque tous sans défenses, sans cornes et sans queue : leur figure est bizarre, leur corps et leurs membres mal proportionnés, mal unis ensemble ; et quelque-uns, tels que les fourmilliers, les paresseux, etc., sont d'une nature si misérable qu'ils ont à peine les facultés de se mouvoir et de manger ; ils traînent avec douleur une vie languissante dans la solitude du désert, et ne pourraient subsister dans une terre habitée où l'homme et les animaux puissants les auraient bientôt détruits.

Le tapir est de la grandeur d'une petit vache ou d'un zébu, mais

---

1. Ordre des *Pachydermes* ; genre *Tapir*. (CUVIER.)

Nota. Nous connaissons aujourd'hui trois *tapirs :* celui-ci, qui est d'*Amérique*, et qui est le seul *tapir* qu'ait connu Buffon ; un second, qui est aussi d'*Amérique* (le *tapir des Cordillères*), et un troisième, qui est de l'*Inde* (*tapir indicus*).

Le premier *tapir d'Amérique* est de la taille d'un petit âne ; il a la peau brune et presque nue ; le second *tapir d'Amérique* est noir et couvert d'un poil épais ; le *tapir de l'Inde* est brun-noir, et a le dos gris-blanc. Il est plus grand que ceux d'Amérique.

2. Buffon oublie le *bison.* le *bœuf musqué* et le *lama.*

sans cornes et sans queue [1] ; les jambes courtes, le corps arqué comme celui du cochon, portant une livrée dans sa jeunesse comme le cerf, et ensuite un pelage uniforme d'un brun foncé; la tête grosse et longue avec une espèce de trompe comme le rhinocéros ; dix dents incisives et dix molaires [2] à chaque mâchoire, caractère qui le sépare entièrement du genre des bœufs et des autres animaux ruminants [3], etc. Au reste, comme nous n'avons de cet animal que quelques dépouilles, et un dessin que M. de La Condamine a eu la bonté de nous donner, nous ne pouvons mieux faire que de citer ici les descriptions qu'en ont faites, d'après nature, Marcgrave et Barrère, et présenter en même temps ce qu'en ont dit les voyageurs et les historiens.

Il paraît que le tapir est un animal triste et ténébreux, qui ne sort que de nuit, qui ne se plaît que dans les eaux, où il habite plus souvent que sur la terre; il vit dans les marais, et ne s'éloigne guère du bord des fleuves ou des lacs; dès qu'il est menacé, poursuivi ou blessé, il se jette à l'eau, s'y plonge et y demeure assez de temps pour faire un grand trajet avant de reparaître : ces habitudes, qu'il a communes avec l'hippopotame, ont fait croire à quelques naturalistes qu'il était du même genre, mais il en diffère autant par la nature [4] qu'il en est éloigné par le climat; il ne faut, pour en être assuré, que comparer les descriptions que nous venons de citer avec celle que nous donnons de l'hippopotame : quoique habitant des eaux [5], le tapir ne se nourrit pas de poisson ; et quoiqu'il ait la gueule armée de vingt dents incisives et tranchantes, il n'est pas carnassier, il vit de plantes et de racines, et ne se sert point de ses armes contre les autres animaux; il est d'un naturel doux, timide, et fuit tout combat, tout danger : avec des jambes courtes et le corps massif, il ne laisse pas de courir assez vite, et il nage encore mieux qu'il ne court : il marche ordinairement de compagnie et quelquefois en grande troupe ; son cuir est d'un tissu très ferme et si serré que souvent il résiste à la balle ; sa chair est fade et grossière, cependant les Indiens la mangent : on le trouve communément

1. Il a une *queue* très courte, mais il en a une : son nez est en forme de petite trompe charnue ; ses pieds de devant ont quatre doigts, et ceux de derrière trois.

2. Les *tapirs* ont, en tout, quarante-deux dents : vingt-six molaires, douze incisives et quatre canines.

3. Le *tapir* est un *pachyderme*.

4. Le *tapir* n'est pas très éloigné de l'*hippopotame* ; il est du même *ordre*, mais d'un autre *genre*.

5. Le tapir habite le long des rivières ; mais il n'est pas *habitant des eaux*.

au Brésil, au Paraguay, à la Guyane, aux Amazones et dans toute l'étendue de l'Amérique méridionale, depuis l'extrémité du Chili jusqu'à la Nouvelle-Espagne.

Le tapir, qu'on peut regarder comme l'éléphant du nouveau monde, ne le représente néanmoins que très imparfaitement par la forme, et en approche encore moins par la grandeur. Nous avons eu ici l'animal vivant, auquel notre climat ne convient guère, car après son arrivée il n'a vécu que très peu de temps à Paris entre les mains du sieur Rugiéri, qui cependant en avait beaucoup de soin.

L'espèce de trompe qu'il porte au bout du nez n'est qu'un vestige ou un rudiment de celle de l'éléphant; c'est le seul caractère de conformation par lequel on puisse dire que le tapir ressemble à l'éléphant. M. de la Borde, médecin du roi à Cayenne, qui cultive avec succès différentes parties de l'histoire naturelle, m'écrit que le tapir est en effet le plus gros de tous les quadrupèdes de l'Amérique méridionale, et qu'il y en a qui pèsent jusqu'à cinq cents livres : or, ce poids est dix fois moindre que celui d'un éléphant de taille ordinaire, et l'on n'aurait jamais pensé à comparer deux animaux aussi disproportionnés, si le tapir, indépendamment de cette espèce de trompe, n'avait pas quelques habitudes semblables à celles de l'éléphant. Il va très souvent à l'eau pour se baigner et non pour y prendre du poisson, dont il ne mange jamais, car il se nourrit d'herbes comme l'éléphant, et de feuilles d'arbrisseaux : il ne produit aussi qu'un petit.

Ces animaux fuient de même le voisinage des lieux habités, et demeurent aux environs des marécages et des rivières, qu'ils traversent souvent pendant le jour et même pendant la nuit. La femelle se fait suivre par son petit, et l'accoutume de bonne heure à entrer dans l'eau, où il plonge et joue devant sa mère, qui semble lui donner des leçons pour cet exercice ; le père n'a point de part à l'éducation, car l'on trouve les mâles toujours seuls.

L'espèce en est assez nombreuse dans l'intérieur des terres de la Guyane, et il en vient de temps en temps dans les bois qui sont à quelque distance de Cayenne. Quand on les chasse, ils se réfugient dans l'eau, où il est aisé de les tirer ; mais, quoiqu'ils soient d'un naturel tranquille et doux, ils deviennent dangereux lorsqu'on les blesse : on en a vu se jeter sur le canot d'où le coup était parti, pour tâcher de se venger en le renversant ; il faut aussi s'en garantir dans les forêts ; ils y font des sentiers, ou plutôt d'assez larges chemins battus par leurs fréquentes allées et venues, car ils ont l'habitude de passer et repasser toujours par les mêmes lieux, et il est à craindre de se trouver sur ces chemins, dont ils ne se détournent jamais, parce que leur allure est brusque, et que, sans chercher à offenser, ils heurtent rudement tout ce qui se rencontre devant eux [1]. Les terres voisines du haut des rivières de la Guyane sont habitées par un assez grand nombre de tapirs, et les bords des eaux sont coupés par les sentiers qu'ils y pratiquent ; ces chemins sont si frayés que les lieux les plus déserts semblent, au premier coup d'œil, être peuplés et fréquentés par les hommes. Au reste, on dresse des chiens pour chasser ces animaux sur terre et pour les suivre dans l'eau ; mais comme ils ont la peau très ferme et très épaisse, il est rare qu'on les tue du premier coup de fusil.

Les tapirs n'ont pas d'autre cri qu'une espèce de sifflet vif et aigu que les chasseurs et les sauvages imitent assez parfaitement pour les faire approcher et les tirer de près ; on ne les voit guère s'écarter des cantons qu'ils ont adoptés. Ils courent lourdement et lentement ; ils n'attaquent ni les hommes ni les animaux, à moins que les chiens ne les approchent de trop près, car dans ce cas ils se défendent avec les dents et les tuent.

La mère tapir paraît avoir grand soin de son petit ; non seulement elle lui apprend à nager, jouer et plonger dans l'eau, mais encore, lorsqu'elle est à terre, elle s'en fait constamment accompagner ou suivre, et, si le petit reste en arrière, elle retourne de temps en temps sa trompe, dans laquelle est placé l'organe de l'odorat, pour sentir s'il est trop éloigné, et dans ce cas elle l'appelle et l'attend pour se remettre en marche.

On en élève quelques-uns à Cayenne en domesticité ; ils vont partout sans faire de mal : ils mangent du pain, de la cassave, des fruits ; ils aiment qu'on les caresse et sont grossièrement familiers, car ils ont un air pesant et lourd, à peu près comme le cochon. Quel-

---

1. Un voyageur m'a raconté qu'il avait failli d'être la victime de son peu d'expérience à ce sujet ; que, dans un voyage par terre, il avait attaché son hamac à deux arbres pour y passer la nuit, et que le hamac traversait un chemin battu par les tapirs. Vers les neuf à dix heures du soir, il entendit un grand bruit dans la forêt, c'était un tapir qui venait de son côté ; il n'eut que le temps de se jeter hors de son hamac et de se serrer contre un arbre. L'animal ne s'arrêta point, il fit sauter le hamac aux branches et froissa cet homme contre l'arbre ; ensuite, sans se détourner de son sentier battu, il passa au milieu de quelques nègres qui dormaient à terre auprès d'un grand feu, et il ne leur fit aucun mal.

quefois ils vont pendant le jour dans les bois, et reviennent le soir à la maison : néanmoins il arrive souvent, lorsqu'on leur laisse cette liberté, qu'ils en abusent et ne reviennent plus. Leur chair se mange, mais n'est pas d'un bon goût ; elle est pesante, semblable pour la couleur et par l'odeur à celle du cerf. Les seuls morceaux assez bons sont les pieds et le dessus du cou.

M. Bajon, chirurgien du roi à Cayenne, a envoyé à l'Académie des Sciences, en 1774, un mémoire au sujet de cet animal. Nous croyons devoir donner par extrait les bonnes observations de M. Bajon, et faire remarquer en même temps deux méprises qui nous paraissent s'être glissées dans son écrit, qui d'ailleurs mérite des éloges.

« La figure de cet animal, dit M. Bajon, approche en général de celle du cochon ; il est cependant de la hauteur d'un petit mulet, ayant le corps extrêmement épais, porté sur des jambes très courtes ; il est couvert de poils plus gros, plus longs que ceux de l'âne ou du cheval, mais plus fins et plus courts que les soies du cochon, et beaucoup moins épais. Il a une crinière dont les crins, toujours droits, ne sont qu'un peu plus longs que les poils du reste du corps ; elle s'étend depuis le sommet de la tête jusqu'au commencement des épaules. La tête est grosse et un peu allongée, les yeux sont petits et très noirs, les oreilles courtes, ayant pour la forme quelque rapport avec celles du cochon ; il porte au bout de sa mâchoire supérieure une trompe d'environ un pied de long, dont les mouvements sont très souples, et dans laquelle réside l'organe de l'odorat ; il s'en sert, comme l'éléphant, pour ramasser des fruits, qui font une partie de sa nourriture ; les deux ouvertures des narines partent de l'extrémité de la trompe ; sa queue est très petite, n'ayant que deux pouces de long elle est presque sans poils.

» Le poil du corps est d'un brun légèrement foncé, les jambes sont courtes et grosses, les pieds sont aussi fort larges et un peu ronds ; les pieds de devant ont quatre doigts, et ceux de derrière n'en ont que trois : tous ces doigts sont enveloppés d'une corne dure et épaisse ; la tête, quoique fort grosse, contient un très petit cerveau ; les mâchoires sont fort allongées et garnies de dents, dont le nombre ordinaire est de quarante : cependant il y en a quelquefois plus et quelquefois moins ; les dents incisives sont tranchantes, et c'est dans celles-ci qu'on observe de la variété dans le nombre. Après les incisives on trouve une dent canine de chaque côté, tant supérieurement qu'inférieurement, qui a beaucoup de rapport aux défenses du sanglier. On trouve ensuite un petit espace dégarni de dents, et les molaires suivent après, qui sont très grosses et ont des surfaces fort étendues.

» En disséquant le tapir ou maïpouri, la première chose qui m'avait frappé, continue M. Bajon, c'est de voir qu'il est animal ruminant... Les pieds et les dents du maïpouri n'ont pourtant aucun rapport avec ceux de nos animaux ruminants... Cependant le maïpouri a trois poches ou estomacs considérables qui communément sont fort pleins, surtout le premier, que j'ai toujours trouvé comme un ballon... Cet estomac répond à la panse du bœuf, mais ici le réseau ou bonnet n'est presque point distinct, de sorte que ces deux parties n'en font qu'une. Le deuxième estomac, nommé le *feuillet*, est aussi fort considérable, et ressemble beaucoup à celui du bœuf, avec cette différence que les feuillets en sont beaucoup plus petits, et que les tuniques en paraissent plus minces; enfin, le troisième estomac est le moins grand et le plus mince, on n'y observe dans l'intérieur que de simples rides, et je l'ai presque toujours trouvé plein de matière tout à fait digérée. Les intestins ne sont pas bien gros, mais très longs; l'animal rend les matières en boules, à peu près comme celles du cheval. »

Je suis obligé de contredire ici ce qu'avance M. Bajon, et d'assurer en même temps que cet animal n'est point ruminant, et n'a pas trois estomacs[1], comme il le dit. Voici mes preuves. On nous avait amené d'Amérique un tapir ou maïpouri vivant; il avait bien supporté la mer et était arrivé à vingt lieues de Paris, lorsque tout à coup il tomba malade et mourut; on ne perdit pas de temps à nous l'envoyer, et je priai M. Mertrud, habile chirurgien-démonstrateur en anatomie aux écoles du Jardin du Roi, d'en faire l'ouverture et d'examiner les parties intérieures, chose très familière à M. Mertrud, puisque c'est lui qui a bien voulu disséquer, sous les yeux de M. Daubenton, de l'Académie des Sciences, la plupart des animaux dont nous avons donné les descriptions. M. Mertrud joint d'ailleurs à toutes les connaissances de l'art de l'anatomie une grande exactitude dans ses opérations. De plus cette dissection a, pour ainsi dire, été faite en ma présence, et M. Daubenton le jeune en a suivi toutes les opérations et en a

---

1. Buffon a raison. Le *tapir* ne rumine pas, et n'a qu'un seul estomac.

rédigé les résultats; enfin M. de Sève, notre dessinateur, qui voit
très bien, y était aussi. Je ne rapporte ces circonstances que pour faire
voir à M. Bajon que nous ne pouvons nous dispenser de le contredire sur un premier point essentiel, c'est qu'au lieu de trois estomacs
nous n'en avons trouvé qu'un seul dans cet animal; la capacité en
était à la vérité fort ample et en forme d'une poche étranglée en deux
endroits, mais ce n'était qu'un seul viscère, un estomac simple et
unique qui n'avait qu'une seule issue dans le duodénum, et non pas
trois estomacs distincts et séparés, comme le dit M. Bajon : cependant

Les Tapirs.

il n'est pas étonnant qu'il soit tombé dans cette méprise, puisque l'un
des plus célèbres anatomistes de l'Europe, le docteur Tyson, de la Société
royale de Londres, s'est trompé en disséquant le *pécari* ou *tajacu* d'Amérique, duquel, au reste, il a donné une très bonne description dans
les *Transactions philosophiques*, n° 153. Tyson assure, comme M. Bajon le
dit du tapir, que le pécari a trois estomacs, tandis qu'il n'en a réellement qu'un seul, mais partagé à peu près comme celui du tapir par deux
étranglements qui semblent au premier coup d'œil en indiquer trois.

Il nous paraît donc certain que le tapir ou maïpouri n'a pas
trois estomacs, et qu'il n'est point animal ruminant, car nous pouvons
encore ajouter à la preuve que nous venons d'en donner que jamais cet

animal, qui est arrivé vivant jusque près de Paris, n'a ruminé. Ses conducteurs ne le nourrissaient que de pain, de grain, etc. ; mais cette méprise de M. Bajon n'empêche pas que son mémoire ne contienne de très bonnes observations : l'on en va juger par la suite de cet extrait, dans lequel j'ai cru devoir interposer quelques faits qui m'ont été communiqués par des témoins oculaires.

« Le tapir ou maïpouri mâle, dit M. Bajon, est constamment plus grand et plus fort que la femelle ; les poils de la crinière sont plus longs et plus épais. Le cri de l'un et de l'autre est précisément celui d'un gros sifflet ; le cri du mâle est plus aigu, plus fort et plus perçant que celui de la femelle. »

Cet animal, bien loin d'être amphibie, comme quelques naturalistes l'ont dit, vit continuellement sur la terre, et fait constamment son gîte sur les collines et dans les endroits les plus secs. Il est vrai qu'il fréquente les lieux marécageux, mais c'est pour y chercher sa subsistance et parce qu'il y trouve plus de feuilles et d'herbes que sur les terrains élevés. Comme il se salit beaucoup dans les endroits marécageux et qu'il aime la propreté, il va tous les matins et tous les soirs traverser quelque rivière ou se laver dans quelque lac. Malgré sa grosse masse, il nage parfaitement bien et plonge aussi fort adroitement, mais il n'a pas la faculté de rester sous l'eau plus de temps que tout autre animal terrestre ; aussi le voit-on à tout instant tirer sa trompe hors de l'eau pour respirer. Quand il est poursuivi par les chiens, il court aussitôt vers quelque rivière qu'il traverse promptement pour tâcher de se soustraire à leur poursuite.

Il ne mange point de poisson ; sa nourriture ordinaire se compose de rejetons et de pousses tendres, et surtout de fruits tombés des arbres ; c'est plutôt la nuit que le jour qu'il cherche sa nourriture ; cependant il se promène le jour, surtout pendant la pluie ; il a la vue et l'ouïe très fines ; au moindre mouvement qu'il entend il s'enfuit et fait un bruit considérable dans le bois. Cet animal très solitaire est fort doux et même assez timide ; il n'y a pas d'exemples qu'il ait cherché à se défendre des hommes ; il n'en est pas de même avec les chiens : il s'en défend très bien, surtout quand il est blessé ; il les tue même assez souvent, soit en les mordant, soit en les foulant aux pieds ; lorsqu'il est élevé en domesticité, il semble être susceptible d'attachement.

M. Bajon en a nourri un qu'on lui apporta jeune et qui n'était encore pas plus gros qu'un mouton ; il parvint à l'élever fort grand, et cet animal prit pour lui une espèce d'amitié ; il le distinguait à merveille au milieu de plusieurs personnes ; il le suivait comme un chien suit son maître, et paraissait se plaire beaucoup aux caresses qu'il lui faisait ; il lui léchait les mains ; enfin, il allait seul se promener dans les bois, et quelquefois fort loin, et il ne manquait jamais de revenir tous les soirs d'assez bonne heure. On en a vu un autre, également apprivoisé, se promener dans les rues de Cayenne, aller à la campagne en toute liberté et revenir chaque soir ; néanmoins lorsqu'on voulut l'embarquer pour l'amener en Europe, dès qu'il fut à bord du navire on ne put le tenir ; il cassa des cordes très fortes avec lesquelles on l'avait attaché, il se précipita dans l'eau, gagna le rivage à la nage et entra dans un fort de palétuviers, à une distance assez considérable de la ville ; on le crut perdu, mais le même soir il se rendit à son gîte ordinaire. Comme on avait résolu de l'embarquer, on prit de plus grandes précautions qui ne réussirent que pendant un temps ; car environ moitié chemin de l'Amérique en France, la mer étant devenue fort orageuse, l'animal se mit de mauvaise humeur, brisa de nouveau ses liens, enfonça sa cabane et se précipita dans la mer d'où on ne put le retirer.

L'hiver, pendant lequel il pleut presque tous les jours à Cayenne, est la saison la plus favorable pour chasser ces animaux avec succès.

« Un chasseur indien qui était à mon service, dit M. Bajon, allait se poster au milieu des bois, il donnait cinq à six coups d'un sifflet fait exprès et qui imitait très bien leur cri ; s'il s'en trouvait quelqu'un aux environs il répondait tout de suite, et alors le chasseur s'acheminait doucement vers l'endroit de la réponse, ayant soin de la faire répéter de temps en temps et jusqu'à ce qu'il se trouvât à portée de tirer. L'animal, pendant la sécheresse de l'été, reste au contraire tout le jour couché ; cet Indien allait alors sur les petites hauteurs et tâchait d'en découvrir quelqu'un et de le tuer au gîte : mais cette manière était bien plus stérile que la première. On se sert de lingots ou de très grosses balles pour les tirer, parce que leur peau est si dure que le gros plomb ne fait que l'égratigner ; et avec les balles et même les lingots il est rare qu'on les tue du premier coup : on ne saurait croire combien ils ont la vie dure. Leur chair n'est pas absolument mauvaise à manger ; celle des vieux est coriace et a un goût que bien des gens trouvent désagréable ; mais celle des jeunes est meilleure et a quelque rapport avec celle du veau. »

Je n'ai pas cru devoir tirer par extrait du mémoire de M. Bajon les faits anatomiques ; je n'ai cité que celui des prétendus trois estomacs qui néanmoins n'en font qu'un ; j'espère que M. Bajon le reconnaîtra lui-même, s'il se donne la peine d'examiner de nouveau cette partie intérieure de l'animal.

Voici maintenant les notes que j'ai recueillies pendant la dissection que M. Mertrud a faite de cet animal à Paris.

L'estomac était situé de manière qu'il paraissait également étendu à droite comme à gauche ; la poche s'en terminait en pointe, moins allongée que dans le cochon, et il y avait un angle bien marqué entre l'œsophage et le pylore, qui faisait une espèce d'étranglement, et la partie gauche était beaucoup plus ample que la droite ; le colon avait beaucoup d'ampleur, il était plus étroit à son origine et à son extrémité que dans son milieu ; la grande circonférence de l'estomac était de trois pieds un pouce : la petite circonférence de deux pieds six lignes.

Au reste, le tapir, qui est le plus gros quadrupède de l'Amérique méridionale, ne se trouve que dans cette partie du monde. L'espèce ne s'est pas étendue au delà de l'isthme de Panama, et c'est probablement parce qu'il n'a pu franchir les montagnes de cet isthme ; car la température du Mexique et des autres provinces adjacentes aurait convenu à la nature de cet animal, puisque Samuel Wallis et quelques autres voyageurs disent en avoir trouvé, ainsi que des lamas, jusque dans les terres du détroit de Magellan.

« Quoique les tapirs, dit M. le professeur Allamand, soient assez communs dans les parties de l'Amérique méridionale où les Européens ont des établissements, et qu'on en voie quelquefois dans les basses-cours des particuliers, où on les nourrit avec les autres animaux domestiques, il est cependant fort rare qu'on en transporte en Europe. Je ne crois pas même que jusqu'à présent on y en ait vu plus d'un, qui a été montré à Amsterdam en 1704 sous le nom de *cheval marin*, et dont un peintre de ce temps-là a fait des dessins qui se conservent dans les collections de quelques curieux, mais qui représentent cet animal si imparfaitement, qu'on ne saurait l'y reconnaître. M. de Buffon n'a jamais vu le tapir, non plus que les autres naturalistes qui en ont

parlé : dans l'histoire qu'il en a donnée, il a été obligé de copier la
description qui en a été faite par Marcgrave et par Barrère, et de citer
ce qu'en ont dit les voyageurs ; la figure qu'il y a ajoutée lui a été
communiquée par M. de La Condamine, et c'est la seule qui en donne
une idée passable ; c'est même la seule qui en ait été faite, car il faut
compter pour rien celle que Marcgrave en a publiée et qui a été copiée
par Pison ; elle est trop mauvaise pour qu'elle mérite aucune attention.

» Depuis quelques semaines nous avons ici, en Hollande, deux de
ces animaux, dont l'un est promené de ville en ville pour être montré
dans les foires, et l'autre dans la ménagerie du prince d'Orange, qui
est peut-être la plus intéressante de l'Europe pour un naturaliste, vu
le grand nombre d'animaux rares qu'on y envoie tous les ans, tant
des Indes orientales que d'Afrique et d'Amérique. Le tapir qui est dans
cette ménagerie est un mâle, l'autre est une femelle. Le premier
est représenté dans la planche IX. Si l'on compare cette figure avec
celle que M. de Buffon a donnée d'après le dessin qui lui a été fourni
par M. de La Condamine, on y trouvera des différences assez sensibles.
La planche X représente la femelle dans une attitude que cet animal
prend souvent.

» Marcgrave a donné une très bonne description du tapir, et M. de
Buffon, ne l'ayant jamais vu, ne pouvait rien faire de mieux que de
la rapporter toute comme il l'a fait. Cependant comme quelques particularités lui sont échappées, j'ajouterai ici les observations que j'ai
faites sur l'animal même. Celui qui est dans la ménagerie du prince
d'Orange doit être fort jeune, si au moins cet animal parvient à la
grandeur d'une petite vache, comme le disent quelques voyageurs : il
égale à peine la hauteur d'un cochon, avec lequel même il est aisé de
le confondre si on le voit de loin. Il a le corps fort gros à proportion
de la taille ; il est arqué vers la partie supérieure du dos, et terminé
par une large croupe assez semblable à celle d'un jeune poulain bien
nourri. La couleur de sa peau et de son pelage est d'un brun foncé qui
est le même par tout le corps. Il faut promener sa main sur son dos
pour s'apercevoir qu'il y a des poils qui ne sont pas plus grands que
du duvet ; il en a très peu aux flancs, et ceux qui couvrent la partie
inférieure de son corps sont assez rares et courts. Il a une crinière
de poils noirâtres d'un pouce et demi de hauteur, et raides comme
des soies de cochon, mais moins rudes au toucher, et qui dimi-

nuent en longueur à mesure qu'ils s'approchent des extrémités : cette crinière s'étend dans l'espace de trois pouces sur le front, et de sept sur le cou. Sa tête est fort grosse et relevée en bosse près de l'origine du museau. Ses oreilles sont presque rondes, et bordées dans leur contour d'une raie blanchâtre. Ses yeux sont petits et placés à une distance presque égale des oreilles et de l'angle de la bouche. Son groin est terminé par un plan circulaire à peu près semblable au boutoir d'un cochon, mais moins large, son diamètre n'égalant pas un pouce et demi : et c'est là que sont les ouvertures des narines, qui, comme celles de l'éléphant, sont à l'extrémité de sa trompe, avec laquelle le nez du tapir a beaucoup de rapport ; car il s'en sert à peu près de la même façon. Quand il ne l'emploie pas pour saisir quelque chose, cette trompe ne s'étend guère au delà de la lèvre inférieure, et alors elle est toute ridée circulairement ; mais il peut l'allonger presque d'un demi-pied, et même la tourner de côté et d'autre pour prendre ce qu'on lui présente, mais non pas comme l'éléphant, avec cette espèce de doigt qui est au bout supérieur de sa trompe, et avec lequel j'ai vu un de ces animaux relever un sou de terre pour le donner à son maître. Le tapir n'a point ce doigt ; il saisit avec la partie inférieure de son nez allongé, qui se replie pour cet effet en dessous. J'ai eu le plaisir de lui voir prendre de cette manière plusieurs morceaux de pain que je lui offrais et qui paraissaient être fort de son goût. Ce n'est donc pas simplement la lèvre, comme celle du rhinocéros, qui lui sert de trompe ; c'est son nez qui, à la vérité, lui tient aussi lieu de lèvre, car quand il l'allonge, en levant la tête pour attraper ce qu'on lui présente, elle laisse à découvert les dents de la mâchoire supérieure ; en dessus elle est de couleur brune, comme tout le reste du corps, et presque sans aucun poil : en dessous elle est de couleur de chair : on peut voir que c'est un fort muscle susceptible d'allongement et de contraction, qui, en se courbant, pousse dans la bouche les aliments qu'il a saisis.

» Les jambes du tapir sont courtes et fortes ; les pieds de devant ont quatre doigts, trois antérieurs, dont celui du milieu est le plus long ; le quatrième est au côté extérieur, il est placé plus haut et il est plus petit que les autres : les pieds de derrière n'en ont que trois. Ces doigts sont terminés par des ongles noirs, pointus et plats ; on peut les comparer aux sabots des animaux à pieds fourchus ; ils

environnent et renferment toute l'extrémité des doigts ; chaque doigt
est marqué d'une raie blanche à l'origine des ongles ; la queue mérite
à peine ce nom, ce n'est qu'un tronçon gros et long comme le petit
doigt, et de couleur de chair en dessous.

» Marcgrave dit que les jeunes tapirs portent la livrée, mais qu'ils
la perdent quand ils sont adultes, et sont partout de couleur de terre
d'ombre, sans aucune tache de différentes couleurs : comme c'est là le
cas du tapir que je décris, on en pourrait conclure qu'il n'est pas aussi
jeune que sa taille semble l'indiquer.

» Cet animal est fort doux, il s'approche de ceux qui entrent dans
sa loge, il les suit familièrement, surtout s'ils ont quelque chose à lui
donner, et il souffre d'en être caressé. Je n'ai pu remarquer dans sa physionomie cet air triste et mélancolique qu'on lui prête, et qui pourrait
bien avoir été confondu avec la douceur qu'annonce son regard.

» Il m'a pas été possible de compter exactement ses dents incisives ; il ne les découvrait pas assez longtemps pour que je pusse m'assurer de leur nombre, et quand je voulais lui relever son nez pour les
mieux voir, il secouait fortement la tête et m'obligeait de lâcher prise ;
il m'a semblé cependant qu'il y en avait huit à chaque mâchoire très
bien arrangées, et de la grosseur des incisives de l'homme. Marcgrave
dit qu'il en a compté dix à chaque mâchoire ; les dents canines ne
m'ont pas paru les surpasser en grandeur, et ne sortaient point hors
de la bouche, comme la figure donnée par M. de La Condamine à M.
de Buffon semblerait le faire croire ; quant aux dents mâchelières, je
n'ai pu les apercevoir.

» Je n'ai point vu la femelle dont j'ai parlé ci-dessus, et qu'on
promène dans nos foires ; mais une personne qui s'intéresse à tout ce
qui peut contribuer à la perfection de notre édition l'a observée avec
soin, et voici le résultat des remarques qu'elle m'a communiquées :

» Cette femelle est un peu plus grande que le mâle que je viens
de décrire ; on la nourrit avec du pain de seigle, du gruau cuit, des
herbes, etc. ; elle aime surtout les pommes, qu'elle sent de loin ; elle
s'approche de ceux qui en ont, et fourre son groin dans leurs poches
pour les y prendre. Au reste, elle mange tout ce qu'on lui présente :
des carottes, du poisson, de la viande, et jusqu'à ses propres excréments quand elle a faim.

» Elle connaît son maître autant qu'un cochon connaît celui qui le nourrit ; elle est fort douce, et ne fait entendre aucun son de voix ; l'homme qui la fait voir dit que, quand elle est fatiguée ou irritée, elle pousse un cri aigu qui ressemble à une sorte de sifflement : le mâle qui est dans la ménagerie du prince d'Orange fait la même chose, si je dois m'en rapporter à celui à qui la garde en est confiée.

» Ses poils sont, comme ceux du mâle, très courts ou presque nuls sur le dos ; elle en a quelques-uns plus sensibles à la mâchoire inférieure, aux flancs, et derrière les pieds de devant. Ses oreilles sont bordées de petits poils très fins d'un blanc jaunâtre. Elle n'a point de crinière comme le mâle, mais seulement, là où elle devrait être, quelques poils éloignés les uns des autres, et plus longs que ceux du reste du corps. La crinière serait-elle une marque qui différencierait les sexes, comme cela se voit dans le lion et dans d'autres animaux ?

» Elle a deux mamelles, longues d'un demi-pouce, entre les jambes de derrière.

» Elle a deux dents canines à chaque mâchoire, et celles de la mâchoire supérieure sont plus grandes que celles d'en bas, ce qui est le contraire de ce qu'on voit dans les cochons, et de ce que présente la figure qu'a donnée M. de Buffon. Il n'y a pas eu moyen de compter ses dents incisives.

» Lorsqu'elle étend son nez, ses narines offrent de larges ouvertures, et elles se referment quand elle le retire ; la même chose arrive au mâle.

» Elle a beaucoup de force dans ses dents ; on lui voit quelquefois transporter d'un endroit à un autre la crèche dans laquelle on lui donne à manger.

» Son attitude favorite est de s'asseoir sur ses pieds de derrière comme un chien ; et c'est là l'attitude la plus agréable où l'on puisse la voir.

» Dans nos colonies américaines, on donne le nom de buffle aux tapirs, et je ne sais pourquoi : ils ne ressemblent en rien aux animaux qui portent ce nom. »

LES GERBOISES [1]

Gerboise est un nom générique que nous employons ici pour désigner des animaux remarquables par la très grande disproportion qui se trouve entre les jambes de derrière et celles de devant, celles-ci n'étant pas si grandes que les mains d'une taupe, et les autres ressemblant aux pieds d'un oiseau. Nous connaissons dans ce genre quatre espèces ou variétés bien distinctes : 1° le tarsier, qui est certainement d'une espèce particulière, parce qu'il a les doigts faits comme ceux des singes, et qu'il en a cinq à chaque pied ; 2° le gerbo ou gerboise proprement dite, qui a les pieds faits comme les autres fissipèdes, quatre doigts aux pieds de devant et trois à ceux de derrière ; 3° l'alagtaga, dont les jambes sont conformées comme celles du gerbo, mais qui a cinq doigts aux pieds de devant et trois à ceux de derrière avec un éperon qui peut passer pour un pouce ou quatrième doigt beaucoup plus court que les autres ; 4° le *daman*[2] *Israël* ou *agneau d'Israël*, qui pourrait bien être le même animal que M. Linnæus a désigné par la dénomination de *mus longipes*[3], et qui a quatre doigts aux pieds de devant et cinq à ceux de derrière.

Le gerbo a la tête faite à peu près comme celle du lapin, mais il a les yeux plus grands et les oreilles plus courtes, quoique hautes et amples relativement à sa taille ; il a le nez couleur de chair et sans poil ; le museau court et épais ; l'ouverture de la gueule très petite, la mâchoire supérieure fort ample, l'inférieure étroite et courte ; les dents comme celles du lapin ; des moustaches autour de la gueule,

---

1. Ordre des *Rongeurs* ; genre *Gerboise*. (CUVIER.)

2. Le *daman* n'est pas plus du genre des *gerboises* que le *tarsier*. Le *daman* est un petit pachyderme.

3. Le *mus longipes* de Linné est la *gerbille* de la *zone torride*, ou des *sables*.

composées de longs poils noirs et blancs ; les pieds de devant sont
très courts et ne touchent jamais la terre ; cet animal ne s'en sert que
comme de mains pour porter à sa gueule. Ces mains portent quatre
doigts munis d'ongles, et le rudiment d'un cinquième doigt sans ongle ;
les pieds de derrière n'ont que trois doigts, dont celui du milieu est
un peu plus long que les deux autres, et tous trois garnis d'ongles ;
la queue est trois fois plus longue que le corps ; elle est couverte de
petits poils raides, de la même couleur que ceux du dos, et au bout
elle est garnie de poils plus longs, plus doux, plus touffus, qui forment
une espèce de houppe noire au commencement et blanche à l'extrémité. Les jambes sont nues et de couleur de chair, aussi bien que le
nez et les oreilles ; le dessus de la tête et le dos sont couverts d'un
poil roussâtre ; les flancs, le dessous de la tête, la gorge, le ventre
et le dedans des cuisses sont blancs ; il y a au bas des reins et près
de la queue une grande bande noire transversale en forme de croissant.

L'alagtaga est plus petit qu'un lapin, et il a le corps plus court ;
ses oreilles sont longues, larges, nues, minces, transparentes, et par-
semées de vaisseaux sanguins très apparents ; la mâchoire supérieure
est beaucoup plus ample que l'inférieure, mais obtuse et assez large
à l'extrémité ; il y a de grandes moustaches autour de la gueule ; les
dents sont comme celles des rats ; les yeux grands, l'iris et la paupière brunes ; le corps est étroit en avant, fort large et presque rond
en arrière, la queue très longue et moins grosse qu'un petit doigt ;
elle est couverte sur plus des deux tiers de sa longueur de poils courts
et rudes ; sur le dernier tiers ils sont plus longs, et encore beaucoup
plus longs, plus touffus et plus doux vers le bout où ils forment une
espèce de touffe noire au commencement, et blanche à l'extrémité. Les
pieds de devant sont très courts, ils ont cinq doigts ; ceux de derrière,
qui sont très longs, n'en ont que quatre, dont trois sont situés en avant
et le quatrième est à un pouce de distance des autres ; tous ces doigts
sont garnis d'ongles plus courts dans ceux de devant, et un peu plus
longs dans ceux de derrière. Le poil de cet animal est doux et assez
long, fauve sur le dos, blanc sous le ventre.

L'on voit, en comparant ces deux descriptions, dont la première
est tirée d'Edwards et d'Hasselquist, et la seconde de Gmelin, que
ces animaux se ressemblent presque autant qu'il est possible ; le

gerbo est seulement plus petit que l'alagtaga, et n'a que quatre
doigts aux pieds de devant, et trois à ceux de derrière, sans éperon,
au lieu que celui-ci en a cinq aux pieds de devant, et quatre, c'est-à-
dire trois grands et un éperon à ceux de derrière ; mais je suis très
porté à croire que cette différence n'est pas constante, car le docteur
Shaw, qui a donné la description et la figure d'un gerbo de Barbarie,
le représente avec cet éperon ou quatrième doigt aux pieds de derrière ; et M. Edwards remarque qu'il a soigneusement observé les deux

Les Gerboises.

gerbos qu'il a vus en Angleterre, et qu'il ne leur a pas trouvé cet
éperon : ainsi ce caractère, qui paraîtrait distinguer spécifiquement le
gerbo et l'alagtaga, n'étant pas constant, devient nul et marque plutôt l'identité que la diversité d'espèce ; la différence de grandeur ne
prouve pas non plus que ce soient deux espèces différentes : il se
peut que MM. Edwards et Hasselquist n'aient décrit que de jeunes gerbos, et M. Gmelin un vieux alagtaga ; il n'y a que deux choses qui me
laissent quelque doute, la proportion de la queue, qui est beaucoup
plus grande dans le gerbo que dans l'alagtaga, et la différence du climat

où ils se trouvent. Le gerbo est commun en Circassie, en Égypte, en Barbarie, en Arabie, et l'alagtaga en Tartarie, sur le Volga et jusqu'en Sibérie : il est rare que le même animal habite des climats aussi différents, et lorsque cela arrive, l'espèce subit de grandes variétés : c'est aussi ce que nous présumons être arrivé à celle du gerbo, dont l'alagtaga, malgré ces différences, ne nous paraît être qu'une variété.

Ces petits animaux cachent ordinairement leurs mains ou pieds de devant dans leur poil, en sorte qu'on dirait qu'ils n'ont d'autres pieds que ceux de derrière ; pour se transporter d'un lieu à un autre ils ne marchent pas, c'est-à-dire qu'ils n'avancent pas les pieds l'un après l'autre ; mais ils sautent très légèrement et très vite à trois ou quatre pieds de distance, et toujours debout comme des oiseaux ; en repos, ils sont assis sur leurs genoux ; ils ne dorment que le jour et jamais la nuit ; ils mangent du grain et des herbes comme les lièvres ; ils sont d'un naturel assez doux, et néanmoins ils ne s'apprivoisent que jusqu'à un certain point ; ils se creusent des terriers comme les lapins, et en beaucoup moins de temps ; ils y font un magasin d'herbes sur la fin de l'été, et dans les pays froids ils y passent l'hiver.

Comme nous n'avons pas été à portée de faire la dissection de cet animal, et que M. Gmelin est le seul qui ait parlé de la conformation de ses parties intérieures, nous donnons ici ses observations en attendant qu'on en ait de plus précises et de plus étendues.

A l'égard du daman ou agneau d'Israël, qui nous paraît être du genre des gerboises, parce qu'il a comme elles les jambes de devant très courtes en comparaison de celles de derrière, nous ne pouvons mieux faire, ne l'ayant jamais vu, que de citer ce qu'en dit le docteur Shaw, qui était à portée de le comparer avec le gerbo, et qui en parle comme de deux espèces différentes : « Le daman Israël, dit cet auteur, est aussi un animal du mont Liban, mais également commun dans la Syrie et dans la Phénicie ; c'est une bête innocente qui ne fait point de mal, et qui ressemble pour la taille et pour la figure au lapin ordinaire, ses dents de devant étant aussi disposées de la même manière ; seulement il est plus brun et a les yeux plus petits et la tète plus pointue ; ses pieds de devant sont courts, et ceux de derrière longs, dans la même proportion que ceux du jerboa (gerbo). Quoiqu'il se cache quelquefois dans la terre, sa retraite ordinaire est dans les trous et fentes de rochers, ce qui me fait croire, continue

1. Le Kanguroo... 2. Le Tapir.

M. Shaw, que c'est cet animal plutôt que le jerboa (gerbo) qu'on doit
prendre pour le *saphan* de l'Écriture; personne n'a pu me dire d'où
vient le nom moderne de daman Israël, qui signifie *agneau d'Israël.* »
Prosper Alpin, qui avait indiqué cet animal avant le docteur Shaw,
dit que sa chair est excellente à manger, et qu'il est plus gros que
notre lapin d'Europe ; mais ce dernier fait paraît douteux, car le
docteur Shaw l'a retranché du passage de Prosper Alpin, qu'il cite
au reste en entier.

LE KANGUROO

« Dans l'histoire que j'ai donnée du gerbo, dit M. le professeur
Allamand, j'ai remarqué que Prosper Alpin a eu raison de dire que le
daman, qui appartient au genre des gerboises, était plus gros que notre
lapin d'Europe. J'ai avancé cela, fondé sur ce qu'on m'avait écrit
d'Angleterre, que M. Banks, revenu de son voyage autour du monde,
avait apporté un de ces animaux qui surpassait en grosseur nos plus
grands lièvres[1]. A présent je suis en état de dire quelque chose de
plus positif sur cet animal, dont M. Banks a eu la bonté de me faire
voir la dépouille, et dont nous avons la description et la figure dans
la relation du voyage de M. le capitaine Cook. Il diffère de toutes les
espèces de gerboises décrites jusqu'à présent, non seulement par sa
grandeur, qui approche de celle d'une brebis, mais encore par le
nombre ou l'arrangement de ses doigts. Parkinson, qui était parti
avec M. Banks, en qualité de son dessinateur, et dont on a publié les
mémoires, nous apprend qu'il avait cinq doigts aux pieds de devant,
armés d'ongles crochus, et quatre à ceux de derrière : comme c'était
un jeune qui n'était pas encore parvenu à toute sa grandeur, il ne
pesait que trente-huit livres ; sa tête, son cou et ses épaules, étaient
fort petits en comparaison des autres parties de son corps ; ses jambes
de devant avaient huit pouces de longueur, et celles de derrière en
avaient vingt-deux ; il avançait en faisant de très grand sauts et en se

---

1. Ce *gerbo*, plus grand que nos *lièvres*, était un *kanguroo :* probablement le *kanguroo à
moustaches.*

tenant debout ; il tenait ses jambes de devant appliquées à sa poitrine, et elles paraissaient ne lui servir qu'à creuser la terre ; sa queue était épaisse à son origine, et son diamètre allait en diminuant jusqu'à son extrémité ; tout son corps était couvert d'un poil gris de souris foncé, excepté à la tête et aux oreilles qui avaient quelque ressemblance à celles d'un lièvre.

» Par cette description, on voit que cet animal n'est pas le gerbo, qui a quatre doigts aux pieds de devant et trois à ceux de derrière, ni le daman ou agneau d'Israël qui a quatre doigts aux pieds de devant et cinq à ceux de derrière, avec lequel par conséquent je n'aurais pas dû le confondre ; l'alagtaga est l'espèce des gerboises qui en approche le plus par le nombre des doigts ; il en a cinq aux pieds de devant et trois à ceux de derrière, avec un éperon qui peut passer pour un pouce ou quatrième doigt, comme le remarque M. de Buffon ; mais la différence de grandeur, la distance des lieux et la diversité du climat où ces deux animaux se trouvent, ne permettent guère de les regarder comme une seule et même espèce. Celui que M. Banks nous a fait connaître est habitant de la Nouvelle-Hollande, et l'alagtaga est commun en Tartarie et sur le Wolga.

» Nous avons actuellement en Hollande un animal vivant qui pourrait bien être le même que celui de la Nouvelle-Hollande : on en jugera par la description suivante, dont je suis redevable à M. le docteur Klockner.

» Cet animal a été apporté du cap de Bonne-Espérance par le sieur Holst, à qui il appartient ; il a été pris sur une montagne nommée Sneuwberg, située à une très grande distance du Cap, et fort avant dans les terres ; les paysans hollandais lui donnent le nom de *aerdman-netjen* de *springendehaas* ou *lièvre sautant ;* il est de la grandeur d'un lièvre ou d'un lapin ; son pelage est de couleur fauve par le haut, mais de couleur de cendré sur la peau, et entremêlé de quelques poils plus longs, dont la pointe est noire ; sa tête est fort courte, mais large et plate entre les oreilles, et elle se termine par un museau obtus qui a un fort petit nez ; sa mâchoire supérieure est fort ample et cache l'inférieure, qui est très courte et petite : il n'est point de quadrupède connu qui ait l'ouverture de la gueule si en arrière au-dessous de la tête.

» Les oreilles sont d'un tiers plus courtes que celles du lapin ; elles sont fort minces et transparentes au grand jour ; leur partie supérieure

est noirâtre, l'inférieure est de couleur de chair, et plus transparante
que la partie supérieure; il a de grands yeux à fleur de tête d'un brun
tirant sur le noir; ses paupières sont garnies de cils et surmontées de
cinq ou six poils très longs; chaque mâchoire est garnie de deux dents

Les Kanguroos.

incisives très fortes : celles de la supérieure ne sont pas si longues
que celles de la mâchoire inférieure; la lèvre d'en haut est garnie d'une
moustache composée de longs poils.

» Les pieds de devant sont petits, courts et situés tout près du
cou; ils ont chacun cinq doigts aussi très courts, placés sur la même
ligne; ils sont armés d'ongles crochus de deux tiers plus grands que

les doigts mêmes ; il y a au-dessous une éminence charnue sur laquelle
ces ongles reposent ; les deux jambes de derrière sont plus grandes que
celles de devant ; les pieds ont quatre doigts, dont les deux intérieurs
sont plus courts que le troisième, qui est un tiers plus grand que
l'extérieur ; ils sont tous garnis d'ongles dont le dos est élevé, et qui
sont concaves en dessous.

» Le corps est étroit en avant et un peu plus gros en arrière ; la
queue est aussi longue que le corps ; les deux tiers en sont couverts
de longs poils fauves, et l'autre tiers de poils noirs.

» Comme les autres sortes de gerboises, il ne se sert que de ses
pieds de derrière pour marcher, ou, pour parler juste, pour sauter :
aussi ces pieds sont-ils très forts, et si on le prend par la queue, il en
frappe avec beaucoup de violence. On n'a pas pu déterminer la longueur
de ses plus grands sauts, parce qu'il ne peut pas exercer sa force dans
le petit appartement où il est renfermé : dans l'état de liberté, on dit
que ces animaux font des sauts de vingt à trente pieds.

» Son cri est une espèce de grognement : quand il mange, il
s'assied en étendant horizontalement ses grandes jambes et encourbant
son dos ; il se sert de ses pieds de devant comme de mains pour porter
sa nourriture à sa gueule ; il s'en sert aussi pour creuser la terre, ce
qu'il fait avec tant de promptitude qu'en peu de minutes il peut s'y
enfoncer tout à fait.

» Sa nourriture ordinaire est du pain, des racines, du blé, etc.

» Quand il dort, il prend une attitude singulière, il est assis avec
les genoux étendus ; il met sa tête à peu près entre ses jambes de
derrière, et avec ses deux pieds de devant il tient ses oreilles appliquées
sur ses yeux, et semble ainsi protéger sa tête par ses mains ; c'est
pendant le jour qu'il dort, et pendant la nuit il est ordinairement
éveillé.

» Par cette description on voit que cet animal doit être rangé dans
la classe des gerboises, décrites par M. de Buffon, mais qu'il en diffère
cependant beaucoup, tant par sa grandeur que par le nombre de ses
doigts. Nous en donnons ici la figure, qui, quoiqu'elle ait beaucoup
de rapport avec celle que nous avons donnée du gerbo, en diffère
cependant assez pour qu'on ne puisse pas les confondre : nous avons
fait graver au bas de la planche les pieds de cet animal, pour qu'on
comprenne mieux ce que nous en avons dit.

» S'il est le même animal que celui qui a été décrit dans la relation
du voyage du capitaine Cook, comme il y a grande apparence, la figure
qui s'en trouve dans l'ouvrage anglais et dans la traduction française
n'est pas exacte : la tête en est trop longue, ses jambes de devant ne
sont jamais dans la situation où elles sont représentées comme pendantes vers le bas ; le nôtre les tient toujours appliquées à sa poitrine,
de façon que ses ongles sont placés immédiatement sous sa mâchoire
inférieure : situation qui s'accorde avec celle que leur donne l'auteur

Les Kanguroos.

anglais, mais qui a été mal exprimée par le dessinateur et par le
graveur.

» Voici les dimensions de notre gerbo, qui feront mieux connaître
combien il diffère de toutes les autres espèces décrites :

	Pieds.	Pouces.	Lignes.
Longueur du corps mesuré en ligne droite, depuis le bout du museau jusqu'à l'origine de la queue	1	2	»
Longueur des oreilles.	»	2	9

	Pieds.	Pouces.	Lignes.
Distance entre les yeux	»	2	»
Longueur de l'œil d'un angle à l'autre	»	1	1
Ouverture de l'œil	»	»	9
Circonférence du corps, prise derrière les jambes de devant	»	11	»
Circonférence prise devant les jambes de derrière	1	»	2
Hauteur des jambes de devant, depuis l'extrémité des ongles jusqu'à la poitrine	»	3	»
Longueur des jambes de derrière, depuis l'extrémité des pieds jusqu'à l'abdomen	»	8	9
Longueur de la queue	1	2	9

En comparant ces descriptions de M. Allamand, et en résumant les observations que l'on vient de lire, nous trouverons dans ce genre des gerboises quatre espèces distinctement connues : 1° la *gerboise* ou *gerbo* d'Edwards, d'Hasselquist et de M. Allamand, à laquelle nouslaissons simplement le nom de gerboise, en persistant à lui rapporter l'alagtaga, et en lui rapportant encore, comme simple variété, la *gerboise de Barca* de M. le chevalier Bruce ; 2° notre *tarsier*, qui est du genre de la gerboise et même de sa taille, mais qui néanmoins forme une espèce différente, puisqu'il a cinq doigts à tous les pieds ; 3° la grande gerboise ou lièvre sauteur du Cap, que nous venons de reconnaître dans les descriptions de MM. de Querhoënt, Forster et Allamand ; 4° la très grande gerboise de la Nouvelle-Hollande, appelée *kanguroo* par les naturels du pays ; elle approche de la grosseur d'une brebis, et par conséquent est d'une espèce beaucoup·plus forte que celle de notre grande gerboise ou lièvre sauteur du Cap, quoique M. Allamand semble les rapporter l'une à l'autre. Nous n'avons pas cru devoir copier la figure de cette gerboise, donnée dans le premier Voyage du capitaine Cook, parce qu'elle nous paraît trop défectueuse ; mais nous devons rapporter ici ce que ce célèbre navigateur a dit de ce singulier animal, qui jusqu'à ce jour ne s'est trouvé nulle part que dans le continent de la Nouvelle-Hollande.

« Comme je me promenais le matin à peu de distance du vaisseau, dit-il *(à la baie d'Endeavour, côte de la Nouvelle-Hollande)*, je vis un des animaux que les gens de l'équipage m'avaient décrit si souvent ; il était d'une légère couleur de souris, et ressemblait beaucoup par la grosseur et la figure à un lévrier, et je l'aurais en effet pris pour un chien sauvage si, au lieu de courir, il n'avait pas sauté comme un lièvre ou un daim... M. Banks, qui vit imparfaitement cet animal, pensa que son espèce était encore inconnue... Un des jours suivants, comme nos gens partaient au premier crépuscule du matin pour aller chercher du gibier, ils virent quatre de ces animaux, dont deux furent très bien chassés par le lévrier de M. Banks, mais ils le laissèrent bientôt derrière en sautant par-dessus l'herbe longue et épaisse qui empêchait le chien de courir ; on observa que ces animaux ne marchaient pas sur leurs quatre jambes, mais qu'ils sautaient sur les deux de derrière, comme le *gerbua* ou *mus jaculus*...

» Enfin M. Gore, mon lieutenant, faisant peu de jours après une promenade dans l'intérieur du pays avec son fusil, eut le bonheur de tuer un de ces quadrupèdes qui avaient été si souvent l'objet de nos spéculations. Cet animal n'a pas assez de rapport avec aucun autre déjà connu pour qu'on puisse en faire la comparaison ; sa figure est analogue à celle du *gerbo*, à qui il ressemble aussi par ses mouvements, mais sa grosseur est fort différente, le gerbo étant de la taille d'un rat ordinaire, et cet animal, parvenu à son entière croissance, de celle d'un mouton ; celui que tua mon lieutenant était jeune, et comme il n'avait pas encore pris tout son accroissement, il ne pesait que trente-huit livres ; la tête, le cou et les épaules sont très petits en proportion des autres parties du corps ; la queue est presque aussi longue que le corps, elle est épaisse à sa naissance et elle se termine en pointe à l'extrémité ; les jambes de devant n'ont que huit pouces de long, et celles de derrière en ont vingt-deux ; il marche par sauts et par bonds ; il tient alors la tête droite et ses pas sont fort longs ; il replie ses jambes de devant tout près de la poitrine, et il ne paraît s'en servir que pour creuser la terre ; la peau est couverte d'un poil court, gris ou couleur de souris foncé ; il faut en excepter la tête et les oreilles, qui ont une légère ressemblance avec celles du lièvre : cet animal est appelé *kanguroo* par les naturels du pays...

» Le même M. Gore, dans une autre chasse, tua un second *kanguroo*, qui, avec la peau, les entrailles et la tête, pesait quatre-vingt-quatre livres, et néanmoins en l'examinant nous reconnûmes qu'il n'avait pas encore pris toute sa croissance, parce que les dents mâchelières intérieures n'étaient pas encore formées... Ces animaux paraissent être l'espèce de quadrupèdes la plus commune à la Nouvelle-Hollande, et nous en rencontrions presque toutes les fois que nous allions dans les bois. »

On voit clairement, par cette description historique, que le kanguroo ou très grande gerboise de la Nouvelle-Hollande n'est pas le même animal que la grande gerboise du cap de Bonne-Espérance; et MM. Forster, qui ont été à portée d'en faire la comparaison avec le *kanguroo* de la Nouvelle-Hollande, ont pensé, comme nous, que c'étaient deux espèces différentes dans le genre des gerboises.

1. LE CHAT DE GOUTTIÈRE.   2 LE CHAT ANGORA

3. LE CHAT SAUVAGE.

Garnier frères, Éditeurs

LE CHAT [1]

Le chat est un domestique infidèle qu'on ne garde que par nécessité, pour l'opposer à un autre ennemi domestique encore plus incommode et qu'on ne peut chasser : car nous ne comptons pas les gens qui, ayant du goût pour toutes les bêtes, n'élèvent des chats que pour s'en amuser; l'un est l'usage, l'autre l'abus; et quoique ces animaux, surtout quand ils sont jeunes, aient de la gentillesse, ils ont en même temps une malice innée, un caractère faux, un naturel pervers que l'âge augmente encore et que l'éducation ne fait que masquer. De voleurs déterminés ils deviennent seulement, lorsqu'ils sont bien élevés, souples et flatteurs comme les fripons; ils ont la même adresse, la même subtilité, le même goût pour faire le mal, le même penchant à la petite rapine; comme eux ils savent couvrir leur marche, dissimuler leur dessein, épier les occasions, attendre, choisir, saisir l'instant de faire leur coup, se dérober ensuite au châtiment, fuir et demeurer éloignés jusqu'à ce qu'on les rappelle. Ils prennent aisément des habitudes de société, mais jamais des mœurs; ils n'ont que l'apparence de l'attachement; on le voit à leurs mouvements obliques, à leurs yeux équivoques; ils ne regardent jamais en face la personne aimée; soit défiance ou fausseté, ils prennent des détours pour en approcher, pour chercher des caresses auxquelles ils ne sont sensibles que pour le plaisir qu'elles leur font. Bien différent de cet animal fidèle, dont tous les sentiments se rapportent à la personne de son maître, le chat paraît ne sentir que pour soi, n'aimer que sous condition, ne se prêter au commerce que pour en abuser; et, par cette convenance de naturel, il est moins incompatible avec l'homme qu'avec le chien, dans lequel tout est sincère.

1. Ordre des *Carnassiers*; famille des *Carnivores*; tribu des *Digitigrades*; genre *Chat* (CUVIER.)

La forme du corps et le tempérament sont d'accord avec le naturel: le chat est joli, léger, adroit, propre et voluptueux ; il aime ses aises, il cherche les meubles les plus mollets pour s'y reposer et s'ébattre.

Les chattes ne produisent pas en aussi grand nombre que les chiennes; les portées ordinaires sont de quatre, de cinq ou de six. Comme les mâles sont sujets à dévorer leur progéniture, les femelles se cachent pour mettre bas, et lorsqu'elles craignent qu'on ne découvre ou qu'on n'enlève leurs petits, elles les transportent dans des trous et dans d'autres lieux ignorés ou inaccessibles; et, après les avoir allaités pendant quelques semaines, elles leur apportent des souris, de petits oiseaux, et les accoutument de bonne heure à manger de la chair ; mais, par une bizarrerie difficile à comprendre, ces mêmes mères, si soigneuses et si tendres, deviennent quelquefois cruelles, dénaturées, et dévorent aussi leurs petits qui leur étaient si chers.

Les jeunes chats sont gais, vifs, jolis, et seraient aussi très propres à amuser les enfants, si les coups de patte n'étaient pas à craindre; mais leur badinage, quoique toujours agréable et léger, n'est jamais innocent, et bientôt il se tourne en malice habituelle; et comme ils ne peuvent exercer ces talents avec quelque avantage que sur les plus petits animaux, ils se mettent à l'affût près d'une cage, ils épient les oiseaux, les souris, les rats, et deviennent d'eux-mêmes, et sans y être dressés, plus habiles à la chasse que les chiens les mieux instruits. Leur naturel, ennemi de toute contrainte, les rend incapables d'une éducation suivie. On raconte néanmoins que des moines grecs de l'île de Chypre avaient dressé des chats à chasser, prendre et tuer les serpents dont cette île était infestée; mais c'était plutôt par le goût général qu'ils ont pour la destruction que par obéissance qu'ils chassaient; car ils se plaisent à épier, attaquer et détruire assez indifféremment tous les animaux faibles, comme les oiseaux, les jeunes lapins, les levrauts, les rats, les souris, les mulots, les chauves-souris, les taupes, les crapauds, les grenouilles, les lézards et les serpents. Ils n'ont aucune docilité, ils manquent aussi de la finesse de l'odorat, qui, dans le chien, sont deux qualités éminentes ; aussi ne poursuivent-ils pas les animaux qu'ils ne voient plus, ils ne les chassent pas, mais ils les attendent, les attaquent par surprise, et après s'en être joués longtemps ils les tuent sans aucune nécessité, lors même qu'ils sont le mieux nourris et qu'ils n'ont aucun besoin de cette proie pour satisfaire leur appétit.

La cause physique la plus immédiate de ce penchant qu'ils ont à épier et surprendre les autres animaux vient de l'avantage que leur donne la conformation particulière de leurs yeux. La pupille, dans l'homme, comme dans la plupart des animaux, est capable d'un certain degré de contraction et de dilatation ; elle s'élargit un peu lorsque la lumière manque, et se rétrécit lorsqu'elle devient trop vive. Dans l'œil du chat et des oiseaux de nuit, cette contraction et cette dilatation sont si considérables que la pupille, qui dans l'obscurité est ronde et large, devient au grand jour longue et étroite comme une ligne, et dès lors ces animaux voient mieux la nuit que le jour, comme on le remarque dans les chouettes, les hiboux, etc., car la forme de la pupille est toujours ronde dès qu'elle n'est pas contrainte. Il y a donc contraction continuelle dans l'œil du chat pendant le jour, et ce n'est, pour ainsi dire, que par l'effort qu'il voit à une grande lumière ; au lieu que, dans le crépuscule, la pupille reprenant son état naturel, il voit parfaitement, et profite de cet avantage pour reconnaître, attaquer et surprendre les autres animaux.

On ne peut pas dire que les chats, quoique habitants de nos maisons, soient des animaux entièrement domestiques ; ceux qui sont le mieux apprivoisés n'en sont pas plus asservis : on peut même dire qu'ils sont entièrement libres ; ils ne font que ce qu'ils veulent, et rien au monde ne serait capable de les retenir un instant de plus dans un lieu dont ils voudraient s'éloigner. D'ailleurs, la plupart sont à demi sauvages, ne connaissent pas leurs maîtres, ne fréquentent que les greniers et les toits, et quelquefois la cuisine et l'office, lorsque la faim les presse. Quoiqu'on en élève plus que de chiens, comme on les rencontre rarement ils ne font pas sensation pour le nombre ; aussi prennent-ils moins d'attachement pour les personnes que pour les maisons : lorsqu'on les transporte à des distances assez considérables, comme à une lieue ou deux, ils reviennent d'eux-mêmes à leur grenier, et c'est apparemment parce qu'ils en connaissent toutes les retraites à souris, toutes les issues, tous les passages, et que la peine du voyage est moindre que celle qu'il faudrait prendre pour acquérir les mêmes facilités dans un nouveau pays. Ils craignent l'eau, le froid et les mauvaises odeurs ; ils aiment à se tenir au soleil, ils cherchent à se gîter dans les lieux les plus chauds, derrière les cheminées ou dans les fours ; ils aiment aussi les parfums, et se laissent volontiers prendre et caresser par les personnes qui en portent : l'odeur de cette plante que l'on appelle l'*herbe-aux-chats* les remue si fortement et si délicieusement qu'ils en paraissent transportés de plaisir. On est obligé, pour conserver cette plante dans les jardins de l'entourer d'un treillage fermé ; les chats la sentent de loin, accourent pour s'y frotter, passent et repassent si souvent par-dessus qu'ils la détruisent en peu de temps.

A quinze ou dix-huit mois, ces animaux ont pris tout leur accroissement ; ils sont aussi en état d'engendrer avant l'âge d'un an, et peuvent s'accoupler pendant toute leur vie, qui ne s'étend guère au delà de neuf ou dix ans ; ils sont cependant très durs, très vivaces, et ont plus de nerf et de ressort que d'autres animaux qui vivent plus longtemps.

Les chats ne peuvent mâcher que lentement et difficilement ; leurs dents sont si courtes et si mal posées qu'elles ne leur servent qu'à déchirer et non pas à broyer les aliments : aussi cherchent-ils de préférence les viandes les plus tendres ; ils aiment le poisson et le mangent cuit ou cru ; ils boivent fréquemment ; leur sommeil est léger et ils dorment moins qu'ils ne font semblant de dormir ; ils marchent légèrement, presque toujours en silence et sans faire aucun bruit ; ils se cachent et s'éloignent pour rendre leurs excréments, et les recouvrent de terre. Comme ils sont propres, et que leur robe est toujours sèche et lustrée, leur poil s'électrise aisément, et l'on en voit sortir des étincelles dans l'obscurité lorsqu'on le frotte avec la main : leurs yeux brillent aussi dans les ténèbres, à peu près comme les diamants, qui réfléchissent au dehors pendant la nuit la lumière dont ils se sont, pour ainsi dire, imbibés pendant le jour [1].

Le chat sauvage produit avec le chat domestique, et tous deux ne font par conséquent qu'une seule et même espèce : le chat domestique a ordinairement les boyaux beaucoup plus longs que le chat sauvage ; cependant le chat sauvage est plus fort et plus gros que le chat domestique ; il a toujours les lèvres noires, les oreilles plus raides, la queue plus grosse, et les couleurs constantes. Dans ce climat on ne connaît qu'une espèce de chat sauvage, et il paraît, par le témoignage des voyageurs, que cette espèce se retrouve aussi dans presque tous les climats sans être sujette à de grandes variétés ; il y en avait dans

---

1. L'éclat singulier que les yeux des *chats* jettent dans l'obscurité tient au *tapis* (ou *partie brillante*) de leur *choroïde*, et non à ce qu'*ils se sont imbibés de lumière pendant le jour*.

Les Chats.

le continent du nouveau monde avant qu'on en eût fait la découverte[1];
un chasseur en porta un, qu'il avait pris dans les bois, à Christophe
Colomb : ce chat était d'une grosseur ordinaire, il avait le poil gris-
brun, la queue très longue et très forte. Il y avait aussi de ces
chats sauvages au Pérou, quoiqu'il n'y en eût point de domestiques ;
il y en a en Canada, dans le pays des Illinois, etc. On en a vu dans
plusieurs endroits de l'Afrique, comme en Guinée, à la Côte-d'Or, à
Madagascar, où les naturels du pays avaient même des chats domestiques ; au cap de Bonne-Espérance, où Kolbe dit qu'il se trouve aussi
des chats sauvages de couleur bleue, quoiqu'en petit nombre : ces
chats bleus, ou plutôt couleur d'ardoise, se retrouvent en Asie. « Il y
a en Perse, dit Pietro della Valle, une espèce de chats qui sont proprement de la province du Chorazan ; leur grandeur et leur forme sont
comme celles du chat ordinaire ; leur beauté consiste dans leur couleur et dans leur poil, qui est gris sans aucune moucheture et sans
nulle tache, d'une même couleur par tout le corps, si ce n'est qu'elle
est un peu plus obscure sur le dos et sur la tête, et plus claire sur la
poitrine et sur le ventre, qui va quelquefois jusqu'à la blancheur, avec
ce tempérament agréable de clair-obscur, comme parlent les pein-
tres, qui, mêlés l'un dans l'autre, font un merveilleux effet : de plus,
leur poil est délié, fin, lustré, mollet, délicat comme la soie, et si
long que, quoiqu'il ne soit pas hérissé, mais couché, il est annelé en
quelques endroits, et particulièrement sous la gorge. Ces chats
sont entre les autres chats ce que les barbets sont entre les chiens :
le plus beau de leur corps est la queue, qui est fort longue et toute
couverte de poils longs de cinq ou six doigts ; ils l'étendent et la renversent sur leur dos comme font les écureuils, la pointe en haut en
forme de panache ; ils sont fort privés : les Portugais en ont porté
de Perse jusqu'aux Indes. »

Pietro della Valle ajoute qu'il en avait quatre couples, qu'il comptait porter en Italie. On voit par cette description que les chats de
Perse ressemblent par la couleur à ceux que nous appelons chats
chartreux, et qu'à la couleur près ils ressemblent parfaitement à ceux
que nous appelons chats d'Angora. Il est donc vraisemblable que les
chats du Chorazan en Perse, le chat d'Angora en Syrie et le chat char-

---

1. Le *chat* ne s'est point trouvé dans le nouveau monde. Les *felis* ou *chats* du nouveau continent diffèrent tous, comme *espèces*, de ceux de l'ancien.

treux ne font qu'une même race, dont la beauté vient de l'influence particulière du climat de Syrie, comme les chats d'Espagne, qui sont rouges, blancs et noirs, et dont le poil est aussi très doux et très lustré, doivent cette beauté à l'influence du climat d'Espagne. On peut dire en général que, de tous les climats de la terre habitable, celui d'Espagne et celui de Syrie sont les plus favorables à ces belles variétés de la nature : les moutons, les chèvres, les chiens, les chats, les lapins, etc., ont en Espagne et en Syrie la plus belle laine, les plus beaux et les plus longs poils, les couleurs les plus agréables et les plus variées ; il semble que ce climat adoucisse la nature et embellisse la forme de tous les animaux.

Le chat sauvage a les couleurs dures et le poil un peu rude, comme la plupart des autres animaux sauvages ; devenu domestique, le poil s'est radouci, les couleurs ont varié, et dans le climat favorable du Chorazan et de la Syrie le poil est devenu plus long, plus fin, plus fourni, et les couleurs se sont uniformément adoucies ; le noir et le roux sont devenus d'un brun clair, le gris-brun est devenu gris-cendré, et en comparant un chat sauvage de nos forêts avec un chat chartreux, on verra qu'ils ne diffèrent en effet que par cette dégradation nuancée de couleurs ; ensuite, comme ces animaux ont plus ou moins de blanc sous le ventre et aux côtés, on concevra aisément que pour avoir des chats tout blancs et à longs poils, tels que ceux que nous appelons proprement chats d'Angora, il n'a fallu que choisir dans cette race adoucie ceux qui avaient le plus de blanc aux côtés et sous le ventre, et qu'en les unissant ensemble on sera parvenu à leur faire produire des chats entièrement blancs, comme on l'a fait aussi pour avoir des lapins blancs, des chiens blancs, des chèvres blanches, des cerfs blancs, des daims blancs, etc.

Dans le chat d'Espagne, qui n'est qu'une autre variété du chat sauvage, les couleurs, au lieu de s'être affaiblies par nuances uniformes comme dans le chat de Syrie, se sont, pour ainsi dire, exaltées dans le climat d'Espagne et sont devenues plus vives et plus tranchées ; le roux est devenu presque rouge, le brun est devenu noir, et le gris est devenu blanc. Ces chats, transportés aux îles de l'Amérique, ont conservé leurs belles couleurs et n'ont pas dégénéré : « Il y a aux Antilles, dit le P. du Tertre, grand nombre de chats, qui vraisemblablement y ont été apportés par les Espagnols ; la plupart sont marqués de roux,

de blanc et de noir : plusieurs de nos Français, après en avoir mangé
la chair, emportent les peaux en France pour les vendre. Ces chats,
au commencement que nous fûmes dans la Guadeloupe, étaient tellement accoutumés à se repaître de perdrix, de tourterelles, de grives et
d'autres petits oiseaux, qu'ils ne daignaient pas regarder les rats; mais
le gibier étant actuellement fort diminué, ils ont rompu la trève avec
les rats, ils leur font bonne guerre, etc. »

En général les chats ne sont pas, comme les chiens, sujets à s'altérer

Les Chats.

et à dégénérer lorsqu'on les transporte dans les climats chauds. « Les
chats d'Europe, dit Bosman, transportés en Guinée, ne sont pas sujets
à changer comme les chiens, ils gardent la même figure, etc. » Ils sont en
effet d'une nature beaucoup plus constante, et comme leur domesticité
n'est ni aussi entière, ni aussi universelle, ni peut-être aussi ancienne
que celle du chien, il n'est pas surprenant qu'ils aient moins varié.
Nos chats domestiques, quoique différents les uns des autres par les
couleurs, ne forment point de races distinctes et séparées; les seuls
climats d'Espagne et de Syrie, ou du Chorazan, ont produit des variétés

constantes et qui se sont perpétuées : on pourrait encore y joindre
le climat de la province de Pe-chi-ly à la Chine, où il y a des chats à
longs poils avec les oreilles pendantes, que les dames chinoises aiment
beaucoup. Ces chats domestiques à oreilles pendantes, dont nous n'avons
pas une plus ample description, sont sans doute encore plus éloignés
que les autres, qui ont les oreilles droites, de la race du chat sauvage,
qui néanmoins est la race originaire et primitive de tous les chats.

Le chat n'est, pour ainsi dire, qu'à demi domestique, il fait la
nuance entre les animaux domestiques et les animaux sauvages ; car
on ne doit pas mettre au nombre des domestiques des voisins incommodes tels que les souris, les rats, les taupes, qui, quoique habitants
de nos maisons ou de nos jardins, n'en sont pas moins libres et
sauvages, puisqu'au lieu d'être attachés et soumis à l'homme ils le
fuient, et que dans leurs retraites obscures ils conservent leurs mœurs,
leurs habitudes et leur liberté tout entière.

On a vu dans l'histoire de chaque animal domestique combien
l'éducation, l'abri, le soin, la main de l'homme, influent sur le naturel, sur les mœurs, et même sur la forme des animaux. On a vu que
ces causes, jointes à l'influence du climat, modifient, altèrent, et changent les espèces au point d'être différentes de ce qu'elles étaient originairement, et rendent les individus si différents entre eux, dans le
même temps et dans la même espèce, qu'on aurait raison de les regarder
comme des animaux différents, s'ils ne conservaient pas la faculté de
produire ensemble des individus féconds, ce qui fait le caractère essentiel et unique de l'espèce. On a vu que les différentes races de ces animaux
domestiques suivent dans les différents climats le même ordre à peu
près que les races humaines; qu'ils sont, comme les hommes, plus
forts, plus grands et plus courageux dans les pays froids, plus civilisés,
plus doux dans le climat tempéré, plus lâches, plus faibles et plus laids
dans les climats trop chauds; que c'est encore dans les climats tempérés et chez les peuples les plus policés que se trouvent la plus grande
diversité, le plus grand mélange et les plus nombreuses variétés dans
chaque espèce; et, ce qui n'est pas moins digne de remarque, c'est
qu'il y a dans les animaux plusieurs signes évidents de l'ancienneté de
leur esclavage : les oreilles pendantes, les couleurs variées, les poils
longs et fins, sont autant d'effets produits par le temps, ou plutôt par
la longue durée de leur domesticité.

Presque tous les animaux libres et sauvages ont les oreilles droites ;
le sanglier les a droites et raides, le cochon domestique les a inclinées
et demi-pendantes. Chez les Lapons, chez les sauvages de l'Amérique,
chez les Hottentots, chez les Nègres et les autres peuples non policés,
tous les chiens ont les oreilles droites ; au lieu qu'en Espagne, en France,
en Angleterre, en Turquie, en Perse, à la Chine et dans tous les pays
civilisés, la plupart les ont molles et pendantes. Les chats domestiques
n'ont pas les oreilles si raides que les chats sauvages, et l'on voit qu'à
la Chine, qui est un empire très anciennement policé et où le climat
est fort doux, il y a des chats domestiques à oreilles pendantes. C'est
par cette même raison que la chèvre d'Angora, qui a les oreilles pendantes, doit être regardée, entre toutes les chèvres, comme celle qui
s'éloigne le plus de l'état de nature : l'influence si générale et si marquée du climat de Syrie, jointe à la domesticité de ces animaux chez
un peuple très anciennement policé, aura produit avec le temps cette
variété, qui ne se maintiendrait pas dans un autre climat. Les chèvres
d'Angora, nées en France, n'ont pas les oreilles aussi longues ni aussi
pendantes qu'en Syrie, et reprendraient vraisemblablement les oreilles
et le poil de nos chèvres après un certain nombre de générations.

LE CERF [1]

Voici l'un de ces animaux innocents, doux et tranquilles, qui ne semblent être faits que pour embellir, animer la solitude des forêts, et occuper loin de nous les retraites paisibles de ces jardins de la nature. Sa forme élégante et légère, sa taille aussi svelte que bien prise, ses membres flexibles et nerveux, sa tête parée plutôt qu'armée d'un bois vivant, et qui, comme la cime des arbres, tous les ans se renouvelle, sa grandeur, sa légèreté, sa force, le distinguent assez des autres habitants des bois ; et comme il est le plus noble d'entre eux, il ne sert aussi qu'aux plaisirs des plus nobles des hommes ; il a dans tous les temps occupé le loisir des héros : l'exercice de la chasse doit succéder aux travaux de la guerre, il doit même les précéder : savoir manier les chevaux et les armes sont des talents communs au chasseur, au guerrier ; l'habitude au mouvement, à la fatigue, l'adresse, la légèreté du corps, si nécessaires pour soutenir et même pour seconder le courage, se prennent à la chasse et se portent à la guerre ; c'est encore le seul amusement qui fasse diversion entière aux affaires, le seul délassement sans mollesse, le seul qui donne un plaisir vif sans langueur, sans mélange et sans satiété.

Que peuvent faire de mieux les hommes qui, par état, sont sans cesse fatigués de la présence des autres hommes ? Toujours environnés, obsédés et gênés, pour ainsi dire, par le nombre, toujours en butte à leurs demandes, à leur empressement, forcés de s'occuper de soins étrangers et d'affaires, agités par de grands intérêts, et d'autant plus contraints qu'ils sont plus élevés, les grands ne

1. Ordre des *Ruminants*; genre *Cerf*. (CUVIER.)

sentiraient que le poids de la grandeur, et n'existeraient que pour les
autres, s'ils ne se dérobaient par instants à la foule même des flatteurs. Pour jouir de soi-même, pour rappeler dans l'âme les affections
personnelles, les désirs secrets, ces sentiments intimes mille fois
plus précieux que les idées de la grandeur, ils ont besoin de
solitude ; et quelle solitude plus variée, plus animée que celle de la
chasse ? quel exercice plus sain pour le corps ? quel repos plus agréable
pour l'esprit ?

Il serait aussi pénible de toujours représenter, que de toujours
méditer. L'homme n'est pas fait par la nature pour la contemplation
des choses abstraites ; et de même que s'occuper sans relâche d'études
difficiles, d'affaires épineuses, mener une vie sédentaire et faire de son
cabinet le centre de son existence est un état peu naturel, il semble
que celui d'une vie tumultueuse, agitée, entraînée, pour ainsi dire, par
le mouvement des autres hommes, et où l'on est obligé de s'observer,
de se contraindre et de représenter continuellement à leurs yeux, est
une situation encore plus forcée. Quelque idée que nous voulions
avoir de nous-mêmes, il est aisé de sentir que représenter n'est pas
être, et aussi que nous sommes moins faits pour penser que pour
agir, pour raisonner que pour jouir : nos vrais plaisirs consistent
dans le libre usage de nous-mêmes ; nos vrais biens sont ceux de la
nature : c'est le ciel, c'est la terre, ce sont ces campagnes, ces plaines,
ces forêts dont elle nous offre la jouissance utile, inépuisable. Aussi
le goût de la chasse, de la pêche, des jardins, de l'agriculture, est
un goût naturel à tous les hommes ; et dans les sociétés plus simples
que la nôtre il n'y a guère que deux ordres, tous deux relatifs à ce
genre de vie : les nobles, dont le métier est la chasse et les armes ; et
les hommes en sous-ordre, qui ne sont occupés qu'à la culture de
la terre.

Et comme dans les sociétés policées on agrandit, on perfectionne
tout, pour rendre le plaisir de la chasse plus vif et plus piquant, pour
ennoblir encore cet exercice le plus noble de tous, on en a fait un
art. La chasse du cerf demande des connaissances qu'on ne peut
acquérir que par l'expérience ; elle suppose un appareil royal, des
hommes, des chevaux, des chiens tous exercés, stylés, dressés, qui
par leurs mouvements, leurs recherches et leur intelligence, doivent
aussi concourir au même but. Le veneur doit juger l'âge et le sexe ;

il doit savoir distinguer et reconnaître précisément si le cerf qu'il a détourné[1] avec son limier[2] est un daguet[3], un jeune cerf[4], un cerf de dix cors jeunement[5], un cerf de dix cors[6], ou un vieux cerf[7]; et les principaux indices qui peuvent donner cette connaissance sont le pied[8] et les fumées[9]. Le pied du cerf est mieux fait que celui de la biche; sa jambe[10] est plus grosse et plus près du talon, ses voies[11] sont mieux tournées et ses allures plus grandes[12]; il marche plus régulièrement, il porte le pied de derrière dans celui du devant, au lieu que la biche a le pied plus mal fait, les allures plus courtes, et ne pose pas régulièrement le pied de derrière dans la trace de celui du devant. Dès que le cerf est à sa quatrième tête[13] il est assez reconnaissable pour ne s'y pas méprendre, mais il faut de l'habitude pour distinguer le pied du jeune cerf de celui de la biche; et, pour être sûr, on doit y regarder de près et en revoir souvent[14]. Les cerfs de dix cors jeunement, de dix cors, etc., sont encore plus aisés à reconnaître; ils ont le pied de devant beaucoup plus gros que celui de derrière, et plus ils sont vieux, plus les côtés des pieds sont gros et usés[15] : ce qui se juge aisément par les allures, qui sont aussi plus régulières que celles des jeunes cerfs, le pied de derrière posant toujours assez exactement sur le pied de devant, à moins qu'ils n'aient mis bas leurs

---

1. *Détourner le cerf,* c'est tourner tout autour de l'endroit où un cerf est entré, et s'assurer qu'il n'en est pas sorti.

2. *Limier,* chien que l'on choisit ordinairement parmi les chiens courants, et que l'on dresse pour détourner le cerf, le chevreuil, le sanglier, etc.

3. *Daguet,* c'est un jeune cerf portant les dagues, et les *dagues* sont la première tête ou le premier bois du cerf, qui lui vient au commencement de la seconde année.

4. *Jeune cerf,* cerf qui est dans la troisième, quatrième ou cinquième année de sa vie.

5. *Cerf de dix cors jeunement,* cerf qui est dans la sixième année de sa vie.

6. *Cerf de dix cors,* cerf qui est dans la septième année de sa vie.

7. *Vieux cerf,* cerf qui est dans la huitième, neuvième, dixième, etc., année de sa vie.

8 *Pied,* empreinte du pied du cerf sur la terre.

9. *Fumées,* fiente du cerf.

10. On appelle jambe les deux os qui sont en bas à la partie postérieure, et qui font trace sur la terre avec le pied.

11. *Voies,* ce sont les pas du cerf.

12. *Allures du cerf,* distance de ses pas.

13. *Tête,* bois ou cornes du cerf.

14. *En revoir,* c'est avoir des indices du cerf par le pied.

15. *Nota* que, comme le pied du cerf s'use plus ou moins suivant la nature des terrains qu'il habite, il ne faut entendre ceci que de la comparaison entre cerfs du même pays, et que par conséquent il faut avoir d'autres connaissances, parce que dans le temps du rut on court souvent des cerfs venus de loin.

têtes, car alors les vieux cerfs se méjugent[1] presque autant que les jeunes, mais d'une manière différente, et avec une sorte de régularité que n'ont ni les jeunes cerfs, ni les biches ; ils posent le pied de derrière à côté de celui du devant, et jamais au delà ni en deçà.

Lorsque le veneur, dans les sécheresses de l'été, ne peut juger par le pied, il est obligé de suivre le contre-pied[2] de la bête pour tâcher de trouver les fumées et de la reconnaître par cet indice, qui demande autant et peut-être plus d'habitude que la connaissance du pied ; sans cela, il ne lui serait pas possible de faire un rapport juste à l'assemblée des chasseurs. Et lorsque sur ce rapport l'on aura conduit les chiens, à ses brisées[3], il doit encore savoir animer son limier, et le faire appuyer sur les voies jusqu'à ce que le cerf soit lancé : dans cet instant, celui qui laisse courre[4] sonne pour faire découpler[5] les chiens, et dès qu'ils le sont, il doit les appuyer de la voix et de la trompe ; il doit aussi être connaisseur, et bien remarquer le pied de son cerf afin de le reconnaître dans le change[6] ou dans le cas qu'il soit accompagné. Il arrive souvent alors que les chiens se séparent et font deux chasses : les piqueurs[7] doivent se séparer et rompre[8] les chiens qui se sont fourvoyés[9], pour les ramener et les rallier à ceux qui chassent le cerf de meute. Le piqueur doit bien accompagner ses chiens, toujours piquer à côté d'eux, toujours les animer sans trop les presser, les aider sur le change, sur un retour, et, pour se ne pas méprendre, tâcher de revoir du cerf aussi souvent qu'il est possible ; car il ne manque jamais de faire des ruses, il passe et repasse souvent deux ou trois fois sur sa voie, il cherche à se faire accompagner d'autres bêtes pour donner le change, et alors il perce et s'éloigne tout de suite, ou bien il se jette à l'écart, se cache et reste sur le ventre. Dans ce cas, lorsqu'on est en défaut[10], on prend les devants, on retourne sur les derrières ;

---

1. *Se méjuger*, c'est, pour le cerf, mettre le pied de derrière hors de la trace de celui de devant.

2. *Suivre le contre-pied*, c'est suivre les traces à rebours.

3. *Brisées*, endroit où le cerf est entré, et où l'on a rompu des branches pour le remarquer.

4. *Laisser courre un cerf*, c'est le lancer avec le limier, c'est-à-dire le faire partir.

5. *Découpler les chiens*, c'est détacher les chiens l'un d'avec l'autre pour les faire chasser.

6. *Change*, c'est lorsque le cerf en va chercher un autre pour le substituer à sa place.

7. Les *piqueurs* sont ceux qui courent à cheval après les chiens, et qui les accompagnent pour les faire chasser.

8. *Rompre les chiens*, c'est les rappeler et leur faire quitter ce qu'ils chassent.

9. *Se fourvoyer*, c'est s'écarter de la voie et chasser quelque autre cerf que celui de la meute.

10. *Être en défaut*, c'est lorsque les chiens ont perdu la voie du cerf.

les piqueurs et les chiens travaillent de concert : si l'on ne retrouve pas la voie du cerf, on juge qu'il est resté dans l'enceinte dont on vient de faire le tour, on la foule de nouveau ; et lorsque le cerf ne s'y trouve pas, il ne reste d'autre moyen que d'imaginer la refuite qu'il peut avoir faite, vu le pays où l'on est, et d'aller l'y chercher. Dès qu'on sera retombé sur les voies, et que les chiens auront relevé le défaut[1], ils -chasseront avec plus d'avantage, parce qu'ils sentent bien que le cerf est déjà fatigué ; leur ardeur augmente à mesure qu'il s'affaiblit, et leur sentiment est d'autant plus distinct et plus vif que le cerf est plus échauffé ; aussi redoublent-ils de jambes et de voix, et quoiqu'il fasse alors plus de ruses que jamais, comme il ne peut plus courir aussi vite, ni par conséquent s'éloigner beaucoup des chiens, ses ruses et ses détours sont inutiles, il n'a d'autre ressource que de fuir la terre qui le trahit, et de se jeter à l'eau pour dérober son sentiment aux chiens. Les piqueurs traversent ces eaux, ou bien ils tournent autour, et remettent ensuite les chiens sur la voie du cerf, qui ne peut aller loin dès qu'il a battu[2] l'eau, et qui bientôt est aux abois[3], où il tâche encore de défendre sa vie, et blesse souvent de coups d'andouillers les chiens et même les chevaux des chasseurs trop ardents, jusqu'à ce que l'un d'entre eux lui coupe le jarret pour le faire tomber, et l'achève ensuite en lui donnant un coup de couteau au défaut de l'épaule. On célèbre en même temps la mort du cerf par des fanfares, on le laisse fouler aux chiens, et on les fait jouir pleinement de leur victoire en leur faisant curée[4].

Toutes les saisons, tous les temps ne sont pas également bons pour courre le cerf[5] : au printemps, lorsque les feuilles naissantes commencent à parer les forêts, que la terre se couvre d'herbes nouvelles et s'émaille de fleurs, leur parfum rend moins sûr le sentiment des chiens ; et comme le cerf est alors dans sa plus grande vigueur, pour peu qu'il ait d'avance, ils ont beaucoup de peine à le joindre. Aussi les chasseurs conviennent-ils que la saison où les biches sont prêtes

1. *Relever le défaut*, c'est retrouver les voies du cerf, et le lancer une seconde fois.

2. *Battre l'eau, battre les eaux*, c'est traverser, après avoir été longtemps chassé, une rivière ou un étang.

3. *Abois*, c'est lorsque le cerf est à l'extrémité et tout à fait épuisé de forces.

4. *Faire curée, donner la curée*, c'est faire manger aux chiens le cerf ou la bête qu'ils ont prise.

5. *Courre le cerf*, chasser le cerf avec des chiens-courants.

à mettre bas est celle de toutes où la chasse est la plus difficile, et
que dans ce temps les chiens quittent souvent un cerf mal mené pour
tourner à une biche qui bondit devant eux ; et de même, au commencement de l'automne, lorsque le cerf est en rut[1], les limiers quêtent
sans ardeur ; l'odeur forte du rut leur rend peut-être la voie plus
indifférente ; peut-être aussi tous les cerfs ont-ils dans ce temps à peu
près la même odeur. En hiver, pendant la neige, on ne peut pas courre
le cerf, les limiers n'ont point de sentiment, et semblent suivre les voies
plutôt à l'œil qu'à l'odorat. Dans cette saison, comme les cerfs ne
trouvent pas à viander[2] dans les forts, ils en sortent, vont et viennent
dans les pays plus découverts, dans les petits taillis, et même dans
les terres ensemencées ; ils se mettent en hardes[3] dès le mois de décembre
et pendant les grands froids ils cherchent à se mettre à l'abri des
côtes, ou dans des endroits bien fourrés où ils se tiennent serrés les
uns contre les autres, et se réchauffent de leur haleine. A la fin de
l'hiver, ils gagnent le bord des forêts et sortent dans les blés. Au
printemps ils mettent bas[4], la tête se détache d'elle-même, ou par un
petit effort qu'ils font en s'accrochant à quelque branche : il est rare
que les deux côtés tombent précisément en même temps, et souvent
il y a un jour ou deux d'intervalle entre la chute de chacun des côtés
de la tête. Les vieux cerfs sont ceux qui mettent bas les premiers,
vers la fin de février ou au commencement de mars ; ceux de dix cors
ne mettent bas que vers le milieu ou la fin de mars ; ceux de dix cors
jeunement dans le mois d'avril ; les jeunes cerfs au commencement,
et les daguets vers le milieu et la fin de mai ; mais il y a sur tout
cela beaucoup de variétés, et l'on voit quelquefois de vieux cerfs mettre
bas plus tard que d'autres qui sont plus jeunes. Au reste, la mue de
la tête des cerfs avance lorsque l'hiver est doux, et retarde lorsqu'il
est rude et de longue durée.

Dès que les cerfs ont mis bas, ils se séparent le uns des autres,
et il n'y a plus que les jeunes qui demeurent ensemble ; ils ne se
tiennent pas dans les forts, mais ils gagnent les beaux pays, les
buissons, les taillis clairs, où ils demeurent tout l'été pour y refaire

1. *Rut*, chaleur, ardeur d'amour.
2. *Viander*, brouter, manger.
3. *Hardes*, troupes de cerfs.
4. *Mettre bas*, c'est lorsque le bois des cerfs tombe.

leur tête ; et dans cette saison ils marchent la tête basse, crainte de la froisser contre les branches, car elle est sensible tant qu'elle n'a pas pris son entier accroissement. La tête des plus vieux cerfs n'est encore qu'à moitié refaite vers le milieu du mois de mai, et n'est tout à fait allongée et endurcie que vers la fin de juillet : celle des plus jeunes cerfs, tombant plus tard, repousse et se refait aussi plus tard ; mais dès qu'elle est entièrement allongée et qu'elle a pris de la solidité, les cerfs la frottent contre les arbres pour la dépouiller de la peau dont elle est revêtue ; et comme ils continuent à la frotter pendant plusieurs jours de suite, on prétend qu'elle se teint de la couleur de la sève du bois auquel ils touchent, qu'elle devient rousse comme les hêtres et les bouleaux, brune contre les chênes, et noirâtre contre les charmes et les trembles. On dit aussi que les têtes des jeunes cerfs, qui sont lisses et peu perlées, ne se teignent pas à beaucoup près autant que celles des vieux cerfs, dont les perlures sont fort près les unes des autres, parce que ce sont ces perlures qui retiennent la sève qui colore le bois ; mais je ne puis me persuader que ce soit là la vraie cause de cet effet, ayant eu des cerfs privés et enfermés dans des enclos où il n'y avait aucun arbre, et où par conséquent ils n'avaient pu toucher au bois, desquels cependant la tête était colorée comme celle des autres.

Les biches ne produisent ordinairement qu'un faon [1], et très rarement deux ; elles mettent bas au mois de mai et au commencement de juin ; elles ont grand soin de dérober leur faon à la poursuite des chiens, elles se présentent et se font chasser elles-mêmes pour les éloigner, après quoi elles viennent le rejoindre. Toutes les biches ne sont pas fécondes ; il y en a qu'on appelle brehaignes, qui ne portent jamais ; ces biches sont plus grosses et prennent beaucoup plus de venaison que les autres : on prétend aussi qu'il se trouve quelquefois des biches qui ont un bois comme le cerf, et cela n'est pas absolument contre toute vraisemblance. Le faon ne porte ce nom que jusqu'à six mois environ ; alors les bosses commencent à paraître, et il prend le nom de hère jusqu'à ce que ces bosses allongées en dagues lui fassent prendre le nom de daguet. Il ne quitte pas sa mère dans les premiers temps, quoiqu'il prenne un assez prompt accroissement ; il la suit pendant tout l'été. En hiver, les biches, les hères, les daguets

1. *Faon*, c'est le petit cerf qui vient de naître.

et les jeunes cerfs se rassemblent en hardes et forment des troupes
d'autant plus nombreuses que la saison est plus rigoureuse. Au printemps ils se divisent, les biches se recèlent pour mettre bas, et dans
ce temps il n'y a guère que les daguets et les jeunes cerfs qui aillent
ensemble. En général, les cerfs sont portés à demeurer les uns avec
les autres, à marcher de compagnie, et ce n'est que la crainte ou la
nécessité qui les disperse ou les sépare.

Le cerf est en état d'engendrer à l'âge de dix-huit mois. Ce qui
pourrait peut-être en faire douter, c'est qu'ils n'ont encore pris alors
qu'environ la moitié ou les deux tiers de leur accroissement, que les
cerfs croissent et grossissent jusqu'à l'âge de huit ans, et que leur tête
va toujours en augmentant tous les ans jusqu'au même âge : mais il
faut observer que le faon qui vient de naître se fortifie en peu de temps,
que son accroissement est prompt dans la première année et ne se
ralentit pas dans la seconde, qu'il y a même déjà surabondance de
nourriture, puisqu'il pousse des dagues, et c'est là le signe le plus
certain de la puissance d'engendrer.

Il y a tant de rapports entre la nutrition, la production du bois
et la génération dans ces animaux, qu'il est nécessaire, pour en bien
concevoir les effets particuliers, de se rappeler ici ce que nous avons
établi de plus général et de plus certain au sujet de la génération :
elle dépend en entier de la surabondance de la nourriture. Tant que
l'animal croît (et c'est toujours dans le premier âge que l'accroissement
est le plus prompt), la nourriture est entièrement employée à l'extension
et au développement du corps ; il n'y a donc nulle surabondance, par
conséquent nulle production. Dans les animaux en général, et dans le
cerf en particulier, la surabondance se marque par des effets encore
plus sensibles ; elle produit la tête, l'enflure du cou et de la gorge, la
venaison[1], etc. Et comme le cerf croît fort vite dans le premier âge,
il ne se passe qu'un an depuis sa naissance jusqu'au temps où cette
surabondance commence à se marquer au dehors par la production
du bois : s'il est né au mois de mai, on verra paraître dans le même
mois de l'année suivante les naissances du bois qui commence à
pousser sur le têt[2]. Ce sont deux dagues qui croissent, s'allongent et

1. *Venaison*, c'est la graisse du cerf, qui augmente pendant l'été, et dont il est surchargé
au commencement de l'automne.

2. Le *têt* est la partie de l'os frontal sur laquelle appuie le bois du cerf.

s'endurcissent à mesure que l'animal prend de la nourriture; elles ont déjà vers la fin d'août pris leur entier accroissement, et assez de solidité pour qu'il cherche à les dépouiller de leur peau en les frottant contre les arbres; et dans le même temps il achève de se charger de venaison, qui est une graisse abondante produite aussi par le superflu de la nourriture.

Une autre preuve que la production du bois vient uniquement de la surabondance de la nourriture, c'est la différence qui se trouve entre les têtes des cerfs de même âge, dont les unes sont très grosses, très fournies, et les autres grêles et menues, ce qui dépend absolument de la quantité de la nourriture; car un cerf qui habite un pays abondant, où il viande à son aise, où il n'est troublé ni par les chiens, ni par les hommes, où, après avoir repu tranquillement, il peut ensuite ruminer en repos, aura toujours la tête belle, haute, bien ouverte, l'empaumure[1] large et bien garnie, le merrain[2] gros et bien perlé, avec grand nombre d'andouillers forts et longs; au lieu que celui qui se trouve dans un pays où il n'a ni repos, ni nourriture suffisante, n'aura qu'une tête mal nourrie, dont l'empaumure sera serrée, le merrain grêle et les andouillers menus et en petit nombre; en sorte qu'il est toujours aisé de juger par la tête d'un cerf s'il habite un pays abondant et tranquille, et s'il a été bien ou mal nourri. Ceux qui se portent mal, qui ont été blessés, ou seulement qui ont été inquiétés ou courus, prennent rarement une belle tête et une bonne venaison; ils n'entrent en rut que plus tard; il leur a fallu plus de temps pour refaire leur tête, et ils ne la mettent bas qu'après les autres; ainsi tout concourt à faire voir que ce bois n'est que le superflu rendu sensible de la nourriture organique qui ne peut être employée tout entière au développement, à l'accroissement ou à l'entretien du corps de l'animal.

La disette retarde donc l'accroissement du bois, et en diminue le volume très considérablement; peut-être même ne serait-il pas impossible, en retranchant beaucoup la nourriture, de supprimer en entier cette production, et ce qui fait que dans cette espèce, aussi bien que dans celle du daim, du chevreuil et de l'élan, les femelles n'ont point

---

1. *Empaumure*, c'est le haut de la tête du cerf, qui s'élargit comme une main, et où il y a plusieurs andouillers rangés inégalement comme des doigts.

2. *Merrain*, c'est le tronc, la tige du bois du cerf.

Le Cerf, la Biche et le Faon.

de bois, c'est qu'elles mangent moins que les mâles, et que, quand
même il y aurait de la surabondance, il arrive que dans le temps où
elle pourrait se manifester au dehors, elles deviennent pleines ; par
conséquent le superflu de la nourriture étant employé à nourrir le
fœtus et ensuite à allaiter le faon, il n'y a jamais rien de surabondant.
Et l'exception que peut faire ici la femelle du renne, qui porte un
bois comme le mâle, est plus favorable que contraire à cette explication ; car de tous les animaux qui portent un bois, le renne est celui
qui, proportionnellement à sa taille, l'a d'un plus gros et d'un plus
grand volume, puisqu'il s'étend en avant et en arrière, souvent tout le
long de son corps : c'est aussi de tous celui qui se charge le plus
abondamment de venaison ; et d'ailleurs le bois que portent les femelles
est fort petit en comparaison de celui des mâles. Cet exemple prouve
donc seulement que, quand la surabondance est si grande qu'elle ne
peut être épuisée dans la gestation par l'accroissement du fœtus, elle
se répand au dehors et forme dans la femelle, comme dans le mâle,
une production semblable, un bois qui est d'un plus petit volume,
parce que cette surabondance est aussi en moindre quantité.

Ce que je dis ici de la nourriture ne doit pas s'entendre de la
masse ni du volume des aliments, mais uniquement de la quantité des
molécules organiques que contiennent ces aliments : c'est cette seule
matière qui est vivante, active et productrice ; le reste n'est qu'un
marc, qui peut être plus ou moins abondant sans rien changer à l'animal.
Et comme le lichen, qui est la nourriture ordinaire du renne, est un
aliment plus substantiel que les feuilles, les écorces ou les boutons des
arbres dont le cerf se nourrit, il n'est pas étonnant qu'il y ait plus de
surabondance de cette nourriture organique, et par conséquent plus
de bois et plus de venaison dans le renne que dans le cerf. Cependant
il faut convenir que la matière organique, qui forme le bois dans ces
espèces d'animaux, n'est pas parfaitement dépouillée des parties brutes
auxquelles elle était jointe, et qu'elle conserve encore, après avoir
passé par le corps de l'animal, des caractères de son premier état dans
le végétal. Le bois du cerf pousse, croît et se compose comme le bois
d'un arbre : sa substance est peut-être moins osseuse que ligneuse[1] ;
c'est, pour ainsi dire, un végétal greffé sur un animal, et qui participe

----

1. Le *bois*, la *corne* du *cerf* n'a rien de *ligneux*. Cette *corne* est un *os*.

de la nature des deux, et forme une de ces nuances auxquelles la nature aboutit toujours dans les extrêmes, et dont elle se sert pour rapprocher les choses les plus éloignées.

Dans l'animal, les os croissent par leurs deux extrémités à la fois; le point d'appui contre lequel s'exerce la puissance de leur extension en longueur est dans le milieu de la longueur de l'os: cette partie du milieu est aussi la première formée, la première ossifiée, et les deux extrémités vont toujours en s'éloignant de la partie du milieu, et restent molles jusqu'à ce que l'os ait pris son entier accroissement dans cette dimension. Dans le végétal, au contraire, le bois ne croît que par une seule de ces extrémités; le bouton qui se développe et qui doit former la branche est attaché au vieux bois par l'extrémité inférieure, et c'est sur ce point d'appui que s'exerce la puissance de son extension en longueur.

Cette différence si marquée entre la végétation des os des animaux et des parties solides des végétaux ne se trouve point dans le bois qui croît sur la tête des cerfs; au contraire, rien n'est plus semblable à l'accroissement du bois d'un arbre: le bois du cerf ne s'étend que par l'une de ses extrémités, l'autre lui sert de point d'appui; il est d'abord tendre comme l'herbe, et se durcit ensuite comme le bois; la peau qui s'étend et qui croît avec lui est son écorce, et il s'en dépouille lorsqu'il a pris son entier accroissement; tant qu'il croît, l'extrémité supérieure demeure toujours molle; il se divise aussi en plusieurs rameaux; le merrain est l'arbre, les andouillers en sont les branches; en un mot, tout est semblable, tout est conforme dans le développement et dans l'accroissement de l'un et de l'autre; et dès lors les molécules organiques qui constituent la substance vivante du bois de cerf retiennent encore l'empreinte du végétal, parce qu'elles s'arrangent de la même façon que dans les végétaux. La matière domine donc ici sur la forme: le cerf, qui n'habite que dans les bois et qui ne se nourrit que des rejetons des arbres, prend une si forte teinture de bois, qu'il produit lui-même une espèce de bois qui conserve assez les caractères de son origine pour qu'on ne puisse s'y méprendre; et cet effet, quoique très singulier, n'est cependant pas unique.

Ce qu'il y a de plus constant, de plus inaltérable dans la nature, c'est l'empreinte ou le moule de chaque espèce, tant dans les animaux que dans les végétaux; ce qu'il y a de plus variable et de plus corruptible, c'est la substance qui la compose. La matière, en général, paraît être indifférente à recevoir telle ou telle forme, et capable de porter toutes les empreintes possibles : les molécules organiques, c'est-à-dire les parties vivantes de cette matière, passent des végétaux aux animaux, sans destruction, sans altération, et forment également la substance vivante de l'herbe, du bois, de la chair et des os. Il paraît donc, à cette première vue, que la matière ne peut jamais dominer sur la forme, et que, quelque espèce de nourriture que prenne un animal, pourvu qu'il puisse en tirer les molécules organiques qu'elle contient, et se les assimiler par la nutrition, cette nourriture ne pourra rien changer à sa forme, et n'aura d'autre effet que d'entretenir ou faire croître son corps, en se modelant sur toutes les parties du moule intérieur, et en les pénétrant intimement : ce qui le prouve, c'est qu'en général les animaux qui ne vivent que d'herbe, qui paraît être une substance très différente de celle de leur corps, tirent de cette herbe de quoi faire de la chair et du sang ; que même ils se nourrissent, croissent et grossissent autant et plus que les animaux qui ne vivent que de chair.

Cependant, en observant la nature plus particulièrement, on s'apercevra que quelquefois ces molécules organiques ne s'assimilent pas parfaitement au moule intérieur, et que souvent la matière ne laisse pas d'influer sur la forme d'une manière assez sensible : la grandeur, par exemple, qui est un des attributs de la forme, varie dans chaque espèce suivant les différents climats ; la qualité, la quantité de la chair, qui sont d'autres attributs de la forme, varient suivant les différentes nourritures. Cette matière organique que l'animal assimile à son corps par la nutrition n'est donc pas absolument indifférente à recevoir telle ou telle modification ; elle n'est pas absolument dépouillée de la forme qu'elle avait auparavant, et elle retient quelques caractères de l'empreinte de son premier état ; elle agit donc elle-même par sa propre forme sur celle du corps organisé qu'elle nourrit ; et quoique cette action soit presque insensible, que même cette puissance d'agir soit infiniment petite en comparaison de la force qui contraint cette matière nutritive à s'assimiler au moule qui la reçoit, il doit en résulter avec le temps des effets très sensibles. Le cerf, qui n'habite que les forêts, et qui ne vit, pour ainsi dire, que de bois, porte une espèce de bois qui n'est qu'un résidu de cette nourriture ; le castor, qui habite les

eaux et qui se nourrit de poisson, porte une queue couverte d'écailles ;
la chair de la loutre et de la plupart des oiseaux de rivière est un aliment de carême, une espèce de chair de poisson. L'on peut donc présumer que des animaux auxquels on ne donnerait jamais que la même
espèce de nourriture prendraient en assez peu de temps une teinture
des qualités de cette nourriture, et que, quelque forte que soit l'empreinte de la nature, si l'on continuait toujours à ne leur donner que
le même aliment, il en résulterait avec le temps une espèce de trans-
formation par une assimilation toute contraire à la première : ce ne
serait plus la nourriture qui s'assimilerait en entier à la forme de
l'animal, mais l'animal qui s'assimilerait en partie à la forme de la nourriture, comme on le voit dans le bois du cerf et dans la queue du castor.

Le bois, dans le cerf, n'est donc qu'une partie accessoire, et, pour
ainsi dire, étrangère à son corps, une production qui n'est regardée
comme partie animale que parce qu'elle croît sur un animal, mais
qui est vraiment végétale, puisqu'elle retient les caractères du végétal
dont elle tire sa première origine, et que ce bois ressemble au bois
des arbres par la manière dont il croît, dont il se développe, se ramifie,
se durcit, se sèche et se sépare ; car il tombe de lui-même après avoir
pris son entière solidité, et dès qu'il cesse de tirer de la nourriture,
comme un fruit dont le pédicule se détache de la branche dans le temps
de sa maturité : le nom même qu'on lui a donné dans notre langue
prouve bien qu'on a regardé cette production comme un bois, et non
pas comme une corne, un os, une défense, une dent, etc. Et quoique
cela me paraisse suffisamment indiqué et même prouvé par tout ce
que je viens de dire, je ne dois pas oublier un fait cité par les anciens.
Aristote, Théophraste, Pline, disent tous que l'on a vu du lierre s'attacher, pousser et croître sur le bois des cerfs lorsqu'il est encore
tendre : si ce fait est vrai, et il serait facile de s'en assurer par l'expérience, il prouverait encore mieux l'analogie intime de ce bois avec le
bois des arbres.

Non seulement les cornes et les défenses des autres animaux sont
d'une substance très différente de celle du bois du cerf, mais leur développement, leur texture, leur accroissement, et leur forme tant extérieure qu'intérieure, n'ont rien de semblable ni même d'analogue au
bois. Ces parties, comme les ongles, les cheveux, les crins, les
plumes, les écailles, croissent à la vérité par une espèce de végétation,

mais bien différente de la végétation du bois. Les cornes dans les
bœufs, les chèvres, les gazelles, etc., sont creuses en dedans, au lieu
que le bois du cerf est solide dans toute son épaisseur : la substance
de ces cornes est la même que celle des ongles, des ergots, des écailles ; celle du bois de cerf, au contraire, ressemble plus au bois qu'à
toute autre substance. Toutes ces cornes creuses [1] sont revêtues en
dedans d'un périoste, et contiennent dans leur cavité un os [2] qui les
soutient et leur sert de noyau ; elles ne tombent jamais, et elles croissent pendant toute la vie de l'animal, en sorte qu'on peut juger son âge
par les nœuds ou cercles annuels de ses cornes. Au lieu de croître,
comme le bois du cerf, par leur extrémité supérieure, elles croissent
au contraire comme les ongles, les plumes, les cheveux, par leur extrémité inférieure. Il en est de même des défenses de l'éléphant, de la
vache marine, du sanglier et de tous les autres animaux ; elles sont
creuses en dedans, et elles ne croissent que par leur extrémité inférieure ; ainsi les cornes et les défenses n'ont pas plus de rapport que
les ongles, le poil ou les plumes, avec le bois du cerf.

Toutes les végétations peuvent donc se réduire à trois espèces : la
première, où l'accroissement se fait par l extrémité supérieure, comme
dans les herbes, les plantes, les arbres, les bois du cerf, et tous les
autres végétaux ; la seconde, où l'accroissement se fait, au contraire,
par l'extrémité inférieure, comme les cornes, les ongles, les ergots, le
poil, les cheveux, les plumes, les écailles, les défenses, les dents [3], et
les autres parties extérieures du corps des animaux ; la troisième est
celle où l'accroissement se fait à la fois par les deux extrémités, comme
dans les os, les cartilages, les muscles, les tendons et les autres parties intérieures du corps des animaux : toutes trois n'ont pour cause
matérielle que la surabondance de la nourriture organique, et pour

---

1. *Cornes creuses.* On nomme également *corne*, et la *proéminence osseuse*, l'os, qui constitue
le *noyau* de toutes les *cornes*, et l'étui *épidermique*, l'*étui corné*, qui, dans certaines *cornes* (celles
des *bœufs*, celles des *chèvres*, etc.), enveloppe le *noyau*, l'os. Cet *étui* est la *corne creuse*.

2. L'os est la partie commune de toutes les *cornes*, ainsi que je viens de le dire. Il se
retrouve, tant dans les animaux à *bois* ou *cornes tombantes* (les *cerfs*, les *daims*, les *chevreuils*,
etc.), que dans les animaux à *cornes creuses* ou *persistantes* (les *bœufs*, les *chèvres*, les *anti-
lopes*, etc.) : la seule différence est que, dans les premiers, l'os est revêtu de *peau*, tandis que,
dans les seconds, il est revêtu d'*épiderme*, d'*ongle*, en un mot, de cette substance élastique
qu'on nomme aussi *corne*.

3. Ici Buffon mêle et confond tout. Les *défenses* de l'éléphant sont des *dents*; toutes les
dents sont des *os*; les *cornes creuses*, les *ongles*, les *poils*, etc., sont de nature *épidermique*;
dans la *corne creuse* il y a la *corne solide* qui est un *os* ; le *bois* du cerf est un *os*, etc.

effet que l'assimilation de cette nourriture au moule qui la reçoit. Ainsi l'animal croît plus ou moins vite à proportion de la quantité de cette nourriture, et, lorsqu'il a pris la plus grande partie de son accroissement, elle se détermine vers les réservoirs séminaux, et cherche à se répandre au dehors et à produire d'autres êtres organisés. La différence qui se trouve entre le cerf et les autres animaux qui peuvent engendrer en tout temps, ne vient encore que de la manière dont ils se nourrissent. L'homme et les animaux domestiques, qui tous les jours prennent à peu près une égale quantité de nourriture, souvent même trop abondante, peuvent engendrer en tout temps : le cerf, au contraire, et la plupart des animaux sauvages, qui souffrent pendant l'hiver une grande disette, n'ont rien alors de surabondant, et ne sont en état d'engendrer qu'après s'être refaits pendant l'été; pendant tout l'hiver le cerf reste dans un état de langueur; sa chair est même alors si dénuée de bonne substance, et son sang est si fort appauvri, qu'il s'engendre des vers sous sa peau, lesquels augmentent encore sa misère et ne tombent qu'au printemps lorsqu'il a repris, pour ainsi dire, une nouvelle vie par la nourriture active que lui fournissent les productions nouvelles de la terre.

Toute sa vie se passe donc dans des alternatives de plénitude et d'inanition, d'embonpoint et de maigreur, de santé, pour ainsi dire, et de maladie, sans que ces oppositions si marquées, et cet état toujours excessif, altèrent sa constitution : il vit aussi longtemps que les autres animaux qui ne sont pas sujets à ces vicissitudes. Comme il est cinq ou six ans à croître, il vit aussi sept fois cinq ou six ans, c'est-à-dire trente-cinq ou quarante ans. Ce que l'on a débité sur la longue vie des cerfs n'est appuyé sur aucun fondement; ce n'est qu'un préjugé populaire qui régnait dès le temps d'Aristote, et ce philosophe dit, avec raison, que cela ne lui paraît pas vraisemblable, attendu que le temps de la gestation et celui de l'accroissement du jeune cerf n'indiquent rien moins qu'une très longue vie. Cependant, malgré cette autorité, qui seule aurait dû suffire pour détruire ce préjugé, il s'est renouvelé dans des siècles d'ignorance par une histoire ou une fable que l'on a faite d'un cerf qui fut pris par Charles VI dans la forêt de Senlis, et qui portait un collier sur lequel était écrit, *Cæsar hoc me donavit;* et l'on a mieux aimé supposer mille ans de vie à cet animal et faire donner ce collier par un empereur romain, que de convenir que ce cerf pouvait venir d'Allemagne, où les empereurs ont dans tous les temps pris le nom de César.

La tête des cerfs va tous les ans en augmentant en grosseur et en hauteur, depuis la seconde année de leur vie jusqu'à la huitième; elle se soutient toujours belle et à peu près la même pendant toute la vigueur de l'âge; mais, lorsqu'ils deviennent vieux, leur tête décline aussi.

Il est rare que nos cerfs portent plus de vingt ou vingt-deux andouillers, lors même que leur tête est la plus belle; et ce nombre n'est rien moins que constant; car il arrive souvent que le même cerf aura dans une année un certain nombre d'andouillers, et que l'année suivante il en aura plus ou moins, selon qu'il aura eu plus ou moins de nourriture et de repos; et de même que la grandeur de la tête ou du bois du cerf dépend de la quantité de la nourriture, la qualité de ce même bois dépend aussi de la différente qualité des nourritures; il est, comme le bois des forêts, grand, tendre et assez léger dans les pays humides et fertiles; il est, au contraire, court, dur et pesant dans les pays secs et stériles.

Il en est de même encore de la grandeur et de la taille de ces animaux; elle est fort différente selon les lieux qu'ils habitent: les cerfs de plaines, de vallées ou de collines abondantes en grains, ont le corps beaucoup plus grand et les jambes plus hautes que les cerfs des montagnes sèches, arides et pierreuses; ceux-ci ont le corps bas, court et trapu; ils ne peuvent courir aussi vite, mais ils vont plus longtemps que les premiers; ils sont plus méchants, ils ont le poil plus long sur le massacre; leur tête est ordinairement basse et noire, à peu près comme un arbre rabougri, dont l'écorce est rembrunie, au lieu que la tête des cerfs de plaines est haute et d'une couleur claire et rougeâtre, comme le bois et l'écorce des arbres qui croissent en bon terrain. Ces petits cerfs trapus n'habitent guère les futaies, et se tiennent presque toujours dans les taillis, où ils peuvent se soustraire plus aisément à la poursuite des chiens: leur venaison est plus fine et leur chair est de meilleur goût que celle des cerfs de plaine.

Le cerf de Corse paraît être le plus petit de tous ces cerfs de montagne; il n'a guère que la moitié de la hauteur des cerfs ordinaires; c'est, pour ainsi dire, un basset parmi les cerfs; il a le pelage[1] brun,

---

1. *Pelage*, c'est la couleur du poil du cerf, du daim, du chevreuil.

le corps trapu, les jambes courtes. Et ce qui m'a convaincu que la grandeur et la taille des cerfs, en général, dépendait absolument de la quantité et de la qualité de la nourriture, c'est qu'en ayant fait élever un chez moi et l'ayant nourri largement pendant quatre ans, il était à cet âge beaucoup plus haut, plus gros, plus étoffé que les plus vieux cerfs de mes bois, qui cependant sont de la belle taille.

Le pelage le plus ordinaire pour le cerf est le fauve; cependant il se trouve, même en assez grand nombre, des cerfs bruns, et d'autres qui sont roux : les cerfs blancs sont bien plus rares, et semblent être des cerfs devenus domestiques, mais très anciennement, car Aristote et Pline parlent des cerfs blancs, et il paraît qu'ils n'étaient pas alors plus communs qu'ils ne le sont aujourd'hui. La couleur du bois comme la couleur du poil semble dépendre en particulier de l'âge et de la nature de l'animal, et, en général, de l'impression de l'air : les jeunes cerfs ont le bois plus blanchâtre et moins teint que les vieux. Les cerfs, dont le pelage est d'un fauve clair et délayé, ont souvent la tête pâle et mal teinte ; ceux qui sont d'un fauve vif l'ont ordinairement rouge ; et les bruns, surtout ceux qui ont du poil noir sur le cou, ont aussi la tête noire.

Il est vrai qu'à l'intérieur le bois de tous les cerfs est à peu près également blanc; mais ces bois diffèrent beaucoup les uns des autres en solidité, et par leur texture plus ou moins serrée; il y en a qui sont fort spongieux, et où même il se trouve des cavités assez grandes: cette différence dans la texture suffit pour qu'ils puissent se colorer différemment, et il n'est pas nécessaire d'avoir recours à la sève des arbres pour produire cet effet, puisque nous voyons tous les jours l'ivoire le plus blanc jaunir ou brunir à l'air, quoiqu'il soit d'une matière bien plus compacte et moins poreuse que celle du bois du cerf.

Le cerf paraît avoir l'œil bon, l'odorat exquis et l'oreille excellente. Lorsqu'il veut écouter, il lève la tête, dresse les oreilles, et alors il entend de fort loin ; lorsqu'il sort dans un petit taillis ou dans quelque autre endroit à demi découvert, il s'arrête pour regarder de tous côtés, et cherche ensuite le dessous du vent pour sentir s'il n'y a pas quelqu'un qui puisse l'inquiéter. Il est d'un naturel assez simple, et cependant il est curieux et rusé: lorsqu'on le siffle ou qu'on l'appelle de loin, il s'arrête tout court et regarde fixement et avec une espèce d'admiration les voitures, le bétail, les hommes; et, s'ils n'ont ni armes, ni chiens,

il continue à marcher d'assurance[1] et passe son chemin fièrement et
sans fuir : il paraît aussi écouter avec autant de tranquillité que de
plaisir le chalumeau ou le flageolet des bergers, et les veneurs se servent
quelquefois de cet artifice pour le rassurer. En général, il craint beaucoup
moins l'homme que les chiens, et ne prend de la défiance et de la ruse
qu'à mesure et qu'autant qu'il aura été inquiété : il mange lentement,
il choisit sa nourriture ; et, lorsqu'il a viandé, il cherche à se reposer
pour ruminer à loisir, mais il paraît que la rumination ne se fait pas
avec autant de facilité que dans le bœuf ; ce n'est, pour ainsi dire, que
par secousses que le cerf peut faire remonter l'herbe contenue dans son
premier estomac. Cela vient de la longueur et de la direction du
chemin qu'il faut que l'aliment parcoure : le bœuf a le cou court et
droit, le cerf l'a long et arqué ; il faut donc beaucoup plus d'effort
pour faire remonter l'aliment, et cet effort se fait par une espèce de
hoquet dont le mouvement se marque au dehors et dure pendant tout
le temps de la rumination. Il a la voix d'autant plus forte, plus grosse
et plus tremblante qu'il est plus âgé ; la biche a la voix plus faible et
plus courte, elle rait de crainte.

Il ne boit guère en hiver, et encore moins au printemps ; l'herbe
tendre et chargée de rosée lui suffit ; mais dans les chaleurs et les sécheresses de l'été il va boire aux ruisseaux, aux mares, aux fontaines. Il
nage parfaitement bien, et plus légèrement alors que dans tout autre
temps, à cause de la venaison dont le volume est plus léger qu'un pareil
volume d'eau : on en a vu traverser de très grandes rivières ; on prétend
même qu'attirés par l'odeur des biches, les cerfs se jettent à la mer et
passent d'une île à une autre à des distances de plusieurs lieues ; ils
sautent encore plus légèrement qu'ils ne nagent, car lorsqu'ils sont poursuivis, ils franchissent aisément une haie et même un palis d'une toise
de hauteur.

Leur nourriture est différente suivant les différentes saisons : en
automne, ils cherchent les boutons des arbustes verts, les fleurs
de bruyères, les feuilles de ronces, etc. ; en hiver, lorsqu'il neige, ils
pèlent les arbres et se nourrissent d'écorce, de mousse, etc. et
lorsqu'il fait un temps doux, ils vont viander dans les blés ; au commencement du printemps, ils cherchent les chatons des trembles, des

---

1. *Marcher d'assurance, aller d'assurance*, c'est lorsque le cerf va d'un pas réglé et tranquille.

marsaules, des coudriers, les fleurs et les boutons du cornouiller, etc.; en été ils ont de quoi choisir, mais ils préfèrent les seigles à tous les autres grains, et la bourgène à tous les autres bois.

La chair du faon est bonne à manger, celle de la biche et du daguet n'est pas absolument mauvaise, mais celle des cerfs a toujours un goût désagréable et fort : ce que cet animal fournit de plus utile, c'est son bois et sa peau ; on la prépare, et elle fait un cuir souple et très durable ; le bois s'emploie par les couteliers, les fourbisseurs, etc., et l'on en tire, par la chimie, des esprits alcali-volatils, dont la médecine fait un fréquent usage.

1. Le Daim.   2. Le Cerf.

Garnier frères Éditeurs

LE DAIM [1]

Aucune espèce n'est plus voisine d'une autre que l'espèce du daim l'est de celle du cerf [2]; ces animaux, qui se ressemblent à tant d'égards, ne vont point ensemble, se fuient, ne se mêlent jamais, et ne forment par conséquent aucune race intermédiaire : il est même rare de trouver des daims dans les pays qui sont peuplés de beaucoup de cerfs, à moins qu'on ne les y ait apportés; ils paraissent être d'une nature moins robuste et moins agreste que celle du cerf, ils sont aussi beaucoup moins communs dans les forêts; on les élève dans des parcs où ils sont, pour ainsi dire, à demi domestiques. L'Angleterre est le pays de l'Europe où il y en a le plus, et l'on y fait grand cas de cette venaison; les chiens la préfèrent aussi à la chair de tous les autres animaux, et, lorsqu'ils ont une fois mangé du daim, ils ont beaucoup de peine à garder le change sur le cerf ou sur le chevreuil. Il y a des daims aux environs de Paris et dans quelques provinces de France; il y en a en Espagne et en Allemagne; il y en a aussi en Amérique, qui peut-être y ont été transportés d'Europe : il semble que ce soit un animal des climats tempérés, car il n'y en a point en Russie et l'on n'en trouve que très rarement dans les forêts de Suède et des autres pays du Nord.

Les cerfs sont bien plus généralement répandus; il y en a partout en Europe, même en Norvège et dans tout le Nord, à l'exception peut-être de la Laponie; on en trouve aussi beaucoup en Asie, surtout en Tartarie, et dans les provinces septentrionales de la Chine. On les

---

1. Ordre des *Ruminants*; genre *Cerf*. (CUVIER.)

2. Les espèces du genre *Cerf* se partagent en espèces à *bois aplati*, et en espèces à *bois rond*. Le *daim* a le *bois aplati*, et le *cerf* a le *bois rond* : les espèces de cerf à bois rond (le *cerf du Canada*, le *cerf de Virginie*, l'*axis*, le *chevreuil*, etc.. sont donc plus voisines du *cerf* proprement dit, de notre *cerf*, que ne l'est le *daim*.

retrouve en Amérique, car ceux du Canada ne diffèrent des nôtres que par la hauteur du bois, par le nombre et la direction des andouillers, qui quelquefois n'est pas droite en avant comme dans les têtes de nos cerfs, mais qui retourne en arrière par une inflexion bien marquée, en sorte que la pointe de chaque andouiller regarde le merrain ; et cette forme de tête n'est pas absolument particulière aux cerfs de Canada, car on trouve une pareille tête gravée dans la *Vénerie* de du Fouilloux, et le bois du cerf de Canada que nous avons fait graver a les andouillers droits, ce qui prouve assez que ce n'est qu'une variété qui se rencontre quelquefois dans les cerfs de tous les pays.

Il en est de même de ces têtes qui ont au-dessus de l'empaumure un grand nombre d'andouillers en forme de couronne, que l'on ne trouve que très rarement en France, et qui viennent, dit du Fouilloux, du pays des Moscovites et d'Allemagne ; ce n'est qu'une autre variété qui n'empêche pas que ces cerfs ne soient de la même espèce que les nôtres. En Canada, comme en France, la plupart des cerfs ont donc les andouillers droits ; mais leur bois en général est plus grand et plus gros, parce qu'ils trouvent dans ces pays inhabités plus de nourriture et de repos que dans les pays peuplés de beaucoup d'hommes. Il y a de grands et de petits cerfs en Amérique comme en Europe ; mais quelque répandue que soit cette espèce, il semble cependant qu'elle soit bornée aux climats froids et tempérés : les cerfs du Mexique et des autres parties de l'Amérique méridionale, ceux que l'on appelle biches des bois, et biches des palétuviers à Cayenne, ceux que l'on appelle cerfs du Gange, et que l'on trouve dans les mémoires dressés par M. Perrault sous le nom de biches de Sardaigne, ceux enfin auxquels les voyageurs donnent le nom de cerfs au cap de Bonne-Espérance, en Guinée et dans les autres pays chauds, ne sont pas de l'espèce de nos cerfs, comme on le verra dans l'histoire particulière de chacun de ces animaux.

Et comme le daim est un animal moins sauvage, plus délicat, et, pour ainsi dire, plus domestique que le cerf, il est aussi sujet à un plus grand nombre de variétés. Outre les daims communs et les daims blancs, l'on en connaît encore plusieurs autres : les daims d'Espagne, par exemple, qui sont presque aussi grands que des cerfs, mais qui ont le cou moins gros et la couleur plus obscure, avec la queue noirâtre, non blanche par dessous, et plus longue que celle des daims communs ; les daims de Virginie, qui sont presque aussi grands que ceux d'Espagne ; d'autres qui ont le front comprimé, aplati entre les yeux, les oreilles et la queue plus longues que le daim commun, et qui sont marqués d'une tache blanche sur les ongles des pieds de derrière ; d'autres qui sont tachés ou rayés de blanc, de noir et de fauve-clair ; et d'autres enfin qui sont entièrement noirs : tous ont le bois plus veule, plus aplati, plus étendu en largeur, et à proportion plus garni d'andouillers que celui du cerf ; il est aussi plus courbé en dedans, et il se termine par une large et longue empaumure, et quelquefois, lorsque leur tête est forte et bien nourrie, les plus grands andouillers se terminent eux-mêmes par une petite empaumure. Le daim commun a la queue plus longue que le cerf, et le pelage plus clair. La tête de tous les daims mue comme celle des cerfs, mais elle tombe plus tard ; ils sont à peu près le même temps à la refaire.

Ils sont portés à demeurer ensemble, ils se mettent en hardes, et restent presque toujours les uns avec les autres. Dans les parcs, lorsqu'ils se trouvent en grand nombre, ils forment ordinairement deux troupes qui sont bien distinctes, bien séparées, et qui bientôt deviennent ennemies, parce qu'ils veulent également occuper le même endroit du parc.

Chacune de ces troupes a son chef, qui marche le premier, et c'est le plus fort et le plus âgé ; les autres suivent, et tous se disposent à combattre pour chasser l'autre troupe du bon pays. Ces combats sont singuliers par la disposition qui paraît y régner ; ils s'attaquent avec ordre, se battent avec courage, se soutiennent les uns les autres, et ne se croient pas vaincus par un seul échec, car le combat se renouvelle tous les jours, jusqu'à ce que les plus forts chassent les plus faibles et les relèguent dans le mauvais pays. Ils aiment les terrains élevés et entrecoupés de petites collines : ils ne s'éloignent pas comme le cerf, lorsqu'on les chasse ; ils ne font que tourner, et cherchent seulement à se dérober des chiens par la ruse et par le change ; cependant, lorsqu'ils sont pressés, échauffés et épuisés, ils se jettent à l'eau comme le cerf, mais ils ne se hasardent pas à la traverser dans une aussi grande étendue ; ainsi la chasse du daim et celle du cerf n'ont entre elles aucune différence essentielle.

15

Les connaissances du daim sont, en plus petit, les mêmes que celles du cerf; les mêmes ruses leur sont communes, seulement elles sont plus répétées par le daim. Comme il est moins entreprenant, et qu'il ne se forlonge pas tant, il a plus souvent besoin de s'accompagner, de revenir sur ses voies, etc., ce qui rend en général la chasse du daim plus sujette aux inconvénients que celle du cerf; d'ailleurs, comme il est plus petit et plus léger, ses voies laissent sur la terre et aux portées une impression moins forte et moins durable; ce qui fait que les chiens gardent moins le change, et qu'il est plus difficile de rapprocher lorsqu'on a un défaut à relever.

Le daim s'apprivoise très aisément; il mange de beaucoup de choses que le cerf refuse : aussi conserve-t-il mieux sa venaison, et est-il presque dans le même état pendant toute l'année; il broute de plus près que le cerf, et c'est ce qui fait que le bois coupé par la dent du daim repousse plus difficilement que celui qui ne l'a été que par le cerf; les jeunes mangent plus vite et plus avidement que les vieux.

Ils ne s'attachent pas à la même femelle comme le chevreuil, mais ils en changent comme le cerf : la daine porte huit mois et quelques jours comme la biche; elle produit de même ordinairement un faon, quelquefois deux, et très rarement trois; ils sont en état d'engendrer et de produire depuis l'âge de deux ans jusqu'à quinze ou seize ; enfin ils ressemblent aux cerfs par presque toutes les habitudes naturelles, et la plus grande différence qu'il y ait entre ces animaux, c'est dans la durée de la vie.

Nous avons dit, d'après le témoignage des chasseurs, que les cerfs vivent trente-cinq ou quarante ans, et l'on nous a assuré que les daims ne vivent qu'environ vingt ans : comme ils sont plus petits, il y a apparence que leur accroissement est encore plus prompt que celui du cerf; car dans tous les animaux la durée de la vie est proportionnelle à celle de l'accroissement et non pas au temps de la gestation, comme on pourrait le croire, puisqu'ici le temps de la gestation est le même, et que dans d'autres espèces, comme celle du bœuf, on trouve que, quoique le temps de la gestation soit fort long, la vie n'en est pas moins courte; par conséquent, on ne doit pas en mesurer la durée sur celle du temps de la gestation, mais uniquement sur le temps de l'accroissement, à compter depuis la naissance jusqu'au développement presque entier du corps de l'animal [1].

1. Il y a un rapport entre la *durée de l'accroissement* et la *durée de la vie.* Il y en a un autre entre la *durée de la gestation* et la *durée de l'accroissement.* Et ces deux dernières *durées* semblent se compenser l'une par l'autre. La femelle du *lapin* ne porte que trente jours, et ses petits naissent impuissants à marcher, la peau nue, les yeux fermés, etc.; la femelle du *cochon d'Inde* porte soixante jours, et ses petits naissent la peau couverte de poils, les yeux ouverts, etc. : à peine nés, ils marchent, ils courent, ils sautent, etc. — Tous les phénomènes de l'économie animale tiennent les uns aux autres par une chaîne de rapports suivis : la durée de la *vie* est donnée par la durée de l'*accroissement;* la durée de l'*accroissement,* par la durée de la *gestation,* etc., etc.

TORTUES DE MER

LA TORTUE FRANCHE

Un des plus beaux présents que la nature ait faits aux habitants des contrées équatoriales, une des productions les plus utiles qu'elle ait déposées sur les confins de la terre et des eaux, est la grande tortue de mer, à laquelle on a donné le nom de tortue franche. L'homme emploierait avec bien moins d'avantage le grand art de la navigation, si, vers les rives éloignées où ses désirs l'appellent, il ne trouvait dans une nourriture aussi agréable qu'abondante un remède assuré contre les suites funestes d'un long séjour dans un espace resserré, et au milieu de substances à demi putréfiées, que la chaleur et l'humidité ne cessent d'altérer[1]. Cet aliment précieux lui est fourni par les tortues franches, et elles lui sont d'autant plus utiles qu'elles habitent surtout ces contrées ardentes, où une chaleur plus vive accélère le développement de tous les germes de corruption.

On les rencontre, en effet, en très grand nombre sur les côtes des îles et des continents situés sous la zone torride, tant dans l'ancien que dans le nouveau monde; les bas-fonds qui bordent ces îles et ces continents sont revêtus d'une grande quantité d'algues et d'autres plantes que la mer couvre de ses ondes, mais qui sont assez près de la surface des eaux pour qu'on puisse les distinguer facilement lorsque le temps est calme. C'est sur ces espèces de prairies que l'on voit les

---

1. « On fait des bouillons de tortues franches, que l'on regarde comme excellents pour les pulmoniques, les cachectiques, les scorbutiques, etc. La chair de cet animal renferme un suc adoucissant et nourrissant, incisif et diaphorétique, dont j'ai éprouvé de très bons effets. » Note communiquée par M. de la Borde, médecin du roi à Cayenne.

tortues franches se promener paisiblement. Elles se nourrissent de l'herbe de ces pâturages. Elles ont quelquefois six ou sept pieds de longueur, à compter depuis le bout du museau jusqu'à l'extrémité de la queue, sur trois ou quatre de largeur et quatre pieds ou environ d'épaisseur, dans l'endroit le plus gros du corps ; elles pèsent alors près de huit cents livres. Elles sont en si grand nombre qu'on serait tenté de les regarder comme une espèce de troupeau rassemblé à dessein pour la nourriture et le soulagement des navigateurs qui abordent auprès de ces bas-fonds, et les troupeaux marins qu'elles forment le cèdent d'autant moins à ceux qui paissent l'herbe de la surface sèche du globe, qu'ils joignent à un goût exquis et à une chair succulente et substantielle une vertu des plus actives et des plus salutaires.

La tortue franche se distingue facilement des autres par la forme de sa carapace. Cette couverture supérieure, qui a quelquefois quatre ou cinq pieds de long sur trois ou quatre de largeur, est ovale et entourée d'un bord composé de lames, dont les plus grandes sont les plus éloignées de la tête, et qui, terminées à l'extérieur par des lignes courbes, font paraître ce même bord comme ondé. Le disque, ou le milieu de cette couverture supérieure, est recouvert ordinairement de quinze lames ou écailles, d'un roux plus ou moins sombre, qui tombent souvent, ainsi que celles de la bordure, par l'effet d'une grande dessiccation ou de quelque autre accident, et dont la forme et le nombre varient d'ailleurs suivant l'âge et peut-être suivant le sexe ; nous nous en sommes assurés en examinant des tortues de différentes tailles. Lorsque l'animal est dans l'eau, la carapace paraît d'un brun clair tacheté de jaune. Le plastron est moins dur et plus court que la carapace ; il est garni communément de vingt-trois ou vingt-quatre lames, disposées sur quatre rangs, et c'est à cause des deux boucliers dont la tortue franche est armée, qu'on lui a donné le nom de *soldat* dans certaines contrées.

Les pieds de la tortue franche sont très allongés ; les doigts en sont réunis par une membrane ; ils ressemblent beaucoup à de vraies nageoires ; aussi lui servent-ils à nager bien plus souvent qu'à marcher et lui donnent-ils une nouvelle conformité avec les poissons et avec les phoques qui habitent comme elle au milieu des eaux. Sans cette conformation, elle abandonnerait un élément où elle aurait trop de peine à frapper l'eau avec des pieds qui, présentant une trop petite surface, n'opposeraient à ce fluide presque aucune résistance :

elle habiterait sur la terre sèche, où elle marcherait avec facilité comme les tortues de terre que l'on trouve au milieu des bois.

Dans les pieds de derrière, le premier doigt, qui est le plus court, est le seul qui soit garni d'un ongle aigu et bien apparent; le second doigt l'est d'un ongle moins grand et plus arrondi, et les trois autres n'en présentent que de membraneux et peu sensibles, tandis qu'aux pieds de devant, les deux doigts intérieurs sont terminés par des ongles aigus, et les trois autres par des ongles membraneux : au reste, il se peut que la forme, le nombre et la position des ongles varient dans la tortue franche; mais il n'y en a jamais qu'un d'aigu aux pieds de derrière, et c'est un caractère distinctif de cette espèce.

La tête, les pattes et la queue sont recouvertes de petites écailles comme le corps des lézards, des serpents et des poissons, et de même que dans ces animaux, ces écailles sont un peu plus grandes sur le sommet de la tête que sur le cou et sur la queue. L'on a prétendu que, malgré la grandeur des tortues franches, leur cerveau n'était pas plus gros qu'une fève : ce qui confirmerait ce que nous avons dit de la petitesse du cerveau dans les quadrupèdes ovipares. La bouche, située au-dessous de la partie antérieure de la tête, s'ouvre jusqu'au delà des oreilles; les mâchoires ne sont point armées de dents, mais elles sont très dures et très fortes; et les os qui les composent sont garnis de pointes ou d'aspérités. C'est avec ces mâchoires puissantes que les tortues coupent l'herbe sur les tapis verts qui revêtent les bas-fonds de certaines côtes, et qu'elles peuvent briser des pierres et écraser les coquillages dont elles se nourrissent quelquefois.

Lorsque les tortues ont brouté l'algue au fond de la mer, elles vont à l'embouchure des grands fleuves chercher l'eau douce dans laquelle elles paraissent se plaire, et où elles se tiennent paisiblement la tête hors de l'eau, pour respirer un air dont la fraîcheur semble leur être de temps en temps nécessaire. Mais n'habitant que des côtes dangereuses pour elles, à cause du grand nombre d'ennemis qui les y attendent, et de chasseurs qui les y poursuivent, ce n'est qu'avec précaution qu'elles goûtent le plaisir de humer l'air frais et de se baigner au milieu d'une eau douce et courante. A peine aperçoivent-elles l'ombre de quelque objet à craindre, qu'elles plongent et vont chercher au fond de la mer une retraite plus sûre.

La tortue de terre a de tous les temps passé pour le symbole de la lenteur ; les tortues de mer devraient être regardées comme l'emblème de la prudence. Cette qualité, qui, dans les animaux, est le fruit des dangers qu'ils ont courus, ne doit pas étonner dans ces tortues, que l'on recherche d'autant plus qu'il est peu dangereux de les chasser, et très utile de les prendre. Mais si quelques traits de leur histoire paraissent prouver qu'elles ont une sorte de supériorité d'instinct, le plus grand nombre de ces mêmes traits ne montreront dans ces grandes tortues de mer que des propriétés passives, plutôt que des qualités actives. Rencontrant une nourriture abondante sur les côtes qu'elles fréquentent, se nourrissant de peu et se contentant de brouter l'herbe, elles ne disputent point aux animaux de leur espèce un aliment qu'elles trouvent toujours en assez grande quantité. Pouvant d'ailleurs, ainsi que les autres tortues et tous les quadrupèdes ovipares, passer plusieurs mois, et même plus d'un an, sans prendre aucune nourriture, elles forment une troupe tranquille ; elles ne se recherchent point, mais elles se trouvent ensemble sans peine et y demeurent sans contrainte. Elles ne se réunissent pas en troupe guerrière par un instinct carnassier, pour s'emparer plus aisément d'une proie difficile à vaincre ; mais, conduites aux mêmes endroits par les mêmes goûts et par les mêmes habitudes, elles conservent une union paisible. Défendues par une carapace osseuse, très forte, et si dure que des poids très lourds ne peuvent l'écraser, garanties par cette sorte de bouclier, mais n'ayant rien pour nuire, elles ne redoutent point la société de leurs semblables, qu'elles ne peuvent à leur tour troubler par aucune offense.

La douceur et la force, pour résister, sont donc ce qui distingue la tortue franche, et c'est peut-être à ces qualités que les Grecs firent allusion lorsqu'ils la donnèrent pour compagne à la beauté, lorsque Phidias la plaça comme un symbole aux pieds de sa Vénus.

Rien de brillant dans ses mœurs, non plus que dans les couleurs dont elle est variée ; mais ses habitudes sont aussi constantes que son enveloppe a de solidité. Plus patiente qu'agissante, elle n'éprouve presque jamais de désirs véhéments ; plus prudente que courageuse, elle se défend rarement, mais elle cherche à se mettre à l'abri ; et elle emploie toute sa force à se cramponner, lorsque, ne pouvant briser sa carapace, on cherche à l'enlever avec sa couverture.

La tortue mâle abandonne bientôt la compagne qu'elle paraissait avoir tant chérie et la laisse seule aller à terre, s'exposer à des dangers

de toute espèce, pour déposer sur le sable les fruits d'une union qui
semblait devoir être moins passagère. C'est vers la fin de mars ou dans
le commencement d'avril, que les tortues se recherchent dans la plupart
des contrées chaudes de l'Amérique septentrionale; et bientôt après, les
femelles commencent à pondre leurs œufs sur le rivage ; elles préfèrent
les graviers, les sables dépourvus de vase et de corps marins, où la
chaleur du soleil peut plus aisément faire éclore des œufs, qu'elles
abandonnent après les avoir pondus.

Il semble cependant que ce n'est pas par indifférence pour les
petits qui lui devront le jour, que la mère tortue laisse ses œufs sur le
sable : elle y creuse avec ses nageoires, et au-dessus de l'endroit où
parviennent les plus hautes vagues, un ou plusieurs trous d'environ
un pied de largeur et deux pieds de profondeur. Elle y dépose ses
œufs au nombre de plus de cent ; ces œufs sont ronds, de deux ou
trois pouces de diamètre, et la membrane qui les couvre ressemble,
en quelque sorte, à du parchemin mouillé. Ils renferment du blanc
qui ne se durcit point, dit-on, à quelque degré de feu qu'on l'expose,
et du jaune qui se durcit comme celui des œufs de poule.

Rien ne peut distraire les tortues de leurs soins maternels : uniquement occupées de leurs œufs, elles ne peuvent être troublées par
aucune crainte ; et comme si elles voulaient les dérober aux yeux de
ceux qui les recherchent, elles les couvrent d'un peu de sable, mais
cependant assez légèrement pour que la chaleur du soleil puisse les
échauffer et les faire éclore. Elles font plusieurs pontes, éloignées
l'une de l'autre de quatorze jours ou environ, et de trois semaines
dans certaines contrées ; ordinairement elles en font trois. L'expérience
des dangers qu'elles courent, lorsque le jour éclaire les poursuites de
leurs ennemis, et peut-être la crainte qu'elles ont de la chaleur ardente
du soleil dans les contrées torrides, font qu'elles choisissent presque
toujours le temps de la nuit pour aller déposer leurs œufs, et c'est apparemment d'après leurs petits voyages nocturnes que les anciens ont
pensé qu'elles couvaient pendant les ténèbres.

Pour tous leurs petits soins, il leur faut un sable mobile ; elles
ont une sorte d'affection marquée pour certains parages plus com-
modes, moins fréquentés, et par conséquent moins dangereux ; elles
traversent même des espaces de mer très étendus pour y parvenir.
Celles qui pondent dans les îles de Cayman, voisines de la côte méri-

dionale de Cuba, où elles trouvent l'espèce de rivage qu'elles préfèrent,
y arrivent de plus de cent lieues de distance. Celles qui passent une
grande partie de l'année sur les bords des îles Gallapagos, situées sous
la ligne et dans la mer du Sud, se rendent pour leurs pontes sur les
côtes occidentales de l'Amérique méridionale, qui en sont éloignées de
plus de deux cents lieues ; et les tortues qui vont déposer leurs œufs
sur les bords de l'île de l'Ascension font encore plus de chemin, puisque les terres les plus voisines de cette île sont à trois cents lieues
de distance.

La chaleur du soleil suffit pour faire éclore les œufs des tortues
dans les contrées qu'elles habitent; vingt ou vingt-cinq jours après
qu'ils ont été déposés, on voit sortir du sable les petites tortues, qui
présentent tout au plus deux ou trois pouces de longueur sur un peu
moins de largeur, ainsi que nous nous en sommes assurés par les
mesures que nous avons prises sur des tortues franches enlevées au
moment où elles venaient d'éclore; elles sont donc bien éloignées de
la grandeur à laquelle elles peuvent parvenir. Au reste, le temps nécessaire pour que les petites tortues puissent éclore doit varier suivant
la température. Froger assure qu'à Saint-Vincent, île du cap Vert, il
ne faut que dix-sept jours pour qu'elles sortent de leurs œufs; mais
elles ont besoin de neuf jours de plus pour devenir capables de gagner
la mer.

L'instinct dont elles sont déjà pourvues, ou, pour mieux dire, la
conformité de leur organisation avec celle de leurs père et mère les
conduit vers les eaux voisines, où elles doivent trouver la sûreté et
l'aliment de leur vie. Elles s'y traînent avec lenteur; mais trop faibles
encore pour résister au choc des vagues, elles sont rejetées par les
flots sur le sable du rivage, où les grands oiseaux de mer, les crocodiles, les tigres ou les couguars, se rassemblent pour les dévorer. Aussi
n'en échappe-t-il que très peu. L'homme en détruit un grand nombre
avant qu'elles soient développées. On recherche même, dans les îles
où elles abondent, les œufs qu'elles laissent sur le sable, et qui donnent
une nourriture aussi agréable que saine.

C'est depuis le mois d'avril jusqu'au mois de septembre que dure
la ponte des tortues franches sur les côtes des îles de l'Amérique,
voisines du golfe de Mexique; mais le temps de leurs diverses pontes
varie suivant les pays. Sur la côte d'Issini, en Afrique, les tortues

viennent déposer leurs œufs depuis le mois de septembre jusqu'au mois de janvier; pendant toute la saison des pontes, l'on va non seulement à la recherche des œufs, mais encore à celles des petites tortues que l'on peut saisir avec facilité. Lorsqu'on les a prises, on les renferme dans des espaces plus ou moins grands, entourés de pieux, et où la haute mer peut parvenir, et c'est dans ces espèces de parcs qu'on les laisse croître pour en avoir, au besoin, sans courir les hasards d'une pêche incertaine et sans éprouver les inconvénients qui y sont quelquefois attachés. Les pêcheurs choisissent aussi cette saison pour prendre les grandes tortues femelles qui leur échappent sur les rivages plus difficilement qu'à la mer, et dont la chair est plus estimée que celle des mâles, surtout dans le temps de la ponte.

Malgré les ténèbres dont les tortues franches cherchent, pour ainsi dire, à s'envelopper lorsqu'elles vont déposer leurs œufs, elles ne peuvent se dérober à la poursuite de leurs ennemis. A l'entrée de la nuit, surtout lorsqu'il fait clair de lune, les pêcheurs, se tenant en silence sur la rive, attendent le moment où les tortues sortent de l'eau ou reviennent à la mer après avoir pondu; ils les assomment à coups de massue, ou il les retournent rapidement, sans leur donner le temps de se défendre et de les aveugler par le sable qu'elles font quelquefois rejaillir avec leurs nageoires. Lorsqu'elles sont très grandes, il faut que plusieurs hommes se réunissent, et quelquefois même se servent de pieux comme d'autant de leviers pour les renverser sur le dos. La tortue franche a la carapace trop plate pour pouvoir se remettre sur ses pattes, lorsqu'elle a été ainsi *chavirée*, suivant l'expression des pêcheurs.

On a voulu rendre touchant le récit de cette manière de prendre les tortues; et l'on a dit que lorsqu'elles étaient retournées, hors d'état de se défendre, et qu'elles ne pouvaient plus que s'épuiser en vains efforts, elles jetaient des cris plaintifs et versaient un torrent de larmes. Plusieurs tortues, tant marines que terrestres, font entendre souvent un sifflement plus ou moins fort, et même un gémissement très distinct, lorsqu'elles éprouvent avec vivacité ou l'amour ou la crainte. Il peut donc se faire que la tortue franche jette des cris lorsqu'elle s'efforce en vain de reprendre sa position naturelle et que la frayeur commence à la saisir; mais on a exagéré sans doute les signes de sa douleur.

Pour peu que les matelots soient en nombre, ils peuvent, dans moins de trois heures, retourner quarante ou cinquante tortues qui renferment une grande quantité d'œufs.

Ils passent le jour à mettre en pièces celles qu'ils ont prises la nuit ; ils en salent la chair, et même les œufs et les intestins. Ils retirent quelquefois de la graisse des grandes tortues, jusqu'à trente-trois pintes d'une huile jaune ou verdâtre, qui sert à brûler, que l'on emploie même dans les aliments lorsqu'elle est fraîche, et dont tous les os de ces animaux sont pénétrés, ainsi que ceux des cétacés ; ou bien ils les traînent renversées sur leur carapace jusque dans les parcs où ils veulent les conserver.

Les pêcheurs des Antilles et des îles de Bahama, qui vont sur les côtes de Cuba, sur celles des îles voisines, et principalement des îles de Cayman, ont achevé de charger leurs navires, ordinairement au bout de six semaines ou de deux mois ; ils rapportent dans leurs îles les productions de leur pêche ; et cette chair de tortue salée, qui sert à la nourriture du peuple et des esclaves, n'est pas moins employée dans les colonies d'Amérique, que la morue dans les divers pays de l'Europe.

On peut aussi prendre les tortues franches au milieu des eaux : on se sert d'une varre ou d'une sorte de harpon, pour cette pêche, ainsi que pour celle de la baleine ; on choisit une nuit calme, où la lune éclaire une mer tranquille. Deux pêcheurs montent sur un petit canot que l'un d'eux conduit : ils reconnaissent qu'ils sont près de quelque grande tortue à l'écume qu'elle produit lorsqu'elle monte vers la surface de l'eau ; ils s'en approchent avec assez de vitesse pour que la tortue n'ait pas le temps de s'échapper. Un des deux pêcheurs lui lance aussitôt son harpon, avec tant de force qu'il perce la couverture supérieure et pénètre jusqu'à la chair : la tortue blessée se précipite au fond de l'eau ; mais on lui lâche une corde à laquelle tient le harpon, et, lorsqu'elle a perdu beaucoup de sang, il est aisé de la tirer dans le bateau ou sur le rivage.

On a employé, dans la mer du Sud, une autre manière de pêcher les tortues. Un plongeur hardi se jette dans la mer, à quelque distance de l'endroit où, pendant la grande chaleur du jour, il voit les tortues endormies nager à la surface de l'eau ; il se relève très près de la tortue et saisit sa carapace vers la queue ; en enfonçant ainsi le derrière de l'animal, il le réveille, l'oblige à se débattre, et ce mouvement suffit pour soutenir sur l'eau la tortue et le plongeur qui l'empêche de s'éloigner jusqu'à ce qu'on vienne les pêcher.

Sur les côtes de la Guyane, on prend les tortues avec une sorte de filet, nommé la *fole*; il est large de quinze à vingt pieds, sur quarante ou cinquante de long. Les mailles ont un pied d'ouverture en carré, et le fil a une ligne et demie de grosseur. On attache, de deux en deux mailles, deux *flots*, d'un demi-pied de longueur, fait d'une tige épineuse, que les Indiens appellent *moucou-moucou*, et qui tient lieu de liège. On attache aussi en bas du filet quatre ou cinq grosses pierres, du poids de quarante ou cinquante livres, pour le tenir bien tendu. Aux deux bouts qui sont à fleur d'eau, on met des *bouées*, c'est-à-dire de gros morceaux de *moucou-moucou*, qui servent à marquer l'endroit où est le filet; on place ordinairement les *foles* fort près des îlots, parce que les tortues vont brouter des espèces de *fucus* qui croissent sur les rochers dont ces petites îles sont bordées.

Les pêcheurs visitent de temps en temps les filets. Lorsque la *fole* commence à *caler*, suivant leur langage, c'est-à-dire lorsqu'elle s'enfonce d'un côté plus que de l'autre, on se hâte de la retirer. Les tortues ne peuvent se dégager aisément de cette sorte de rets, parce que les lames d'eau, qui sont assez fortes près des îlots, donnent au bout du filet un mouvement continuel qui les étourdit ou les embarrasse. Si l'on diffère de visiter les filets, on trouve quelquefois les tortues noyées; lorsque les requins et les espadons rencontrent des tortues prises dans la *fole* et hors d'état de fuir et de se défendre, ils les dévorent et brisent le filet. Le temps de *foler* la tortue franche est depuis janvier jusqu'en mai.

L'on se contente quelquefois d'approcher doucement dans un esquif des tortues franches, qui dorment et flottent à la surface de la mer; on les retourne, on les saisit avant qu'elles aient eu le temps de s'enfuir; on les pousse ensuite devant soi jusqu'à la rive; et c'est à peu près de cette manière que les anciens les pêchaient dans les mers de l'Inde. Pline a écrit qu'on les entend ronfler d'assez loin, lorsqu'elles dorment en flottant à la surface de l'eau. Le ronflement que ce naturaliste leur attribue pourrait venir du peu d'ouverture de leur glotte, qui est étroite, ainsi que celle des tortues de terre; ce qui doit ajouter à la facilité qu'ont ces animaux de ne point avaler l'eau dans laquelle ils sont plongés.

Si les tortues demeurent quelque temps sur l'eau exposées pendant le jour à toute l'ardeur des contrées équatoriales, lorsque la mer est presque calme et que les petits flots, ne pouvant point atteindre jusqu'au-dessus de leur carapace, cessent de la baigner, le soleil dessèche cette couverture, la rend plus légère et empêche les tortues de plonger aisément, tant leur légèreté spécifique est voisine de celle de l'eau et tant elles ont de peine à augmenter leur poids. Les tortues peuvent, en effet, se rendre plus ou moins pesantes, en recevant plus d'air dans leurs poumons et en augmentant ou diminuant par là le volume de leur corps, de même que les poissons introduisent de l'air dans leur vessie aérienne, lorsqu'ils veulent s'élever à la surface de l'eau ; mais il faut que le poids que les tortues peuvent se donner en chassant l'air de leurs poumons ne soit pas très considérable, puisqu'il ne peut balancer celui que leur fait perdre la dessiccation de leur carapace, et qui n'égale jamais le seizième du poids total de l'animal.

La dessiccation de la carapace des tortues, en les empêchant de plonger, donne aux pêcheurs plus de facilité pour les prendre. Lorsqu'elles sont très près du rivage où l'on veut les entraîner, elles se cramponnent avec tant de force, que quatre hommes ont quelquefois bien de la peine à les arracher du terrain qu'elles saisissent ; comme tous leurs doigts ne sont pas pourvus d'ongles et que, n'étant point séparés les uns des autres, ils ne peuvent pas embrasser les corps, on doit supposer, dans les tortues, une force très grande qui, d'ailleurs, est prouvée par la vigueur de leurs mâchoires et par la facilité avec laquelle elles portent sur leur dos autant d'hommes qu'il peut y en tenir.

On a même prétendu que, dans l'océan Indien, il y avait des tortues assez fortes et assez grandes pour transporter quatorze hommes ; quelque exagéré que puisse être ce nombre, l'on doit admettre, dans la tortue franche, une puissance d'autant plus remarquable que, malgré sa force, ses habitudes sont paisibles.

Lorsque, au lieu de faire saler les tortues franches, on veut les manger fraîches et ne rien perdre du bon goût de leur chair ni de leurs propriétés bienfaisantes, on leur enlève le plastron, la tête, les pattes et la queue, et on fait ensuite cuire leur chair dans la carapace, qui sert de plat. La portion la plus estimée est celle qui touche de plus près cette couverture supérieure ou le plastron. Cette chair, ainsi que les œufs de la tortue franche, sont principalement très salutaires dans les maladies auxquelles les gens de mer sont le plus sujets; on prétend même que leurs sucs ont une assez grande activité, au moins dans les pays les plus chauds, pour être des remèdes très puissants dans toutes les maladies qui demandent que le sang soit épuré.

Il paraît que c'est la tortue franche que quelques peuples américains regardent comme un objet sacré et comme un présent particulier de la Divinité; ils la nomment *poisson de Dieu*, à cause de l'effet merveilleux que sa chair produit, disent-ils, lorsqu'on a avalé quelque breuvage empoisonné.

La chair des tortues franches est quelquefois d'un vert plus ou moins foncé, et c'est ce qui les a fait appeler, par quelques voyageurs, *tortues vertes;* mais ce nom a été aussi donné à une seconde espèce de tortue marine; d'ailleurs, nous avons cru devoir d'autant moins l'adop- ter que cette couleur verdâtre de la chair n'est qu'accidentelle : elle dépend de la différence des plages fréquentées par les tortues; elle peut provenir aussi de la diversité de la nourriture de ces animaux et elle n'appartient pas dans les mêmes endroits à tous les individus. On trouve, en effet, sur les rivages des petites îles voisines du continent de la Nouvelle-Espagne et situées au midi de Cuba, des tortues franches, dont les unes ont la chair verte, d'autres noire, d'autres jaune.

Séba avait dans sa collection plusieurs concrétions semblables à des bézoards, d'un gris plus ou moins mêlé de jaune, et dont la surface était hérissée de petits tubercules. Il en avait reçu une partie des grandes Indes, et l'autre d'Amérique. On les lui avait envoyées comme des concrétions très précieuses, trouvées dans le corps de grandes tortues de mer. Les Indiens y attachaient encore plus de vertu qu'aux bézoards orientaux, à cause de leur variété, et ils les employaient particulièrement contre la petite vérole, peut-être parce que les tubercules que leur surface présentait ressemblaient aux boutons de la petite vérole.

La vertu de ces concrétions était certainement aussi imaginaire que celle des bézoards, tant orientaux qu'occidentaux; mais elles auraient pu être formées dans le corps de grandes tortues marines, d'autres concrétions de même nature ayant été incontestablement produites dans des quadrupèdes ovipares, ainsi que nous le verrons dans la suite de cette histoire. Mais si les bézoards des tortues marines ne doivent être que des productions inutiles, il n'en est pas de même de tout ce que ces animaux peuvent fournir : non seulement on recherche leur chair et leurs œufs, mais encore leur carapace a été employée par les Indiens pour couvrir leurs maisons; et Diodore de Sicile, ainsi que Pline, ont écrit que des peuples voisins de l'Éthiopie et de la mer Rouge s'en servaient comme de nacelles pour naviguer près du continent.

Dans les temps anciens, lors de l'enfance des sociétés, ces grandes carapaces d'une substance très compacte et d'un diamètre de plusieurs pieds étaient les boucliers de peuples qui n'avaient pas encore découvert l'art funeste d'armer leurs flèches d'un acier trempé plus dur que ces enveloppes osseuses; et les hordes à demi sauvages qui habitent de nos jours certaines contrées équatoriales, tant de l'ancien que du nouveau monde, n'ont pas imaginé de défenses plus solides.

Les diverses grandeurs de tortues franches sont renfermées dans des limites assez éloignées, puisque de la longueur de deux ou trois pouces elles parviennent quelquefois à celle de six ou sept pieds ; et comme cet accroissement assez grand a lieu dans une couverture très osseuse, très compacte, très dure, et où par conséquent la matière doit être, pour ainsi dire, resserrée, pressée, et le développement plus lent, il n'est pas surprenant que ce ne soit qu'après plusieurs années que les tortues acquièrent tout leur volume.

Elles n'atteignent à peu près à leur entier développement qu'au bout de vingt ans ou environ, et l'on a pu en juger d'une manière certaine par des tortues élevées dans les espèces de parcs dont nous avons parlé. Si l'on devait estimer la durée de la vie dans les tortues franches de la même manière que dans les quadrupèdes vivipares, on trouverait bientôt, d'après ces vingt ans employés à leur accroissement total, le nombre des années que la nature leur a destinées ; mais la même proportion ne peut pas être ici employée. Les tortues demeurent souvent au milieu d'un fluide dont la température est plus égale que celle de l'air; elles habitent presque toujours le même élément que les poissons; elles doivent participer à leurs propriétés et jouir de même d'une vie fort longue. Cependant comme tous les animaux périssent lorsque leurs os sont devenus entièrement solides, et comme ceux des tortues sont bien plus durs que ceux des poissons, et par conséquent beaucoup plus près de l'état d'ossification extrême, nous ne devons pas penser que la vie des tortues soit en proportion aussi longue que celle des poissons ; mais elles ont avec ces animaux un assez grand nombre de rapports, pour que, d'après les vingt ans que leur entier développement exige, on pense qu'elles vivent un très grand nombre d'années, même plus d'un siècle, et dès lors on ne doit point être étonné que l'on manque d'observations sur un espace de temps qui surpasse beaucoup celui de la vie des observateurs.

Mais si l'on ne connaît pas de faits précis relativement à la longueur de la vie des tortues franches, on en a recueilli qui prouvent que la tortue d'eau douce, appelée la bourbeuse, peut vivre au moins quatre-vingts ans, et qui confirme par conséquent notre opinion touchant l'âge auquel les tortues de mer peuvent parvenir. Cette longue durée de la vie des tortues les a fait regarder par les Japonais comme un emblème du bonheur, et c'est apparemment par suite de cette idée qu'ils ornent des images plus ou moins défigurées de ces quadrupèdes, les temples de leurs dieux et les palais de leurs princes.

Une tortue franche peut, chaque été, donner l'existence à près de trois cents individus, dont chacun, au bout d'un assez court espace de temps, pourrait faire naître à son tour trois cents petites tortues. On sera donc émerveillé, si l'on pense au nombre prodigieux de ces animaux, dont une seule tortue peut peupler une vaste plage pendant la durée totale de sa vie. Toutes les côtes des zones torrides devraient être couvertes de ces quadrupèdes, dont la multiplication, loin d'être nuisible, serait certainement bien plus avantageuse que celle de tant d'autres espèces ; mais à peine un trentième de petites tortues écloses peut parvenir à un certain développement ; un nombre immense d'œufs sont d'ailleurs enlevés, avant que les petits aient vu le jour. Parmi les tortues qui ont déjà acquis une grandeur un peu considérable, combien ne sont pas la proie des ennemis de toute espèce qui en font la chasse, et de l'homme qui les poursuit sur la terre et sur les eaux ?

Malgré tous les dangers qui les environnent, les tortues franches sont répandues en assez grande quantité sur toutes les plages chaudes, tant de l'ancien que du nouveau continent, où les côtes sont basses et sablonneuses : on les rencontre dans l'Amérique septentrionale,

jusqu'aux îles de Bahama et aux côtes voisines du cap de la Floride.
Dans toutes ces contrées des deux mondes, distantes de l'équateur
de vingt-cinq ou trente degrés tant au nord qu'au sud, on retrouve la
même espèce de tortues franches, un peu modifiée seulement par la
différence de la température et par la diversité des herbes qu'elles paissent, ou des coquillages dont elles se nourrissent ; et cette grande et
précieuse espèce de tortue ne peut-elle pas passer facilement d'une
île à une autre ?

Les tortues franches ne sont-elles pas en effet des habitants de la
mer, plutôt que de la terre? Pouvant demeurer assez de temps sous
l'eau, ayant plus de peine à s'enfoncer dans cet élément qu'à s'y
élever, nageant avec la plus grande facilité à sa surface, ne jouissent-
elles pas dans leurs migrations de tout l'air qui leur est nécessaire?
Ne trouvent-elles pas sur tous les bas-fonds l'herbe et les coquillages
qui leur conviennent? ne peuvent-elles d'ailleurs se passer de nourriture pendant plusieurs mois? Cette possibilité de faire de grands
voyages n'est-elle pas prouvée par le fait, puisqu'elles traversent plus
de cent lieues de mer pour aller déposer leurs œufs sur les rivages
qu'elles préfèrent, et puisque des navigateurs ont rencontré, à plus de
sept cents lieues de toute terre, des tortues de mer d'une espèce peu
différente de la tortue franche ? Ils les ont même trouvées dans des
régions de la mer assez élevées en latitude, où elles dormaient paisiblement en flottant à la surface de l'eau.

Les tortues franches ne sont cependant pas si fort attachées aux
zones torrides qu'on ne les rencontre quelquefois dans les mers
voisines de nos côtes. Il se pourrait qu'elles habitent dans la Méditerranée, où elles fréquentent de préférence, sans doute, les parages les
plus méridionaux, et où les *caouanes*, qui leur ressemblent beaucoup,
sont en très grand nombre. Elles devraient y choisir pour leur ponte
les rivages bas, sablonneux, presque déserts et très chauds qui
séparent l'Égypte de la Barbarie proprement dite, et où elles trou-
veraient la solitude, l'abri, la chaleur et le terrain qui leur sont
nécessaires ; on n'a du moins jamais vu pondre des tortues marines
sur les côtes de Provence ni du Languedoc, où cependant l'on en prend
de temps en temps quelques-unes. Elles peuvent aussi être quelquefois jetées par des accidents particuliers vers de plus hautes latitudes,
sans en périr.

Sibbald dit tenir d'un homme digne de foi, qu'on prenait quelquefois des tortues marines dans les Orcades ; et l'on doit présumer que les tortues franches peuvent non seulement vivre un certain nombre d'années à ces latitudes élevées, mais même y parvenir à tout leur développement. Des tempêtes ou d'autres causes puissantes font aussi quelquefois descendre vers les zones tempérées et chassent des mers glaciales les énormes cétacés qui peuplent cet empire du froid ; le hasard pourrait donc faire rencontrer ensemble les grandes tortues franches et ces immenses animaux[1]. L'on devrait voir avec intérêt sur la surface de l'antique Océan, d'un côté les tortues de mer, ces animaux accoutumés à être plongés dans les rayons ardents du soleil, souverain dominateur des contrées torrides, et de l'autre, les grands cétacés qui, relégués dans un séjour de glaces et de ténèbres, n'ont presque jamais reçu les douces influences du père de la lumière, et au lieu des beaux jours de la nature, n'en ont presque jamais connu que les tempêtes et les horreurs.

On peut citer surtout à ce sujet deux exemples remarquables. En 1752, une tortue fut prise à Dieppe, où elle avait été jetée dans le port par une tourmente ; elle pesait de huit à neuf cents livres et avait à peu près six pieds de long sur quatre pieds de largeur. Deux ans après, on pêcha, dans le pertuis d'Antioche, une tortue plus grande encore : elle avait huit pieds de long, elle pesait plus de huit cents livres, et comme ordinairement, dans les tortues, l'on doit compter le poids des couvertures pour près de la moitié du poids total, la chair de celle du pertuis d'Antioche devait peser plus de quatre cents livres. Elle fut portée à l'abbaye de Long-Veau, près de Vannes en Bretagne ; la carapace avait cinq pieds de long.

Ce n'est que sur les rivages presque déserts, et par exemple sur une partie de ceux de l'Amérique, voisins de la ligne et baignés par la mer Pacifique, que les tortues franches peuvent en liberté parvenir à tout l'accroissement pour lequel la nature les a fait naître, et jouir en paix de la longue vie à laquelle elles ont été destinées.

Les animaux féroces ne sont donc pas les seuls qui, dans le voisinage de l'homme, ne peuvent ni croître ni se multiplier ; ce roi de la nature, qui souvent en devient le tyran, non seulement repousse

---

1. On a pris de grandes tortues auprès de l'embouchure de la Loire et un grand nombre de cachalots ont été jetés sur la côte de la Bretagne, il n'y a que peu d'années.

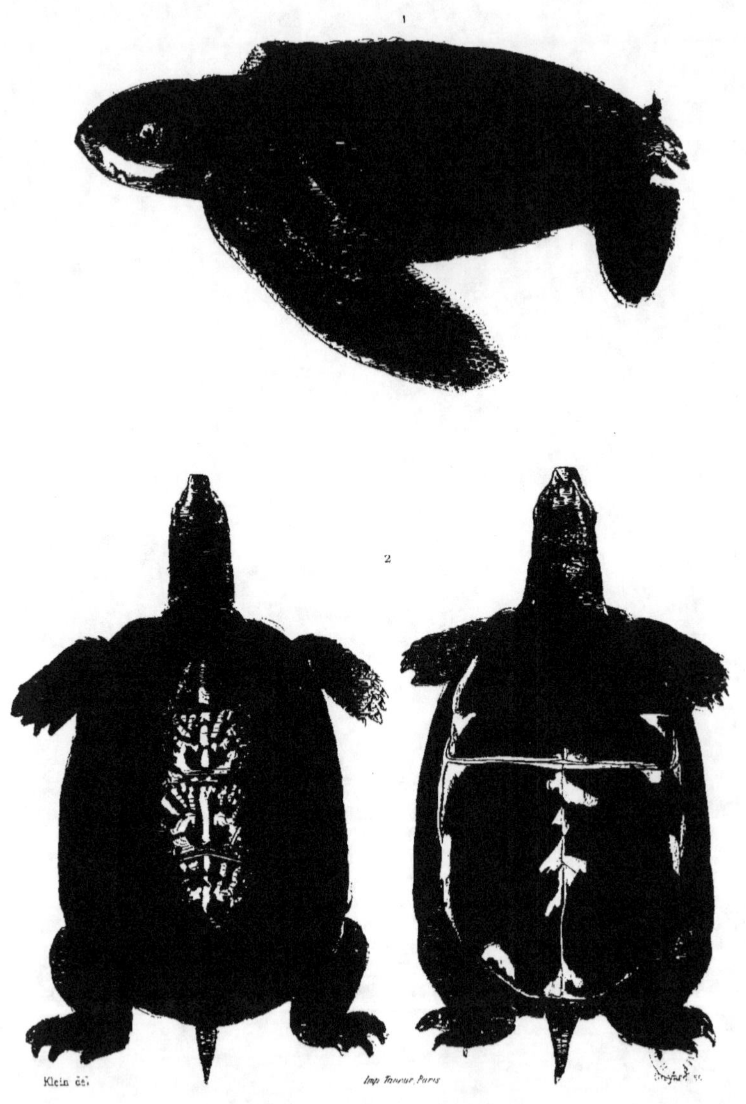

Klein del.
Imp Tanneur, Paris
1 LE LUTH (Sphargis coriacea. Merr) _ 2 LA TORTUE A BOITE (Terrapena clausa. Merr)
d'après le RÈGNE ANIMAL de Cuvier édition V Masson
Garnier frères Éditeurs

dans les déserts les espèces dangereuses, mais encore son insatiable
avidité se tourne souvent contre elle-même et relègue sur les plages
éloignées les espèces les plus utiles et les plus douces ; au lieu d'augmenter ses jouissances, il les diminue, en détruisant inutilement dans
des individus privés trop tôt de la vie la postérité nombreuse qui leur
aurait dû le jour.

On devrait tâcher d'acclimater les tortues franches sur toutes les
côtes tempérées où elles pourraient aller chercher dans les terres des
endroits un peu sablonneux et élevés au-dessus des plus hautes vagues,
pour y déposer leurs œufs et les y faire éclore. L'acquisition d'une
espèce aussi féconde serait certainement une des plus utiles ; et cette
richesse réelle, qui se conserverait et se multiplierait d'elle-même,
n'exciterait pas au moins les regrets de la philosophie, comme les
richesses funestes arrachées avec tant de sueurs au sein des terres
équatoriales.

Occupons-nous maintenant des diverses espèces de tortues qui
habitent au milieu des mers comme la tortue franche, et qui lui sont
assez analogues par leur forme, par leurs propriétés et par leurs
habitudes pour que nous puissions nous contenter d'indiquer les
différences qui les distinguent.

LE LUTH

La plupart des tortues marines dont nous avons parlé ne s'éloignent
pas beaucoup des régions équatoriales ; la caouane n'est cependant
pas la seule que l'on trouve dans une des mers qui baignent nos
contrées ; on rencontre aussi dans la Méditerranée une espèce de ces
quadrupèdes ovipares, qui surpasse même quelquefois par sa longueur
les plus grandes tortues franches. On la nomme le luth ; elle fréquente
de préférence, au moins dans le temps de la ponte, les rivages déserts
et en partie sablonneux, qui avoisinent les États barbaresques ; elle
s'avance peu dans la mer Adriatique, et si elle parvient rarement
jusqu'à la mer Noire, c'est qu'elle doit craindre le froid des latitudes
élevées.

Elle est distinguée de toutes les autres tortues, tant marines que terrestres, en ce qu'elle n'a point de plastron apparent. Sa carapace est placée sur son dos comme une sorte de grande cuirasse ; mais elle ne s'étend pas assez par devant et par derrière pour que la tortue puisse mettre sa tête, ses pattes et sa queue à couvert sous cette forme d'arme défensive. La tortue luth paraît se rapprocher par là des crocodiles et des autres grands quadrupèdes ovipares qui peuplent les rivages des mers. La couverture supérieure est convexe, arrondie dans une partie de son contour, mais terminée par derrière en pointe si aiguë et si allongée, qu'on croirait voir une seconde queue placée au-dessus de la véritable queue de l'animal ; quelques naturalistes ont compté sept arêtes, parce qu'ils ont compris dans ce nombre les deux lignes qui terminent la carapace de chaque côté.

Cette couverture supérieure n'est point garnie d'écailles comme dans les autres tortues marines ; mais cette espèce de cuirasse, ainsi que tout le corps, la tête, les pattes et la queue, est revêtue d'une peau épaisse qui, par sa consistance et sa couleur, ressemble à un cuir dur et noir. Aussi Linné a-t-il appelé la tortue luth, la *tortue couverte de cuir*, et a-t-elle plus de rapport que les autres tortues marines avec les lamantins et les phoques dont les pieds sont recouverts d'une peau noirâtre et dure ; le dessous du corps est aplati ; les pattes ou plutôt les nageoires de la tortue luth sont dépourvues d'ongles, suivant la plupart des naturalistes ; mais j'ai remarqué une membrane en forme d'ongle aux pattes de derrière de celle que l'on conserve dans le Cabinet du roi ; la partie supérieure du museau est fendue de manière à recevoir la partie inférieure qui est recourbée en haut.

Rondelet dit avoir vu une tortue de cette espèce prise à Frontignan, sur les côtes du Languedoc, longue de *cinq coudées*, large de deux, et dont on retira une grande quantité de graisse ou d'huile bonne à brûler.

M. Amoureux fils, de la Société royale de Montpellier, a donné la description d'une tortue de cette espèce, pêchée au port de Cette en Languedoc, et dont la longueur totale était de sept pieds cinq pouces. Celle qui a servi à notre description, et dont nous rapportons les dimensions, est à peu près de la même grandeur.

Les tortues luth n'habitent pas seulement dans la Méditerranée ;

on les trouve aussi sur les côtes du Pérou, du Mexique et sur la plupart de celles d'Afrique, qui sont situées dans la zone torride : il paraît
qu'elles s'avancent vers les hautes latitudes de notre hémisphère, au
moins pendant les grandes chaleurs. Le 4 août de l'année 1729, on
prit, à treize lieues de Nantes, au nord de l'embouchure de la Loire,
une tortue qui avait sept pieds un pouce de long, trois pieds sept
pouces de large et deux pieds d'épaisseur. M. de la Font, ingénieur
en chef à Nantes, en envoya une description à M. de Mairan ; tous les
caractères qui y sont rapportés sont entièrement conformes à ceux de
la tortue luth, conservée au Cabinet du roi ; à la vérité, il y est parlé
de dents, qui ne se trouvent dans aucune tortue connue ; mais il est

La Tortue.

aisé de prendre pour des dents les grandes éminences formées par les
échancrures profondes des deux mâchoires de la tortue luth ; d'ailleurs,
la forme et la position de ces éminences répondent à celles des prétendues dents de la tortue pêchée auprès de Nantes. Cette dernière
tortue luth poussait d'horribles cris, suivant M. de la Font, quand on
lui cassa la tête à coups de crochet de fer ; ses hurlements auraient pu
être entendus à un quart de lieue ; et sa gueule, écumante de rage,
exhalait une vapeur très puante.

En 1756, un peu après le milieu de l'été, on prit aussi une assez
grande tortue luth, sur les côtes de Cornouailles, en Angleterre. M. Pennant a donné dans les *Transactions philosophiques* la description et la
figure d'une très petite tortue marine de trois pouces trois lignes de
long sur un pouce et demi de large. Il est évident, d'après la figure

et la description, que cette très jeune tortue était de l'espèce du luth et avait été prise peu de temps après sa sortie de l'œuf, ainsi que le soupçonne M. Pennant. Ce naturaliste avait vu cette tortue chez un marchand de Londres, qui ignorait d'où on l'avait apportée.

La tortue *luth* est une de celles que les anciens Grecs ont le mieux connues, parce qu'elle habitait leur patrie : tout le monde sait que dans les contrées de la Grèce, ou dans les autres pays situés sur les bords de la Méditerranée, la carapace d'une grande tortue fut employée par les inventeurs de la musique comme un corps d'instrument, sur lequel ils attachèrent des cordes de boyau ou de métal. On a écrit qu'ils choisirent la couverture d'une tortue *luth*, et telle fut la première lyre grossière qui servit à faire goûter à des peuples peu civilisés encore le charme d'un art dont ils devaient tant accroître la puissance. Aussi la tortue *luth* a-t-elle été, pour ainsi dire, consacrée à Mercure, que l'on a regardé comme l'inventeur de la lyre. Les modernes l'ont même souvent, à l'exemple des anciens, appelée *lyre*, ainsi que *luth*; et il convenait que son nom rappelât le noble et brillant usage que l'on fit de son bouclier dans les premiers âges des belles régions baignées par les eaux de la Méditerranée.

TORTUES D'EAU DOUCE

ET DE TERRE

LA BOURBEUSE

Les différentes tortues dont nous avons déjà écrit l'histoire, non seulement vivent au milieu des eaux salées de la mer, mais recherchent encore l'eau douce des fleuves qui s'y jettent ; elles vont aussi quelquefois à terre, soit pour y déposer leurs œufs, soit pour y paître les plantes qui y croissent. On ne peut donc pas les regarder comme entièrement reléguées au milieu des grandes eaux de l'Océan ; de même on doit dire qu'aucune des tortues dont il nous reste à parler n'habite exclusivement l'eau douce ou les terrains élevés. Toutes peuvent vivre sur la terre, toutes peuvent demeurer pendant plus ou moins de temps au milieu de l'onde douce ou de l'onde amère, et l'on ne doit entendre ce que nous avons dit de la demeure des tortues de mer, et ce que nous ajouterons de celles des tortues d'eau douce et des tortues de terre, que comme l'indication du séjour qu'elles préfèrent, plutôt que d'une habitation exclusive. Tout ce qu'on peut assurer relativement à ces trois familles de tortues, c'est que le plus souvent on trouve la première au milieu des eaux salées, la seconde au milieu des eaux douces, la troisième sur les hauteurs ou dans les bois ; et leur habitation particulière a été déterminée par leur conformation tant intérieure qu'extérieure, ainsi que par la différence de la nourriture qu'elles recherchent et qu'elles ne peuvent trouver que sur la terre, dans les fleuves ou dans la mer.

La bourbeuse est une des tortues que l'on rencontre le plus souvent au milieu des eaux douces ; elle est beaucoup plus petite

qu'aucune tortue marine, puisque sa longueur, depuis le bout du
museau jusqu'à l'extrémité de la queue, n'excède pas ordinairement
sept ou huit pouces, et sa largeur trois ou quatre. Elle est aussi
beaucoup plus petite que la tortue terrestre, appelée la grecque ; communément le tour de la carapace est garni de vingt-cinq lames, bordées
de stries légères ; le disque l'est de treize lames striées de même,
faiblement pointillées dans le centre, et dont les cinq de la rangée
du milieu se relèvent en arête longitudinale. Cette couverture supérieure est noirâtre et plus ou moins foncée.

La partie postérieure du plastron est terminée par une ligne droite ;
la couleur générale de la peau de cette tortue tire sur le noir, ainsi
que celle de la carapace ; les doigts sont très distincts l'un de l'autre,
mais réunis par une membrane ; il y en a cinq aux pieds de devant
et quatre aux pieds de derrière. Le doigt extérieur de chaque pied de
devant est communément sans ongle ; la queue est à peu près longue
comme la moitié de la couverture supérieure ; au lieu de la replier
sous sa carapace, ainsi que la plupart des tortues de terre, la bourbeuse la tient étendue lorsqu'elle marche ; et c'est de là que lui vient
le nom de *rat aquatique, mus aquatilis*, que les anciens lui ont donné ;
lorsqu'on la voit marcher, on croirait avoir devant les yeux un lézard
dont le corps serait caché sous un bouclier plus ou moins étendu. Ainsi
que les autres tortues, elle fait entendre quelquefois un sifflement
entrecoupé.

On la trouve non seulement dans les climats tempérés et chauds
de l'Europe, mais encore en Asie, au Japon, dans les grandes Indes,
etc. On la rencontre à des latitudes beaucoup plus élevées que les
tortues de mer, on l'a pêchée quelquefois dans les rivières de la
Silésie ; mais cependant elle ne supporterait que très difficilement un
climat très rigoureux, et du moins elle ne pourrait pas y multiplier.
Elle s'engourdit pendant l'hiver, même dans les pays tempérés. C'est
à terre qu'elle demeure pendant sa torpeur : dans le Languedoc, elle
commence vers la fin de l'automne à préparer sa retraite ; elle creuse
pour cela un trou, ordinairement de six pouces de profondeur ; elle
emploie plus d'un mois à cet ouvrage. Il arrive souvent qu'elle passe
l'hiver sans être entièrement cachée, parce que la terre ne retombe pas
toujours sur elle, lorsqu'elle s'est placée au fond de son trou. Dès les
premiers jours du printemps, elle change d'asile ; elle passe alors la

plus grande partie du temps dans l'eau, elle s'y tient souvent à la surface, et surtout lorsqu'il fait chaud, et que le soleil luit. Dans l'été, elle
est presque toujours à terre. Elle multiplie beaucoup dans plusieurs
endroits aquatiques du Languedoc, ainsi qu'auprès du Rhône, dans
les marais d'Arles. et dans plusieurs endroits de la Provence. M. le
président de la Tour d'Aygue, dont les lumières et le goût pour les
sciences naturelles sont connus, a bien voulu m'apprendre qu'on
trouva une si grande quantité de tortues bourbeuses dans un marais
d'une demi-lieue de surface, situé dans la plaine de la Durance, que
ces animaux suffirent pendant plus de trois mois à la nourriture des
paysans des environs.

Ce n'est qu'à terre que la bourbeuse pond ses œufs ; elle les
dépose, comme les tortues de mer, dans un trou qu'elle creuse, et
elle les recouvre de terre ou de sable ; la coque en est moins molle
que celle des œufs des tortues franches, et leur couleur est moins
uniforme. Lorsque les petites tortues sont écloses, elles n'ont quelquefois que six lignes ou environ de largeur. La bourbeuse ayant les
doigts des pieds plus séparés et une charge moins pesante que la
plupart des tortues, et surtout que la tortue terrestre appelée la *grecque*,
il n'est pas bien surprenant qu'elle marche avec moins de lenteur
lorsqu'elle est à terre et que le terrain est uni.

Les bourbeuses, ou les tortues d'eau douce proprement dites,
croissent pendant très longtemps ainsi que les tortues de mer ; mais
le temps qu'il leur faut pour atteindre à leur entier développement est
moindre que celui qui est nécessaire aux tortues franches, attendu
qu'elles sont plus petites ; aussi ne vivent-elles pas si longtemps. On
a cependant observé que lorsqu'elles n'éprouvent point d'accidents,
elles parviennent jusqu'à l'âge de quatre-vingts ans et plus ; ce grand
nombre d'années ne prouve-t-il pas la longue vie que nous avons cru
devoir attribuer aux grandes tortues de mer ?

Le goût que la tortue d'eau douce a pour les limaçons, pour les
vers et pour les insectes dépourvus d'ailes qui habitent les rives
qu'elle fréquente, ou qui vivent sur la surface des eaux, l'a rendue
utile dans les jardins, qu'elle délivre d'animaux nuisibles, sans y
causer aucun dommage. On la recherche d'ailleurs à cause de l'usage
qu'on en fait en médecine, ainsi que de quelques autres tortues : elle
devient comme domestique ; on la conserve dans des bassins pleins

d'eau, sur les bords desquels on a soin de mettre une planche qui s'étende jusqu'au fond quand ces mêmes bords sont trop escarpés, afin qu'elle puisse sortir de sa retraite et aller chercher sa petite proie. Lorsque l'on peut craindre qu'elle ne trouve pas une nourriture assez abondante, on y supplée par du son et de la farine. Au reste, elle peut, comme les autres quadrupèdes ovipares, vivre pendant longtemps sans prendre aucun aliment, et même quelque temps après avoir été privée d'une des parties du corps qui paraissent le plus essentielles à la vie, après avoir eu la tête coupée.

Autant on doit la multiplier dans les jardins que l'on veut garantir des insectes voraces, autant on doit l'empêcher de pénétrer dans les étangs et dans les autres endroits habités par les poissons. Elle attaque même, dit-on, ceux qui sont d'une certaine grosseur ; elle les saisit sous le ventre, elle les y mord et leur fait des blessures assez profondes pour qu'ils perdent leur sang et s'affaiblissent bientôt ; elle les entraîne alors au fond de l'eau et elle les y dévore avec tant d'avidité qu'elle n'en laisse que les arêtes et quelques parties cartilagineuses de la tête. Elle rejette aussi quelquefois leur vessie aérienne, qui s'élève à la surface de l'eau, et par le moyen des vessies à air que l'on voit nager sur les étangs, l'on peut juger que le fond est habité par des tortues bourbeuses.

LA TORTUE A BOITE

M. Bloch a fait connaître cette espèce de tortue, au sujet de laquelle nous avons reçu des renseignements de M. Camper. Elle habite l'Amérique septentrionale ; elle est longue de quatre pouces trois lignes et large de trois pouces. Le disque de sa carapace est garni de quatorze pièces ou écailles, placées sur trois rangs longitudinaux ; la rangée du milieu présente six pièces, et chacune des deux autres rangées en présente quatre. Les bords de la carapace sont revêtus de vingt-cinq pièces. La carapace est très bombée, ainsi que nous l'avons vu dans la plupart des tortues de terre ; elle est aussi échancrée par devant, pour donner plus de liberté aux mouvements de la tête de l'animal, et

par derrière en deux endroits, pour faciliter la sortie et le mouvement des jambes.

Le plastron n'offre aucune échancrure, mais sa partie antérieure
et sa partie postérieure forment comme deux battants qui jouent sur
une espèce de charnière cartilagineuse, couverte d'une peau très élastique et placée à l'endroit où le plastron se réunit à la carapace. La
tortue peut ouvrir à volonté ces deux battants, ou les fermer en les
appliquant contre les bords de la carapace, de manière à être alors
renfermée comme dans une boîte, et de là vient le nom de tortue à
boîte qui lui a été donné par M. Bloch.

Le battant de devant est plus petit que celui de derrière. M. Bloch
n'a point vu l'animal ; la couleur de la carapace est brune et jaune ;
celle du plastron d'un jaune pâle, tacheté de noirâtre. Ces couleurs,
ainsi que la forme de la tortue à boîte, lui donnent beaucoup de rapports avec celle que nous avions nommée *la bombée*, et dont le plastron
est aussi sans échancrure, comme celui de la tortue à boîte.

Tortue sur le dos.

LE LIÈVRE [1]

Les espèces d'animaux les plus nombreuses ne sont pas les plus utiles : rien n'est même plus nuisible que cette multitude de rats, de mulots, de sauterelles, de chenilles, et de tant d'autres insectes dont il semble que la nature permette et souffre, plutôt qu'elle ne l'ordonne, la trop nombreuse multiplication. Mais l'espèce du lièvre et celle du lapin ont pour nous le double avantage du nombre et de l'utilité : les lièvres sont universellement et très abondamment répandus dans tous les climats de la terre; les lapins, quoique originaires de climats particuliers, multiplient si prodigieusement dans presque tous les lieux où l'ont veut les transporter, qu'il n'est plus possible de les détruire, et qu'il faut même employer beaucoup d'art pour en diminuer la quantité, quelquefois incommode.

Lorsqu'on réfléchit donc sur cette fécondité sans bornes donnée à chaque espèce, sur le produit innombrable qui doit en résulter, sur la prompte et prodigieuse multiplication de certains animaux qui pullulent tout à coup et viennent par milliers désoler les campagnes et ravager la terre, on est étonné qu'ils n'envahissent pas la nature, on craint qu'ils ne l'oppriment par le nombre, et qu'après avoir dévoré sa substance ils ne périssent eux-mêmes avec elle.

L'on voit en effet, avec effroi, arriver ces nuages épais, ces phalanges ailées d'insectes affamés qui semblent menacer le globe entier, et qui, se rabattant sur les plaines fécondes de l'Égypte, de la Pologne ou de l'Inde, détruisent en un instant les travaux, les espérances de tout un peuple, et, n'épargnant ni les grains, ni les fruits, ni les herbes, ni les racines, ni les feuilles, dépouillent la terre de sa verdure, et changent en un désert aride les plus riches contrées.

1. Ordre des *Rongeurs*; genre *Lièvre* (CUVIER).

L'on voit descendre des montagnes du Nord des rats en multitude innombrable, qui, comme un déluge ou plutôt un débordement de substance vivante, viennent inonder les plaines, se répandent jusque dans les provinces du Midi, et après avoir détruit sur leur passage tout ce qui vit ou végète, finissent par infecter la terre et l'air de leurs cadavres.

L'on voit, dans les pays méridionaux, sortir tout à coup du désert des myriades de fourmis, lesquelles, comme un torrent dont la source serait intarissable, arrivent en colonnes pressées, se succèdent, se renouvellent sans cesse, s'emparent de tous les lieux habités, en chassent les animaux et les hommes, et ne se retirent qu'après une dévastation générale. Et dans les temps où l'homme, encore à demi sauvage, était, comme les animaux, sujet à toutes les lois et même aux excès de la nature, n'a-t-on pas vu de ces débordements de l'espèce humaine, des Normands, des Alains, des Huns, des Goths, des peuples, ou plutôt des peuplades d'animaux à face humaine, sans domicile et sans nom, sortir tout à coup de leurs antres, marcher par troupeaux effrénés, tout opprimer sans autre force que le nombre, ravager les cités, renverser les empires, et après avoir détruit les nations et dévasté la terre, finir par la repeupler d'hommes aussi nouveaux et plus barbares qu'eux?

Ces grands événements, ces époques si marquées dans l'histoire du genre humain, ne sont cependant que de légères vicissitudes dans le cours ordinaire de la nature vivante; il est en général toujours constant, toujours le même; son mouvement, toujours réglé, roule sur deux pivots inébranlables : l'un la fécondité sans bornes donnée à toutes les espèces, l'autre les obstacles sans nombre qui réduisent le produit de cette fécondité à une mesure déterminée, et ne laissent en tout temps qu'à peu près la même quantité d'individus dans chaque espèce. Et comme ces animaux, en multitude innombrable, qui paraissent tout à coup, disparaissent de même, et que le fonds de ces espèces n'en est point augmenté, celui de l'espèce humaine demeure aussi toujours le même; les variations en sont seulement un peu plus lentes, parce que la vie de l'homme étant plus longue que celle de ces petits animaux, il est nécessaire que les alternatives d'augmentation et de diminution se préparent de plus loin et ne s'achèvent qu'en plus de temps; et ce temps même n'est qu'un instant dans la durée, un moment dans la suite des siècles, qui nous frappe plus que les autres, parce qu'il a été accompagné d'horreur et de destruction : car, à prendre la terre entière et l'espèce humaine en général, la quantité des hommes doit, comme celle des animaux, être en tout temps à très peu près la même, puisqu'elle dépend de l'équilibre des causes physiques, équilibre auquel tout est parvenu depuis longtemps, et que les efforts des hommes, non plus que toutes les circonstances morales, ne peuvent rompre, ces circonstances dépendant elles-mêmes de ces causes physiques, dont elles ne sont que des effets particuliers.

Quelque soin que l'homme puisse prendre de son espèce, il ne la rendra jamais plus abondante en un lieu que pour la détruire ou la diminuer dans un autre. Lorsqu'une portion de la terre est surchargée d'hommes, ils se dispersent, ils se répandent, ils se détruisent, et il s'établit en même temps des lois et des usages qui souvent ne préviennent que trop cet excès de multiplication. Dans les climats excessivement féconds, comme à la Chine, en Égypte, en Guinée, on relègue, on mutile, on vend, on noie les enfants ; ici on les condamne à un célibat perpétuel. Ceux qui existent s'arrogent aisément des droits sur ceux qui n'existent pas ; comme êtres nécessaires, ils anéantissent les êtres contingents, ils suppriment pour leur aisance, pour leur commodité, les générations futures. Il se fait sur les hommes, sans qu'on s'en aperçoive, ce qui se fait sur les animaux : on les soigne, on les multiplie, on les néglige, on les détruit selon le besoin, les avantages, l'incommodité, les désagréments qui en résultent ; et comme tous ces effets moraux dépendent eux-mêmes des causes physiques qui, depuis que la terre a pris sa consistance, sont dans un état fixe et dans un équilibre permanent, il paraît que pour l'homme, comme pour les animaux, le nombre d'individus dans l'espèce ne peut qu'être constant.

Au reste, cet état fixe et ce nombre constant ne sont pas des quantités absolues : toutes les causes physiques et morales, tous les effets qui en résultent, sont compris et balancent entre certaines limites plus ou moins étendues, mais jamais assez grandes pour que l'équilibre se rompe. Comme tout est en mouvement dans l'univers, et que toutes forces répandues dans la matière agissent les unes contre les autres et se contre-balancent, tout se fait par des espèces d'oscillations, dont les points milieux sont ceux auxquels nous rapportons le cours ordinaire de la nature, et dont les points extrêmes en sont les périodes les plus éloignées.

En effet, tant dans les animaux que dans les végétaux, l'excès de la multiplication est ordinairement suivi de la stérilité; l'abondance et la disette se présentent tour à tour, et souvent se suivent de si près, que l'on pourrait juger de la production d'une année par le produit de celle qui la précède. Les pommiers, les pruniers, les chênes, les hêtres, et la plupart des autres arbres fruitiers et forestiers, ne portent abondamment que de deux années l'une; les chenilles, les hannetons, les mulots et plusieurs autres animaux qui dans de certaines années se multiplient à l'excès, ne paraissent qu'en petit nombre l'année suivante. Que deviendraient en effet tous les biens de la terre, que deviendraient les animaux utiles et l'homme lui-même, si dans ces années excessives chacun de ces insectes se reproduisait pour l'année suivante par une génération proportionnelle à leur nombre? Mais non: les causes de destruction, d'anéantissement et de stérilité, suivent immédiatement celles de la trop grande multiplication; et indépendamment de la contagion, suite nécessaire de trop grands amas de toute matière vivante dans un même lieu, il y a dans chaque espèce des causes particulières de mort et de destruction, que nous indiquerons dans la suite, et qui seules suffisent pour compenser les excès des générations précédentes.

Au reste, je le répète encore, ceci ne doit pas être pris dans un sens absolu ni même strict, surtout pour les espèces qui ne sont pas abandonnées en entier à la nature seule : celles dont l'homme prend soin, à commencer par la sienne, sont plus abondantes qu'elles ne le seraient sans ces soins; mais comme ces soins ont eux-mêmes des limites, l'augmentation qui en résulte est aussi limitée et fixée depuis longtemps par des bornes immuables; et quoique dans les pays policés l'espèce de l'homme et celles de tous les animaux utiles soient plus nombreuses que dans les autres climats, elles ne le sont jamais à l'excès, parce que la même puissance qui les fait naître les détruit, dès qu'elles deviennent incommodes.

Dans les cantons conservés pour le plaisir de la chasse, on tue quelquefois quatre ou cinq cents lièvres dans une seule battue. Ces animaux multiplient beaucoup; ils sont en état d'engendrer en tout temps, et dès la première année de leur vie.

Les petits ont les yeux ouverts en naissant; la mère les allaite pendant vingt jours, après quoi ils s'en séparent et trouvent eux-mêmes leur nourriture : ils ne s'écartent pas beaucoup les uns des autres, ni du lieu où ils sont nés ; cependant ils vivent solitairement, et se forment chacun un gîte à une petite distance, comme de soixante ou quatre-vingts pas; ainsi lorsqu'on trouve un jeune levreau dans un endroit, on est presque sûr d'en trouver encore un ou deux autres aux environs. Ils paissent pendant la nuit plutôt que pendant le jour; ils se nourrissent d'herbes, de racines, de feuilles, de fruits, de graines, et préfèrent les plantes dont la sève est laiteuse; ils rongent même l'écorce des arbres pendant l'hiver, et il n'y a guère que l'aune et le tilleul auxquels ils ne touchent pas. Lorsqu'on en élève, on les nourrit avec de la laitue et des légumes; mais la chair de ces lièvres nourris est toujours de mauvais goût.

Ils dorment ou se reposent au gîte pendant le jour, et ne vivent, pour ainsi dire, que la nuit : c'est pendant la nuit qu'ils se promènent, qu'ils mangent ; on les voit au clair de la lune jouer ensemble, sauter et courir les uns après les autres ; mais le moindre mouvement, le bruit d'une feuille qui tombe, suffit pour les troubler ; ils fuient, et fuient chacun d'un côté différent.

Quelques auteurs ont assuré que les lièvres ruminent ; cependant je ne crois pas cette opinion fondée, puisqu'ils n'ont qu'un estomac [1], et que la conformation des estomacs et des autres intestins est toute différente dans les animaux ruminants : le cœcum de ces animaux est petit, celui du lièvre est extrêmement ample, et si l'on ajoute à la capacité de son estomac celle de ce grand cœcum, on concevra aisément que, pouvant prendre un grand volume d'aliments, cet animal peut vivre d'herbes seules, comme le cheval et l'âne, qui ont aussi un grand cœcum, qui n'ont de même qu'un estomac, et qui par conséquent ne peuvent ruminer.

Les lièvres dorment beaucoup, et dorment les yeux ouverts [2]; ils n'ont pas de cils aux paupières [3], et ils paraissent avoir les yeux mauvais; ils ont, comme par dédommagement, l'ouïe très fine et l'oreille d'une grandeur démesurée, relativement à celle de leur corps ; ils remuent ces longues oreilles avec une extrême facilité; ils s'en

---

1. Le *lièvre* ne rumine point. Il n'a pas ces estomacs multiples et cette conformation singulière que demande le mécanisme, très compliqué, de la *rumination*.

2. Le *lièvre* dort les yeux fermés.

3. Le *lièvre* a des *cils* aux paupières.

servent comme de gouvernail pour se diriger dans leur course, qui est
si rapide, qu'ils devancent aisément tous les autres animaux. Comme
ils ont les jambes de devant beaucoup plus courtes que celles de
derrière, il leur est plus commode de courir en montant qu'en descendant : aussi, lorsqu'ils sont poursuivis, commencent-ils toujours par
gagner la montagne ; leur mouvement dans leur course est une espèce
de galop, une suite de sauts très prestes et très pressés ; ils marchent
sans faire aucun bruit, parce qu'ils ont les pieds couverts et garnis
de poils, même par-dessous : ce sont aussi peut-être les seuls animaux
qui aient des poils au dedans de la bouche[1].

' Les lièvres ne vivent que sept ou huit ans au plus, et la durée
de la vie est, comme dans les autres animaux, proportionnelle au temps
de l'entier développement du corps ; ils prennent presque tout leur
accroissement en un an, et vivent environ sept fois un an ; on prétend
seulement que les mâles vivent plus longtemps que les femelles, mais
je doute que cette observation soit fondée. Ils passent leur vie dans la
solitude et dans le silence, et l'on n'entend leur voix que quand on
les saisit avec force, qu'on les tourmente et qu'on les blesse : ce n'est
point un cri aigre, mais une voix assez forte, dont le son est presque
semblable à celui de la voix humaine.

Ils ne sont pas aussi sauvages que leurs habitudes et leurs mœurs
paraissent l'indiquer ; ils sont doux et susceptibles d'une espèce d'éducation ; on les apprivoise aisément, ils deviennent même caressants,
mais ils ne s'attachent jamais assez pour devenir animaux domestiques ;
car ceux mêmes qui ont été pris tout petits et élevés dans la maison,
dès qu'ils en trouvent l'occasion, se mettent en liberté et s'enfuient à
la campagne. Comme ils ont l'oreille bonne, qu'ils s'asseyent volontiers
sur leurs pattes de derrière, et qu'ils se servent de celles de devant
comme de bras, on en a vu qu'on avait dressés à battre du tambour,
à gesticuler en cadence, etc.

En général, le lièvre ne manque pas d'instinct pour sa propre
conservation, ni de sagacité pour échapper à ses ennemis ; il se forme
un gîte, il choisit en hiver les lieux exposés au midi, et en été il se
loge au nord ; il se cache, pour n'être pas vu, entre des mottes qui
sont de la couleur de son poil. « J'ai vu, dit du Fouilloux, un lièvre

1. Toutes les espèces du genre *lièvre* ont des *poils au dedans de la bouche*.

si malicieux, que depuis qu'il oyoit la trompe il se levoit du gîte, et eût-il été à un quart de lieu de là, il s'en alloit nager en un étang, se relaissant au milieu d'icelui sur des joncs, sans être aucunement chassé des chiens. J'ai vu courir un lièvre bien deux heures devant les chiens, qui après avoir couru venoit pousser un autre et se mettoit en son gîte. J'en ai vu d'autres qui nageoient deux ou trois étangs, dont le moindre avoit quatre-vingts pas de large. J'en ai vu d'autres qui, après avoir été bien courus l'espace de deux heures, entroient par-dessous la porte d'un tect à brebis et se relaissoient parmi le bétail. J'en ai vu, quand les chiens les couroient, qui s'alloient mettre parmi un troupeau de brebis qui passoit par les champs, ne les voulant abandonner ne laisser. J'en ai vu d'autres qui quand ils oyoient les chiens courants se cachoient en terre. J'en ai vu d'autres qui alloient par un côté de haie et retournoient par l'autre, en sorte qu'il n'y avoit que l'épaisseur de la haie entre les chiens et le lièvre. J'en ai vu d'autres qui, quand ils avoient couru une demi-heure, s'en alloient monter sur une vieille muraille de six pieds de haut, et s'alloient relaisser en un pertuis de chauffant couvert de lierre. J'en ai vu d'autres qui nageoient une rivière qui pouvoit avoir huit pas de large, et la passoient et repassoient en la longueur de deux cents pas, plus de vingt fois devant moi. »

Mais ce sont là sans doute les plus grands efforts de leur instinct ; car leurs ruses ordinaires sont moins fines et moins recherchées : ils se contentent, lorsqu'ils sont lancés et poursuivis, de courir rapidement et ensuite de tourner et retourner sur leurs pas ; ils ne dirigent pas leur course contre le vent, mais du côté opposé : les femelles ne s'éloignent pas tant que les mâles et tournoient davantage. En général, tous les lièvres qui sont nés dans le lieu même où on les chasse ne s'en écartent guère ; ils reviennent au gîte, et si on les chasse deux jours de suite, ils font le lendemain les mêmes tours et détours qu'ils ont fait la veille. Lorsqu'un lièvre va droit et s'éloigne beaucoup du lieu où il a été lancé, c'est une preuve qu'il est étranger, et qu'il n'était en ce lieu qu'en passant. Mais dès qu'il est lancé par les chiens, il regagne son pays natal et ne revient pas.

Les femelles ne sortent jamais ; elles sont plus grosses que les mâles, et cependant elles ont moins de force et d'agilité et plus de timidité, car elles n'attendent pas au gîte les chiens de si près que les mâles, et elles multiplient davantage leurs ruses et leurs détours ; elles sont aussi plus délicates et plus susceptibles des impressions de l'air ; elles craignent l'eau et la rosée, au lieu que parmi les mâles il s'en trouve plusieurs, qu'on appelle lièvres ladres, qui cherchent les eaux et se font chasser dans les étangs, les marais et autres lieux fangeux. Ces lièvres ladres ont la chair de fort mauvais goût, et en général tous les lièvres qui habitent les plaines basses ou les vallées ont la chair insipide et blanchâtre, au lieu que dans les pays de collines élevées ou de plaines en montagne, où le serpolet et les autres herbes fines abondent, les levrauts, et même les vieux lièvres, sont excellents au goût. On remarque seulement que ceux qui habitent le fond des bois dans ces mêmes pays ne sont pas à beaucoup près aussi bons que ceux qui en habitent les lisières ou qui se tiennent dans les champs et dans les vignes, et que les femelles ont toujours la chair plus délicate que les mâles.

La nature du terroir influe sur ces animaux comme sur tous les autres : les lièvres de montagne sont plus grands et plus gros que les lièvres de plaine ; ils sont aussi de couleur différente ; ceux de montagne sont plus bruns sur le corps et ont plus de blanc sous le cou que ceux de plaine, qui sont presque rouges. Dans les hautes montagnes, et dans les pays du nord, ils deviennent blancs pendant l'hiver et reprennent en été leur couleur ordinaire [1] ; il n'y en a que quelques-uns, et ce sont peut-être les plus vieux, qui restent toujours blancs, car tous le deviennent plus ou moins en vieillissant. Les lièvres des pays chauds, d'Italie, d'Espagne, de Barbarie, sont plus petits que ceux de France et des autres pays plus septentrionaux : selon Aristote, ils étaient plus petits en Égypte qu'en Grèce. Ils sont également répandus dans tous ces climats : il y en a beaucoup en Suède, en Danemark, en Pologne, en Moscovie ; beaucoup en France, en Angleterre, en Allemagne ; beaucoup en Barbarie ,en Égypte, dans les îles de l'Archipel, surtout à Délos, aujourd'hui Idilis, qui fut appelé par les anciens Grecs *Lagia*, à cause du grand nombre de lièvres qu'on y trouvait. Enfin, il y en a aussi beaucoup en Laponie, où ils sont blancs pendant dix mois de l'année, et ne reprennent leur couleur fauve que pendant les deux mois les plus chauds de l'été.

---

1. C'est le *lièvre variable*.

Il paraît donc que les climats leur sont à peu près égaux ; cependant on remarque qu'il y a moins de lièvres en Orient qu'en Europe, et peu ou point dans l'Amérique méridionale, quoiqu'il y en ait en Virginie, en Canada, et jusque dans les terres qui avoisinent la baie de Hudson et le détroit de Magellan ; mais ces lièvres de l'Amérique septentrionale sont peut-être d'une espèce différente de celle de nos lièvres, car les voyageurs disent que non seulement ils sont beaucoup plus gros, mais que leur chair est blanche et d'un goût tout différent de celui de la chair de nos lièvres ; ils ajoutent que le poil de ces lièvres du nord de l'Amérique ne tombe jamais, et qu'on en fait d'excellentes fourrures. Dans les pays excessivement chauds, comme au Sénégal, à Gambie, en Guinée, et surtout dans les cantons de Fida, d'Apam, d'Acra, et dans quelques autres pays situés sous la zone torride en Afrique et en Amérique, comme dans la Nouvelle-Hollande et dans les terres de l'isthme de Panama, on trouve aussi des animaux que les voyageurs ont pris pour des lièvres, mais qui sont plutôt des espèces de lapins ; car le lapin est originaire des pays chauds, et ne se trouve pas dans les climats septentrionaux, au lieu que le lièvre est d'autant plus fort et plus grand qu'il habite un climat plus froid.

Cet animal, si recherché pour la table en Europe, n'est pas du goût des Orientaux : il est vrai que la loi de Mahomet, et plus anciennement la loi des Juifs, a interdit l'usage de la chair du lièvre comme de celle du cochon ; mais les Grecs et les Romains en faisaient autant de cas que nous : *inter quadrupedes gloria prima Lepus*, dit Martial. En effet, sa chair est excellente, son sang même est très bon à manger et est le plus doux de tous les sangs ; la graisse n'a aucune part à la délicatesse de la chair, car le lièvre ne devient jamais gras tant qu'il est à la campagne en liberté ; et cependant il meurt souvent de trop de graisse, lorsqu'on le nourrit à la maison.

La chasse du lièvre est l'amusement et souvent la seule occupation des gens oisifs de la campagne : comme elle se fait sans appareil et sans dépense, et qu'elle est même utile, elle convient à tout le monde ; on va le matin et le soir au coin du bois attendre le lièvre à sa rentrée ou à sa sortie ; on le cherche pendant le jour dans les endroits où il se gîte. Lorsqu'il y a de la fraîcheur dans l'air par un soleil brillant, et que le lièvre vient de se gîter après avoir couru, la vapeur de son corps forme une petite fumée que les chasseurs aperçoivent de fort loin, surtout si leurs yeux sont exercés à cette espèce d'observation : j'en ai vu qui, conduits par cet indice, partaient d'une demi-lieue pour aller tuer le lièvre au gîte.

Il se laisse ordinairement approcher de fort près, surtout si l'on ne fait pas semblant de le regarder, et si, au lieu d'aller directement à lui, on tourne obliquement pour l'approcher. Il craint les chiens plus que les hommes, et lorsqu'il sent ou qu'il entend un chien, il part de plus loin : quoiqu'il court plus vite que les chiens, comme il ne fait pas une route droite, qu'il tourne et retourne autour de l'endroit où il a été lancé, les lévriers qui le chassent à vue plutôt qu'à l'odorat, lui coupent le chemin, le saisissent et le tuent. Il se tient volontiers en été dans les champs, en automne dans les vignes, et en hiver dans les buissons ou dans les bois, et l'on peut en tout temps, sans le tirer, le forcer à la course avec des chiens courants ; on peut aussi le faire prendre par des oiseaux de proie ; les ducs, les buses, les aigles, les renards, les loups, les hommes, lui font également la guerre : il a tant d'ennemis qu'il ne leur échappe que par hasard, et il est bien rare qu'ils le laissent jouir du petit nombre de jours que la nature lui a comptés.

LE LAPIN [1]

Le lièvre et le lapin, quoique fort semblables tant à l'extérieur qu'à l'intérieur, ne se mêlant point ensemble, font deux espèces distinctes et séparées ; cependant, j'ai cherché à savoir ce qui pourrait résulter de leur union, et pour cela j'ai fait élever des lapins avec des hases, et des lièvres avec des lapines ; mais ces essais n'ont rien produit [2], et m'ont seulement appris que ces animaux, dont la forme est si semblable, sont cependant de nature assez différente pour ne pas même produire des espèces de mulets. Un levraut et une jeune lapine, à peu près du même âge, n'ont pas vécu trois mois ensemble ; dès qu'ils furent un peu forts, ils devinrent ennemis, et la guerre continuelle qu'ils se faisaient finit par la mort du levraut.

La fécondité du lapin est encore plus grande que celle du lièvre ; et sans ajouter foi à ce que dit Wotten, que d'une seule paire qui fut mise dans une île il s'en trouva six mille au bout d'un an, il est sûr que ces animaux multiplient si prodigieusement dans les pays qui leur conviennent, que la terre ne peut fournir à leur subsistance ; ils détruisent les herbes, les racines, les grains, les fruits, les légumes, et même les arbrisseaux et les arbres ; et, si l'on n'avait pas contre eux le secours des furets et des chiens, ils feraient déserter les habitants de ces campagnes. Non seulement le lapin s'accouple plus souvent et produit plus fréquemment et en plus grand nombre que le lièvre, mais il a aussi plus de ressources pour échapper à ses ennemis ; il se soustrait aisément aux yeux de l'homme ; les trous qu'il se creuse dans la terre, où il se retire pendant le jour et où il fait ses

---

1. Ordre des *Rongeurs* ; genre *Lièvre*. (Cuvier.)

2. J'ai répété cette expérience. J'ai fait élever ensemble des *lièvres* avec des *lapines* et des *lapins* avec des *hases*. Ces *essais n'ont rien produit*.

1. Le Lièvre. — 2. Le Lapin domestique.

3. Le Lapin de garenne.

petits, le mettent à l'abri du loup, du renard et de l'oiseau de proie ;
il y habite avec sa famille en pleine sécurité ; il y élève et nourrit ses
petits jusqu'à l'âge d'environ deux mois, et il ne les fait sortir de

Les Lièvres et les Lapins.

leur retraite pour les amener au dehors que quand ils sont tous
élevés ; il leur évite par là tous les inconvénients du bas âge, pendant
lequel, au contraire, les lièvres périssent en plus grand nombre et
souffrent plus que dans tout le reste de la vie.

Cela seul suffit aussi pour prouver que le lapin est supérieur au lièvre par la sagacité; tous deux sont conformés de même, et pourraient également se creuser des retraites; tous deux sont également timides à l'excès, mais l'un, plus imbécile, se contente de se former un gîte à la surface de la terre, où il demeure continuellement exposé, tandis que l'autre, par un instinct plus réfléchi, se donne la peine de fouiller la terre et de s'y pratiquer un asile; et il est si vrai que c'est par sentiment qu'il travaille, que l'on ne voit pas le lapin domestique faire le même ouvrage ; il se dispense de se creuser une retraite, comme les oiseaux domestiques se dispensent de faire des nids, et cela parce qu'ils sont également à l'abri des inconvénients auxquels sont exposés les lapins et les oiseaux sauvages. L'on a souvent remarqué que, quand on a voulu peupler une garenne avec des lapins clapiers, ces lapins et ceux qu'ils produisaient restaient, comme les lièvres, à la surface de la terre; et que ce n'était qu'après avoir éprouvé bien des inconvénients, et au bout d'un certain nombre de générations, qu'ils commençaient à creuser la terre pour se mettre en sûreté.

Ces lapins clapiers, ou domestiques, varient pour les couleurs, comme tous les autres animaux domestiques; le blanc, le noir et le gris sont cependant les seules qui entrent ici dans le jeu de la nature : les lapins noirs sont les plus rares ; mais il y en a beaucoup de tout blancs, beaucoup de tout gris, et beaucoup de mêlés. Tous les lapins sauvages sont gris, et, parmi les lapins domestiques, c'est encore la couleur dominante, car dans toutes les portées il se trouve toujours des lapins gris, et même en plus grand nombre, quoique le père et la mère soient tous deux blancs, ou tous deux noirs, ou l'un noir et l'autre blanc; il est rare qu'ils en fassent plus de deux ou trois qui leur ressemblent; au lieu que les lapins gris, quoique domestiques, ne produisent d'ordinaire que des lapins de cette même couleur, et que ce n'est que très rarement et comme par hasard qu'ils en produisent de blancs, de noirs et de mêlés,

Ces animaux peuvent engendrer et produire à l'âge de cinq ou six mois : on assure qu'ils sont constants dans leurs amours, et que communément ils s'attachent à une seule femelle et ne la quittent pas.

Quelques jours avant de mettre bas, elles se creusent un nouveau terrier, non pas en ligne droite, mais en zigzag, au fond duquel elles pratiquent une excavation, après quoi elles s'arrachent sous le ventre une assez grande quantité de poils, dont elles font une espèce de lit pour recevoir leurs petits. Pendant les deux premiers jours elles ne les quittent pas, elles ne sortent que lorsque le besoin les presse, et reviennent, dès qu'elles ont pris de la nourriture : dans ce temps elles mangent beaucoup et fort vite ; elles soignent ainsi et allaitent leurs petits pendant plus de six semaines. Jusqu'alors le père ne les connaît point, il n'entre pas dans ce terrier qu'a pratiqué la mère ; souvent même, quand elle en sort et qu'elle y laisse ses petits, elle en bouche l'entrée avec de la terre détrempée de son urine ; mais lorsqu'ils commencent à venir au bord du trou, et à manger du seneçon et d'autres herbes que la mère leur présente, le père semble les reconnaître, il les prend entre ses pattes, il leur lustre le poil, il leur lèche les yeux, et tous, les uns après les autres, ont également part à ses soins : dans ce même temps la mère lui fait beaucoup de caresses, et souvent devient pleine peu de jours après.

Un gentilhomme de mes voisins, qui pendant plusieurs années s'est amusé à élever des lapins, m'a communiqué ces remarques : « J'ai commencé, dit-il, par avoir un mâle et une femelle seulement ; le mâle était tout blanc et la femelle toute grise, et dans leur postérité, qui fut très nombreuse, il y en eut beaucoup plus de gris que d'autre ; un assez grand nombre de blancs et de mêlés, et quelques-uns de noirs... La paternité, chez ces animaux, est très respectée ; j'en juge ainsi par la grande déférence que tous mes lapins ont eue pour leur premier père, qu'il m'était aisé de reconnaître à cause de sa blancheur, et qui est le seul mâle que j'ai conservé de cette couleur : la famille avait beau s'augmenter, ceux qui devenaient pères à leur tour lui étaient toujours subordonnés ; dès qu'ils se battaient, soit pour des femelles soit parce qu'ils se disputaient la nourriture, le grand-père, qui entendait du bruit, accourait de toute sa force, et, dès qu'on l'apercevait, tout rentrait dans l'ordre, et s'il en attrapait quelqu'un aux prises, il les séparait et en faisait sur-le-champ un exemple de punition. Une autre preuve de sa domination sur toute sa postérité, c'est que les ayant accoutumés à rentrer tous à un coup de sifflet, lorsque je donnais ce signal, et quelque éloignés qu'ils fussent, je voyais le grand-père se mettre à leur tête, et, quoique arrivé le premier, les laisser tous défiler devant lui et ne rentrer que le dernier....

Je les nourrissais avec du son de froment, du foin et beaucoup de genièvre; il leur en fallait plus d'une voiture par semaine; ils en mangeaient toutes les baies, les feuilles et l'écorce, et ne laissaient que le gros bois : cette nourriture leur donnait du fumet, et leur chair était aussi bonne que celle des lapins sauvages. »

Ces animaux vivent huit ou neuf ans : comme ils passent la plus grande partie de leur vie dans leurs terriers, où ils sont en repos et tranquilles, ils prennent un peu plus d'embonpoint que les lièvres; leur chair est aussi fort différente par la couleur et par le goût; celle des jeunes lapereaux est très délicate, mais celle des vieux lapins est toujours sèche et dure. Ils sont, comme je l'ai dit, originaires des climats chauds : les Grecs les connaissaient, et il paraît que les seuls endroits de l'Europe où il y en eût anciennement étaient la Grèce et l'Espagne; de là on les a transportés dans des climats plus tempérés, comme en Italie, en France, en Allemagne, où ils se sont naturalisés; mais dans les pays plus froids, comme en Suède et dans le reste du Nord, on ne peut les élever que dans les maisons, et ils périssent lorsqu'on les abandonne à la campagne. Ils aiment, au contraire, le chaud excessif, car on en trouve dans les contrées les plus méridionales de l'Asie et de l'Afrique, comme au golfe Persique, à la baie de Saldanha, en Libye, au Sénégal, en Guinée; et on en trouve aussi dans nos îles de l'Amérique, qui y ont été transportés de l'Europe et qui y ont très bien réussi.

LE HÉRISSON [1]

Πολλ'οἶδ' ἀλώπηξ, ἀλλ ἐχῖνος ἓν μέγα : le renard sait beaucoup de
choses, le hérisson n'en sait qu'une grande, disaient proverbialement
les anciens. Il sait se défendre sans combattre, et blesser sans attaquer :
n'ayant que peu de force et nulle agilité pour fuir, il a reçu de la
nature une armure épineuse, avec la facilité de se resserrer en boule
et de présenter de tous côtés des armes défensives, poignantes, et qui
rebutent ses ennemis ; plus ils le tourmentent, plus il se hérisse et
se resserre. Il se défend encore par l'effet même de la peur, il lâche
son urine, dont l'odeur et l'humidité, se répandant sur tout son corps,
achèvent de les dégoûter. Aussi la plupart des chiens se contentent de
l'aboyer et ne se soucient pas de le saisir : cependant il y en a
quelques-uns qui trouvent moyen, comme le renard, d'en venir à
bout en se piquant les pieds et se mettant la gueule en sang ; mais
il ne craint ni la fouine, ni la marte, ni le putois, ni le furet, ni la
belette, ni les oiseaux de proie.

La femelle et le mâle sont également couverts d'épines depuis la
tête jusqu'à la queue, et il n'y a que le dessous du corps qui soit
garni de poil. C'est au printemps qu'ils se cherchent, et ils produisent
au commencement de l'été. On m'a souvent apporté la mère et les
petits au mois de juin : il y en a ordinairement trois ou quatre, et
quelquefois cinq ; ils sont blancs dans ce premier temps, et l'on voit
seulement sur leur peau la naissance des épines. J'ai voulu en élever
quelques-uns ; on a mis plus d'une fois la mère et les petits dans un
tonneau avec une abondante provision, mais au lieu de les allaiter,
elle les a dévorés les uns après les autres. Ce n'était pas par le besoin

1. Ordre des *Carnassiers* ; famille des *Insectivores* ; genre *Hérisson*. (CUVIER.)

de nourriture, car elle mangeait de la viande, du pain, du son, des fruits, et l'on n'aurait pas imaginé qu'un animal aussi lent, aussi paresseux, auquel il ne manquait rien que la liberté, fut de si mauvaise humeur et si fâché d'être en prison ; il a même de la malice, et de la même sorte que celle du singe.

Un hérisson qui s'était glissé dans la cuisine découvrit une petite marmite, en tira la viande et y fit ses ordures. J'ai gardé des mâles et des femelles ensemble dans une chambre ; ils ont vécu, mais ils ne se sont point accouplés. J'en ai lâché plusieurs dans mes jardins, ils n'y font pas grand mal, et à peine s'aperçoit-on qu'ils y habitent ; ils vivent de fruits tombés ; ils fouillent la terre avec le nez à une petite profondeur ; ils mangent les hannetons, les scarabées, les grillons, les vers et quelques racines ; ils sont aussi très avides, de viande, et la mangent cuite ou crue. A la campagne, on les trouve fréquemment dans les bois, sous les troncs des vieux arbres, et aussi dans les fentes de rochers, et surtout dans les monceaux de pierre qu'on amasse dans les champs et dans les vignes. Je ne crois pas qu'ils montent sur les arbres, comme le disent les naturalistes, ni qu'ils se servent de leurs épines pour emporter des fruits ou des grains de raisin ; c'est avec la gueule qu'ils prennent ce qu'ils veulent saisir, et quoiqu'il y en ait un grand nombre dans nos forêts, nous n'en avons jamais vu sur les arbres ; ils se tiennent toujours au pied dans un creux ou sous la mousse ; ils ne bougent pas tant qu'il est jour, mais ils courent, ou plutôt ils marchent pendant toute la nuit ; ils approchent rarement des habitations, ils préfèrent les lieux élevés et secs, quoiqu'ils se trouvent aussi quelquefois dans les prés. On les prend à la main, ils ne fuient pas, ils ne se défendent ni des pieds ni des dents, mais ils se mettent en boule dès qu'on les touche, et pour les faire étendre il faut les plonger dans l'eau. Ils dorment pendant l'hiver ; ainsi les provisions qu'on dit qu'ils font pendant l'été leur seraient bien inutiles. Ils ne mangent pas beaucoup, et peuvent se passer assez longtemps de nourriture. Ils ont le sang froid à peu près comme les autres animaux qui dorment en hiver. Leur chair n'est pas bonne à manger, et leur peau, dont on ne fait maintenant aucun usage, servait autrefois de vergette et de frottoir pour serancer le chanvre.

Il en est des deux espèces de hérisson, l'un à groin de cochon, et l'autre à museau de chien, dont parlent quelques auteurs, comme des deux espèces de blaireau ; nous n'en connaissons qu'une seule, et qui n'a même aucune variété dans ces climats ; elle est assez généralement répandue ; on en trouve partout en Europe, à l'exception des pays les plus froids, comme la Laponie, la Norwège, etc. Il y a, dit Flacourt, des hérissons à Madagascar comme en France, et on les appelle *Sora*. Le hérisson de Siam, dont parle le P. Tachard, nous paraît être un autre animal, et le hérisson d'Amérique, le hérisson de Sibérie, sont les espèces les plus voisines du hérisson commun ; enfin, le hérisson de Malacca semble plus approcher de l'espèce du porc-épic que de celle du hérisson.

LA MUSARAIGNE [1]

La musaraigne semble faire une nuance dans l'ordre des petits animaux et remplir l'intervalle qui se trouve entre le rat et la taupe, qui se ressemblant par leur petitesse, diffèrent beaucoup par la forme, et sont en tout d'espèces très éloignées. La musaraigne, plus petite encore que la souris, ressemble à la taupe par le museau, ayant le nez beaucoup plus allongé que les mâchoires; par les yeux qui, quoique un peu plus gros que ceux de la taupe, sont cachés de même et sont beaucoup plus petits que ceux de la souris; par le nombre des doigts, dont elle a cinq à tous les pieds; par la queue, par les jambes, surtout celles de derrière qu'elle a plus courtes que la souris; par les oreilles, et enfin par les dents.

Ce très petit animal a une odeur forte qui lui est particulière, et qui répugne aux chats; ils chassent, ils tuent la musaraigne, mais ils ne la mangent pas comme la souris. C'est apparemment cette mauvaise odeur et cette répugnance des chats qui a fondé le préjugé du venin de cet animal et de sa morsure dangereuse pour le bétail, et surtout pour les chevaux; cependant il n'est ni venimeux, ni même capable de mordre, car il n'a pas l'ouverture de la gueule assez grande pour pouvoir saisir la double épaisseur de la peau d'un autre animal, ce qui cependant est absolument nécessaire pour mordre; et la maladie des chevaux, que le vulgaire attribue à la dent de la musaraigne, est une enflure, une espèce d'anthrax, qui vient d'une cause interne, et qui n'a nul rapport avec la morsure, ou, si l'on veut, la piqûre de ce petit animal.

Il habite asssez communément, surtout pendant l'hiver, dans les

1. *Musaraigne commune ou musette.* — Ordre des *Carnassiers*, famille des *Insectivores*, genre *Musaraigne*. CUVIER.

1. LA MUSARAIGNE. — 2. LA TAUPE. — 3. LE HÉRISSON.

greniers à foin, dans les écuries, dans les granges, dans les cours à
fumier ; il mange du grain, des insectes et des chairs pourries : on
le trouve aussi fréquemment à la campagne, dans les bois, où il vit de
graines ; et il se cache sous la mousse, sous les feuilles, sous les troncs
d'arbres, et quelquefois dans les trous abandonnés par les taupes, ou
dans d'autres trous plus petits qu'il se pratique lui-même, en fouillant avec les ongles et le museau.

La musaraigne produit en grand nombre, autant, dit-on, que la
souris, quoique moins fréquemment. Elle a le cri beaucoup plus aigu

Les Musaraignes.

que la souris, mais elle n'est pas aussi agile à beaucoup près : on la
prend aisément, parce qu'elle voit et court mal. La couleur ordinaire
de la musaraigne est d'un brun mêlé de roux, mais il y en a aussi
de cendrées, de presque noires, et toutes sont plus ou moins blanchâtres sous le ventre. Elles sont très communes dans toute l'Europe,
mais il ne paraît pas qu'on les retrouve en Amérique. L'animal du
Brésil dont Marcgrave parle sous le nom de musaraigne, qui a, dit-il,
le museau très pointu et trois bandes noires sur le dos, est plus gros,
et paraît être d'une autre espèce que notre musaraigne.

LA TAUPE [1]

La taupe, sans être aveugle, a les yeux si petits, si couverts, qu'elle ne peut faire grand usage du sens de la vue : elle a le toucher délicat ; son poil est doux comme la soie ; elle a l'ouïe très fine et de petites mains à cinq doigts, bien différente de l'extrémité des pieds des autres animaux, et presque semblables aux mains de l'homme ; beaucoup de force pour le volume de son corps, le cuir ferme, un embonpoint constant, un attachement vif et réciproque du mâle et de la femelle, de la crainte ou du dégoût pour toute autre société, les douces habitudes du repos et de la solitude, l'art de se mettre en sûreté, de se faire en un instant un asile, un domicile, la facilité de l'étendre, et d'y trouver, sans en sortir, une abondante subsistance. Voilà sa nature, ses mœurs et ses talents, sans doute préférables à des qualités plus brillantes et plus incompatibles avec le bonheur, que l'obscurité la plus profonde.

Elle ferme l'entrée de sa retraite, n'en sort presque jamais qu'elle n'y soit forcée par l'abondance des pluies d'été, lorsque l'eau la remplit ou lorsque le pied du jardinier en affaisse le dôme ; elle se pratique une voûte en rond dans les prairies, et assez ordinairement un boyau long dans les jardins, parce qu'il y a plus de facilité à diviser et à soulever une terre meuble et cultivée qu'un gazon ferme et tissu de racines ; elle ne demeure ni dans les fanges ni dans les terrains durs, trop compacts ou trop pierreux ; il lui faut une terre douce, fournie de racines esculentes, et surtout bien peuplée d'insectes et de vers, dont elle fait sa principale nourriture.

Comme les taupes ne sortent que rarement de leur domicile sou-

---

1. Ordre des *Carnassiers* ; famille des *Insectivores* ; genre *Taupe*. (CUVIER.)

terrain, elles ont peu d'ennemis, et échappent aisément aux animaux carnassiers; leur plus grand fléau est le débordement des rivières ; on les voit, dans les inondations, fuir en nombre à la nage, et faire tous leurs efforts pour gagner les terres plus élevées; mais la plupart périssent aussi bien que leurs petits qui restent dans les trous; sans cela, les grands talents qu'elles ont pour la multiplication nous deviendraient trop incommodes.

Le domicile où elles font leurs petits mériterait une description particulière. Il est fait avec une intelligence singulière; elles commen-

La Taupe.

cent par pousser, par élever la terre et former une voûte assez élevée ; elles laissent des cloisons, des espèces de piliers de distance en distance ; elles pressent et battent la terre, la mêlent avec des racines et des herbes, et la rendent si dure et si solide par dessous, que l'eau ne peut pénétrer la voûte à cause de sa convexité et de sa solidité; elles élèvent ensuite un tertre par dessous, au sommet duquel elles apportent de l'herbe et des feuilles pour faire un lit à leurs petits; dans cette situation, ils se trouvent au-dessus du niveau du terrain, et par conséquent à l'abri des inondations ordinaires, et en même temps à couvert de la pluie par la voûte qui recouvre le tertre sur lequel ils reposent. Ce tertre est percé tout autour de plusieurs trous en pente, qui descendent plus bas et s'étendent de tous côtés, comme autant de routes souterraines par où la mère taupe peut sortir et aller chercher la subsistance nécessaire à ses petits ; ces sentiers souterrains sont fermes et battus, s'étendent à douze ou quinze pas, et partent tous du domicile comme des rayons d'un centre. On y trouve aussi bien que sous la voûte, des débris d'oignons de colchique, qui sont apparemment la première nourriture qu'elle donne à ses petits.

On voit bien, par cette disposition, qu'elle ne sort jamais qu'à une distance considérable de son domicile, et que la manière la plus simple et la plus sûre de la prendre avec ses petits est de faire autour une tranchée qui l'environne en entier et qui coupe toutes les communications ; mais comme la taupe fuit au moindre bruit et qu'elle tâche d'emmener ses petits, il faut trois ou quatre hommes qui, travaillant ensemble avec la bêche, enlèvent la motte tout entière ou fassent une tranchée presque dans un moment, et qui ensuite les saisissent ou les attendent aux issues.

Quelques auteurs ont dit mal à propos que la taupe et le blaireau dormaient sans manger pendant l'hiver entier. Le blaireau, comme nous l'avons dit, sort de son trou en hiver comme en été, pour chercher sa subsistance, et il est aisé de s'en assurer par les traces qu'il laisse sur la neige. La taupe dort si peu pendant tout l'hiver, qu'elle pousse la terre comme en été et que les gens de la campagne disent, comme par proverbe : *Les taupes poussent, le dégel n'est pas loin.* Elles cherchent, à la vérité, les endroits les plus chauds : les jardiniers en prennent souvent autour de leurs couches au mois de décembre, de janvier et de février.

La taupe ne se trouve guère que dans les pays cultivés ; il n'y en a point dans les déserts arides ni dans les climats froids, où la terre est gelée pendant la plus grande partie de l'année. L'animal qu'on a appelé taupe de Sibérie, qui a le poil vert et or, est d'une espèce différente de nos taupes, qui ne sont en abondance que depuis la Suède jusqu'en Barbarie ; car le silence des voyageurs nous fait présumer qu'elles ne se trouvent point dans les climats plus chauds. Celles d'Amérique sont aussi différentes : la taupe de Virginie est cependant assez semblable à la nôtre, à l'exception de la couleur du poil, qui est mêlé de pourpre foncé; mais la taupe rouge d'Amérique est un autre animal. Il y a seulement deux ou trois variétés dans l'espèce commune de nos taupes; on en trouve de plus ou moins brunes et de plus ou moins noires : nous en avons vu de toutes blanches, et Séba fait mention et donne la figure d'une taupe tachée de noir et de blanc, qui se trouve en Ost-Frise, et qui est un peu plus grosse que la taupe ordinaire.

LA CHAUVE-SOURIS [1]

Quoique tout soit également parfait en soi, puisque tout est sorti des mains du Créateur, il est cependant, relativement à nous, des êtres accomplis et d'autres qui semblent imparfaits ou difformes. Les premiers sont ceux dont la figure nous paraît agréable et complète, parce que toutes les parties sont bien ensemble, que le corps et les membres sont proportionnés, les mouvements assortis, toutes les fonctions faciles et naturelles. Les autres, qui nous paraissent hideux, sont ceux dont les qualités nous sont nuisibles, ceux dont la nature s'éloigne de la nature commune, et dont la forme est trop différente des formes ordinaires desquelles nous avons reçu les premières sensations et tiré les idées qui nous servent de modèles pour juger.

Une tête humaine sur un cou de cheval, le corps couvert de plumes, et terminé par une queue de poisson, n'offrent un tableau d'une énorme difformité que parce qu'on y réunit ce que la nature a de plus éloigné. Un animal qui, comme la chauve-souris, est à demi quadrupède, à demi volatile, et qui n'est en tout ni l'un ni l'autre, est, pour ainsi dire, un être monstre, en ce que, réunissant les attributs de deux genres si différents, il ne ressemble à aucun des modèles que nous offrent les grandes classes de la nature. Il n'est qu'imparfaitement quadrupède, et il est encore plus imparfaitement oiseau.

Un quadrupède doit avoir quatre pieds, un oiseau a des plumes et des ailes; dans la chauve-souris, les pieds de devant ne sont ni des pieds ni des ailes, quoiqu'elle s'en serve pour voler, et qu'elle puisse aussi s'en servir pour se traîner : ce sont, en effet, des extrémités difformes dont les os sont monstrueusement allongés, et réunis

---

1. Ordre des *Carnassiers*; famille des *Chéiroptères*; genre *Chauve-Souris*. (CUVIER.)

1. LA CHAUVE-SOURIS — 2. L'OREILLARD
3. LA NOCTULE

par une membrane qui n'est couverte ni de plumes, ni même de poils,
comme le reste du corps : ce sont des espèces d'ailerons, ou, si l'on
veut, des pattes ailées où l'on ne voit que l'ongle d'un pouce court, et
dont les quatre autres doigts très longs ne peuvent agir qu'ensemble,
et n'ont point de mouvements propres, ni de fonctions séparées : ce
sont des espèces de mains dix fois plus grandes que les pieds, et en

tout quatre fois plus longues que le corps entier de l'animal : ce sont,
en un mot, des parties qui ont plutôt l'air d'un caprice que d'une
production régulière. Cette membrane couvre les bras, forme les ailes
ou les mains de l'animal, se réunit à la peau de son corps, et enveloppe
en même temps ses jambes, et même sa queue qui, par cette jonction
bizarre, devient, pour ainsi dire, l'un de ses doigts.

Ajoutez à ces disparates et à ces disproportions du corps et des
membres les difformités de la tête, qui souvent sont encore plus grandes ;
car, dans quelques espèces, le nez est à peine visible, les yeux sont
enfoncés tout près de la conque de l'oreille, et se confondent avec les
joues ; dans d'autres, les oreilles sont aussi longues que le corps, ou

bien la face est tortillée en forme de fer à cheval, et le nez recouvert par une espèce de crête. La plupart ont la tête surmontée par quatre oreillons ; toutes ont les yeux petits, obscurs et couverts, le nez ou plutôt les naseaux informes, la gueule fendue de l'une à l'autre oreille ; toutes aussi cherchent à se cacher, fuient la lumière, n'habitent que les lieux ténébreux, n'en sortent que la nuit, y rentrent au point du jour pour demeurer collée contre les murs.

Leur mouvement dans l'air est moins un vol qu'une espèce de voltigement incertain qu'elles semblent n'exécuter que par effort et d'une manière gauche ; elles s'élèvent de terre avec peine, elles ne volent jamais à une grande hauteur, elles ne peuvent qu'imparfaitement précipiter, ralentir ou même diriger leur vol ; il n'est ni très rapide ni bien direct, il se fait par des vibrations brusques dans une direction oblique et tortueuse ; elles ne laissent pas de saisir en passant les moucherons, les cousins et surtout les papillons phalènes qui ne volent que la nuit ; elles les avalent, pour ainsi dire, tout entiers ; et l'on voit dans les excréments les débris des ailes et des autres parties sèches qui ne peuvent se digérer. Étant un jour descendu dans les grottes d'Arcy pour en examiner les stalactites, je fus surpris de trouver sur un terrain tout couvert d'albâtre, et dans un lieu si ténébreux et si profond, une espèce de terre qui était d'une tout autre nature : c'était un tas épais et large de plusieurs pieds d'une matière noirâtre, presque entièrement composée de portions d'ailes et de pattes de mouches et de papillons, comme si ces insectes se fussent rassemblés en nombre immense et réunis dans ce lieu pour y périr et pourrir ensemble. Ce n'était cependant autre chose que de la fiente de chauves-souris, amoncelée probablement pendant plusieurs années dans l'endroit de ces voûtes souterraines, qu'elles habitaient de préférence ; car dans toute l'étendue de ces grottes, qui est de plus d'un demi-quart de lieue, je ne vis aucun autre amas d'une pareille matière, et je jugeai que les chauves-souris avaient fixé dans cet endroit leur demeure commune, parce qu'il y parvenait encore une très faible lumière par l'ouverture de la grotte, et qu'elles n'allaient pas plus avant pour ne pas s'enfoncer dans une obscurité trop profonde.

Les chauves-souris sont de vrais quadrupèdes ; elles n'ont rien de commun que le vol avec les oiseaux ; mais comme l'action de voler suppose une très grande force dans la partie supérieure du corps et dans les membres antérieurs, elles ont les muscles pectoraux beaucoup plus forts et plus charnus qu'aucun des quadrupèdes, et l'on peut dire que par là elles ressemblent encore aux oiseaux : elles en diffèrent par tout le reste de la conformation, tant extérieure qu'intérieure ; les poumons, le cœur, les organes de la génération, tous les autres viscères, sont semblables à ceux des quadrupèdes ; elles produisent, comme les quadrupèdes, leurs petits vivants ; enfin elles ont, comme eux, des

dents et des mamelles : l'on assure qu'elles ne portent que deux petits, qu'elles les allaitent et les transportent même en volant.

C'est en été qu'elles s'accouplent et qu'elles mettent bas, car elles sont engourdies pendant l'hiver : les unes se recouvrent de leurs ailes comme d'un manteau, s'accrochent à la voûte de leur souterrain par les pieds de derrière, et demeurent ainsi suspendues ; les autres se collent contre les murs ou se recèlent dans les trous ; elles sont toujours en nombre pour se défendre du froid : toutes passent l'hiver sans bouger, sans manger, ne se réveillent qu'au printemps, et se recèlent de nouveau vers la fin de l'automne. Elles supportent plus aisément la diète que le froid, elles peuvent passer plusieurs jours sans manger, et cependant elles sont du nombre des animaux carnassiers; car lorsqu'elles peuvent entrer dans une office, elles s'attachent aux quartiers de lard qui y sont suspendus, et elles mangent aussi de la viande crue ou cuite, fraîche ou corrompue.

Les naturalistes qui nous ont précédés ne connaissent que deux espèces de chauve-souris. M. Daubenton en a trouvé cinq autres qui sont, aussi bien que les deux premières espèces, naturelles à notre climat; elles y sont même aussi communes, aussi abondantes, et il est assez étonnant qu'aucun observateur ne les eût remarquées. Ces sept espèces sont très distinctes, très différentes les unes des autres, et n'habitent même jamais ensemble dans le même lieu.

La première, qui était connue, est la chauve-souris commune, ou la chauve-souris proprement dite.

La seconde est la chauve-souris à grandes oreilles, que nous nommerons l'*oreillard*, qui a aussi été reconnue par les naturalistes et indiquée par les nomenclateurs. L'oreillard est peut-être plus commun que la chauve-souris: il est bien plus petit de corps; il a aussi les ailes beaucoup plus courtes, le museau moins gros et plus pointu, les oreilles d'une grandeur démesurée.

La troisième espèce, que nous appellerons la *noctule*, du mot italien *nottula*, n'était pas connue, cependant elle est très commune en France, et on la rencontre même plus fréquemment que les deux espèces précédentes. On la trouve sous les toits, sous les gouttières de plomb des châteaux, des églises, et aussi dans les vieux arbres creux. Elle est presque aussi grosse que la chauve-souris; elle a les oreilles courtes et larges, le poil roussâtre, la voix aigre, perçante, et assez semblable au son d'un timbre de fer.

Nous nommerons *sérotine* la quatrième espèce, qui n'était nullement connue; elle est plus petite que la chauve-souris et que la noctule; elle est à peu près de la grandeur de l'oreillard, mais elle en diffère par les oreilles qu'elle a courtes et pointues, et par la couleur du poil; elle a les ailes plus noires et le poil d'un brun plus foncé.

Nous appellerons la cinquième espèce, qui n'était pas connue, la *pipistrelle*, du mot italien *pipistrello*, qui signifie aussi chauve-souris. La pipistrelle n'est pas, à beaucoup près, aussi grosse que la chauve-

souris ou la noctule, ni même que la sérotine ou l'oreillard : de toutes
les chauves-souris, c'est la plus petite et la moins laide, quoiqu'elle ait
la lèvre supérieure fort renflée, les yeux très petits, très enfoncés, et
le front très couvert de poil.

La sixième espèce, qui n'était pas connue, sera nommée *barbastelle*
du mot italien *barbastello*, qui signifie encore chauve-souris. Cet animal
est à peu près de la grosseur de l'oreillard ; il a les oreilles aussi
larges mais bien moins longues : le nom de barbastelle lui convient
d'autant mieux qu'il paraît avoir une grosse moustache, ce qui cepen-

dant n'est qu'une apparence occasionnée par le renflement des joues
qui forment un bourrelet au-dessus des lèvres ; il a le museau très
court , le nez fort aplati et les yeux presque dans les oreilles.

Enfin, nous nommerons *fer-à-cheval* une septième espèce qui
n'était nullement connue ; elle est très frappante par la singulière difformité de sa face, dont le trait le plus apparent et le plus marqué est
un bourrelet en forme de fer à cheval autour du nez et sur la lèvre
supérieure ; on la trouve très communément en France, dans les murs
et dans les caveaux des vieux châteaux abandonnés. Il y en a de
petites et de grosses, mais qui sont au reste si semblables par la

forme, que nous les avons jugées de la même espèce ; seulement, comme nous en avons beaucoup vu sans en trouver de grandeur moyenne entre les grosses et les petites, nous ne décidons pas si l'âge seul produit cette différence, ou si c'est une variété constante dans la même espèce.

LA ROUSSETTE.

LA ROUSSETTE — LA ROUGETTE

ET LE VAMPIRE[1]

La roussette et la rougette[2] nous paraissent faire deux espèces
distinctes, mais qui sont si voisines l'une de l'autre, et qui se ressemblent à tant d'égards, que nous croyons devoir les présenter ensemble.
La seconde ne diffère de la première que par la grandeur du corps
et les couleurs du poil; la roussette, dont le poil est d'un roux brun,
a neuf pouces de longueur depuis le bout du museau jusqu'à l'extrémité du corps, et trois pieds d'envergure lorsque les membranes qui
lui servent d'ailes sont étendues; la rougette, dont le poil est cendré-
brun, n'a guère que cinq pouces et demi de longueur et deux pieds
d'envergure; elle porte sur le cou un demi-collier d'un rouge vif, mêlé
d'orangé dont on n'aperçoit aucun vestige sur le cou de la roussette :
elles sont toutes deux à peu près des mêmes climats chauds de l'ancien
continent; on les trouve à Madagascar, à l'île de Bourbon, à Ternate,
aux Philippines et dans les autres îles de l'Archipel Indien, où il
paraît qu'elles sont plus communes que dans la terre ferme des continents voisins.

On trouve aussi dans les pays les plus chauds du Nouveau-Monde
un autre quadrupède volant dont on ne nous a pas transmis le nom

1. Ordre des *Carnassiers*; famille des *Chéiroptères*. (Cuvier.)

2. M. Brisson a séparé avec raison le genre de la roussette et de la rougette de celui
des chauves-souris, et M. Linnæus s'est trompé lorsqu'il a dit que les chauves-souris et les
roussettes avaient également quatre dents incisives à la mâchoire supérieure, et autant à l'inférieure: cela est vrai des roussettes, mais cela est autrement dans les chauves-souris; elles
ont, à la vérité, quatre dents incisives à la mâchoire supérieure, mais en même temps elles
en ont six à la mâchoire inférieure; ainsi elles ne peuvent être du même genre dans une
méthode qui, comme celle de cet auteur, est fondée sur le nombre et l'ordre des dents.

américain, et que nous appellerons vampire[1], parce qu'il suce le sang des hommes et des animaux qui dorment sans leur causer assez de douleur pour les éveiller : cet animal d'Amérique est d'une espèce différente de celles de la roussette et de la rougette, qui toutes deux ne se trouvent qu'en Afrique et dans l'Asie méridionale. Le vampire est plus petit que la rougette, qui est plus petite elle-même que la roussette ; le premier, lorsqu'il vole, paraît être de la grosseur d'un pigeon ; la seconde de la grandeur d'un corbeau ; et la troisième de celle d'une grosse poule. La rougette et la roussette ont toutes deux la tête assez bien faite, les oreilles courtes, le museau bien arrondi et à peu près de la forme de celui d'un chien. Le vampire, au contraire, a le museau plus allongé ; il a l'aspect hideux comme les plus laides chauves-souris, la tête informe et surmontée de grandes oreilles fort ouvertes et fort droites ; il a le nez contrefait, les narines en entonnoir, avec une membrane au-dessus qui s'élève en forme de corne ou de crête pointue, et qui augmente de beaucoup la difformité de sa face.

Ainsi l'on ne peut douter que cette espèce ne soit tout autre que celles de la roussette et de la rougette : le vampire est aussi malfaisant que difforme, il inquiète l'homme, tourmente et détruit les animaux. Nous ne pouvons citer un témoignage plus authentique et plus récent que celui de M. de la Condamine : « Les chauves-souris, dit-il, qui sucent le sang des chevaux, des mulets, et même des hommes quand ils ne s'en garantissent pas en dormant à l'abri d'un pavillon, sont un fléau commun à la plupart des pays chauds de l'Amérique ; il y en a de monstrueuses pour la grosseur ; elles ont entièrement détruit à Borja et en divers autres endroits le gros bétail que les missionnaires y avaient introduit, et qui commençait à s'y multiplier. » Ces faits sont confirmés par plusieurs autres historiens et voyageurs. Pierre Martyr, qui a écrit assez peu de temps après la conquête de l'Amérique méridionale, dit qu'il y a dans les terres de l'isthme de Darien des chauves-souris qui sucent le sang des hommes et des animaux pen-

---

1. Le *vampire*, animal de l'Amérique qui n'a été indiqué que par les noms vagues de *grande chauve-souris d'Amérique*, ou de *chien-volant de la Nouvelle-Espagne*.

M. Linnæus a donné ce même nom *vampyrus* à la roussette ; ce n'est cependant pas de la roussette des Indes orientales, à laquelle M. Linnæus applique ce nom de *vampire*, mais de l'animal d'Amérique dont il est ici question, que les voyageurs ont dit qu'il suçait le sang des hommes sans les éveiller ; c'est donc à cette troisième espèce et non pas à la première qu'on peut donner le nom de *vampire*.

dant qu'ils dorment jusqu'à les épuiser et même au point de les faire
mourir; Jumilla[1] assure la même chose, aussi bien que Dom George
Juan et Dom Antoine de Ulloa[2].

La Roussette.

Il paraît, en conférant ces témoignages, que l'espèce de ces chauves-
souris qui sucent le sang est nombreuse et très commune dans toute

1. Dans l'Amérique méridionale, les chauves-souris sont encore un fléau si cruel et si
funeste, qu'il faut l'avoir éprouvé pour le croire : il y en a de deux sortes, les unes sont de la
grosseur de celles que nous voyons en Espagne, les autres sont si grosses qu'elles ont trois
quarts d'aune de longueur d'un bout de l'aile à l'autre. Les unes et les autres sont d'adroites
sangsues s'il en fut jamais, qui rôdent toute la nuit pour boire le sang des hommes et des
bêtes : si ceux que leur état oblige de dormir par terre n'ont pas soin de se couvrir depuis
les pieds jusqu'à la tête, ce qui est extrêmement incommode dans des pays aussi chauds, ils
doivent s'attendre à être piqués des chauves-souris; à l'égard de ceux qui dorment dans les
maisons sous des *mosquiteros*, quand ils n'auraient que le front découvert, ils en sont infaillible-
ment mordus, et, si par malheur ces oiseaux leur piquent une veine, ils passent des bras du
sommeil dans ceux de la mort, à cause de la quantité de sang qu'ils perdent sans s'en apercevoir, tant leur piqûre est subtile; outre que battant l'air avec leurs ailes, elles rafraîchissent
le dormeur auquel elles ont dessein d'ôter la vie. (*Histoire naturelle de l'Orénoque*, par le
P. Jumilla, traduite de l'espagnol par M. Eidous. Avignon, 1758. t. III, p. 100.)

2. « On accuse le *vampire* de faire périr les hommes et les animaux en les suçant, mais il
se borne à faire de très-petites plaies qui peuvent quelquefois être envenimées par le climat. »
(Cuvier : *Règne animal*, t. I, p. 117).

l'Amérique méridionale; néanmoins nous n'avons pu jusqu'ici nous en procurer un seul individu; mais on peut voir dans Seba la figure et la description de cet animal, dont le nez est si extraordinaire que je suis très étonné que les voyageurs ne l'aient pas remarqué et ne se soient point écriés sur cette difformité qui saute aux yeux, et de laquelle cependant ils n'ont fait aucune mention. Il se pourrait donc que l'animal étrange dont Seba nous a donné la figure, ne fût pas celui que nous indiquons ici sous le nom de *vampire*, c'est-à-dire celui qui suce le sang; il se pourrait aussi que cette figure de Seba fût infidèle ou chargée, et enfin, il se pourrait que ce nez difforme fût une monstruosité ou une variété accidentelle, quoiqu'il y ait eu des exemples de ces difformités constantes dans quelques autres espèces de chauves-souris : le temps éclaircira ces obscurités et fixera nos incertitudes.

A l'égard de la roussette et de la rougette, elles sont toutes deux au Cabinet du roi, et elles sont venues de l'île de Bourbon; ces deux espèces ne se trouvent que dans l'ancien continent, et ne sont nulle part aussi nombreuses, en Afrique et en Asie, que celle du vampire l'est en Amérique. Ces animaux sont plus grands, plus forts et peut-être plus méchants que le vampire; mais c'est à force ouverte, en plein jour aussi bien que la nuit qu'ils font leur dégât; ils tuent les volailles et les petits animaux, ils se jettent même sur les hommes, les insultent et les blessent au visage par des morsures cruelles ; et aucun voyageur ne dit qu'ils sucent le sang des hommes et des animaux endormis.

Les anciens connaissaient imparfaitement ces quadrupèdes ailés, qui sont des espèces de monstres, et il est vraisemblable que c'est d'après ces modèles bizarres de la nature que leur imagination a dessiné les harpies. Les ailes, les dents, les griffes, la cruauté, la voracité, la saleté, tous les attributs difformes, toutes les facultés nuisibles des harpies, conviennent assez à nos roussettes. Hérodote paraît les avoir indiquées lorsqu'il a dit qu'il y avait de grandes chauves-souris qui incommodaient beaucoup les hommes qui allaient recueillir la casse autour des marais de l'Asie; qu'ils étaient obligés de se couvrir de cuir le corps et le visage pour se garantir de leurs morsures dangereuses. Strabon parle de très grandes chauves-souris dans la Mésopotamie dont la chair est bonne à manger. Parmi les modernes, Albert, Isidore, Scaliger ont fait mention, mais vaguement, de ces grandes chauves-souris. Linscot, Nicolas Mathias [1], François Pyrard [2] en ont parlé plus précisément, et Obliger Jacobeus [3] en a donné une courte description avec la figure; enfin l'on en trouve des descriptions et des figures bien faites dans Seba et dans Edwards, lesquelles s'accordent avec les nôtres.

Les roussettes sont des animaux carnassiers, voraces et qui mangent de tout, car, lorsque la chair ou le poisson leur manque, elles se nourrissent de végétaux et de fruits de toute espèce [4]; elles boivent le suc des palmiers, et il est aisé de les enivrer et de les prendre en mettant à portée de leur retraite des vases remplis d'eau de palmier, ou de quelque autre liqueur fermentée : elles s'attachent et se suspendent aux arbres avec leurs ongles ; elles vont ordinairement en troupe, et plus la nuit que le jour ; elles fuient les lieux trop fréquentés et demeurent dans les déserts, surtout dans les îles inhabitées. La chair de ces animaux, surtout lorsqu'ils sont jeunes, n'est pas mauvaise à manger; les Indiens la trouvent bonne, et ils en comparent le goût à celui de la perdrix ou du lapin.

Les voyageurs de l'Amérique s'accordent à dire que les grandes chauves-souris de ce nouveau continent sucent, sans les éveiller, le

1. Nicolas Mathias, dans son voyage imprimé à Visurgbourg, en suédois, dit p. 123, que ces grandes chauves-souris volent en troupe pendant la nuit, qu'elles boivent du suc des palmiers en si grande quantité qu'elles s'enivrent, et tombent comme mortes au pied des arbres; que lui-même en avait pris une dans cet état, et que, l'ayant attachée avec des clous à une muraille, elle rongea les clous et les arrondit avec ses dents comme si on les eût limés : il dit aussi que son museau ressemblait à celui d'un renard.

2. On voit dans l'île de Saint-Laurent et aux Maldives des chauves-souris plus grosses que des corbeaux. *Voyage de Pyrard*. Paris, 1619, t. 1, p. 38 et 132. — Les chauves-souris volent en plein jour dans le Malabar; elles sont grosses comme des chats, et on les mange sans répugnance. *Extrait de la Relation des Missions du Tranquebar, Bibliothèque raisonnée*, t. XXXII, p. 194.

3. Il y a deux de ces chauves-souris dans le *Museum regium Hafniæ*, 1696, p. 12, tab. 5, fig. 3. Il dit que chacune de ces chauves-souris était grande comme un gros corbeau ; qu'elles avaient, de la tête en bas, un pied de longueur; et il ajoute, d'après Linscot, que les Indiens les mangent et les trouvent aussi bonnes que des perdrix.

4. Aux îles Manilles, on voit sur les arbres une infinité de grandes chauves-souris qui pendent attachées les unes aux autres sur les arbres, et qui prennent leur vol à l'entrée de la nuit pour aller chercher leur nourriture dans des bois fort éloignés : elles volent quelquefois en si grand nombre et si serrées qu'elles obscurcissent l'air de leurs grandes ailes, qui ont quelquefois six palmes d'étendue : elles savent discerner, dans l'épaisseur des bois, les arbres dont les fruits sont mûrs ; elles les dévorent pendant toute la nuit avec un bruit qui se fait entendre de deux milles, et vers le jour elles retournent vers leurs retraites. Les Indiens, qui voient manger leurs meilleurs fruits par ces animaux, leur font la guerre non seulement pour se venger, mais pour se nourrir de leur chair, à laquelle ils prétendent trouver le goût du lapin (*Histoire générale des Voyages*, par M. l'abbé Prévost, t. X, p. 389.)

sang des hommes et des animaux endormis. Les voyageurs de l'Asie et de l'Afrique, qui font mention de la roussette ou de la rougette, ne parlent pas de ce fait singulier; néanmoins leur silence ne fait pas une preuve complète, surtout y ayant tant de conformité et tant d'autres ressemblances entre les roussettes et ces grandes chauves-souris que nous avons appelées *vampires*; nous avons donc cru devoir examiner comment il est possible que ces animaux puissent sucer le sang sans causer en même temps une douleur au moins assez sensible pour éveiller une personne endormie. S'ils entamaient la chair avec leurs dents, qui sont très fortes et grosses comme celles des autres quadrupèdes de leur taille, l'homme le plus profon-dément endormi, et les animaux surtout, dont le sommeil est plus léger que celui de l'homme, seraient brusquement réveillés par la douleur de cette morsure: il en est de même des blessures qu'ils pourraient faire avec leurs ongles ; ce n'est donc qu'avec la langue qu'ils peuvent faire des ouvertures assez subtiles dans la peau pour en tirer du sang et ouvrir les veines sans causer une vive douleur.

Nous n'avons pas été à portée de voir la langue du vampire, mais celle des roussettes, que M. Daubenton a examinée avec soin, semble indiquer la possibilité du fait : cette langue est pointue et hérissée de papilles dures, très fines, très aiguës et dirigées en arrière; ces pointes, qui sont très fines, peuvent s'insinuer dans les pores de la peau, les élargir et pénétrer assez avant pour que le sang obéisse à la succion continuelle de la langue[1]. Mais c'est assez raisonner sur ce fait, dont toutes les circonstances ne nous sont pas bien connues, et dont quelques-unes sont peut-être exagérées ou mal rendues par les écrivains qui nous les ont transmises.

---

1. La langue du *vampire* se termine aussi par des *papilles* dures et aiguës. — C'est avec ces *papilles* que le *vampire* perce la peau, et le *sang* obéit à la *succion continuelle de la langue* ; mais cette succion ne va pas jusqu'à faire mourir les hommes et les animaux.

LE GRAND-DUC

LE DUC ou GRAND DUC [1]

Les poètes ont dédié l'aigle à Jupiter, et le duc à Junon : c'est en effet l'aigle de la nuit et le roi de cette tribu d'oiseaux qui craignent la lumière du jour, et ne volent que quand elle s'éteint; le duc paraît être, au premier coup d'œil, aussi gros, aussi fort que l'aigle commun; cependant il est réellement plus petit, et les proportions de son corps sont toutes différentes; il a les jambes, le corps et la queue plus courtes que l'aigle, la tête beaucoup plus grande, les ailes bien moins longues, l'étendue du vol ou l'envergure n'étant que d'environ cinq pieds; on distingue aisément le duc à sa grosse figure, à son énorme tête, aux larges et profondes cavernes de ses oreilles, aux deux aigrettes, qui surmontent sa tête et qui sont élevées de plus de deux pouces et demi; à son bec court, noir et crochu; à ses grands yeux fixes et transparents; à ses larges prunelles noires et environnées d'un cercle de couleur orangée; à sa face, entourée de poils, ou plutôt de petites plumes blanches et décomposées qui aboutissent à une circonférence d'autres petites plumes frisées; à ses ongles noirs, très forts et très crochus; à son cou très court, à son plumage d'un roux brun, taché de noir et de jaune sur le dos, et de jaune sur le ventre, marqué de taches noires et traversé de quelques bandes brunes mêlées assez confusément; à ses pieds, couverts d'un duvet épais et de plumes roussâtres jusqu'aux ongles [2]; enfin à son cri effrayant [3] *huihou*,

1. Le *grand duc*. — Ordre des *Oiseaux de proie*; famille des *Nocturnes*; genre *Ducs* ou *Bubo*. (Cuvier.)

2. La femelle ne diffère du mâle qu'en ce que les plumes sur le corps, les ailes et la queue, sont d'une couleur plus sombre.

3. Voici ce que rapporte M. Frisch au sujet des différents cris du *puhu, schuffut,* ou *grand duc*, qu'il a longtemps gardé vivant. Lorsqu'il avait faim, dit cet auteur, il formait un son assez semblable à celui qui exprime son nom (en allemand, *puhu*) *pouhou*; lorsqu'il entendait tousser ou cracher un vieillard, il commençait très haut et très fort, à peu près du ton d'un

houhou, *bouhou*, *pouhou*, qu'il fait retentir dans le silence de la nuit, lorsque tous les autres animaux se taisent ; et c'est alors qu'il les éveille, les inquiète, les poursuit et les enlève, ou les met à mort pour les dépecer et les emporter dans les cavernes qui lui servent de retraite : aussi n'habite-t-il que les rochers ou les vieilles tours abandonnées et situées au-dessus des montagnes ; il descend rarement dans les plaines, et ne se perche pas volontiers sur les arbres, mais sur les églises écartées et sur les vieux châteaux.

Sa chasse la plus ordinaire sont les jeunes lièvres, les lapins, les taupes, les mulots, les souris qu'il avale tout entières et dont il digère la substance charnue, vomit le poil [1], les os et la peau en pelotes arrondies ; il mange aussi les chauves-souris, les serpents, les lézards, les crapauds, les grenouilles, et en nourrit ses petits ; il chasse alors avec tant d'activité que son nid regorge de provisions ; il en rassemble plus qu'aucun autre oiseau de proie.

On garde ces oiseaux dans les ménageries à cause de leur figure singulière ; l'espèce n'en est pas aussi nombreuse en France que celle des autres hiboux, et il n'est pas sûr qu'ils restent au pays toute l'année ; ils y nichent cependant quelquefois sur des arbres creux, et plus souvent dans des cavernes de rochers ou dans des trous de hautes et vieilles murailles ; leur nid a près de trois pieds de diamètre, et est composé de petites branches de bois sec entrelacées de racines souples et garni de feuilles en dedans : on ne trouve souvent qu'un œuf ou deux dans ce nid, et rarement trois ; la couleur de ces œufs tire un peu sur celle du plumage de l'oiseau ; leur grosseur excède celle

paysan ivre qui éclate en riant, et il faisait durer son cri *ouhou* ou *pouhou*, autant qu'il pouvait être de temps sans reprendre haleine ; il m'a paru, ajoute M. Frisch, qu'il prenait ce bruit qu'un homme fait en toussant pour le cri de sa femelle : mais quand il crie par angoisse ou de peur, c'est un cri très désagréable, très fort, et cependant assez semblable à celui des oiseaux de proie diurnes. (Traduit de l'allemand de Frisch, article du *Bubo* ou *Grand Duc*.)

1. J'ai eu deux fois, dit M. Frisch, des grands ducs vivants, et je les ai conservés longtemps ; je les nourrissais de chair et de foie de bœuf, dont ils avalaient souvent de fort gros morceaux ; lorsqu'on jetait des souris à cet oiseau, il leur brisait les côtes et les autres os avec son bec, puis il les avalait l'une après l'autre, quelquefois jusqu'à cinq de suite ; au bout de quelques heures, les poils et les os se rassemblaient, se pelotonnaient dans son estomac par petites masses, après quoi il les ramenait en haut, et les rejetait par le bec ; au défaut d'autre pâture, il mangeait toute sorte de poissons de rivière, petits et moyens, et après avoir de même brisé et pelotonné les arêtes dans son estomac, il les ramenait le long de son cou, et les rejetait par le bec : il ne voulait point du tout boire, ce que j'ai observé de même de quelques oiseaux de proie diurnes. — *Nota* qu'à la vérité ces oiseaux peuvent se passer de boire, mais que cependant, quand ils sont à portée, ils boivent, en se cachant.

des œufs de poule : les petits sont très voraces, et les pères
et mères très habiles à la chasse qu'ils font dans le silence et avec
beaucoup plus de légèreté que leur grosse corpulence ne paraît le
permettre ; souvent ils se battent avec les buses, et sont ordinairement les plus forts et les maîtres de la proie qu'ils leur enlèvent ;
ils supportent plus aisément la lumière du jour que les autres oiseaux
de nuit, car ils sortent de meilleure heure le soir et rentrent plus
tard le matin.

Grand Duc.

On voit quelquefois le duc assailli par des troupes de corneilles
qui le suivent au vol et l'environnent par milliers ; il soutient leur
choc, pousse des cris plus forts qu'elles et finit par les disperser, et
souvent par en prendre quelqu'une lorsque la lumière du jour baisse :
quoiqu'ils aient les ailes plus courtes que la plupart des oiseaux de
haut vol ils ne laissent pas de s'élever assez haut, surtout à l'heure
du crépuscule ; mais ordinairement ils ne volent que bas et à de
petites distances dans les autres heures du jour. On se sert du duc
dans la fauconnerie pour attirer le milan ; on attache au duc une queue
de renard pour rendre sa figure encore plus extraordinaire ; il vole à

fleur de terre et se pose dans la campagne sans se percher sur aucun arbre ; le milan, qui l'aperçoit de loin, arrive et s'approche du duc, non pas pour le combattre ou l'attaquer, mais comme pour l'admirer, et il se tient auprès de lui assez longtemps pour se laisser tirer par le chasseur, ou prendre par les oiseaux de proie qu'on lâche à sa poursuite : la plupart des faisandiers tiennent aussi dans leur faisanderie un duc qu'ils mettent toujours en cage sur des juchoirs dans un lieu découvert, afin que les corbeaux et les corneilles s'assemblent autour de lui, et qu'on puisse tirer et tuer un plus grand nombre de ces oiseaux criards qui inquiètent beaucoup les jeunes faisans ; et pour ne pas effrayer les faisans on tire les corneilles avec une sarbacane.

On a observé, à l'égard des parties intérieures de cet oiseau, qu'il a la langue courte et assez large, l'estomac très ample, l'œil enfermé dans une tunique cartilagineuse en forme de capsule, et le cerveau recouvert d'une simple tunique plus épaisse que celle des autres oiseaux, qui, comme les animaux quadrupèdes, ont deux membranes qui recouvrent la cervelle.

Il paraît qu'il y a dans cette espèce une première variété qui semble en renfermer une seconde : toutes deux se trouvent en Italie et ont été indiquées par Aldrovande ; on peut appeler l'un le *duc aux ailes noires*, et le second le *duc aux pieds nus ;* le premier ne diffère en effet du grand duc commun que par les couleurs qu'il a plus brunes ou plus noires sur les ailes, le dos et la queue ; et le second, qui ressemble en entier à celui-ci par ces couleurs plus noires, n'en diffère que par la nudité des jambes et des pieds qui sont très peu fournis de plumes ; ils ont aussi tous deux les jambes plus menues et moins fortes que le duc commun.

Indépendamment de ces deux variétés qui se trouvent dans nos climats, il y en a d'autres dans des climats plus éloignés : le duc blanc de Laponie, marqué de taches noires, qu'indique Linnæus, ne paraît être qu'une variété produite par le froid du Nord ; on sait que la plupart des animaux quadrupèdes sont naturellement blancs ou le deviennent dans les pays très froids ; il en est de même d'un grand nombre d'oiseaux : celui-ci qu'on trouve dans les montagnes de Laponie est blanc, taché de noir, et ne diffère que par cette couleur du grand duc commun ; ainsi on le peut rapporter à cette espèce comme simple variété.

Comme cet oiseau craint peu le chaud et ne craint pas le froid, on le trouve également, dans les deux continents, au nord et au midi,

et non seulement on y trouve l'espèce même, mais encore les variétés
de l'espèce : le jacurutu du Brésil, décrit par Marcgrave, est absolument le même oiseau que notre grand duc commun ; celui qui nous
a été apporté des terres Magellaniques, ne diffère pas assez du grand
duc d'Europe pour en faire une espèce séparée ; celui qui est indiqué
par l'auteur du Voyage à la baie d'Hudson, sous le nom de *hibou
couronné*, et par M. Edwards sous le nom de *duc de Virginie*, sont des
variétés qui se trouvent en Amérique les mêmes qu'en Europe ; car
la différence la plus remarquable qu'il y ait entre le duc commun et

Le Grand Duc.

le duc de la baie d'Hudson et de Virginie, c'est que les aigrettes partent
du bec au lieu de partir des oreilles. Or on peut voir de même dans
les figures des trois ducs, données par Aldrovande, qu'il n'y a que le
premier, c'est-à-dire le duc commun, dont les aigrettes partent des
oreilles ; et que dans les autres, qui néanmoins sont des variétés qui
se trouvent en Italie, les plumes des aigrettes ne partent pas des oreilles,

mais de la base du bec, comme dans le duc de Virginie décrit par
M. Edwards : il me paraît donc que M. Klein a prononcé trop légèrement lorsqu'il à dit que ce grand duc de Virginie était d'une espèce
toute différente de l'espèce d'Europe, parce que les aigrettes partent
du bec, au lieu que celles de notre duc partent des oreilles ; s'il eût
comparé les figures d'Aldrovande et celles de M. Edwards, il eût
reconnu que cette même différence, qui ne fait qu'une variété, se
trouve en Italie comme en Virginie, et qu'en général les aigrettes
dans ces oiseaux ne partent pas précisément du bord des oreilles,
mais plutôt du dessus des yeux et des parties supérieures à la base
du bec.

LE CROCODILE

OU LE CROCODILE PROPREMENT DIT

La nature, en accordant à l'aigle les hautes régions de l'atmosphère, en donnant au lion, pour son domaine, les vastes déserts des contrées ardentes, a abandonné au crocodile les rivages des mers et des grands fleuves des zones torrides. Cet animal énorme, vivant sur les confins de la terre et des eaux, étend sa puissance sur les habitants des mers et sur ceux que la terre nourrit. L'emportant en grandeur sur tous les animaux de son ordre, ne partageant sa subsistance ni avec le vautour, comme l'aigle, ni avec le tigre comme le lion, il exerce une domination plus absolue que celle du lion et de l'aigle. Il jouit d'un empire d'autant plus durable que, appartenant à deux éléments, il peut échapper plus aisément aux pièges ; qu'ayant moins de chaleur dans le sang, il a moins besoin de réparer des forces qui s'épuisent moins vite ; et que, pouvant résister plus longtemps à la faim, il livre moins souvent des combats hasardeux.

Il surpasse, par la longueur de son corps, et l'aigle et le lion, ces fiers rois de l'air et de la terre ; et si l'on excepte les très grands quadrupèdes, comme l'éléphant, l'hippopotame, etc., et quelques serpents démesurés, dans lesquels la nature paraît se complaire à prodiguer la matière, il serait le plus grand des animaux, si, dans le fond des mers dont il habite les bords, cette nature puissante n'avait placé d'immenses cétacés. Il est à remarquer qu'à mesure que les animaux sont destinés à fendre l'air avec rapidité, à marcher sur la terre ou à cingler au milieu des eaux, ils sont doués d'une grandeur plus considérable. Les aigles et les vautours sont bien éloignés d'égaler en grandeur le tigre, le lion et le chameau ; à mesure même que les quadrupèdes vivent plus près des rivages, il semble que leurs dimensions augmentent, comme dans l'éléphant et dans l'hippopotame.

Cependant la plupart des animaux quadrupèdes, dont le volume est le plus étendu, sont moins grands que les crocodiles qui ont atteint le dernier degré de leur développement. On dirait que la nature a eu de la peine à donner à de très grands animaux des ressorts assez puissants pour les élever au milieu d'un élément aussi léger que l'air, et même pour les faire marcher sur la terre, et qu'elle n'a accordé un volume, pour ainsi dire, gigantesque aux êtres vivants et animés, que lorsqu'ils ont dû fendre l'élément de l'eau, qui, en leur cédant par sa fluidité, les a soutenus par sa pesanteur. L'art de l'homme, qui n'est qu'une application des forces de la nature, a été contraint de suivre la même progression; il n'a pu faire rouler sur la terre que des masses peu considérables, il n'en a élevé dans les airs que de moins grandes encore, et ce n'est que sur la surface des ondes qu'il a pu diriger des machines énormes.

Mais cependant comme le crocodile ne peut vivre que dans les climats très chauds, et que les grandes baleines, etc., fréquentent de préférence, au contraire, les régions polaires, le crocodile ne le cède en grandeur qu'à un petit nombre des animaux qui habitent les mêmes pays que lui. C'est donc assez souvent sans trouble qu'il exerce son empire sur les quadrupèdes ovipares. Incapable de désirs très ardents, il ne ressent pas 'a férocité[1]. S'il se nourrit de proie, s'il dévore les autres animaux, s'il attaque même quelquefois l'homme, ce n'est pas, comme on l'a dit du tigre, pour assouvir un appétit cruel, pour obéir à une soif de sang que rien ne peut étancher, mais uniquement pour satisfaire des besoins d'autant plus impérieux, qu'il doit entretenir une masse plus considérable. Roi dans son domaine, comme l'aigle et le lion dans les leurs, il a, pour ainsi dire, leur noblesse en même temps que leur puissance. Les baleines, les premiers des cétacés auxquels nous venons de le comparer, ne détruisent également que pour se conserver ou se reproduire; et voilà donc les quatre grands dominateurs des eaux, des rivages, des déserts et de l'air, qui réunissent à la supériorité de la force une certaine douceur dans l'instinct et laissent à des espèces inférieures, à des tyrans subalternes, la cruauté sans besoin.

---

1. Aristote est le premier naturaliste qui l'ait reconnu.

La forme générale du crocodile est assez semblable, en grand, à celle des autres lézards. Mais si nous voulons saisir les caractères qui lui sont particuliers, nous trouverons que sa tête est allongée, aplatie et fortement ridée ; le museau gros et un peu arrondi ; au-dessus est un espace rond, rempli d'une substance noirâtre, molle et spongieuse, où sont placées les ouvertures des narines ; leur forme est celle d'un croissant, et leurs pointes sont tournées en arrière. La gueule s'ouvre jusqu'au delà des oreilles : les mâchoires ont quelquefois plusieurs pieds de longueur ; l'inférieure est terminée de chaque côté par une ligne droite ; mais la supérieure est comme festonnée ; elle s'élargit vers le gosier, de manière à déborder de chaque côté la mâchoire de dessous ; elle se rétrécit ensuite et la laisse dépasser jusqu'au museau, où elle s'élargit de nouveau et enferme, pour ainsi dire, la mâchoire inférieure.

Il arrive de là que les dents placées aux endroits où une mâchoire déborde l'autre paraissent à l'extérieur comme des crochets ou des espèces de dents canines : telles sont les dix dents qui garnissent le devant de la mâchoire supérieure. Au contraire, les deux dents les plus antérieures de la mâchoire inférieure, non seulement s'enfoncent dans la mâchoire de dessus lorsque la gueule est fermée, mais elles y pénètrent si avant, qu'elles la traversent en entier et s'élèvent au-dessus du museau, où leurs pointes ont l'apparence de petites cornes ; c'est ce que nous avons trouvé dans tous les individus d'une longueur un peu considérable que nous avons examinés. Cela est même très sensible dans un jeune crocodile du Sénégal, de quatre pieds trois ou quatre pouces de long, que l'on conserve au Cabinet du roi. Ce caractère remarquable n'a cependant été indiqué par personne, excepté par les mathématiciens jésuites, que Louis XIV envoya dans l'Orient, et qui découvrirent un crocodile dans le royaume de Siam.

Les dents sont quelquefois au nombre de trente-six dans la mâchoire supérieure et de trente dans la mâchoire inférieure, mais ce nombre doit souvent varier. Elles sont fortes, un peu creuses, striées, coniques, pointues, inégales en longueur, attachées par de grosses racines, placées de chaque côté sur un seul rang, et un peu courbées en arrière, principalement celles qui sont vers le bout du museau. Leur disposition est telle que, quand la gueule est fermée, elles passent les unes entre les autres ; les pointes de plusieurs dents inférieures occupent alors des trous creusés dans les gencives de dessus, et réciproquement. MM. les académiciens, qui disséquèrent un très jeune crocodile amené en France en 1681, arrachèrent quelques dents et en trouvèrent de très petites placées dans le fond des alvéoles; ce qui prouve que les premières dents du crocodile tombent et sont remplacées par de nouvelles, comme les dents incisives de l'homme et de plusieurs quadrupèdes vivipares.

La mâchoire inférieure est la seule mobile dans le crocodile, ainsi que dans les autres quadrupèdes. Il suffit de jeter les yeux sur le squelette de ce grand lézard, pour en être convaincu, malgré tout ce qu'on a écrit à ce sujet.

Dans la plupart des vivipares, la mâchoire inférieure, indépendamment du mouvement de haut en bas, a un mouvement de droite à gauche et de gauche à droite, nécessaire pour la trituration de la nourriture. Ce mouvement a été refusé au crocodile, qui d'ailleurs ne peut mâcher que difficilement sa proie, parce que les dents d'une mâchoire ne sont pas placées de manière à rencontrer celles de l'autre; mais elles retiennent ou déchirent avec force les animaux qu'il saisit et qu'il avale le plus souvent sans les broyer[1]. Il a par là avec les poissons un trait de ressemblance auquel ajoutent la conformation et la position des dents de plusieurs chiens de mer, assez semblables à celles des dents du crocodile.

Les anciens, et même quelques modernes, ont pensé que le crocodile n'avait pas de langue; il en a une cependant fort large, et beaucoup plus considérable en proportion que celle du bœuf, mais qu'il ne peut pas allonger ni darder à l'extérieur, parce qu'elle est attachée aux deux bords de la mâchoire inférieure, par une membrane qui la couvre. Cette membrane est percée de plusieurs trous, auxquels aboutissent des conduits qui partent des glandes de la langue.

Le crocodile n'a point de lèvres; aussi, lorsqu'il marche ou qu'il nage avec le plus de tranquillité, montre-t-il ses dents, comme par furie. Ce qui ajoute à l'air terrible que cette conformation lui donne, c'est que ses yeux étincelants, très rapprochés l'un de l'autre, placés obliquement et présentant une sorte de regard sinistre, sont garnis de

---

1. « Le crocodile avale ses aliments sans les mâcher et sans les mêler avec de la salive; il les digère cependant avec facilité, parce qu'il a en proportion une plus grande quantité de bile et de sucs digestifs qu'aucun autre animal. » Voyez le *Voyage en Palestine*, par Hasselquist p. 316.

deux paupières dures, toutes les deux mobiles, fortement ridées, surmontées par un rebord dentelé, et, pour ainsi dire, par un sourcil menaçant. Cet aspect affreux n'a pas peu contribué sans doute à la réputation de cruauté insatiable que quelques voyageurs lui ont donnée : ses yeux sont aussi, comme ceux des oiseaux, défendus par une membrane clignotante qui ajoute à leur force.

Le Crocodile.

Les oreilles, situées très près et au-dessus des yeux, sont recouvertes par une peau fendue et un peu relevée, de manière à représenter deux paupières fermées, et c'est ce qui a fait croire à quelques naturalistes que le crocodile n'a point d'oreilles, parce que plusieurs autres lézards en ont l'ouverture plus sensible. La partie supérieure de la peau qui ferme les oreilles est mobile; et lorsqu'elle est levée, elle laisse apercevoir la membrane du tambour. Certains voyageurs auront apparemment pensé que cette peau, relevée en forme de paupières, recouvrait des yeux; et voilà pourquoi l'on a écrit que l'on avait tué des crocodiles à quatre yeux. Quelque peu proéminentes que soient ces oreilles, Hérodote dit que les habitants de Memphis attachaient des espèces de pendants à des crocodiles privés qu'ils nourrissaient.

Le cerveau des crocodiles est très petit.

La queue est très longue; elle est, à son origine, aussi grosse que le corps, dont elle paraît une prolongation; sa forme aplatie, et assez semblable à celle d'un aviron, donne au crocodile une grande facilité pour se gouverner dans l'eau, et frapper cet élément de manière à y nager avec vitesse. Indépendamment de ce secours, les trois doigts des pieds de derrière sont réunis par des membranes, dont il peut se servir comme d'espèces de nageoires: ces doigts sont au nombre de quatre; ceux des pieds de devant, au nombre de cinq; dans chaque pied, il n'y a que les doigts intérieurs qui sont garnis d'ongles, et la longueur de ces ongles est ordinairement d'un ou de deux pouces.

La nature a pourvu à la sûreté des crocodiles, en les revêtant d'une armure presque impénétrable; tout leur corps est couvert d'écailles, excepté le sommet de la tête, où la peau est collée immédiatement sur l'os. Celles qui couvrent les flancs, les pattes et la plus grande partie du cou sont presque rondes, de grandeurs différentes et distribuées irrégulièrement. Celles qui défendent le dos et le dessus de la queue sont carrées et forment des bandes transversales. Il ne faut donc pas, pour blesser le crocodile, le frapper de derrière en avant, comme si les écailles se recouvraient les unes les autres, mais dans les jointures des bandes qui ne présentent que la peau. Plusieurs naturalistes ont écrit que le nombre de ces bandes variait suivant les individus. Nous les avons comptées avec soin sur sept crocodiles de différentes grandeurs, tant de l'Afrique que de l'Amérique; l'un avait treize pieds neuf pouces six lignes de long, depuis le bout du museau jusqu'à l'extrémité de la queue; le second, neuf pieds; le troisième et le quatrième, huit pieds; le cinquième, quatre; le sixième, deux; le septième était mort en sortant de l'œuf. Ils avaient tous le même nombre de bandes, excepté celui de deux pieds, qui paraissait, à la rigueur, en présenter une de plus que les autres.

Ces écailles carrées ont une très grande dureté et une flexibilité qui les empêche d'être cassantes[1] ; le milieu de ces lames présente une sorte de crête dure qui ajoute à leur solidité[2], et le plus souvent, elles sont à l'épreuve de la balle. L'on voit sur le milieu du cou deux rangées transversales de ces écailles à tubercules, l'une de quatre pièces et l'autre de deux ; et de chaque côté de la queue s'étendent deux rangs d'autres tubercules, en forme de crêtes, qui la font paraître hérissée de pointes, et qui se réunissent à une certaine distance de son extrémité, de manière à n'y former qu'un seul rang. Les lames qui garnissent le ventre, le dessous de la tête, du cou, de la queue, des pieds et la face intérieure des pattes, dont le bord extérieur est le plus souvent dentelé, forment également des bandes transversales ; elles sont carrées et flexibles, comme celles du dos, mais bien moins dures et sans crêtes. C'est par ces parties plus faibles que les cétacés et les poissons voraces attaquent le crocodile ; c'est par là que le dauphin lui donne la mort, ainsi que le rapporte Pline; et lorsque le chien de mer, connu sous le nom de *poisson-scie*, lui livre un combat qu'ils soutiennent tous deux avec furie, le poisson-scie ne pouvant percer les écailles tuberculeuses qui revêtent le dessus de son ennemi, plonge et le frappe au ventre.

La couleur des crocodiles tire sur un jaune verdâtre, plus ou moins nuancé d'un vert faible, par taches et par bandes, ce qui représente assez bien la couleur du bronze un peu rouillé. Le dessous du corps, de la queue et des pieds, ainsi que la face intérieure des pattes, sont d'un blanc jaunâtre; on a prétendu que le nom de ces grands animaux venait de la ressemblance de leur couleur, avec celle du safran, en latin *crocus*, et en grec *crocos*. On a écrit aussi qu'il venait de *crocos* et de *deilos*, qui signifie *timide*, parce qu'on a cru qu'ils avaient horreur du safran. Aristote paraît penser que les cro-

---

1. « Les écailles du crocodile sont à l'épreuve de la balle, à moins que le coup ne soit tiré de très près ou le fusil très chargé. Les nègres s'en font des bonnets, ou plutôt des casques, qui résistent à la hache. » Labat, t. II, p. 347 ; Voyage d'Atkins : *Histoire générale des voyages*, livre VII. — La dureté de ces écailles doit être cependant relative à l'âge, aux individus et peut-être au sexe. M. de la Borde assure que la croûte dont les crocodiles sont revêtus ne peut être percée par la balle qu'au-dessous des épaules. Suivant M. de la Coudrenière, on peut aussi la percer à coups de fusil sous le ventre et vers les yeux. Observations sur le crocodile de la Louisiane, par M. de la Coudrenière. *Journal de physique*, 1782.

2. Les crêtes voisines des flancs ne sont pas plus élevées que les autres et ne peuvent point opposer une plus grande résistance à la balle, ainsi qu'on l'a décrit. Je m'en suis assuré par l'inspection de plusieurs crocodiles de divers pays.

codiles sont noirs ; il y en a en effet de très bruns sur la rivière du Sénégal, ainsi que nous l'avons dit ; mais ce grand philosophe ne devait pas les connaître.

Les crocodiles ont quelquefois cinquante-neuf vertèbres ; sept dans le cou, douze dans le dos, cinq dans les lombes, deux à la place de l'os sacrum et trente-trois dans la queue ; mais le nombre de ces vertèbres est variable. Leur œsophage est très vaste et susceptible d'une grande dilatation ; ils n'ont point de vessie comme les tortues ; leurs uretères se déchargent dans le rectum ; l'anus est situé au-dessous et à l'extrémité postérieure du corps. Ils ont deux glandes ou petites poches au-dessous des mâchoires et deux autres auprès de l'anus ; ces quatre glandes contiennent une matière volatile, qui leur donne une odeur de musc assez forte.

La taille des crocodiles varie suivant la température des diverses contrées dans lesquelles on les trouve. La longueur des plus grands ne passe guère vingt-cinq ou vingt-six pieds dans les climats qui leur conviennent le mieux ; il paraît même que, dans certaines contrées qui leur sont moins favorables, comme les côtes de la Guyane, leur longueur ordinaire ne s'étend pas au delà de treize ou quatorze pieds. Un individu de cette longueur, dont la peau est conservée au Cabinet du roi, a plus de quatre pieds de circonférence dans l'endroit le plus gros du corps, ce qui suppose une circonférence de huit à neuf pieds dans les plus grands crocodiles. Au reste, on pourra juger des proportions de ce grand quadrupède ovipare par la note suivante qui présente les principales dimensions de l'individu dont nous venons de parler.

On a cru, pendant longtemps, que les crocodiles ne faisaient qu'une ponte ; mais M. de la Borde nous apprend que, dans l'Amérique méridionale, la femelle fait deux et quelquefois trois pontes éloignées l'une de l'autre de peu de jours ; chaque ponte est de vingt à vingt-quatre œufs, et par conséquent il est possible que le crocodile en ponde en tout soixante-douze, ce qui se rapproche de l'assertion de M. Linné, qui a décrit que les œufs du crocodile étaient quelquefois au nombre de cent.

La femelle dépose ses œufs sur le sable, le long des rivages qu'elle fréquente ; dans certaines contrées, comme aux environs de Cayenne et de Surinam, elle prépare, assez près des eaux qu'elle habite, un petit terrain élevé et creux dans le milieu ; elle y ramasse des feuilles et des débris de plantes, au milieu desquels elle fait sa ponte ; elle recouvre ses œufs avec ces mêmes feuilles ; il s'excite une sorte de fermentation dans ces végétaux, et c'est la chaleur qui en provient, jointe à celle de l'atmosphère, qui fait éclore les œufs. Le temps de la ponte commence, aux environs de Cayenne, en même temps que celui de la ponte des tortues, c'est-à-dire dès le mois d'avril ; mais il est plus prolongé. Ce qui est très singulier, c'est que l'œuf d'où doit sortir un animal aussi grand que l'alligator n'est guère plus gros que l'œuf d'une poule d'Inde, suivant Catesby. Il y a, au Cabinet du roi, un œuf d'un crocodile de quatorze pieds de longueur, tué dans la haute Égypte, au moment où il venait de pondre. Il est ovale et blanchâtre ; sa coque est d'une substance crétacée, semblable à celle des œufs de poule, mais moins dure ; la tunique intérieure qui touche à l'enveloppe crétacée est plus épaisse et plus forte que dans la plupart des œufs d'oiseaux. Le grand diamètre n'est que de deux pouces cinq lignes, et le petit diamètre d'un pouce onze lignes. J'en ai mesuré d'autres, pondus par des crocodiles d'Amérique, qui étaient plus allongés, et dont le grand diamètre était de trois pouces sept lignes, et le petit diamètre de deux pouces.

Les petits crocodiles sont repliés sur eux-mêmes dans leurs œufs ; ils n'ont que six ou sept pouces de long lorsqu'ils brisent leur coque. On a observé que ce n'est pas toujours avec leur tête, mais quelquefois avec les tubercules de leur dos qu'ils la cassent. Lorsqu'ils en sortent, ils traînent attaché au cordon ombilical le reste du jaune de l'œuf, entouré d'une membrane, et une espèce d'arrière-faix, composé de l'enveloppe dans laquelle ils ont été enfermés. Nous l'avons observé dans un jeune crocodile pris en sortant de l'œuf et conservé au Cabinet du roi. Quelque temps après qu'ils sont éclos, on remarque encore sur le bas de leur ventre l'insertion du cordon ombilical, qui disparaît avec le temps ; et les rangs d'écailles, qui étaient séparés et formaient une fente longitudinale par où il passait, se réunissent insensiblement. Ce fait est analogue à ce que nous avons remarqué dans de jeunes tortues, de l'espèce appelée *la ronde*, dont le plastron était fendu et dont on voyait au dehors la portion du ventre où le cordon ombilical avait été attaché.

Les crocodiles ne couvent donc pas leurs œufs ; on aurait dû le présumer, d'après leur naturel, et l'on aurait dû, indépendamment du témoignage des voyages, refuser de croire ce que dit Pline du crocodile mâle, qui, suivant ce grand naturaliste, couve, ainsi que la femelle, les œufs qu'elle a pondus. Mais comment attribuer cette vive, intime et constante tendresse à un animal qui, par la froideur de son sang, ne peut éprouver presque jamais ni passions impétueuses, ni sentiment profond? La chaleur seule de l'atmosphère, ou celle d'une fermentation, fait donc éclore les œufs des crocodiles. Les petits ne connaissent donc point de parents en naissant [1]; mais la nature leur a donné assez de force, dès les premiers moments de leur vie, pour se passer des soins étrangers. Dès qu'ils sont éclos, ils courent d'eux-mêmes se jeter dans l'eau, où ils trouvent plus de sûreté et de nourriture. Tant qu'ils sont encore jeunes, ils sont cependant dévorés, non seulement par les poissons voraces, mais encore quelquefois par les vieux crocodiles qui, tourmentés par la faim, font alors par besoin ce que d'autres animaux sanguinaires paraissent faire uniquement par cruauté.

On n'a point recueilli assez d'observations sur les crocodiles pour savoir précisément quelle est la durée de leur vie; mais on peut conclure qu'elle est très longue, d'après l'observation suivante que M. le vicomte de Fontange, commandant pour le roi dans l'île de Saint-Domingue, a eu la bonté de me communiquer. M. de Fontange a pris à Saint-Domingue de jeunes crocodiles qu'il a vus sortir de l'œuf; il les a nourris et a essayé de les amener vivants en France; le froid qu'ils ont éprouvé dans la traversée les a fait périr. Ces animaux avaient déjà vingt-six mois, et ils n'avaient encore qu'à peu près vingt pouces de longueur. On devrait donc compter vingt-six mois d'âge pour chaque vingt pouces que l'on trouverait dans la longueur des grands crocodiles, si leur accroissement se faisait toujours suivant la même proportion; mais, dans presque tous les animaux, le développement est plus considérable dans les premiers temps de leur vie. L'on peut donc croire qu'il faudrait supposer bien plus de vingt-six mois pour chaque vingt pouces de la longueur d'un crocodile. Nous ne comptons cependant que vingt-six mois, parce que l'on pourrait dire que, lorsque les animaux ne jouissent pas d'une liberté entière, leur accroissement

---

1. Cependant, suivant M. de la Borde, à Surinam, la femelle du crocodile se tient à une certaine distance de ses œufs, qu'elle garde, pour ainsi dire, et qu'elle défend avec une sorte de fureur, lorsqu'on veut y toucher.

est retardé, et nous trouverons qu'un crocodile de vingt-cinq pieds n'a pu atteindre à tout son développement qu'au bout de trente-deux ans et demi.

Cette lenteur dans le développement du crocodile est confirmée par l'observation des missionnaires mathématiciens que Louis XIV envoya dans l'Orient, et qui, ayant gardé un très jeune crocodile en vie pendant deux mois, remarquèrent que ses dimensions n'avaient pas augmenté, pendant ce temps, d'une manière sensible. Cette même lenteur a fait naître sans doute l'erreur d'Aristote et de Pline, qui pensaient que le crocodile croissait jusqu'à sa mort, et elle prouve combien la vie de cet animal peut être longue. Le crocodile habitant en effet au milieu des eaux, presque autant que les tortues marines, n'étant pas revêtu d'une croûte plus dure qu'une carapace, et croissant pendant bien plus de temps que la tortue franche, qui paraît être entièrement développée après vingt ans, ne doit-il pas vivre plus long-temps que cette grande tortue, qui cependant vit plus d'un siècle ?

Le crocodile fréquente de préférence les rives des grands fleuves, dont les eaux surmontent souvent leurs bords, et qui, couvertes d'une vase limoneuse, offrent en plus grande abondance les testacés, les vers, les grenouilles et les lézards dont il se nourrit. Il se plaît surtout dans l'Amérique méridionale, au milieu des lacs marécageux et des savanes noyées. Catesby, dans son *Histoire naturelle de la Caroline*, nous représente les bords fangeux, baignés par les eaux salées, comme des forêts épaisses d'arbres de banianes, parmi lesquels des crocodiles vont se cacher. Les plus petits s'enfoncent dans des buissons épais, où les plus grands ne peuvent pénétrer, et où ils sont à couvert de leurs dents meurtrières. Ces bois aquatiques sont remplis de poissons destructeurs et d'autres animaux qui se dévorent les uns les autres. On y rencontre aussi de grandes tortues ; mais elles sont le plus souvent la proie de ces poissons carnassiers, qui, à leur tour, servent d'aliment aux crocodiles, plus puissants qu'eux tous. Ces forêts noyées présentent les débris de cette sorte de carnage, et l'on y voit flotter des restes de carcasses d'animaux à demi dévorés.

C'est dans ces terrains fangeux que, couvert de boue et ressemblant à un arbre renversé, il attend immobile, et avec la patience que doit lui donner la froideur de son sang, le moment favorable de saisir sa proie. Sa couleur, sa forme allongée, son silence, trompent les poissons, les oiseaux de mer, les tortues, dont il est très avide. Il s'élance aussi sur les béliers, les cochons et même sur les bœufs. Lorsqu'il nage, en suivant le cours de quelque grand fleuve, il arrive souvent qu'il n'élève au-dessus de l'eau que la partie supérieure de sa tête ; dans cette attitude, qui lui laisse la liberté des yeux, il cherche à surprendre les grands animaux qui s'approchent de l'une ou de l'autre rive ; et lorsqu'il en voit quelqu'un qui vient pour y boire, il plonge, va jusqu'à lui en nageant entre deux eaux, le saisit par les jambes et l'entraîne au large pour l'y noyer. Si la faim le presse, il dévore aussi les hommes, et particulièrement les nègres, sur lesquels on a écrit qu'il se jette de préférence.

Les très grands crocodiles surtout, ayant besoin de plus d'aliments, pouvant être aperçus et évités plus facilement par les petits animaux, doivent éprouver plus souvent et plus violemment le tourment de la faim, et par conséquent être quelquefois très dangereux, principalement dans l'eau. C'est en effet dans cet élément que le crocodile jouit de toute sa force et qu'il se remue avec agilité, malgré sa lourde masse, en faisant souvent entendre une espèce de murmure sourd et confus. S'il a de la peine à se tourner avec promptitude, à cause de la longueur de son corps, c'est toujours avec la plus grande vitesse qu'il fend l'eau devant lui pour se précipiter sur sa proie ; il la renverse d'un coup de sa queue raboteuse, la saisit avec ses griffes, la déchire ou la partage en deux avec ses dents fortes et pointues, et l'engloutit dans une gueule énorme, qui s'ouvre jusqu'au delà des ovailles pour la recevoir.

Lorsqu'il est à terre, il est plus embarrassé dans ses mouvements, et par conséquent moins à craindre pour les animaux qu'il poursuit ; mais, quoique moins agile que dans l'eau, il avance très vite quand le chemin est droit et le terrain uni. Aussi, lorsqu'on veut lui échapper, doit-on se détourner sans cesse. On lit dans la description de la Nouvelle-Espagne, qu'un voyageur anglais fut poursuivi avec tant de vitesse par un monstrueux crocodile sorti du lac de Nicaragua, que si les Espagnols qui l'accompagnaient ne lui eussent crié de quitter le chemin battu et de marcher en tournoyant, il aurait été la proie de ce terrible animal. Dans l'Amérique méridionale, suivant M. de la Borde, les grands crocodiles sortent des fleuves plus rarement que les petits ; l'eau des lacs qu'ils fréquentent venant quelquefois à s'évaporer, ils demeurent souvent pendant quelques mois à sec, sans pouvoir regagner aucune rivière, vivant de gibier ou se passant de nourriture, et étant alors très dangereux.

Il y a peu d'endroits peuplés de crocodiles un peu gros où l'on puisse tomber dans l'eau sans risquer de perdre la vie[1]. Ils ont souvent, pendant la nuit, grimpé ou sauté dans des canots, dans lesquels on était endormi, et ils en ont dévoré tous les passagers. Il faut veiller avec soin lorsqu'on se trouve le long des rivages habités par ces animaux. M. de la Borde en a vu se dresser contre les très petits bâtiments. Au reste, en comparant les relations des voyageurs, il paraît que la voracité et la hardiesse des crocodiles augmentent, diminuent et même passent entièrement, suivant le climat, la taille, l'âge, l'état de ces animaux, la nature, et surtout l'abondance de leurs aliments. La faim peut quelquefois les forcer à se nourrir d'animaux de leur espèce, ainsi que nous l'avons dit ; et, lorsqu'un extrême besoin les domine, le plus faible devient la victime du plus fort ; mais, d'après tout ce que nous avons exposé, l'on ne doit point penser, avec quelques naturalistes, que la femelle du crocodile conduit à l'eau ses petits lorsqu'ils sont éclos, et que le mâle et la femelle dévorent ceux qui ne peuvent pas se traîner, Nous avons vu que la chaleur du soleil ou de l'atmosphère faisait éclore leurs œufs, que les petits allaient d'eux-mêmes à la mer ; et les crocodiles n'étant jamais cruels que pour assouvir une faim plus cruelle, ne doivent point être accusés de l'espèce de choix barbare qu'on leur a imputé.

Malgré la diversité des aliments que recherche le crocodile, la facilité que la lenteur de sa marche donne à plusieurs animaux pour l'éviter le contraint quelquefois à demeurer beaucoup de temps et même plusieurs mois sans manger : il avale alors de petites pierres et de petits morceaux de bois capables d'empêcher ses intestins de se resserrer.

Il paraît, par les récits des voyageurs, que les crocodiles qui

---

1. « Les crocodiles sont plus dangereux dans la grande rivière de Macassar que dans aucune autre rivière de l'Orient : ces monstres, ne se bornant point à faire la guerre aux poissons, s'assemblent quelquefois en troupes et se tiennent cachés au fond de l'eau, pour attendre le passage des petits bâtiments. Ils les arrêtent, et, se servant de leur queue comme d'un croc, ils les renversent et se jettent sur les hommes et les animaux, qu'ils entraînent dans leurs retraites. » Description de l'île Célèbes ou Macassar. *Histoire générale des voyages*, t. XXXIX, p. 248, édit. in-12.

vivent près de l'équateur ne s'engourdissent dans aucun temps de l'année ; mais ceux qui habitent vers les tropiques ou à des latitudes plus élevées se retirent, lorsque le froid arrive, dans des antres profonds auprès des rivages, et y sont pendant l'hiver dans un état de torpeur. Pline a écrit que les crocodiles passaient quatre mois de l'hiver dans des cavernes, et sans nourriture, ce qui suppose que les crocodiles du Nil, qui étaient les mieux connus des anciens, s'engourdissaient pendant la saison du froid. En Amérique, à une latitude aussi élevée que celle de l'Égypte, et par conséquent sous une température moins chaude, le nouveau continent étant plus froid que l'ancien, les crocodiles sont engourdis pendant l'hiver. Ils sortent dans la Caroline de cet état de sommeil profond en faisant entendre, dit Catesby, des mugissements horribles qui retentissent au loin. Les rivages habités par ces animaux peuvent être entourés d'échos qui réfléchissent les sons sourds formés par ces grands quadrupèdes ovipares, et en augmentent la force de manière à justifier, jusqu'à un certain point, le récit de Catesby. D'ailleurs M. de la Coudrenière dit que, dans la Louisiane, le cri de ces animaux n'est jamais répété plusieurs fois de suite, mais que leur voix est aussi forte que celle d'un taureau. Le capitaine Jobson assure aussi que les crocodiles, qui sont en grand nombre dans la rivière de Gambie en Afrique, et que les nègres appellent *bumbos*, y poussent des cris que l'on entend de fort loin. Ce voyageur ajoute que l'on dirait que ces cris sortent du fond d'un puits. Ce qui suppose, dans la voix du crocodile, beaucoup de tons graves qui la rapprochent d'un mugissement bas et comme étouffé. Et enfin le témoignage de M. de la Borde, que nous avons déjà cité, vient encore ici à l'appui de l'assertion de Catesby.

Si le crocodile s'engourdit à de hautes latitudes comme les autres quadrupèdes ovipares, sa couverture écailleuse n'est point de nature à être altérée par le froid et la disette, ainsi que la peau du plus grand nombre de ces animaux ; et il ne se dépouille pas comme ces derniers.

Dans tous les pays où l'homme n'est pas en assez grand nombre pour le contraindre à vivre dispersé, il va par troupes nombreuses. M. Adanson a vu, sur la grande rivière du Sénégal, des crocodiles réunis au nombre de deux cents, nageant ensemble la tête hors de l'eau, et ressemblant à un grand nombre de troncs d'arbres, à une forêt que les flots entraîneraient. Mais cet attroupement des crocodiles n'est point le résultat d'un instinct heureux : ils ne se rassemblent pas, comme les castors, pour s'occuper en commun de travaux combinés ; leurs talents ne sont pas augmentés par l'imitation, ni leurs forces par le concert ; ils ne se recherchent pas comme les phoques et les lamantins par une sorte d'affection mutuelle, mais ils se réunissent parce que des appétits semblables les attirent dans les mêmes endroits : cette habitude d'être ensemble est cependant une nouvelle preuve du peu de cruauté que l'on doit attribuer aux crocodiles ; et ce qui confirme qu'ils ne sont pas féroces, c'est la flexibilité de leur naturel. On est parvenu à les apprivoiser. Dans l'île de Bouton, aux Moluques, on engraisse quelques-uns de ces animaux devenus par là en quelque sorte domestiques ; dans d'autres pays, on les nourrit par ostentation. Sur la côte des Esclaves en Afrique, le roi de Saba a, par magnificence, deux étangs remplis de crocodiles. Dans la rivière de Rio-San-Domingo, également près des côtes occidentales de l'Afrique, où les habitants prennent soin de les nourrir, des enfants osent, dit-on, jouer avec ces monstrueux animaux. Les anciens connaissaient cette facilité avec laquelle le crocodile se laisse apprivoiser. Aristote a dit que, pour y parvenir, il suffisait de lui donner une nourriture abondante, dont le défaut seul peut le rendre très dangereux.

Mais si le crocodile n'a pas la cruauté des chiens de mer et de plusieurs autres animaux de proie, avec lesquels il a plusieurs rapports, et qui vivent au milieu des eaux, il n'a pas assez de chaleur intérieure pour avoir la fierté de leur courage : aussi Pline a-t-il écrit qu'il fuit devant ceux qui le poursuivent, qu'il se laisse même gouverner par les hommes assez hardis pour se jeter sur son dos, et qu'il n'est redoutable que pour ceux qui fuient devant lui. Cela pourrait être vrai des crocodiles que Pline ne connaissait point, qui se trouvent dans certains endroits de l'Amérique, et qui, comme tous les autres animaux de ces contrées nouvelles, où l'humidité l'emporte sur la chaleur, ont moins de courage et de force que les animaux qui les représentent dans les pays secs de l'ancien continent. Cette chaleur est si nécessaire aux crocodiles que non seulement ils vivent avec peine dans les climats très tempérés, mais encore que leur grandeur diminue à mesure qu'ils habitent les latitudes élevées. On les rencontre cependant dans les deux mondes à plusieurs degrés au-dessus des tropiques ; l'on a même trouvé des pétrifications de crocodiles à plus de cinquante pieds sous terre dans les mines de Thuringe, ainsi qu'en Angleterre ; mais ce n'est pas ici le lieu d'examiner le rapport de ces ossements fossiles avec les révolutions qu'ont éprouvées les diverses parties du globe.

Quelque redoutable que paraisse le crocodile, les nègres des environs du Sénégal osent l'attaquer pendant qu'il est endormi et tâchent de le surprendre dans des endroits où il n'a pas assez d'eau pour nager ; ils vont à lui audacieusement, le bras gauche enveloppé dans un cuir ; ils l'attaquent à coups de lance ou de zagaie ; ils le percent de plusieurs coups au gosier et dans les yeux ; ils lui ouvrent la gueule, la tiennent sous l'eau et l'empêchent de se fermer en plaçant leur zagaie entre les mâchoires, jusqu'à ce que le crocodile soit suffoqué par l'eau qu'il avale en trop grande quantité.

En Égypte, on creuse sur les traces de cet animal démesuré un fossé profond, que l'on couvre de branchage et de terre ; on effraye ensuite à grands cris le crocodile qui, reprenant pour aller à la mer le chemin qu'il avait suivi pour s'écarter de ses bords, passe sur la fosse, y tombe et y est assommé ou pris dans des filets. D'autres attachent une forte corde par une extrémité à un gros arbre ; ils lient à l'autre bout un crochet et un agneau, dont les cris attirent le crocodile, qui, en voulant enlever cet appât, se prend au crochet par la gueule. A mesure qu'il s'agite, le crochet pénètre plus avant dans la chair : on suit tous ses mouvements en lâchant la corde, et on attend qu'il soit mort, pour le tirer du fond de l'eau.

Les sauvages de la Floride ont une autre manière de le prendre ; ils se réunissent au nombre de dix ou douze ; ils s'avancent au-devant du crocodile, qui cherche une proie sur le rivage ; ils portent un arbre qu'ils ont coupé par le pied ; le crocodile va à eux la gueule béante ; mais en enfonçant leur arbre dans cette large gueule, ils l'ont bientôt renversé et mis à mort.

On dit aussi qu'il y a des gens assez hardis pour aller, en nageant jusque sous le crocodile, lui percer la peau du ventre, qui est presque le seul endroit où le fer puisse pénétrer.

Mais l'homme n'est pas le seul ennemi que le crocodile ait à craindre : les tigres en font leur proie, l'hippopotame le poursuit, et

il est pour lui d'autant plus dangereux, qu'il peut le suivre avec acharnement jusqu'au fond de la mer. Les couguars, quoique plus faibles
que les tigres, détruisent aussi un grand nombre de crocodiles ; ils
attaquent les jeunes caïmans, ils les attendent en embuscade sur le
bord des grands fleuves, les saisissent au moment qu'ils montrent la
tête hors de l'eau, et les dévorent. Mais lorsqu'ils en rencontrent de
gros et de forts, ils sont attaqués à leur tour ; en vain ils enfoncent
leurs griffes dans les yeux du crocodile, cet énorme lézard, plus vigoureux qu'eux, les entraîne au fond de l'eau.

Sans ce grand nombre d'ennemis, un animal aussi fécond que le
crocodile serait trop multiplié ; tous les rivages des grands fleuves des
zones torrides seraient infestés par ces animaux monstrueux qui
deviendraient bientôt féroces et cruels par l'impossibilité où ils seraient
de trouver aisément leur nourriture. Puissants par leurs armes, plus
puissants par leur multitude, ils auraient bientôt éloigné l'homme de
ces terres fécondes et nouvelles que ce roi de la nature a quelquefois
bien de la peine à leur disputer ; car comment résister à tout ce qui
donne le pouvoir, à la grandeur, aux armes, à la force et au nombre ?
Prosper Alpin dit qu'en Égypte les plus grands crocodiles fuient le
voisinage de l'homme et se tiennent sur les rivages du Nil, au-dessus
de Memphis. Mais, dans les pays moins peuplés, il ne doit pas en être
de même ; ils sont si abondants dans les grandes rivières de l'Amazone
et d'Oyapoc, dans la baie de Vinçon et dans les lacs qui y communiquent, qu'ils y gênent, par leur multitude, la navigation des pirogues ;
ils suivent ces légers bâtiments, sans cependant essayer de les renverser, et sans attaquer les hommes. Il est quelquefois aisé de les écarter
à coups de rame, lorsqu'ils ne sont pas très grands. Mais M. de la Borde
raconte que, naviguant dans un canot, le long des rivages orientaux
de l'Amérique méridionale, il rencontra une douzaine de gros caïmans
à l'embouchure d'une petite rivière dans laquelle il voulait entrer ; il
leur tira plusieurs coups de fusil, sans qu'ils changeassent de place ;
il fut tenté de faire passer son canot par-dessus ces animaux ; il fut
arrêté cependant par la crainte qu'ils ne fissent chavirer son petit
bâtiment et ne le dévorassent lorsqu'il serait tombé dans l'eau. Il fut
obligé d'attendre près de deux heures, après lesquelles les caïmans
s'éloignèrent et lui laissèrent le passage libre.

Heureusement un grand nombre de crocodiles sont détruits avant d'éclore. Indépendamment des ennemis puissants dont nous avons déjà parlé, des animaux trop faibles pour ne pas fuir à l'aspect de ces grands lézards cherchent leurs œufs sur le rivage où ils les déposent : la mangouste, les singes, les sagouins, les sapajous et plusieurs espèces d'oiseaux d'eau s'en nourrissent avec avidité et en cassent même un très grand nombre, en quelque sorte pour le plaisir de jouer.

Ces mêmes œufs, ainsi que la chair du crocodile, surtout celle de la queue et du bas-ventre, servent de nourriture aux nègres de l'Afrique, ainsi qu'à certains peuples de l'Inde et de l'Amérique. Ils trouvent délicate et succulente cette chair qui est très blanche ; mais il paraît que presque tous les Européens qui ont voulu en manger ont été rebutés par l'odeur du musc dont elle est imprégnée. M. Adanson cependant dit qu'il goûta celle d'un jeune crocodile, tué sous ses yeux au Sénégal, et qu'il ne la trouva pas mauvaise. Au reste, la saveur de cette chair doit varier beaucoup suivant l'âge, la nourriture et l'état de l'animal.

On trouve quelquefois des bézoards dans le corps des crocodiles, ainsi que dans celui de plusieurs autres lézards. Séba avait dans sa collection plusieurs de ces bézoards, qui lui avaient été envoyés d'Amboine et de Ceylan ; les plus grands étaient gros comme un œuf de canard, mais un peu plus longs, et leur surface présentait des éminences de la grosseur des plus petits grains de poivre. Ces concrétions étaient composées, comme tous les bézoards, de couches placées au-dessus les unes des autres ; leur couleur était marbrée et d'un cendré obscur plus ou moins mêlé de blanc.

Les anciens Romains ont été longtemps sans connaître les crocodiles par eux-mêmes ; ce n'est que cinquante-huit ans avant l'ère chrétienne que l'édile Scorus en montra cinq au peuple. Auguste lui en fit voir un grand nombre vivants, contre lesquels il fit combattre des hommes. Héliogabale en nourrissait.

Les tyrans du monde faisaient venir, à grands frais, de l'Afrique, des crocodiles, des tigres, des lions : ils s'empressaient de réunir autour d'eux ce que la terre paraît nourrir de plus féroce.

Les crocodiles étaient donc pour les Romains et d'autres anciens peuples des animaux très redoutables ; ils venaient de loin. Il n'est pas surprenant qu'on leur ait attribué des vertus extraordinaires. Il n'y a presque aucune partie dans les crocodiles à laquelle on n'ait

1 LE GAVIAL (Lacerta Gangetica Lin.)   2 LE CAMÉLÉON (Chameleo africanus Lin.)

d'après le règne animal de Cuvier, éditeur V. Masson

Garnier frères Éditeurs

attaché la vertu de guérir quelque maladie. Leurs dents, leurs écailles,
leur chair, leurs intestins, tout en était merveilleux. On fit plus dans
leur pays natal. Ils y inspiraient une grande terreur, ils y répandaient
quelquefois le ravage; la crainte dégrada la raison, on en fit des
dieux, on leur donna des prêtres; la ville d'Arsinoé leur fut consacrée.
On renfermait religieusement leurs cadavres dans de hautes pyramides,
auprès des tombeaux des rois, et maintenant dans ce même pays,
où on les adorait il y a deux mille ans, on a mis leur tête à prix.
Telle est la vicissitude des opinions humaines.

LE GAVIAL

OU LE CROCODILE A MACHOIRES ALLONGÉES

Cette espèce de crocodile se trouve dans les grandes Indes; elle
y habite les bords du Gange, où on l'a nommée *gavial;* elle ressemble
aux crocodiles du Nil par la couleur et par les caractères généraux
et distinctifs des crocodiles. Le gavial a, comme les alligators, cinq
doigts aux pieds de devant et quatre doigts aux pieds de derrière; il
n'a d'ongle qu'aux trois doigts intérieurs de chaque pied; mais il
diffère des crocodiles d'Égypte par des caractères particuliers et très
sensibles. Ses mâchoires sont plus allongées et beaucoup plus étroites,
au point de paraître comme une sorte de long bec qui contraste avec
la grosseur de la tête; les dents ne sont pas inégales en grosseur et
en longueur, comme celles des crocodiles proprement dits; elles sont
plus nombreuses, et l'on conserve au Cabinet du roi un individu
de cette espèce qui a environ douze pieds de long, et qui a cinquante-
huit dents à la mâchoire supérieure, et cinquante à la mâchoire
inférieure.

Le nombre des bandes transversales et tuberculeuses qui garnissent
le dessus du corps est plus considérable de plus d'un quart, dans les
crocodiles du Gange que dans l'alligator; d'ailleurs elles se touchent
toutes, et les écailles carrées qui les composent sont plus relevées dans
leurs bords sans l'être autant dans leur centre que celles du crocodile

du Nil. Ces différences avec le crocodile proprement dit sont plus que suffisantes pour constituer une espèce distincte.

Les crocodiles du Gange [1] parviennent à une grandeur très considérable ainsi que ceux du Nil. L'on peut voir, au Cabinet du roi, une portion de mâchoire de ces crocodiles des grandes Indes, d'après laquelle nous avons trouvé que l'animal auquel elle a appartenu devait avoir trente pieds dix pouces de longueur. Au reste, nous ne pouvons donner une idée plus nette de ces énormes animaux qu'en renvoyant à la figure et à la note précédente, où nous rapportons les principales dimensions de l'individu de près de douze pieds, dont nous venons de parler.

C'est apparemment de cette espèce qu'étaient les crocodiles vus par Tavernier sur les bords du Gange, depuis Toutipour jusqu'au bourg d'Acérat, qui en est à vingt-cinq cosses. Ce voyageur aperçut un très grand nombre de ces animaux couchés sur le sable; il tira sur eux; le coup donna dans la mâchoire d'un grand crocodile et fit couler du sang, mais l'animal se retira dans le fleuve. Le lendemain, Tavernier, en continuant de descendre le Gange, en vit un aussi grand nombre, également étendus sur le rivage : il tira sur deux de ces animaux deux coups de fusil chargés à trois balles; au même instant ils se renversèrent sur le dos, ouvrirent la gueule et expirèrent.

Il paraît que le gavial n'était point inconnu des anciens, puisqu'au rapport d'Élien, on disait de son temps que l'on trouvait sur les bords du Gange des crocodiles qui avaient une espèce de corne au bout du museau. Mais M. Edwards est le premier naturaliste moderne qui ait parlé du gavial; il publia en 1756 la figure et la description d'un individu de cette espèce, dont il a comparé les mâchoires

1. Dimensions d'un crocodile à tête allongée :

	Pieds	Pouces	Lignes
Longueur totale.	11	10	6
Longueur de la tête.	2	1	1
Longueur depuis l'entre-deux des yeux jusqu'au bout du museau	1	7	9
Longueur de la mâchoire supérieure.	2	0	6
Longueur de la partie de la mâchoire qui est armée de dents.	1	6	0
Distance des deux yeux	0	3	3
Grand diamètre de l'œil.	0	2	0
Circonférence du corps à l'endroit le plus gros	3	6	0
Circonférence de la tête derrière les yeux	2	0	0
Circonférence du museau à l'endroit le plus étroit.	0	6	2
Longueur des pattes de devant jusqu'au bout des doigts.	1	3	7
Longueur des pattes de derrière jusqu'au bout des doigts	1	8	0
Longueur de la queue.	5	1	0
Circonférence de la queue à son origine	2	8	0

longues et étroites au bec du harle, et qu'il a nommé *crocodile à bec
allongé*. Cet individu, qui présentait tous les signes d'un développement
peu avancé, avait au-dessous du ventre une poche ou bourse ouverte ;
nous n'avons trouvé aucune marque d'une poche semblable dans le
crocodile du Gange dont nous venons de donner les dimensions, ni dans
un jeune crocodile de la même espèce, et long de deux pieds trois
pouces, qui fait aussi partie de la collection du Cabinet du roi.
Peut-être cette poche s'efface-t-elle à mesure que l'animal grandit
et n'est-elle qu'un reste de l'ouverture par laquelle s'insère le cordon
ombilical ; ou peut-être l'individu de M. Edwards était-il d'un sexe
différent de ceux dont nous avons vu la dépouille.

L'on conserve au Cabinet du roi une portion de mâchoire garnie
de dents, à demi pétrifiée, renfermée dans une pierre calcaire trouvée
aux environs de Dax en Gascogne, et envoyée au Cabinet par M. de
Borda. Elle nous a paru, d'après l'examen que nous en avons fait,
avoir appartenu à un gavial.

LE BASILIC

L'erreur s'est servie de ce nom de basilic pour désigner un animal
terrible, qu'on a tantôt présenté comme un serpent, tantôt comme un
petit dragon, et dont le regard perçant donnait la mort. Rien de
plus fabuleux que cet animal, au sujet duquel on a répandu tant de
contes ridicules, qu'on a doué de tant de qualités merveilleuses, et dont
la réputation sert encore à faire admirer entre les mains des charlatans, par un peuple ignorant et crédule, une peau de raie desséchée,
contournée d'une manière bizarre, et que l'on décore du nom fameux
de cet animal chimérique [1].

Nous ne conserverions pas ce nom de basilic, dont on a tant
abusé, à l'animal réel dont nous parlons, de peur que l'existence

---

1. « Le basilic, que les charlatans et les saltimbanques exposent tous les jours, avec tant
d'appareil, aux yeux du public, pour l'attirer et lui imposer, n'est qu'une sorte de petite raie,
qui se trouve dans la Méditerranée, et qu'on fait dessécher sous la bizarre configuration qu'on
y remarque. » *Dictionnaire d'histoire naturelle*, par M. Valmont de Bomare.

d'un lézard appelé basilic ne pût faire croire à la vérité de quelques-
unes des fables attachées à ce nom, si elles n'étaient aussi absurdes
que risibles, et par là nous n'étions bien rassurés sur la croyance
qu'on leur accorde, et d'ailleurs si ce nom de basilic n'avait pas été
donné au lézard dont il est question dans cet article, par tous les
naturalistes qui s'en sont occupés.

Le lézard basilic habite l'Amérique méridionale; aucune espèce
n'est aussi facile à distinguer, à cause d'une crête très exhaussée qui
s'étend depuis le sommet de la tête jusqu'au bout de la queue, et
qui est composée d'écailles en forme de rayons, un peu séparées les unes
des autres. Il a d'ailleurs une sorte de capuchon qui couronne sa tête,
et c'est de là que lui vient son nom de *basilic*, qui signifie *petit roi*.
Cet animal parvient à une taille assez considérable; il a souvent plus de

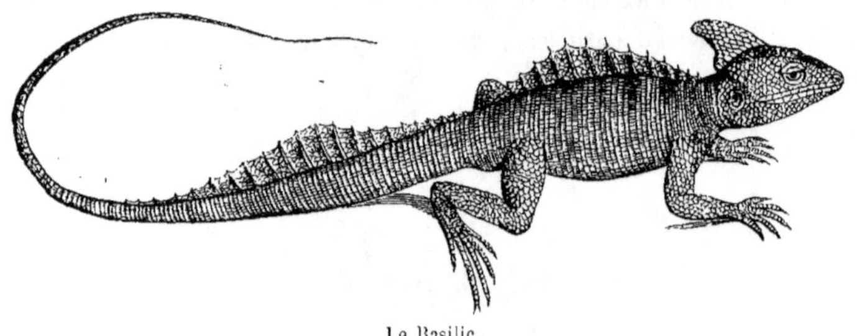

Le Basilic.

trois pieds de longueur, en comptant celle de la queue. Ses doigts, au
nombre de cinq à chaque pied, ne sont réunis par aucune membrane.
Il vit sur les arbres, comme presque tous les lézards, qui, ayant les
doigts divisés, peuvent y grimper avec facilité et en saisir aisément
les branches. Non seulement il peut y courir assez vite, mais remplis-
sant d'air son espèce de capuchon, déployant sa crête, augmentant
son volume et devenant par là plus léger, il saute et voltige, pour ainsi
dire, avec agilité, de branche en branche. Son séjour n'est cependant
pas borné au milieu des bois; il va à l'eau sans peine, et lorsqu'il
veut nager, il enfle également son capuchon et étend ses membranes.

La crête qui distingue le basilic, et qui peut lui servir d'une
petite arme défensive, est encore pour lui un bel ornement. Bien loin
de tuer par son regard, comme l'animal fabuleux dont il porte le nom,
il doit être considéré avec plaisir, lorsque, animant la solitude des

immenses forêts de l'Amérique, il s'élance avec rapidité de branche
en branche, ou bien lorsque, dans une attitude de repos et tempérant
sa vivacité naturelle, il témoigne une sorte de satisfaction à ceux qui
le regardent, se pare, pour ainsi dire, de sa couronne, agite molle-
ment sa belle crête, la baisse, la relève, et, par les différents reflets
de ses écailles, renvoie aux yeux de ceux qui l'examinent de douces
ondulations de lumière.

LE CAMÉLÉON

Le nom du caméléon est fameux. On l'emploie métaphoriquement depuis longtemps pour désigner la vile flatterie. Peu de gens savent cependant que le caméléon est un lézard, et moins de personnes encore connaissent les traits qu'il présente et les qualités qui le distinguent. On a dit que le caméléon changeait souvent de forme; qu'il n'avait point de couleur en propre; qu'il prenait celle de tous les objets dont il approchait; qu'il en était par là une sorte de miroir fidèle; qu'il ne se nourrissait que d'air. Les anciens se sont plu à le répéter; ils ont cru voir, dans cet être qui n'était pas le caméléon, mais un animal fantastique, produit et embelli par l'erreur, une image assez ressemblante de plusieurs de ceux qui fréquentent les cours. Ils s'en sont servis comme d'un objet de comparaison, pour peindre ces hommes bas et rampants, qui, n'ayant jamais d'avis à eux, sachant se plier à toutes les formes, embrasser toutes les opinions, ne se repaissent que de fumée et de vains projets. Les poètes surtout se sont emparés de toutes les images fournies par des rapports qui, n'ayant rien de réel, pouvaient être aisément étendus: ils ont paré des charmes d'une imagination vive les diverses comparaisons tirées d'un animal qu'ils ont regardé comme faisant par crainte ce que l'on dit que tant de courtisans font par goût. Ces images agréables ont été copiées, multipliées, animées par les beaux génies des siècles les plus éclairés. Aucun animal ne réunit, sans doute, les propriétés imaginaires auxquelles nous devons tant d'idées riantes. Mais une fiction spirituelle ne peut qu'ajouter au charme des ouvrages où sont répandues ces peintures gracieuses. Le caméléon des poètes n'a point existé pour la nature; mais il pourra exister à jamais pour le génie et pour l'imagination.

Lorsque cependant nous aurons écarté les qualités fabuleuses attri-

buées au caméléon, lorsque nous l'aurons peint tel qu'il est, on devra
le regarder encore comme un des animaux des plus intéressants aux
yeux des naturalistes, par la singulière conformation de ses diverses
parties, par les habitudes remarquables qui en dépendent, et même
par des propriétés qui ne sont pas très différentes de celles qu'on lui
a faussement attribuées.

On trouve des caméléons de plusieurs tailles assez différentes les
unes des autres. Les plus grands n'ont guère plus de quatorze pouces
de longueur totale. L'individu que nous avons décrit, et qui est
conservé avec beaucoup d'autres au Cabinet du roi, a un pied
deux pouces trois lignes, depuis le bout du museau jusqu'à l'extrémité
de la queue, dont la longueur est de sept pouces. Celle des pattes, y
compris les doigts, est de trois pouces.

La tête, aplatie par-dessus, l'est aussi par les côtés; deux arêtes
élevées partent du museau, passent presque immédiatement au-dessus
des yeux, en suivent à peu près la courbure et vont se réunir en pointe
derrière la tête; elles y rencontrent une troisième saillie qui part du
sommet de la tête et deux autres qui viennent des coins de la gueule;
elles forment, toutes cinq ensemble, une sorte de capuchon, ou, pour
mieux dire, de pyramide à cinq faces, dont la pointe est tournée en
arrière. Le cou est très court. Le dessus de la tête et la gorge sont
comme gonflés et représentent une espèce de poche, mais moins
grande de beaucoup que celle de l'iguane.

La peau du caméléon est parsemée de petites éminences comme le
chagrin : elles sont très lisses, plus marquées sur la tête et environnées
de grains presque imperceptibles; un rang de petites pointes coniques
règne en forme de dentelure sur les saillies de la tête, sur le dos, sur
une partie de la queue et au-dessous du corps, depuis le museau
jusqu'à l'anus.

Sur le bout du museau, qui est un peu arrondi, sont placées les
narines qui doivent servir beaucoup à la respiration de l'animal; car
il a souvent la bouche fermée si exactement, qu'on a peine à distinguer
la séparation des deux lèvres. Le cerveau est très petit et n'a qu'une
ligne ou deux de diamètre. La tête du caméléon ne présente aucune
ouverture particulière pour les oreilles, et MM. de l'Académie des
sciences, qui disséquèrent cet animal, crurent qu'il était privé de
l'ouïe, qu'ils n'aperçurent point dans ce lézard, mais que M. Camper

vient d'y découvrir. C'est une nouvelle preuve de la faiblesse de l'ouïe dans les quadrupèdes ovipares, et vraisemblablement c'est une des causes qui concourent à produire l'espèce de stupidité que l'on a attribuée au caméléon.

Les deux mâchoires sont composées d'un os dentelé qui tient lieu de véritables dents. Presque tout est particulier dans le caméléon : les lèvres sont fendues même au delà des mâchoires, où leur ouverture se prolonge en bas ; les yeux sont gros et très saillants ; et ce qui les distingue de ceux des autres quadrupèdes, c'est qu'au lieu d'une paupière qui puisse être levée et baissée à volonté, ils sont recouverts par une membrane chagrinée, attachée à l'œil, et qui en suit tous les mouvements. Cette membrane est divisée par une fente horizontale, au travers de laquelle on aperçoit une prunelle vive, brillante et comme bordée de couleur d'or.

Les lézards, et tous les quadrupèdes ovipares en général, ont les yeux très bons. Le sens de la vue, ainsi que nous l'avons dit, paraît être le premier de tous dans ces animaux, de même que dans les oiseaux. Mais les caméléons doivent jouir par excellence de cette vue exquise ; il semble que leur sens de la vue est si fin et si délicat, que, sans la membrane qui revêt leurs yeux, ils seraient vivement offensés par la lumière éclatante qui brille dans les climats qu'ils habitent. Cette précaution, qu'on dirait que la nature a prise pour eux, ressemble à celle des Lapons et d'autres habitants du Nord, qui portent au-devant de leurs yeux une petite planche de sapin fendue, pour se garantir de l'éclat éblouissant de la lumière fortement réfléchie par les neiges de leurs campagnes ; ou plutôt ce n'est point pour conserver la finesse de leur vue qu'il leur a été donné des membranes, mais c'est parce qu'ils ont reçu ces membranes préservatrices, que leurs yeux, moins usés, moins vivement ébranlés, doivent avoir une force plus grande et plus durable.

Non seulement le caméléon a les yeux enveloppés d'une manière qui lui est particulière, mais ils sont mobiles indépendamment l'un de l'autre ; quelquefois il les tourne de manière que l'un regarde en arrière et l'autre en avant ; ou bien de l'un il voit les objets placés au-dessus de lui, tandis que de l'autre il aperçoit ceux qui sont situés au-dessous. Il peut par là considérer à la fois un plus grand espace ; et, sans cette propriété singulière, il serait presque privé de la vue

malgré la bonté de ses yeux, sa prunelle pouvant uniquement admettre
les rayons lumineux qui passent par la fente très courte et très
étroite que présente la membrane chagrinée.

Le caméléon est donc unique dans son ordre, par plusieurs caractères très remarquables ; mais ceux dont nous venons de parler ne sont
pas les seuls qu'il présente : sa langue, dont on a comparé la forme à
celle d'un ver de terre, est ronde, longue communément de cinq ou
six pouces, terminée par une sorte de gros nœud, creuse, attachée
à une espèce de stylet cartilagineux qui entre dans sa cavité, et sur

Le Caméléon.

lequel l'animal peut la retirer, et enduite d'une sorte de vernis visqueux
qui sert au caméléon à retenir les mouches, les scarabées, les sauterelles,
les fourmis et autres insectes dont il se nourrit, et qui ne peuvent
lui échapper, tant il la darde et la retire avec vitesse.

Le caméléon est plus élevé sur ses jambes que le plus grand nombre
des lézards ; il a moins l'air de ramper lorsqu'il marche : Aristote et
Pline l'avaient remarqué. Il a à chaque pied cinq doigts très longs,
presque égaux et garnis d'ongles forts et crochus ; mais la peau des
jambes s'étend jusqu'au bout des doigts et les réunit d'une manière

qui est encore particulière à ce lézard. Non seulement cette peau attache les doigts les uns aux autres, mais elle les enveloppe et en forme comme deux paquets, l'un de trois doigts et l'autre de deux ; et il y a cette différence entre les pieds de devant et ceux de derrière, que, dans les premiers, le paquet extérieur est celui qui ne contient que deux doigts, tandis que c'est l'opposé dans les pieds de derrière.

Nous avons remarqué combien une membrane de moins entre les doigts influait sur les mœurs de ce lézard et, en lui donnant la facilité de grimper sur les arbres, rendait ses habitudes différentes de celles du crocodile, qui a les pieds palmés. Nous avons observé, en général, qu'un léger changement dans la conformation des pieds devrait produire de très grandes dissemblances entre les mœurs des divers quadrupèdes. Si l'on considère, d'après cela, les pieds du caméléon, réunis d'une manière particulière, recouverts par une continuation de la peau des jambes et divisés en deux paquets, où les doigts sont rapprochés et collés, pour ainsi dire, les uns contre les autres, on ne sera pas étonné de l'extrême différence qu'il y a entre les habitudes naturelles du caméléon et celles de plusieurs lézards. Les pieds du caméléon ne pouvant guère lui servir de rames, ce n'est pas dans l'eau qu'il se plaît ; mais les deux paquets de doigts allongés qu'il présente sont placés de manière à pouvoir saisir aisément les branches sur lesquelles il aime à se percher. Il peut empoigner ces rameaux, en tenant un paquet de doigts devant et l'autre derrière, de même que les pics, les coucous, les perroquets et d'autres oiseaux saisissent les branches qui les soutiennent en mettant deux doigts devant et deux derrière. Ces deux paquets de doigts, placés comme nous venons de le dire, ne fournissent pas au caméléon un point d'appui bien stable lorsqu'il marche sur la terre ; c'est ce qui fait qu'il habite de préférence sur les arbres, où il y a d'autant plus de facilité à grimper et à se tenir que sa queue est longue et douée d'une assez grande force. Il la replie ainsi que les sapajous ; il en entoure les petites branches et s'en sert comme d'une cinquième main pour s'empêcher de tomber, ou passer d'un endroit à un autre. Bélon prétend que les caméléons se tiennent ainsi perchés sur les haies pour échapper aux vipères et aux cérastes, qui les avalent tout entiers lorsqu'ils peuvent les atteindre. Mais ils ne peuvent pas se dérober de même à la mangouste et aux oiseaux de proie qui les recherchent.

Voilà donc le caméléon, que l'on peut regarder comme l'analogue
du sapajou, dans les quadrupèdes ovipares. Mais si sa conformation
lui donne une habitation semblable à celle de ce léger animal, s'il
passe de même sa vie au milieu des forêts et sur les sommets des
arbres, il n'en a ni l'élégante agilité ni l'activité pétulante. On ne le
voit pas s'élancer comme un trait de branche en branche et imiter,
par la vitesse de sa course et la grandeur de ses sauts, la rapidité
du vol des oiseaux ; mais c'est toujours avec lenteur qu'il va d'un
rameau à un autre, et il est plutôt dans les bois en embuscade
sous les feuilles pour retenir les insectes ailés qui peuvent tomber
sur sa langue gluante, qu'en mouvement de chasse pour aller les
surprendre.

La facilité avec laquelle il les saisit le rend utile aux Indiens, qui
voient avec grand plaisir dans leur maison cet innocent lézard. Il est
en effet si doux qu'on peut, suivant Alpin, lui mettre le doigt à la
bouche et l'enfoncer très avant sans qu'il cherche à mordre. M. Des-
fontaines, savant professeur du Jardin du roi, qui a observé les caméléons en Afrique et qui en a nourri chez lui, leur attribue la même
douceur qu'Alpin.

Soit que le caméléon grimpe le long des arbres, soit que, caché
sous les feuilles, il y attende paisiblement les insectes dont il se nourrit, soit enfin qu'il marche sur la terre, il paraît assez laid ; il n'offre
pour plaire à la vue ni proportions agréables, ni taille svelte, ni mouvements rapides. Ce n'est qu'avec une sorte de circonspection qu'il
ose se remuer. S'il ne peut pas embrasser les branches sur lesquelles
il veut grimper, il s'assure, à chaque pas qu'il fait, que ses ongles
sont bien entrés dans les fentes de l'écorce ; s'il est à terre, il tâtonne ;
il ne lève un pied que lorsqu'il est sûr du point d'appui des autres
trois ; par toutes ces précautions, il donne à sa démarche une sorte
de gravité pour ainsi dire ridicule, tant elle contraste avec la petitesse
de sa taille et l'agilité qu'on croit trouver dans un animal assez semblable à des lézards fort lestes. Ce petit animal, dont l'enveloppe et
la mobilité des yeux, la forme des pieds et presque toute la conformation méritent l'attention des physiciens, n'arrêterait donc les regards
de ceux qui ne jettent qu'un coup d'œil superficiel que pour faire
naître le rire et une sorte de mépris ; il aurait été bien éloigné d'être
l'objet chéri de tant de voyageurs et de tant de poètes ; son nom

n'aurait pas été répété par tant de bouches. Perdu sous les rameaux où il se cache, il n'aurait été connu que des naturalistes, si la faculté de présenter, suivant ses différents états, des couleurs plus ou moins variées, n'avait attiré sur lui, depuis longtemps, une attention particulière.

Ces diverses teintes changent en effet avec autant de fréquence que de rapidité ; elles paraissent d'ailleurs dépendre du climat, de l'âge ou du sexe ; il est donc assez difficile d'assigner quelle est la couleur naturelle du caméléon. Il paraît cependant qu'en général ce lézard est d'un gris plus ou moins foncé, ou plus ou moins livide.

Lorsqu'il est à l'ombre et en repos depuis quelque temps, les petits grains de sa peau sont quelquefois d'un rouge pâle, et le dessous de ses pattes est d'un blanc un peu jaunâtre. Mais, lorsqu'il est exposé à la lumière du soleil, sa couleur change ; la partie de son corps qui est éclairée devient souvent d'un gris plus brun, et la partie sur laquelle les rayons du soleil ne tombent point directement offre des couleurs plus éclatantes et des taches qui paraissent isabelles par le mélange du jaune pâle que présentent alors les petites éminences, et du rouge clair du fond de la peau. Dans les intervalles des taches, les grains offrent du gris mêlé de verdâtre et de bleu, et le fond de la peau est rougeâtre. D'autres fois, le caméléon est d'un beau vert tacheté de jaune ; lorsqu'on le touche, il paraît souvent couvert tout d'un coup de taches noirâtres assez grandes, mêlées d'un peu de vert. Lorsqu'on l'enveloppe dans un linge, ou dans une étoffe de quelque couleur qu'elle soit, il devient quelquefois plus blanc qu'à l'ordinaire ; mais il est démontré, par les observations les plus exactes, qu'il ne prend point la couleur des objets qui l'environnent, que celles qu'il montre accidentellement ne sont point répandues sur tout son corps, comme le pensait Aristote, et qu'il peut offrir la couleur blanche, ce qui est contraire à l'opinion de Plutarque et de Solin.

Il n'a reçu presque aucune arme pour se défendre ; ne marchant que très lentement, ne pouvant point échapper par la fuite à la poursuite de ses ennemis, il est la proie de presque tous les animaux qui cherchent à le dévorer ; il doit par conséquent être très timide, se troubler aisément, éprouver souvent des agitations intérieures plus ou moins considérables. On croyait, du temps de Pline, qu'aucun animal n'était aussi craintif que le caméléon, et que c'était à cause de sa crainte habituelle qu'il changeait souvent de couleur. Ce trouble et cette crainte peuvent en effet se manifester par des taches dont il paraît tout d'un coup couvert à l'approche des objets nouveaux ; sa peau n'est point revêtue d'écailles, comme celle de beaucoup d'autres lézards ; elle est transparente, quoique garnie des petits grains dont nous avons parlé ; elle peut aisément transmettre à l'extérieur, par des taches brunes et par une couleur jaune ou verdâtre, l'expression des divers mouvements que la présence des objets étrangers doit imprimer au sang et aux humeurs du caméléon.

Hasselquist, qui l'a observé en Égypte et qui l'a disséqué avec soin, dit que le changement de la couleur de ce lézard provient d'une sorte de maladie, d'une *jaunisse*, que cet animal éprouve fréquemment, surtout lorsqu'il est irrité. De là vient, suivant le même auteur, qu'il faut presque toujours que le caméléon soit en colère pour que ses teintes changent du noir au jaune ou au vert. Il présente alors la couleur de sa bile, que l'on peut apercevoir aisément lorsqu'elle est très répandue dans le corps, à cause de la ténuité des muscles et de la transparence de la peau. Il paraît d'ailleurs que c'est au plus ou moins de chaleur dont il est pénétré qu'il doit les changements de couleur qu'il éprouve de temps en temps. En général, ses couleurs sont plus vives lorsqu'il est en mouvement, lorsqu'on le manie, lorsqu'il est exposé à la lumière du soleil très chaud dans les climats qu'il habite ; elles deviennent au contraire plus faibles lorsqu'il est à l'ombre, c'est-à-dire privé de l'influence des rayons solaires, lorsqu'il est en repos, etc. Si ces couleurs se ternissent quelquefois lorsqu'on l'enveloppe dans du linge ou quelque étoffe, c'est peut-être parce qu'il est refroidi par les linges ou par l'étoffe dans lesquels on le plie. Il pâlit toutes les nuits, parce que toutes les nuits sont plus ou moins fraîches, surtout en France, où ce phénomène a été observé par M. Perrault. Il blanchit enfin lorsqu'il est mort, parce qu'alors toute chaleur intérieure est éteinte.

La crainte, la colère et la chaleur qu'éprouve le caméléon nous paraissent donc les causes des diverses couleurs qu'il présente, et qui ont été le sujet de tant de fables.

Il jouit, à un degré très éminent, du pouvoir d'enfler les différentes parties de son corps, de leur donner par là un volume plus considérable et d'arrondir ainsi celles qui seraient naturellement comprimées.

C'est par des mouvements lents et irréguliers, et non point par des oscillations régulières et fréquentes, que le caméléon se gonfle. Il se remplit d'air au point de doubler son diamètre ; son enflure s'étend jusque dans les pattes et dans la queue ; il demeure dans cet état quelquefois pendant deux heures, se désenflant un peu de temps en temps et se renflant de nouveau ; mais sa dilatation est toujours plus soudaine que sa compression.

Le caméléon peut aussi demeurer très longtemps désenflé ; il paraît alors dans un état de maigreur si considérable, que l'on peut compter ses côtes et que l'on distingue les tendons de ses pattes et toutes les parties de l'épine du dos.

C'est du caméléon dans cet état que l'on a eu raison de dire qu'il ressemblait à une peau vivante ; en effet, il paraît alors n'être qu'un sac de peau, dans lequel quelques os seraient renfermés ; et c'est surtout lorsqu'il se retourne qu'il a cette apparence.

Mais il en est de cette propriété de s'enfler et de se désenfler comme de toutes les propriétés des animaux, des végétaux, et même de la matière brute ; aucune qualité n'a été, à la rigueur, accordée exclusivement à une substance ; ce n'est que faute d'observations que l'on a cru voir des animaux, des végétaux ou des minéraux présenter des phénomènes que d'autres n'offraient point. Quelque propriété qu'on remarque dans un être, on doit s'attendre à la trouver dans un autre, quoique, à la vérité, à un degré plus haut ou plus bas ; toutes les qualités, tous les effets se dégradent ainsi par des nuances successives, s'évanouissent ou se changent en qualités et en effets opposés. Et, pour ne parler que de la propriété de se gonfler, presque tous les quadrupèdes ovipares, et particulièrement la grenouille, ont la faculté de s'enfler et de se désenfler à volonté ; mais aucun ne la possède comme le caméléon. M. Perrault paraît penser qu'elle dépend du pouvoir qu'a ce lézard de faire sortir de ses poumons l'air qu'il respire, et de le faire glisser entre les muscles de la peau.

Cette propriété de filtrer ainsi l'air de l'atmosphère au travers de ses poumons et ce gonflement de tout son corps, que le caméléon peut produire à volonté, doivent le rendre beaucoup plus léger, en ajoutant à son volume sans augmenter sa masse. Il peut plus facilement, par là, s'élever sur les arbres et y grimper de branche en branche, et ce pouvoir de faire passer de l'air dans quelques parties de son corps, qui lui est commun avec les oiseaux, ne doit pas avoir peu contribué à déterminer son séjour au milieu des forêts. Les caméléons gonflent aussi leurs poumons, qui sont composés de plusieurs vésicules, ainsi que ceux d'autres quadrupèdes ovipares. Cette conformation explique les contradictions des auteurs qui ont disséqué ces animaux, et qui leur ont attribué les uns de petits et d'autres de grands poumons, comme Pline et Bélon. Lorsque ces viscères sont flasques, plusieurs vésicules peuvent échapper ou paraître très petites aux observateurs, et elles occupent, au contraire, un si grand espace, lorsqu'elles sont soufflées, qu'elles couvrent presque entièrement toutes les parties intérieures.

Le battement du cœur du caméléon est si faible que souvent on ne peut le sentir qu'en mettant la main au-dessus de ce viscère.

Cet animal, ainsi que les autres lézards, peut vivre près d'un an sans manger, et c'est vraisemblablement ce qui a fait dire qu'il ne se nourrissait que d'air. Sa conformation ne lui permet pas de pousser de véritables cris ; mais lorsqu'il est sur le point d'être surpris, il ouvre la gueule et siffle comme plusieurs autres quadrupèdes ovipares et les serpents.

Le caméléon se retire dans des trous de rochers, ou d'autres abris, où il se tient caché pendant l'hiver, au moins dans les pays un peu tempérés, et où il y a apparence qu'il s'engourdit. Ce fait était connu d'Aristote et de Pline.

La ponte de cet animal est de neuf à douze œufs ; nous en avons compté dix dans le ventre d'une femelle envoyée du Mexique au Cabinet du roi : ils sont ovales, revêtus d'une membrane mollasse comme ceux des tortues marines, des iguanes, etc. ; ils ont à peu près sept ou huit lignes dans leur plus grand diamètre.

Lorsqu'on trouve le caméléon en vie dans les pays un peu froids, il refuse presque toute nourriture, il se tient immobile sur une branche, tournant seulement les yeux de temps en temps, et il périt bientôt.

On trouve le caméléon dans tous les climats chauds, tant de l'ancien que du nouveau continent, au Mexique, en Afrique, au cap de Bonne-Espérance, dans l'île de Ceylan, dans celle d'Amboine, etc. La destinée de cet animal paraît avoir été d'intéresser de toutes les manières. Objet, dans les pays anciennement policés, de contes ridicules, de fables agréables, de superstitions absurdes et burlesques, il jouit de beaucoup de vénération sur les bords du Sénégal et de la Gambie. La religion des nègres du cap de Monté leur défend de tuer les caméléons et les oblige à les secourir lorsque ces petits animaux, tremblants le long des rochers dont ils cherchent à descendre, s'attachent avec peine par leurs ongles, se retiennent avec la queue et s'épuisent, pour ainsi dire, en vains efforts ; mais, quand ces animaux sont morts, ces mêmes nègres font sécher leur chair et la mangent.

Il y a, au Cabinet du roi, deux caméléons, l'un du Sénégal et l'autre du cap de Bonne-Espérance, qui n'ont pas sur le derrière de la tête cette élévation triangulaire, cette sorte de casque, qui distingue non seulement les caméléons d'Égypte et des grandes Indes, mais encore ceux du Mexique ; les caméléons diffèrent aussi quelquefois les uns des autres, par le plus ou le moins de prolongation de la petite dentelure qui s'étend le long du dos et du dessous du corps ; on a, d'après cela, voulu séparer les uns des autres, comme autant d'espèces distinctes, les caméléons d'Égypte, ceux d'Arabie, ceux du Mexique, ceux de Ceylan, ceux du cap de Bonne-Espérance, etc. ; mais ces légères différences, qui ne changent rien aux caractères d'après lesquels il est aisé de reconnaître les caméléons, non plus qu'à leurs habitudes, ne doivent pas nous empêcher de regarder l'espèce du caméléon comme la même dans les diverses contrées qu'il fréquente, quoiqu'elle soit quelquefois un peu altérée par l'influence du climat ou par d'autres circonstances, et qu'elle se montre avec quelque variété dans sa forme ou dans sa grandeur, suivant l'âge et le sexe des individus.

M. Parsons a donné, dans les *Transactions philosophiques*, la figure et la description d'un caméléon qui avait été apporté à un de ses amis, parmi d'autres objets d'histoire naturelle, et dont il ignorait le pays natal. Cet animal ne différait d'une manière remarquable des autres caméléons, tant de l'ancien que du nouveau monde, que par la forme du casque que nous avons décrit. Cette partie saillante ne s'étendait pas seulement sur le derrière de la tête dans le caméléon de M. Parsons, mais elle se divisait, par devant, en deux protubérances crénelées qui s'élevaient obliquement et s'avançaient jusqu'au-

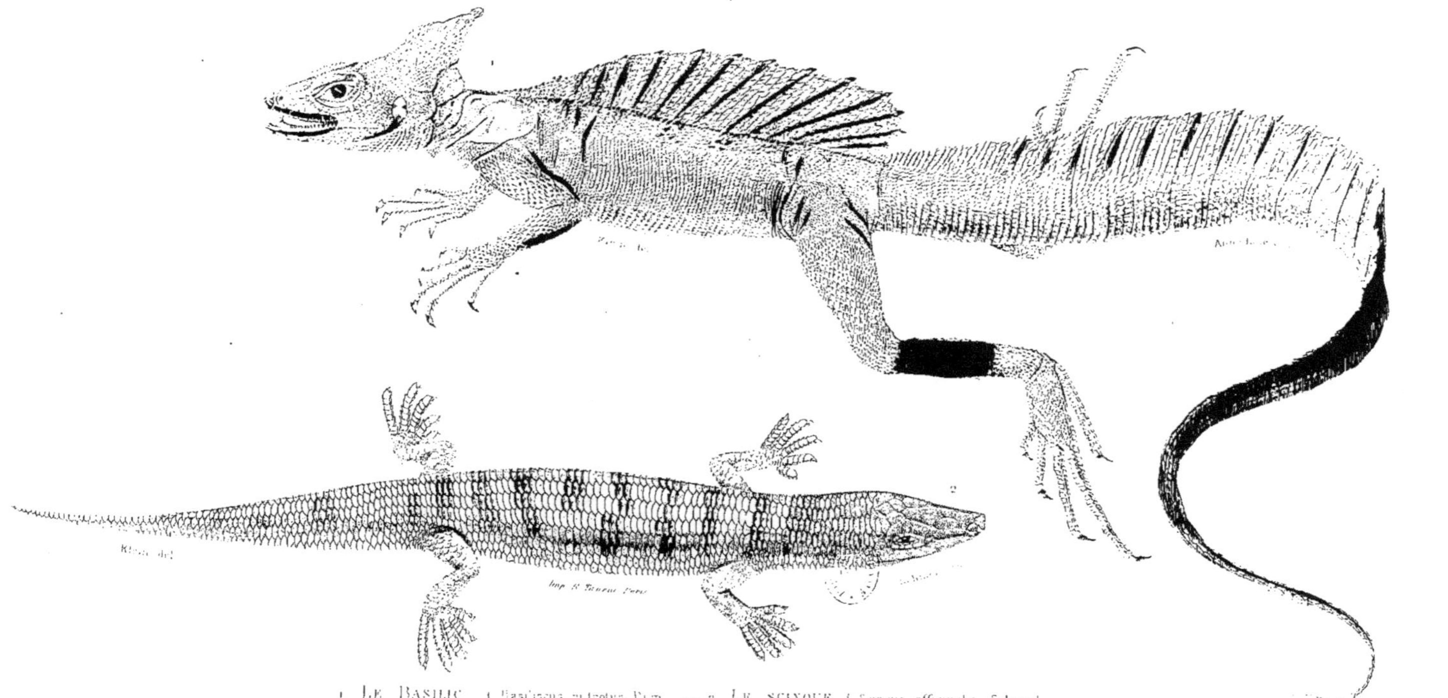

1. LE BASILIC (Basiliscus mitrotus Pum). _ 2. LE SCINQUE (Scincus offcinalis Schncid)

d'après le nouv. Animal de Cuvier édit. chez V. Masson

Garnier Frères Éditeurs

dessus des narines. Ce ne sera qu'après de nouvelles observations sur des individus semblables que l'on pourra déterminer si le caméléon très bien décrit par M. Parsons appartenait à une race constante, ou ne formait qu'une variété individuelle.

LE SCINQUE

Ce lézard est fameux, depuis longtemps, par la vertu remarquable qu'on lui a attribuée. On a prétendu que, pris intérieurement, il pouvait ranimer les forces éteintes et ranimer les feux de l'amour malgré les glaces de l'âge et les suites funestes des excès. Aussi lui a-t-on déclaré en plusieurs endroits et lui fait-on encore une guerre cruelle. Les paysans d'Égypte prennent un grand nombre de scinques, qu'ils portent au Caire et à Alexandrie, d'où on les répand dans différentes contrées de l'Asie. Lorsqu'ils viennent d'être tués, on en tire une sorte de jus dont on se sert dans les maladies ; et, quand ils ont été desséchés, on les réduit en poudre qu'on emploie dans les mêmes vues que les sucs de leur chair. Ce n'est pas seulement en Asie, mais même en Europe, qu'on a eu recours à ces moyens désavoués par la nature, de suppléer par des apparences trompeuses à des forces qu'elle refuse, de hâter le dépérissement plutôt que de le retarder, et de remplacer par des jouissances vaines des plaisirs qui ne valent que par un sentiment que tous les secours d'un art mensonger ne peuvent faire naître.

Il n'est pas surprenant que ceux qui n'ont vu le scinque que de loin et qui l'ont aperçu sur le bord des eaux l'aient pris pour un poisson ; il en a un peu l'apparence par sa tête qui semble tenir immédiatement au corps, et par ses écailles assez grandes, lisses, d'une forme semblable tant au-dessus qu'au-dessous du corps, et qui se recouvrent comme les ardoises sur les toits. La mâchoire de dessus est plus avancée que celle de dessous ; la queue est courte et comprimée par le bout.

La couleur du scinque est d'un roux plus ou moins foncé, blan-

châtre sous le corps et traversée sur le dos par des bandes brunes.
Mais il en est de ce lézard comme de tous les autres animaux dont la
couverture est trop faible ou trop mince pour ne point participer aux
différentes altérations que l'intérieur de l'animal éprouve. Les couleurs
du scinque se ternissent et blanchissent lorsqu'il est mort; dans l'état
de dessiccation et d'une sorte de salaison où on l'apporte en Europe,
il paraît d'un jaune blanchâtre et comme argenté. Au reste, les couleurs de ce lézard, ainsi que celles du plus grand nombre des animaux,
sont toujours plus vives dans les pays chauds que dans les pays tempérés; et leur éclat ne doit-il pas augmenter en effet avec l'abondance
de la lumière, la vraie et l'unique source première de toutes sortes
de couleurs?

Linné a écrit que les scinques n'avaient point d'ongles : tous les
individus que nous avons examinés paraissaient en avoir; mais, comme
ces animaux étaient desséchés, nous ne pouvons rien assurer à ce
sujet. Au reste, notre présomption se trouve confirmée par celle d'un
bon observateur, M. François Cetti.

On trouve le scinque dans presque toutes les contrées de l'Afrique,
en Égypte, en Afrique, en Libye, où on dit qu'il est plus grand qu'ailleurs, dans les Indes, et peut-être même dans la plupart des pays très
chauds de l'Europe. Non seulement son habitation de choix doit être
déterminée par la chaleur du climat, mais encore par l'abondance des
plantes aromatiques dont on dit qu'il se nourrit. C'est peut-être à cet
aliment plus exalté, et par conséquent plus actif, qu'il doit cette vertu
stimulante qu'on aurait pu sans doute employer pour soulager quelques maux, mais dont il ne fallait pas se servir pour dégrader le noble
feu que la nature fait naître en s'efforçant en vain de le rallumer
lorsqu'une passion imprudente l'a éteint pour toujours.

Le scinque vit dans l'eau ainsi qu'à terre. On l'a cependant appelé
crocodile terrestre, et certainement c'est un grand abus des dénominations que l'application du nom de cet énorme animal à un petit lézard
qui n'a que sept ou huit pouces de longueur. Aussi Prosper Alpin
pense-t-il que le scinque des modernes n'est pas le lézard désigné sous
le nom de *crocodile terrestre* par les anciens, particulièrement par
Hérodote, Pausanias, Dioscoride et célébré pour ses vertus actives et
stimulantes. Il croit qu'ils avaient en vue un plus grand lézard que l'on
trouve, ajoute-t-il, au-dessus de Memphis, dans les lieux secs, et dont

il donne la figure. Mais cette figure ni le texte n'indiquant point de caractères très précis, nous ne pouvons rien déterminer au sujet de ce lézard mentionné par Alpin. Au reste, la forme et la brièveté de sa queue empêchent qu'on ne le regarde comme de la même espèce que la dragonne, ou le tupinambis, ou l'iguane.

LA BÉCASSE [1]

La bécasse est peut-être, de tous les oiseaux de passage, celui
dont les chasseurs font le plus de cas, tant à cause de l'excellence de
sa chair que de la facilité qu'ils trouvent à se saisir de ce bon oiseau
stupide, qui arrive dans nos bois vers le milieu d'octobre en même
temps que les grives. La bécasse vient donc, dans cette saison de
chasse abondante, augmenter encore la quantité du bon gibier ; elle
descend alors des hautes montagnes où elle habite pendant l'été, et
d'où les premiers frimas déterminent son départ et nous l'amènent,
car ses voyages ne se font qu'en hauteur dans la région de l'air, et
non en longueur, comme se font les migrations des oiseaux qui
voyagent de contrées en contrées : c'est des sommets des Pyrénées et
des Alpes, où elle passe l'été, qu'elle descend aux premières neiges
qui tombent sur ces hauteurs dès le commencement d'octobre, pour
venir dans les bois des collines inférieures et jusque dans nos
plaines.

Les bécasses arrivent la nuit et quelquefois le jour, par un temps
sombre, toujours une à une ou deux ensemble, et jamais en troupes ; elles
s'abattent dans les grandes haies, dans les taillis, dans les futaies, et
préfèrent les bois où il y a beaucoup de terreau et de feuilles tombées ;
elles s'y tiennent retirées et tapies tout le jour, et tellement cachées,
qu'il faut des chiens pour les faire lever, et souvent elles partent sous
les pieds du chasseur ; elles quittent ces endroits fourrés et le fort
du bois à l'entrée de la nuit, pour se répandre dans les clairières,
en suivant les sentiers : elles cherchent les terres molles, les paquis
humides à la rive du bois et les petites mares, où elles vont pour se

---

1. Ordre des *Échassiers*, famille des *Longirostres*, genre *Bécasses*, sous-genre *Bécasses
proprement dites*. (CUVIER.)

laver le bec et les pieds qu'elles se sont remplis de terre en cherchant leur nourriture. Toutes ont les mêmes allures, et l'on peut dire en général que les bécasses sont des oiseaux sans caractère, et dont les habitudes individuelles dépendent toutes de celles de l'espèce entière.

La bécasse bat des ailes avec bruit en partant : elle file assez droit dans une futaie, mais dans les taillis elle est obligée de faire souvent le crochet ; elle plonge en volant derrière les buissons pour se dérober à l'œil du chasseur ; son vol, quoique rapide, n'est ni élevé ni longtemps soutenu ; elle s'abat avec tant de promptitude qu'elle semble tomber comme une masse abandonnée à toute sa pesanteur ; peu d'instants après sa chute elle court avec vitesse, mais bientôt elle s'arrête, élève sa tête, regarde de tous côtés pour se rassurer avant d'enfoncer son bec dans la terre. Pline compare avec raison la bécasse à la perdrix pour la célérité de sa course, car elle se dérobe de même, et lorsqu'on croit la trouver là où elle s'est abattue, elle a déjà piété et fui à une grande distance.

Il paraît que cet oiseau, avec de grands yeux, ne voit bien qu'au crépuscule, et qu'il est offensé d'une lumière plus forte : c'est ce que semblent prouver ses allures et ses mouvements, qui ne sont jamais si vifs qu'à la nuit tombante et à l'aube du jour : et ce désir de changer de lieu avant le lever ou après le coucher du soleil est si pressant et si profond, qu'on a vu des bécasses renfermées dans une chambre prendre régulièrement un essor de vol tous les matins et tous les soirs, tandis que pendant le jour ou la nuit elles ne faisaient que piéter sans s'élancer ni s'élever ; et apparemment les bécasses, dans les bois, restent tranquilles quand la nuit est obscure ; mais, lorsqu'il y a clair de lune, elles se promènent en cherchant leur nourriture : aussi les chasseurs nomment la pleine lune de novembre la *lune des bécasses*, parce que c'est alors qu'on en prend en grand nombre ; les pièges se tendent ou la nuit ou le soir, elles se prennent à la pantenne, au rejet, au lacet ; on les tue au fusil sur les mares, sur les ruisseaux et les gués à la chute.

La pantenne ou *pentière* est un filet tendu entre deux grands arbres, dans les clairières et à la rive des bois où l'on a remarqué qu'elles arrivent ou passent dans le vol du soir ; la chasse sur les mares se fait aussi le soir : le chasseur, cabané sous une feuillée épaisse, à portée du ruisseau ou de la mare fréquentée par les bécasses, et qu'il approprie encore pour les attirer, les attend à la chute ; et peu de temps après le coucher du soleil, surtout par les vents doux du sud et du sud-ouest, elles ne manquent pas d'arriver une à une ou deux ensemble, et s'abattent sur l'eau, où le chasseur les tire presque à coup sûr : cependant cette chasse est moins fructueuse et plus incertaine que celle qui se fait aux pièges dormants tendus dans les sentiers et qu'on appelle rejets ; c'est une baguette de coudrier ou d'autre bois flexible et élastique, plantée en terre et courbée en ressort, assujettie près du terrain à un trébuchet que couronne un nœud coulant de crin ou de ficelle ; on embarrasse de branchages le reste du sentier où l'on a placé le rejet, ou bien si l'on tend sur les paquis, on y pique des genêts ou des genièvres en files, pliés de manière qu'il ne reste que le petit passage qu'occupe le piège, afin de déterminer la bécasse, qui suit les sentiers et n'aime pas à s'élever ou sauter, à passer le pas du trébuchet, qui part dès qu'il est heurté ; et l'oiseau, saisi par le nœud coulant, est emporté en l'air par la branche, qui se redresse ; la bécasse ainsi suspendue se débat beaucoup, et le chasseur doit faire plus d'une tournée dans sa tendue, le soir, et plus d'une encore sur la fin de la nuit, sans quoi le renard, chasseur plus diligent, et averti de loin par les battements d'ailes de ces oiseaux, arrive et les emporte les uns après les autres, et, sans se donner le temps de les manger, il les cache en différents endroits pour les retrouver au besoin. Au reste, on reconnaît les lieux que hante la bécasse à ses fientes, qui sont de larges fécules blanches et, sans odeur. Pour l'attirer sur les paquis où il n'y a point de sentiers, on y trace des sillons ; elle les suit, cherchant les vers dans la terre remuée, et donne en même temps dans les collets ou lacets de crin disposés le long du sillon.

Mais n'est-ce pas trop de pièges pour un oiseau qui n'en sait éviter aucun ? La bécasse est d'un instinct obtus et d'un naturel stupide ; elle est *moult sotte bête*, dit Bélon ; elle l'est vraiment beaucoup si elle se laisse prendre de la manière qu'il raconte et qu'il nomme *folâtrerie* : Un homme couvert d'une cape couleur de feuilles sèches, marchant courbé sur deux courtes béquilles, s'approche doucement, s'arrêtant lorsque la bécasse le fixe, continuant d'aller lorsqu'elle recommence à errer jusqu'à ce qu'il la voie arrêtée la tête basse ; alors frappant doucement de ces deux bâtons l'un contre l'autre, la *bécasse s'y*

amusera et affolera tellement, dit notre vieux naturaliste, que le chasseur
l'approchera d'assez près pour lui passer un lacet au cou.

Est-ce en la voyant se laisser approcher ainsi que les anciens ont
dit qu'elle avait pour l'homme un merveilleux penchant ? En ce cas
elle le placerait bien mal, et dans son plus grand ennemi; il est vrai
qu'elle vient, en longeant les bois, jusque dans les haies des fermes et
des maisons champêtres. Aristote le remarque; mais Albert se trompe
en disant qu'elle cherche les lieux cultivés et les jardins pour y

La Bécasse.

recueillir des semences, puisque la bécasse ni même aucun oiseau de
son genre ne touchent aux fruits et aux graines; la forme de leur bec
étroit, très long et tendre à la pointe, leur interdirait seule cette sorte
d'aliment: et, en effet, la bécasse ne se nourrit que de vers[1];
elle fouille dans la terre molle des petits marais et des environs des
sources, sur les paquis fangeux et dans les prés humides qui bordent

1. Dès qu'elles entrent dans le bois, elles courent sur les tas de feuilles sèches, elles les
retournent et les écartent pour prendre les vers qui sont dessous: les bécasses ont cette habitude
commune avec les vanneaux et les pluviers, qui les prennent par le même moyen sous l'herbe
et le blé vert; mais j'ai observé que ces derniers oiseaux, dont j'ai élevé plusieurs dans mon
jardin, frappaient la terre avec le pied autour des trous où il y avait des vers, apparemment
pour les faire sortir de leur retraite au moyen de la commotion, et les prenaient souvent même
avant qu'ils ne fussent entièrement sortis de terre. (Note communiquée par M. Baillon, de Montreuil-sur-Mer.)

les bois ; elle ne gratte point la terre avec les pieds ; elle détourne
seulement les feuilles avec son bec, les jetant brusquement à droite et
à gauche. Il paraît qu'elle cherche et discerne sa nourriture par l'odorat
plutôt que par les yeux, qu'elle a mauvais ; mais la nature semble lui
avoir donné dans l'extrémité du bec un organe de plus et un sens
particulier approprié à son genre de vie ; la pointe en est charnue
plutôt que cornée, et paraît susceptible d'une espèce de tact propre
à démêler l'aliment convenable dans la terre fangeuse ; et ce privilège
d'organisation a de même été donné aux bécassines, et apparemment
aussi aux chevaliers, aux barges et autres oiseaux qui fouillent la
terre humide pour trouver leur pâture.

Du reste, le bec de la bécasse est rude et comme barbelé aux côtés
vers son extrémité et creusé sur sa longueur de rainures profondes : la
mandibule supérieure forme seule la pointe arrondie du bec, en débor-
dant la mandibule inférieure, qui est comme tronquée et vient s'adapter
en dessous par un joint oblique : c'est de la longueur de son bec que
cet oiseau a pris son nom dans la plupart des langues, à remonter
jusqu'à la grecque ; sa tête, aussi remarquable que son bec, est plus
carrée que ronde, et les os du crâne font un angle presque droit sur
les orbites des yeux ; son plumage, qu'Aristote compare à celui du
francolin, est trop connu pour le décrire ; et les beaux effets de clair-
obscur que des teintes hachées, fondues, lavées de gris, de bistre et
de terre d'ombre, y produisent, quoique dans le genre sombre, seraient
difficiles et trop longues à décrire dans le détail.

Nous avons trouvé à la bécasse une vésicule du fiel, quoique Bélon
se soit persuadé qu'elle n'en avait point ; cette vésicule verse sa liqueur
par deux conduits dans le duodenum : outre les deux cœcums ordinaires, nous en avons trouvé un troisième placé à environ sept pouces
des premiers, et qui avait avec l'intestin une communication tout aussi
manifeste ; mais comme nous ne l'avons observé que sur un seul individu, ce troisième cœcum est peut-être une variété individuelle ou
un simple accident ; le gésier est musculeux, doublé d'une membrane
ridée sans adhérence : on y trouve souvent de petits graviers que
l'oiseau avale sans doute en mangeant les vers de terre ; le tube intestinal a deux pieds neuf pouces de longueur.

Gessner donne la grosseur de la bécasse avec plus de justesse,
en l'égalant à la perdrix, que ne fait Aristote, qui la compare à la

poule, et cette comparaison semble nous indiquer que la race commune des poules, chez les Grecs, était bien plus petite que la nôtre ; le
corps de la bécasse est en tout temps fort charnu et très gras sur la
fin de l'automne : c'est alors et pendant la plus grande partie de l'hiver
qu'elle fait un mets recherché, quoique sa chair soit noire et ne soit
pas fort tendre ; mais comme chair ferme elle a la propriété de se conserver longtemps ; on la cuit sans ôter les entrailles, qui, broyées avec
ce qu'elles contiennent, font le meilleur assaisonnement de ce gibier ;
on observe que les chiens n'en mangent point : il faut que ce fumet
ne leur convienne pas, et même qu'il leur répugne beaucoup, car il
n'y a guère que les barbets qu'on puisse accoutumer à rapporter la
bécasse ; la chair des jeunes a moins de fumet, mais elle est plus
tendre et plus blanche que celle des bécasses adultes : toutes s'amai-
grissent à mesure que le printemps s'avance, et celles qui restent
en été sont, dans cette saison, dures, sèches, et d'un fumet trop fort.

C'est à la fin de l'hiver, c'est-à-dire au mois de mars, que presque
toutes les bécasses quittent nos plaines pour retourner sur leurs
montagnes, rappelées par l'amour à la solitude, si douce avec ce sentiment. On voit ces oiseaux au printemps partir appariés ; ils volent
alors rapidement, et sans s'arrêter, pendant la nuit ; mais le matin ils
se cachent dans les bois pour y passer la journée, et en partent le
soir pour continuer leur route ; tout l'été ils se tiennent dans les lieux
les plus solitaires et les plus élevés des montagnes où ils nichent,
comme dans celles de Savoie, de Suisse, du Dauphiné, du Jura, du
Bugey et des Vosges : il en reste quelques-uns dans les cantons élevés
de l'Angleterre et de la France, comme en Bourgogne, en Champagne.
Il n'est pas même sans exemple que quelques couples de bécasses
se soient arrêtées dans nos provinces de plaine et y aient niché,
retardées apparemment par quelques accidents, loin des lieux où
les portent leurs habitudes naturelles. Edwards a pensé qu'elles
allaient toutes, comme tant d'autres oiseaux, dans les contrées les
plus reculées du Nord : apparemment il n'était pas informé de leur
retraite aux montagnes et de l'ordre de leurs routes, qui, tracées sur
un plan différent de celui des autres oiseaux, ne se portent et s'étendent que de la montagne à la plaine, et de la plaine à la montagne.

La bécasse fait son nid par terre, comme tous les oiseaux qui ne
perchent pas ; ce nid est composé de feuilles ou d'herbes sèches entre-

mêlées de petits brins de bois, le tout rassemblé sans art, et amoncelé contre un tronc d'arbre ou sous une grosse racine : on y trouve quatre ou cinq œufs oblongs, un peu plus gros que ceux du pigeon commun ; ils sont d'un gris roussàtre, marbré d'ondes plus foncées et noirâtres. On nous a apporté un de ces nids, avec les œufs, dès le 15 d'avril. Lorsque les petits sont éclos, ils quittent le nid et courent, quoique encore couverts de poil follet; ils commencent même à voler avant d'avoir d'autres plumes que celles des ailes ; ils fuient ainsi voletant et courant quand ils sont découverts; on a vu la mère et le père prendre sous leur gorge un des petits, le plus faible sans doute, et l'emporter ainsi à plus de mille pas; le mâle ne quitte pas la femelle tant que les petits ont besoin de leurs secours; il ne fait entendre sa voix que dans le temps de leur éducation et de ses amours, car il est muet, ainsi que la femelle, pendant le reste de l'année ; quand elle couve, le mâle est presque toujours couché près d'elle ; ces oiseaux, d'un naturel solitaire et sauvage, sont aimants et tendres; ils deviennent même jaloux, car l'on voit les mâles se battre jusqu'à se jeter par terre et se piquer à coups de bec, en se disputant la femelle; ils ne deviennent donc stupides et craintifs qu'après avoir perdu le sentiment de l'amour, presque toujours accompagné de celui du courage.

L'espèce de la bécasse est universellement répandue; Aldrovande et Gessner en ont fait la remarque. On la trouve dans les contrées du Midi comme dans celles du Nord, dans l'ancien et le nouveau monde; on la connaît dans toute l'Europe, en Italie, en Allemagne, en France, en Pologne, en Russie, en Silésie, en Suède, en Norwège, et jusqu'en Groënland, où elle a le nom de *sauarsuck*, et où, par un composé suivant le génie de la langue, les Groënlandais en ont un pour signifier le *chasseur aux bécasses* : en Islande, la bécasse fait partie du gibier qui abonde sur cette île, quoique semée de glaces; on la retrouve aux extrémités septentrionales et orientales de l'Asie, où elle est commune, puisqu'elle est nommée dans les langues kamtchadale, koriaque et kourile. M. Gmelin en a vu quantité à Mangasea, en Sibérie sur le Jénisca, et quoique les bécasses y soient en grand nombre, elles ne font qu'une très petite partie de cette multitude d'oiseaux d'eau et de rivage de toutes espèces qui, dans cette saison, se rassemblent sur les bords et les eaux de ce fleuve.

La bécasse se trouve de même en Perse, en Égypte aux environs

du Caire, et ce sont apparemment celles qui vont dans ces régions
qui passent à Malte en novembre par les vents du nord et du nord-est,
et ne s'y arrêtent qu'autant qu'elles y sont retenues par le vent. En
Barbarie, elles paraissent, comme dans nos contrées, en octobre et jusqu'en mars; et il est assez singulier que cette espèce remplisse en même
temps le Nord et le Midi, ou du moins puisse s'habituer dans la zone
torride, en paraissant naturelle aux zones froides; car M. Adanson a
trouvé la bécasse dans les îles du Sénégal; d'autres voyageurs l'ont vue
en Guinée et sur la côte d'Or; Kæmpfer en a remarqué en mer entre
la Chine et le Japon, et il paraît que Knox les a aperçues à Ceylan. Et
puisque la bécasse occupe tous les climats et se trouve dans le nord
de l'ancien continent, il n'est pas étonnant qu'elle se retrouve au nouveau
monde : elle est commune aux Illinois et dans toute la partie méridionale
du Canada, ainsi qu'à la Louisiane, où elle est un peu plus grosse
qu'en Europe, ce que l'on attribue à l'abondance de nourriture; elle
est plus rare dans les provinces plus septentrionales de l'Amérique;
mais la bécasse de la Guiane, connue à Cayenne sous le nom de *bécasse
des savanes*, nous paraît assez différer de la nôtre pour former une
espèce séparée : nous la donnerons après avoir décrit les variétés peu
nombreuses de cette espèce en Europe.

LA · BÉCASSINE

PREMIÈRE ESPÈCE

La bécassine est très bien nommée, puisqu'en ne la considérant que par la figure, on pourrait la prendre pour une petite espèce de bécasse : *ce serait une petite bécasse*, dit Belon, *si elle n'estoit de mœurs différentes ;* en effet, la bécassine a, comme la bécasse, le bec très long et la tête carrée ; le plumage madré de même, excepté que le roux s'y mêle moins, et que le gris blanc et le noir y dominent ; mais ces ressemblances, bornées à l'extérieur, n'ont pas pénétré l'intérieur ; le résultat de l'organisation n'est pas le même, puisque les habitudes naturelles sont opposées ; la bécassine ne fréquente pas les bois ; elle se tient dans les endroits marécageux des prairies, dans les herbages et les osiers qui bordent les rivières ; elle s'élève si haut en volant qu'on l'entend encore lorsqu'on l'a perdue de vue ; elle a un petit cri chevrotant *mée, mée, mée,* qui lui a fait donner par quelques nomenclateurs le surnom de *chèvre volante ;* elle jette aussi, en prenant son essor, un petit cri court et sifflé ; elle n'habite les montagnes en aucune saison : elle diffère donc de la bécasse par le naturel et par les habitudes, autant qu'elle lui ressemble par le plumage et la figure.

En France, les bécassines paraissent en automne : on les voit quelquefois trois ou quatre ensemble, mais le plus souvent on les rencontre seules ; elles partent de loin d'un vol très preste, et après trois crochets elles filent deux ou trois cents pas, ou pointent en s'élevant à perte de vue ; le chasseur sait faire fléchir leur vol et les amener près de lui en imitant leur voix. Il en reste tout l'hiver dans nos contrées, autour des fontaines chaudes et des petits marais voisins de ces fontaines ; au printemps elles repassent en grand nombre, et

1. LA BÉCASSINE.   2. LA BÉCASSE.

il paraît que cette saison est celle de leur arrivée en plusieurs pays
où elles nichent, comme en Allemagne, en Silésie, en Suisse ; mais
en France il n'en reste que quelques-unes pendant l'été, et elles
nichent dans nos marais ; Willughby l'observe de même pour l'Angleterre ; on trouve leur nid en juin : il est placé à terre, sous quelque
grosse racine d'aune ou de saule ; dans les endroits marécageux où le
bétail ne peut parvenir ; il est fait d'herbes sèches et de plumes, et
contient quatre ou cinq œufs de forme oblongue, d'une couleur
blanchâtre avec des taches rousses ; les petits quittent le nid en sortant de la coque : ils paraissent laids et informes ; la mère ne les en
aime pas moins ; elle en a soin jusqu'à ce que leur grand bec, trop
mou, soit devenu plus ferme, et ne les quitte que quand ils peuvent
aisément se pourvoir d'eux-mêmes.

La bécassine pique continuellement la terre, sans qu'on puisse
bien dire ce qu'elle mange ; on ne trouve dans son estomac qu'un
résidu terreux et des liqueurs qui sont apparemment la substance
fondue des vers dont elle se nourrit ; car Aldrovande remarque qu'elle
a le bout de la langue terminé, comme les pics, par une pointe
aiguë, propre à percer les vers qu'elle fouille dans la vase.

Dans cette espèce de bécassine, la tête a un mouvement naturel
de balancement horizontal, et la queue un mouvement de haut en
bas ; elle marche pas à pas, la tête haute, sans sautiller ni voltiger ;
mais on la surprend rarement dans cette situation, car elle se tient
soigneusement cachée dans les roseaux et les herbes des marais
fangeux, où les chasseurs ne peuvent aller trouver ces oiseaux
qu'avec des espèces de raquettes faites de planches légères, mais assez
larges pour ne point enfoncer dans le limon ; et comme la bécassine
part de loin et très rapidement et qu'elle fait plusieurs crochets avant
de filer, il n'y a pas de tiré plus difficile ; on la prend plus aisément
avec un rejet semblable à celui qu'on place dans les sentiers des
bois pour prendre la bécasse.

La bécassine est ordinairement fort grasse, et sa graisse, d'une
saveur fine, n'a rien du dégoût des graisses ordinaires ; on la cuit,
comme la bécasse, sans la vider, et partout on la recherche comme un
gibier exquis.

Au reste, quoiqu'on ne manque guère de trouver en automne des
bécassines dans nos marais, l'espèce n'en est pas aussi nombreuse

aujourd'hui qu'elle l'était ci-devant ; mais elle est répandue encore plus universellement que celle de la bécasse ; on la rencontre dans toutes les parties du monde : quelques voyageurs éclairés en ont fait la remarque ; on nous l'a envoyée de Cayenne, où on l'appelle *bécassine de savane;* M. Frezier l'a trouvée dans les campagnes du Chili ; elle est commune à la Louisiane, où elle vient jusque auprès des habitations, de même qu'au Canada et à Saint-Domingue. Dans l'ancien continent on la trouve depuis la Suède et la Sibérie jusqu'à Ceylan et au Japon : nous l'avons reçue du cap de Bonne-Espérance ; elle s'est portée sur les terres lointaines de l'océan Austral ; aux îles Malouines, où M. de Bougainville l'a vue, et où il remarque qu'elle a des habitudes conformes à ces lieux solitaires, où rien ne l'inquiète ; son nid est au milieu de la campagne ; on la tire aisément, elle n'a nulle défiance et ne fait point le crochet en partant, nouvelle preuve que les habitudes timides des animaux fugitifs devant l'homme leur sont imprimées par la crainte : et cette crainte dans la bécassine paraît encore se réunir à la forte aversion qu'elle a pour l'homme, car elle est du nombre de ces oiseaux qu'en aucune manière on ne peut apprivoiser. Longolius assure qu'on peut élever et tenir la bécasse en volière, et même la nourrir pour l'engraisser, mais que la chose a été tentée sur la bécassine inutilement et sans succès.

Il paraît qu'il y a dans cette espèce une petite race comme dans celle de la bécasse ; car indépendamment de la petite bécassine surnommée *la sourde,* dont nous allons parler, il s'en trouve entre celles de l'espèce ordinaire de grandes, et d'autres plus petites ; mais cette différence de taille, qui n'est accompagnée d'aucune autre, ni dans les mœurs ni dans le plumage, n'indique tout au plus qu'une diversité de race, ou peut-être une variété purement accidentelle et individuelle, qui ne tient point au sexe ; car on ne connaît aucune différence apparente entre le mâle et la femelle dans cette espèce, non plus que dans la suivante.

LA PETITE BÉCASSINE SURNOMMÉE LA SOURDE

SECONDE ESPÈCE

La petite bécassine n'a que moitié de la grandeur de l'autre, *d'où vient*, dit Belon, *que les pourvoyeurs l'appellent deux pour un*. Elle se cache dans les roseaux des étangs, sous les joncs secs et les glaïeuls tombés au bord des eaux ; elle s'y tient si obstinément cachée qu'il faut presque marcher dessus pour la faire lever, et qu'elle part sous les pieds, comme si elle n'entendait rien du bruit que l'on fait en venant à elle ; c'est de là que les chasseurs l'ont appelée *la sourde* ; son vol est moins rapide et plus direct que celui de la grande bécassine ; sa chair n'est pas d'un goût moins délicat, et sa graisse est aussi fine ; mais l'espèce n'en paraît pas aussi nombreuse, ou du moins n'est pas aussi généralement répandue. Willughby, qui écrivait en Angleterre, remarque qu'elle y est moins commune que la grande bécassine ; Linnæus n'en fait pas mention dans le dénombrement des oiseaux de Suède ; cependant elle se trouve en Danemark, suivant M. Brunnich. Cette petite bécassine a le bec moins long à proportion que l'autre ; son plumage est le même, avec quelques reflets cuivreux sur le dos, et de longs traits de pinceaux roussâtres sur des plumes couchées aux côtés du dos, et qui étant allongées, soyeuses et comme effilées, ont apparemment donné lieu au nom de *Haarschnepfe* que les Allemands lui donnent, selon M. Klein.

Ces petites bécassines restent presque toute l'année, et nichent dans nos marais ; leurs œufs, de même couleur que ceux de la grande bécassine, sont seulement plus petits à proportion de l'oiseau, qui n'est pas plus gros qu'une alouette. On a souvent pris cette petite bécassine pour le mâle de la grande, et Willughby corrige cette erreur populaire en avouant qu'il le croyait lui-même avant de les avoir comparées : ce qui n'a pas empêché Albin de tomber de nouveau dans cette même erreur.

LA BRUNETTE

TROISIÈME ESPÈCE

Willughby donne cet oiseau sous le nom de *dunlin*, qui peut se rendre par *brunette* : il le dit indigène aux parties septentrionales de l'Angleterre. C'est une petite bécassine de la taille de la précédente, et qui paraît en différer assez peu ; elle a le ventre noirâtre, ondé de blanc, et le dessus du corps tacheté de noir et d'un peu de blanc sur un fond brun roux : du reste, elle est de la même figure et a les mêmes habitudes que notre petite bécassine : ainsi c'est une espèce très voisine, ou peut-être une simple variété de l'espèce précédente.

LES TOUCANS [1]

Ce qu'on peut appeler physionomie dans tous les êtres vivants dépend de l'aspect que leur tête présente lorsqu'on les regarde de face. Ce qu'on désigne par les noms de forme, de figure, de taille, etc., se rapporte à l'aspect du corps et des membres. Dans les oiseaux, si l'on recherche cette physionomie, on s'apercevra aisément que tous ceux qui, relativement à la grosseur de leur corps, ont une tête légère avec un bec court et fin, ont en même temps la physionomie fine, agréable et presque spirituelle; tandis que ceux au contraire qui, comme les barbus, ont une trop grosse tête, ou qui, comme les toucans, ont un bec aussi gros que la tête, se présentent avec un air stupide, rarement démenti par leurs habitudes naturelles. Mais il y a plus, ces grosses têtes et ces becs énormes, dont la longueur excède quelquefois celle du corps entier de l'oiseau, sont des parties si disproportionnées et des exubérances de nature si marquées qu'on peut les regarder comme des monstruosités d'espèce qui ne diffèrent des monstruosités individuelles qu'en ce qu'elles se perpétuent sans altération; en sorte qu'on est obligé de les admettre aussi nécessairement que toutes les autres formes des corps, et de les compter parmi les caractères spécifiques des êtres auxquels ces mêmes parties difformes appartiennent.

Si quelqu'un voyait un toucan pour la première fois, il prendrait sa tête et son bec, vus de face, pour un de ces masques à long nez, dont on épouvante les enfants; mais, considérant ensuite sérieusement la structure et l'usage de cette production démesurée, il ne pourra s'empêcher d'être étonné que la nature ait fait la dépense d'un bec

---

1. Ordre des *Grimpeurs*, genre *Toucans*. (CUVIER.)

aussi prodigieux pour un oiseau de médiocre grandeur, et l'étonnement augmentera en reconnaissant que ce bec mince et faible, loin de servir, ne fait que nuire à l'oiseau, qui ne peut en effet rien saisir, rien entamer, rien diviser, et qui, pour se nourrir, est obligé de gober et d'avaler sa nourriture en bloc, sans la broyer ni même la concasser. De plus, ce bec, loin de faire un instrument utile, une arme ou même un contrepoids, n'est au contraire qu'une masse en levier, qui gêne le vol de l'oiseau, et, lui donnant un air à demi culbutant, semble le ramener vers la terre lors même qu'il veut se diriger en haut.

Les vrais caractères des erreurs de la nature[1] sont la disproportion jointe à l'inutilité; toutes les parties qui, dans les animaux, sont excessives, surabondantes, placées à contre-sens, et qui sont en même temps plus nuisibles qu'utiles, ne doivent pas être mises dans le grand plan des vues directes de la nature, mais dans la petite carte de ses caprices ou, si l'on veut, de ses méprises[2], qui, néanmoins, ont un but aussi direct que les premières, puisque ces mêmes productions extraordinaires nous indiquent que tout ce qui peut être est[3], et que quoique les proportions, la régularité, la symétrie, règnent ordinairement dans tous les ouvrages de la nature, les disproportions, les excès et les défauts nous démontrent que l'étendue de sa puissance ne se borne point à ces idées de proportion et de régularité auxquelles nous voudrions tout rapporter.

Et de même que la nature a doué le plus grand nombre des êtres de tous les attributs qui doivent concourir à la beauté et à la perfection de la forme, elle n'a guère manqué de réunir plus d'une disproportion dans ses productions moins soignées : le bec excessif, inutile du toucan, renferme une langue, encore plus inutile, et dont la structure est très extraordinaire; ce n'est point un organe charnu

---

1. *Erreurs de la nature* : mot qui n'a de sens qu'autant qu'on personnifie la *nature*.

2. *Caprices, méprises* : mots qui personnifient encore la *nature*, et la personnifient en un être capricieux, pensant, et quelquefois pensant de travers et à *contre-sens*. — « C'est, dit Cuvier, en considérant la nature comme un être doué d'intelligence et de volonté, mais secondaire et borné quant à la puissance, qu'on a pu dire d'elle qu'elle ne fait rien en vain, qu'elle tend à guérir les maladies, mais qu'elle succombe quelquefois,.... et autres adages dont la plupart ne sont vrais que dans un sens fort restreint et fort différent de celui qu'ils semblent offrir au premier coup d'œil. » — « Robinet, dit encore Cuvier, a présenté cette idée dans toute sa crudité, en donnant pour titre à son livre : *Essais de la nature qui apprend à faire l'homme*. et en composant ce livre d'une manière digne du titre. »

3. Remarque pleine de vérité. La variété dans les êtres animés va si loin qu'on dirait que le problème a été de réaliser, d'épuiser toutes les formes possibles.

ou cartilagineux comme la langue de tous les animaux ou des autres oiseaux, c'est une véritable plume [1] bien mal placée, comme l'on voit. et renfermée dans le bec comme dans un étui.

Le nom même de toucan signifie *plume* en langue brasilienne, et les naturels de ce pays ont appelé *toucan tabouracé* l'oiseau dont ils prenaient les plumes pour se faire les parures qu'ils ne portaient que les jours de fêtes. *Toucan tabouracé* signifie *plumes pour danser :* ces

Le Toucan.

oiseaux, si difformes par leur bec et par leur langue, brillent néanmoins par leur plumage; ils ont en effet des plumes propres aux plus beaux ornements, et ce sont celles de la gorge : la couleur en est orangée, vive, éclatante, et quoique ces belles plumes n'appartiennent qu'à quelques-unes des espèces toucans, elles ont donné le nom à tout le genre. On recherche même en Europe ces gorges de toucan pour faire

1. « Les *Toucans* se reconnoîtraient parmi tous les oiseaux à leur énorme bec. presque aussi gros et aussi long que leur corps, léger et celluleux intérieurement, arqué vers le bout, irrégulièrement dentelé aux bords, et à leur langue longue, étroite et garnie de chaque côté de barbes comme une plume. » (CUVIER.)

des manchons; son bec prodigieux lui a valu d'autres honneurs, et l'a
fait placer parmi les constellations australes, où l'on n'a guère admis
que les objets les plus frappants et les plus remarquables. Ce bec est
en général beaucoup plus gros et plus long à proportion du corps que
dans aucun autre oiseau, et ce qui le rend encore plus excessif, c'est
que dans toute sa longueur il est plus large que la tête de l'oiseau ;
c'est, comme le dit Léry, le bec des becs : aussi plusieurs voyageurs
ont-ils appelé le toucan *l'oiseau tout bec*, et nos créoles de Cayenne ne
le désignent que par l'épithète de *gros bec*. Ce long et large bec
fatiguerait prodigieusement la tête et le cou de l'oiseau s'il n'était
pas d'une substance légère ; mais il est si mince, qu'on peut sans
effort le faire céder sous les doigts : ce bec n'est donc pas propre à briser
les graines ni même les fruits tendres ; l'oiseau est obligé de les
avaler tout entiers, et de même il ne peut s'en servir pour se
défendre, et encore moins pour attaquer ; à peine peut-il serrer
assez pour faire impression sur le doigt quand on le lui présente.
Les auteurs qui ont écrit que le toucan perçait les arbres comme le
pic se sont donc bien trompés ; ils n'ont rapporté ce fait que d'après
la méprise de quelques Espagnols qui ont confondu ces deux oiseaux,
et les ont également appelés *carpenteros* (charpentiers), ou *tacatacas*
en langue péruvienne, croyant qu'ils frappaient également contre les
arbres. Néanmoins il est certain que les toucans n'ont ni ne peuvent
avoir cette habitude, et qu'ils sont très éloignés du genre des pics ;
et Scaliger avait fort bien remarqué avant nous que ces oiseaux
ayant le bec crochu et courbé en bas, il ne paraissait pas possible
qu'ils entamassent les arbres.

La forme de ce gros et grand bec est fort différente dans chaque
mandibule : la supérieure est recourbée en bas en forme de faux,
arrondie en dessus et crochue à son extrémité; l'inférieure est plus
courte, plus étroite et moins courbée en bas que la supérieure ; toutes
deux sont dentelées sur leurs bords, mais les dentelures de la supérieure sont bien plus sensibles que celles de l'inférieure, et ce qui paraît
encore singulier, c'est que ces dentelures, quoique en égal nombre de
chaque côté des mandibules, non seulement ne se correspondent pas
du haut en bas ni du bas en haut, mais même ne se rapportent
pas dans leur position relative; celles du côté droit ne se trouvant pas
vis-à-vis de celles du côté gauche, car elles commencent plus près

ou plus loin en arrière, et se terminent aussi plus ou moins près en avant.

La langue des toucans est, comme nous venons de le dire, encore plus extraordinaire que le bec : ce sont les seuls oiseaux qui aient une plume au lieu de la langue, et c'est une plume dans l'acception la plus stricte, quoique le milieu ou la tige de cette *plume-langue* soit d'une substance cartilagineuse, large de deux lignes; mais elle est accompagnée des deux côtés de barbes très serrées et toutes pareilles à celles des plumes ordinaires; ces barbes, dirigées en avant, sont d'autant plus longues qu'elles sont situées plus près de l'extrémité de la langue, qui est elle-même tout aussi longue que le bec. Avec un organe aussi singulier et si différent de la substance et de l'organisation ordinaire de toute langue, on serait porté à croire que ces oiseaux devraient être muets; néanmoins ils ont autant de voix que les autres, et ils font entendre très souvent une espèce de sifflement qu'ils réitèrent promptement et assez longtemps pour qu'on les ait appelés *oiseaux prédicateurs*. Les sauvages attribuent aussi de grandes vertus à cette langue de plume, et il l'emploient comme remède dans plusieurs maladies. Quelques auteurs ont cru que les toucans n'avaient point de narines : cependant il ne faut pour les voir qu'écarter les plumes de la base du bec, qui les couvrent dans la plupart des espèces, et dans d'autres elles sont sur le bec nu, et par conséquent fort apparentes.

Les toucans n'ont rien de commun avec les pics que la disposition des doigts, deux en avant et deux en arrière; et même dans ce caractère qui leur est commun on peut observer que les doigts des toucans sont bien plus longs et tout autrement proportionnés que ceux des pics : le doigt extérieur du devant est presque aussi long que le pied tout entier, qui est à la vérité fort court, et les autres doigts sont aussi fort longs; les deux doigts intérieurs sont les moins longs de tous; les pieds des toucans n'ont que la moitié de la longueur des jambes, en sorte que ces oiseaux ne peuvent marcher, parce que le pied appuie dans toute sa longueur sur la terre; ils ne font donc que sautiller d'assez mauvaise grâce ; ces pieds sont dénués de plumes et couverts de longues écailles douces au toucher; les ongles sont proportionnés à la longueur des doigts, arqués, un peu aplatis, obtus à leur extrémité, et sillonnés en dessous, suivant leur longueur, par une cannelure; ils ne servent pas à l'oiseau pour attaquer ou se défendre, ni même pour grimper, mais uniquement pour se maintenir sur les branches, où il se tient assez ferme.

Les toucans sont répandus dans tous les climats chauds de l'Amérique méridionale, et ne se trouvent point dans l'ancien continent; ils sont erratiques plutôt que voyageurs, ne changeant de pays que pour suivre les saisons de la maturité des fruits qui leur servent de nourriture : ce sont surtout les fruits de palmiers; et comme ces espèces d'arbres croissent dans les terrains humides et près du bord des eaux, les toucans habitent ces lieux de préférence, et se trouvent même quelquefois dans les palétuviers, qui ne croissent que dans la vase liquide : c'est peut-être ce qui a fait croire qu'ils mangeaient du poisson; mais ils ne peuvent tout au plus qu'en avaler de très petits, car leur bec n'étant propre ni pour entamer ni pour couper, ils ne peuvent qu'avaler en bloc les fruits même les plus tendres sans les comprimer, et leur large gosier leur facilite cette habitude, dont on peut s'assurer en leur jetant un assez gros morceau de pain, car ils l'avalent sans chercher à le diviser [1].

Ces oiseaux vont ordinairement par petites troupes de six à dix; leur vol est lourd et s'exécute péniblement, vu leurs courtes ailes et leur énorme bec, qui fait pencher le corps en avant; cependant ils ne laissent pas de s'élever au-dessus des grands arbres, à la cime desquels on les voit presque toujours perchés et dans une agitation continuelle qui, malgré la vivacité de leurs mouvements, n'ôte rien à leur air grave, parce que ce gros bec leur donne une physionomie triste et sérieuse que leurs grands yeux fades et sans feu augmentent encore : en sorte que quoique très vifs et très remuants, ils n'en paraissent que plus gauches et moins gais.

Comme ils font leur nid dans des trous d'arbres que les pics ont abandonnés, on a cru qu'ils creusaient eux-mêmes ces trous; ils ne pondent que deux œufs, et cependant toutes les espèces sont assez nombreuses en individus. On les apprivoise très aisément en les prenant jeunes; on prétend même qu'on peut les faire nicher et produire en

---

1. « Les *Toucans* se nourrissent de fruits et d'insectes, et dévorent, pendant la saison de la ponte, les œufs et les petits oiseaux nouvellement éclos. La structure de leur bec les oblige d'avaler leur nourriture sans la mâcher. Quand ils l'ont saisie, ils la jettent en l'air pour l'avaler plus commodément. » (CUVIER.)

domesticité ; ils ne sont pas difficiles à nourrir, car ils avalent tout ce qu'on leur jette, pain, chair ou poisson ; ils saisissent aussi avec la pointe du bec les morceaux qu'on leur offre de près ; ils les lancent en haut et les reçoivent dans leur large gosier ; mais lorsqu'ils sont obligés de se pourvoir d'eux-mêmes et de ramasser les aliments à terre, ils semblent les chercher en tâtonnant, et ne prennent le morceau que de côté pour le faire sauter et le recevoir. Au reste, ils paraissent si sensibles au froid qu'ils craignent la fraîcheur de la nuit dans les climats même les plus chauds du nouveau continent ; on les a vus dans la maison se faire une espèce de lit d'herbes, de paille et de tout ce qu'ils peuvent ramasser pour éviter apparemment la fraîcheur de la terre. Ils ont en général la peau bleuâtre sous les plumes, et leur chair, quoique noire et assez dure, ne laisse pas de se manger.

Nous connaissons deux genres particuliers dans le genre entier de ces oiseaux, les toucans et les aracaris ; ils sont différents les uns des autres : 1° par la grandeur, les toucans étant de beaucoup plus grands que les aracaris ; 2° par les dimensions et la substance du bec, lequel dans les aracaris est beaucoup moins allongé, et d'une substance plus dure et plus solide ; 3° par la différence de la queue, qui est plus longue dans les aracaris et très sensiblement étagée, tandis qu'elle est arrondie dans les toucans. Nous séparerons donc ces oiseaux les uns des autres, et après cette division il ne nous restera que cinq espèces dans les toucans.

<hr>

LE TOCO

PREMIÈRE ESPÈCE

Le corps de cet oiseau a neuf à dix pouces de longueur y compris la tête et la queue ; son bec en a sept et demi ; la tête, le dessus du cou, le dos, le croupion, les ailes, la queue en entier, la poitrine et le ventre sont d'un noir foncé ; les couvertures du dessus de la queue sont blanches, et celles du dessous sont d'un beau rouge ; le dessous

du cou et la gorge sont d'un blanc mêlé d'un peu de jaune ; entre ce
jaune sous la gorge et le noir de la poitrine, on voit un petit cercle
rouge ; la base des deux mandibules du bec est noire ; le reste de la
mandibule inférieure est d'un jaune rougeâtre, la mandibule supérieure
est de cette même couleur jaune rougeâtre jusqu'aux deux tiers environ
de sa longueur ; le reste de cette mandibule jusqu'à sa pointe est noir ;
les ailes sont courtes et ne s'étendent guère qu'au tiers de la queue ;
les pieds et les ongles sont noirs : cette espèce est nouvelle, et nous
lui avons donné le nom de *toco* pour la distinguer des autres.

LE TOUCAN A GORGE JAUNE

DEUXIÈME ESPÈCE

L'on a représenté dans les planches enluminées deux variétés de
cette espèce : la première sous la dénomination de *toucan à gorge jaune
de Cayenne*, la seconde sous celle de *toucan à gorge jaune du Brésil* :
mais elles se trouvent également dans ces deux contrées, et ne nous
paraissent former qu'une seule et même espèce. Les différences dans
la couleur du bec et dans l'étendue de la plaque jaune de la gorge,
aussi bien que la vivacité des couleurs, peuvent provenir de l'âge de
l'oiseau ; cela est très certain pour la couleur des couvertures supérieures
de la queue, qui sont jaunes dans quelques individus et rouges dans
d'autres ; ces oiseaux ont tous deux la tête, le dessus du corps, les ailes
et la queue noires ; la gorge orangée et d'une couleur plus ou moins
vive ; au-dessous de la gorge ils portent sur la poitrine une bande
rouge plus ou moins large ; le ventre est noirâtre, et les couvertures
inférieures de la queue sont rouges ; le bec est noir avec une raie
bleue à son sommet sur toute sa longueur ; la base du bec est environnée d'une assez large bande jaune ou blanche ; les narines sont
cachées dans les plumes de la base du bec, leur ouverture est arrondie ;
les pieds longs de vingt lignes sont bleuâtres ; le bec a quatre pouces
et demi de longueur sur dix-sept lignes de hauteur à sa base : l'oiseau
entier, depuis le bout du bec jusqu'à l'extrémité de la queue,

1 Le Toucan à gorge jaune   2 Le Toco

Garnier frères Éditeurs

a dix-neuf pouces, sur quoi déduisant six pouces deux ou trois lignes pour la queue, et quatre pouces et demi pour le bec, il ne reste pas neuf pouces pour la longueur de la tête et du corps de l'oiseau.

C'est de cette espèce de toucan que l'on tire les plumes brillantes dont on fait des parures ; on découpe dans la peau toute la partie jaune de la gorge et l'on vend ces plumes assez cher. Ce ne sont que les mâles qui portent ces belles plumes jaunes sur la gorge ; les femelles ont cette même partie blanche, et c'est cette différence qui a induit les nomenclateurs en erreur ; ils ont pris la femelle pour une autre espèce et même ils se sont trompés doublement, parce que, les couleurs variant dans la femelle comme dans le mâle, ils ont fait dans les femelles deux espèces ainsi que dans les mâles. Or, nous réduisons ici ces quatre prétendues espèces à une seule, à laquelle même nous pouvons en rapporter une cinquième indiquée par de Laët, qui ne diffère de ceux-ci que par la couleur blanche de la poitrine.

En général, les femelles sont à très peu près de la grandeur des mâles ; elles ont les couleurs moins vives, et la bande rouge du dessous de la gorge très étroite ; mais du reste elles leur ressemblent parfaitement. Nous avons fait représenter l'une de ces femelles dans la planche enluminée, n° 202, sous la dénomination de *toucan à gorge blanche de Cayenne*, parce que nous ignorions alors que ce fût une femelle. Au reste, cette seconde espèce est la plus commune et peut-être la plus nombreuse du genre de ces oiseaux ; il y en a quantité dans la Guyane, surtout dans les forêts humides et dans les palétuviers. Quoiqu'ils n'aient, comme tous les autres toucans, qu'une plume pour langue, ils jettent un cri articulé qui semble prononcer *pinien-coin* ou *pignen-coin*, d'une manière si distincte que les créoles de Cayenne leur ont donné ce nom que nous n'avons pas cru devoir adopter, parce que le toco ou toucan de l'espèce précédente prononce cette même parole, et qu'alors on les eût confondus.

LE TOUCAN A VENTRE ROUGE

TROISIÈME ESPÈCE

Ce toucan a la gorge jaune comme le précédent, mais il a le ventre d'un beau rouge, au lieu que l'autre l'a noir. Thevet, qui le premier a parlé de cet oiseau, dit que son bec est aussi long que le corps. Aldrovande donne à ce bec deux palmes de longueur et une de largeur, et M. Brisson estime cette mesure six pouces pour les deux palmes. Comme nous n'avons pas vu cet oiseau, nous n'en pouvons parler que d'après les indications de ces deux premiers auteurs. Nous remarquerons néanmoins qu'Aldrovande s'est trompé en lui donnant trois doigts en avant et un en arrière, quoique Thevet dise expressément qu'il a deux doigts en devant et deux en arrière, ce qui est conforme à la nature.

Il a la tête, le cou, le dos et les ailes noirs avec quelques reflets blanchâtres ; la poitrine d'une belle couleur d'or avec du rouge au-dessus, c'est-à-dire sous la gorge ; il a aussi le ventre et les jambes d'un rouge très vif, ainsi que l'extrémité de la queue qui pour le reste est noire ; l'iris de l'œil est noir, il est entouré d'un cercle blanc qui l'est lui-même d'un autre cercle jaune ; la mandibule inférieure du bec est une fois moins large près de l'extrémité du bec, que ne l'est la mandibule supérieure ; elles sont toutes les deux dentelées sur leurs bords.

Thevet assure que cet oiseau se nourrissait de poivre, qu'il en avalait en si grande quantité qu'il était obligé de le rejeter : ce fait a été copié par tous les naturalistes, cependant il n'y a point de poivre en Amérique, et l'on ne sait pas trop quelle peut être la graine dont cet auteur a voulu parler, si ce n'est le piment que quelques auteurs appellent *poivre long*.

Imp. Lamoureux à Paris

1. LE FOURMILIER ET SON PETIT. — 2. LE TAMANOIR.

LE TAMANOIR, LE TAMANDUA

ET LE FOURMILIER[1]

Il existe dans l'Amérique méridionale trois espèces d'animaux à long museau, à gueule étroite et sans aucunes dents, à langue ronde et longue qu'ils insinuent dans les fourmilières et qu'ils retirent pour avaler les fourmis dont ils font leur principale nourriture.

Le premier de ces mangeurs de fourmis est celui que les Brésiliens appellent *tamandua-guacu*, c'est-à-dire *grand tamandua*, et auquel les Français, habitués en Amérique, ont donné le nom de *tamanoir* c'est un animal qui a environ quatre pieds de longueur depuis l'extrémité du museau jusqu'à l'origine de la queue, la tête longue de quatorze à quinze pouces, le museau très allongé, la queue longue de deux pieds et demi, couverte de poils rudes et longs de plus d'un pied ; le cou court, la tête étroite, les yeux petits et noirs, les oreilles arrondies, la langue menue, longue de plus de deux pieds, qu'il replie dans sa gueule lorsqu'il la retire tout entière. Ses jambes n'ont qu'un pied de hauteur ; celles de devant sont un peu plus hautes et plus menues que celles de derrière : il a les pieds ronds ; ceux de devant sont armés de quatre ongles, dont les deux du milieu sont les plus grands ; ceux de derrière ont cinq ongles.

Les poils de la queue, comme ceux du corps, sont mêlés de noir et de blanchâtre ; sur la queue ils sont disposés en forme de panache : l'animal la retourne sur le dos, s'en couvre tout le corps lorsqu'il veut dormir ou se mettre à l'abri de la pluie et de l'ardeur du soleil ; les longs poils de la queue et du corps ne sont pas ronds dans toute

1. Ordre des *Édentés* ; genre *Fourmilier*. (CUVIER.

leur étendue, ils sont plats à l'extrémité et secs au toucher comme de
l'herbe desséchée ; l'animal agite fréquemment et brusquement sa queue
lorsqu'il est irrité, mais il la laisse traîner en marchant quand il est
tranquille, et il balaye le chemin par où il passe : les poils des parties
antérieures de son corps sont moins longs que ceux des parties
postérieures ; ceux-ci sont tournés en arrière et les autres en avant ; il
y a plus de blanc sur les parties antérieures et plus de noir sur les
parties postérieures ; il y a aussi une bande noire sur le poitrail qui
se prolonge sur les côtés du corps et se termine sur le dos près des
lombes ; les jambes de derrière sont presque noires, celles de devant
presque blanches avec une grande tache noire vers leur milieu. Le
tamanoir marche lentement, un homme peut aisément l'atteindre à
la course ; ses pieds paraissent moins faits pour marcher que pour
grimper et pour saisir des corps arrondis, aussi serre-t-il avec une si
grande force une branche ou un bâton qu'il n'est pas possible de les
lui arracher.

Le second de ces animaux est celui que les Américains appellent
simplement *tamandua*, et auquel nous conserverons ce nom ; il est
beaucoup plus petit que le tamanoir, il n'a qu'environ dix-huit pouces
depuis l'extrémité du museau jusqu'à l'origine de la queue ; sa tête est
longue de cinq pouces, son museau est allongé et courbé en dessous ;
il a la queue longue de dix pouces et dénuée de poils à l'extrémité,
les oreilles droites, longues d'un pouce ; la langue ronde, longue de
huit pouces, placée dans une espèce de gouttière ou de canal creux au
dedans de la mâchoire inférieure ; ses jambes n'ont guère que quatre
pouces de hauteur, ses pieds sont de la même forme et ont le même
nombre d'ongles que ceux du tamanoir, c'est-à-dire quatre ongles à
ceux de devant et cinq à ceux de derrière. Il grimpe et serre aussi
bien que le tamanoir, et ne marche pas mieux ; il ne se couvre pas de
sa queue qui ne pourrait lui servir d'abri étant en partie dénuée de
poil, lequel d'ailleurs est beaucoup plus court que celui de la queue
du tamanoir : lorsqu'il dort, il cache sa tête sous son cou et sous ses
jambes de devant.

Le troisième de ces animaux est celui que les naturels de la Guiane
appellent *ouatiriouaou*. Nous lui donnons le nom de *fourmilier* pour le
distinguer du tamanoir et du tamandua. Il est encore beaucoup plus
petit que le tamandua, puisqu'il n'a que six ou sept pouces de longueur

depuis l'extrémité du museau jusqu'à l'origine de la queue : il a la
tête longue de deux pouces, le museau proportionnellement beaucoup
moins allongé que celui du tamanoir ou du tamandua ; sa queue, longue
de sept pouces, est recourbée en dessous par l'extrémité qui est dégarnie

de poils ; sa langue est étroite, un peu aplatie et assez longue ; le cou
est presque nu, la tête est assez grosse à proportion du corps, les
yeux sont placés bas et peu éloignés des coins de la gueule, les
oreilles sont petites et cachées dans le poil, les jambes n'ont que trois
pouces de hauteur, les pieds de devant n'ont que deux ongles, dont

l'externe est bien plus gros et bien plus long que l'interne; les pieds
de derrière en ont quatre; le poil du corps est long d'environ neuf
lignes, il est doux au toucher et d'une couleur brillante, d'un roux
mêlé de jaune vif; les pieds ne sont pas faits pour marcher, mais pour
grimper et pour saisir; il monte sur les arbres et se suspend aux
branches par l'extrémité de sa queue.

Nous ne connaissons dans ce genre d'animaux que les trois espèces
desquelles nous venons de donner les indications. M. Brisson fait mention, d'après Seba, d'une quatrième espèce sous le nom de *fourmilier
aux longues oreilles,* mais nous regardons cette espèce comme douteuse,
parce que dans l'énumération que fait Seba des animaux de ce genre,
il nous a paru qu'il y avait plus d'une erreur; il dit expressément,
« nous conservons dans notre cabinet six espèces de ces animaux
mangeurs de fourmis, » cependant il ne donne la description que de
cinq; et parmi ces cinq animaux il place l'*ysquiepatl* ou *mouffette*, qui
est un animal non seulement d'une espèce, mais d'un genre très éloigné
de celui des mangeurs de fourmis, puisqu'il a des dents, et la langue
plate et courte comme celle des autres quadrupèdes, et qu'il approche
beaucoup du genre des belettes ou des martes. De ces six espèces prétendues et conservées dans le cabinet de Seba, il n'en reste donc déjà
que quatre, puisque l'ysquiepatl, qui faisait la cinquième, n'est point
du tout un mangeur de fourmis, et qu'il n'est question nulle part de
la sixième, à moins que l'auteur n'ait sous-entendu comprendre parmi
ces animaux le pangolin, ce qu'il ne dit pas dans la description qu'il
donne ailleurs de cet animal.

Le pangolin se nourrit de fourmis; il a le museau allongé, la
gueule étroite et sans aucune dent apparente, la langue longue et
ronde : caractères qui lui sont communs avec les mangeurs de fourmis;
mais il en diffère, ainsi que de tous les autres quadrupèdes, par un
caractère unique, qui est d'avoir le corps couvert de grosses écailles
au lieu de poil : d'ailleurs c'est un animal des climats les plus chauds
de l'ancien continent, au lieu que les mangeurs de fourmis, dont le
corps est couvert de poil, ne se trouvent que dans les parties méridionales du nouveau monde; il ne reste donc plus que quatre espèces
au lieu des six annoncées par Seba, et de ces quatre espèces il n'y en
a qu'une de reconnaissable par ses descriptions : c'est la troisième de
celles que nous décrivons ici, c'est-à-dire celle du fourmilier, auquel,

à la vérité, Seba ne donne qu'un doigt à chaque pied de devant, quoiqu'il en ait deux, mais qui, malgré ce caractère manchot, ne peut être
autre que notre fourmilier. Les trois autres sont si mal décrits, qu'il
n'est pas possible de les rapporter à leur véritable espèce. J'ai cru
devoir citer ici ces descriptions en entier, non seulement pour prouver
ce que je viens d'avancer, mais pour donner une idée de ce gros
ouvrage de Seba, et pour qu'on juge de la confiance qu'on peut accorder à cet écrivain. L'animal qu'il désigne par le nom de *Tamandua
murmecophage d'Amérique*, ne peut se rapporter à aucun des trois dont il
est ici question ; il ne faut, pour en être convaincu, que lire la description de l'auteur. Le second, qu'il indique sous le nom de *Tamandua-
guacu du Brésil*, ou *l'ours qui mange les fourmis*, est indiqué d'une
manière vague et équivoque ; cependant je penserais, avec MM. Klein et
Linnæus, que ce pourrait être le vrai *tamandua-guacu* ou *tamanoir*, mais
si mal décrit et si mal représenté, que M. Linnæus a réuni sous une
seule espèce le premier et le second de ces animaux de Seba. M. Brisson a regardé ce dernier comme une espèce particulière, mais je ne
crois pas que l'établissement de cette espèce soit fondé, non plus que
le reproche qu'il fait à M. Klein de l'avoir confondue avec celle du
tamanoir : il paraît que le seul reproche qu'on puisse faire à M. Klein
est d'avoir joint à la bonne description qu'il nous donne de cet animal,
dont la peau bourrée est conservée dans le cabinet de Dresde, les
indications fautives de Seba. Enfin le troisième de ces animaux est si
mal décrit que je ne puis me persuader, malgré la confiance que j'ai
à MM. Linnæus et Brisson, qu'on puisse, sur la description et la figure
de l'auteur, rapporter, comme ils l'ont fait, cet animal au *tamandua-i*,
que j'appelle simplement *tamandua* : je demande seulement qu'on lise
encore cette description, et qu'on juge. Quelque désagréables, quelque
ennuyeuses que soient des discussions de cette espèce, on ne peut les
éviter dans les détails de l'histoire naturelle : il faut, avant d'écrire
sur un sujet, souvent très peu connu, en écarter autant qu'il est possible toutes les obscurités, marquer en passant les erreurs qui ne
manquent jamais de se trouver en nombre sur le chemin de la vérité,
à laquelle il est souvent très difficile d'arriver, moins par la faute de
la nature que par celle des naturalistes.

Ce qui résulte de plus certain de cette critique, c'est qu'il existe
réellement trois espèces d'animaux auxquels on a donné le nom commun

de *mangeurs de fourmis;* que ces trois espèces sont le tamanoir, le tamandua et le fourmilier; que la quatrième espèce, donnée sous le nom de *fourmilier aux longues oreilles* par M. Brisson, est douteuse aussi bien que les autres espèces indiquées par Seba. Nous avons vu le tamanoir et le fourmilier, nous en avons les dépouilles au Cabinet du roi; ces espèces sont certainement très différentes l'une de l'autre, et telles que nous les avons décrites, mais nous n'avons pas vu le tamandua, et nous n'en parlons que d'après Pison et Marcgrave, qui sont les seuls auteurs qu'on puisse consulter sur cet animal, puisque tous les autres n'ont fait que les copier.

Le tamandua fait, pour ainsi dire, la moyenne proportionnelle entre le tamanoir et le fourmilier pour la grandeur du corps; il a, comme le tamanoir, le museau fort allongé et quatre doigts aux pieds de devant; mais il a, comme le fourmilier, la queue dégarnie de poil à l'extrémité par laquelle il se suspend aux branches des arbres. Le fourmilier a aussi la même habitude : dans cette situation, ils balancent leur corps, approchent leur museau des trous et des creux d'arbres, ils y insinuent leur longue langue et la retirent ensuite brusquement pour avaler les insectes qu'elle a ramassés.

Au reste, ces trois animaux, qui diffèrent si fort par la grandeur et par les proportions du corps, ont néanmoins beaucoup de choses communes, tant pour la conformation que pour les habitudes naturelles : tous trois se nourrissent de fourmis et plongent aussi leur langue dans le miel et dans les autres substances liquides ou visqueuses ; ils ramassent assez promptement les miettes de pain et les petits morceaux de viande hachée; on les apprivoise et on les élève aisément; ils soutiennent longtemps la privation de toute nourriture; ils n'avalent pas toute la liqueur qu'ils prennent en buvant : il en retombe une partie qui passe par les narines; ils dorment ordinairement pendant le jour et changent de lieu pendant la nuit; ils marchent si mal qu'un homme peut les atteindre facilement à la course dans un lieu découvert. Les sauvages mangent leur chair, qui cependant est d'un très mauvais goût.

On prendrait de loin le tamanoir pour un grand renard, et c'est par cette raison que quelques voyageurs l'ont appelé *renard américain;* il est assez fort pour se défendre d'un gros chien et même d'un jaguar; lorsqu'il en est attaqué, il se bat d'abord debout, et, comme l'ours, il se défend avec les mains, dont les ongles sont meurtriers ; ensuite

il se couche sur le dos pour se servir des pieds comme des mains,
et dans cette situation il est presque invincible et combat opiniâtré-
ment jusqu'à la dernière extrémité, et même, lorsqu'il a mis à mort
son ennemi, il ne le lâche que très longtemps après; il résiste plus
qu'un autre au combat, parce qu'il est couvert d'un grand poil touffu,

Le Fourmilier.

d'un cuir fort épais, et qu'il a la chair peu sensible et la vie très
dure.

Le tamanoir, le tamandua et le fourmilier sont des animaux naturels
aux climats les plus chauds de l'Amérique, c'est-à-dire au Brésil, à la
Guiane, au pays des Amazones, etc. On ne les trouve point en Canada,
ni dans les autres contrées froides du nouveau-monde; on ne doit
donc pas les retrouver dans l'ancien continent : cependant Kolbe et
Desmarchais ont écrit qu'il y avait de ces animaux en Afrique, mais il

me paraît qu'ils ont confondu le pangolin ou lézard écailleux avec nos fourmiliers. C'est peut-être d'après un passage de Marcgrave où il est dit : *Tamandua-guacu Brasiliensibus, Congensibus (ubi et frequens est)* um-bulu *dictus*, que Kolbe et Desmarchais sont tombés dans cette erreur; et, en effet, si Marcgrave entend par *Congensibus* les naturels de Congo, il aura dit le premier que le tamanoir se trouvait en Afrique, ce qui cependant n'a été confirmé par aucun autre témoin digne de foi; Marcgrave lui-même n'avait certainement pas vu cet animal en Afrique, puisqu'il avoue qu'en Amérique même il n'en a vu que les dépouilles. Desmarchais en parle assez vaguement; il dit simplement qu'on trouve cet animal en Afrique comme en Amérique, mais il n'ajoute aucune circonstance qui puisse prouver le fait; et à l'égard de Kolbe, nous comptons pour rien son témoignage, car un homme qui a vu au cap de Bonne-Espérance des élans et des loups-cerviers tout semblables à ceux de Prusse, peut bien aussi y avoir vu des tamanduas. Aucun des auteurs qui ont écrit sur les productions de l'Afrique et de l'Asie n'ont parlé des tamanduas, et, au contraire, tous les voyageurs et presque tous les historiens de l'Amérique en font mention précise : de Lery, de Laët, le P. d'Abbeville, Maffée, Faber, Nieremberg et M. de la Con-damine s'accordent à dire avec Pison, Barrère, etc., que ce sont des animaux naturels aux pays chauds de l'Amérique; ainsi nous ne doutons pas que Desmarchais et Kolbe ne se soient trompés, et nous croyons pouvoir assurer de nouveau que ces trois espèces d'animaux n'existent pas dans l'ancien continent.

Nous avons donné la description du tamanoir ou grand fourmilier, mais, comme elle n'a été faite que d'après une peau qui avait été assez mal préparée, elle n'est pas aussi exacte que celle qu'on trouvera ici, qui a été faite sur un animal envoyé de la Guiane, bien empaillé, à M. Mauduit, docteur en médecine, dont le Cabinet ne contient que des choses précieuses, par les soins que cet habile naturaliste prend de recueillir tout ce qu'il y a de plus rare, et de maintenir les animaux et les oiseaux dans le meilleur état possible. Quoique le tamanoir que nous donnons ici soit précisément de la même espèce que celui de notre IIIe volume, on verra néanmoins qu'il a le museau plus court, la distance de l'œil à l'oreille plus petite, les pieds plus courts; ceux du devant n'ont que quatre ongles, les deux du milieu très grands, les deux de côté fort petits; cinq ongles aux pieds de derrière, et tous ces ongles noirs. Le museau, jusqu'aux oreilles, est couvert d'un poil brun fort court : près des oreilles le poil commence à devenir plus grand, il a deux pouces et demi de longueur sur les côtés du corps ; il est rude au toucher comme celui du sanglier. Il est mêlé de poils d'un brun foncé, et d'autres d'un blanc sale. La bande noire du corps n'a point de petites taches blanches décidées et qui la bordent, comme dans le tamanoir ; celui-ci a trois pieds onze pouces de longueur, c'est-à-dire trois pouces de plus que le premier, décrit au volume III.

M. de la Borde, médecin du Roi à Cayenne, m'a envoyé les observations suivantes au sujet de cet animal :

« Le tamanoir habite les bois de la Guiane ; on y en connaît de deux espèces : les individus de la plus grande pèsent jusqu'à cent livres ; ils courent lentement et plus lourdement qu'un cochon ; ils traversent les grandes rivières à la nage, et alors il n'est pas difficile de les assommer à coups de bâton. Dans les bois on les tue à coups de fusil : ils n'y sont pas fort communs, quoique les chiens refusent de les chasser.

» Le tamanoir se sert de ses grandes griffes pour déchirer les ruches des poux de bois qui se trouvent partout sur les arbres, sur lesquels il grimpe facilement ; il faut prendre garde d'approcher cet animal de trop près, car ses griffes font des blessures profondes ; il se défend même avec avantage contre les animaux les plus féroces de ce continent, tels que les jaguars, couguars, etc.; il les déchire avec ses griffes, dont les muscles et les tendons sont d'une grande force ; il tue beaucoup de chiens, et c'est par cette raison qu'ils refusent de le chasser.

» On voit souvent des tamanoirs dans les grandes savanes incultes ; on dit qu'ils se nourrissent de fourmis ; son estomac a plus de capacité que celui d'un homme. J'en ai ouvert un qui avait l'estomac plein de poux de bois qu'il avait nouvellement mangés. La structure et les dimensions de sa langue semblent prouver qu'il peut aussi se nourrir de fourmis. Il ne fait qu'un petit dans des trous d'arbre près de terre ; lorsque la femelle nourrit, elle est très dangereuse, même pour les hommes. Les gens du commun, à Cayenne, mangent la chair de cet animal ; elle est noire, sans graisse et sans fumet. Sa peau est dure et épaisse, sa langue est d'une forme presque conique comme son museau. »

M. de la Borde en donne une description anatomique que je n'ai pas cru devoir publier ici, pour lui laisser les prémices de ce travail. qu'il me paraît avoir fait avec soin.

« Le tamanoir, continue M. de la Borde, n'acquiert son accroissement entier qu'en quatre ans. Il ne respire que par les narines ; à la première vertèbre qui joint le cou avec la tête, la trachée-artère est fort ample, mais elle se rétrécit tout à coup, et forme un conduit qui se continue jusqu'aux narines, dans cette espèce de cornet qui lui sert de mâchoire supérieure. Ce cornet a un pied de longueur, et il est au moins aussi long que le reste de la tête ; il n'a aucun conduit de la trachée-artère à la gueule, et néanmoins l'ouverture des narines est si petite, qu'on avait de la peine à y introduire un tuyau de plume à écrire. Les yeux sont aussi très petits, et il ne voit que de côté. La graisse de cet animal est de la plus grande blancheur. Lorsqu'il traverse les eaux, il porte sa grande et longue queue repliée sur le dos et jusque sur la tête. »

MM. Aublet et Olivier m'ont assuré que le tamanoir ne se nourrit que par le moyen de sa langue, laquelle est enduite d'une humeur visqueuse et gluante, avec laquelle il prend des insectes ; ils disent aussi que sa chair n'est point mauvaise à manger.

LE BOA DEVIN

Nous avons considéré à la tête du genre des couleuvres les diverses espèces de vipères, ces animaux funestes et d'autant plus dangereux que, distillant sans cesse le venin le plus subtil, ils masquent leur approche, déguisent leurs attaques, se replient en cercle, se cachent, pour ainsi dire, en eux-mêmes, comme pour dérober leur présence à leurs victimes, s'élancent sur elles par des sauts aussi rapides qu'inattendus, ne parviennent à les vaincre que par leurs poisons mortels et n'emploient que cette arme traîtresse qui pénètre comme un trait invisible, et dont la valeur ni la puissance ne peuvent se garantir. Nous allons parler maintenant d'un genre plus noble ; nous allons traiter des *boas*, des plus grands et des plus forts des serpents, de ceux qui, ne contenant aucun venin, n'attaquent que par besoin, ne combattent qu'avec audace, ne domptent que par leur puissance, et contre lesquels on peut opposer les armes aux armes, le courage au courage, la force à la force, sans crainte de recevoir, par une piqûre insensible, une mort aussi cruelle qu'imprévue.

Parmi ces premières espèces, parmi ce genre distingué dans l'ordre des serpents, le devin occupe la première place. La nature l'en a fait roi par la supériorité des dons qu'elle lui a prodigués. Elle lui a accordé la beauté, la grandeur, l'agilité, la force, l'industrie ; elle lui a en quelque sorte tout donné, hors ce funeste poison départi à certaines espèces de serpents, presque toujours aux plus petites, et qui a fait regarder l'ordre entier de ces animaux comme des objets d'une grande terreur.

Le devin est donc parmi les serpents comme l'éléphant ou le lion parmi les quadrupèdes. Il surpasse les animaux de son ordre, par sa grandeur comme le premier, et par sa force comme le second ; il parvient communément à la longueur de plus de vingt pieds ; et, en réunissant les témoignages des voyageurs, il paraît que c'est à cette espèce qu'il faut rapporter les individus de quarante ou cinquante pieds de long, qui habitent, suivant ces mêmes voyageurs, les déserts brûlants où l'homme ne pénètre qu'avec peine.

C'est aussi à cette espèce qu'appartenait ce serpent énorme dont Pline a parlé, et qui arrêta, pour ainsi dire, l'armée romaine auprès des côtes septentrionales de l'Afrique. Sans doute il y a de l'exagération dans la longueur attribuée à ce monstrueux animal ; sans doute il n'avait point cent vingt pieds de long, comme le rapporte le naturaliste romain ; mais Pline ajoute que la dépouille de ce serpent demeura longtemps suspendue dans un temple de Rome, à une époque assez peu éloignée de celle où il écrivait ; et, à moins de renoncer à tous les témoignages de l'histoire, on est obligé d'admettre l'existence d'un énorme serpent qui, pressé par la faim, se jetait sur les soldats romains lorsqu'ils s'écartaient de leur camp, et qu'on ne put mettre à mort qu'en employant contre lui un corps de troupes, et en l'écrasant sous les mêmes machines militaires qui servaient à ces vainqueurs du monde à renverser les murs ennemis. C'était auprès des plaines sablonneuses d'Afrique qu'eut lieu ce combat remarquable ; le serpent devin se trouve aussi dans cette partie du monde ; et, comme c'est le plus grand des serpents, c'est un individu de son espèce qui doit avoir lutté contre les armées romaines. Ce mot de Rome antique désigne toujours la puissance et la victoire ; c'est donc la plus grande preuve que l'on puisse rapporter en faveur de la force du serpent dont nous écrivons l'histoire, que d'exposer les moyens employés par les conquérants de la terre pour le soumettre et lui donner la mort.

Le devin est remarquable par la forme de sa tête, qui annonce, pour ainsi dire, la supériorité de sa force, et que l'on a comparée, avec assez de raison, à celle des chiens de chasse, appelés chiens couchants. Le sommet en est élargi, le front élevé et divisé par un sillon longitudinal ; les orbites sont saillantes et les yeux très gros ; le museau est allongé et terminé par une grande écaille blanchâtre, tachetée de jaune, placée presque verticalement et échancrée par le bas pour laisser passer la langue ; l'ouverture de la gueule très grande ; les

Boa.

dents sont très longues[1], mais le devin n'a point de crochets mobiles ; quarante-quatre grandes écailles couvrent ordinairement la lèvre supérieure et cinquante-trois la lèvre inférieure ; la queue est très courte en proportion du corps qui est ordinairement neuf fois aussi long que cette partie ; mais elle est très dure et très forte[2].

Ce serpent énorme est, d'ailleurs, aussi distingué par la beauté des écailles qui le couvrent et la vivacité des couleurs dont il est peint, que par sa longueur prodigieuse. Les nuances de ces couleurs s'effacent bientôt lorsqu'il est mort. Elles disparaissent plus ou moins, suivant la manière dont il est conservé et le degré d'altération qu'il peut subir. Il n'est pas surprenant d'après cela qu'elles aient été décrites si diversement par les auteurs, et qu'il ait été représenté dans des planches, de manière que les différents individus de cette espèce aient paru former jusqu'à neuf espèces différentes. Mais il y a plus : les couleurs du serpent devin varient beaucoup suivant le climat qu'il habite, et apparemment suivant l'âge, le sexe, etc. Aussi croyons-nous très utile de décrire, dans les plus petits détails, celles dont il est paré.

Nous pensons devoir nous contenter de dire qu'il a communément

---

1. « J'ai vu des couleuvres chasseuses (des devins) vivantes, et d'autres mortes, et leur ai trouvé des dents aussi grosses que celles du meilleur lévrier... Quelles armes plus redoutables que leur vitesse, jointe à l'opiniâtreté avec laquelle elles mordent ! Dans le temps que j'étais en Amérique, une de ces couleuvres saisit un laboureur par le talon et la cheville du pied ; comme il était homme de courage, il se saisit du premier arbre qui se présenta et l'embrassa du mieux qu'il put en jetant des cris horribles ; on accourut pour le secourir, et le serpent, se voyant pressé, serra les dents, lui coupa le talon et s'enfuit avec la vitesse d'un trait. » *Hist. de l'Orénoque*, t. III, p. 76.

Cleyerus (lettre déjà citée) rapporte que, cherchant à voir le squelette d'un de ces grands serpents, ses domestiques en firent cuire les chairs dans de l'eau où l'on avait mis de la chaux vive. Un d'eux, voulant nettoyer la tête du serpent dont la cuisson avait détaché les chairs, se blessa au doigt contre les grosses dents de l'animal. Cet accident fut suivi d'une enflure avec inflammation dans la partie affectée, d'une fièvre continue et de délire, qui ne cessèrent qu'après qu'on eut employé les remèdes convenables, et particulièrement une composition appelée *lapis serpentinus*, et que les jésuites faisaient alors dans l'Inde. *Toute vésicule et toute chair* avaient été emportées par la chaux vive, observe l'auteur ; par conséquent, on ne doit attribuer à aucune sorte de venin les accidents dont il parle ; et ce fait ne peut pas détruire les observations plusieurs fois répétées, qui prouvent que le devin n'est point venimeux. D'ailleurs nous venons de voir que sa gueule ne renferme point de crochets mobiles, ainsi que nous nous en sommes assurés nous-mêmes.

2. Le sommet de la tête du devin est couvert d'écailles hexagones, petites, unies et semblables à celles du dos ; deux rangées longitudinales de grandes écailles s'étendent de chaque côté des grandes plaques, qui sont moins longues que dans la plupart des couleuvres, et les naturalistes en comptent deux cent quarante-six sous le corps et cinquante-quatre sous la queue.

sur la tête une grande tache, d'une couleur noire ou rousse très foncée, qui représente une sorte de croix dont la traverse est quelquefois supprimée. Tout le dessus de son dos est parsemé de belles et grandes taches ovales qui ont ordinairement deux ou trois pouces de longueur, qui sont très souvent échancrées à chaque bout en forme de demi-cercle, et autour desquelles l'on voit d'autres taches plus petites de différentes formes. Toutes sont placées avec tant de symétrie, et la plupart sont si distinguées du fond par des bordures sombres qui, en imitant des ombres, les détachent et les font ressortir, que, lorsqu'on voit la dépouille d'un de ces serpents, on croit moins avoir sous les yeux un ouvrage de la nature qu'une production de l'art compassée avec le plus de soin.

Toutes ces belles taches, tant celles qui sont ovales que les taches plus petites qui les environnent, présentent les couleurs les plus agréablement mariées et quelquefois les plus vives. Les taches ovales sont ordinairement d'un fauve doré, quelquefois noires ou rouges et bordées de blanc ; et les autres taches, d'un châtain plus ou moins clair, ou d'un rouge très vif semé de points noirs ou roux, offrent souvent, d'espace en espace, ces marques brillantes que l'on voit resplendir sur la queue du paon ou sur les ailes des beaux papillons, et qu'on a nommées des yeux, parce qu'elles sont composées d'un point entouré d'un cercle plus clair ou plus obscur.

Le dessous du corps du devin est d'un cendré jaunâtre, marbré ou tacheté de noir.

On a assez rarement l'animal entier dans les collections d'histoire naturelle ; mais il n'est guère aucun cabinet où la peau de ce serpent, séparée des plaques du dessous de son corps, ne soit étendue en forme de larges bandes. On leur a donné divers noms suivant la grandeur des individus, les pays d'où on les a reçus, les variétés de leurs couleurs et les différences qui peuvent se trouver dans les petites taches placées autour des taches ovales. Mais quelles que soient ces variétés d'âge, de sexe ou de pays, c'est toujours au serpent devin qu'il faudra rapporter ces belles peaux, et jusqu'à présent on ne connaît point d'autre serpent que ce dernier qui soit doué d'une taille très considérable et qui ait en même temps sur le dos des taches ovales semblables à celles que nous venons d'indiquer.

Lorsque l'on considère la taille démesurée du serpent devin, l'on ne doit pas être étonné de la force prodigieuse dont il jouit. Indépendamment de la raideur de ses muscles, il est aisé de concevoir comment un animal qui a quelquefois trente pieds de long peut, avec facilité, étouffer et écraser de très gros animaux dans les replis multipliés de son corps, dont tous les points agissent et dont tous les contours saisissent la proie, s'appliquent intimement à sa surface et en suivent toutes les irrégularités.

Cette grande puissance, cette force redoutable, sa longueur gigantesque, l'éclat de ses écailles, la beauté de ses couleurs ont inspiré une sorte d'admiration, mêlée d'effroi, à plusieurs peuples encore peu éloignés de l'état sauvage. Comme tout ce qui produit la terreur et l'admiration, tout ce qui paraît avoir une grande supériorité sur les autres êtres est bien près de faire naître, dans des têtes peu éclairées, l'idée d'un agent surnaturel, ce n'est qu'avec une crainte religieuse que les anciens habitants du Mexique ont vu le serpent devin. Soit qu'ils aient pensé qu'une masse considérable, exécutant des mouvements aussi rapides, ne pouvait être mue que par un souffle divin, ou qu'ils n'aient regardé ce serpent que comme un ministre de la toute-puissance céleste, il est devenu l'objet de leur culte. Ils l'ont surnommé *empereur*, pour désigner la prééminence de ses qualités. Objet de leur adoration, il a dû être celui de leur attention particulière ; aucun de ses mouvements ne leur a, pour ainsi dire, échappé ; aucune de ses actions ne pouvait leur être indifférente ; ils n'ont écouté qu'avec un frémissement religieux les sifflements longs et aigus qu'il fait entendre, ils ont cru que ces sifflements, que ces signes des diverses affections d'un être qu'ils ne voyaient que comme merveilleux et divin, devaient être liés avec leur destinée.

Le hasard a fait que ces sifflements ont été souvent beaucoup plus forts ou plus fréquents dans les temps qui ont précédé les grandes tempêtes, les maladies pestilentielles, les guerres cruelles ou les autres calamités publiques ; d'ailleurs les grands maux physiques sont souvent précédés par une chaleur violente, une sécheresse extrême, un état particulier de l'atmosphère, une électricité abondante dans l'air qui doivent agiter les serpents et leur faire pousser des sifflements plus forts qu'à l'ordinaire ; aussi les Mexicains n'ont regardé ceux du serpent devin que comme l'annonce des plus grands malheurs, et ce n'est qu'avec consternation qu'ils les ont entendus.

Mais ce n'est pas seulement un culte doux et pacifique qu'il a obtenu chez les anciens habitants du nouveau monde. Son image y a été vénérée non seulement au milieu des nuages d'encens, mais même de flots de sang humain, versé pour honorer le dieu auquel ils l'avaient consacré, et qu'ils avaient fait cruel. Nous ne rappelons qu'en frémissant le nombre immense de victimes humaines que la hache sanglante d'un fanatisme aveugle et barbare a immolées sur les autels de la divinité qu'il avait inventée. Nous ne pensons qu'avec horreur aux monceaux de têtes et de tristes ossements trouvés par les Européens autour

Le Boa Devin.

des temples où le serpent semblait partager les hommages de la crainte; et tant il faut de temps dans tous les pays pour que la raison brille de tout son éclat, la superstition qui a, pour ainsi dire, divinisé le devin, n'a pas seulement régné en Amérique. Aussi grand, aussi puissant, aussi redoutable dans les contrées ardentes de l'Afrique, il y a inspiré la même terreur; il y a paru aussi merveilleux, il y a été également regardé, par des esprits encore trop peu élevés au-dessus de la brute, comme le souverain dispensateur des biens et des maux. On l'y a également adoré; on en a fait un dieu sur les côtes brûlantes du Mozambique, comme auprès du lac de Mexico, et il paraît même que le Japonais s'est prosterné devant lui.

Mais si l'opinion religieuse ne l'a pas fait régner sur l'homme dans toutes les contrées équatoriales, tant de l'ancien que du nouveau continent, il n'en est presque aucune où il n'ait exercé sur les animaux l'empire de sa force. Il habite, en effet, presque tous les pays où il a trouvé assez de chaleur pour ne rien perdre de son activité, assez de proie pour se nourrir et assez d'espace pour n'être pas trop souvent tourmenté par ses ennemis; il vit dans les Indes orientales et dans les grandes îles de l'Asie, ainsi que dans les parties de l'Amérique voisines des deux tropiques ; il paraît même qu'autrefois il habitait à des latitudes plus éloignées de la ligne, et qu'il vivait dans le Pont, lorsque cette contrée, plus remplie de bois, de marais, et moins peuplée, lui présentait une surface plus libre ou plus analogue à ses habitudes et à ses appétits. Les relations des anciens doivent donner une bien grande idée de l'haleine empestée qui s'exhalait de sa gueule, puisque Métrodore a écrit que l'immense serpent qu'il a placé dans cette contrée du Pont, et qui devait être le devin, avait le pouvoir d'attirer dans sa gueule béante les oiseaux qui volaient au-dessus de sa tête, même à une assez grande hauteur. Ce pouvoir n'a consisté sans doute que dans la corruption de l'haleine du serpent qui, viciant l'air à une très petite distance, et l'imprégnant de miasmes putrides et délétères, a pu, dans certaines circonstances, étourdir des oiseaux, leur ôter leurs forces, les plonger dans une sorte d'asphyxie et les contraindre à tomber dans la gueule énorme, ouverte pour les recevoir ; mais quelque exagéré que soit le fait rapporté par Métrodore, il prouve la grandeur du serpent auquel il l'a attribué et confirme notre conjecture au sujet de son espèce avec celle du devin.

D'un autre côté, peu de temps avant celui où Pline a écrit, et sous l'empire de Claude, on tua, auprès de Rome, suivant ce naturaliste, un très grand serpent du genre des boas, dans le ventre duquel on trouva le corps entier d'un petit enfant, et qui pouvait bien être de l'espèce du devin. J'ai souvent ouï dire aussi à plusieurs habitants des provinces méridionales de France que, dans quelques parties de ces provinces, moins peuplées, plus couvertes de bois, plus entrecoupées par des collines, d'un accès plus difficile, et présentant plus de cavernes et d'antractuosités, on avait vu des serpents d'une longueur très considérable, qu'on aurait dû peut-être rapporter à l'espèce ou du moins au genre du devin.

Mais c'est surtout dans les déserts brûlants de l'Afrique, qu'exerçant une domination moins troublée, il parvient à la longueur la plus considérable. On frémit lorsqu'on lit, dans les relations des voyageurs qui ont pénétré dans l'intérieur de cette partie du monde, la manière dont l'énorme serpent devin s'avance au milieu des herbes hautes et des broussailles, ayant quelquefois plus de dix-huit pouces de diamètre, et semblable à une longue et grosse poutre qu'on remuerait avec vitesse. On aperçoit de loin, par le mouvement des plantes qui s'inclinent sous son passage, l'espèce de sillon que tracent les diverses ondulations de son corps; on voit fuir devant lui les troupeaux de gazelles et d'autres animaux dont il fait sa proie; et le seul parti qui reste à prendre dans ces solitudes immenses pour se garantir de sa dent meurtrière et de sa force funeste est de mettre le feu aux herbes déjà à demi brûlées par l'ardeur du soleil. Le fer ne suffit pas contre ce dangereux serpent lorsqu'il est parvenu à toute sa longueur, et surtout lorsqu'il est irrité par la faim. L'on ne peut éviter la mort qu'en couvrant un pays immense de flammes qui se propagent avec vitesse au milieu de végétaux presque entièrement desséchés, en excitant ainsi un vaste incendie, et en élevant, pour ainsi dire, un rempart de feu contre la poursuite de cet énorme animal. Il ne peut être, en effet, arrêté ni par les fleuves qu'il rencontre, ni par les bras de mer dont il fréquente souvent les bords, car il nage avec facilité même au milieu des ondes agitées [1]; et c'est en vain, d'un autre côté, qu'on voudrait chercher un abri sur de grands arbres, il se roule avec promptitude jusqu'à l'extrémité des cimes les plus hautes [2]; aussi vit-il souvent dans les forêts. Enveloppant les

---

1. « Le Paraguay a des serpents qu'on nomme *chasseurs* (c'est l'espèce du devin à laquelle on a donné ce nom en plusieurs contrées), qui montent sur les arbres pour découvrir leur proie, et qui, s'élançant dessus quand elle s'approche, la serrent avec tant de force qu'elle ne peut se remuer et la dévorent toute vivante; mais lorsqu'ils ont avalé des bêtes entières, ils deviennent si pesants qu'ils ne peuvent plus se traîner... Plusieurs de ces monstrueux reptiles vivent de poissons, et le père de Montoya raconte qu'il vit un jour une couleuvre dont la tête était de la grosseur d'un veau, et qui pêchait sur le bord d'une rivière; elle commençait par jeter de sa gueule beaucoup d'écume dans l'eau, ensuite y plongeant la tête et demeurant quelque temps immobile, elle ouvrait tout d'un coup la gueule pour avaler quantité de poissons que l'écume semblait attirer. Une autre fois le même missionnaire vit un Indien de la plus grande taille qui, étant dans l'eau jusqu'à la ceinture. occupé de la pêche, fut englouti par une couleuvre qui, le lendemain, le rejeta tout entier. » *Hist. génér. des voyages*, édit in-12, t. LV, p. 420 et suiv.

2. « M. Salmon nous apprend que dans l'île de Macassar il y a des singes aussi féroces que les chats sauvages, qui attaquent les voyageurs. surtout les femmes, et les mangent après les

tiges dans les divers replis de son corps, il se fixe sur les arbres à différentes hauteurs et y demeure souvent longtemps en embuscade, attendant patiemment le passage de sa proie. Lorsque, pour l'atteindre ou pour sauter sur un arbre voisin, il a une trop grande distance à franchir, il entortille sa queue autour d'une branche, et suspendant son corps allongé à cet espèce d'anneau, se balançant et tout d'un coup s'élançant avec force, il se jette comme un trait sur sa victime ou contre l'arbre auquel il veut s'attacher.

Il se retire aussi quelquefois dans les cavernes des montagnes et dans d'autres antres profonds où il a moins à craindre les attaques de ses ennemis, et où il cherche un asile contre les températures froides, les pluies trop abondantes et les autres accidents de l'atmosphère qui lui sont contraires.

Il est connu sous le nom trivial de *grande couleuvre*, sur les rivages noyés de la Guyane; il y parvient communément à la grandeur de trente pieds, et même, dans certains endroits, à celle de quarante. Comme le nom qu'il y porte y est donné à presque tous les serpents qui joignent une grande force à une longueur considérable, et qui, en même temps, n'ont point de venin et sont dépourvus des crochets mobiles qu'on remarque dans les vipères, on est assez embarrassé pour distinguer, parmi les divers faits rapportés par les voyageurs, touchant les serpents, ceux qui conviennent au devin. Il paraît bien constaté cependant qu'il y jouit d'une force assez grande pour qu'un seul coup de sa queue renverse un animal assez gros, et même l'homme le plus vigoureux. Il y attaque le gibier le plus difficile à vaincre; on l'y a vu avaler des chèvres et étouffer des couguars, ces représentants du tigre dans le nouveau monde. Il dévore quelquefois, dans les Indes orientales, des animaux encore plus considérables, ou mieux défendus, tels que les porcs-épics, des cerfs et des taureaux[1]; et ce fait effrayant était déjà connu des anciens.

avoir mis en pièces, de sorte qu'on est obligé, pour s'en défendre, d'aller toujours armé. Il ajoute que ces singes ne craignent d'autres bêtes que les serpents, qui les poursuivent avec une vitesse extraordinaire et vont les chercher jusque sur les arbres, ce qui les oblige d'aller en troupes pour s'en garantir, ce qui n'empêche pas qu'ils ne les attaquent et ne les avalent tout en vie, lorsqu'ils peuvent les attraper. » *Hist. natur. de l'Orénoque*, t. III, p. 78. Les récits des autres voyageurs nous portent à croire que l'espèce de serpent dont a parlé M. Salmon est celle du devin.

1. « Ces serpents (ceux dont parle ici l'auteur sont évidemment des serpents devins) ont plus de vingt-cinq pieds de longueur, et quoiqu'ils ne paraissent pas pouvoir avaler de gros animaux,

Lorsqu'il aperçoit un ennemi dangereux, ce n'est point avec ses dents qu'il commence un combat qui alors serait trop désavantageux pour lui ; mais il se précipite avec tant de rapidité sur sa malheureuse victime, l'enveloppe dans tant de contours, la serre avec tant de force, fait craquer ses os avec tant de violence que, ne pouvant ni s'échapper ni user de ses armes, et réduite à pousser de vains, mais affreux hurlements, elle est bientôt étouffée sous les efforts multipliés du monstrueux reptile.

Si le volume de l'animal expiré est trop considérable pour que le devin puisse l'avaler, malgré la grande ouverture de sa gueule, la facilité qu'il a de l'agrandir et l'extension dont presque tout son corps est susceptible, il continue de presser sa proie mise à mort ; il en écrase les parties les plus compactes ; et, lorsqu'il ne peut point les briser ainsi avec facilité, il l'entraîne en se roulant avec elle auprès d'un gros arbre, dont il renferme le tronc dans ses replis ; il place sa proie entre l'arbre et son corps ; il les environne l'un et l'autre de ses nœuds vigoureux, et, se servant de la tige noueuse comme d'une sorte de levier, il redouble ses efforts et parvient bientôt à comprimer en tous sens et à moudre, pour ainsi dire, le corps de l'animal qu'il a immolé[1].

Lorsqu'il a donné ainsi à sa proie toute la souplesse qui lui est nécessaire, il l'allonge en continuant de la presser et diminue d'autant sa grosseur ; il l'imbibe de sa salive ou d'une sorte d'humeur analogue qu'il répand en abondance ; il pétrit, pour ainsi dire, à l'aide de ses replis, cette masse devenue informe, ce corps qui n'est plus qu'un composé confus de chairs ramollies et d'os concassés. C'est alors qu'il l'avale, en la prenant par la tête, en l'attirant à lui et en l'entraînant dans son ventre par de fortes aspirations plusieurs fois répétées ; mais,

l'expérience prouve le contraire. J'achetai d'un chasseur un de ces serpents, que je disséquai, et dans le ventre duquel je trouvai un cerf entier de moyen âge et revêtu encore de sa peau ; j'en achetai un autre qui avait dévoré un bouc sauvage, malgré les grandes cornes dont il était armé ; et je tirai du ventre d'un troisième un porc-épic entier et garni de ses piquants. Dans l'île d'Amboine, une femme grosse fut un jour avalée tout entière par un de ces serpents. » Extrait d'une lettre d'André Cleyerus, écrite de Batavia à Mentzélius, *Éphemérides des curieux de la nature.* Nuremberg, 1684, Décade 2, an. 2, 1683, p. 48.

1. Lettre d'André Cleyerus, déjà citée. L'auteur ajoute : « Dans le royaume d'Aracan, sur les confins de celui de Bengale, on a vu un serpent (un devin) démesuré se jeter, auprès des bords d'un fleuve, sur un très grand urus (bœuf sauvage), et donner un spectacle affreux par son combat avec ce terrible animal ; on pouvait entendre, à la distance une portée de canon d'un très grand calibre, le craquement des os de l'urus, brisés par les efforts de son ennemi. »

malgré cette préparation, sa proie est quelquefois si volumineuse qu'il ne peut l'engloutir qu'à demi. Il faut qu'il ait digéré au moins en partie la portion qu'il a déjà fait entrer dans son corps, pour pouvoir y faire pénétrer l'autre, et l'on a souvent vu le serpent devin, la gueule horriblement ouverte et remplie d'une proie à demi dévorée, étendu à terre et dans une sorte d'inertie qui accompagne presque toujours sa digestion.

Lorsqu'en effet il a assouvi son appétit violent et rempli son ventre de la nourriture nécessaire à l'entretien de sa grande masse, il perd pour un temps son agilité et sa force ; il est plongé dans une espèce de sommeil ; il gît sans mouvement, comme un lourd fardeau, le corps prodigieusement enflé, et cet engourdissement, qui dure quelquefois cinq ou six jours, doit être assez profond ; car, malgré tout ce qu'il faut retrancher des divers récits publiés touchant ce serpent, il paraît que, dans différents pays, particulièrement aux environs de l'isthme de Panama en Amérique, des voyageurs, rencontrant le devin à demi caché sous l'herbe épaisse des forêts qu'ils traversaient, ont plusieurs fois marché sur lui dans le temps où sa digestion le tenait dans une espèce de torpeur. Ils se sont même reposés, a-t-on écrit, sur son corps gisant à terre, et qu'ils prenaient, à cause des feuillages dont il était couvert, pour un tronc d'arbre renversé, sans faire faire aucun mouvement au serpent, assoupi par les aliments qu'il avait avalés, ou peut-être engourdi par la fraîcheur de la saison. Ce n'est que lorsque, allumant du feu trop près de l'énorme animal, ils lui ont redonné, par cette chaleur, assez d'activité pour qu'il recommençât à se mouvoir, qu'ils se sont aperçus de la présence du grand reptile qui les a glacés d'effroi, et loin duquel ils se sont précipités.

Ce long état de torpeur a fait croire à quelques voyageurs que le serpent devin avalait quelquefois des animaux d'un volume si considérable qu'il était étouffé en les dévorant ; c'est ce temps d'engourdissement que choisissent les habitants des pays qu'il fréquente pour lui faire la guerre et lui donner la mort. Car, quoique le devin ne contienne aucun poison, il a besoin de tant consommer que son voisinage est dangereux pour l'homme, et surtout pour la plupart des animaux domestiques et utiles. Les habitants de l'Inde, les nègres de l'Afrique, les sauvages du nouveau monde se réunissent plusieurs

autour de l'habitation du serpent devin. Ils attendent le moment
où il a dévoré sa proie et hâtent même quelquefois cet instant en
attachant auprès de l'antre du serpent quelque gros animal qu'ils
sacrifient, et sur lequel le devin ne manque pas de s'élancer. Lorsqu'il
est repu, il tombe dans cet affaissement et cette insensibilité dont
nous venons de parler ; c'est alors qu'ils se jettent sur lui et lui donnent
la mort sans crainte comme sans danger. Ils osent, armés d'un simple
lacs, s'approcher de lui et l'étrangler, ou ils l'assomment à coup de
branches d'arbre[1]. Le désir de se délivrer d'un animal destructeur n'est
pas le seul motif qu'on ait pour en faire la chasse. Les habitants de
l'île de Java, les nègres de la Côte-d'Or et plusieurs autres peuples
mangent sa chair, qui est pour eux un mets agréable[2] ; dans d'autres

1. Lettre d'André Cleyerus. — Nous croyons qu'on verra ici avec plaisir le récit de la
manière dont, suivant Diodore de Sicile, on prit en Égypte, et sous un Ptolémée, un serpent
énorme qui, à cause de sa grandeur, ne peut être rapporté qu'à l'espèce du devin.

« Plusieurs chasseurs, encouragés par la munificence de Ptolémée, résolurent de lui
amener à Alexandrie un des plus grands serpents. Cet énorme reptile, long de *trente coudées*,
vivait sur le bord des eaux ; il y demeurait immobile, couché à terre, et son corps replié en
cercle ; mais lorsqu'il voyait quelque animal approcher du rivage qu'il habitait, il se jetait sur
lui avec impétuosité, le saisissait avec sa gueule ou l'enveloppait dans les replis de sa queue.
Les chasseurs l'ayant aperçu de loin, imaginèrent qu'ils pourraient aisément le prendre dans
des lacs et l'entourer de chaînes ; ils s'avancèrent avec courage ; mais lorsqu'il furent plus près
de ce serpent démesuré, l'éclat de ses yeux étincelants, son dos hérissé d'écailles, le bruit qu'il
faisait en s'agitant, sa gueule ouverte et armée de dents longues et crochues, son regard
horrible et féroce les glacèrent d'effroi. Ils osèrent cependant s'avancer pas à pas et jeter de
forts liens sur sa queue ; mais à peine ses liens eurent-ils touché le monstrueux animal, que
se retournant avec vivacité et faisant entendre des sifflements aigus, il dévora le chasseur qui
se trouva le plus près de lui, en tua un second d'un coup de sa queue et mit les autres en
fuite.

» Ces derniers ne voulant cependant pas renoncer à la récompense qui les attendait, et
imaginant un nouveau moyen, firent faire un rêt composée de cordes très grosses et proportionné à la grandeur de l'animal ; ils le placèrent auprès de la caverne du serpent, et ayant
bien observé le temps de sa sortie et de sa rentrée, ils profitèrent de celui où l'énorme reptile
était allé chercher sa proie pour boucher avec des pierres l'entrée de son repaire

» Lorsque le serpent revint, ils se montrèrent tous à la fois avec plusieurs hommes armés
d'arcs et de frondes, plusieurs autres à cheval, et d'autres qui faisaient résonner à grand bruit
des trompettes et des instruments retentissants ; le serpent se voyant entouré de cette multitude
se redressait et jetait l'effroi par ses horribles sifflements parmi ceux qui l'environnaient ; mais,
effrayé lui-même par les dards qu'on lui lançait. la vue des chevaux, le grand nombre de
chiens qui aboyaient et le bruit aigu des trompettes, il se précipita vers l'entrée ordinaire de sa
caverne ; la trouvant fermée et toujours troublé de plus en plus par le bruit des trompettes,
des chiens et des chasseurs, il se jeta dans le rêt, où il fit entendre des sifflements de rage ;
mais tous ses efforts furent vains, et sa force cédant à tous les coups dont on l'assaillit et à
toutes les chaînes dont on le lia, on le conduisit à Alexandrie, où une longue diète apaisa sa
férocité. »

2. « Les nègres de la Côte-d'Or mangent la chair de ces grands serpents et la préfèrent à
la meilleure volaille. » *Hist. génér. des voyages*, édit. in-12, t. XIV. p. 213. « Quelques
domestiques nègres de Bosmon aperçurent, près de Mauri (sur la Côte-d'Or) un serpent de dix-
sept pieds de long et d'une grosseur proportionnée. Il était au bord d'un trou rempli d'eau,

pays, sa peau sert de parure ; les habitants du Mexique se revêtaient de sa belle dépouille. Dans ces temps antiques où des monstres de toute espèce ravageaient des contrées de l'ancien continent, que l'art de l'homme commençait à peine à arracher à la nature, combien de héros portèrent la peau de grands serpents qu'ils avaient mis à mort, et qui étaient vraisemblablement de l'espèce ou du genre du devin, comme des marques de leur valeur et des trophées de leur victoire !

C'est lorsque la saison des pluies est passée dans les contrées équatoriales, que le devin se dépouille de sa peau altérée par la disette qu'il éprouve quelquefois, ou par l'action de l'atmosphère, par le frottement de divers corps et par toutes les autres causes extérieures qui peuvent la dénaturer. Le plus souvent il se tient caché pendant que sa nouvelle peau n'est pas encore endurcie, et qu'il

entre deux porcs-épics avec lesquels il s'engagea dans un combat fort animé..... Les nègres terminèrent la bataille en tuant les trois champions à coups de fusil ; ils les apportèrent à Mauri, où, rassemblant leurs camarades, ils en firent ensemble un festin délicieux. » *Ibid.*, p. 216.

« Lopez parle d'un serpent d'excessive grandeur, qui a quelquefois, dit-il, vingt-cinq empas de long sur cinq de large, et dont la gueule et le ventre sont si vastes, qu'il est capable d'avaler un cerf entier. Les nègres l'appellent, dans leur langue, le grand serpent d'eau, ou le grand hydre. Il vit en effet dans les rivières, mais il cherche sa proie sur terre et monte sur quelque arbre d'où il guette les bestiaux ; s'il en voit un qu'il puisse saisir, il se laisse tomber dessus, s'entortille autour de lui, le serre avec sa queue, et l'ayant mis hors d'état de se défendre il le tue par ses morsures, ensuite il le traîne dans quelque lieu écarté, où il le dévore à son aise ; peau, dit l'auteur, os et cornes. Lorsqu'il s'est bien rempli, il tombe dans une espèce de stupidité ou de sommeil si profond, qu'un enfant serait capable de le tuer. Il demeure dans cet état l'espace de cinq à six jours, à la fin desquels il revient à lui-même.

» Cette redoutable espèce de serpent change de peau dans la saison ordinaire, et quelquefois après s'être monstrueusement rassasiée. Ceux qui la trouvent ne manquent pas de la montrer en spectacle. La chair de cet animal passe entre les nègres pour un mets plus délicieux que la volaille. Lorsqu'il leur arrive de mettre le feu à quelque bois épais, ils y trouvent quantité de ces serpents tout rôtis, dont ils font un admirable festin. Ce récit est confirmé par Carli ; il raconte qu'un jour étant à se promener sous des arbres, près de Kolumgo, les nègres de sa compagnie découvrirent un grand serpent qui traversait la rivière de Quanza ; ils s'efforcèrent de le faire revenir sur ses traces en poussant des cris et lui jetant des mottes de terre, car il ne se trouve point de pierres dans le pays ; mais rien ne put l'empêcher de gagner le rivage et de prendre poste dans un petit bois assez près de la maison.

» Il se trouve de ces serpents, dit le même auteur, qui ont vingt-cinq pieds de long et qui sont de la grosseur d'un poulain. Ils ne font qu'un morceau d'une brebis ; aussitôt qu'ils l'ont avalée ils vont faire leur digestion au soleil ; les nègres qui connaissent leurs usages, apportent beaucoup de soin à les observer et les tuent facilement dans cet état pour le seul plaisir d'en manger la chair. Ils les écorchent et ne jettent que la queue, la tête et les entrailles. Ce serpent doit être le même qui porte, suivant Dapper, le nom d'*embamma* dans le royaume d'Angola et celui de *minia* dans le pays des Quojas. Sa gueule, ajoute cet écrivain, est d'une grandeur si extraordinaire, qu'il peut avaler un bouc, ou même un cerf entier. Il s'étend dans les chemins comme une pièce de bois mort, et d'un mouvement fort léger il se jette sur les passants, hommes ou animaux. » Histoire naturelle du Congo, d'Angola ou de Benguela. *Hist. génér. des voyages*, édit. in-12, liv. XIII, t. XVII, p. 249 et suiv.

n'opposerait à la poursuite de ses ennemis qu'un corps faible et dépourvu de son armure. Il doit demeurer alors renfermé ou dans le plus épais des forêts, ou dans les antres profonds qui lui servent de retraite. Nous pensons, au reste, qu'ordinairement il ne s'engourdit complètement dans aucune saison de l'année. Il ne se trouve en effet que dans les contrées très voisines des tropiques, où la saison des pluies n'amène jamais une température assez froide pour suspendre ses mouvements vitaux. Et comme cette saison des pluies varie beaucoup dans les différentes contrées équatoriales de l'ancien et du nouveau continent, et qu'elle dépend de la hauteur des montagnes, de leur situation, des vents, de la position des lieux, en deçà et au delà de la ligne, etc., le temps du renouvellement de la peau et des forces du serpent doit varier quelquefois de plusieurs mois et même d'une demi-année. Mais c'est toujours lorsque le soleil du printemps redonne l'activité à la nature que le serpent devin rajeuni, pour ainsi dire, plus fort, plus agile, plus ardent que jamais, revêtu d'une peau nouvelle, sort des retraites cachées où il a dépouillé sa vieillesse, et s'avance l'œil en feu sur une terre embrasée des nouveaux rayons d'un soleil plus actif. Il agite sa grande masse en ondes sinueuses au milieu des bois parés d'une verdure plus fraîche.

Les œufs du devin n'ont en effet que deux ou trois pouces dans leur plus grand diamètre. Toute la matière dans laquelle le fœtus est renfermé n'est donc que de quelques pouces cubes ; et cependant le serpent, lorsqu'il a atteint tout son développement, ne contient-il pas quarante ou cinquante pieds cubes de matière ?

Ces œufs ne sont point couvés par la femelle, la chaleur de l'atmosphère les fait seule éclore ; ou tout au plus dans certaines contrées comme celles, par exemple, où l'humidité domine trop sur la chaleur, la femelle a le soin de pondre dans quelques endroits plus abrités, et où des substances fermentatives et ramassées augmentent, par la chaleur qu'elles produisent, l'effet de celle de l'atmosphère. On ignore combien de jours les œufs demeurent exposés à cette chaleur, avant que les petits serpents éclosent.

La grande différence qu'il y a entre la petitesse du serpent contenu dans son œuf et la grandeur démesurée du serpent adulte doit faire présumer que ce n'est qu'au bout d'un temps très long que le devin est entièrement développé ; n'est-ce pas une preuve que ce serpent vit un assez grand nombre d'années? Le nombre de ces années doit en effet être d'autant plus considérable que le devin est aussi vivace que la plupart des autres serpents. Ses différentes parties jouissent de quelques mouvements vitaux, même après qu'elles ont été entièrement séparées du reste du corps. On a vu, par exemple, la tête d'un devin coupée dans le moment où le serpent mordait avec fureur, continuer de mordre pendant quelques instants et serrer même alors avec plus de force la proie qu'il avait saisie, les deux mâchoires se rapprochant par un effet de la contraction que les muscles éprouvaient encore. Lorsque cette contraction eut entièrement cessé, on eut de la peine à desserrer les mâchoires, tant les parties de la tête étaient devenues raides ; ce qui fit croire qu'elle conservait quelque action, lorsque cependant il ne lui en restait plus aucune[1].

1. Ce fait m'a été confirmé, relativement au devin ou à d'autres grands serpents, par plusieurs voyageurs qui étaient allés dans l'Amérique méridionale, et particulièrement par M. le baron de Widerspach, correspondant du Cabinet du roi.

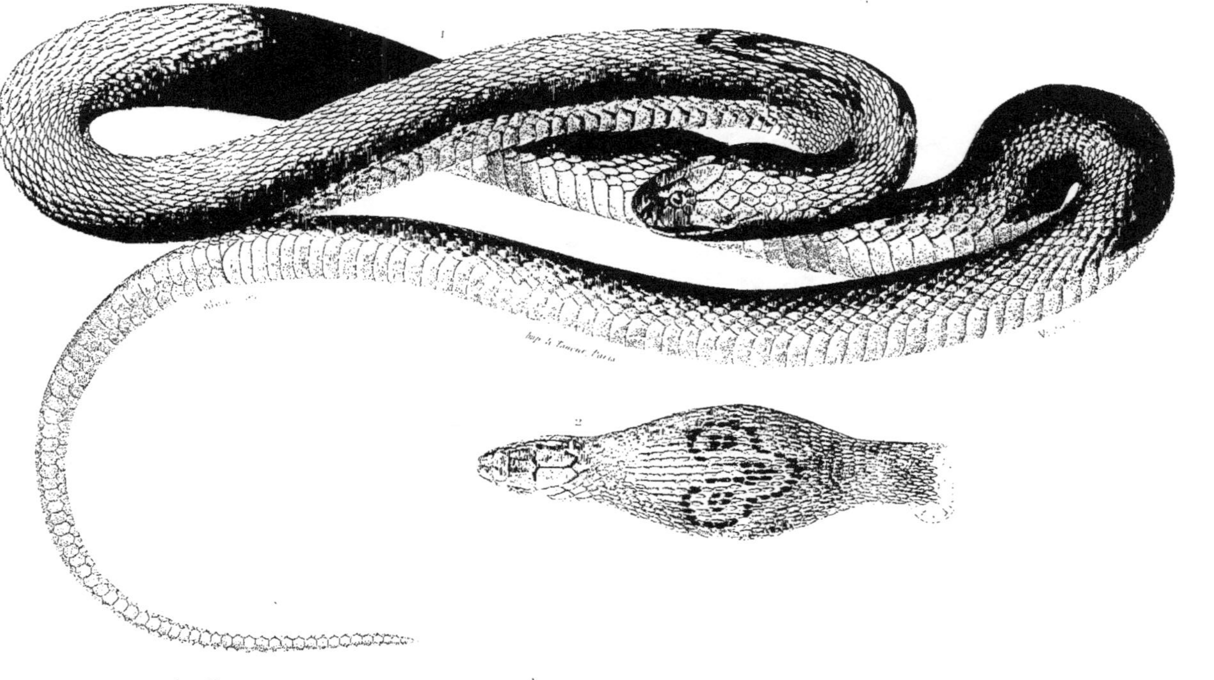

1. LE NAJA (Naja tripudians Merrem) — 2. TÊTE ET COU montrant les lunettes qui caractérisent cette espèce

d'après le dessin de Cuvier édité en M. Mascat

Garnier Frères Éditeurs

LE NAJA

OU LE SERPENT A LUNETTES

DES INDES ORIENTALES

La beauté des couleurs a été accordée à ce serpent, l'un des plus venimeux des contrées orientales. Bien loin que sa vue inspire de l'effroi à ceux qui ne connaissent pas l'activité de son poison, on le contemple avec une sorte de plaisir, on l'admire; et, pendant que le brillant de ses écailles, ainsi que la vivacité des couleurs dont elles sont parées, attache les regards, la forme singulière du reptile attire l'attention. On a même cru voir sur sa tête une ressemblance grossière avec les traits de l'homme, et voilà donc l'image la plus noble qui a pu paraître légèrement empreinte sur la face d'un reptile venimeux. Ce contraste a dû plaire à l'imagination des Orientaux, toujours amis de l'extraordinaire; il a peut-être séduit les premiers voyageurs qui ont vu le serpent à lunettes, et ils ont peut-être éprouvé une sorte de satisfaction à retrouver quelques traits de la figure humaine sur un être si malfaisant, de même que les anciens poètes se sont presque tous accordés à donner ces mêmes traits augustes aux monstres terribles et fabuleux, enfants de leur génie et non de la nature.

Mais sur quoi peut être fondée cette légère apparence? Sur une raie d'une couleur différente de celle du corps de l'animal, et qui est placée sur le cou du serpent à lunettes, s'y replie en avant des deux côtés et se termine par deux espèces de crochets tournés en dehors. Ces crochets colorés sont quelquefois prolongés de manière à former un cercle; faisant ressortir la couleur du fond qu'ils renferment, ils ressemblent imparfaitement à deux yeux, au-dessus desquels la ligne recourbée, semblable aux traits grossiers, aux premières ébauches des jeunes dessinateurs, représente vaguement un nez. Ce qui a ajouté à ces légères ressemblances, c'est qu'elles se montrent sur la partie antérieure du tronc ou sur le cou du serpent et que cette partie antérieure est tellement élargie et aplatie, proportionnellement au reste du corps, qu'elle paraît être la tête de l'animal. L'on croit de loin voir les yeux du serpent au milieu de ces crochets de couleurs vives dont nous venons de parler, quoique cependant la véritable tête où sont réellement les yeux et les narines soit placée au-devant de cette extension singulière du cou.

La ligne recourbée et terminée par deux crochets ressemble assez à des lunettes, et c'est ce qui a fait donner depuis au serpent naja le nom de *serpent à lunettes*, que nous lui conservons ici. Mais pour mieux distinguer le reptile dont nous traitons dans cet article, et qui habite les grandes Indes, d'avec les serpents à lunettes d'Amérique, dont il sera question dans l'article suivant, nous avons cru devoir réunir au nom connu de serpent à lunettes, celui de naja, dont se servent les naturels du pays où on le rencontre, et qui a été adopté par plusieurs auteurs, et particulièrement par M. Linné.

On a écrit qu'il y avait un assez grand nombre d'espèces de serpents à lunettes : des naturalistes en ont compté jusqu'à six; mais, en examinant de près les différences sur lesquelles ils se sont fondés, il nous a paru qu'on ne devait en compter que deux ou trois : le serpent à lunettes ou le naja, dont il est ici question; le serpent à lunettes du Pérou, et celui du Brésil, qui peut-être même ne diffère que très légèrement de celui du Pérou. Toutes les variétés que nous rapportons au naja ne sont que des suites de la diversité d'âge, de sexe ou de climat; et, par exemple, on a représenté dans Séba deux petits serpents à lunettes des Indes orientales, qui ne me paraissent que de jeunes naja de l'espèce ordinaire; ils ne différaient des naja adultes que par l'extension du cou qui était peu sensible, ce qui n'annonçait qu'un âge peu avancé, et par la teinte ou la distribution de leurs couleurs; l'un était d'un cendré jaunâtre, cerclé de bandes transversales pourpres, et arrangées de manière que, de quatre en quatre, il y en avait une plus large que les autres; le second avait des couleurs moins distinctes et peut-être avait été pris dans un temps voisin de celui de sa mue.

Les naja adultes paraissent d'un jaune plus ou moins roux, ou plus ou moins cendré, suivant l'âge, la saison et la force de l'individu. Ils n'ont pas plusieurs bandes transversales pourpres, mais au-dessus de la partie renflée de leur cou on voit un collier assez large et d'un brun sombre, qui disparaît quelquefois presque en entier sur les naja conservés dans l'esprit-de-vin. Cette belle couleur jaune qui brille sur le dos du serpent à lunettes s'éclaircit sous le ventre, où elle devient blanchâtre, mêlée quelquefois d'une teinte de rouge; les raies qui forment sur son cou un croissant dont les deux pointes se replient en dehors et en crochets, de manière à imiter des lunettes, sont blan-

Le Serpent à Lunettes.

châtres, bordées des deux côtés d'une couleur foncée. Quelquefois ces nuances s'altèrent après la mort de l'animal, ce qui a donné lieu à bien des fausses descriptions.

Le sommet de la tête est couvert par neuf plaques ou grandes écailles, disposées sur quatre rangs, deux au premier, du côté du museau, deux au second, deux au troisième, et deux au quatrième. Les yeux sont vifs et pleins de feu; les écailles sont ovales, plates et très allongées; elles ne tiennent à la peau que par une portion de leur contour, et il paraît que le serpent peut les redresser d'une manière très sensible; elles ne se touchent pas au-dessus de la partie élargie du cou, elles y forment des rangs longitudinaux un peu séparés les uns des autres et laissent voir la peau nue, qui est d'un jaune blanchâtre. Comme cette peau est moins brillante que les écailles qui, étant grandes et plates, réfléchissent vivement la lumière, ces écailles paraissent souvent comme autant de facettes resplendissantes disposées avec ordre, et qui présentent une couleur d'or très éclatante, surtout lorsqu'elles sont éclairées par les rayons du soleil.

L'extension dont nous venons de parler est formée par les côtes, qui, à l'endroit de cet élargissement, sont plus longues que dans les autres parties du corps du serpent et ne se courbent d'une manière sensible qu'à une plus grande distance de l'épine du dos; mais d'ailleurs le naja peut gonfler et étendre à volonté une membrane assez lâche qui couvre ses côtes, et que Kempfer a comparée à des espèces d'ailes. C'est surtout lorsqu'il est irrité qu'il l'enfle et en augmente le volume, et lorsque alors il se redresse en tenant toujours horizontalement sa tête, qui est placée au-devant de cette extension membraneuse, on dirait qu'il est coiffé d'une sorte de chaperon que l'on a même comparé à une couronne, et voilà pourquoi on a donné à ce dangereux, mais cependant très bel animal, le nom de *serpent à chaperon*, ainsi que celui de *serpent couronné*.

La femelle est distinguée aisément du mâle, parce qu'elle n'a pas sur le cou la raie contournée et disposée en croissant, dont les pointes se terminent en crochets tournés en dehors et d'après laquelle on a donné à l'espèce le nom de serpent à lunettes; mais elle a de chaque côté du cou, comme le mâle, une extension membraneuse soutenue par de longues côtes; elle peut également en étendre le volume; elle brille des mêmes couleurs dorées, et elle a porté également le nom de serpent à couronne.

Les naja ont ordinairement trois ou quatre pieds de longueur totale; celle de l'individu que nous avons décrit, et qui est au Cabinet du roi, est de quatre pieds quatre pouces six lignes; l'extension membraneuse de son cou a plus de trois pouces de largeur. Il a cent quatre-vingt-dix-sept grandes plaques sous le corps et cinquante-huit paires de petites plaques sous la queue, qui n'est longue que de sept pouces dix lignes. Celui que M. Linné a décrit avait cent quatre-vingt-treize grandes plaques et soixante paires de petites.

Le naja est féroce, et pour peu qu'on diffère de prendre l'antidote

Le serpent à lunettes.

de son venin, sa morsure est mortelle ; l'on expire dans des convul-
sions, ou la partie mordue contracte une gangrène qu'il est presque
impossible de guérir ; aussi, de tous les serpents, est-ce celui que les
Indiens, qui vont nu-pieds, redoutent le plus. Lorsque ce terrible reptile veut se jeter sur quelqu'un, il se redresse avec fierté, fait briller
des yeux étincelants, étend ses membranes en signe de colère, ouvre
la gueule et s'élance avec rapidité en montrant la pointe acérée de ses
crochets venimeux. Mais, malgré ses armes funestes, les jongleurs indiens
sont parvenus à le dompter de manière à le faire servir de spectacle à
un peuple crédule, de même que d'autres charlatans de l'Égypte moderne,
à l'exemple de charlatans plus anciens de l'antique Égypte, des psylles
de Cyrène et des ophiogènes de Chypre, manient sans crainte, tourmentent impunément de grands serpents, peut-être même venimeux,
les serrent fortement auprès du cou, évitent par là leur morsure,
déchirent avec leurs dents et dévorent tout vivants ces énormes reptiles,
qui, sifflant de rage et se repliant autour de leur corps, font de vains
efforts pour leur échapper [1].

Ces Indiens, qui ont pu réduire les naja et se garantir de leur
morsure, courent de ville en ville pour montrer leurs serpents à lunettes,
qu'ils forcent, disent-ils, à danser. Le jongleur prend dans sa main
une racine dont il prétend que la vertu le préserve de la morsure
venimeuse du serpent, et tirant l'animal du vase dans lequel il le tient
ordinairement renfermé, il l'irrite en lui présentant un bâton, ou seulement le poing ; le naja se dressant aussitôt contre la main qui l'attaque,
s'appuyant sur sa queue, élevant son corps, enflant son cou, ouvrant
sa gueule, allongeant sa langue fourchue, s'agitant avec vivacité, faisant briller ses yeux et entendre son sifflement, commence une sorte
de combat contre son maître, qui, entonnant alors une chanson, lui
oppose son poing tantôt à droite et tantôt à gauche ; l'animal, les yeux
toujours fixés sur la main qui le menace, en suit tous les mouvements,

---

1. Voyez le passage suivant de Shaw, t. II, chap. v : « On m'a assuré qu'il y avait plus de
quarante mille personnes au grand Caire et dans les villages des environs, qui ne mangeaient
autre chose que des lézards ou des serpents. Cette façon singulière de se nourrir leur vaut entre
autres le privilège et l'honneur insigne de marcher immédiatement auprès des tapisseries bordées
de soie noire qu'on fabrique tous les ans au grand Caire pour le Kaaba de la Mecque, et qu'on
va prendre au château pour les promener en procession avec grande pompe et cérémonie dans
les rues de la ville. Lorsque ces processions se font, il y a toujours un grand nombre de ces
gens qui l'accompagnent en chantant et en dansant, et faisant par intervalles réglés toutes sortes
de contorsions et de gesticulations fanatiques. »

balance sa tête et son corps sur sa queue qui demeure immobile et offre ainsi l'image d'une sorte de danse. Le naja peut soutenir cet exercice pendant un demi-quart d'heure; mais au moment où l'Indien s'aperçoit que, fatigué par ses mouvements et par sa situation verticale, le serpent est près de prendre la fuite, il interrompt son chant, le naja cesse sa danse, s'étend à terre, et son maître le remet dans son vase.

Kempfer dit que lorsqu'un Indien veut dompter un naja et l'accoutumer à ce manège, il renverse le vase dans lequel il l'a tenu renfermé, va à la couleuvre avec un bâton, l'arrête dans sa fuite et la provoque à un combat qu'elle commence souvent la première; dans l'instant où elle veut s'élancer sur lui pour le mordre, il lui présente le vase et le lui oppose comme un bouclier contre lequel elle blesse ses narines, et qui la force à rejaillir en arrière. Il continue cette lutte pendant un quart d'heure ou une demi-heure, suivant que l'éducation de l'animal est plus ou moins avancée; la couleuvre, trompée dans ses attaques et blessée contre le vase, cesse de s'élancer; mais présentant toujours ses dents et enflant toujours son cou, elle ne détourne pas ses yeux ardents du bouclier qui luit. Le maître, qui a grand soin de ne pas trop la fatiguer par cet exercice, de peur que, devenant trop timide, elle ne se refuse ensuite au combat, l'accoutume insensiblement à se dresser contre le vase et même contre le poing tout nu, à en suivre tous les mouvements avec sa tête superbement gonflée, mais sans jamais oser se jeter sur sa main, de peur de se blesser. Accompagnant d'une chanson le mouvement de son bras, et par conséquent celui du reptile qui l'imite, il donne à ce combat l'apparence d'une danse, et il en est donc de ce serpent funeste comme de presque tous les êtres dangereux qui répandent la terreur, la crainte seule peut les dompter.

Mais il ne faut pas croire que les Indiens soient assez rassurés par les effets de cette crainte pour ne pas chercher à désarmer, pour ainsi dire, le reptile contre lequel ils doivent lutter. Kempfer rapporte qu'ils ont grand soin, chaque jour ou tous les deux jours, d'épuiser le venin du naja, qui se forme dans des vésicules placées auprès de la mâchoire supérieure et se répand ensuite par les dents canines; pour cela ils irritent la couleuvre et la forcent à mordre plusieurs fois un morceau d'étoffe ou quelque autre corps mou et à l'imbiber de son poison. Pour l'exciter davantage à exprimer son venin, ils ont quelquefois assez d'adresse et de courage pour lui presser la tête sans en être mordus, et la mettre par là dans une sorte de rage qui lui fait serrer avec plus de force et pénétrer d'une plus grande quantité de poison le morceau d'étoffe ou le corps mou qu'on lui présente ensuite. Après avoir privé la couleuvre de son venin, ils veillent avec beaucoup d'attention à ce qu'elle ne prenne aucune nourriture, et ils empêchent surtout qu'elle ne mange de l'herbe fraîche, de nouveaux aliments lui rendant de nouveaux sucs vénéneux et mortels.

Kempfer prétend que l'on a un remède assuré contre la morsure venimeuse de ce serpent, dans la plante que l'on nomme *mungo* ainsi qu'*ophioriza*, qui croît abondamment dans les contrées chaudes de l'Inde, et que l'on a employée non seulement contre la morsure de plusieurs reptiles, ainsi que des scorpions, mais même contre celle des chiens enragés. L'on disait, suivant le même Kempfer, que l'on avait découvert ses vertus antivénéneuses en en voyant manger à des mangoustes ou ichneumons mordus par des naja, et que c'était ce qui avait fait appliquer à ce végétal le nom de *mungo*, donné aussi par les Portugais aux mangoustes. Ces quadrupèdes sont, en effet, ennemis mortels du serpent à lunettes, qu'ils attaquent toujours avec acharnement, et auquel ils donnent aisément la mort sans la recevoir, leur manière de saisir le naja les garantissant apparemment de ses dents envenimées.

Non seulement les naja servent à amuser les loisirs des Indiens, ils ont encore été un objet de vénération pour plusieurs habitants des belles contrées orientales, et particulièrement de la côte de Malabar. La crainte d'expirer sous leur dent empoisonnée et le désir de les écarter des habitations avaient fait imaginer de leur apporter jusqu'auprès de leurs repaires les aliments qui paraissaient leur convenir le mieux ; les temples sacrés étaient ornés de leurs images, et si ces reptiles pénétraient dans les demeures des habitants, ou si on les rencontrait sous ses pas, bien loin de se défendre contre eux et de chercher à leur donner la mort, on leur adressait des prières, on leur offrait des présents, on suppliait les bramines de leur faire de pieuses exhortations, on se prosternait, on tàchait de les fléchir par des respects, tant la terreur et l'ignorance peuvent obscurcir le flambeau de la raison [1].

1. « Une autre espèce que les Indiens nomment *nalle pambou*, c'est-à-dire bonne couleuvre, a reçu des Portugais le nom de *cobra capel*, parce qu'elle a la tête environnée d'une peau large qui forme une espèce de chapeau. Son corps est émaillé de couleurs très vives qui en rendent la vue aussi agréable que ses blessures sont dangereuses ; cependant elles ne sont mortelles que pour ceux qui négligent d'y remédier. Les diverses représentations de ces cruels

On a prétendu que l'on trouvait dans le corps des naja et auprès de leur tête une pierre que l'on a nommée *pierre de serpent, pierre de serpent à chaperon, pierre de cobra*, etc., et qu'on a regardée comme un remède assuré, non seulement contre le poison de ces mêmes serpents à lunettes, mais même contre les effets de la morsure de tous les animaux venimeux. On pourra voir dans la note suivante[1] combien

animaux font le plus bel ornement des pagodes ; on leur adresse des prières et des offrandes. Un Malabare qui trouve une couleuvre dans sa maison la supplie d'abord de sortir ; si ses prières sont sans effet, il s'efforce de l'attirer dehors en lui présentant du lait ou quelque autre aliment ; s'obstine-t-elle à demeurer, on appelle les bramines, qui lui présentent éloquemment les motifs dont elle doit être touchée, tels que le respect du Malabare et les adorations qu'il a rendues à toute l'espèce. Pendant le séjour que Dellon fit à Cananor, un secrétaire du prince gouverneur fut mordu par un de ces serpents à chapeau qui était de la grosseur du bras et d'environ huit pieds de longueur ; il négligea d'abord les remèdes ordinaires, et ceux qui l'accompagnaient se contentèrent de le ramener à la ville, où le serpent fut rapporté aussi dans un vase bien couvert. Le prince, touché de cet accident, fit appeler aussitôt les bramines, qui représentèrent à l'animal combien la vie d'un officier si fidèle était importante à l'État ; aux prières on joignit les menaces ; on lui déclara que si le malade périssait, elle serait brûlée vive dans le même bûcher ; mais elle fut inexorable, et le secrétaire mourut de la force du poison. Le prince fut extrêmement sensible à cette perte ; cependant, ayant fait réflexion que le mort pouvait être coupable de quelque faute secrète qui lui avait peut-être attiré le courroux des dieux, il fit porter hors du palais le vase où la couleuvre était renfermée, avec ordre de lui rendre la liberté, après lui avoir fait beaucoup d'excuses et quantité de profondes révérences.

« Une piété bizarre engage un grand nombre de Malabares à porter du lait et divers aliments dans les forêts ou sur les chemins, pour la subsistance de ces ridicules divinités. Quelques voyageurs, ne pouvant donner d'explication plus raisonnable à cet aveuglement, ont jugé qu'anciennement la vue des Malabares avait peut-être été de leur ôter l'envie de venir chercher leur nourriture dans les maisons, en leur fournissant de quoi se nourrir au milieu des champs et des bois. La loi que les idolâtres s'imposent de ne tuer aucune couleuvre est peu respectée des chrétiens et des mahométans ; tous les étrangers qui s'arrêtent au Malabar font main basse sur ces odieux reptiles, et c'est rendre sans doute un important service aux habitants naturels. Il n'y a point de jour où l'on ne fût en danger d'être mortellement blessé, jusque dans les lits, si l'on négligeait de visiter toutes les parties de la maison qu'on habite. » Description du Malabar. *Hist. des voyages*, édit. in-12, t. XLIII, p. 341 et suiv.

1. Nous allons rapporter, à ce sujet, une partie des observations du célèbre Rédi. « Parmi les productions des Indes, dit ce physicien, auxquelles l'opinion publique attribue des propriétés merveilleuses, sur la foi des voyageurs, il y a certaines pierres qui se trouvent, dit-on, dans la tête d'un serpent des Indes extrêmement venimeux. On prétend que ces pierres sont très bonnes contre tous les venins : cette opinion s'est fortifiée par l'autorité de plusieurs savants qui l'ont adoptée, et l'on annonce deux épreuves de ces pierres, faites à Rome avec beaucoup de succès, l'une par M. Carlo Magnini, sur un homme ; et l'autre, par le Père Kircher, sur un chien. Je connais ces pierres depuis plusieurs années, j'en ai quelques-unes chez moi, et je me suis convaincu par des expériences réitérées qu'elles n'ont point la vertu qu'on leur attribue contre les venins.

» Sur la fin de l'hiver 1662, trois religieux de l'ordre de Saint-François, nouvellement arrivés des Indes orientales, vinrent à la cour de Toscane, qui était alors à Pise, et firent voir au grand-duc Ferdinand II plusieurs curiosités qu'ils avaient apportées de ce pays ; ils vantèrent surtout certaines pierres qui, comme celles dont on parle aujourd'hui, se trouvaient, disaient-ils, dans la tête d'un serpent décrit par Garcias da Orto et nommé, par les Portugais, *cobra de cabelos*, serpent à chaperon. Ils assuraient que dans tout l'Indoustan, dans les deux vastes péninsules de l'Inde, et particulièrement dans le royaume de Quam-sy, on appliquait ces pierres comme un antidote éprouvé sur les morsures des vipères, des aspics, des cérastes et de tous les peu on doit compter sur la bonté de ce remède, qui n'a jamais été trouvé dans le corps d'un naja et n'est qu'une production artificielle apportée de l'Inde, ou imitée en Europe.

animaux venimeux, et même sur les blessures faites par des flèches ou autres armes empoisonnées. Ils ajoutaient que la sympathie de ces pierres avec le venin était telle qu'elles s'attachaient fortement à la blessure, comme de petites ventouses, et ne s'en séparaient qu'après avoir attiré tout le venin, qu'alors elles tombaient d'elles-mêmes, laissant l'animal tout à fait guéri ; que pour les nettoyer il fallait les plonger dans du lait frais et les y laisser jusqu'à ce qu'elles eussent rejeté tout le venin dont elles s'étaient imbibées, ce qui donnait au lait une teinture d'un jaune verdâtre. Ces religieux offrirent de confirmer leur récit par l'expérience, et tandis qu'on cherchait pour cela des vipères, M. Vincenzio Sandrini, un des plus habiles artistes de la pharmacie du grand-duc, ayant examiné ces pierres, se souvint qu'il en conservait depuis longtemps de semblables ; ils les fit voir à ces religieux qui convinrent qu'elles étaient de même nature que les leurs et qu'elles devaient avoir les mêmes vertus.

» La couleur de ces pierres est un noir semblable à celui de la pierre de touche ; elles sont lisses et lustrées comme si elles étaient vernies ; quelques-unes ont une tache grise sur un côté seulement, d'autres l'ont sur les deux côtés ; il y en a qui sont toutes noires et sans aucune tache, et d'autres enfin qui ont au milieu un peu de blanc sale, et tout autour une teinte bleuâtre. La plupart sont d'une forme lenticulaire ; il y en a cependant qui sont oblongues : parmi les premières, les plus grandes que j'ai vues sont larges comme une de ces pièces de monnaie appelées *grossi* et les plus petites n'ont pas tout à fait la grandeur d'un *quattrino*. Mais quelle que soit la différence de leur volume, elles varient peu entre elles pour le poids, car ordinairement les plus grandes ne pèsent guère au delà d'un denier de dix-huit grains, et les plus petites sont du poids d'un denier et six grains. J'en ai cependant vu et essayé une qui pesait un quart d'once et six grains. »

LES TATOUS [1]

Lorsque l'on parle d'un quadrupède, il semble que le nom seul emporte l'idée d'un animal couvert de poil : et de même lorsqu'il est question d'un oiseau ou d'un poisson, les plumes et les écailles s'offrent à l'imagination, et paraissent être des attributs inséparables de ces êtres. Cependant la nature, comme si elle voulait se soustraire à toute méthode et échapper à nos vues les plus générales, dément nos idées, contredit nos dénominations, méconnaît nos caractères, et nous étonne encore plus par ses exceptions que par ses lois. Les animaux quadrupèdes, qu'on doit regarder comme faisant la première classe de la nature vivante, et qui sont, après l'homme, les êtres les plus remarquables de ce monde, ne sont néanmoins ni supérieurs en tout, ni séparés par des attributs constants, ou des caractères uniques, de tous les autres êtres. Le premier de ces caractères, qui constitue leur nom et qui consiste à avoir quatre pieds, se retrouve dans les lézards, les grenouilles, etc., lesquels néanmoins diffèrent des quadrupèdes à tant d'autres égards, qu'on en a fait avec raison une classe séparée. La seconde propriété générale, qui est de produire des petits vivants, n'appartient pas uniquement aux quadrupèdes, puisqu'elle leur est commune avec les cétacés. Et enfin le troisième attribut, qui paraissait le moins équivoque, parce qu'il est le plus apparent, et qui consiste à être couvert de poil, se trouve, pour ainsi dire, en contradiction avec les deux autres dans plusieurs espèces qu'on ne peut cependant retrancher de l'ordre des quadrupèdes, puisqu'à l'exception de ce seul caractère, elles leur ressemblent par tous les autres. Et comme ces exceptions apparentes de la nature ne sont, dans le réel, que les

---

1. Ordre des *Édentés* ; genre *Tatou*. (CUVIER.)

nuances qu'elle emploie pour rapprocher les êtres même les plus
éloignés, il ne faut pas perdre de vue ces rapports singuliers et tâcher
de les saisir à mesure qu'ils se présentent.

Les tatous, au lieu de poil, sont couverts comme les tortues, les
écrevisses et les autres crustacés, d'une croûte ou d'un têt solide ; les
pangolins sont armés d'écailles assez semblables à celles des poissons ;
les porcs-épics portent des espèces de plumes piquantes et sans barbes,
mais dont le tuyau est pareil à celui des plumes des oiseaux ; ainsi
dans la classe seule des quadrupèdes, et par le caractère même le
plus constant et le plus apparent des animaux de cette classe, qui est
d'être couverts de poils, la nature varie en se rapprochant de trois
autres classes très différentes, et nous rappelle les oiseaux, les poissons
à écailles et les crustacés. Aussi faut-il bien se garder de juger
la nature des êtres par un seul caractère, il se trouverait toujours
incomplet et fautif ; souvent même deux ou trois caractères, quelque
généraux qu'ils puissent être, ne suffisent pas encore ; et ce n'est,
comme nous l'avons dit et redit, que par la réunion de tous les attributs et par l'énumération de tous les caractères, qu'on peut juger de
la forme essentielle de chacune des productions de la nature. Une
bonne description et jamais de définitions, une exposition plus scru-
puleuse sur les différences que sur les ressemblances, une attention
particulière aux exceptions et aux nuances même les plus légères sont
les vraies règles, et j'ose dire les seuls moyens que nous ayons de
connaître la nature de chaque chose ; et si l'on eût employé à bien
décrire tout le temps qu'on a perdu à définir et à faire des méthodes,
nous n'eussions pas trouvé l'histoire naturelle au berceau, nous aurions
moins de peine à lui ôter ses hochets, à la débarrasser de ses langes ;
nous aurions peut-être avancé son âge, car nous eussions plus écrit
pour la science, et moins contre l'erreur.

Mais revenons à notre objet. Il existe donc parmi les animaux
quadrupèdes et vivipares plusieurs espèces d'animaux qui ne sont pas
couverts de poil. Les tatous font eux seuls un genre entier dans lequel
on peut compter plusieurs espèces qui nous paraissent être réellement
distinctes et séparées les unes des autres : dans toutes, l'animal est
revêtu d'un têt semblable pour la substance à celle des os ; ce têt
couvre la tête, le cou, le dos, les flancs, la croupe et la queue jusqu'à
l'extrémité ; il est lui-même recouvert au dehors par un cuir mince,

lisse et transparent; les seules parties sur lesquelles ce têt ne s'étend
pas sont la gorge, la poitrine et le ventre, qui présentent une peau
blanche et grenue, semblable à celle d'une poule plumée; et en regardant ces parties avec attention, l'on y voit de place en place des rudiments d'écailles qui sont de la même substance que le têt du dos; la
peau de ces animaux, même dans les endroits où elle est la plus souple,
tend donc à devenir osseuse, mais l'ossification ne se réalise en entier
qu'où elle est la plus épaisse, c'est-à-dire sur les parties supérieures
et extérieures du corps et des membres.

Le têt qui recouvre toutes ces parties supérieures n'est pas d'une
seule pièce comme celui de la tortue; il est partagé en plusieurs bandes
sur le corps, lesquelles sont attachées les unes aux autres par autant
de membranes qui permettent un peu de mouvement et de jeu dans
cette armure. Le nombre de ces bandes ne dépend pas, comme on
pourrait l'imaginer, de l'âge de l'animal : les tatous qui viennent de
naître et les tatous adultes ont, dans la même espèce, le même nombre
de bandes ; nous nous en sommes convaincu en comparant les petits
aux grands, et quoique nous ne puissions pas assurer que tous ces
animaux ne se mêlent ni ne peuvent produire ensemble, il est au
moins très probable, puisque cette différence du nombre des bandes
mobiles est constante, que ce sont ou des espèces réellement distinctes,
ou au moins des variétés durables et produites par l'influence des
divers climats. Dans cette incertitude que le temps seul pourra fixer,
nous avons pris le parti de présenter tous les tatous ensemble et de
faire néanmoins l'énumération de chacun d'eux, comme si c'étaient
en effet autant d'espèces particulières.

Le P. d'Abbeville nous paraît être le premier qui ait distingué
les tatous par des noms ou des épithètes qui ont été pour la plupart
adoptés par les auteurs qui ont écrit après lui. Il en indique assez clairement six espèces : 1º le *tatou-ouassou*, qui probablement est celui que
nous appellerons *kabassou;* 2º le *tatouète*, que Marcgrave a aussi appelé
tatuète, et auquel nous conserverons ce nom; 3º le *tatou-peb*, qui est le
tatupeba ou l'*encuberto* de Marcgrave, auquel nous conserverons ce
dernier nom; 4º le *tatou-apar*, qui est le *tatu-apara* de Marcgrave, auquel
nous conserverons encore son nom; 5º le *tatou-ouinchum*, qui nous paraît
être le même que le *cirquinchum*, et que nous appellerons *cirquinçon ;*
6º le *tatou-miri*, le plus petit de tous, qui pourrait bien être celui que

nous appellerons *cachicame*. Les autres voyageurs ont confondu les espèces, ou ne les ont indiquées que par des noms génériques. Marcgrave a distingué et décrit l'*apar*, l'*encoubert* et le *tatuète;* Wormius et Grew ont décrit le *cachicame*, et Grew seul a parlé du *cirquinçon;* mais nous n'avons eu besoin d'emprunter que les descriptions de l'apar et du cirquinçon, car nous avons vu les quatre autres espèces.

Dans toutes, à l'exception de celle du cirquinçon, l'animal a deux boucliers osseux, l'un sur les épaules et l'autre sur la croupe ; ces deux boucliers sont chacun d'une seule pièce, tandis que la cuirasse, qui est osseuse aussi et qui couvre le corps, est divisée transversalement et partagée en plus ou moins de bandes mobiles et séparées les unes des autres par une peau flexible. Mais le cirquinçon n'a qu'un bouclier, et c'est celui des épaules ; la croupe, au lieu d'être couverte d'un bouclier, est revêtue jusqu'à la queue par des bandes mobiles pareilles à celles de la cuirasse du corps.

L'ENCOUBERT

OU LE TATOU A SIX BANDES

L'encoubert a le dessus de la tête, du cou et du corps entier, les jambes et la queue tout autour, revêtus d'un têt osseux très dur et composé de plusieurs pièces assez grandes et très élégamment disposées. Il a deux boucliers, l'un sur les épaules et l'autre sur la croupe, tous deux d'une seule pièce ; il y a seulement, au delà du bouclier des épaules et près de la tête, une bande mobile entre deux jointures qui permet à l'animal de courber le cou.

Le bouclier des épaules est formé par cinq rangs parallèles qui sont composés de pièces dont les figures sont à cinq ou six angles, avec une espèce d'ovale dans chacune ; la cuirasse du dos, c'est-à-dire la partie du têt qui est entre les deux boucliers, est partagée en six bandes qui anticipent peu les unes sur les autres et qui tiennent entre elles et aux boucliers par sept jointures d'une peau souple et

1. L'Encoubert   2. Le Paca.

épaisse : ces bandes sont composées d'assez grandes pièces carrées et barlongues ; de cette peau des jointures il sort quelques poils blanchâtres et semblables à ceux qui se voient aussi en très petit nombre sous la gorge, la poitrine et le ventre ; toutes ces parties inférieures ne sont revêtues que d'une peau grenue et non pas d'un têt osseux comme les parties supérieures du corps.

Le bouclier de la croupe a un bord dont la mosaïque est semblable à celle des bandes mobiles, et pour le reste il est composé de pièces à peu près pareilles à celles du bouclier des épaules. Le têt de la tête est long, large et d'une seule pièce jusqu'à la bande mobile du cou.

L'encoubert a le museau aigu, les yeux petits et enfoncés, la langue étroite et pointue, les oreilles sans poil et sans têt, nues, courtes et brunes comme la peau des jointures du dos ; dix-huit dents de grandeur médiocre à chaque mâchoire[1] ; cinq doigts à tous les pieds[2], avec des ongles assez longs, arrondis et plutôt étroits que larges ; la tête et le groin à peu près semblables à ceux du cochon de lait ; la queue grosse à son origine, et diminuant toujours jusqu'à l'extrémité où elle est fort menue et arrondie par le bout. La couleur du corps est d'un jaune roussâtre ; l'animal est ordinairement épais et gras.

Il fouille la terre avec une extrême facilité, tant à l'aide de son groin que de ses ongles ; il se fait un terrier où il se tient pendant le jour, et n'en sort que le soir pour chercher sa subsistance ; il boit souvent, il vit de fruits, de racines, d'insectes et d'oiseaux, lorsqu'il en peut saisir.

M. de Sève m'a remis, sur le tatou encoubert, la description suivante :

« L'encoubert mâle a quatorze pouces de longueur sans la queue ; il est assez conforme à la description qui se trouve dans l'Histoire naturelle, mais il est bon d'observer qu'il est dit, dans cette description, que le bouclier des épaules est formé par cinq bandes ou rangs parallèles de petites pièces à cinq angles avec un ovale dans chacune ; je pense que cela varie, car celui que j'ai dessiné a le bouclier des

---

1. Outre ces dix-huit dents molaires à chaque mâchoire, le *tatou encoubert* a une dent de chaque côté dans l'os intermaxillaire, c'est-à-dire deux *incisives*. Tous les autres *tatous* n'ont que des *molaires*.

épaules composé de six rangs parallèles, dont les petites pièces sont des hexagones irréguliers. Le bouclier de la croupe a dix rangs parallèles, composés de petites pièces droites, qui forment comme des carrés ; les rangs qui approchent de l'extrémité vers la queue perdent la forme carrée et deviennent plus arrondis. La queue, qui a été coupée par le bout, a actuellement quatre pouces six lignes ; je l'ai faite dans le dessin de six pouces, parce qu'elle a quinze lignes de diamètre à son origine, et six lignes de diamètre au bout coupé.

En marchant, il porte la queue haute et un peu courbée. Le tronçon est revêtu d'un test osseux comme sur le corps. Six bandes, inégales par gradation, commencent ce tronçon ; elles sont composées de petites pièces hexagones irrégulières. La tête a trois pouces dix lignes de long, et les oreilles un pouce trois lignes. L'œil, au lieu d'être enfoncé comme il est dit dans l'Histoire naturelle, est à la vérité très petit ; mais le globule est élevé et très masqué par les paupières qui le couvrent. Son corps est fort gras, et la peau forme des rides sous le ventre ; il y a sur cette peau du ventre nombre de petits tubercules, d'où partent des poils blancs assez longs, et elle ressemble à celle d'un dindon plumé. Le test, sur la plus grande largeur du corps, a six pouces sept lignes. La jambe de devant a deux pouces deux lignes, celle de derrière trois pouces quatre lignes. Les ongles de la patte de devant sont très longs ; le plus grand à quinze lignes, celui de côté quatorze lignes, le plus petit dix lignes ; les ongles de la patte de derrière ont au plus six lignes. Les jambes sont couvertes d'un cuir écailleux jaunâtre jusqu'aux ongles.

Lorsque cet animal marche, il se porte sur le bout des ongles de ses pattes de devant.

M. de la Borde rapporte, dans ses observations, qu'il se trouve à la Guyane deux espèces de tatous : le tatou noir, qui peut peser dix-huit à vingt livres, et qui est le plus grand ; l'autre, dont la couleur est brune ou plutôt gris de fer, a trois griffes plus longues les unes que les autres ; sa queue est mollasse, sans cuirasse, couverte d'une simple peau sans écailles ; il est bien plus petit que l'autre et ne pèse qu'environ trois livres.

« Le gros tatou, dit M. de la Borde, fait huit petits et même jusqu'à dix dans des trous qu'il creuse fort profonds. Quand on veut le découvrir, il travaille de son côté à rendre son trou plus profond, en

descendant presque perpendiculairement. Il ne court que la nuit,
mange des vers de terre, des poux de bois et des fourmis ; sa chair
est assez bonne à manger et a un peu du goût du cochon de lait. Le
petit tatou gris cendré ne fait que quatre ou cinq petits, mais il fouille
la terre encore plus bas que l'autre, et il est aussi plus difficile à
prendre ; il sort de son trou pendant le jour quand la pluie l'inonde,
autrement il ne sort que la nuit. On trouve toujours ces tatous seuls
et l'on connaît qu'ils sont dans leurs trous lorsqu'on en voit sortir un
grand nombre de certaines mouches qui suivent ces animaux à l'odeur.

L'Encoubert.

Quand on creuse pour les prendre, ils creusent aussi de leur côté,
jetant la terre en arrière, et bouchent tellement leurs trous qu'on ne
saurait les en faire sortir en y faisant de la fumée. Ils font leurs petits,
au commencement de la saison des pluies. »

Tous les tatous sont originaires de l'Amérique ; ils étaient inconnus
avant la découverte du nouveau monde ; les anciens n'en ont jamais
fait mention, et les voyageurs modernes ou nouveaux en parlent
tous comme d'animaux naturels et particuliers au Mexique, au Brésil,
à la Guyane, etc.; aucun ne dit en avoir trouvé l'espèce existante en
Asie ni en Afrique : quelques-uns ont seulement confondu les pango-

lins et les phatagins ou lézards écailleux des Indes orientales avec les armadilles de l'Amérique; quelques autres ont pensé qu'il s'en trouvait sur les côtes occidentales de l'Afrique, parce qu'on en a quelquefois transporté du Brésil en Guinée. Belon, qui a écrit il y a plus de deux cents ans, et qui est l'un des premiers qui nous en aient donné une description avec la figure d'un tatou dont il avait vu la dépouille en Turquie, indique assez qu'il venait du nouveau continent. Oviedo, de Léry, Gomara, Thevet, Antoine Herrera, le P. d'Abbeville, François Ximenès, Stadenius, Monard, Joseph Acosta, de Laët, tous les auteurs plus récents, tous les historiens du nouveau monde, font mention de ces animaux comme originaires des contrées méridionales de ce continent. Pison, qui a écrit postérieurement à tous ceux que je viens de citer, est le seul qui ait mis en avant, sans s'appuyer d'aucune autorité, que les armadilles se trouvent aux Indes orientales aussi bien qu'en Amérique; il est probable qu'il a confondu les pangolins ou lézards écailleux avec les tatous : les Espagnols ayant appelé *armadillo* ces lézards écailleux aussi bien que les tatous, cette erreur s'est multipliée sous la plume de nos descripteurs de cabinets et de nos nomenclateurs, qui ont non seulement admis des tatous aux Indes orientales, mais en ont créé en Afrique, quoiqu'il n'y en ait jamais eu d'autres dans ces deux parties du monde que ceux qui y ont été transportés d'Amérique.

Le climat de toutes les espèces de ces animaux n'est donc pas équivoque; mais il est plus difficile de déterminer leur grandeur relative dans chaque espèce; nous avons comparé dans cette vue, non seulement les dépouilles de tatous, que nous avons en grand nombre au Cabinet du roi, mais encore celles que l'on conserve dans d'autres cabinets; nous avons aussi comparé les indications de tous les auteurs avec nos propres descriptions, sans pouvoir en tirer des résultats précis : il paraît seulement que les deux plus grandes espèces sont le kabassou et l'encoubert, que les petites espèces sont l'apar, le tatuète, le cachicame et le cirquinçon. Dans les grandes espèces, le têt est beaucoup plus solide et plus dur que dans les petites; les pièces qui le composent sont plus grandes et en plus petit nombre; les bandes mobiles anticipent moins les unes sur les autres, et la chair, aussi bien que la peau, est plus dure et moins bonne. Pison dit que celle de l'encoubert n'est pas mangeable, Nieremberg assure qu'elle est nuisible et très mal-

saine, Barrère dit que le kabassou a une odeur forte de musc ; et en
même temps tous les autres auteurs s'accordent à dire que la chair de
l'apar, et surtout celle du tatuète, sont aussi blanches et aussi bonnes
que celles du cochon de lait ; ils disent aussi que les tatous de petite
espèce se tiennent dans les terrains humides et habitent les plaines, et
que ceux de grande espèce ne se trouvent que dans les lieux plus élevés
et plus secs.

Ces animaux ont tous plus ou moins de facilité à se resserrer et
à contracter leur corps en rond ; le défaut de la cuirasse, lorsqu'ils
sont contractés, est bien plus apparent dans ceux dont l'armure n'est
composée que d'un petit nombre de bandes, dont l'apar, qui n'en a
que trois, offre alors deux grands vides entre les boucliers et l'armure
du dos : aucun ne peut se réduire aussi parfaitement en boule que le
hérisson ; ils ont plutôt la figure d'une sphère fort aplatie par les
pôles.

Ce têt si singulier dont ils sont revêtus est un véritable os
composé de petites pièces contiguës, et qui sans être mobiles ni
articulées, excepté aux commissures des bandes, sont réunies par
symphyse et peuvent toutes se séparer les unes des autres, et se
séparent en effet si on les met au feu. Lorsque l'animal est vivant,
ces petites pièces, tant celles des boucliers que celles des bandes
mobiles, prêtent et obéissent en quelque façon à ses mouvements,
surtout à celui de contraction ; si cela n'était pas, il serait difficile
de concevoir qu'avec tous ses efforts il lui fût possible de s'arrondir.
Ces petites pièces offrent, suivant les diverses espèces, des figures
différentes toujours arrangées régulièrement comme de la mosaïque
très élégamment disposée ; la pellicule, ou le cuir mince dont le têt
est revêtu à l'extérieur, est une peau transparente qui fait 'effet
d'un vernis surtout le corps de l'animal ; cette peau relève de beaucoup et change même les reliefs des mosaïques qui paraissent différents
lorsqu'elle est enlevée. Au reste, ce têt osseux n'est qu'une enveloppe
indépendante de la charpente et des autres parties intérieures du corps
de l'animal, dont les os et les autres parties constituantes du corps
sont composées et organisées comme celles de tous les autres quadrupèdes.

Les tatous, en général, sont des animaux innocents et qui ne font
aucun mal, à moins qu'on ne les laisse entrer dans les jardins, où ils

mangent les melons, les patates et les autres légumes ou racines. Quoique originaires des climats chauds de l'Amérique, ils peuvent vivre dans les climats tempérés ; j'en ai vu un en Languedoc, il y a plusieurs années, qu'on nourrissait à la maison, et qui allait partout sans faire aucun dégât ; ils marchent avec vivacité, mais ils ne peuvent, pour ainsi dire, ni sauter, ni courir, ni grimper sur les arbres, en sorte qu'ils ne peuvent guère échapper par la fuite à ceux qui les poursuivent ; leurs seules ressources sont de se cacher dans leur terrier, ou, s'ils en sont trop éloignés, de tâcher de s'en faire un avant que d'être atteints ; il ne leur faut que quelques moments, car les taupes ne creusent pas la terre plus vite que les tatous ; on les prend quelquefois par la queue avant qu'ils n'y soient totalement enfoncés, et ils font alors une telle résistance qu'on leur casse la queue sans amener le corps ; pour ne les pas mutiler il faut ouvrir le terrier par devant, et alors on les prend sans qu'ils puissent faire aucune résistance ; dès qu'on les tient ils se resserrent en boule, et pour les faire étendre on les met près du feu. Leur têt, quoique dur et rigide, est cependant si sensible que quand on le touche un peu ferme avec le doigt, l'animal en ressent une impression assez vive pour se contracter en entier. Lorsqu'ils sont dans des terriers profonds, on les en fait sortir en y faisant entrer de la fumée ou couler de l'eau : on prétend qu'ils demeurent dans leurs terriers sans en sortir pendant plus d'un tiers de l'année; ce qui est plus vrai, c'est qu'ils s'y retirent pendant le jour et qu'ils n'en sortent que la nuit pour chercher leur subsistance. On chasse le tatou avec des petits chiens qui l'atteignent bientôt ; il n'attend pas même qu'ils soient tout près de lui pour s'arrêter et pour se contracter en rond ; dans cet état, on le prend et on l'emporte. S'il se trouve au bord d'un précipice il échappe aux chiens et aux chasseurs, il se resserre, se laisse tomber et roule, comme une boule sans briser son écaille et sans ressentir aucun mal.

Ces animaux sont gras, replets et très féconds ; la femelle produit, dit-on, chaque mois quatre petits ; aussi l'espèce en est-elle très nombreuse. Et, comme ils sont bons à manger, on les chasse de toutes les manières : on les prend aisément avec des pièges que l'on tend au bord des eaux et dans les autres lieux humides et chauds qu'ils habitent de préférence ; ils ne s'éloignent jamais beaucoup de leurs terriers qui sont très profonds et qu'ils tàchent de regagner dès qu'ils sont surpris. On prétend qu'ils ne craignent pas la morsure des serpents à sonnette, quoiqu'elle soit aussi dangereuse que celle de la vipère ; on dit qu'ils vivent en paix avec ces reptiles, et que l'on en trouve souvent dans leurs trous. Les sauvages se servent du têt des tatous à plusieurs usages, ils le peignent de différentes couleurs ; ils en font des corbeilles, des boîtes et d'autres petits vaisseaux solides et légers. Monard, Ximenès, et plusieurs autres après eux, ont attribué d'admirables propriétés médicinales à différentes parties de ces animaux. Ils ont assuré que le têt réduit en poudre et pris intérieurement, même à petite dose, est un puissant sudorifique ; que l'os de la hanche, aussi pulvérisé, guérit du mal vénérien ; que le premier os de la queue appliqué sur l'oreille fait entendre les sourds, etc. Nous n'ajoutons aucune foi à ces propriétés extraordinaires ; le têt et les os des tatous sont de la même nature que les os des autres animaux. Des effets aussi merveilleux ne sont jamais produits que par des vertus imaginaires.

LE PACA[1]

Le paca est un animal du nouveau monde, qui se creuse un terrier comme le lapin, auquel on l'a souvent comparé, et auquel cependant il ressemble très peu ; il est beaucoup plus grand que le lapin, et même que le lièvre : il a le corps plus gros et plus ramassé, la tête ronde et le museau court ; il est gras et replet, et il ressemble plutôt, par la forme du corps, à un jeune cochon, dont il a le grognement, l'allure et la manière de manger ; car il ne se sert pas, comme le lapin, de ses pattes de devant pour porter à sa gueule, et il fouille la terre, comme le cochon, pour trouver sa subsistance ; il habite le bord des rivières, et ne se trouve que dans les lieux humides et chauds de l'Amérique méridionale. Sa chair est très bonne à manger, et si grasse qu'on ne la larde jamais ; on mange même la peau, comme celle du cochon de lait ; aussi lui fait-on continuellement la guerre ; les chasseurs ont de la peine à le prendre vivant, et quand on le surprend dans son terrier qu'on découvre en devant et en arrière, il se défend et cherche même à se venger en mordant avec autant d'acharnement que de vivacité. Sa peau, quoique couverte d'un poil court et rude, fait une assez belle fourrure, parce qu'elle est régulièrement tachée sur les côtés. Ces animaux produisent souvent et en grand nombre ; les hommes et les animaux de proie en détruisent beaucoup, et cependant l'espèce en est toujours à peu près également nombreuse ; elle est naturelle et particulière à l'Amérique méridionale, et ne se trouve nul part dans l'ancien continent.

Comme nous n'avons donné que la description d'un très jeune paca qui n'avait pas encore pris la moitié de son accroissement, et

---

1. Ordre des *Rongeurs* ; genre *Paca*. (CUVIER.)

qu'il nous est arrivé un de ces animaux vivant qui était déjà plus grand
que celui que nous avons décrit, je l'ai fait nourrir dans ma maison,
et depuis le mois d'août dernier 1774, jusqu'à ce jour 28 mai 1775,
il n'a cessé de grandir assez considérablement. J'ai donc cru devoir
donner les observations que l'on a faites sur sa manière de vivre :
le sieur Trécourt les a rédigées avec exactitude, et je vais en donner ici
l'extrait.

On a fait construire pour cet animal une petite loge en bois, dans
laquelle il demeurait assez tranquille pendant le jour, surtout lorsqu'on ne le laissait pas manquer de nourriture. Il semble même affec-
tionner sa retraite tant que le jour dure, car il s'y retire de lui-même
après avoir mangé; mais dès que la nuit vient, il marque le désir
violent qu'il a de sortir en s'agitant continuellement, et en déchirant
avec les dents les barreaux de sa prison ; chose qui ne lui arrive
jamais pendant le jour, à moins que ce ne soit pour faire ses besoins,
car non seulement il ne fait jamais, mais même il ne peut souffrir
aucune ordure dans sa petite demeure ; il va pour faire les siennes au
plus loin qu'il peut. Il jette souvent la paille qui lui sert de litière
dès qu'elle a pris de l'odeur, comme pour en demander de nouvelle ; il
pousse cette vieille paille dehors avec son museau, et va chercher du
linge et du papier pour la remplacer.

Sa loge n'était pas le seul endroit qui parût lui plaire, tous les
recoins obscurs semblaient lui convenir, il établissait souvent un nouveau gîte dans les armoires qu'il trouvait ouvertes, ou bien sous les
fourneaux de l'office et de la cuisine ; mais auparavant il s'y préparait
un lit, et quand il s'était une fois donné la peine de s'y établir, on
ne pouvait que par force le faire sortir de ce nouveau domicile ; la
propreté semble être si naturelle à cet animal, qui était femelle,
que lui ayant donné un gros lapin mâle, pour tenter leur union, elle
le prit en aversion au moment qu'il fit ses ordures dans leur cage
commune : auparavant elle l'avait assez bien reçu pour en espérer
quelque chose, elle lui faisait même des avances très marquées en lui
léchant le nez, les oreilles et le corps ; elle lui laissait même toute la
nourriture, sans chercher à la partager ; mais dès que le lapin eut infecté
la cage, elle se retira sur-le-champ dans le fond d'une vieille armoire, où
elle se fit un lit de papier et de linge, et ne revint à sa loge que quand
elle la vit nette et libre de l'hôte malpropre qu'on lui avait donné.

Le paca s'accoutume aisément à la vie domestique : il est doux et
traitable tant qu'on ne cherche point à l'irriter ; il aime qu'on le flatte
et lèche les mains des personnes qui le caressent ; il connaît fort bien
ceux qui prennent soin de lui, et sait parfaitement distinguer leur
voix. Lorsqu'on le gratte sur le dos, il s'étend et se couche sur le
ventre ; quelquefois même il s'exprime par un petit cri de reconnaissance, et semble demander que l'on continue. Néanmoins il n'aime pas
qu'on le saisisse pour le transporter, et il fait des efforts très vifs et
très réitérés pour s'échapper.

Il a les muscles très forts et le corps massif : cependant il a la
peau si sensible que le plus léger attouchement suffit pour lui causer
une vive émotion. Cette grande sensibilité, quoique ordinairement
accompagnée de douceur, produit quelquefois des accès de colère,
lorsqu'on le contrarie trop fort ou qu'il se présente un objet déplai-
sant ; la seule vue d'un chien qu'il ne connaît pas le met de mauvaise
humeur. On l'a vu, renfermé dans sa loge, en mordre la porte et
faire en sorte de l'ouvrir, parce qu'il venait d'entrer un chien étranger
dans la chambre ; on crut d'abord qu'il ne voulait sortir que pour
faire ses besoins, mais on fut assez surpris, lorsque étant mis en liberté
il s'élança tout d'un coup sur le chien qui ne lui faisait aucun mal,
et le mordit assez fort pour le faire crier ; néanmoins il s'est accou-
tumé en peu de jours avec ce même chien. Il traite de même les gens
qu'il ne connaît pas et qui le contrarient, mais il ne mord jamais
ceux qui ont soin de lui ; il n'aime pas les enfants, et il les poursuit
assez volontiers. Il manifeste sa colère par une espèce de claquement
de dents, et par un grognement qui précède toujours sa petite fureur.

Cet animal se tient souvent debout, c'est-à-dire assis sur son derrière, et quelquefois il demeure assez longtemps dans cette situation ;
il a l'air de se peigner la tête et la moustache avec ses pattes, qu'il
lèche et humecte de salive à chaque fois ; souvent il se sert de ses
deux pattes à la fois pour se peigner ; ensuite il se gratte le corps
jusqu'aux endroits où il peut atteindre avec ces mêmes pattes de
devant, et, pour achever sa petite toilette, il se sert de celles de
derrière, et se gratte dans tous les autres endroits qui peuvent être
souillés.

C'est cependant un animal d'une grosse corpulence et qui ne
paraît ni délicat, ni leste, ni léger ; il est plutôt pesant et lourd,

ayant à peu près la démarche d'un petit cochon ; il court rarement,
lentement, et d'assez mauvaise grâce ; il n'a de mouvements vifs que
pour sauter, tantôt sur les meubles et tantôt sur les choses qu'il
veut saisir ou emporter. Il ressemble encore au cochon par sa peau
blanche, épaisse et qu'on ne peut tirer ni pincer, parce qu'elle est
adhérente à la chair.

Quoiqu'il n'ait pas encore pris son entier accroissement, il a déjà
dix-huit pouces de longueur dans sa situation naturelle et renflée,
mais lorsqu'il s'étend il a près de deux pieds depuis le bout du museau
jusqu'à l'extrémité du corps, au lieu que le paca dont nous avons
donné la description, page 153 du IIIe volume, n'avait que sept
pouces cinq lignes : différence qui ne provient néanmoins que de celle
de l'âge, car du reste ces deux animaux se ressemblent en tout.

La hauteur, prise aux jambes de devant dans celui que nous
décrivons actuellement, était de sept pouces, et cette hauteur prise
aux jambes de derrière était d'environ neuf pouces et demi, en sorte
qu'en marchant son derrière paraît toujours bien plus haut que sa
tête. Cette partie postérieure du corps, qui est la plus élevée, est aussi
la plus épaisse en tous sens ; elle a dix-neuf pouces et demi de circonférence, tandis que la partie antérieure du corps n'a que quatorze
pouces.

Le corps est couvert d'un poil court, rude et clair-semé, couleur
de terre d'ombre et plus foncé sur le dos ; mais le ventre, la poitrine,
le dessous du cou et les parties intérieures des jambes, sont au contraire couverts d'un poil blanc sale ; et, ce qui le rend très remarquable,
ce sont cinq espèces de bandes longitudinales formées par des taches
blanches, la plupart séparées les unes des autres. Ces cinq bandes sont
dirigées le long du corps de manière qu'elles tendent à se rapprocher
les unes des autres à leurs extrémités.

La tête, depuis le nez jusqu'au sommet du front, a près de cinq
pouces de longueur, et elle est fort convexe ; les yeux sont gros, saillants et de couleur brunâtre, éloignés l'un de l'autre d'environ deux
pouces ; les oreilles sont arrondies et n'ont que sept à huit lignes de
longueur, sur une largeur à peu près égale à leur base ; elles sont
plissées en forme de fraise, et recouvertes d'un duvet très fin presque
insensible au tact et à l'œil. Le bout du nez est large, de couleur
presque noire, divisé en deux comme celui des lièvres : les narines sont

fort grandes. L'animal a beaucoup de force et d'adresse dans cette partie, car nous l'avons vu souvent soulever avec son nez la porte de sa loge qui fermait à coulisse. La mâchoire inférieure est d'un pouce plus courte et moins avancée que la mâchoire supérieure, qui est beaucoup plus large et plus longue. De chaque côté et vers le bas de la mâchoire supérieure, il règne une espèce de pli longitudinal dégarni de poil dans son milieu, en sorte que l'on prendrait, au premier coup d'œil, cet endroit de la mâchoire pour la bouche de l'animal en le voyant de côté; car sa bouche n'est apparente que quand elle est ouverte, et n'a que six à sept lignes d'ouverture; elle n'est éloignée que de deux ou trois lignes des plis dont nous venons de parler.

Chaque mâchoire est armée en devant de deux dents incisives fort longues, jaunes comme du safran, et assez fortes pour couper le bois. On a vu cet animal en une seule nuit faire un trou dans une des planches de sa loge, assez grand pour y passer sa tête. Sa langue est étroite, épaisse et un peu rude. Ses moustaches sont composées de poils noirs et de poils blancs placés de chaque côté du nez; et il a de pareilles moustaches plus noires, mais moins fournies de chaque côté de la tête au-dessous des oreilles. Nous n'avons pu voir ni compter les dents mâchelières par la forte résistance de l'animal.

Chaque pied, tant de devant que de derrière, a cinq doigts, dont quatre sont armés d'ongles longs de cinq ou six lignes; les ongles sont couleur de chair, mais il ne faut pas regarder cette couleur comme un caractère constant; car dans plusieurs animaux, et particulièrement dans les lièvres, on trouve souvent les ongles noirs, tandis que d'autres les ont blanchâtres ou couleur de chair. Le cinquième doigt, qui est l'interne, ne paraît que quand l'animal a la jambe levée, et n'est qu'un petit éperon fort court. Entre les jambes de derrière, à peu de distance des parties naturelles, se trouvent deux mamelles de couleur brunâtre. Au reste, quoique la queue ne soit nullement apparente, on trouve néanmoins, en la recherchant, un petit bouton de deux ou trois lignes de longueur qui paraît en être l'indice.

Le paca domestique mange de tout ce qu'on veut lui donner, et il paraît avoir un très grand appétit : on le nourrissait ordinairement de pain, et soit qu'on le trempât dans l'eau, dans le vin et même dans du vinaigre, il le mangeait également; mais le sucre et les fruits sont si fort de son goût, que lorsqu'on lui en présentait il en témoignait sa joie par des bonds et des sauts. Les racines et les légumes étaient aussi de son goût; il mangeait également les navets, le céleri, les oignons, et même l'ail et l'échalote. Il ne refusait pas les choux ni les herbes, même la mousse et les écorces de bois; nous l'avons souvent vu manger aussi du bois et du charbon dans les commencements. La viande était ce qu'il paraissait aimer le moins; il n'en mangeait que rarement et en très petite quantité. On pourrait le nourrir aisément de grain; car souvent il en cherchait dans la paille de sa litière. Il boit comme le chien, en soulevant l'eau avec la langue. Son urine est fort épaisse et d'une odeur insupportable. Sa fiente est en petites crottes, plus allongées que celles des lapins et des lièvres.

D'après les petites observations que nous venons de rapporter, nous sommes très portés à croire qu'on pourrait naturaliser cette espèce en France; et comme la chair en est bonne à manger, et que l'animal est peu difficile à nourrir, ce serait une acquisition utile. Il ne paraît pas craindre beaucoup le froid, et d'ailleurs pouvant creuser la terre il s'en garantirait aisément pendant l'hiver: un seul paca fournirait autant de bonne chair que sept ou huit lapins.

M. de la Borde dit que le paca habite ordinairement le bord des rivières, et qu'il construit son terrier de manière qu'il peut y entrer ou en sortir par trois issues différentes. « Lorsqu'il est poursuivi il se jette à l'eau, dit-il, dans laquelle il se plonge en levant la tête de temps en temps; mais enfin lorsqu'il est assailli par les chiens il se défend très vigoureusement. » Il ajoute « que la chair de cet animal est fort estimée à Cayenne, qu'on l'échaude comme un cochon de lait, et que, de quelque manière qu'on la prépare, elle est excellente.

» Le paca habite seul dans son terrier, et il n'en sort ordinairement que la nuit pour se procurer sa nourriture. Il ne sort pendant le jour que pour faire ses besoins, car on ne trouve jamais aucune ordure dans son terrier, et toutes les fois qu'il rentre il a soin d'en boucher les issues avec des feuilles et de petites branches. Ces animaux ne produisent ordinairement qu'un petit, qui ne quitte la mère que quand il est adulte. Au reste, on en connaît de deux ou trois espèces à Cayenne, et l'on prétend qu'ils ne se mêlent point ensemble. Les uns pèsent depuis quatorze jusqu'à vingt livres, et les autres depuis vingt-cinq à trente livres. »

LE SARIGUE ou L'OPOSSUM [1]

Le sarigue ou l'opossum est un animal de l'Amérique qu'il est aisé
de distinguer de tous les autres par deux caractères très singuliers.
Le premier de ces caractères est que la femelle a sous le ventre une
ample cavité dans laquelle elle reçoit et allaite ses petits [2]. Le second
est que le mâle et la femelle ont tous deux le premier doigt des pieds
de derrière sans ongle et bien séparé des autres doigts, tel qu'est le
pouce dans la main de l'homme, tandis que les quatre autres doigts
de ces mêmes pieds de derrière sont placés les uns contre les autres
et armés d'ongles crochus, comme dans les pieds des autres quadrupèdes. Le premier de ces caractères a été saisi par la plupart des
voyageurs et des naturalistes, mais le second leur avait entièrement
échappé; Edward Tyson, médecin anglais, paraît être le premier qui
l'ait observé; il est le seul qui ait donné une bonne description de la
femelle de cet animal, imprimée à Londres en 1698, sous le titre de
Carigueya seu Marsupiale americanum, or the Anatomy of an opossum. Et
quelques années après, Wil. Cowper, célèbre anatomiste anglais, com-
muniqua à Tyson, par une lettre, les observations qu'il avait faites
sur le mâle. Les autres auteurs, et surtout les nomenclateurs, ont ici,
comme partout ailleurs, multiplié les êtres sans nécessité, et ils sont.

---

1. Le *quatre-œil* ou *moyen sarigue de Cayenne*. Ordre des *Marsupiaux* ou *animaux à
bourse*; genre *Sarigue*. (CUVIER.)

2. Ceci nous montre comment s'est fait le progrès de la science relativement aux *animaux
à bourse*. On a cru d'abord que la *poche* dans laquelle la *femelle reçoit et allaite ses petits*
n'appartenait qu'à une seule *espèce*: le *sarigue* ou *opossum*. Puis on a reconnu que plusieurs
autres *espèces*, voisines de celle-là, avaient aussi cette *poche*; et l'on a formé le *genre* des
sarigues. On a vu enfin qu'outre les *sarigues*, qui sont tous propres à l'Amérique, il y avait
encore à la Nouvelle-Hollande, aux Moluques, etc., d'autres animaux, mais cette fois-ci de
genres différents, qui ont aussi cette *poche*, les *kanguroos*, les *dasyures*, les *phalangers*, etc.
et l'on a formé l'*ordre* des *marsupiaux* ou *animaux à bourse*.

LE SARIGUE FEMELLE ET SES PETITS.

tombés dans plusieurs erreurs que nous ne pouvons nous dispenser de relever.

Notre sarigue, ou, si l'on veut, l'opossum de Tyson, est le même animal que le grand philandre oriental de Seba. L'on n'en saurait douter, puisque de tous les animaux dont Seba donne les figures et auxquels il applique le nom de *philandre*, d'*opossum* ou de *carigueya*, celui-ci est le seul qui ait les deux caractères de la bourse sous le ventre et des pouces de derrière sans ongles. De même l'on ne peut douter que notre sarigue, qui est le même que le grand philandre oriental de Seba, ne soit un animal naturel aux climats chauds du nouveau monde, car les deux sarigues que nous avons au Cabinet du roi nous sont venus d'Amérique; celui que Tyson a disséqué lui avait été envoyé de Virginie. M. de Chanvallon, correspondant de l'Académie des sciences à la Martinique, qui nous a donné un jeune sarigue, a reconnu les deux autres pour de vrais sarigues ou opossums de l'Amérique.

Tous les voyageurs s'accordent à dire que cet animal se trouve au Brésil, à la Nouvelle-Espagne, à la Virginie, aux Antilles, etc., et aucun ne dit en avoir vu aux Indes orientales : ainsi Seba s'est trompé lorsqu'il l'a appelé *philandre oriental*, puisqu'on ne le trouve que dans les Indes occidentales; il dit que ce philandre lui a été envoyé d'Amboine sous le nom de *coes-coes*, avec d'autres curiosités; mais il convient en même temps qu'il avait été apporté à Amboine d'autres pays plus éloignés. Cela seul suffirait pour rendre suspecte la dénomination de philandre oriental, car il est très possible que les voyageurs aient transporté cet animal singulier de l'Amérique aux Indes orientales; mais rien ne prouve qu'il soit naturel au climat d'Amboine, et le passage même de Seba, que nous venons de citer, semble indiquer le contraire.

Edward Tyson a décrit et disséqué le sarigue femelle avec soin ; dans l'individu qui lui a servi de sujet, la tête avait six pouces, le corps treize, et la queue douze de longueur ; les jambes de devant six pouces et celles de derrière quatre et demi de hauteur, le corps quinze à seize pouces de circonférence, la queue trois pouces de tour à son origine, et un pouce seulement vers l'extrémité ; la tête trois pouces de largeur entre les deux oreilles allant toujours en diminuant jusqu'au nez ; elle est plus ressemblante à celle d'un cochon de lait qu'à celle

d'un renard ; les orbites des yeux sont très inclinées dans la direction
des oreilles au nez, les oreilles sont arrondies et longues d'environ un
pouce et demi ; l'ouverture de la gueule est de deux pouces et demi,
en la mesurant depuis l'un des angles de la lèvre jusqu'à l'extrémité
du museau ; la langue est assez étroite et longue de trois pouces, rude
et hérissée de petites papilles tournées en arrière : il y a cinq doigts aux
pieds de devant, tous les cinq armés d'ongles crochus, autant de doigts
aux pieds de derrière, dont quatre seulement sont armés d'ongles, et
le cinquième, qui est le pouce, est séparé des autres ; il est aussi placé
plus bas et n'a point d'ongle ; tous ces doigts sont sans poil et recouverts d'une peau rougeâtre, ils ont près d'un pouce de longueur ; la
paume des mains et des pieds est large, et il y a des callosités charnues
sous tous les doigts.

La queue n'est couverte de poil qu'à son origine jusqu'à deux ou
trois pouces de longueur, après quoi c'est une peau écailleuse et lisse
dont elle est revêtue jusqu'à l'extrémité ; ces écailles sont blanchâtres,
à peu près hexagones et placées régulièrement, en sorte qu'elles n'anticipent pas les unes sur les autres ; elles sont toutes séparées et
environnées d'une petite aire de peau plus brune que l'écaille : les
oreilles, comme les pieds et la queue, sont sans poil; elles sont si
minces qu'on ne peut pas dire qu'elles soient cartilagineuses, elles
sont simplement membraneuses comme les ailes des chauves-souris ;
elles sont très ouvertes et le conduit auditif paraît fort large. La
mâchoire du dessus est un peu plus allongée que celle du dessous, les
narines sont larges, les yeux petits, vifs et proéminents, le cou court,
la poitrine large, la moustache comme celle du chat; le poil du devant
de la tête est plus blanc et plus court que celui du corps, il est d'un
gris cendré mêlé de quelques petites houppes de poils noirs et blanchâtres sur le dos et sur les côtés ; plus brun sur le ventre, et encore
plus foncé sur les jambes.

Sous le ventre de la femelle est une fente qui a deux ou trois
pouces de longueur ; cette fente est formée par deux peaux qui composent une poche velue à l'extérieur et moins garnie de poil à l'intérieur;
cette poche renferme les mamelles ; les petits nouveau-nés y entrent
pour les sucer, et prennent si bien l'habitude de s'y cacher qu'ils s'y
réfugient quoique déjà grands, lorsqu'ils sont épouvantés. Cette poche
a du mouvement et du jeu, elle s'ouvre et se referme à la volonté de

l'animal ; la mécanique de ce mouvement s'exécute par le moyen de plusieurs muscles et de deux os qui n'appartiennent qu'à cette espèce d'animal [1] ; ces deux os sont placés au devant des os pubis auxquels ils sont attachés par la base ; ils ont environ deux pouces de longueur et vont toujours en diminuant un peu de grosseur depuis la base jusqu'à l'extrémité ; ils soutiennent les muscles qui font ouvrir la poche et leur servent de point d'appui ; les antagonistes de ces muscles servent à la resserrer et à la fermer si exactement que dans l'animal vivant l'on ne peut voir l'ouverture qu'en la dilatant de force avec les doigts ; l'intérieur de cette poche est parsemé de glandes qui fournissent une substance jaunâtre d'une si mauvaise odeur qu'elle se communique à tout le corps de l'animal ; cependant, lorsqu'on laisse sécher cette matière, non seulement elle perd son odeur désagréable, mais elle acquiert du parfum qu'on peut comparer à celui du musc.

Le sarigue est uniquement originaire des contrées méridionales du nouveau monde. Il paraît seulement qu'il n'affecte pas aussi constamment que le tatou les climats les plus chauds. On le trouve non seulement au Brésil, à la Guiane, au Mexique, mais aussi à la Floride, en Virginie et dans les autres régions tempérées de ce continent. Il est partout assez commun, parce qu'il produit souvent et en grand nombre. La plupart des auteurs disent quatre ou cinq petits ; d'autres six ou sept ; Marcgrave assure avoir vu six petits vivants dans la poche d'une femelle : ces petits avaient environ deux pouces de longueur ; ils étaient déjà fort agiles, ils sortaient de la poche et y rentraient plusieurs fois par jour ; ils sont bien plus petits lorsqu'ils naissent. Certains voyageurs disent qu'ils ne sont pas plus gros que des mouches au moment de leur naissance [2]. Ce fait n'est pas aussi exagéré qu'on pourrait l'imaginer, car nous avons vu nous-mêmes, dans un animal dont l'espèce

---

1. Ces deux os appartiennent à tous les *marsupiaux*, et se trouvent dans les mâles comme dans les femelles. Les mâles ont aussi un vestige de *poche*.

2. La femelle du possum a un double ventre, ou plutôt une membrane pendante qui lui couvre tout le ventre, sans y être attachée, et dont on peut regarder l'intérieur lorsqu'elle a une fois porté des petits. Au derrière de cette membrane, il y a une ouverture où l'on peut passer la main, si on ne l'a pas grosse. C'est ici où les petits se retirent, soit pour éviter quelque danger, soit pour teter ou pour dormir. Ils vivent de cette manière jusqu'à ce qu'ils soient en état de chercher pâture d'eux-mêmes..... J'ai vu moi-même de ces petits attachés à la tetine lorsqu'ils n'étaient pas plus gros qu'une mouche, et qui ne s'en détachaient qu'après avoir atteint la grosseur d'une souris. *Hist. de la Virginie.* p. 220.

est voisine du sarigue, des petits attachés à la mamelle qui n'étaient
pas plus gros que des fèves [1].

Personne n'a observé la durée de la gestation de ces animaux,
que nous présumons être beaucoup plus courte que dans les autres ; et
comme c'est un exemple singulier dans la nature que cette exclusion
précoce, nous exhortons ceux qui sont à portée de voir des sarigues
vivants dans leur pays natal de tâcher de savoir combien les femelles
portent de temps, et combien de temps encore après la naissance les
petits restent attachés à la mamelle avant que de s'en séparer. Cette
observation, curieuse par elle-même, pourrait devenir utile, en nous
indiquant peut-être quelque moyen de conserver la vie aux enfants
venus avant le terme.

Les petits sarigues restent donc attachés et comme collés aux
mamelles de la mère pendant le premier âge et jusqu'à ce qu'ils aient
pris assez de force et d'accroissement pour se mouvoir aisément. Ce
fait n'est pas douteux ; il n'est pas même particulier à cette seule
espèce, puisque nous avons vu, comme je viens de le dire, des petits
ainsi attachés aux mamelles dans une autre espèce, que nous appellerons la *marmose*, et de laquelle nous parlerons bientôt. Or, cette
femelle marmose n'a pas, comme la femelle sarigue, une poche sous
le ventre où les petits puissent se cacher ; ce n'est donc pas de la
commodité ou du secours que la poche prête aux petits que dépend
uniquement l'effet de la longue adhérence aux mamelles, non plus
que celui de leur accroissement dans cette situation immobile. Je fais
cette remarque afin de prévenir les conjectures que l'on pourrait faire
sur l'usage de la poche, en la regardant comme une seconde matrice,
ou tout au moins comme un abri absolument nécessaire à ces petits
prématurément nés. Il y a des auteurs [2] qui prétendent qu'ils restent
collés à la mamelle plusieurs semaines de suite ; d'autres disent qu'ils
ne demeurent dans la poche que pendant le premier mois de leur âge.

[1]. « Les petits ne pèsent qu'un grain en naissant. Quoique aveugles et presque informes,
ils trouvent la mamelle par instinct, et y adhèrent jusqu'à ce qu'ils aient atteint la grosseur
d'une souris, ce qui ne leur arrive qu'au cinquantième jour, époque où ils ouvrent les yeux ;
ils ne cessent de retourner à la poche que quand ils ont la taille du rat. (CUVIER· *Règne
animal*, t. I, p. 176.)

[2]. Les petits sont collés à la tetine, et c'est là où ils croissent à vue d'œil pendant plusieurs
semaines de suite, jusqu'à ce qu'ils aient acquis de la force, qu'ils ouvrent les yeux et que leur
poil soit venu ; alors ils tombent dans la membrane, d'où ils sortent et où ils rentrent à leur
guise. *Histoire de la Virginie*. Amsterdam, 1707, p. 220.

On peut aisément ouvrir cette poche de la mère, regarder, compter et même toucher les petits sans les incommoder. Ils ne quittent la tetine, qu'ils tiennent avec la gueule, que quand ils ont assez de force pour marcher; ils se laissent alors tomber dans la poche et sortent ensuite[1] pour se promener et pour chercher leur subsistance[2]; ils y entrent souvent pour dormir, pour teter, et aussi pour se cacher lorsqu'ils sont épouvantés : la mère fuit alors et les emporte tous.

A la seule inspection de la forme des pieds de cet animal, il est aisé de juger qu'il marche mal et qu'il court lentement : aussi dit-on qu'un homme peut l'attraper sans même précipiter son pas. En revanche, il grimpe sur les arbres avec une extrême facilité ; il se cache dans le feuillage pour attraper des oiseaux, ou bien il se suspend par la queue, dont l'extrémité est musculeuse et flexible[3] comme une main, en sorte qu'il peut serrer et même environner de plus d'un tour les corps qu'il saisit; il reste quelquefois longtemps dans cette situation sans mouvement, le corps suspendu, la tête en bas ; il épie et attend le petit gibier au passage[4]; d'autres fois, il se balance pour

---

1. C'est dans sa poche qu'après avoir mis bas elle retire ses petits, qui, s'attachant à ses tetines, s'y nourrissent de son lait et s'y élèvent comme dans un sûr asile où ils sont toujours chaudement.... Dès que les petits sont assez forts pour pouvoir sortir et courir sur l'herbe, la mère ouvrant sa poche, leur donne issue, etc. *Mémoires de la Louisiane*, par Dumont, p. 84.

2. La mère les met au monde, nus et aveugles, et les prenant ensuite avec les doigts des pieds de devant, elle les met dans sa bourse, elle les échauffe doucement ; ... enfin, elle ne les tire point de là qu'ils ne jouissent de la lumière ; alors elle les transporte sur quelque colline où elle ne prévoit point de danger, et, ayant ouvert sa bourse, elle les en fait sortir, les expose aux rayons du soleil, les amuse en jouant avec eux; au moindre bruit ou sur le soupçon du moindre danger, elle rappelle aussitôt ses petits par un cri, *tic, tic, tic*, lesquels, obéissant alors à leur mère, reviennent à elle et se recachent dans la bourse, etc. *Seba*, vol. I, p. 56. — Lorsque la mère entend quelque bruit ou quelque mouvement qui lui fait ombrage, elle fait un certain cri, et à ce signal, qui est connu des petits, on les voit aussitôt courir à leur mère et rentrer d'où ils sont sortis. *Mémoires de la Louisiane*, p. 83.

3. Sa queue est faite pour s'accrocher, car, en le prenant par cet endroit, il s'entortille aussitôt autour du doigt..... La femelle, étant prise, souffre, sans donner le moindre signe de vie. qu'on la suspende par la queue au-dessus d'un feu allumé ; la queue s'accroche d'elle-même, et la mère périt ainsi avec ses petits, sans que rien soit capable de lui desserrer la peau de sa poche. *Histoire de la Louisiane*, par M. le Page du Pratz, t. II, p. 94.

4. Il est très friand des oiseaux et de la volaille ; aussi entre-t-il hardiment dans les basses-cours et dans les poulaillers. Il va même dans les champs manger le mahi qu'on y a semé. L'instinct avec lequel il fait sa chasse est très singulier. Après avoir pris un petit oiseau et l'avoir tué, il se garde bien de le manger : il le pose proprement dans une belle place découverte proche de quelque gros arbre; ensuite, montant sur cet arbre et se suspendant par la queue à celle de ses branches qui est la plus voisine de l'oiseau, il attend patiemment en cet état que quelque autre oiseau carnassier vienne pour l'enlever ; alors il se jette dessus. et fait sa proie de l'un et de l'autre. *Mémoires de la Louisiane*, par Dumont, p. 84.

sauter d'un arbre à un autre, à peu près comme les singes à queue
prenante, auxquels il ressemble aussi par la conformation des pieds.
Quoique carnassier et même avide de sang, qu'il se plaît à sucer, il
mange de tout, des reptiles, des insectes, des cannes de sucre, des
patates, des racines, et même des feuilles et des écorces. On peut le
nourrir comme un animal domestique ; il n'est ni féroce, ni farouche,
et on l'apprivoise aisément ; mais il dégoûte par sa mauvaise odeur,
qui est plus forte que celle du renard, et il déplaît aussi par sa
vilaine figure ; car indépendamment de ses oreilles de chouette, de
sa queue de serpent et de sa gueule fendue jusques auprès des yeux,
son corps paraît toujours sale, parce que le poil, qui n'est ni lisse ni
frisé, est terne et semble être couvert de boue. Sa mauvaise odeur
réside dans la peau, car sa chair n'est pas mauvaise à manger : c'est
même un des animaux que les sauvages chassent de préférence et
duquel ils se nourrissent le plus volontiers.

LE PERROQUET[1]

Les animaux que l'homme a le plus admirés sont ceux qui lui ont paru participer à sa nature ; il s'est émerveillé toutes les fois qu'il en a vu quelques-uns faire ou contrefaire des actions humaines ; le singe, par la ressemblance des formes extérieures, et le perroquet, par l'imitation de la parole, lui ont paru des êtres privilégiés, intermédiaires entre l'homme et la brute : faux jugement produit par la première apparence, mais bientôt détruit par l'examen et la réflexion. Les sauvages, très insensibles au grand spectacle de la nature, très indifférents pour toutes ses merveilles, n'ont été saisis d'étonnement qu'à la vue des perroquets et des singes : ce sont les seuls animaux qui aient fixé leur stupide attention. Ils arrêtent leurs canots pendant des heures entières pour considérer les cabrioles des sapajous, et les perroquets sont les seuls oiseaux qu'ils se fassent un plaisir de nourrir, d'élever et qu'ils aient pris la peine de chercher à perfectionner ; car ils ont trouvé le petit art, encore inconnu parmi nous, de varier et de rendre plus riches les belles couleurs qui parent le plumage de ces oiseaux[2].

L'usage de la main, la marche à deux pieds, la ressemblance, quoique grossière, de la face, le manque de queue, les fesses nues, tous les actes qui peuvent résulter de cette conformité d'organisation

1. Cet article général sur les *perroquets* est l'expression éloquente d'une philosophie supérieure. La *métaphysique de la parole* y est exposée avec une justesse de vues et un talent d'analyse également admirables. « Vous ne me marquez pas, écrivait Buffon à l'abbé Bexon, si le préambule des perroquets vous a fait plaisir : il me semble que la métaphysique de la parole y est assez bien jasée... »

2. On appelle perroquets *tapirés* ceux auxquels les sauvages donnent ces couleurs artificielles ; c'est, dit-on, avec du sang d'une grenouille qu'ils laissent tomber goutte à goutte dans les petites plaies qu'ils font aux jeunes perroquets en leur arrachant des plumes ; celles qui renaissent changent de couleur, et de vertes ou jaunes qu'elles étaient, deviennent orangées, couleur de rose ou panachées, selon les drogues qu'ils emploient.

ont fait donner au singe le nom d'*homme sauvage* par des hommes, à la vérité, qui l'étaient à demi, et qui ne savaient comparer que les rapports extérieurs. Que serait-ce si, par une combinaison de nature aussi possible que toute autre, le singe eût la voix du perroquet et comme lui la faculté de la parole ; le singe parlant eût rendu muette d'étonnement l'espèce humaine entière, et l'aurait séduite au point que le philosophe aurait eu grande peine à démontrer qu'avec tous ces beaux attributs humains le singe n'en était pas moins une bête.

Il est donc heureux, pour notre intelligence, que la nature ait séparé et placé dans deux espèces très différentes l'imitation de la parole et celle de nos gestes ; et qu'ayant doué tous les animaux des mêmes sens, et quelques-uns d'entre eux de membres et d'organes semblables à ceux de l'homme, elle lui ait réservé la faculté de se perfectionner : caractère unique et glorieux qui seul fait notre prééminence et constitue l'empire de l'homme sur tous les autres êtres.

Car il faut distinguer deux genres de perfectibilité, l'un stérile, et qui se borne à l'éducation de l'individu, et l'autre fécond, qui se répand sur toute l'espèce, et qui s'étend autant qu'on le cultive par les institutions de la société. Aucun des animaux n'est susceptible de cette perfectibilité d'espèce ; ils ne sont aujourd'hui que ce qu'ils ont été, que ce qu'ils seront toujours, et jamais rien de plus, parce que leur éducation étant purement individuelle, ils ne peuvent transmettre à leurs petits que ce qu'ils ont eux-mêmes reçu de leurs père et mère ; au lieu que l'homme reçoit l'éducation de tous les siècles, recueille toutes les institutions des autres hommes, et peut, par un sage emploi du temps, profiter de tous les instants de la durée de son espèce pour la perfectionner toujours de plus en plus. Aussi, quel regret ne devons-nous pas avoir à ces âges funestes où la barbarie a non seulement arrêté nos progrès, mais nous a fait reculer au point d'imperfection d'où nous étions partis ? Sans ces malheureuses vicissitudes, l'espèce humaine eût marché et marcherait encore constamment vers cette perfection glorieuse, qui est le plus beau titre de sa supériorité et qui seule peut faire son bonheur.

Mais l'homme purement sauvage, qui se refuserait à toute société, ne recevant qu'une éducation individuelle, ne pourrait perfectionner son espèce et ne serait pas différent, même pour l'intelligence, de ces animaux auxquels on a donné son nom ; il n'aurait pas même la parole, s'il fuyait sa famille et abandonnait ses enfants peu de temps après leur naissance. C'est donc à la tendresse des mères que sont dus les premiers germes de la société ; c'est à leur constante sollicitude et aux soins assidus de leur tendre affection qu'est dû le développement de ces germes précieux. La faiblesse de l'enfant exige des attentions continuelles et produit la nécessité de cette durée d'affection pendant laquelle les cris du besoin et les réponses de la tendresse commencent à former une langue dont les expressions deviennent constantes et l'intelligence réciproque, par la répétition de deux ou trois ans d'exercice mutuel ; tandis que dans les animaux, dont l'accroissement est bien plus prompt, les signes respectifs de besoins et de secours, ne se répétant que pendant six semaines ou deux mois, ne peuvent faire que des impressions légères, fugitives, et qui s'évanouissent au moment que le jeune animal se sépare de sa mère. Il ne peut donc y avoir de langue, soit de paroles, soit par signes, que dans l'espèce humaine, par cette seule raison que nous venons d'exposer ; car l'on ne doit pas attribuer à la structure particulière de nos organes la formation de notre parole, dès que le perroquet peut la prononcer comme l'homme ; mais jaser n'est pas parler, et les paroles ne font langue que quand elles expriment l'intelligence et qu'elles peuvent la communiquer. Or, ces oiseaux, auxquels rien ne manque pour la facilité de la parole, manquent de cette expression de l'intelligence, qui seule fait la haute faculté du langage[1] ; ils en sont privés comme tous les autres animaux et par les mêmes causes, c'est-à-dire par leur prompt accroissement dans le premier âge, par la courte durée de leur société avec leurs parents, dont les soins se bornent à l'éducation corporelle, et ne se répètent ni ne se continuent assez de temps pour faire

---

1. Buffon reproduit ici avec un nouveau bonheur d'analyse, la belle distinction qu'il a déjà faite entre l'*imitation physique* de la parole et l'*expression de l'intelligence*, qui seule fait la *haute faculté du langage...* « Les singes sont tout au plus des gens à talents que nous prenons pour des gens d'esprit : quoiqu'ils aient l'art de nous imiter, ils n'en sont pas moins de la nature des bêtes... C'est par les rapports de mouvement que le chien prend les habitudes de son maître, c'est par les rapports de figure que le singe contrefait les gestes humains, c'est par les rapports d'organisation que le serin répète des airs de musique, et que le perroquet imite le signe le moins équivoque de la pensée, la parole, qui met à l'extérieur autant de différence entre l'homme et l'homme qu'entre l'homme et la bête, puisqu'elle exprime dans les uns la lumière et la supériorité de l'esprit, qu'elle ne laisse apercevoir dans les autres qu'une confusion d'idées obscures ou empruntées, et que dans l'imbécile ou le perroquet elle marque le dernier degré de la stupidité, c'est-à-dire l'impossibilité où ils sont tous deux de produire intérieurement la pensée, quoiqu'il ne leur manque aucun des organes nécessaires pour la rendre au dehors. »

des impressions durables et réciproques, ni même assez pour établir l'union d'une famille constante, premier degré de toute société et source unique de toute intelligence.

La faculté de l'imitation de la parole ou de nos gestes ne donne donc aucune prééminence aux animaux qui sont doués de cette apparence de talent naturel. Le singe qui gesticule, le perroquet qui répète nos mots, n'en sont pas plus en état de croître en intelligence et de perfectionner leur espèce : ce talent se borne, dans le perroquet, à le rendre plus intéressant pour nous, mais ne suppose en lui aucune supériorité sur les autres oiseaux, sinon qu'ayant plus éminemment qu'aucun d'eux cette facilité d'imiter la parole, il doit avoir le sens de l'ouïe et les organes de la voix plus analogues à ceux de l'homme ; et ce rapport de conformité, qui dans le perroquet est au plus haut degré, se trouve, à quelque nuance près, dans plusieurs autres oiseaux dont la langue est épaisse, arrondie, et de la même forme à peu près que celle du perroquet : les sansonnets, les merles, les geais, les choucas, etc., peuvent imiter la parole ; ceux qui ont la langue fourchue, et ce sont presque tous nos petits oiseaux, sifflent plus aisément qu'ils ne jasent ; enfin, ceux dans lesquels cette organisation propre à siffler se trouve réunie avec la sensibilité de l'oreille et la réminiscence des sensations reçues par cet organe, apprennent aisément à répéter des airs, c'est-à-dire à siffler en musique : le serin, la linotte, le tarin, le bouvreuil, semblent être naturellement musiciens. Le perroquet, soit par imperfection d'organes ou défaut de mémoire, ne fait entendre que des cris ou des phrases très courtes, et ne peut ni chanter ni répéter des airs modulés : néanmoins il imite tous les bruits qu'il entend, le miaulement du chat, l'aboiement du chien et les cris des oiseaux, aussi facilement qu'il contrefait la parole ; il peut donc exprimer et même articuler les sons, mais non les moduler ni les soutenir par des expressions cadencées, ce qui prouve qu'il a moins de mémoire, moins de flexibilité dans les organes, et le gosier aussi sec, aussi agreste, que les oiseaux chanteurs l'ont moelleux et tendre.

D'ailleurs, il faut distinguer aussi deux sortes d'imitation, l'une réfléchie ou sentie, et l'autre machinale et sans intention, la première acquise, et la seconde pour ainsi dire innée : l'une n'est que le résultat de l'instinct commun répandu dans l'espèce entière, et ne consiste que dans la similitude des mouvements et des opérations de chaque

individu, qui tous semblent être induits ou contraints à faire les mêmes
choses ; plus ils sont stupides, plus cette imitation tracée dans l'espèce
est parfaite : un mouton ne fait et ne fera jamais que ce qu'ont fait et
font tous les autres moutons ; la première cellule d'une abeille ressemble à la dernière ; l'espèce entière n'a pas plus d'intelligence qu'un
seul individu ; et c'est en cela que consiste la différence de l'esprit à
l'instinct : ainsi l'imitation naturelle n'est, dans chaque espèce, qu'un
résultat de similitude, une nécessité d'autant moins intelligente et plus
aveugle, qu'elle est plus également réparti : l'autre imitation, qu'on
doit regarder comme artificielle, ne peut ni se répartir ni se communiquer à l'espèce ; elle n'appartient qu'à l'individu qui la reçoit, qui
la possède sans pouvoir la donner ; le perroquet le mieux instruit ne
transmettra pas le talent de la parole à ses petits. Toute imitation
communiquée aux animaux par l'art et par les soins de l'homme reste
dans l'individu qui en a reçu l'empreinte ; et quoique cette imitation
soit, comme la première, entièrement dépendante de l'organisation,
cependant elle suppose des facultés particulières qui semblent tenir à
l'intelligence, telles que la sensibilité, l'attention, la mémoire, en sorte
que les animaux qui sont capables de cette imitation et qui peuvent
recevoir des impressions durables et quelques traits d'éducation de la
part de l'homme, sont des espèces distinguées dans l'ordre des êtres
organisés ; et si cette éducation est facile, et que l'homme puisse la
donner aisément à tous les individus, l'espèce, comme celle du chien,
devient réellement supérieure aux autres espèces d'animaux tant
qu'elle conserve ses relations avec l'homme, car le chien abandonné
à sa seule nature retombe au niveau du renard ou du loup, et ne peut
de lui-même s'élever au-dessus.

Nous pouvons donc ennoblir tous les êtres en nous approchant
d'eux, mais nous n'apprendrons jamais aux animaux à se perfectionner
d'eux-mêmes ; chaque individu peut emprunter de nous sans que l'espèce
en profite, et c'est toujours faute d'intelligence entre eux : aucun ne
peut communiquer aux autres ce qu'il a reçu de nous ; mais tous sont
à peu près également susceptibles d'éducation individuelle ; car quoique
les oiseaux, par les proportions du corps et par la forme de leurs
membres, soient très différents des animaux quadrupèdes, nous verrons
néanmoins que, comme ils ont les mêmes sens, ils sont susceptibles
des mêmes degrés d'éducation : on apprend aux agamis à faire à peu

près tout ce que font nos chiens ; un serin bien élevé marque son affection par des caresses aussi vives, plus innocentes et moins fausses que
celles du chat ; nous avons des exemples frappants [1] de ce que peut

1. « On m'apporta, dit M. Fontaine, en 1763, une buse prise au piège ; elle était d'abord
extrêmement farouche et même cruelle ; j'entrepris de l'apprivoiser, et j'en vins à bout en la
laissant jeûner et la contraignant de venir prendre sa nourriture dans ma main. Je parvins
par ce moyen à la rendre très familière, et après l'avoir tenue enfermée pendant environ six
semaines, je commençai à lui laisser un peu de liberté, avec la précaution de lui lier ensemble
les deux fouets de l'aile ; dans cet état elle se promenait dans mon jardin et revenait quand je
l'appelais pour prendre sa nourriture. Au bout de quelque temps, lorsque je me crus assuré
de sa fidélité, je lui ôtai ses liens et je lui attachai un grelot d'un pouce et demi de diamètre
au-dessus de la serre, et je lui appliquai une plaque de cuivre sur le jabot, où était gravé mon
nom. Avec cette précaution je lui donnai toute liberté, et elle ne fut pas longtemps sans en abuser,
car elle prit son essor et son vol jusque dans la forêt de Belesme ; je la crus perdue, mais
quatre heures après, je la vis fondre dans ma salle qui était ouverte, poursuivie par cinq autres
buses qui lui avaient donné la chasse, et qui l'avaient contrainte à venir chercher son asile.....
Depuis ce temps, elle m'a toujours gardé fidélité, venant tous les soirs coucher sur ma fenêtre ;
elle devint si familière avec moi, qu'elle paraissait avoir un singulier plaisir dans ma compagnie ; elle assistait à tous mes dîners sans y manquer, se mettait sur un coin de la table et
me caressait très souvent avec sa tête et son bec, en jetant un petit cri aigu, qu'elle savait
pourtant quelquefois adoucir. Il est vrai que j'avais seul ce privilège ; elle me suivit un jour,
étant à cheval, à plus de deux lieues de chemin en planant..... Elle n'aimait ni les chiens ni
les chats, elle ne les redoutait aucunement ; elle a eu souvent vis-à-vis de ceux-ci de rudes
combats à soutenir, elle en sortait toujours victorieuse. J'avais quatre chats très forts que je
faisais assembler dans mon jardin en présence de ma buse ; je lui jetais un morceau de chair
crue : le chat qui était le plus prompt s'en saisissait, les autres couraient après, mais l'oiseau
fondait sur le corps du chat qui avait le morceau, et avec son bec lui pinçait les oreilles, et
avec ses serres lui pétrissait les reins de telle force, que le chat était forcé de lâcher sa proie ;
souvent un autre chat s'en emparait dans le même instant, mais il éprouvait aussitôt le même
sort, jusqu'à ce qu'enfin la buse, qui avait toujours l'avantage, s'en saisit pour ne pas la céder.
Elle savait si bien se défendre, que, quand elle se voyait assaillie par les quatre chats à la fois,
elle prenait alors son vol avec sa proie dans ses serres, et annonçait par son cri le gain de sa
victoire ; enfin les chats, dégoûtés d'être dupes, ont refusé de se prêter au combat.
» Cette buse avait une aversion singulière : elle n'a jamais voulu souffrir de bonnets rouges
sur la tête d'aucun paysan ; elle avait l'art de le leur enlever si adroitement, qu'ils se trouvaient
tête nue sans savoir qui leur avait enlevé le bonnet ; elle enlevait aussi les perruques sans faire
aucun mal, et portait ces bonnets et ces perruques sur l'arbre le plus élevé d'un parc voisin,
qui était le dépôt ordinaire de tous ses larcins....., Elle ne souffrait aucun autre oiseau de proie
dans le canton, elle les attaquait avec beaucoup de hardiesse, et les mettait en fuite. Elle ne
faisait aucun mal dans ma basse-cour ; les volailles, qui dans le commencement la redoutaient,
s'accoutumèrent insensiblement avec elle ; les poulets et les petits canards n'ont jamais éprouvé
de sa part la moindre insulte, elle se baignait au milieu de ces derniers. Mais ce qu'il y a de
singulier, c'est qu'elle n'avait pas cette modération chez les voisins ; je fus obligé de faire
publier que je paierais les dommages qu'elle pourrait leur causer. Cependant elle fut fusillée bien
des fois, et a reçu plus de quinze coups de fusil sans avoir aucune fracture ; mais un jour il
arriva que, planant dès le grand matin au bord de la forêt, elle osa attaquer un renard. Le
garde de ce bois, la voyant sur les épaules du renard, leur tira deux coups de fusil : le renard
fut tué et ma buse eut le gros de l'aile cassé ; malgré cette fracture elle s'échappa des yeux du
chasseur, et fut perdue pendant sept jours. Cet homme s'étant aperçu, par le bruit du grelot,
que c'était mon oiseau, vint le lendemain m'en avertir ; j'envoyai sur les lieux en faire la
recherche, on ne put le trouver, et ce ne fut qu'au bout de sept jours qu'il se retrouva. J'avais
coutume de l'appeler tous les soirs par un coup de sifflet, auquel elle ne répondit pas pendant
six jours ; mais le septième, j'entendis un petit cri dans le lointain que je crus être celui de ma
buse ; je le répétai alors une seconde fois, et j'entendis le même cri ; j'allai du côté où je

l'éducation sur les oiseaux de proie, qui de tous paraissent être les plus farouches et les plus difficiles à dompter. On connaît en Asie le petit art d'instruire le pigeon à porter et rapporter des billets à cent lieues de distance : l'art plus grand et mieux connu de la fauconnerie nous démontre qu'en dirigeant l'instinct naturel des oiseaux, on peut le perfectionner autant que celui des autres animaux. Tout me semble prouver que, si l'homme voulait donner autant de temps et de soins à l'éducation d'un oiseau ou de tout autre animal qu'on en donne à celle d'un enfant, ils feraient par imitation tout ce que celui-ci fait par

Les Perroquets.

intelligence ; la seule différence serait dans le produit : l'intelligence, toute féconde, se communique et s'étend à l'espèce entière, toujours en augmentant, au lieu que l'imitation, nécessairement stérile, ne peut ni s'étendre ni même se transmettre par ceux qui l'ont reçue.

l'avais entendu, et je trouvai enfin ma pauvre buse qui avait l'aile cassée, et qui avait fait plus d'une demi-lieue à pied pour regagner son asile, dont elle n'était pour lors éloignée que de cent vingt pas. Quoiqu'elle fût extrêmement exténuée, elle me fit cependant beaucoup de caresses ; elle fut près de six semaines à se refaire et à se guérir de ses blessures, après quoi elle recommença à voler comme auparavant et à suivre ses anciennes allures pendant environ un an ; après quoi elle disparut pour toujours. Je suis très persuadé qu'elle fut tuée par méprise, elle ne m'aurait pas abandonné par sa propre volonté. » (Lettre de M. Fontaine, curé de Saint-Pierre de Belesme, à M. le comte de Buffon, en date du 28 janvier 1778.)

Et cette éducation par laquelle nous rendons les animaux, les oiseaux plus utiles ou plus aimables pour nous, semble les rendre odieux à tous les autres, et surtout à ceux de leur espèce : dès que l'oiseau privé prend son essor et va dans la forêt, les autres s'assemblent d'abord pour l'admirer, et bientôt ils le maltraitent et le poursuivent comme s'il était d'une espèce ennemie ; on vient d'en voir un exemple dans la buse, je l'ai vu de même sur la pie, sur le geai : lorsqu'on leur donne la liberté, les sauvages de leur espèce se réunissent pour les assaillir et les chasser ; ils ne les admettent dans leur compagnie que quand ces oiseaux privés ont perdu tous les signes de leur affection pour nous, et tous les caractères qui les rendaient différents de leurs frères sauvages, comme si ces mêmes caractères rappelaient à ceux-ci le sentiment de la crainte qu'ils ont de l'homme, leur tyran, et la haine que méritent ses suppôts ou ses esclaves.

Au reste, les oiseaux sont de tous les êtres de la nature les plus indépendants et les plus fiers de leur liberté, parce qu'elle est plus entière et plus étendue que celle de tous les autres animaux ; comme il ne faut qu'un instant à l'oiseau pour franchir tout obstacle et s'élever au-dessus de ses ennemis, qu'il leur est supérieur par la vitesse du mouvement et par l'avantage de sa position dans un élément où ils ne peuvent atteindre, il voit tous les animaux terrestres comme des êtres lourds et rampants attachés à la terre ; il n'aurait même nulle crainte de l'homme, si la balle et la flèche ne leur avaient appris que, sans sortir de sa place, il peut atteindre, frapper et porter la mort au loin. La nature, en donnant des ailes aux oiseaux, leur a départi les attributs de l'indépendance et les instruments de la haute liberté : aussi n'ont-ils de patrie que le ciel qui leur convient ; ils en prévoient les vicissitudes et changent de climat en devançant les saisons ; ils ne s'y établissent qu'après en avoir pressenti la température ; la plupart n'arrivent que quand la douce haleine du printemps a tapissé les forêts de verdure, quand elle fait éclore les germes qui doivent les nourrir ; quand ils peuvent s'établir, se gîter, se cacher sous l'ombrage ; quand enfin, la nature vivifiant les puissances de l'amour, le ciel et la terre semblent réunir leurs bienfaits pour combler leur bonheur. Cependant cette saison de plaisir devient bientôt un temps d'inquiétude ; tout à l'heure ils auront à craindre ces mêmes ennemis au-dessus desquels ils planaient avec mépris : le chat sauvage, la marte, la belette, cher-

cheront à dévorer ce qu'ils ont de plus cher ; la couleuvre rampante gravira pour avaler leurs œufs et détruire leur progéniture : quelque élevé, quelque caché que puisse être leur nid, ils sauront le découvrir, l'atteindre, le dévaster ; et les enfants, cette aimable portion du genre humain, mais toujours malfaisante par désœuvrement, violeront sans raison ces dépôts sacrés du produit de l'amour : souvent la tendre mère se sacrifie dans l'espérance de sauver ses petits, elle se laisse prendre plutôt que de les abandonner, elle préfère partager et subir le malheur de leur sort à celui d'aller seule l'annoncer par ses cris à son amant, qui néanmoins pourrait seul la consoler en partageant sa douleur. L'affection maternelle est donc un sentiment plus fort que celui de la crainte et plus profond que celui de l'amour, puisque ici cette affection l'emporte sur les deux dans le cœur d'une mère et lui fait oublier son amour, sa liberté, sa vie.

Pourquoi le temps des grands plaisirs est-il aussi celui des grandes sollicitudes ? pourquoi les jouissances les plus délicieuses sont-elles toujours accompagnées d'inquiétudes cruelles, même dans les êtres les plus libres et les plus innocents ? N'est-ce pas un reproche qu'on peut faire à la nature, cette mère commune de tous les êtres ? Sa bienfaisance n'est jamais pure ni de longue durée. Ce couple heureux qui s'est réuni par choix, qui a établi de concert et construit en commun son domicile d'amour et prodigué les soins les plus tendres à sa famille naissante, craint à chaque instant qu'on ne la lui ravisse ; et s'il parvient à l'élever, c'est alors que des ennemis encore plus redoutables viennent l'assaillir avec plus d'avantage : l'oiseau de proie arrive comme la foudre et fond sur la famille entière ; le père et la mère sont souvent ses premières victimes, et les petits, dont les ailes ne sont pas encore assez exercées, ne peuvent lui échapper. Ces oiseaux de carnage frappent tous les autres oiseaux d'une frayeur si vive, qu'on les voit frémir à leur aspect ; ceux même qui sont en sûreté dans nos basses-cours, quelque éloigné que soit l'ennemi, tremblent au moment qu'ils l'aperçoivent, et ceux de la campagne, saisis du même effroi, le marquent par des cris et par leur fuite précipitée vers les lieux où ils peuvent se cacher. L'état le plus libre de la nature a donc aussi ses tyrans, et malheureusement c'est à eux seuls qu'appartient cette suprême liberté dont ils abusent et cette indépendance absolue qui les rend les plus fiers de tous les animaux :

l'aigle méprise le lion et lui enlève impunément sa proie ; il tyrannise également les habitants de l'air et ceux de la terre, et il aurait peut-être envahi l'empire d'une grande portion de la nature, si les armes de l'homme ne l'eussent relégué sur le sommet des montagnes et repoussé jusqu'aux lieux inaccessibles, où il jouit encore sans trouble et sans rivalité de tous les avantages de sa domination tyrannique.

Le coup d'œil que nous venons de jeter rapidement sur les facultés des oiseaux suffit pour nous démontrer que, dans la chaîne du grand ordre des êtres, ils doivent être, après l'homme, placés au premier rang[1]. La nature a rassemblé, concentré dans le petit volume de leur corps plus de force qu'elle n'en a départi aux grandes masses des animaux les plus puissants ; elle leur a donné plus de légèreté sans rien ôter à la solidité de leur organisation ; elle leur a cédé un empire plus étendu sur les habitants de l'air, de la terre et des eaux ; elle leur a livré les pouvoirs d'une domination exclusive sur le genre entier des insectes, qui ne semblent tenir d'elle leur existence que pour maintenir et fortifier celle de leurs destructeurs, auxquels ils servent de pâture ; ils dominent de même sur les reptiles, dont ils purgent la terre sans redouter leur venin ; sur les poissons, qu'ils enlèvent hors de leur élément pour les dévorer ; et enfin sur les animaux quadrupèdes, dont ils font également des victimes. On a vu la buse assaillir le renard, le faucon arrêter la gazelle, l'aigle enlever la brebis, attaquer le chien comme le lièvre, les mettre à mort et les emporter dans son aire ; et si nous ajoutons à toutes ces prééminences de force et de vitesse celles qui rapprochent les oiseaux de la nature de l'homme, la marche à deux pieds, l'imitation de la parole, la mémoire musicale, nous les verrons plus près de nous que leur forme extérieure ne paraît l'indiquer, en même temps que, par la prérogative unique de l'attribut des ailes et par la prééminence du vol sur la course, nous reconnaîtrons leur supériorité sur tous les animaux terrestres.

---

1. Buffon ne juge ici la question que par un seul côté, par l'avantage que donne à l'oiseau sa plus grande puissance de mobilité. Ailleurs, où il juge la question plus généralement, il place l'oiseau à son véritable rang, c'est-à-dire au second rang après l'homme. « Les animaux qui ressemblent le plus à l'homme par leur figure et par leur organisation seront maintenus dans la possession où ils étaient d'être supérieurs à tous les autres..., en sorte que le singe, le chien, l'éléphant et les autres quadrupèdes seront au premier rang...; les oiseaux seront au second, parce que, à tout prendre, ils diffèrent de l'homme plus que les quadrupèdes... »

Mais descendons de ces considérations générales sur les oiseaux à l'examen particulier du genre des perroquets : ce genre, plus nombreux qu'aucun autre, ne laissera pas de nous fournir de grands exemples d'une vérité nouvelle : c'est que, dans les oiseaux comme dans les animaux quadrupèdes, il n'existe dans les terres méridionales du nouveau monde aucune des espèces des terres méridionales de l'ancien continent, et cette exclusion est réciproque ; aucun des perroquets de l'Afrique et des Grandes-Indes ne se trouve dans l'Amérique méridionale, et réciproquement aucun de ceux de cette partie du nouveau monde ne se trouve dans l'ancien continent. C'est sur ce fait général que j'ai établi le fondement de la nomenclature de ces oiseaux, dont les espèces sont très diversifiées et si multipliées que, indépendamment de celles qui nous sont inconnues, nous en pouvons compter plus de cent, et de ces cent espèces il n'y en a pas une seule qui soit commune aux deux continents. Y a-t-il une preuve plus démonstrative de cette vérité générale que nous avons exposée dans l'histoire des animaux quadrupèdes ? Aucun de ceux qui ne peuvent supporter la rigueur des climats froids n'a pu passer d'un continent à l'autre, parce que ces continents n'ont jamais été réunis que dans les régions du Nord. Il en est de même des oiseaux qui, comme les perroquets, ne peuvent vivre et se multiplier que dans les climats chauds ; ils sont, malgré la puissance de leurs ailes, demeurés confinés, les uns dans les terres méridionales du nouveau monde, et les autres dans celles de l'ancien, et ils n'occupent dans chacun qu'une zone de vingt-cinq degrés de chaque côté de l'équateur.

Mais, dira-t-on, puisque les éléphants et les autres animaux quadrupèdes de l'Afrique et des Grandes-Indes ont primitivement occupé les terres du Nord dans les deux continents, les perroquets kakatoës, les loris et les autres oiseaux de ces mêmes contrées méridionales de notre continent n'ont-ils pas dû se trouver primitivement dans les parties septentrionales des deux mondes ? Comment est-il donc arrivé, que ceux qui habitaient jadis l'Amérique septentrionale n'aient pas gagné les terres chaudes de l'Amérique méridionale ? car ils n'auront pas été arrêtés comme les éléphants par les hautes montagnes ni par les terres étroites de l'isthme, et la raison que vous avez tirée de ces obstacles ne peut s'appliquer aux oiseaux qui peuvent aisément franchir ces montagnes : ainsi les différences qui se trouvent constamment entre les oiseaux de l'Amérique méridionale et ceux de l'Afrique supposent quelques autres causes que celle de votre système sur le refroidissement de la terre et sur la migration de tous les animaux du Nord au Midi.

Cette objection, qui d'abord paraît fondée, n'est cependant qu'une nouvelle question qui, de quelque manière qu'on cherche à la faire valoir, ne peut ni s'opposer, ni nuire à l'explication des faits généraux de la naissance primitive des animaux dans les terres du Nord, de leur migration vers celles du Midi et de leur exclusion des terres de l'Amérique méridionale ; ces faits, quelque difficulté qu'ils puissent présenter, n'en sont pas moins constants, et l'on peut, ce me semble, répondre à la question d'une manière satisfaisante sans s'éloigner du système : car les espèces d'oiseaux auxquels il faut une grande chaleur pour subsister et se multiplier n'auront, malgré leurs ailes, pas mieux franchi que les éléphants les sommets glacés des montagnes. Jamais les perroquets et les autres oiseaux du Midi ne s'élèvent assez haut dans la région de l'air pour être saisis d'un froid contraire à leur nature et par conséquent ils n'auront pu pénétrer dans les terres de l'Amérique méridionale, mais auront péri comme les éléphants dans les contrées septentrionales de ce continent à mesure qu'elles se sont refroidies ; ainsi cette objection, loin d'ébranler le système, ne fait que le confirmer et le rendre plus général, puisque non seulement les animaux quadrupèdes, mais même les oiseaux du midi de notre continent n'ont pu pénétrer ni s'établir dans le continent isolé de l'Amérique méridionale.

Nous conviendrons néanmoins que cette exclusion n'est pas aussi générale pour les oiseaux que pour les quadrupèdes, pour lesquels il n'y a aucune espèce commune à l'Afrique et à l'Amérique, tandis que dans les oiseaux on en peut compter un petit nombre dont les espèces se trouvent également dans ces deux continents ; mais c'est par des raisons particulières et seulement pour de certains genres d'oiseaux qui, joignant à une grande puissance de vol la faculté de s'appuyer et de se reposer sur l'eau au moyen des larges membranes de leurs pieds, ont traversé et traversent encore la vaste étendue des mers qui séparent les deux continents vers le Midi. Et comme les perroquets n'ont ni les pieds palmés, ni le vol élevé et longtemps soutenu, aucun de ces oiseaux n'a pu passer d'un continent à l'autre, à moins d'y avoir été transporté par les hommes[1] ; on en sera convaincu par l'exposition de leur nomenclature et par la comparaison des descriptions de chaque espèce, auxquelles nous renvoyons tous les détails de leurs ressemblances et de leurs différences, tant génériques que spécifiques ; et cette nomenclature était peut-être aussi difficile à démêler que celle des singes, parce que tous les naturalistes avant moi avaient également confondu les espèces et même les genres de nombreuses tribus de ces deux classes d'animaux, dont néanmoins aucune espèce n'appartient aux deux continents à la fois[2].

Les Grecs ne connurent d'abord qu'une espèce de perroquet ou plutôt de perruche : c'est celle que nous nommons aujourd'hui *grande perruche à collier*, qui se trouve dans le continent de l'Inde. Les premiers de ces oiseaux furent apportés de l'île Tparobane en Grèce par Onésicrite, commandant de la flotte d'Alexandre ; ils y étaient si nouveaux et si rares, qu'Aristote lui-même ne paraît pas en avoir vu et semble n'en parler que par relation. Mais la beauté de ces oiseaux et leur talent d'imiter la parole en firent bientôt un objet de luxe chez les Romains : le sévère Caton leur en fait un reproche[3] ; ils logaient cet oiseau dans des cages d'argent, d'écaille et d'ivoire, et le prix d'un perroquet fut quelquefois plus grand chez eux que celui d'un esclave.

On ne connaissait de perroquets à Rome que ceux qui venaient des Indes jusqu'au temps de Néron, où des émissaires de ce prince en trouvèrent dans une île du Nil, entre Siène et Méroë, ce qui revient à la limite de 24 à 25 degrés que nous avons posée pour ces oiseaux, et qu'il ne paraît pas qu'ils aient passée. Au reste, Pline nous apprend

1. « Les perroquets ont le vol court et pesant, au point de ne pouvoir traverser des bras de mer de sept ou huit lieues de largeur ; chaque île de l'Amérique méridionale a ses perroquets particuliers : ceux des îles de Sainte-Lucie, de Saint-Vincent, de la Dominique, de la Martinique, de la Guadeloupe, sont différents les uns des autres ; ceux des îles Caraïbes ne leur ressemblent point, et les perroquets des îles Caraïbes ne se trouvent point vers l'Orénoque, qui cependant est le canton du continent le plus voisin de ces îles. » (Note communiquée par M. de la Borde, médecin du roi à Cayenne.)

2. Buffon ne fait ici que se rendre justice. C'est lui qui a posé la belle loi de la distribution des espèces selon les climats : grande loi qui, ainsi que je l'ai déjà dit, s'étend aux *oiseaux* comme aux *singes* et aux *quadrupèdes*.

3. Ce rigide censeur s'écrie au milieu du sénat assemblé : « O sénateurs ! ô Rome malheureuse ! quel augure pour toi ! A quels temps sommes-nous arrivés, de voir les femmes nourrir les chiens sur leurs genoux, et les hommes porter sur le poing des perroquets ! » (Voyez Columelle. *Dict. Antiq.*, lib. III.)

que le nom *psittacus*, donné par les Latins au perroquet, vient de son nom indien *psittace* ou *sittace*.

Les Portugais, qui les premiers ont doublé le cap de Bonne-Espérance et reconnu les côtes de l'Afrique, trouvèrent les terres de Guinée et toutes les îles de l'océan Indien peuplées, comme le continent, de diverses espèces de perroquets, toutes inconnues à l'Europe et en si grand nombre qu'à Calicut, à Bengale et sur les côtes d'Afrique, les Indiens et les Nègres étaient obligés de se tenir dans leurs champs de maïs et de riz vers le temps de la maturité pour en éloigner ces oiseaux qui viennent les dévaster.

Cette grande multitude de perroquets dans toutes les régions qu'ils habitent semble prouver qu'ils réitèrent leurs pontes, puisque chacune est assez peu nombreuse; mais rien n'égale la variété d'espèces d'oiseaux de ce genre qui s'offrirent aux navigateurs sur toutes les plages méridionales du nouveau monde, lorsqu'ils en firent la découverte. Plusieurs îles reçurent le nom d'*îles des Perroquets*. Ce furent les seuls animaux que Colomb trouva dans la première île où il aborda, et ces oiseaux servirent d'objets d'échange dans le premier commerce qu'eurent les Européens avec les Américains. Enfin, on apporta des perroquets d'Amérique et d'Afrique en si grand nombre que le perroquet des anciens fut oublié: on ne le connaissait plus du temps de Belon que par la description qu'ils en avaient laissée; et cependant, dit Aldrovande, nous n'avons encore vu qu'une partie de ces espèces, dont les îles et les terres du nouveau monde nourrissent une si grande multitude que, pour exprimer leur incroyable variété aussi bien que le brillant de leurs couleurs et toute leur beauté, il faudrait quitter la plume et prendre le pinceau: c'est aussi ce que nous avons fait en donnant le portrait de toutes les espèces remarquables et nouvelles dans nos planches coloriées.

Maintenant, pour suivre autant qu'il est possible l'ordre que la nature a mis dans cette multitude d'espèces, tant par la distinction des formes que par la division des climats, nous partagerons le genre entier de ces oiseaux d'abord en deux classes, dont la première contiendra tous les perroquets de l'ancien continent, et la seconde tous ceux du nouveau monde; ensuite nous subdiviserons la première en cinq grandes familles; savoir, les kakatoës, les perroquets proprement dits, les loris, les perruches à longue queue et les perruches à queue courte ; et de même nous subdiviserons ceux du nouveau continent en six autres familles ; savoir, les aras, les amazones, les criks, les papegais, les perriches à queue longue, et enfin les perriches à queue courte. Chacune de ces onze tribus ou familles est désignée par des caractères distinctifs, ou du moins chacune porte quelque livrée particulière qui les rend reconnaissables, et nous allons présenter celles de l'ancien continent les premières.

LES KAKATOËS [1]

  Les plus grands perroquets de l'ancien continent sont les kakatoës : ils en sont tous originaires et paraissent être naturels aux climats de l'Asie méridionale. Nous ne savons pas s'il y en a dans les
terres de l'Afrique ; mais il est sûr qu'il ne s'en trouve pas en Amérique : ils paraissent répandus dans les régions des Indes méridionales
et dans toutes les îles de l'océan Indien, à Ternate, à Banda, à Ceram,
aux Philippines, aux îles de la Sonde. Leur nom de *kakatoës*, *catacua*
et *cacatou* vient de la ressemblance de ce mot à leur cri. On les
distingue aisément des autres perroquets par leur plumage blanc et
par leur bec plus crochu et plus arrondi, et particulièrement par une
huppe de longues plumes dont leur tête est ornée, et qu'ils élèvent
et abaissent à volonté.

  Ces perroquets kakatoës apprennent difficilement à parler, il y a
même des espèces qui ne parlent jamais ; mais on en est dédommagé
par la facilité de leur éducation : on les apprivoise tous aisément. Ils
semblent même être devenus domestiques en quelques endroits des
Indes, car ils font leurs nids sur le toit des maisons, et cette facilité
d'éducation vient du degré de leur intelligence, qui paraît supérieure
à celle des autres perroquets ; ils écoutent, entendent et obéissent
mieux ; mais c'est vainement qu'ils font les mêmes efforts pour répéter ce qu'on leur dit ; ils semblent vouloir y suppléer par d'autres
expressions de sentiment et par des caresses affectueuses. Ils ont dans
tous leurs mouvements une douceur et une grâce qui ajoutent encore
à leur beauté. On en a vu deux, l'un mâle et l'autre femelle, au mois

---

1. Perroquets de l'ancien continent ; ordre des *Grimpeurs*, genre *Perroquets*, sous-genre
Kakatoës. (CUVIER.)

1. LE KAKA[TOÈS] À HUPPE BLANCHE.   2. ... À HUPPE ROUGE.   3. ... À HUPPE [JAUNE].

de mars 1775, à la foire Saint-Germain à Paris, qui obéissaient avec
beaucoup de docilité, soit pour étaler leur huppe, soit pour saluer les
personnes d'un signe de tête, soit pour toucher les objets de leur
bec ou de leur langue ou pour répondre aux questions de leur maître,
avec le signe d'assentiment qui exprimait parfaitement un *oui* muet ;
ils indiquaient aussi par des signes réitérés le nombre des personnes
qui étaient dans la chambre, l'heure qu'il était, la couleur des habits ,etc. ;
ils se baisaient en se prenant le bec réciproquement. Ils se cares-
saient ainsi d'eux-mêmes ; ce prélude marquait l'envie de s'apparier,
et le maître assura qu'en effet ils s'appariaient souvent, même dans
notre climat. Quoique les kakatoës se servent, comme les autres
perroquets, de leur bec pour monter et descendre, ils n'ont pas leur
démarche lourde et désagréable ; ils sont au contraire très agiles et
marchent de bonne grâce en trottant et par petits sauts vifs.

LE KAKATOËS A HUPPE BLANCHE

PREMIÈRE ESPÈCE

Ce kakatoës est à peu près de la grosseur d'une poule ; son plumage est entièrement blanc, à l'exception d'une teinte jaune sur le
dessous des ailes et des pennes latérales de la queue ; il a le bec et
les pieds noirs ; sa magnifique huppe est très remarquable en ce qu'elle
est composée de dix ou douze grandes plumes, non de l'espèce des
plumes molles, mais de la nature des pennes, hautes et largement
barbées ; elles sont implantées du front en arrière sur deux lignes
parallèles et forment un double éventail.

LE KAKATOËS A HUPPE JAUNE

SECONDE ESPÈCE

Dans cette espèce l'on distingue deux races qui ne diffèrent entre elles que par la grandeur. La planche enluminée représente la petite : dans l'une et l'autre le plumage est blanc avec une teinte jaune sous les ailes et la queue et des taches de la même couleur alentour des yeux ; la huppe est d'un jaune citron : elle est composée de longues plumes molles et effilées que l'oiseau relève et jette en avant ; le bec et les pieds sont noirs. C'est un kakatoës de cette espèce, et vraisemblablement le premier qui ait été vu en Italie, que décrit Aldrovande ; il admire l'élégance et la beauté de cet oiseau, qui d'ailleurs est aussi intelligent, aussi doux et aussi docile que celui de la première espèce.

Nous avons vu nous-même ce beau kakatoës vivant : la manière dont il témoigne sa joie est de secouer vivement la tête plusieurs fois de haut en bas, faisant un peu craquer son bec et relevant sa belle huppe ; il rend caresse pour caresse ; il touche le visage de sa langue et semble vous lécher ; il donne des baisers doux et savourés ; mais une sensation particulière est celle qu'il paraît éprouver lorsque l'on met la main à plat dessous son corps et que de l'autre main on le touche sur le dos, ou que simplement on approche la bouche pour le baiser ; alors il s'appuie fortement sur la main qui le soutient, il bat des ailes, et le bec à demi ouvert, il souffle en haletant et semble jouir de la plus grande volupté ; on lui fait répéter ce petit manège autant que l'on veut. Un autre de ses plaisirs est de se faire gratter ; il montre sa tête avec la patte, il soulève l'aile pour qu'on la lui frotte ; il aiguise souvent son bec en rongeant et cassant le bois. Il ne peut supporter d'être en cage ; mais il n'use de sa liberté que pour se mettre à portée de son maître qu'il ne perd pas de vue ; il vient quand on l'appelle et s'en va lorsqu'on le lui commande ; il témoigne alors la peine que cet ordre lui fait en se retournant souvent, et regardant si on lui fait signe de revenir. Il est de la plus grande propreté ; tous ses mouvements sont pleins de grâce, de délicatesse et de mignardise. Il mange des fruits, des légumes, toutes les graines farineuses, de la

pâtisserie, des œufs, du lait et de tout ce qui est doux sans être trop
sucré. Du reste, ce kakatoës avait le plumage d'un plus beau blanc
que celui de notre planche enluminée.

LE KAKATOËS A HUPPE ROUGE

TROISIÈME ESPÈCE

C'est un des plus grands de ce genre, ayant près d'un pied et
demi de longueur; le dessus de sa huppe, qui se rejette en arrière,
est en plumes blanches et couvre une gerbe de plumes rouges.

LE SQUALE REQUIN

Les squales [1] et les raies ont les plus grands rapports entre eux ; ils ne sont en quelque sorte que deux grandes divisions de la même famille. Que l'on déplace, en effet, les ouvertures des branchies des raies, que ces orifices soient transportés de la surface inférieure du corps sur les côtés de l'animal, qu'on diminue la grandeur des nageoires pectorales, qu'on grossisse dans quelques-uns de ces cartilagineux l'origine de la queue, et qu'on donne à cette origine le même diamètre qu'à la partie postérieure du corps, et les raies seront entièrement confondues avec les squales. Les espèces seront toujours distinguées les unes des autres ; mais aucun caractère véritablement générique ne pourra les diviser en deux groupes : on comptera le même nombre de petits rameaux ; mais on ne verra plus deux grandes branches principales s'élever séparément sur leur tige commune.

Quelques squales ont, comme les raies, des évents placés auprès et derrière les yeux ; quelques autres ont, indépendamment de ces évents, une véritable nageoire de l'anus, très distincte des nageoires ventrales, et qu'aucune raie ne présente ; il en est enfin qui sont pourvus de cette même nageoire de l'anus et qui sont dénués d'évents. Les premiers ont évidemment plus de conformité avec les raies que les seconds, et surtout que les troisièmes. Nous n'avons pas cru cependant devoir exposer les formes et les habitudes des squales dans l'ordre que nous venons d'indiquer et que l'on pourrait à certains égards regarder comme le plus naturel. La nécessité de commencer

---

1. Nous avons préféré le nom de *squale*, admis par un très grand nombre de naturalistes modernes, à celui de *chien de mer*, qui est composé et qui présente une idée fausse. En effet, les squales sont bien des habitants de la mer ; mais ils sont certainement dans l'ordre des êtres, bien éloignés du genre des chiens.

par montrer les objets les mieux connus et de les faire servir de terme de comparaison, pour juger de ceux qui ont été moins bien et moins fréquemment observés, nous a forcés de préférer un ordre inverse et de placer, les premiers dans cette histoire, les squales qui n'ont pas d'évents et qui ont une nageoire de l'anus.

Au reste, les espèces de squales ne diffèrent dans leurs formes et dans leurs habitudes que par un petit nombre de points. Nous indiquerons ces points de séparation dans des articles particuliers ; mais c'est en nous occupant du plus redoutable des squales, que nous allons tâcher de présenter en quelque sorte l'ensemble des habitudes et des formes du genre. Le requin va être, pour ainsi dire, le type de la famille entière ; nous allons le considérer comme le squale par excellence, comme la mesure générale à laquelle nous rapporterons les autres espèces ; et l'on verra aisément combien cette sorte de prééminence, due à la supériorité de son volume, de sa force et de sa puissance, est d'ailleurs fondée sur le grand nombre d'observations dont la curiosité et la terreur qu'il inspire l'ont rendu dans tous les temps l'objet.

Ce formidable squale parvient jusqu'à une longueur de plus de dix mètres (trente pieds ou environ); il pèse quelquefois près de cinquante myriagrammes (mille livres); il s'en faut de beaucoup que l'on ait prouvé que l'on doit regarder comme exagérée l'assertion de ceux qui ont prétendu qu'on avait pêché un requin du poids de plus de cent quatre-vingt-dix myriagrammes (quatre mille livres).

Mais la grandeur n'est pas son seul attribut : il a reçu aussi la force et des armes meurtrières ; féroce autant que vorace, impétueux dans ses mouvements, avide de sang et insatiable de proie, il est véritablement le tigre de la mer. Recherchant sans crainte tout ennemi, poursuivant avec plus d'obstination, attaquant avec plus de rage, combattant avec plus d'acharnement que les autres habitants des eaux ; plus dangereux que plusieurs cétacés, qui presque toujours sont moins puissants que lui ; inspirant même plus d'effroi que les baleines, qui, moins bien armées, et douées d'appétits bien différents, ne provoquent presque jamais ni l'homme ni les grands animaux ; rapide dans sa course, répandu sous tous les climats, ayant envahi, pour ainsi dire, toutes les mers ; paraissant souvent au milieu des tempêtes ; aperçu facilement par l'éclat phosphorique dont il brille au milieu des ombres des nuits les plus orageuses ; menaçant de sa gueule énorme et dévorante les infortunés navigateurs exposés aux horreurs du naufrage, leur fermant toute voie de salut, leur montrant en quelque sorte leur tombe ouverte et plaçant sous leurs yeux le signal de la destruction, il n'est pas surprenant qu'il ait reçu le nom sinistre qu'il porte, et qui, réveillant tant d'idées lugubres, rappelle surtout la mort, dont il est le ministre. *Requin* est en effet une corruption de *requiem*, qui désigne depuis longtemps, en Europe, la mort et le repos éternel, et qui a dû être souvent pour des passagers effrayés, l'expression de leur consternation, à la vue d'un squale de plus de trente pieds de longueur, et des victimes déchirées ou englouties par ce tyran des ondes. Terrible encore lorsqu'on a pu parvenir à l'accabler de chaînes, se débattant avec violence au milieu de ses liens, conservant une grande puissance lors même qu'il est déjà tout baigné dans son sang, et pouvant d'un seul coup de sa queue répandre le ravage autour de lui, à l'instant même où il est près d'expirer, n'est-il pas le plus formidable de tous les animaux auxquels la nature n'a pas départi des armes empoisonnées ? le tigre le plus furieux au milieu des sables brûlants, le crocodile le plus fort sur les rivages équatoriaux, le serpent le plus démesuré dans les solitudes africaines, doivent-ils inspirer autant d'effroi qu'un énorme requin au milieu des vagues agitées ?

Mais examinons le principe de cette puissance si redoutée et la source de cette voracité si funeste.

Le corps du requin est très allongé, et la peau qui le recouvre est garnie de petits tubercules très serrés les uns contre les autres. Comme cette peau tuberculée est très dure, on l'emploie, dans les arts, à polir différents ouvrages de bois et d'ivoire ; on s'en sert aussi pour faire des liens et des courroies, ainsi que pour couvrir des étuis et d'autres meubles ; mais il ne faut pas la confondre avec la peau de la raie sephen, dont on fait le galuchat, et qui n'est connue dans le commerce que sous le faux nom de *peau de requin*, tandis que la véritable peau de requin porte la dénomination très vague de *peau de chien de mer*. La dureté de cette peau, qui la fait rechercher dans les arts, est aussi très utile au requin et a dû contribuer à augmenter sa hardiesse et sa voracité en le garantissant de la morsure de plusieurs animaux assez forts et doués de dents meurtrières.

La couleur de son dos et de ses côtés est d'un cendré brun ; celle du dessous de son corps, d'un blanc sale.

La tête est aplatie et terminée par un museau un peu arrondi. Au-dessous de cette extrémité et à peu près à une distance égale du bout du museau et du milieu des yeux, on voit les narines, organisées dans leur intérieur presque de la même manière que celles de la raie batis, et qui, étant le siège d'un odorat très fin et très délicat, donnent au requin la facilité de reconnaître de loin sa proie et de la distinguer au milieu des eaux les plus agitées par les vents, ou des ombres de la nuit la plus noire, ou de l'obscurité des abîmes les plus profonds de l'Océan. Le sens de l'odorat étant dans le requin, ainsi que dans les raies et dans presque tous les poissons, celui qui règle les courses et dirige les attaques, les objets qui répandent l'odeur la plus forte doivent être, tout égal d'ailleurs, ceux sur lesquels il se jette avec le plus de rapidité. Ils sont pour le requin ce qu'une substance très éclatante placée au milieu de corps très peu éclairés serait pour un animal qui n'obéirait qu'au sens de la vue. On ne peut donc guère se refuser à l'opinion de plusieurs voyageurs qui assurent que lorsque des blancs et des noirs se baignent ensemble dans les eaux de l'Océan, les noirs, dont les émanations sont plus odorantes que celles des blancs, sont plus exposés à la féroce avidité du requin, et qu'immolés les premiers par cet animal vorace, ils donnent le temps aux blancs d'échapper par la fuite à ses dents acérées. Et pourquoi, à la honte de l'humanité, est-on encore plus forcé de les croire lorsqu'ils racontent que des blancs ont pu oublier les lois sacrées de la nature, au point de ne descendre dans les eaux de la mer qu'en plaçant autour d'eux de malheureux nègres dont ils faisaient la part du requin ?

L'ouverture de la bouche est en forme de demi-cercle et placée transversalement au-dessous de la tête et derrière les narines. Elle est très grande ; l'on pourra juger facilement de ses dimensions, en sachant que nous avons reconnu, d'après plusieurs comparaisons, que le contour d'un côté de la mâchoire supérieure, mesuré depuis l'angle des deux mâchoires jusqu'au sommet de la mâchoire d'en haut, égale à peu près le onzième de la longueur totale de l'animal. Le contour de la mâchoire supérieure d'un requin de trente pieds (près de dix mètres) est donc environ de six pieds ou deux mètres de longueur. Quelle immense ouverture ! Quel gouffre pour engloutir la proie du requin ! Et comme

son gosier est d'un diamètre proportionné, on ne doit pas être étonné
de lire dans Rondelet et dans d'autres auteurs, que les grands
requins peuvent avaler un homme tout entier, et que, lorsque ces
squales sont morts et gisants sur le rivage, on voit quelquefois des
chiens entrer dans leur gueule, dont quelque corps étranger retient les
mâchoires écartées, et aller chercher jusque dans l'estomac les restes
des aliments dévorés par l'énorme poisson.

Lorsque cette gueule est ouverte, on voit au delà des lèvres, qui
sont étroites et de la consistance du cuir, des dents plates, triangulaires,
dentelées sur leurs bords et blanches comme de l'ivoire. Chacun des
bords de cette partie émaillée, qui sort hors des gencives, a communément cinq centimètres (près de deux pouces) de longueur dans les
requins de trente pieds. Le nombre des dents augmente avec l'âge de
l'animal. Lorsque le requin est encore très jeune, il n'en montre qu'un
rang dans lequel on n'aperçoit même quelquefois que de bien faibles
dentelures ; mais à mesure qu'il se développe, il en présente un plus
grand nombre de rangées ; lorsqu'il a atteint un degré plus avancé de
son accroissement et qu'il est devenu adulte, sa gueule est armée, dans
le haut comme dans le bas, de six rangs de ces dents fortes, dentelées et
si propres à déchirer ses victimes. Ces dents ne sont pas enfoncées dans des
cavités solides ; leurs racines sont uniquement logées dans des cellules
membraneuses qui peuvent se prêter aux différents mouvements que
les muscles placés autour de la base de la dent tendent à imprimer. Le
requin, par le moyen de ses différents muscles, couche en arrière ou
redresse à volonté les divers rangs de dents dont sa bouche est garnie ;
il peut les mouvoir ainsi ensemble ou séparément ; il peut même,
selon les besoins qu'il éprouve, relever une portion d'un rang et en
incliner une autre portion. Suivant qu'il lui est possible de n'employer
qu'une partie de sa puissance, ou qu'il lui est nécessaire d'avoir
recours à toutes ses armes, il ne montre qu'un ou deux rangs de ses
dents meurtrières, ou, les mettant toutes en action, il menace et
atteint sa proie de tous ses dards pointus et relevés.

Les rangs inférieurs des dents du requin, étant les derniers formés
sont composés de dents plus petites que celles que l'on voit dans les
rangées extérieures, lorsque le requin est encore jeune ; mais à mesure
qu'il s'éloigne du temps où il a été adulte, les dents des différentes
rangées que présente sa gueule sont à peu près de la même longueur,

ainsi qu'on peut le vérifier en examinant, dans les collections d'histoire naturelle, de très grandes mâchoires, c'est-à-dire celles qui ont appartenu à des requins âgés, et surtout en observant les requins d'une taille un peu considérable que l'on parvient à prendre. Je ne crois pas en conséquence devoir adopter l'opinion de ceux qui ont regardé les dents intérieures comme destinées à remplacer celles de devant, lorsque le requin est privé de ces dernières par une suite d'efforts violents, de résistances opiniâtres, ou d'autres accidents. Les dents intérieures sont un supplément de puissance pour le requin : elles concourent, avec celles de devant, à saisir, à retenir, à dilacérer la proie dont il veut se nourrir ; mais elles ne remplacent pas les extérieures ; elles agissent avec ses dents plus éloignées du fond de la bouche, et non pas uniquement après la chute de ces dernières. Lorsque celles-ci cèdent leur place à d'autres, elles la laissent à des dents produites auprès de leur base et plus ou moins développées, à de véritables dents de remplacement, très distinctes de celles que l'on voit dans les six grandes rangées, à des dents qui parviennent plus ou moins rapidement aux dimensions des dents intérieures, et qui cependant très souvent sont moins grandes que ces dernières, lorsqu'elles sont substituées aux dents extérieures arrachées de la gueule du requin.

Les dents intérieures tombent aussi et abandonnent, comme les extérieures, l'endroit qu'elles occupaient, à de véritables dents de remplacement formées autour de leur racine.

Les dents de la mâchoire inférieure présentent ordinairement des dimensions moins grandes et une dentelure plus fine que celles de la mâchoire supérieure.

La langue est courte, large, épaisse et cartilagineuse, retenue en dessous par un frein, libre dans ses bords, blanche et rude au toucher comme le palais.

Toute la partie antérieure du museau est criblée, par-dessus et par-dessous, d'une grande quantité de pores répandus sans ordre, très visibles, et qui, lorsqu'on comprime fortement le devant de la tête, répandent une espèce de gelée épaisse, cristalline et phosphorique, suivant Commerson, qui, dans ses voyages, a très bien observé et décrit le requin.

Les yeux sont petits et presque ronds ; la cornée est très dure ;

l'iris d'un vert foncé et doré ; la prunelle, qui est bleue, consiste dans une fente transversale.

Les ouvertures des branchies sont placées de chaque côté plus haut que les nageoires pectorales. Ces branchies, semblables à celles des raies, sont engagées chacune dans une membrane très mince, et toutes présentent deux rangs de filaments sur leur partie convexe, excepté la branchie la plus éloignée du museau, laquelle n'en montre qu'une rangée. Une mucosité visqueuse, sanguinolente et peut-être phosphorique, dit Commerson, arrose ces branchies et les entretient dans la souplesse nécessaire aux opérations relatives à la respiration.

Toutes les nageoires sont fermes, raides et cartilagineuses. Les pectorales, triangulaires et plus grandes que les autres, s'étendent au loin de chaque côté et n'ajoutent pas peu à la rapidité avec laquelle nage le requin et dont il doit la plus grande partie à la force et à la mobilité de sa queue.

La première nageoire dorsale, plus élevée et plus étendue que la seconde, placée au delà du point auquel correspondent les nageoires pectorales, et égalant presque ces dernières en surface, est terminée dans le haut par un bout un peu arrondi.

Plus près de la queue et au-dessous du corps, on voit les deux nageoires ventrales, qui s'étendent jusqu'aux deux côtés de l'anus et l'environnent comme celle des raies.

De chaque côté de cette ouverture, on aperçoit, ainsi que dans les raies, un orifice qu'une valvule ferme exactement, et qui, communiquant avec la cavité du ventre, sert à débarrasser l'animal des eaux qui, filtrées par différentes parties du corps, se ramassent dans cet espace vide.

La seconde nageoire du dos et celle de l'anus ont à peu près la même forme et les mêmes dimensions ; elles sont les plus petites de toutes, situées presque toujours l'une au-dessus de l'autre et très près de celle de la queue.

Au reste, les nageoires pectorales, dorsales, ventrales et de l'anus sont terminées en arrière par un côté plus ou moins concave, et ne tiennent point au corps dans toute la longueur de leur base, dont la partie postérieure est détachée et prolongée en pointe plus ou moins déliée.

La nageoire de la queue se divise en deux lobes très inégaux ; le supérieur est deux fois plus long que l'autre, triangulaire, courbé et augmenté, auprès de sa pointe, d'un petit appendice également triangulaire.

Auprès de cette nageoire se trouve souvent, sur la queue, une petite fossette faite en croissant, dont la concavité est tournée vers la tête. Au reste, le requin a des muscles si puissants dans la partie postérieure de son corps, ainsi que dans sa queue proprement dite, qu'un animal de cette espèce, encore très jeune, et à peine parvenu à la longueur de deux mètres, environ six pieds, peut, d'un seul coup de sa queue, casser la jambe de l'homme le plus fort.

Nous avons vu, dans notre Discours sur la nature des poissons, que les squales étaient, comme les raies, dénués de cette vésicule aérienne, dont la compression et la dilatation donnent à la plupart des animaux dont nous avons entrepris d'écrire l'histoire, tant de facilité pour s'enfoncer ou s'élever au milieu de caux ; mais ce défaut de vésicule aérienne est bien compensé dans les squales, et particulièrement dans les requins, par la vigueur et la vitesse avec lesquelles ils peuvent mouvoir et agiter la queue proprement dite, cet instrument principal de la natation des poissons.

Nous avons vu aussi, dans ce même discours, que presque tous les poissons avaient de chaque côté du corps une ligne longitudinale saillante et plus ou moins sensible, à laquelle nous avons conservé le nom de *ligne latérale*, et que nous avons regardée comme l'indice des principaux vaisseaux destinés à répandre à la surface du corps une humeur visqueuse, nécessaire aux mouvements et à la conservation des poissons. Cette ligne, que l'on ne remarque pas sur les raies, est très visible sur le requin et elle s'y étend communément depuis les ouvertures des branchies jusqu'au bout de la queue, presque sans se courber, et toujours plus près du dos que de la partie inférieure du corps.

Telles sont les formes extérieures du requin. Son intérieur présente aussi des particularités que nous devons faire connaître.

Le cerveau est petit, gris à sa surface, blanchâtre dans son intérieur et d'une substance plus molle et plus flasque que le cervelet.

Le cœur n'a qu'un ventricule et une oreillette ; mais cette dernière partie, dont le côté gauche reçoit la veine-cave, a une grande capacité.

A la droite, le cœur se décharge dans l'aorte, dont les parois sont très fortes. La valvule qui la ferme est composée de trois pièces presque triangulaires, cartilagineuses à leur sommet, par lequel elles se réunissent au milieu de la cavité de l'aorte, et mobiles dans celui de leurs bords qui est attaché aux parois de ce vaisseau.

En s'éloignant du cœur et en s'avançant vers la tête, l'aorte donne naissance de chaque côté à trois artères qui aboutissent aux trois branchies postérieures ; parvenue à la base de la langue, elle se divise en deux branches, dont chacune se sépare en deux rameaux ou artères qui vont arroser les deux branchies antérieures. L'artère, en arrivant à la branchie parcourt la surface convexe du cartilage qui en soutient la membrane et y forme d'innombrables ramifications qui, en s'étendant sur la surface de ces mêmes membranes, y produisent d'autres ramifications plus petites, et dont le nombre est, pour ainsi dire, infini.

L'œsophage, situé à la suite d'un gosier très large, est très court et d'un diamètre égal à celui de la partie antérieure de l'estomac.

Ce dernier viscère a la forme d'un sac très dilatable dans tous les sens, trois fois plus long que large, et qui, dans son état d'extension ordinaire, a une longueur égale au quart de celle de l'animal entier. Dans un requin de dix mètres, ou d'environ trente pieds, l'estomac, lors même qu'il n'est que très peu dilaté, a donc deux mètres et demi, ou un peu plus de sept pieds et demi, dans sa plus grande dimension ; voilà comment on a pu trouver dans de très grands requins des cadavres humains tout entiers.

La tunique intérieure qui tapisse l'estomac est rougeâtre, muqueuse, gluante et inondée du suc gastrique ou digestif.

Le canal intestinal ne montre que deux portions distinctes, dont l'une représente les intestins grêles, et l'autre les gros intestins de l'homme ou des quadrupèdes. La première portion de ce canal est très courte et n'a ordinairement qu'un peu plus de trois décimètres, ou un pied de long, dans les requins, qui ne sont encore parvenus qu'à une longueur de deux mètres, ou d'environ six pieds ; et comme elle est si étroite, que sa cavité peut à peine, dans les individus dont nous venons de parler, laisser passer une *plume à écrire*, ainsi que le rapporte Commerson, l'on doit penser, avec ce savant naturaliste, que le principal travail de la digestion s'opère dans l'estomac, et que les aliments doivent être déjà réduits à une substance fluide, pour pouvoir pénétrer par la première partie du canal jusqu'à la seconde.

Cette seconde portion du tube intestinal, beaucoup plus grosse que l'autre, est très courte ; mais elle présente une structure très remarquable, et dont les effets compensent ceux de sa brièveté. Au lieu de former un tuyau continu et de représenter un simple sac, comme les intestins de presque tous les animaux, elle ne consiste que dans une espèce de toile très grande, qui s'étend inégalement lorsqu'on la développe, et qui, repliée sur elle-même en spirale, composant ainsi un tube assez allongé, et maintenue dans cette situation uniquement par la membrane interne du péritoine, présente un grand nombre de sinuosités propres à retenir ou absorber les produits des aliments. Cette conformation, qui équivaut à de longs intestins, a été très bien observée et très bien décrite par Commerson.

Le foie se divise en deux lobes très allongés et inégaux. Le lobe droit a communément une longueur égale au tiers de la longueur totale du requin ; le gauche est plus court à peu près d'un quart et plus large à sa base.

La vésicule du fiel, pliée et repliée en forme d'S, et placée entre les deux lobes du foie, est pleine d'une bile verte et fluide.

La rate, très allongée, tient par un bout au pylore, et par l'autre bout à la fin de l'intestin grêle ; sa couleur est très variée par le pourpre et le blanc des vaisseaux sanguins qui en parcourent la surface.

La grandeur du foie et d'autres viscères, l'abondance des liquides qu'ils fournissent, la quantité des sucs gastriques qui inondent l'estomac, donnent au requin une force digestive active et rapide ; elles sont les causes puissantes de cette voracité qui le rend si terrible, et que les aliments les plus copieux semblent ne pouvoir pas apaiser ; mais elles ne sont pas les seuls aiguillons de cette faim dévorante. Commerson a fait à ce sujet une observation curieuse que nous allons rapporter. Ce voyageur a toujours trouvé dans l'estomac et dans les intestins des requins un très grand nombre de tænias, qui non seulement en infestaient les cavités, mais pénétraient et se logeaient dans les tuniques intérieures de ces viscères. Il a vu plus d'une fois le fond de leur estomac gonflé et enflammé par les efforts d'une multitude de petits vers, de véritables tænias, renfermés en partie dans les cellules qu'ils s'étaient pratiquées entre les membranes internes, et qui, s'y retirant tout entiers lorsqu'on les fatiguait, conservaient encore la vie quelque temps après la mort du requin. Nous n'avons pas besoin de montrer combien cette quantité de piqûres ajoute de vivacité aux appétits du requin. Aussi avale-t-il quelquefois si goulument et se presse-t-il tant de se débarrasser d'aliments encore mal digérés, pour les remplacer par une proie, que ses intestins, forcés de suivre en partie des excréments imparfaits et chassés trop tôt, sortent par l'anus et paraissent hors du corps de l'animal, d'une longueur assez considérable.

Il arrive quelquefois que les femelles se débarrassent de leurs œufs avant qu'ils soient assez développés pour éclore ; mais, comme cette expulsion prématurée a lieu moins souvent pour les requins et les autres squales que pour les raies, on a connu la forme des œufs des premiers plus difficilement que celle des œufs des raies. Ces enveloppes, que l'on a prises pendant longtemps, ainsi que celles des jeunes raies, non pas pour de simples coques, mais pour des animaux particuliers, présentent presque entièrement la même substance, la même couleur et la même forme que les œufs des raies ; mais leurs quatre angles, au lieu de montrer de courtes prolongations, sont terminés par des filaments extrêmement déliés et si longs, que nous en avons mesuré de cent sept centimètres (près de quarante pouces) de longueur, dans les coins d'une coque qui n'avait que huit centimètres dans sa plus grande dimension.

Lorsque le requin est sorti de son œuf et qu'il a étendu librement tous ses membres, il n'a encore que près de deux décimètres, ou quelques pouces de longueur ; nous ignorons quel nombre d'années doit s'écouler avant qu'il présente celle de dix mètres, ou de plus de trente pieds. Mais à peine a-t-il atteint quelques degrés de cet immense développement, qu'il se montre avec toute sa voracité. Il n'arrive que lentement, et par des différences nombreuses, au plus haut point de sa grandeur et de sa puissance ; mais il parvient pour ainsi dire tout à coup à la plus grande intensité de ses appétits véhéments ; il n'a pas encore une masse très étendue à entretenir, ni des armes bien redoutables pour exercer ses fureurs, et déjà il est avide de proie : la férocité est son essence et devance sa force.

Quelquefois le défaut d'aliments plus substantiels l'oblige de se contenter de sépies, de mollusques ou d'autres vers marins ; mais ce sont les plus grands animaux qu'il recherche avec le plus d'ardeur.

Par une suite de la perfection de son odorat, ainsi que de la préférence qu'elle lui donne pour les substances dont l'odeur est la plus exaltée, il est surtout très empressé de courir partout où l'attirent des corps morts de poissons ou de quadrupèdes et des cadavres humains. Il s'attache, par exemple, aux vaisseaux négriers qui, malgré les lumières de la philosophie, la voix du véritable intérêt et le cri plaintif de l'humanité outragée, partent encore des côtes de la malheureuse Afrique. Digne compagnon de tant de cruels conducteurs de ces funestes embarcations, il les escorte avec constance, il les suit avec acharnement jusque dans les ports des colonies américaines, et, se montrant sans cesse autour des bâtiments, s'agitant à la surface de l'eau et, pour ainsi dire, sa gueule ouverte, il y attend, pour les engloutir, les cadavres des noirs qui succombent sous le poids de l'esclavage ou aux fatigues d'une dure traversée. On a vu un de ces cadavres de noir pendre au bout d'une vergue élevée de plus de six mètres (vingt pieds) au-dessus de l'eau de la mer, et un requin s'élancer, à plusieurs reprises, vers cette dépouille, y atteindre enfin et la dépecer sans crainte membre par membre.

Quelle énergie dans les muscles de la queue et de la partie postérieure du corps ne doit-on pas supposer, pour qu'un animal aussi gros et aussi pesant puisse s'élever comme un trait à une si grande hauteur ! Quelle preuve de la force que nous avons cru devoir lui attribuer ! Comment être surpris maintenant des autres traits de l'histoire de la voracité des requins ? Et tous les navigateurs ne savent-ils pas quel danger court un passager qui tombe dans la mer, auprès des endroits les plus infestés par ces animaux ? S'il s'efforce de se sauver à la nage, bientôt il se sent saisi par un de ces squales, qui l'entraîne au fond des ondes. Si l'on parvient à jeter jusqu'à lui une corde secourable et à l'élever au-dessus des flots, le requin s'élance et se retourne avec tant de promptitude, que, malgré la position de l'ouverture de sa bouche au-dessous de son museau, il arrête le malheureux qui se croyait près de lui échapper, le déchire en lambeaux et le dévore aux yeux de ses compagnons effrayés. Oh ! quels périls environnent donc la vie de l'homme, et sur la terre et sur les ondes ! et pourquoi faut-il que ses passions aveugles ajoutent à chaque instant à ceux qui le menacent !

On a vu quelquefois cependant des marins, surpris par le requin milieu de l'eau, profiter, pour s'échapper, des effets de cette situation de la bouche de ce squale dans la partie inférieure de sa tête, et de la nécessité de se retourner, à laquelle cet animal est condamné par cette conformation, lorsqu'il veut saisir les objets qui ne sont pas placés au-dessous de lui.

C'est par une suite de cette même nécessité que lorsque les requins s'attaquent mutuellement (car comment des êtres aussi atroces, comment les tigres de la mer pourraient-ils conserver la paix entre eux ?), ils élèvent au-dessus de l'eau leur tête et la partie antérieure de leur corps ; et c'est alors que, faisant briller leurs yeux sanguinolents et enflammés de colère, ils se portent des coups si terribles, que, suivant plusieurs voyageurs, la surface des ondes en retentit au loin.

Un seul requin a suffi, près du banc de Terre-Neuve, pour déranger toutes les opérations relatives à la pêche de la morue, soit en se nourrissant d'une grande quantité de morues que l'on avait prises, et en éloignant plusieurs des autres, soit en mordant aux appâts, et en détruisant les lignes disposées par les pêcheurs.

Mais quel est donc le moyen que l'on peut employer pour délivrer les mers d'un squale aussi dangereux ?

Il y a, sur les côtes d'Afrique, des nègres asssez hardis pour s'avancer en nageant vers un requin, le harceler, prendre le moment où l'animal se retourne et lui fendre le ventre avec une arme tranchante. Mais dans presque toutes les mers, on a recours à un procédé moins périlleux pour pêcher le requin. On préfère un temps calme ; et, sur quelques rivages, comme, par exemple, sur ceux d'Islande, on attend les nuits les plus longues et les plus obscures. On prépare un hameçon garni ordinairement d'une pièce de lard et attaché à une chaîne de fer longue et forte. Si le requin n'est pas très affamé, il s'approche de l'appât, tourne autour, l'examine, pour ainsi dire, s'en éloigne, revient, commence de l'engloutir, et en détache sa gueule déjà ensanglantée. Si alors on feint de retirer l'appât hors de l'eau, ses appétits se réveillent, son avidité se ranime, il se jette sur l'appât, l'avale goulument et veut se replonger dans les abîmes de l'Océan. Mais comme il se sent retenu par la chaîne, il l'attire avec violence pour l'arracher et l'entraîner ; ne pouvant vaincre la résistance qu'il éprouve, il s'élance il bondit, il devient furieux ; et, suivant plusieurs relations, il s'efforce de vomir tout ce qu'il a pris et de retourner, en quelque sorte, son estomac. Lorsqu'il s'est débattu pendant longtemps et que ses forces commencent à être épuisées, on tire assez la chaîne de fer vers la côte ou le vaisseau-pêcheur pour que la tête du squale paraisse hors de l'eau; on approche des cordes avec des nœuds coulants, dans lesquels on engage son corps, que l'on serre étroitement, surtout vers l'origine de la queue. Après l'avoir ainsi entouré de liens, on l'enlève et on le transporte sur le bâtiment ou sur le rivage, où l'on n'achève de le mettre à mort qu'en prenant les plus grandes précautions contre sa terrible morsure et les coups que sa queue peut encore donner. Au reste, ce n'est que difficilement qu'on lui ôte la vie; il résiste sans périr à de larges blessures; et lorsqu'il a expiré, on voit encore pendant longtemps les différentes parties de son corps donner tous les signes d'une grande irritabilité.

La chair du requin est dure, coriace, de mauvais goût et difficile à digérer. Les nègres de Guinée, et particulièrement ceux de la côte d'Or, s'en nourrissent cependant et ôtent à cet aliment toute sa dureté en le gardant très longtemps. On mange aussi sur plusieurs côtes de la Méditerranée les très petits requins que l'on trouve dans le ventre de leur mère et près de venir à la lumière; et l'on n'y dédaigne pas quelquefois le dessous du ventre des grands requins, auquel on fait subir diverses préparations pour lui ôter sa qualité coriace et son goût désagréable. Cette même chair du bas-ventre est plus recherchée dans plusieurs contrées septentrionales, telle que la Norvège et l'Islande, où on la fait sécher avec soin, en la tenant suspendue à l'air pendant plus d'une année. Les Islandais font d'ailleurs un grand usage de la graisse de requin : comme elle a la propriété de se conserver longtemps et de se durcir en se séchant, ils s'en servent à la place du lard de cochon, ou la font bouillir pour en tirer de l'huile. Mais c'est surtout le foie du requin qui leur fournit cette huile qu'ils nomment *thran* et dont un seul foie peut donner un grand nombre de litres ou pintes.

On a écrit que la cervelle des requins, séchée et mise en poudre, était apéritive et diurétique. On a vanté les vertus des dents de ces animaux, également réduites en poudre, pour arrêter le cours du ventre, guérir les hémorrhagies, provoquer les urines, détruire la pierre dans la vessie; ce sont ces mêmes dents de requin qui, enchâssées dans des métaux plus ou moins précieux, ont été portées en amutes pour calmer les douleurs des dents et préserver du plus grand des maux, de celui de la peur. Ces amulettes ont entièrement perdu leur crédit et nous ne voyons aucune cause de différence entre les propriétés de la poudre des dents ou de la cervelle des requins, et celles de la cervelle desséchée ou des dents broyées des autres poissons.

Malgré les divers usages auxquels les arts emploient la peau du requin, ce squale serait donc peu recherché dans les contrées où un climat tempéré, une population nombreuse et une industrie active produisent en abondance des aliments sains et agréables, si sa puissance n'était pas très dangereuse. Lorsqu'on lui tend des pièges, lorsqu'on s'avance pour le combattre, ce n'est pas uniquement une proie utile qu'on cherche à saisir, mais un ennemi acharné que l'on veut anéantir. Il a le sort de tout ce qui inspire un grand effroi : on l'attaque dès qu'on peut espérer de le vaincre ; on le poursuit parce qu'on le redoute ; il périt parce qu'il peut donner la mort. Telle est en tout la destinée des êtres dont la force paraît en quelque sorte sans égale. De petits vers, de faibles ascarides, tourmentent souvent dans son intérieur le plus énorme requin ; ils déchirent ses entrailles sans avoir rien à craindre de sa puissance. D'autres animaux presque autant sans défense relativement à sa force, des poissons mal armés, tels que l'*Echeneis Remora*, peuvent aussi impunément s'attacher à sa surface extérieure. Presque toujours, à la vérité, sa peau dure et tuberculeuse l'empêche de s'apercevoir de la présence de ces animaux ; mais si quelquefois ils s'accrochent à quelque partie plus sensible, le requin fait de vains efforts pour échapper à la douleur ; et le poisson qui n'a presque reçu aucun moyen de nuire est pour lui au milieu des eaux ce que l'aiguillon d'un seul insecte est pour le tigre le plus furieux au milieu des sables ardents de l'Afrique.

Les requins de dix mètres, ou d'un peu plus de trente pieds de longueur, étant les plus grands poissons qui habitent la mer Méditerranée et surpassant par leurs dimensions la plupart des cétacés que l'on voit dans ses eaux, c'est vraisemblablement le squale dont nous essayons de présenter les traits, qu'ont eu en vue les inventeurs des mythologies, ou les auteurs des opinions religieuses adoptées par les Grecs et par les autres peuples placés sur les rivages de cette même mer. Il paraît que c'est dans le vaste estomac d'un immense requin qu'ils ont annoncé qu'un de leurs demi-dieux avait vécu pendant trois

jours et trois nuits ; et ce qui doit faire croire d'autant plus aisément
qu'ils ont, dans leur récit, voulu parler de ce squale, et qu'ils n'ont
désigné aucun des autres animaux marins qu'ils comprenaient sous
la dénomination générale de *cete*, c'est que l'on a écrit qu'un très long
requin pouvait avoir l'œsophage et l'estomac assez étendus pour
engloutir de très grands animaux sans les blesser, et pour les rendre
encore en vie à la lumière.

Les requins sont très répandus dans toutes les mers. Il n'est donc
pas surprenant que leurs dépouilles pétrifiées et plus ou moins entières
se trouvent dans un si grand nombre de montagnes et d'autres endroits
du globe autrefois recouverts par les eaux de l'Océan. On a découvert
une de ces dépouilles presque complète dans l'intérieur du Monte-
Bolca, montagne volcanique des environs de Vérone, célébre par les
pétrifications de poissons qu'elle renferme, et qui, devenue depuis le
xviii° siècle l'objet des recherches des savants véronois, leur a fourni
plusieurs collections précieuses, et particulièrement celle que l'on a
due aux soins éclairés de M. Vincent Bozza et du comte Jean-Baptiste
Gazola. C'est à cette dernière collection qu'appartient ce requin pétrifié
qui a près de sept décimètres (vingt-cinq pouces six lignes) de longueur
et dont on peut voir la figure dans l'*Ichtyolithologie véronoise*, bel
ouvrage que public dans ce moment une société de physiciens de
Vérone. Mais il est rare de voir, dans les différentes couches du globe,
des restes un peu entiers de requin ; on n'en trouve ordinairement que
des fragments ; et celles des portions de cet animal qui sont répandues presque dans toutes les contrées sont ses dents amenées à un
état de pétrification plus ou moins complet. Ces parties sont les substances les plus dures de toutes celles qui composent le corps du requin ;
il est donc naturel qu'elles soient les plus communes dans les couches
de la terre.

Les premières dont les naturalistes se soient beaucoup occupés
avaient été apportées de l'île de Malte, où l'on en voit en très grande
quantité ; comme ces corps pétrifiés, ou ces espèces de pierres d'une
forme extraordinaire pour beaucoup de personnes, se sont liés dans
le temps et dans beaucoup de têtes, avec l'histoire de l'arrivée de
saint Paul à Malte, ainsi qu'avec la tradition de grands serpents qui
infestaient cette île, et que cet apôtre changea en pierres, on a voulu
retrouver dans ces dents de requins les langues pétrifiées des serpents

métamorphosés par saint Paul. Cette erreur, comme toutes celles qui se sont mêlées avec des idées religieuses a même été assez générale pour faire donner à ces parties de requin un nom qui rappelât l'opinion que l'on avait sur leur origine ; on les a distingués par la dénomination de *glossopètres*, qui signifie *langues de pierre* ou *pétrifiées*. Il aurait été plus convenable de les appeler, avec quelques auteurs, *odontopètres*, c'est-à-dire *dents pétrifiées*, ou *ichtyodontes* qui veut dire *dents de poisson*, ou encore mieux *lamiodontes*, *dents de lamie* ou *requin*.

Au reste, on remarque, dans quelques cabinets, de ces dents de requin, ou lamiodontes, pétrifiées d'une grandeur très considérable. Et comme, lorsqu'on a su que ces dépouilles avaient appartenu à un requin, on leur a attribué les mêmes vertus chimériques qu'aux dents de cet animal non pétrifiées et non fossiles, on voit pourquoi plusieurs muséums présentent de ces lamiodontes enchâssées avec art dans de l'argent ou du cuivre, et montées de manière à pouvoir être suspendues et portées au cou en guise d'amulettes.

Il y a, dans le Muséum d'histoire naturelle, une très grande dent fossille et pétrifiée qui réunit à un émail assez bien conservé tous les caractères des dents de requin. Elle a été trouvée aux environs de Dax, auprès des Pyrénées, et envoyée dans le temps au Muséum par M. de Borda. J'ai mesuré avec exactitude la partie émaillée qui, dans l'animal vivant, paraissait hors des alvéoles ; j'ai trouvé que le plus grand côté du triangle formé par cette partie émaillée avait cent quinze millimètres (quatre pouces trois lignes) de longueur : la note suivante indiquera les autres dimensions. J'ai désiré de savoir quelle grandeur on pouvait supposer dans le requin auquel cette dent a appartenu. J'ai, en conséquence, pris avec exactitude la mesure des dents d'un grand nombre de requins parvenus à différents degrés de développement. J'ai comparé les dimensions de ces dents avec celles de ces animaux. J'ai vu qu'elles ne croissaient pas dans une proportion aussi grande que la longueur totale des requins, et que, lorsque ces squales avaient obtenu une taille un peu considérable, leurs dents étaient plus petites qu'on ne l'aurait pensé d'après celles des jeunes requins. On ne pourra déterminer la loi de ces rapports que lorsqu'on aura observé plusieurs requins beaucoup plus près du dernier terme de leur croissance, que ceux que j'ai examinés. Mais il me paraît déjà prouvé par le résultat de mes recherches que nous serons en deçà

de la vérité, bien loin d'être au delà, en attribuant au requin dont
une des dents a été découverte auprès des Pyrénées une longueur
aussi supérieure à celle du plus grand côté de la partie émaillée de
cette dent fossile, que la longueur totale d'un jeune requin que j'ai
mesuré très exactement l'emportait sur le côté analogue de ses plus
grandes dents. Ce côté analogue avait, dans le jeune requin, cinq
millimètres de long, et l'animal en avait mille. Le jeune requin était
donc deux cents fois plus long que le grand côté de la partie émaillée
de ses dents les plus développées. On doit donc penser que le requin
dont une portion de la dépouille a été trouvée auprès de Dax était au
moins deux cents fois plus long que le grand côté de la partie
émaillée de sa dent fossile. Nous venons de voir que ce côté avait
cent quinze millimètres de longueur ; on peut donc assurer que le
requin était long au moins de vingt-trois mètres, ou ce qui est la
même chose, de soixante-dix pieds neuf pouces. Maintenant, si nous
déterminons les dimensions que sa gueule devait présenter, d'après
celles que nous a montrées la bouche d'un nombre très considérable
de requins de différentes tailles, nous verrons que le contour de sa
mâchoire supérieure devait être au moins de treize pieds trois pouces
(quatre cent vingt-huit centimètres), et comme les parties molles qui
réunissent les deux mâchoires peuvent se prêter à une assez grande
extension, on doit dire que la circonférence totale de l'ouverture de
la bouche était au moins de vingt-six pieds, et que cette même
ouverture avait près de neuf pieds de diamètre moyen.

Quel abîme dévorant ! Quelle grandeur, quelles armes, quelle
puissance présentait donc ce squale géant au milieu de l'Océan, à
cette époque reculée au delà des temps historiques, où la mer couvrait
encore la France, ou, pour mieux dire, la Gaule méridionale, et
baignait de ses eaux les hautes sommités de la chaîne des Pyrénées !
Et que l'on ne dise pas que cet animal remarquable était de la famille
ou du genre des squales, mais qu'il appartenait à une espèce
différente de celle des requins de nos jours. Tout œil exercé à reconnaître les caractères distinctifs des animaux, et surtout des poissons,
verra aisément sur la dent fossile des environs de Dax, non seulement
les traits de la famille des squales, mais encore ceux des requins
proprement dits. Et si, rejetant des rapports que l'on regarderait
comme trop vagues, on voulait reporter cette dent de Dax à un des

squales dont nous allons nous occuper, on l'attribuerait à une espèce
beaucoup plus petite maintenant que celle du requin, et on ne ferait
qu'augmenter l'étonnement de ceux qui ne s'accoutument pas à
supposer vingt-trois mètres de longueur dans une espèce dont on ne
voit aujourd'hui que des individus de dix mètres.

Au reste, dans ces parties de l'Océan que ne traversent pas les
routes du commerce, et dont les navigateurs sont repoussés par l'âpreté
du climat ou par la violence des tempêtes, ne pourrait-on pas trouver
d'immenses requins qui, ayant joui, dans ces parages écartés, d'une
tranquillité aussi parfaite, ou, pour mieux dire, d'une impunité aussi
grande que ceux qui infestaient, il y a plusieurs milliers d'années, les
bords des Pyrénées, y auraient vécu assez longtemps pour y atteindre
au véritable degré d'accroissement que la nature a marqué pour leur
espèce ? Quoi qu'il en soit, il n'est pas indifférent, pour l'histoire des
révolutions du globe, de savoir que les animaux marins dont on trouve
la dépouille fossile aux environs de Dax étaient de véritables requins
et avaient plus de soixante-dix pieds de longueur.

LE CHACAL et L'ADIVE [1]

Nous ne sommes pas assurés que ces deux noms désignent deux animaux d'espèces différentes; nous savons seulement que le chacal est plus grand, plus féroce, plus difficile à apprivoiser que l'adive, mais qu'au reste ils paraissent se ressembler à tous égards. Il se pourrait donc que l'adive ne fût que le chacal privé dont on aurait fait une race domestique plus petite, plus faible et plus douce que la race sauvage; car l'adive est au chacal à peu près ce que le bichon ou petit chien barbet est au chien de berger : cependant comme ce fait n'est indiqué que par quelques exemples particuliers, que l'espèce du chacal en général n'est point domestique comme celle du chien, que d'ailleurs il se trouve rarement d'aussi grandes différences dans une espèce libre, nous sommes très portés à croire que le chacal et l'adive sont réellement deux espèces distinctes [2]. Le loup, le renard, le chacal et le chien, forment quatre espèces qui, quoique très voisines les unes des autres, sont néanmoins différentes entre elles : les variétés dans l'espèce du chien sont en grand nombre; la plupart viennent de l'état de domesticité auquel il paraît avoir été réduit de tous les temps.

L'homme a créé des races dans cette espèce en choisissant et mettant ensemble les plus grands ou les plus petits, les plus jolis ou les plus laids, les plus velus ou les plus nus, etc.; mais indépendamment de ces races produites par la main de l'homme, il y a dans l'espèce du chien plusieurs variétés qui semblent ne dépendre que du

---

1. Ordre des *Carnassiers*; famille des *Carnivores*, tribu des *Digitigrades*; genre *Chien*. (CUVIER.)

2. L'*adive* est le *chacal*. « L'adive de Buffon, dit Cuvier, est une espèce factice, et ne diffère point du chacal. » (*Règne animal*, t. 1, p. 153.)

climat. Le dogue, le danois, l'épagneul, le chien turc, celui de Sibérie, etc., tirent leur nom du climat d'où ils sont originaires, et ils
paraissent être plus différents entre eux que le chacal ne l'est de l'a-
dive : il se pourrait donc que les chacals, sous différents climats, eussent
subi des variétés diverses, et cela s'accorde assez avec les faits que
nous avons recueillis. Il paraît, par les écrits des voyageurs, qu'il y
en a partout de grands et de petits ; qu'en Arménie, en Cilicie, en
Perse et dans toute la partie de l'Asie que nous appelons *le Levant*, où
cette espèce est très nombreuse, très incommode et très nuisible, ils
sont communément grands comme nos renards, qu'ils ont seulement
les jambes plus courtes, et qu'ils sont remarquables par la couleur de
leur poil, qui est d'un jaune vif et brillant; c'est pour cela que plusieurs auteurs ont appelé le chacal *loup doré*. En Barbarie, aux Indes
orientales, au cap de Bonne-Espérance, et dans les autres provinces de
l'Afrique et de l'Asie, cette espèce paraît avoir subi plusieurs variétés;
ils sont plus grands dans ces pays plus chauds, et leur poil est plutôt
d'un brun roux que d'un beau jaune, et il y en a de couleurs différentes. L'espèce du chacal est donc répandue dans toute l'Asie, depuis
l'Arménie jusqu'au Malabar, et se trouve aussi en Arabie en Barbarie,
en Mauritanie, en Guinée et dans les terres du Cap; il semble qu'elle
ait été destinée à remplacer celle du loup, qui manque, ou du moins
qui est très rare dans tous les pays chauds.

Cependant, comme on trouve des chacals et des adives dans les
mêmes terres, comme l'espèce n'a pu être dénaturée par une longue
domesticité, et qu'il y a constamment une différence considérable
entre ces animaux pour la grandeur et même pour le naturel, nous
les regarderons comme deux espèces distinctes, sauf à les réunir
lorsqu'il sera prouvé, par le fait, qu'ils se mêlent et produisent ensemble. Notre présomption sur la différence de ces deux espèces est
d'autant mieux fondé qu'elle paraît s'accorder avec l'opinion des anciens. Aristote, après avoir parlé clairement du loup, du renard et de
l'hyène, indique assez obscurément deux autres animaux du même
genre, l'un sous le nom de *panther*, et l'autre sous celui de *thos;* les
traducteurs d'Aristote ont interprété *panther* par *lupus canarius*, et *thos*
par *lupus cervarius*, loup canier, loup cervier; cette interprétation indique assez qu'ils regardaient le panther et le thos comme des espèces
de loups; mais j'ai fait voir, à l'article du lynx, que le *lupus cervarius*

des Latins n'est point le thos des Grecs : ce *lupus cervarius* est le
même que le *chaus* de Pline, le même que notre lynx ou loup
cervier dont aucun caractère ne convient au thos. Homère, en
peignant la vaillance d'Ajax, qui seul se précipite sur une foule de
Troyens, au milieu desquels Ulysse blessé se trouvait engagé, fait la
comparaison d'un lion qui, fondant tout à coup sur des thos attroupés
autour d'un cerf aux abois, les disperse et les chasse comme de vils
animaux.

Le scoliaste d'Homère interprète le mot *thos* par celui de panther
qu'il dit être une espèce de loup faible et timide : ainsi le thos et le
panther ont été pris pour le même animal par quelques anciens Grecs ;
mais Aristote paraît les distinguer, sans leur donner néanmoins des
caractères ou des attributs différents.

« Les thos, dit-il, ont toutes les parties internes semblables à celles
du loup..... ils s'accouplent comme les chiens, et produisent deux, trois
ou quatre petits qui naissent les yeux fermés : le thos a le corps et la
queue plus longs que le chien avec moins de hauteur, et, quoiqu'il
ait les jambes plus courtes, il ne laisse pas d'avoir autant de vitesse,
parce qu'étant souple et agile, il peut sauter plus loin..... Le lion et
le thos sont ennemis, parce que, vivant tous deux de chair, il sont
forcés de prendre leur nourriture sur le même fond, et par conséquent
de se la disputer... Les thos aiment l'homme, ne l'attaquent point et
ne le craignent pas beaucoup ; ils se battent contre les chiens et avec
les lions, ce qui fait que dans le même lieu on ne trouve guère des
lions et des thos. Les meilleurs thos sont ceux qui sont les plus petits ;
il y en a de deux espèces, quelques-uns même en font trois. »

Voilà tout ce qu'Aristote a dit au sujet des thos, et il en dit infiniment moins sur le panther ; on ne trouve qu'un seul passage dans
le même chapitre trente-cinq du sixième livre de son histoire des animaux.
Le panther, dit-il, produit quatre petits, ils ont les yeux fermés comme
les petits loups lors de leur naissance. » En comparant ces passages
avec celui d'Homère et avec ceux des autres auteurs grecs, il me paraît
presque certain que le thos d'Aristote est le grand chacal, et que le
panther est le petit chacal ou l'adive ; on voit qu'il admet deux espèces
de thos, qu'il ne parle du panther qu'une seule fois, et pour ainsi
dire à l'occasion du thos, il est donc très probable que ce panther est
le thos de la petite espèce ; et cette probabilité semble devenir une

certitude par le témoignage d'Oppien qui met le panther au nombre des petits animaux, tels que les loirs et les chats.

Le thos est donc le chacal, et le panther est l'adive : et soit qu'ils forment deux espèces différentes ou qu'ils ne fassent qu'une, il est certain que tout ce que les anciens ont dit du thos et du panther convient au chacal et à l'adive, et ne peut s'appliquer à d'autres animaux; et si jusqu'à ce jour la vraie signification de ces noms a été ignorée, s'ils ont toujours été mal interprétés, c'est parce que les traducteurs ne connaissaient pas les animaux, et que les naturalistes modernes, qui les connaissaient peu, n'ont pu les réformer.

Quoique l'espèce du loup soit fort voisine de celle du chien, celle du chacal ne laisse pas de trouver place entre les deux ; *le chacal ou adive,* comme dit Belon, *est bête entre loup et chien ;* avec la férocité du loup, il a en effet un peu de la familiarité du chien ; sa voix est un hurlement mêlé d'aboiement et de gémissements; il est plus criard que le chien, plus vorace que le loup; il ne va jamais seul, mais toujours par troupes de vingt, trente ou quarante; ils se rassemblent chaque jour pour faire la guerre et la chasse ; ils vivent de petits animaux, et se font redouter des plus puissants par le nombre ; ils attaquent toute espèce de bétail ou de volailles presque à la vue des hommes; ils entrent insolemment et sans marquer de crainte dans les bergeries, les étables, les écuries, et lorsqu'ils n'y trouvent pas autre chose, ils dévorent le cuir des harnais, des bottes, des souliers, et emportent les lanières qu'ils n'ont pas le temps d'avaler. Faute de proie vivante, ils déterrent les cadavres des animaux et des hommes; on est obligé de battre la terre sur les sépultures, et d'y mêler de grosses épines pour les empêcher de la gratter et fouir, car une épaisseur de quelques pieds de terre ne suffit pas pour les rebuter[1]; ils travaillent plusieurs ensemble ils accompagnent de cris lugubres cette exhumation, et lorsqu'ils sont une fois accoutumés aux cadavres humains, ils ne cessent de courir les cimetières, de suivre les armées, de s'attacher aux caravanes : ce

---

1. Les adives sont très avides de cadavres, particulièrement de cadavres humains. Quand les chrétiens vont enterrer quelqu'un à la campagne, ils font une fosse très profonde, et qui n'est pas suffisante pour qu'ils ne déterrent pas les corps ; c'est pourquoi l'on a coutume de fouler avec les pieds la terre que l'on jette dans la fosse, et d'y joindre des pierres et des épines qui, blessant ces animaux, les empêchent de fouiller plus avant. Le nom *adive* veut dire *loup* en langue arabe; sa figure, son poil et sa voracité sont bien analogues à ce nom; mais sa grandeur, sa familiarité et sa stupidité en donnent une idée différente. *(Voyage du P. Fr. Vincent-Marie,* chap. XIII. Article traduit par M. le marquis de Montmirail.)

sont les corbeaux des quadrupèdes, la chair la plus infecte ne les
dégoûte pas ; leur appétit est si constant, si véhément, que le cuir le
plus sec est encore savoureux, et que toute peau, toute graisse, toute
ordure animale leur est également bonne.

L'hyène a ce même goût pour la chair pourrie ; elle déterre aussi
les cadavres, et c'est sur le rapport de cette habitude que l'on a souvent confondu ces deux animaux, quoique très différents l'un de
l'autre. L'hyène est une bête solitaire, silencieuse, très sauvage, et qui,
quoique plus forte et plus puissante que le chacal, n'est pas aussi
incommode, et se contente de dévorer les morts sans troubler les
vivants, au lieu que tous les voyageurs se plaignent des cris, des vols
et des excès du chacal, qui réunit l'impudence du chien à la bassesse
du loup, et qui, participant de la nature des deux, semble n'être qu'un
odieux composé de toutes les mauvaises qualités de l'un et de l'autre.

L'HYÈNE [1]

Aristote nous a laissé deux notices au sujet de l'hyène [2], qui seules suffiraient pour faire reconnaître cet animal et pour le distinguer de tous les autres ; néanmoins les voyageurs et les naturalistes l'ont confondu avec quatre autres animaux dont les espèces sont toutes quatre différentes entre elles, et différentes de celle de l'hyène. Ces animaux sont le chacal, le glouton, la civette et le babouin [3], qui tous quatre sont carnassiers [4] et féroces comme l'hyène, et qui ont chacun quelques petites convenances et quelques rapports particuliers avec elle, lesquels ont donné lieu à la méprise et à l'erreur. Le chacal se trouve à peu près dans le même pays, il approche comme l'hyène de la forme du loup ; comme elle, il vit de cadavres et fouille les sépultures pour en tirer les corps : c'en est assez pour qu'on les ait pris l'un pour l'autre. Le glouton a la même voracité, la même faim pour la chair corrompue, le même instinct pour déterrer les morts, et quoiqu'il soit d'un climat fort différent de celui de l'hyène, et d'une figure aussi très différente, cette seule convenance de naturel a suffi pour que les auteurs les aient confondus. La civette se trouve aussi dans le même pays que l'hyène, elle a comme elle de longs poils le long du dos, et une ouverture ou fente particulière : caractères singuliers qui n'appartiennent qu'à quelques animaux, et qui ont fait croire à

---

1. Ordre des *Carnassiers* ; famille des *Carnivores* ; tribu des *Digitigrades* ; genre *Chien*. (CUVIER.)

2. Nous connaissons aujourd'hui trois ou quatre espèces d'*hyènes*. Les deux principales sont : l'*hyène rayée*, qui habite depuis les Indes jusqu'en Abyssinie et au Sénégal ; et l'*hyène tachetée*, le *loup-tigre* du Cap. C'est de l'*hyène rayée* que Buffon donne ici l'histoire.

3. Le *chacal*, le *glouton*, la *civette* et le *babouin* sont, en effet, quatre animaux très différents de l'*hyène*.

4. Le *babouin* ou *papion* (gros singe *cynocéphale*) est *féroce*, mais n'est pas *carnassier*.

1. L'Hyène rayée.   2. Le Chacal.   3. L'Hyène tachetée.

Garnier Frères Éditeurs

Belon que la civette était l'hyène des anciens. Et à l'égard du babouin, qui ressemble encore moins à l'hyène que les trois autres, puisqu'il a des mains et des pieds comme l'homme ou le singe, il n'a été pris pour elle qu'à cause de la ressemblance du nom : l'hyène appelée *dubbah* en Barbarie, selon le docteur Shaw, et le babouin se nomme *dabuh*, selon Marmol et Léon l'africain ; et comme le babouin est du même climat, qu'il gratte aussi la terre et qu'il est à peu près de la forme de l'hyène, ces convenances ont trompé les voyageurs et ensuite les naturalistes qui ont copié les voyageurs ; ceux même qui ont distingué nettement ces deux animaux n'ont pas laissé de conserver à l'hyène le nom de *dabuh*, qui est celui du babouin. L'hyène n'est donc pas le *dabuh* des Arabes, ni le *jesef* ou *sesfe* des Africains, comme le disent nos naturalistes ; il ne faut pas non plus la confondre avec le *deeb* de Barbarie. Mais afin de prévenir pour jamais cette confusion de noms, nous allons donner en peu de mots le précis des recherches que nous avons faites au sujet de ces animaux,

Aristote donne deux noms à l'hyène ; communément il l'appelle *hyœna* et quelquefois *glanus :* pour être assuré que ces deux noms ne désignent que le même animal, il suffit de comparer les passages où il en est question. Les anciens Latins ont conservé le nom d'*hyœna* et n'ont point adopté celui de *glanus :* on trouve seulement dans les Latins modernes le mot de *ganus* ou *gannus*, et celui de *belbus* pour indiquer l'hyène. Selon Rhasis, les Arabes ont appelés l'hyène *kabo* ou *zabo*, noms qui paraissent dérivés du mot *zeeb*, qui dans leur langue est le nom du *loup*. En Barbarie l'hyène porte le nom de *dubbah*, comme on peut le voir par la courte description que le docteur Shaw nous a donnée de cet animal. En Turquie, l'hyène se nomme *zirtlam*, selon Nieremberg ; et en Perse *kaftaar*, suivant Kæmpfer ; et *castar*, selon Piedro della Valle : ce sont là les seuls noms qu'on doive appliquer à l'hyène, puisque ce sont les seuls sous lesquels on puisse la reconnaître clairement : il nous paraît cependant très vraisemblable, quoique moins évident, que le *lycaon* et la *crocuta* des Indes et de l'Éthiopie dont parlent les anciens ne sont pas autres que l'hyène. Porphyre dit expressément que la *crocute* des Indes est l'hyène des Grecs ; et en effet tout ce que ceux-ci ont écrit, et même tout ce qu'ils ont dit de fabuleux ou sujet du *lycaon* et de la *crocute* convient à l'hyène, sur laquelle ils ont aussi débité plus de fables que de faits.

Le *panther* des Grecs, le *lupus canarius* de Gaza, le *lupus armenius* des Latins modernes et des Arabes, nous paraissent être le même animal; et cet animal est le chacal, que les Turcs appellent *cical* selon Pollux, *thacal* suivant Spon et Wheler, les grecs modernes *zachalia*, les Persans *siechal* ou *schachal*, les Maures de Barbarie *deeb* ou *jackal*. Nous lui conserverons le nom *chacal*, qui a été adopté par plusieurs voyageurs, et nous nous contenterons de remarquer ici qu'il diffère de l'hyène non seulement par la grandeur, par la figure, par la couleur du poil, mais aussi par les habitudes naturelles, allant ordinairement en troupe, au lieu que l'hyène est un animal solitaire : les nouveaux nomenclateurs ont appelé le *chacal*, d'après Kæmpfer, *lupus-aureus*, parce qu'il a le poil d'un fauve jaune, vif et brillant.

Le chacal est, comme l'on voit, un animal très différent de l'hyène, il en est de même du glouton, qui est une bête du Nord reléguée dans les pays les plus froids, tels que la Laponie, la Russie, la Sibérie, inconnue même dans les régions tempérées, et qui, par conséquent, n'a jamais habité en Arabie, non plus que dans les autres climats chauds où se trouve l'hyène : aussi en diffère-t-il à tous les égards; le glouton est à peu près de la forme d'un très gros blaireau, il a les jambes courtes, le ventre presque à terre, cinq doigts aux pieds de devant comme à ceux derrière, point de crinière sur le cou, le poil noir sur tout le corps, quelquefois d'un fauve brun sur les flancs. Il n'a de commun avec l'hyène que d'être très vorace; il n'était pas connu des anciens qui n'avaient pas pénétré fort avant dans les terres du Nord. Le premier auteur qui ait fait mention de. cet animal est Olaüs; il l'a appelé *gulo* à cause de sa grande voracité : on l'a ensuite nommé *rosomak* en langue slavone, *jerff* et *wildfras* en allemand : nos voyageurs français l'ont appelé *glouton*. Il y a des variétés dans cette espèce aussi bien que dans celle du chacal, dont nous parlerons dans l'histoire particulière de ces animaux; mais nous pouvons assurer d'avance que ces variétés, loin de les rapprocher, les éloignent encore de l'espèce de l'hyène.

La civette n'a de commun avec l'hyène que l'ouverture ou sac sous la queue, et la crinière le long du cou et de l'épine du dos; elle en diffère par la figure, par la grandeur du corps, étant de moitié plus petite; elle a les oreilles velues et courtes, au lieu que l'hyène les a longues et nues; elle a, de plus, les jambes bien plus courtes, cinq

L'Hyène.

doigts à chaque pied, tandis que l'hyène a les jambes longues et n'a que quatre doigts à tous les pieds; la civette ne fouille pas la terre pour en tirer les cadavres : il est donc très facile de les distinguer l'une de l'autre. A l'égard du babouin, qui est le *papio* des Latins, il n'a été pris pour l'hyène que par une équivoque de nom, à laquelle un passage de Léon l'africain, copié par Marmol, semble avoir donné lieu. Le *dabuh*, disent ces deux auteurs, *est de la grandeur et de la forme du loup, il tire les corps morts des sépulcres.* La ressemblance de ce nom *dabuh* avec *dubbah*, qui est celui de l'hyène, et cette avidité pour les cadavres, commune au *dabuh* et au *dubbah*, les a fait prendre pour le même animal, quoiqu'il soit dit expressément dans les mêmes passages que nous venons de citer, que le *dabuh* a des mains et des pieds comme l'homme, ce qui convient au babouin et ne peut convenir à l'hyène.

On pourrait encore, en jetant les yeux sur la figure du *lupus marinus* de Belon, copiée par Gessner, prendre cet animal pour l'hyène; car cette figure, donnée par Belon, ressemble beaucoup à celle de notre hyène : mais sa description ne s'accorde point avec la nôtre, en ce qu'il dit que c'est un animal amphibie qui se nourrit de poisson, qui a été vu quelquefois sur les côtes de l'océan Britannique, et que d'ailleurs Belon ne fait aucune mention des caractères singuliers qui distinguent l'hyène des autres animaux. Il se peut que Belon, prévenu que la civette était l'hyène des anciens, ait donné la figure de la vraie hyène sous le nom d'un autre animal qu'il a appelé *lupus marinus* et qui certainement n'est pas l'hyène; car je le répète, les caractères de l'hyène sont si marqués et même si singuliers qu'il est fort aisé de ne pas s'y méprendre: elle est peut-être le seul de tous les animaux quadrupèdes qui n'ait, comme je viens de le dire, que quatre doigts, tant aux pieds de devant qu'à ceux de derrière; elle a, comme le blaireau, une ouverture sous la queue qui ne pénètre pas dans l'intérieur du corps; elle a les oreilles longues droites et nues, la tête plus carrée et plus courte que celle du loup; les jambes, surtout celles de derrière, plus longues; les yeux placés comme ceux du chien; le poil du corps et la crinière d'une couleur gris obscur, mêlée d'un peu de fauve et de noir, avec des ondes transversales et noirâtres; elle est de la grandeur du loup et paraît seulement avoir le corps plus court et plus ramassé.

Cet animal sauvage et solitaire demeure dans les cavernes des montagnes, dans les fentes des rochers ou dans des tanières qu'il creuse lui-même sous terre : il est d'un naturel féroce, et, quoique pris tout petit, il ne s'apprivoise pas[1]; il vit de proie comme le loup, mais il est plus fort et paraît plus hardi ; il attaque quelquefois les hommes, il se jette sur le bétail, suit de près les troupeaux et souvent rompt dans la nuit les portes des étables et les clôtures des bergeries : ses yeux brillent dans l'obscurité, et l'on prétend qu'il voit mieux la nuit que le jour. Si l'on en croit tous les naturalistes, son cri ressemble aux sanglots d'un homme qui vomirait avec effort, ou plutôt au mugissement du veau, comme le dit Kæmpfer, témoin auriculaire.

L'hyène se défend du lion, ne craint pas la panthère, attaque l'once, laquelle ne peut lui résister ; lorsque la proie lui manque, elle creuse la terre avec les pieds et en tire par lambeaux les cadavres des animaux et des hommes, que dans le pays qu'elle habite on enterre également dans les champs. On la trouve dans presque tous les climats chauds de l'Afrique et et de l'Asie, et il paraît que l'animal appelé *farasse* à Madagascar, qui ressemble au loup par la figure, mais qui est plus grand, plus fort et plus cruel, pourrait bien être l'hyène.

Il y a peu d'animaux sur lesquels on ait fait autant d'histoires absurdes que sur celui-ci. Les anciens ont écrit gravement que l'hyène était mâle et femelle alternativement ; que quand elle portait, allaitait et élevait ses petits, elle demeurait femelle pendant toute l'année ; mais que l'année suivante elle reprenait les fonctions du mâle et faisait subir à son compagnon le sort de la femelle.

On a dit qu'elle savait imiter la voix humaine, retenir le nom des bergers, les appeler, les charmer, les arrêter, les rendre immobiles ; faire en même temps courir les bergères, leur faire oublier leur troupeau, les rendre folles d'amour, etc... Tout cela peut arriver sans hyène ; et je finis pour qu'on ne me fasse pas le reproche que je fais à Pline, qui paraît avoir pris plaisir à compiler et raconter ces fables.

---

1. Le naturel de l'*hyène rayée* nous est aujourd'hui mieux connu. En Algérie, plusieurs de nos colons ont dans leur habitation des *hyènes rayées*, qu'ils laissent libres. — L'*hyène tachetée* est plus féroce et plus forte.

1. L'Aï. ___ 2. Le Porc-Epic.

Garnier freres, Editeurs

L'UNAU et L'AÏ

L'on a donné à ces deux animaux l'épithète de *paresseux*, à cause
de la lenteur de leurs mouvements et de la difficulté qu'ils ont à
marcher ; mais nous avons cru devoir leur conserver les noms qu'ils
portent dans leur pays natal, d'abord pour ne pas les confondre avec
d'autres animaux presque aussi paresseux qu'eux, et encore pour les
distinguer nettement l'un de l'autre ; car, quoiqu'ils se ressemblent
à plusieurs égards, ils diffèrent néanmoins tant à l'extérieur qu'à l'intérieur, par des caractères si marqués qu'il n'est plus possible, lorsqu'on les a examinés, de les prendre l'un pour l'autre, ni même de
douter qu'ils ne soient de deux espèces très éloignées.

L'unau n'a point de queue, et n'a que deux ongles aux pieds de
devant ; l'aï porte une queue courte et trois ongles à tous les pieds.
L'unau a le museau plus long, le front plus élevé, les oreilles plus
apparentes que l'aï ; il a aussi le poil tout différent : à l'intérieur, ses
viscères sont autrement situés et conformés différemment dans quelques-unes de leurs parties : mais le caractère le plus distinctif, et en
même temps le plus singulier, c'est que l'unau a quarante-six côtes,
tandis que l'aï n'en a que vingt-huit[2] : cela seul suppose deux espèces
très éloignées l'une de l'autre ; et ce nombre de quarante-six côtes
dans un animal dont le corps est si court, est une espèce d'excès ou
d'erreur de la nature ; car de tous les animaux, même des plus grands,
et de ceux dont le corps est le plus long, relativement à leur grosseur, aucun n'a tant de chevrons à sa charpente. L'éléphant n'a que
quarante côtes, le cheval trente, le blaireau trente, le chien vingt-six,
l'homme vingt-quatre, etc.

1. Ordre des *Édentés*. genre *Paresseux*. (CUVIER.)
2. L'*unau* a quarante-huit côtes, et l'*aï* trente.

Cette différence dans la construction de l'unau et de l'aï suppose plus de distance entre ces deux espèces[1] qu'il n'y en a entre celles du chien et du chat, qui ont le même nombre de côtes, car les différences extérieures ne sont rien en comparaison des différences intérieures : celles-ci sont, pour ainsi dire, les causes des autres, qui n'en sont que les effets. L'intérieur dans les êtres vivants est le fond du dessin de la nature, c'est la forme constituante, c'est la vraie figure : l'extérieur n'en est que la surface, ou même la draperie ; car, combien n'avons-nous pas vu, dans l'examen comparé que nous avons fait des animaux, que cet extérieur, souvent très différent, recouvre un intérieur parfaitement semblable ; et qu'au contraire la moindre différence intérieure en produit de très grandes à l'extérieur, et change même les habitudes naturelles, les facultés, les attributs de l'animal ? Combien n'y en a-t-il pas qui sont armés, couverts, ornés de parties excédantes, et qui cependant, pour l'organisation intérieure, ressemblent en entier à d'autres, qui en sont dénués ?

Mais ce n'est point ici le lieu de nous étendre sur ce sujet, qui, pour être bien traité, suppose non seulement une comparaison réfléchie, mais un développement suivi de toutes les parties des êtres organisés. Nous dirons seulement, pour revenir à nos deux animaux, qu'autant la nature nous a paru vive, agissante, exaltée dans les singes, autant elle est lente, contrainte et resserrée dans ces paresseux ; et c'est moins paresse que misère, c'est défaut, c'est dénûment, c'est vice dans la conformation : point de dents incisives ni canines[2], les yeux obscurs et couverts, la mâchoire aussi lourde qu'épaisse, le poil plat et semblable à de l'herbe séchée, les cuisses mal emboîtées et presque hors des hanches, les jambes trop courtes, mal tournées, et encore plus mal terminées ; point d'assiette de pied, point de pouces, point de doigts séparément mobiles ; mais deux ou trois ongles excessivement longs, recourbés en dessous, qui ne peuvent se mouvoir qu'ensemble, et nuisent plus à marcher qu'ils ne servent à grimper : la lenteur, la stupidité, l'abandon de son être, et même la douleur habituelle, résultant de cette conformation bizarre et négligée ; point d'armes pour attaquer ou se défendre ; nul moyen de sécurité, pas même en grattant la terre ; nulle ressource de salut dans la fuite : confinés, je

1. Aussi fait-on aujourd'hui de l'*unau* et de l'*aï* deux *genres* ou *sous-genres* différents.

2. L'*unau* a des *canines*; l'*aï* en manque; ils manquent également, tous deux, d'*incisives*.

ne dis pas au pays, mais à la motte de terre, à l'arbre sous lequel ils sont nés ; prisonniers au milieu de l'espace, ne pouvant parcourir qu'une toise en une heure, grimpant avec peine, se traînant avec douleur, une voix plaintive et par accents entrecoupés, qu'ils n'osent élever que la nuit, tout annonce leur misère, tout nous rappelle ces monstres par défaut, ces ébauches[1] imparfaites mille fois projetées, exécutées par la nature, qui, ayant à peine la faculté d'exister, n'ont dû subsister qu'un temps, et ont été depuis effacées de la liste des êtres, et en effet, si les terres qu'habitent et l'unau et l'aï n'étaient pas des déserts, si les hommes et les animaux puissants s'y fussent anciennement multipliés, ces espèces ne seraient pas parvenues jusqu'à nous, elles eussent été détruites par les autres, comme elles le seront un jour.

Nous avons dit qu'il semble que tout ce qui peut être est : ceci paraît en être un indice frappant ; ces paresseux font le dernier terme de l'existence dans l'ordre des animaux qui ont de la chair et du sang ; une défectuosité de plus les aurait empêchés de subsister : regarder ces ébauches comme des êtres aussi absolus que les autres, admettre des causes finales[2] pour de telles disparates, et trouver que la nature y brille autant que dans ses beaux ouvrages, c'est ne la voir que par un tube étroit, et prendre pour son but les fins de notre esprit.

Pourquoi n'y aurait-il pas des espèces d'animaux créées pour la misère, puisque dans l'espèce humaine le plus grand nombre y est voué dès la naissance ? Le mal, à la vérité, vient plus de nous que de la nature ; pour un malheureux qui ne l'est que parce qu'il est né faible, impotent ou difforme, que de millions d'hommes le sont par la seule dureté de leurs semblables ! Les animaux sont en général plus heureux, l'espèce n'a rien à redouter de ses individus ; le mal n'a pour eux qu'une source ; il en a deux pour l'homme ; celle du mal moral, qu'il a lui-même ouverte, est un torrent qui s'est accru comme une mer, dont le débordement couvre et afflige la face entière de la terre ; dans le physique, au contraire, le mal est resserré dans des

---

1. C'est en considérant la *nature* comme un être secondaire et borné qu'on peut dire qu'elle *fait des ébauches* ; mais la nature, être intelligent et borné, n'est pas : il n'y a que le Créateur.

2. Il y a si bien des *causes finales* que les *paresseux* sont faits pour se tenir sur les arbres des feuilles desquels ils se nourrissent, et que tout est disposé, dans leur structure, pour qu'ils puissent s'y établir et y vivre facilement. Dans ces tableaux tracés avec tant d'art, la vérité précise est toujours un peu sacrifiée à l'effet : en nous parlant des qualités supérieures de l'*éléphant*, Buffon allait trop loin ; il appuie trop ici sur la misère (sur la prétendue misère) des *paresseux*.

bornes étroites, il va rarement seul, le bien est souvent au-dessus ou du moins de niveau. Peut-on douter du bonheur des animaux s'ils sont libres, s'ils ont la faculté de se procurer aisément leur subsistance, et s'ils manquent moins que nous de la santé, des sens et des organes nécessaires ou relatifs au plaisir? Or le commun des animaux est à tous ces égards très richement doué ; et les espèces disgraciées de l'unau et de l'aï sont peut-être les seules que la nature ait maltraitées, les seules qui nous offrent l'image de la misère innée.

Voyons-la de plus près : faute de dents, ces pauvres animaux ne peuvent ni saisir une proie, ni se nourrir de chair, ni même brouter l'herbe ; réduits à vivre de feuilles et de fruits sauvages, ils consument du temps à se traîner au pied d'un arbre, il leur en faut encore beaucoup pour grimper jusqu'aux branches ; et pendant ce lent et triste exercice qui dure quelquefois plusieurs jours, ils sont obligés de supporter la faim, et peut-être de souffrir le plus pressant besoin ; arrivés sur leur arbre, ils n'en descendent plus, ils s'accrochent aux branches, ils le dépouillent par parties, mangent successivement les feuilles de chaque rameau, passent ainsi plusieurs semaines sans pouvoir délayer par aucune boisson cette nourriture aride ; et lorsqu'ils ont ruiné leur fond et que l'arbre est entièrement nu, ils y restent encore retenus par l'impossibilité d'en descendre , enfin, quand le besoin se fait de nouveau sentir, qu'il presse et qu'il devient plus vif que la crainte du danger de la mort, ne pouvant descendre ils se laissent tomber et tombent très lourdement comme un bloc, une masse sans ressort, car leurs jambes raides et paresseuses n'ont pas le temps de s'étendre pour rompre le coup.

A terre, ils sont livrés à tous leurs ennemis : comme leur chair n'est pas absolument mauvaise, les hommes et les animaux de proie les cherchent et les tuent ; il paraît qu'ils multiplient peu, ou du moins que s'ils produisent fréquemment ce n'est qu'en petit nombre, car ils n'ont que deux mamelles : tout concourt donc à les détruire, et il est bien difficile que l'espèce se maintienne ; il est vrai que quoiqu'ils soient lents, gauches et presque inhabiles au mouvement, ils sont durs, forts de corps et vivaces ; qu'ils peuvent supporter longtemps la privation de toute nourriture ; que couverts d'un poil épais et sec, et ne pouvant faire d'exercices, ils dissipent peu et engraissent par le repos, quelque maigres que soient leurs aliments ; et que quoiqu'ils n'aient ni bois ni cornes sur la tête, ni sabots aux pieds, ni dents incisives à la mâchoire inférieure, ils sont cependant du nombre des animaux ruminants [1], et ont comme eux plusieurs estomacs ; que par conséquent ils peuvent compenser ce qui manque à la qualité de la nourriture par la quantité qu'ils en prennent à la fois ; et ce qui est encore extrêmement singulier, c'est qu'au lieu d'avoir, comme les ruminants, des intestins très longs, ils les ont très petits et plus courts que les animaux carnivores.

L'ambiguïté de la nature paraît à découvert par ce contraste ; l'unau et l'aï sont certainement des animaux ruminants ; ils ont quatre estomacs, et en même temps ils manquent de tous les caractères, tant extérieurs qu'intérieurs, qui appartiennent généralement à tous les autres animaux ruminants : encore une autre ambiguïté, c'est qu'au lieu de deux ouvertures au dehors, l'une pour l'urine, l'autre pour les excréments, au lieu d'un orifice extérieur et distinct pour les parties de la génération, ces animaux n'en ont qu'un seul, au fond duquel est un égout commun, un cloaque comme dans les oiseaux ; mais je ne finirais pas si je voulais m'étendre sur toutes les singularités que présente la conformation de ces animaux : on pourra les voir en détail dans l'excellente description qu'en a faite M. Daubenton.

Au reste, si la misère qui résulte du défaut de sentiment n'est pas la plus grande de toutes, celle de ces animaux, quoique très apparente, pourrait ne pas être réelle, car ils paraissent très mal ou très peu sentir : leur air morne, leur regard pesant, leur résistance indolente aux coups qu'ils reçoivent sans s'émouvoir, annoncent leur insensibilité ; et ce qui la démontre, c'est qu'en les soumettant au scalpel, en leur arrachant le cœur et les viscères, ils ne meurent pas à l'instant. Pison, qui a fait cette dure expérience, dit que le cœur séparé du corps battait encore vivement pendant une demi-heure, et que l'animal remuait toujours les jambes comme s'il n'eût été qu'assoupi ; par ces rapports, ce quadrupède se rapproche non seulement de la tortue, dont il a déjà la lenteur, mais encore des autres reptiles et de ceux qui n'ont pas un centre de sentiment unique et bien distinct. Or tous ces êtres sont misérables sans être malheureux ; et dans ces pro-

---

1. Les *paresseux* ne ruminent point, bien que leur estomac soit divisé en quatre sacs assez analogues aux quatre estomacs des animaux ruminants, mais sans feuillets ni autres parties saillantes à l'intérieur.

ductions les plus négligées la nature paraît toujours plus en mère qu'en marâtre.

Ces deux animaux appartiennent également l'un et l'autre aux terres méridionales du nouveau continent et ne se trouvent nulle part dans l'ancien. Nous avons déjà dit que l'éditeur du cabinet de Séba s'était trompé en donnant à l'unau le nom de *paresseux de Ceylan*[1] ; cette erreur, adoptée par MM. Klein, Linnæus et Brisson, est encore plus évidente aujourd'hui qu'elle ne l'était alors. M. le marquis de Montmirail a un unau vivant[2] qui lui est venu de Surinam ; ceux que nous avons au cabinet du Roi viennent du même endroit et de la Guiane, et je suis persuadé qu'on trouve l'unau aussi bien que l'aï dans toute l'étendue des déserts de l'Amérique, depuis le Brésil, au Mexique ; mais que comme il n'a jamais fréquenté les terres du Nord, il n'a pu passer d'un continent à l'autre, et si l'on a vu quelques-uns de ces animaux, soit aux Indes orientales, soit aux côtes de l'Afrique, il est sûr qu'ils y avaient été transportés. Ils ne peuvent supporter le froid ; ils craignent aussi la pluie : les alternatives de l'humidité et de la sécheresse altèrent leur fourrure, qui ressemble plus à du chanvre mal serancé qu'à de la laine ou du poil.

Je ne puis mieux terminer cet article que par des observations qui m'ont été communiquées par M. le marquis de Montmirail, sur un unau qu'on nourrit depuis trois ans dans sa ménagerie. « Le poil de l'unau est beaucoup plus doux que celui de l'aï... Il est à présumer que tout ce que les voyageurs ont dit sur la lenteur excessive des paresseux ne se rapporte qu'à l'aï. L'unau, quoique très pesant et d'une allure très maladroite, monterait et descendrait plusieurs fois en un jour de l'arbre le plus élevé. C'est sur le déclin du jour et dans la nuit qu'il paraît s'animer davantage, ce qui pourrait faire soupçonner qu'il voit très mal le jour, et que sa vue ne peut lui servir que dans l'obscurité. Quand j'achetai cet animal à Amsterdam, on le nourrissait avec du biscuit de mer, et l'on me dit que dans le temps de la verdure il ne fallait le nourrir qu'avec des feuilles ; on a essayé en effet de lui en donner, il en mangeait volontiers quand elles étaient encore

---

1. Le *paresseux de Ceylan* est un *loris*.

2 Nous avons, en ce moment, un *unau* au Jardin des plantes. C'est une femelle, et qui a un petit, qu'elle porte constamment, non sur le dos, comme on l'a dit, mais sur son ventre. Le développement du petit est d'une lenteur remarquable.

tendres, mais du moment où elles commençaient à se dessécher et à
être piquées des vers, il les rejetait. Depuis trois ans que je le conserve
vivant dans ma ménagerie, sa nourriture ordinaire a été du pain,
quelquefois des pommes et des racines, et sa boisson du lait : il saisit
toujours, quoique avec peine, dans une de ses pattes de devant ce
qu'il veut manger, et la grosseur du morceau augmente la difficulté
qu'il a de le saisir avec ses deux ongles. Il crie rarement ; son cri est
bref et ne se répète jamais deux fois dans le même temps ; ce cri,
quoique plaintif, ne ressemble point à celui de l'aï, s'il est vrai que ce
son *aï* soit celui de sa voix. La situation la plus naturelle de l'unau,
et qu'il paraît préférer à toutes les autres, est de se suspendre à une
branche, le corps renversé en bas ; quelquefois même il dort dans
cette position, les quatre pattes accrochées sur un même point, son
corps décrivant un arc : la force de ses muscles est incroyable, mais
elle lui devient inutile lorsqu'il marche, car son allure n'en est ni moins
contrainte ni moins vacillante ; cette conformation seule me paraît
être une cause de la paresse de cet animal, qui n'a d'ailleurs aucun
appétit violent, et ne reconnaît point ceux qui le soignent. »

« On connaît à Cayenne, dit M. de la Borde, deux espèces de ces
animaux, l'une appelée *paresseux-honteux*, l'autre *mouton-paresseux :*
celui-ci est une fois plus long que l'autre et de la même grosseur ; il
a le poil long, épais et blanchâtre, pèse environ vingt-cinq livres. Il
se jette sur les hommes depuis le haut des arbres, mais d'une manière
si lourde et si pesante qu'il est aisé de l'éviter. Il mange le jour
comme la nuit.

» Le paresseux-honteux a des taches noires, peut peser douze
livres, se tient toujours sur les arbres, mange des feuilles de bois
canon, qui sont réputées poison. Leurs boyaux empoisonnent les
chiens qui les mangent, et néanmoins leur chair est bonne à manger ;
mais ce n'est que le peuple qui en fait usage.

» Les deux espèces ne font qu'un petit qu'ils portent tout de
suite sur le dos [1]. Il y a grande apparence que les femelles mettent
bas sur les arbres, mais on n'en est pas sûr. Ils se nourrissent de
feuilles de monbin et de bois canon. Les deux espèces sont également
communes, mais un peu rares aux environs de Cayenne. Ils se pendent

---

1. Ils le portent, au contraire, constamment appliqué sur leur ventre.

quelquefois par leurs griffes à des branches d'arbres qui se trouvent sur les rivières, et alors il est aisé de couper la branche et de les faire tomber dans l'eau ; mais ils ne lâchent point prise et y restent fortement attachés avec leurs pattes de devant.

» Pour monter sur un arbre, cet animal étend nonchalamment une de ses pattes de devant qu'il pose le plus haut qu'il peut sur le pied de l'arbre, il s'accroche ainsi avec sa longue griffe, lève ensuite son corps fort lourdement, et petit à petit pose l'autre patte, et continue de grimper ainsi. Tous ces mouvements sont exécutés avec une lenteur et une nonchalance inexprimables [1]. Si on en élève dans les maisons, ils grimpent toujours sur quelques poteaux ou même sur les portes, et ils n'aiment pas à se tenir à terre. Si on leur présente un bâton lorsqu'ils sont à terre, ils s'en saisissent tout de suite et montent jusqu'à l'extrémité, où ils se tiennent fortement accrochés avec les pattes de devant, et serrent avec tout leur corps l'endroit où ils se sont ainsi perchés. Ils ont un petit cri fort plaintif et langoureux qui ne se fait pas entendre de loin. »

On voit que le paresseux-mouton de M. de la Borde est celui que nous avons appelé *unau*, et que son paresseux-honteux est l'*aï*, dont nous avons donné la description, page 411 du IIIe volume.

M. Wosmaër, habile naturaliste et directeur des Cabinets de S. A. S. Mgr le prince d'Orange, m'a reproché deux choses que j'ai dites au sujet de ces animaux : la première, sur la manière dont ils se laissent quelquefois tomber d'un arbre. Voici les expressions de M. Wosmaër :

« On doit absolument rejeter le rapport de M. de Buffon, qui prétend que ces animaux (l'unau et l'aï), trop lents pour descendre de l'arbre, sont obligés de se laisser tomber comme un bloc lorsqu'ils veulent être à terre. »

Cependant je n'ai avancé ce fait que sur le rapport de témoins oculaires, qui m'ont assuré avoir vu tomber cet animal quelquefois à leurs pieds, et l'on voit que le témoignage de M. de la Borde, médecin du Roi à Cayenne, s'accorde avec ceux qui m'ont raconté le fait, et que

---

1. « M. Carlisle a observé que les artères des membres commencent par se diviser en une infinité de ramuscules qui se réunissent ensuite en un tronc d'où partent les branches ordinaires. Cette structure se rencontrant aussi dans les *loris*, dont la démarche n'est guère moins paresseuse, il serait possible qu'elle exerçât quelque influence sur la lenteur des mouvements. » (CUVIER.)

par conséquent l'*on ne doit pas* (comme le dit Wosmaër) *absolument rejeter mon rapport* à cet égard.

Le second reproche est mieux fondé. J'avoue très volontiers que j'ai fait une méprise lorsque j'ai dit que l'unau et l'aï n'avaient pas de dents, et je ne sais point du tout mauvais gré à M. Wosmaër d'avoir remarqué cette erreur, qui n'est venue que d'une inattention. J'aime autant une personne qui me relève d'une erreur qu'une autre qui m'apprend une vérité, parce qu'en effet une erreur corrigée est une vérité.

LE PORC-ÉPIC [1]

Il ne faut pas que le nom de porc-épineux, qu'on a donné à cet animal dans la plupart des langues de l'Europe, nous induise en erreur et fasse imaginer que le porc-épic soit en effet un cochon chargé d'épines, car il ne ressemble au cochon que par le grognement ; par tout le reste il en diffère autant qu'aucun autre animal, tant pour la figure que pour la conformation intérieure ; au lieu d'une tête allongée, surmontée de longues oreilles, armée de défenses et terminée par un boutoir, au lieu d'un pied fourchu et garni de sabots comme le cochon, le porc-épic a, comme le castor, la tête courte, deux grandes dents incisives en avant de chaque mâchoire, nulles défenses ou dents canines, le museau fendu comme le lièvre, les oreilles rondes et aplaties, et les pieds armés d'ongles ; au lieu d'un grand estomac avec un appendice en forme de capuchon, qui dans le cochon semble faire la nuance entre les ruminants et les autres animaux, le porc-épic n'a qu'un simple estomac et un grand cœcum ; et l'on peut dire que par tous ces rapports aussi bien que par la queue courte, la longue moustache, la lèvre divisée, il approche beaucoup plus du lièvre ou du castor que du cochon. Le hérisson, qui, comme le porc-épic, est armé de piquants, ressemblerait plus au cochon, car il a le museau long et terminé par une espèce de groin en boutoir ; mais toutes ces ressemblances étant fort éloignées, et toutes les différences étant présentes et réelles, il n'est pas douteux que le porc-épic ne soit d'une espèce particulière et différente de celle du hérisson, du castor, du lièvre, ou de tout autre animal auquel on voudrait le comparer [2].

1. Ordre des *Rongeurs* ; genre *Porc-épic*. (CUVIER.)

2. Le *hérisson* est un *insectivore* ; le *castor* et le *lièvre* sont deux *rongeurs*, mais de *genres*

Il ne faut pas non plus ajouter foi à ce que disent presque unanimement les voyageurs et les naturalistes qui donnent à cet animal la faculté de lancer ses piquants à une assez grande distance et avec assez de force pour percer et blesser profondément[1], ni s'imaginer avec eux que ces piquants, tout séparés qu'ils sont du corps de l'animal, ont la propriété très extraordinaire et toute particulière de pénétrer d'eux-mêmes, et par leurs propres forces, plus avant dans les chairs dès que la pointe y est une fois entrée : ce dernier fait est purement imaginaire et destitué de tout fondement, de toute raison ; le premier

est aussi faux que le second ; mais au moins l'erreur paraît fondée sur ce que l'animal, lorsqu'il est irrité ou seulement agité, redresse ses piquants, les remue, et que, comme il y a de ces piquants qui ne tiennent à la peau que par une espèce de filet ou de pédicule délié, ils tombent aisément. Nous avons vu des porcs-épics vivants, et jamais nous ne les avons vus, quoique violemment excités, darder leurs piquants : on ne peut donc pas trop s'étonner que les auteurs les plus graves, tant anciens que modernes, que les voyageurs les plus sensés,

différents ; les *porcs-épics* forment un autre *genre* de *rongeurs*, et ce *genre* se partage même en trois sous-genres : les *athérures*, les *ursons* et les *coendous*.

1. « Il n'est pas exact de dire que le *porc-épic* puisse lancer ses dards ; mais on a pu le croire, lorsqu'on les a vus fixés dans la peau des chiens qui l'avaient attaqué. Cela doit arriver d'autant plus souvent qu'ils se détachent aisément. » (CUVIER.)

soient tous d'accord sur un fait aussi faux : quelques-uns d'entre eux disent avoir; eux-mêmes été blessés de cette espèce de jaculation; d'autres assurent qu'elle se fait avec tant de raideur, que le dard ou piquant peut percer une planche à quelques pas de distance. Le merveilleux, qui n'est que le faux qui fait plaisir à croire, augmente et croît à mesure qu'il passe par un plus grand nombre de têtes; la vérité perd au contraire en faisant la même route; et malgré la négation positive que je viens de graver au bas de ces deux faits, je suis persuadé qu'on écrira encore mille fois après moi, comme on l'a fait mille fois auparavant, que le porc-épic darde ses piquants, et que ces piquants, séparés de l'animal, entrent d'eux-mêmes dans les corps où leur pointe est engagée.

Le porc-épic, quoique originaire des climats les plus chauds de l'Afrique et des Indes, peut vivre et se multiplier dans des pays moins chauds, tels que la Perse, l'Espagne et l'Italie. Agricola dit que l'espèce n'a été transportée en Europe que dans ces derniers siècles; elle se trouve en Espagne, et plus communément en Italie, surtout dans les montagnes de l'Apennin, aux environs de Rome : c'est de là que M. Mauduit, qui par son goût pour l'histoire naturelle a bien voulu se charger de quelques-unes de nos commissions, nous a envoyé celui qui a servi à M. Daubenton pour sa description. Nous avons cru devoir donner la figure de ce porc-épic d'Italie, aussi bien que celle du porc-épic des Indes; les petites différences qu'on peut remarquer entre les deux sont de légères variétés dépendantes du climat, ou peut-être même ne sont que des différences purement individuelles.

Pline et tous les naturalistes ont dit, d'après Aristote, que le porc-épic, comme l'ours, se cachait pendant l'hiver et mettait bas au bout de trente jours; nous n'avons pu vérifier ces faits, et il est singulier qu'en Italie, où cet animal est commun, et où de tout temps il y a eu de bons physiciens et d'excellents observateurs, il ne se soit trouvé personne qui en ait écrit l'histoire. Aldrovande n'a fait sur cet article, comme sur beaucoup d'autres, que copier Gessner; et MM. de l'Académie des Sciences, qui ont décrit et disséqué huit de ces animaux, ne disent presque rien de ce qui a rapport à leurs habitudes naturelles : nous savons seulement, par le témoignage des voyageurs et des gens qui en ont élevé dans des ménageries, que, dans l'état de domesticité, le porc-épic n'est ni féroce ni farouche, qu'il n'est que jaloux de sa

liberté ; qu'à l'aide de ses dents de devant, qui sont fortes et tranchantes comme celles du castor, il coupe le bois et perce aisément la
porte de sa loge. On sait aussi qu'on le nourrit aisément avec de la mie
de pain, du fromage et des fruits ; que dans l'état de liberté il vit de
racines et de graines sauvages ; que quand il peut entrer dans un jardin,
il y fait un grand dégât et mange les légumes avec avidité ; qu'il
devient gras comme la plupart des autres animaux vers la fin de l'été,
et que sa chair, quoique un peu fade, n'est pas mauvaise à manger.

En considérant la forme, la substance et l'organisation des piquants
du porc-épic, on reconnaît aisément que ce sont de vrais tuyaux de
plumes auxquels il ne manque que les barbes pour être de vraies
plumes ; par ce rapport, il fait la nuance entre les quadrupèdes et les
oiseaux ; ces piquants, surtout ceux qui sont voisins de la queue, son-
nent les uns contre les autres lorsque l'animal marche ; il peut les
redresser par la contraction du muscle peaucier, et les relever à peu
près comme le paon ou le coq d'Inde relèvent les plumes de leur queue ;
ce muscle de la peau a donc la même force, et est à peu près conformé
de la même façon dans le porc-épic et dans certains oiseaux. Nous
saisissons ces rapports, quoique assez fugitifs : c'est toujours fixer un
point dans la nature, qui nous fuit et qui semble se jouer, par la
bizarrerie de ses productions, de ceux qui veulent la connaître.

LES PÉTRELS[1]

De tous les oiseaux qui fréquentent les hautes mers, les pétrels sont les plus marins, du moins ils paraissent être les plus étrangers à la terre, les plus hardis à se porter au loin, à s'écarter et même s'égarer sur le vaste océan ; car ils se livrent avec autant de confiance que d'audace au mouvement des flots, à l'agitation des vents, et paraissent braver les orages. Quelque loin que les navigateurs se soient portés, quelque avant qu'ils aient pénétré, soit du côté des pôles, soit dans les autres zones, ils ont trouvé ces oiseaux qui semblaient les attendre et même les devancer sur les parages les plus lointains et les plus orageux ; partout ils les ont vus se jouer avec sécurité, et même avec gaieté, sur cet élément terrible dans sa fureur, et devant lequel l'homme le plus intrépide est forcé de pâlir, comme si la nature l'attendait là pour lui faire avouer combien l'instinct et les forces qu'elle a départis aux êtres qui nous sont inférieurs ne laissent pas d'être au-dessus des puissances combinées de notre raison et de notre art.

Pourvus de longues ailes, munis de pieds palmés, les pétrels ajoutent à l'aisance et à la légèreté du vol, à la facilité de nager, la singulière faculté de courir et de marcher sur l'eau, en effleurant les ondes par le mouvement d'un transport rapide dans lequel le corps est horizontalement soutenu et balancé par les ailes, et où les pieds frappent alternativement et précipitamment la surface de l'eau : c'est de cette marche sur l'eau que vient le nom *pétrel* ; il est formé de *peter*, *pierre*, ou de *petrill*, *pierrot* ou *petit-pierre*, que les matelots anglais ont imposé à ces oiseaux en les voyant courir sur l'eau comme l'apôtre saint Pierre y marchait.

---

1. Ordre des *Palmipèdes*, famille des *Longipennes* ou *grands voiliers*, genre *Pétrels*. (CUVIER).

1. Le Pétrel blanc et noir. _ 2. Le Guillemot.

3. Le Macareux. _ 4. L'Albatros.

Les espèces de pétrels sont nombreuses : ils ont tous les ailes grandes et fortes ; cependant ils ne s'élèvent pas à une grande hauteur, et communément ils rasent l'eau dans leur vol ; ils ont trois doigts unis par une membrane ; les deux doigts latéraux portent un rebord

à leur partie extérieure ; le quatrième doigt n'est qu'un petit éperon qui sort immédiatement du talon, sans articulation ni phalange.

Le bec, comme celui de l'albatros, est articulé et paraît formé de quatre pièces, dont deux, comme des morceaux surajoutés, forment les extrémités des mandibules ; il y a de plus, le long de la mandibule supérieure, près de la tête, deux petits tuyaux ou rouleaux couchés dans lesquels sont percées les narines ; par sa conformation totale, ce bec semblerait être celui d'un oiseau de proie, car il est épais, tranchant et crochu à son extrémité : au reste, cette figure du bec n'est pas entièrement uniforme dans tous les pétrels, il y a même assez de différence pour qu'on puisse en tirer un caractère qui établit une division dans la famille de ces oiseaux ; en effet, dans plusieurs espèces, la seule pointe de la mandibule supérieure est recourbée en croc, la pointe de l'inférieure, au contraire, est creusée en gouttière et comme tronquée en manière de cuiller, et ces espèces sont celles des *pétrels* simplement dits.

Dans les autres, les pointes de chaque mandibule sont aiguës, recourbées et font ensemble le crochet ; cette différence de caractère a été observée par M. Brisson, et il nous paraît qu'on ne doit pas la rejeter ou l'omettre, comme le veut M. Forster ; et nous nous en servirons pour établir dans la famille des *pétrels* la seconde division sous laquelle nous rangerons les espèces que nous appellerons *pétrels-puffins*.

Tous ces oiseaux, soit pétrels, soit puffins, paraissent avoir un même instinct et des habitudes communes pour faire leurs nichées ; ils n'habitent la terre que dans ce temps qui est assez court, et comme s'ils sentaient combien ce séjour leur est étranger, ils se cachent ou plutôt ils s'enfouissent dans des trous sous les rochers au bord de la mer ; ils font entendre du fond de ces trous leur voix désagréable, que l'on prendrait le plus souvent pour le croassement d'un reptile ; leur ponte n'est pas nombreuse ; ils nourrissent et engraissent leurs petits en leur dégorgeant dans le bec la substance, à demi digérée et déjà réduite en huile, des poissons dont ils font leur principal et peut-être leur unique nourriture ; mais une particularité dont il est très bon que les dénicheurs de ces oiseaux soient avertis, c'est que, quand on les attaque, la peur ou l'espoir de se défendre leur fait rendre l'huile dont ils ont l'estomac rempli ; ils la lancent au visage et aux yeux du chasseur ; et comme leurs nids sont le plus souvent situés sur des côtes escarpées, dans des fentes de rochers à une grande hauteur, l'ignorance de ce fait a coûté la vie à quelques observateurs.

LE PÉTREL BLANC ET NOIR

OU LE DAMIER[1]

Le plumage de ce pétrel marqué de blanc et de noir, coupé symé-
triquement et en manière d'échiquier, l'a fait appeler *damier* par tous
nos navigateurs ; c'est dans le même sens que les Espagnols l'ont
nommé *pardelas*, et les Portugais *pintado*, nom adopté aussi par les
Anglais, mais qui, pouvant faire équivoque avec celui de la *pintade*,
ne doit point être admis ici, outre que celui de damier exprime et
désigne mieux la distribution du blanc et du noir par taches nettes

et tranchées dans le plumage de cet oiseau ; il est à peu près de la
grosseur d'un pigeon commun, et comme dans son vol il en a l'air
et le port, ayant le cou court, la tête ronde, quatorze ou quinze pouces
de longueur, et seulement trente-deux ou trente-trois d'envergure, les
navigateurs l'ont souvent appelé *pigeon de mer*.

Le damier a le bec et les pieds noirs ; le doigt extérieur est composé
de quatre articulations, celui du milieu de trois, et l'intérieur de deux
seulement, et à la place du petit doigt est un ergot pointu, dur,
long d'une ligne et demie, et dont la pointe se dirige en dedans ; le
bec porte au-dessus les deux petits tuyaux ou rouleaux dans lesquels

1. Le *damier*, *pétrel du Cap*, *pintado*, etc. (CUVIER.)

sont percées les narines ; la pointe de la mandibule supérieure est courbée, celle de l'inférieure est taillée en gouttière et comme tronquée, et ce caractère place le damier dans la famille des pétrels, et le sépare de celle des puffins : il a le dessus de la tête noir, les grandes plumes des ailes de la même couleur, avec des taches blanches ; la queue est frangée de blanc et de noir, et lorsqu'elle est développée *elle ressemble*, dit Frezier, *à une écharpe de deuil :* son ventre est blanc, et le manteau est régulièrement comparti par taches de blanc et de noir. Cette description se rapporte parfaitement à celle que Dampier a faite du *pintado*. Au reste, le mâle et la femelle ne diffèrent pas sensiblement l'un de l'autre par le plumage ni par la grosseur.

Le damier, ainsi que plusieurs autres pétrels, est habitant né des mers antarctiques, et si Dampier le regarde comme appartenant à la zone tempérée australe, c'est que ce voyageur ne pénétrait pas assez avant dans les mers froides de cette région pour y suivre le damier, car il l'eût trouvé jusqu'aux plus hautes latitudes. Le capitaine Cook nous assure que *ces pétrels, ainsi que les pétrels bleus, fréquentent chaque portion de l'océan Austral dans les latitudes les plus élevées.* Les meilleurs observateurs conviennent même qu'il est très rare d'en rencontrer avant d'avoir passé le tropique, et il paraît, en effet, par plusieurs relations que les premières plages où l'on commence à trouver ces oiseaux en nombre sont dans les mers voisines du cap de Bonne-Espérance ; on les rencontre aussi vers les côtes de l'Amérique, à la latitude correspondante. L'amiral Anson les chercha inutilement à l'île de Juan Fernandez : néanmoins il y remarqua plusieurs de leurs trous, et il jugea que les chiens sauvages qui sont répandus dans cette île les en avait chassés ou les avait détruits ; mais peut-être dans une autre saison y eût-il rencontré ces oiseaux, supposé que celle où il les chercha ne fût pas celle de la nichée ; car, comme nous l'avons dit, il paraît qu'ils n'habitent la terre que dans ce temps, et qu'ils passent leur vie en pleine mer, se reposant sur l'eau lorsqu'elle est calme, et y séjournant même quand les flots sont émus, car on les voit se poser dans l'intervalle qui sépare deux lames d'eau, y rester les ailes ouvertes et se relever avec le vent.

D'après ces habitudes d'un mouvement presque continuel, leur sommeil ne peut qu'être fort interrompu : aussi les entend-on voler autour des vaisseaux à toutes les heures de la nuit ; souvent on les voit se rassembler le soir sous la poupe, nageant avec aisance, s'approchant du navire avec un air familier, et faisant entendre en même temps leur voix aigre et enrouée, dont la finale a quelque chose du cri du goëland.

Dans leur vol ils effleurent la surface de l'eau et y mouillent de temps en temps leurs pieds, qu'ils tiennent pendants. Il paraît qu'ils vivent du frai de poisson qui flotte sur la mer : néanmoins on voit le damier s'acharner, avec la foule des autres oiseaux de mer, sur les cadavres des balcines ; on le prend à l'hameçon avec un morceau de chair ; quelquefois aussi il s'embarrasse les ailes dans les lignes qu'on laisse flotter à l'arrière du vaisseau ; lorsqu'il est pris et qu'on le met à terre ou sur le pont du navire, il ne fait que sauter sans pouvoir marcher ni prendre son essor au vol, et il en est de même de la plupart de ces oiseaux marins, qui sans cesse volent et nagent au large ; ils ne savent pas marcher sur un terrain solide, et il leur est également impossible de s'élever pour reprendre leur vol ; on remarque même que sur l'eau ils attendent, pour s'en séparer, l'instant où la lame et le vent les soulèvent et les lancent.

Quoique les damiers paraissent ordinairement en troupes au milieu des vastes mers qu'ils habitent, et qu'une sorte d'instinct social semble les tenir rassemblés, on assure qu'un attachement plus particulier et très marqué tient unis le mâle et la femelle, qu'à peine l'un se pose sur l'eau, que l'autre aussi vient l'y joindre ; qu'ils s'invitent réciproquement à partager la nourriture que le hasard leur fait rencontrer ; qu'enfin si l'un des deux est tué, la troupe entière donne à la vérité des signes de regret en s'abattant et demeurant quelques instants autour du mort, mais que celui qui survit donne des marques évidentes de tendresse et de douleur ; il becquète le corps de son compagnon comme pour essayer de le ranimer, et il reste encore tristement et longtemps auprès du cadavre après que la troupe entière s'est éloignée.

L'ALBATROS [1]

Voici le plus gros des oiseaux d'eau, sans même en excepter le cygne ; et, quoique moins grand que le pélican ou le flammant, il a le corps bien plus épais, le cou et les jambes moins allongés et mieux proportionnés : indépendamment de sa très forte taille, l'albatros est encore remarquable par plusieurs autres attributs qui le distinguent de toutes les autres espèces d'oiseaux ; il n'habite que les mers australes, et se trouve dans toute leur étendue, depuis la pointe de l'Afrique à celles de l'Amérique et de la Nouvelle-Hollande ; on ne l'a jamais vu dans les mers de l'hémisphère boréal, non plus que les manchots et quelques autres qui paraissent être attachés à cette partie maritime du globe, où l'homme ne peut guère les inquiéter, où même ils sont demeurés très longtemps inconnus ; c'est au delà du cap de Bonne-Espérance, vers le Sud, qu'on a vu les premiers albatros, et ce n'est que de nos jours qu'on les a reconnus assez distinctement pour en indiquer les variétés, qui, dans cette grosse espèce, semblent être plus nombreuses que dans les autres espèces majeures des oiseaux et de tous les animaux.

La très forte corpulence de l'albatros lui a fait donner le nom de *mouton du Cap*, parce qu'en effet il est presque de la grosseur d'un mouton. Le fond de son plumage est d'un blanc gris brun sur le manteau, avec de petites hachures noires au dos et sur les ailes, où ces hachures se multiplient et s'épaississent en mouchetures ; une partie des grandes pennes de l'aile et l'extrémité de la queue sont noires ; la tête est grosse et de forme arrondie ; le bec est d'une structure semblable à celle du bec de la frégate, du fou et du cormoran,

1. Ordre des *Palmipèdes*, famille des *Longipennes* ou *Grands voiliers*, genre *Albatrosses*. (CUVIER.)

il est de même composé de plusieurs pièces qui semblent articulées et jointes par des sutures avec un croc surajouté, et le bout de la partie inférieure ouvert en gouttière et comme tronqué : ce que ce bec très grand et très fort a encore de remarquable, et en quoi il se raproche de celui des pétrels, c'est que les narines en sont ouvertes en forme

de petits rouleaux ou étuis, couchés vers la racine du bec dans une rainure qui, de chaque côté, le sillonne dans toute sa longueur ; il est d'un blanc jaunâtre, du moins dans l'oiseau mort ; les pieds, qui sont épais et robustes, ne portent que trois doigts engagés par une large membrane, qui borde encore le dehors de chaque doigt externe ;

la longueur du corps est de près de trois pieds : l'envergure au moins de dix, et suivant la remarque d'Edwards, la longueur du premier os de l'aile est égale à la longueur du corps entier.

Avec cette force de corps et ces armes, l'albatros semblerait devoir être un oiseau guerrier ; cependant on ne nous dit pas qu'il attaque les autres oiseaux qui croisent avec lui sur ces vastes mers ; il paraît même n'être que sur la défensive avec les mouettes, qui, toujours hargneuses et voraces, l'inquiètent et le harcèlent ; il n'attaque pas même les grands poissons ; et, selon M. Forster, il ne vit guère que de petits animaux marins, et surtout de poissons mous et de zoophytes mucilagineux qui flottent en quantité sur ces mers australes ; il se repaît aussi d'œufs et de frai de poissons que les courants charrient et dont il y a quelquefois des amas d'une grande étendue. M. le vicomte de Querhoënt, observateur exact et judicieux, nous assure n'avoir jamais trouvé dans l'estomac de ceux de ces oiseaux qu'il a ouverts qu'un mucilage épais, et point du tout de débris de poissons.

Les gens de l'équipage du capitaine Cook prenaient les albatros qui souvent environnaient le vaisseau, en leur jetant un hameçon amorcé grossièrement d'un morceau de peau de mouton. C'était pour ces navigateurs une capture d'autant plus agréable qu'elle venait s'offrir à eux au milieu des plus hautes mers, et lorsqu'ils avaient laissé toutes terres derrière eux : car il paraît que ces gros oiseaux se sont trouvés dans toutes les longitudes, et sur toute l'étendue de l'océan Austral, du moins sous les latitudes élevées, et qu'ils fréquentent les petites portions de terres qui sont jetées dans ces vastes mers antarctiques, aussi bien que la pointe de l'Amérique et celle de l'Afrique.

Ces oiseaux, comme la plupart de ceux des mers australes, dit M. de Querhoënt, effleurent en volant la surface de la mer, et ne prennent un vol plus élevé que dans le gros temps et par la force du vent ; il faut bien même que lorsqu'ils se trouvent portés à de grandes distances des terres ils se reposent sur l'eau : en effet l'albatros, non seulement se repose sur l'eau, mais y dort ; les voyageurs Lemaire et Schouten sont les seuls qui disent avoir vu ces oiseaux venir se poser sur les navires.

Le célèbre Cook a rencontré des albatros assez différents les uns des autres pour qu'il les ait regardés comme des espèces diverses ;

mais, d'après ses propres indications, il nous paraît que ce sont plutôt
de simples variétés ; il en indique distinctement trois : l'albatros *gris*,
qui paraît être la grande espèce dont nous venons de parler ; l'albatros d'un *brun foncé* ou *couleur de chocolat*, et l'albatros *à plumage gris-
brun*, et qu'à cause de cette couleur les matelots nommaient l'*oiseau
quaker* : or, cet albatros nous paraît être celui qui est représenté dans
nos planches enluminées, n° 963, sous la dénomination d'*albatros de
la Chine ;* il est un peu moins grand que le premier ; son bec ne paraît
pas avoir les sutures aussi fortement prononcées, sur quoi nous devons
observer que ce dernier albatros, moins grand que les premiers, et
dont les sutures du bec n'étaient pas aussi fortement exprimées,
pourrait bien être un oiseau jeune qui différait aussi des adultes par
les teintes de son plumage ; il se pourrait de même que des deux
premiers albatros, l'un gris moucheté et l'autre brun, celui-ci fût le
mâle et l'autre la femelle ; et ce qui nous fait insister sur ces présomp
tions, c'est que toutes les premières et très grandes espèces, tant dans
les animaux quadrupèdes que dans les oiseaux, sont toujours uniques,
isolées, et n'ont que rarement des espèces voisines, en sorte que nous
ne compterons qu'une espèce d'albatros jusqu'à ce que nous soyons
mieux informés.

Ces oiseaux ne se rencontrent nulle part en plus grand nombre
qu'entre les îles de glace des mers australes, depuis le quarantième
degré jusqu'aux glaces solides qui bornent ces mers sous le soixante-
cinquième ou le soixante-sixième degré. M. Forster a tué un albatros
à plumage brun vers le soixante-quatrième degré douze minutes ; et
dès le cinquante-troisième, ce même navigateur en avait vu plusieurs
de différentes couleurs, il en avait même trouvé au quarante-huitième
dégré. D'autres voyageurs en ont rencontré à quelque distance du cap
de Bonne-Espérance. Il semble même que ces oiseaux s'avancent quelquefois encore plus près du tropique austral, qui paraît être leur
barrière dans l'océan Atlantique ; mais ils l'ont franchie, et même ont
traversé la zone torride dans la partie occidentale de la mer Pacifique.
Si le passage suivant de la relation du *Troisième Voyage du capitaine
Cook* est exact, les vaisseaux partaient de la hauteur du Japon et
marchaient au Sud : « Nous approchions, dit ce relateur, des parages
où l'on rencontre les albatros avec les bonites, les dauphins et les
poissons volants. »

LE GUILLEMOT [1]

Le guillemot nous présente les traits par lesquels la nature se prépare à terminer la suite nombreuse des formes variées du genre entier des oiseaux. Ses ailes sont si étroites et si courtes, qu'à peine peut-il fournir un vol faible au-dessus de la mer, et que pour atteindre à son nid, posé sur les rochers, il ne peut que voleter ou plutôt sauter de pointe en pointe sur la roche, en prenant à chaque fois un instant de repos; et cette habitude ou plutôt cette nécessité lui est commune avec le macareux, le pingouin et autres oiseaux à courtes ailes dont les espèces, presque bannies des contrées tempérées de l'Europe, se sont réfugiées à la pointe de l'Écosse et sur les côtes de la Norwège, de l'Islande et des îles de Féroë, dernières terres des habitants de notre Nord, où ces oiseaux semblent lutter contre le progrès et l'envahissement des glaces. Il est même impossible qu'ils occupent ces parages en hiver; ils sont, à la vérité, assez accoutumés aux plus grandes rigueurs du froid, et se tiennent volontiers sur les glaçons flottants; mais ils ne peuvent trouver leur subsistance que dans une mer ouverte, et ils sont forcés de la quitter dès qu'elle se glace en entier.

C'est dans cette migration, ou plutôt dans cette dispersion pendant l'hiver, et après avoir quitté leur séjour dans la région de notre nord, qu'ils descendent le long des côtes d'Angleterre, et que même quelques familles y restent et s'établissent sur des écueils et des îlots déserts, et notamment dans une petite île inhabitée, faute d'eau, qui est en face de l'île d'Anglesey. Ils y nichent sur les rebords saillants des rochers, au sommet desquels ils se portent tout le plus haut qu'ils

---

1. Le *grand guillemot*. Ordre des *Palmipèdes,* famille des *Plongeurs* ou *Brachyptères,* genre *Plongeons,* sous-genre *Guillemots.* (CUVIER.)

peuvent; leurs œufs sont de couleur bleuâtre, et plus ou moins brouil-
lés de maculatures noires; ils sont fort pointus par un bout, et très-
gros pour la grandeur de l'oiseau, qui est à peu près celle du morillon ;
il a le corps court, rond et ramassé, le bec droit, pointu, long de
trois doigts, et noir dans toute sa longueur; la mandibule supérieure
présente à sa pointe deux petits prolongements qui débordent de
chaque côté sur l'inférieure. Ce bec est en grande partie couvert d'un
duvet ras du même cendré brun ou noir enfumé qui couvre toute
la tête, le cou, le dos et les ailes; tout le devant du corps est d'un
blanc de neige; les pieds n'ont que trois doigts et sont placés tout à
l'arrière du corps, situation qui rend cet oiseau aussi bon nageur et
plongeur qu'il est mauvais marcheur et faible pour le vol : aussi sa
seule retraite, lorsqu'il est poursuivi ou qu'il se sent blessé, elle est
sous l'eau et même sous la glace; mais il faut pour cela que le danger soit pressant, car cet oiseau est très peu défiant, il se laisse approcher et prendre avec une grande facilité; et c'est de cette apparence
de stupidité que vient l'étymologie anglaise de son nom guillemot.

LE MACAREUX[1]

Le bec, cet organe principal des oiseaux et duquel dépend l'exercice de leurs forces, de leur industrie et de la plupart de leurs facultés, le bec, qui est à la fois pour eux la bouche et la main, l'arme pour attaquer, l'instrument pour saisir, doit par conséquent être la partie de leur corps dont la conformation influe le plus sur leur instinct et décide la nécessité de la plupart de leurs habitudes[2]; et si ces habitudes sont infiniment variées dans les innombrables peuplades du genre volatile, si leurs différentes inclinations les dispersent dans l'air, sur la terre et les eaux, c'est que la nature a de même varié à l'infini et dessiné sous tous les contours possibles le trait du bec.

Un croc aigu et déchirant arme la tête des fiers oiseaux de proie; l'appétit de la chair et la soif du sang, joints aux moyens d'y satisfaire, font qu'ils se précipitent des airs sur tous les autres oiseaux et même sur tous les animaux faibles ou craintifs dont ils font également des victimes.

Un bec en forme de cuiller large et plate détermine l'instinct d'un autre genre d'oiseaux, et les oblige à chercher et ramasser leur subsistance au fond des eaux, tandis qu'un bec en cône court et tronqué, en donnant à nos oiseaux gallinacés la facilité de ramasser les graines sur la terre, les disposait de loin à se rassembler autour de nous, et semblait les inviter à recevoir cette nourriture de notre main.

Le bec en forme de sonde grêle et ployante qui allonge la face

---

1. Le *macareux commun*. Ordre des *Palmipèdes*, famille des *Plongeurs* ou *Brachyptères*. genre *Pingouins*, sous-genre *Macareux*. (CUVIER.)

2. Ce n'est pas le *bec* qui *influe sur l'instinct* et *décide des habitudes*. Le *bec* est soumis à l'*instinct*. Le point de vue véritable est celui qui découvre le rapport, si admirablement établi entre toutes ces choses: l'*instinct*, la forme du *bec*, celle des *intestins*, celle des *pieds*, etc. Ceci est un cas particulier de la grande loi des *corrélations organiques*.

du courlis, de la bécasse, de la barge et de la plupart des autres
oiseaux de rivage et de marais, les oblige à se porter sur les terres
marécageuses pour y fouiller la vase molle et le limon humide ; le bec
tranchant et acéré des pics fait qu'ils s'attachent au tronc des arbres
pour en percer le bois ; et enfin le petit bec en alène de la plupart
des oiseaux des champs ne leur permet que de saisir les mouche-

rons ou d'autres menus insectes, et leur interdit toute autre nourriture : ainsi la différente forme du bec modifie l'instinct et nécessite
la plupart des habitudes de l'oiseau ; et cette forme du bec se trouve
être infiniment variée, non-seulement par nuances, comme tous les
autres ouvrages de la nature, mais encore par degrés et par sauts assez
brusques.

L'énorme grandeur du bec du toucan, la monstrueuse enflure de

celui du çalao, la difformité de celui du flammant, la figure bizarre du bec
de la spatule, la courbure à contre-sens de celui de l'avocette, etc., nous
démontrent assez que toutes les figures possibles ont été tracées et
toutes les formes remplies ; et pour que dans cette suite il ne reste rien
à désirer ni même à imaginer, l'extrême de toutes ces formes s'offre
dans le bec en lame verticale de l'oiseau dont il est ici question.

Qu'on se figure deux lames de couteau très courtes, appliquées
l'une contre l'autre par le tranchant, c'est le bec du macareux ; la
pointe de ce bec est rouge et cannelée transversalement par trois ou
quatre petits sillons, tandis que l'espace près de la tête est lisse et
teint de bleu ; les deux mandibules étant réunies sont presque aussi
hautes que longues, et forment un triangle à peu près isocèle ; le
contour de la supérieure est bordé près de la tête et comme ourlé d'un
rebord de substance membraneuse ou calleuse, criblée de petits trous,
et dont l'épanouissement forme une rosette à chaque angle du bec[1].

Ce rapport imparfait avec le bec du perroquet, qui est aussi bordé
d'une membrane a sa base, et le rapport non moins éloigné du cou
raccourci et de la taille arrondie, ont suffi pour faire donner au

1. M. Geoffroy de Valognes, qui me paraît être bon observateur, a bien voulu m'envoyer la
note suivante au sujet du macareux. — « On m'a apporté, dit-il un macareux qui a été pris
dans les premiers jours de ce mois (de mai), à son passage sur nos côtes ; cet oiseau a été vu
avec étonnement, même par les personnes qui fréquentent le plus souvent les rivages de la mer.
ce qui fait croire qu'il est étranger à notre pays. La position des pieds du macareux près de
l'anus me fait présumer qu'il ne peut marcher qu'avec peine, et qu'il est plus fait pour nager
sur l'eau ; le cendré, le noir et le blanc contrastent sensiblement dans son plumage ; la première de
ces couleurs distingue les joues, les côtés de la tête, le dessous de la gorge, où elle prend
une nuance un peu plus forte : la seconde domine sur la tête, le cou, le dos, les ailes, la queue,
et s'étend à la gorge pour former un large collier, qui sépare à cet endroit le gris du blanc
pur qu'on aperçoit seul au-dessous du corps, dont les plumes dérobent à la vue un duvet gris
et épais qui garnit le ventre ; le noir du dessus de la tête s'éclaircit un peu vers la naissance
du cou, sur les pennes des ailes et à la terminaison des plumes qui couvrent le dos ; au haut
des ailes règne une bordure blanche qui n'est bien apparente que lorsqu'elles sont ouvertes.
Le bec a moins de longueur que de largeur, si on le mesure à sa naissance ; sa forme est
presque triangulaire, les deux pièces en sont mobiles ; le gris de fer dont il est peint en partie est comme séparé par un demi-cercle blanc, d'un rouge vif qui en couvre la pointe et qui
achève de l'embellir ; la pièce supérieure présente quatre stries, l'inférieure trois qui correspondent aux trois dernières de la pièce supérieure : toutes ces stries forment des espèces de
demi-cercles ; la pièce du dessus est munie à sa base d'un bourrelet blanchâtre, sur lequel on
aperçoit de petits trous disposés irrégulièrement ; il sort de quelques-uns de ces trous de fort
petites plumes ; les narines sont placées sur les bords du bec supérieur, et sont allongées de
trois lignes dans le sens de la longueur du bec. J'ai aperçu dans le palais de l'oiseau plusieurs
rangées de pointes charnues, dirigées vers l'entrée du gosier, dont l'extrémité transparente et
luisante m'a paru un peu plus dure que le reste ; les yeux, bordés d'un rouge vermillon, ont
de particulier qu'ils occupent le sens d'une excroissance triangulaire et de couleur grise ; les
jambes, courtes, sont d'un oranger vif, ainsi que les pieds ; les ongles sont noirs et luisants,
celui du doigt du milieu est le plus long et le plus large. » (Extrait d'une lettre de M. Geoffroy
à M. le comte de Buffon, datée de Valognes le 8 mai 1782.)

macareux le nom de *perroquet de mer* : dénomination aussi impropre
que celle de *colombe* pour le petit guillemot.

Le macareux n'a pas plus d'ailes que ce guillemot, et dans ses
petits vols courts et rasants, il s'aide du mouvement rapide de ses
pieds, avec lesquels il ne fait qu'effleurer la surface de l'eau; c'est ce
qui a fait dire que pour se soutenir il la frappait sans cesse de ses ailes;
les pennes en sont très courtes ainsi que celles de la queue, et le
plumage de tout le corps est plutôt un duvet qu'une véritable plume;
quant à ses couleurs, qu'on se figure, dit Gessner, un oiseau habillé
d'une robe blanche avec un froc ou manteau noir, et un capuchon de
cette même couleur comme le sont certains moines, et l'on aura le
portrait du macareux, que par cette raison, ajoute-t il, j'ai surnommé
le petit moine, *fratercula*.

Ce petit moine marin vit de langoustes, de chevrettes, d'étoiles
et d'araignées de mer, et de divers petits poissons et coquillages qu'il
saisit en plongeant dans l'eau, sous laquelle il se retire volontiers, et
qui lui sert d'abri dans le danger; on prétend même qu'il entraîne le
corbeau son ennemi sous l'eau, et cet acte de force ou d'adresse paraît
être au-dessus des forces de son corps, dont la grosseur n'est tout au
plus qu'égale à celle d'un pigeon; on ne peut donc attribuer cet
effort qu'à la puissance de ses armes, et en effet son bec est très
offensif par le tranchant de ses lames et par le croc qui le termine.

Les narines sont assez près de la tranche du bec, et ne paraissent
que comme deux fentes oblongues; les paupières sont rouges, et on
voit à celles d'en haut une petite excroissance de forme triangulaire;
il y a aussi une semblable caroncule, mais de figure oblongue, à la paupière inférieure; les pieds sont orangés, garnis d'une membrane de
même couleur entre les doigts : le macareux non plus que le guillemot, n'a point de doigt postérieur[1], ses ongles sont forts et crochus;
ses jambes courtes, cachées dans l'abdomen, l'obligent à se tenir absolument debout, et font que dans sa marche chancelante il semble se
bercer; aussi ne le trouve-t-on sur terre que retiré dans les cavernes
ou dans les trous creusés sous les rivages, et toujours à portée de se
jeter à l'eau lorsque le calme des flots l'invite à y retourner; car on a
remarqué que ces oiseaux ne peuvent tenir la mer ni pêcher que

---

1. « La principale distinction des *guillemots* est de manquer de pouce. — Les pieds des
pingouins manquent de pouce comme ceux des *guillemots*. » (CUVIER.)

quand elle est tranquille, et que si la tempête les surprend au large
soit dans leur départ en automne, soit dans leur retour au printemps,
ils périssent en grand nombre ; les vents amènent ces macareux morts
au rivage, quelquefois même jusque sur nos côtes, où ces oiseaux ne
paraissent que rarement.

Ils occupent habituellement les îles et les pointes les plus septentrionales de l'Europe et de l'Asie, et vraisemblablement aussi celles
de l'Amérique, puisqu'on les trouve en Groënland ainsi qu'au Kamtschatka. Leur départ des Orcades et autres îles voisines de l'Écosse
se fait régulièrement au mois d'août, et l'on prétend que dès les
premiers jours d'avril on en voit reparaître quelques-uns qui semblent
venir reconnaître les lieux, et qui disparaissent après deux ou trois
jours pour aller chercher la grande troupe qu'ils ramènent au commencement de mai.

Ces oiseaux ne font point de nid, la femelle pond sur la terre nue
et dans les trous qu'ils savent creuser et agrandir ; la ponte n'est jamais,
dit-on, que d'un seul œuf très gros, fort pointu par un bout et de
couleur grise ou roussâtre. Les petits qui ne sont point assez forts
pour suivre la troupe au départ d'automne sont abandonnés, et peut-
être périssent-ils ; cependant ces oiseaux, à leur retour au printemps,
ne remontent pas absolument tous jusqu'aux pointes les plus avancées
vers le nord ; de petites troupes s'arrêtent en différentes îles ou îlots
le long des côtes de l'Angleterre, et l'on en trouve avec des guillemots
et des pingouins sur ces rochers nommés par les Anglais *the Needles*
(les Aiguilles), à la pointe occidentale de l'île de Wight. M. Edwards
passa plusieurs jours aux environs de ces rochers pour observer et
décrire ces oiseaux.

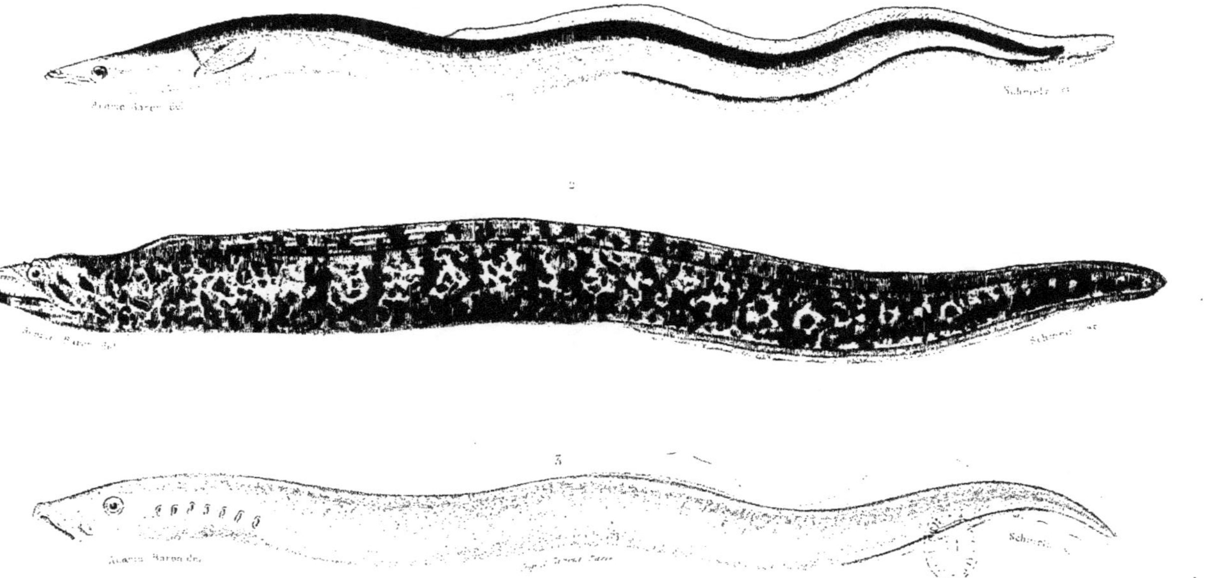

1. LA MURÈNE ANGUILLE (Muraena anguilla Cuv.) 2. LE MURÉNOPHIS HÉLÈNE (Muraenophis helena)

3. LE PETROMYZON LAMPROIE (Petromyzon marinus Cuv.)

D'après l'édition animal de Cuvier, édition V. Masson

Garnier frères Éditeurs

LA MURÈNE ANGUILLE

Il est peu d'animaux dont on doive se retracer l'image avec autant de plaisir que celle de la murène anguille. Elle peut être offerte, cette image gracieuse, et à l'enfance folâtre que la variété des évolutions amuse, et à la vive jeunesse que la rapidité des mouvements enflamme, et à la beauté que la grâce, la souplesse, la légèreté intéressent et séduisent, et à la sensibilité que les affections douces et constantes touchent si profondément, et à la philosophie même, qui se plaît à contempler et le principe et l'effet d'un instinct supérieur. Nous l'avons déjà vu, cet instinct supérieur, dans l'énorme et terrible requin ; mais il y était le ministre d'une voracité insatiable, d'une cruauté sanguinaire, d'une force dévastatrice.

Nous avons trouvé dans les poissons électriques une puissance magique ; mais ils n'ont pas eu la beauté en partage. Nous avons eu à représenter des formes remarquables ; presque toujours leurs couleurs étaient ternes et obscures. Des nuances éclatantes ont frappé nos regards ; rarement elles ont été unies avec des proportions agréables ; plus rarement encore elles ont servi de parure à un être d'un instinct élevé. Et cette sorte d'intelligence, ce mélange de l'éclat des métaux et des couleurs de l'arc céleste, cette rare conformation de toutes les parties qui forment un même tout et qu'un heureux accord a rassemblées, quand les avons-nous vus départis avec des habitudes, pour ainsi dire, sociales, des affections douces et des jouissances en quelque sorte sentimentales ?

C'est cette réunion si digne d'intérêt que nous allons cependant montrer dans l'anguille. Et lorsque nous aurons compris sous un seul point de vue sa forme déliée, ses proportions sveltes, ses couleurs éclatantes, ses flexions gracieuses, ses circonvolutions faciles, ses élans

rapides, sa natation soutenue, ses mouvements semblables à ceux du
serpent, son industrie, son instinct, son affection pour sa compagne,
son espèce de sociabilité, et les avantages que l'homme en retire chaque
jour, on ne sera pas surpris que les Grecques et les Romaines les
plus fameuses par leurs charmes aient donné sa forme à un de leurs
ornements les plus recherchés, et que l'on doive en reconnaître les
traits, de même que ceux des murénophis, sur des riches bracelets
antiques, peut-être aussi souvent que ceux des couleuvres venimeuses
dont a voulu pendant longtemps retrouver exclusivement l'image dans
ces objets de luxe et de parure; on ne sera pas même étonné que ce
peuple ancien et célèbre qui adorait tous les objets dans lesquels il
voyait quelque empreinte de la beauté, de la prévoyance, du pouvoir
ou du courroux célestes, et qui se prosternait devant les ibis et les
crocodiles, eût aussi accordé les honneurs divins à l'animal que nous
examinons. C'est ainsi que nous avons vu l'énorme serpent devin obliger,
par l'effroi, des nations encore peu civilisées des deux continents à
courber une tête tremblante devant sa force redoutable, que l'ignorance
et la terreur avaient divinisée; et c'est ainsi encore que par l'effet d'une
mythologie plus excusable sans doute, mais bien plus surprenante, car,
fille cette fois de la reconnaissance et non de la crainte, elle consacrait
l'utilité et non la puissance, les premiers habitants de l'île Saint-Domingue, de même que les troglodytes dont Pline a parlé dans son
histoire naturelle vénéraient leur dieu sous la forme d'une tortue[1].

On ne s'attendait peut-être pas à trouver dans l'anguille tant de
droits à l'attention. Quel est néanmoins celui qui n'a pas vu cet animal? Quel est celui qui ne croit pas être bien instruit de ce qui con-
cerne un poisson que l'on pêche sur tant de rivages, que l'on trouve
sur tant de tables frugales ou somptueuses, dont le nom est si souvent
prononcé, et dont la facilité à s'échapper des mains qui le retiennent
avec trop de force est devenue un objet de proverbe pour le sens
borné du vulgaire aussi bien que pour la prudence éclairée du sage?
Mais depuis Aristote jusqu'à nous, les naturalistes, les Apicius, les
savants, les ignorants, les têtes fortes, les esprits faibles, se sont

1. M. François (de Neufchâteau), membre de l'Institut, m'écrivait, le 5 avril 1798, pendant
qu'il était encore membre du Directoire exécutif, et dans une lettre savante et philosophique:
« J'ai vu à Saint-Domingue des vases qui servaient dans les cérémonies des premiers habitants
de l'île. Ces vases, composés d'une sorte de lave grossièrement taillée, figurent des tortues. »

occupés de l'anguille ; et voilà pourquoi elle a été le sujet de tant d'erreurs séduisantes, de préjugés ridicules, de contes puérils, au milieu desquels très peu d'observateurs ont distingué les formes et les habitudes propres à inspirer ainsi qu'à satisfaire une curiosité raisonnable.

Tâchons de démêler le vrai d'avec le faux ; représentons l'anguille telle qu'elle est.

Ses nageoires pectorales sont assez petites, et ses autres nageoires assez étroites, pour qu'on puisse la confondre de loin avec un véritable serpent : elle a de même le corps très allongé et presque cylindrique. Sa tête est menue, le cerveau un peu pointu, et la mâchoire inférieure plus avancée que la supérieure.

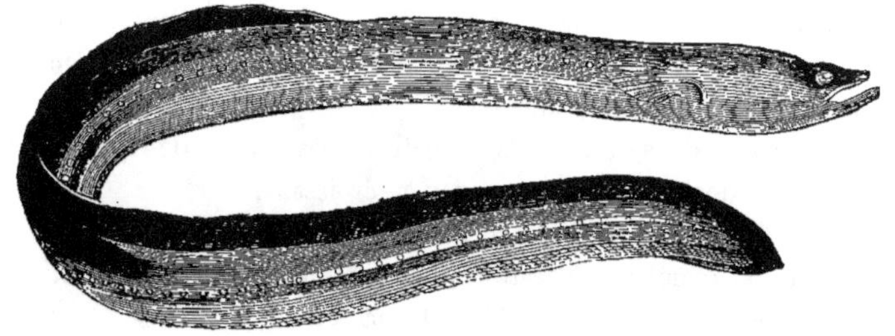

L'Anguille.

L'ouverture de chaque narine est placée au bout d'un très petit tube qui s'élève au-dessous de la partie supérieure de la tête ; et une prolongation des téguments les plus extérieurs s'étend en forme de membrane au-dessus des yeux et les couvre d'un voile demi-transparent, comme celui que nous avons observé sur les yeux des gymnotes, des ophisures et des aptéronotes.

Les lèvres sont garnies d'un très grand nombre de petits orifices par lesquels se répand une liqueur onctueuse ; une rangée de petites ouvertures analogues compose, de chaque côté de l'animal, la ligne que l'on a nommée *latérale* ; et c'est ainsi que l'anguille est perpétuellement arrosée de cette substance qui la rend si visqueuse. Sa peau est, sur tous les points de son corps, enduite de cette humeur gluante qui la fait paraître comme vernie. Elle est pénétrée de cette sorte d'huile qui rend ses mouvements très souples ; et l'on voit déjà pourquoi elle glisse si facilement au milieu des mains inexpérimentées qui, la serrant avec trop de force, augmentent le jeu de ses muscles, facilitent ses efforts, et, ne pouvant la saisir par aucune aspérité, la sentent couler et s'échapper comme un fluide [1]. A la vérité, cette même peau est garnie d'écailles dont on se sert même, dans plusieurs pays du Nord, pour donner une sorte d'éclat argentin au ciment dont on enduit les édifices ; mais ces écailles sont si petites, que plusieurs physiciens en ont nié l'existence, et elles sont attachées de manière que le toucher le plus délicat ne les fait pas reconnaître sur l'animal vivant et que même un œil perçant ne les découvre que lorsque l'anguille est morte, et la peau assez desséchée pour que les petites lames écailleuses se séparent facilement.

On aperçoit plusieurs rangs de petites dents, non seulement aux deux mâchoires, à la partie antérieure du palais et sur deux os situés au-dessus du gosier, mais encore sur deux autres os un peu plus longs et placés à l'origine des branchies.

L'ouverture de ces branchies est petite, très voisine de la nageoire pectorale, verticale, étroite et un peu en croissant.

On a de la peine à distinguer les dix rayons que contient communément la membrane destinée à fermer cette ouverture ; et les quatre branchies de chaque côté sont garnies de vaisseaux sanguins dans leur partie convexe et dénuées de toute apophyse et de tout tubercule dans leur partie concave.

Les nageoires du dos et de l'anus sont si basses, que la première s'élève à peine au dessus du dos d'un soixantième de la longueur totale. Elles sont d'ailleurs réunies à celle de la queue, de manière qu'on a bien de la peine à déterminer la fin de l'une et le commencement de l'autre ; et on peut les considérer comme une bande très étroite, qui commence sur le dos à une certaine distance de la tête, s'étend jusqu'au bout de la queue, entoure cette extrémité, y forme une pointe assez aiguë, revient au-dessous de l'animal jusqu'à l'anus, et présente toujours assez peu de hauteur pour laisser subsister les plus grands rapports entre le corps du serpent et celui de l'anguille.

L'épaisseur de la partie membraneuse de ces trois nageoires réunies fait qu'on ne compte que très difficilement les petits rayons qu'elles

---

1. Le mot *muræna*, qui vient du grec *murein*, lequel signifie *couler, s'échapper*, désigne cette faculté de l'anguille et des autres poissons de son genre.

renferment et qui sont ordinairement au nombre de plus de mille, depuis le commencement de la nageoire dorsale jusqu'au bout de la queue.

Les couleurs que l'anguille présente sont toujours agréables, mais elles varient assez fréquemment ; et il paraît que leurs nuances dépendent beaucoup de l'âge de l'animal et de la qualité de l'eau au milieu de laquelle il vit. Lorsque cette eau est limoneuse, le dessus du corps de la murène que nous décrivons est d'un beau noir, et le dessous d'un jaune plus ou moins clair. Mais si l'eau est pure et limpide, si elle coule sur un fond de sable, les teintes qu'offre l'anguille sont plus vives et plus riantes : sa partie supérieure est d'un vert nuancé, quelquefois même rayé d'un brun qui le fait ressortir ; et le blanc de lait, ou la couleur de l'argent, brille sur la partie inférieure du poisson. D'ailleurs, la nageoire de l'anus est communément lisérée de blanc, et celle du dos, de rouge. Le blanc le rouge et le vert, ces couleurs que la nature sait marier avec tant de grâce et fondre les unes dans les autres par des nuances si douces, composent donc l'une des parures élégantes que l'espèce de l'anguille a reçues, et celle qu'elle déploie lorsqu'elle passe sa vie au milieu d'une eau claire, vive et pure.

Au reste, les couleurs de l'anguille paraissent quelquefois d'autant plus variées par les différents reflets rapides et successifs de la lumière plus ou moins intense qui parvient jusqu'aux diverses parties de l'animal, que les mouvements très prompts et très multipliés de cette murène peuvent faire changer à chaque instant l'aspect de ces mêmes portions colorées. Cette agilité est secondée par la nature de la charpente osseuse du corps et de la queue de l'animal. Ses vertèbres un peu comprimées et par conséquent un peu étroites à proportion de leur longueur, pliantes et petites, peuvent se prêter aux diverses circonvolutions qu'elle a besoin d'exécuter. A ces vertèbres, qui communément sont au nombre de cent seize, sont attachées des côtes très courtes, retenues par une adhérence très légère aux apophyses des vertèbres, et très propres à favoriser les sinuosités nécessaires à la natation de la murène. De plus, les muscles sont soutenus et fortifiés dans leur action par une quantité considérable de petits os disséminés entre leurs divers faisceaux et connus sous le nom d'*arêtes* proprement dites, ou de *petites arêtes*. Ces os intermusculaires, que l'on ne voit dans aucune autre classe d'animaux que dans celle des poissons, et qui n'appartiennent même qu'à un certain nombre de poissons osseux, sont d'autant plus grands qu'ils sont placés plus près de la tête ; et ceux qui occupent la partie antérieure de l'animal sont communément divisés en deux petites branches.

Un instinct relevé ajoute aussi à la fréquence des mouvements ; nous avons déjà indiqué que l'anguille, ainsi que les autres poissons osseux et serpentiformes, avait le cerveau plus étendu, plus allongé, composé de lobes moins inégaux, plus développé et plus nombreux, que le cerveau de la plupart des poissons dont il nous reste à parler, et particulièrement de ceux qui ont le corps très aplati, comme les pleuronectes.

Le cœur est quadrangulaire ; l'aorte grande ; le foie rougeâtre, divisé en deux lobes, dont le gauche est le plus volumineux ; la vésicule du fiel séparée du foie comme dans plusieurs espèces de serpents ; la rate allongée et triangulaire ; la vessie natatoire très grande, attachée à l'épine et garnie par devant d'un long conduit à gaz. Le canal intestinal est dénué de ces appendices que l'on remarque auprès du pylore de plusieurs espèces de poissons, et presque sans sinuosités, ce qui indique la force des sucs digestifs de l'anguille et en général l'activité de ses humeurs et l'intensité de son principe vital.

Les murènes anguilles parviennent à une grandeur très considérable : il n'est pas rare d'en trouver en Angleterre, ainsi qu'en Italie, du poids de huit à dix kilogrammes. Dans l'Albanie, on en a vu dont on a comparé la grosseur à celle de la cuisse d'un homme, et des observateurs très dignes de foi ont assuré que, dans les lacs de la Prusse, on en avait pêché qui étaient longues de trois à quatre mètres. On a même écrit que le Gange en avait nourri de plus de dix mètres de longueur ; mais ce ne peut être qu'une erreur, et l'on aura vraisemblablement donné le nom d'*anguille* à quelque grand serpent, à quelque boa devin que l'on aura aperçu de loin, nageant au-dessus de la surface du grand fleuve de l'Inde.

Quoi qu'il en soit, la croissance de l'anguille se fait très lentement ; nous avons sur la durée de son développement quelques expériences précises et curieuses qui m'ont été communiquées par un très bon observateur, M. Septfontaines, auquel j'ai eu plusieurs fois, en écrivant cette histoire naturelle, l'occasion de témoigner ma juste reconnaissance.

Au mois de juin 1779, ce naturaliste mit soixante anguilles dans un réservoir ; elles avaient alors environ dix-neuf centimètres. Au mois de septembre 1783, leur longueur n'était que de quarante à quarante-trois centimètres ; au mois d'octobre 1786, cette même longueur n'était que de cinquante et un centimètres ; enfin, en juillet 1788, ces anguilles n'étaient longues que de cinquante-cinq centimètres au plus. Elles ne s'étaient donc allongées en neuf ans que de vingt-six centimètres.

Avec de l'agilité, de la souplesse, de la force dans les muscles, de la grandeur dans les dimensions, il est facile à la murène que nous examinons de parcourir des espaces étendus, de surmonter plusieurs obstacles, de faire de grands voyages, de remonter contre des courants rapides. Aussi va-t-elle périodiquement, tantôt des lacs ou des rivages voisins de la source des rivières vers les embouchures des fleuves, et tantôt de la mer vers les sources ou les lacs. Mais, dans ces migrations régulières, elle suit quelquefois un ordre différent de celui qu'observent la plupart des poissons voyageurs. Elle obéit aux mêmes lois ; elle est régie de même par les causes dont nous avons tâché d'indiquer la nature dans notre premier discours : mais tel est l'ensemble de ses organes extérieurs et de ceux que son intérieur renferme, que la température des eaux, la qualité des aliments, la tranquillité ou le tumulte des rivages, la pureté du fluide, exercent, dans certaines circonstances, sur ce poisson vif et sensible, une action très différente de celle qu'ils font éprouver au plus grand nombre des autres poissons non sédentaires. Lorsque le printemps commence de régner, ces derniers remontent les embouchures des fleuves vers les points les plus élevés des rivières ; quelques anguilles, au contraire, s'abandonnant alors au cours des eaux, vont des lacs dans les fleuves qui en sortent, et des fleuves vers les côtes maritimes.

Dans quelques contrées, et particulièrement auprès des lagunes de Venise, les anguilles remontent, dans le printemps ou à peu près, de la mer Adriatique vers les lacs et les marais, et notamment vers ceux de Comachio, que la pêche des anguilles a rendus célèbres. Elles y arrivent par le Pô, quoique très jeunes; mais elles n'en sortent pendant l'automne pour retourner vers les rivages de la mer, que lorsqu'elles ont acquis un assez grand développement et qu'elles sont devenues presque adultes. La tendance à l'imitation, cette cause puissante de plusieurs actions très remarquables des animaux, et la sorte de prudence qui paraît diriger quelques-unes des habitudes des anguilles les déterminent à préférer la nuit au jour pour ces migrations dans les lacs, et pour ces retours des lacs dans la mer. Celles qui vont, vers la fin de la belle saison, des marais de Comachio dans la mer de Venise, choisissent même pour leur voyage les nuits les plus obscures, et surtout celles dont les ténèbres sont épaissies par la présence de nuages orageux. Une clarté plus ou moins vive, la lumière de la lune, des feux allumés sur le rivage, suffisent souvent pour les arrêter dans leur natation vers les côtes maritimes. Mais, lorsque ces lueurs qu'elles redoutent ne suspendent pas leurs mouvements, elles sont poussées vers la mer par un instinct si fort, ou, pour mieux dire, par une cause si énergique, qu'elles s'engagent entre des rangées de roseaux que les pêcheurs disposent au fond de l'eau pour les conduire à leur gré, et que, parvenant sans résistance et par le moyen de ces tranchées aux enceintes dans lesquelles on a voulu les attirer, elles s'entassent dans ces espèces de petits parcs, au point de surmonter la surface de l'eau, au lieu de chercher à revenir dans l'habitation qu'elles viennent de quitter.

Pendant cette longue course, ainsi que pendant le retour des environs de la mer vers les eaux douces élevées, les anguilles se nourrissent, aussi bien que pendant qu'elles sont stationnaires, d'insectes, de vers, d'œufs, et de petites espèces de poissons. Elles attaquent quelquefois des animaux un peu plus gros. M. Septfontaines en a vue une de quatre-vingt-quatre centimètres présenter un nouveau rapport avec les serpents, en se jetant sur deux jeunes canards éclos de la veille, et en les avalant assez facilement pour qu'on pût les retirer presque entiers de ses intestins. Dans certaines circonstances, elles se contentent de la chair de presque tous les animaux morts qu'elles rencontrent au milieu des eaux; mais elles causent souvent de grands ravages dans les rivières. M. Noël nous écrit que dans la basse Seine elles détruisent beaucoup d'éperlans, de clupées feintes et de brèmes.

Ce n'est pas cependant sans danger qu'elles recherchent l'aliment qui leur convient le mieux; malgré leur souplesse, leur vivacité la

vitesse de leur fuite, elles ont des ennemis auxquels il leur est très
difficile d'échapper. Les loutres, plusieurs oiseaux d'eau et les grands
oiseaux de rivages, tels que les grues, les hérons et les cigognes, les
pêchent avec habileté et les retiennent avec adresse ; les hérons surtout ont, dans la denteure d'un de leurs ongles, des espèces de
crochets qu'ils enfoncent dans le corps de l'anguille, et qui rendent
inutiles tous les efforts qu'elle fait pour glisser au milieu de leurs
doigts. Les poissons qui parviennent à une longueur un peu considérable, par exemple, le brochet et l'acipensère esturgeon, en font aussi
leur proie ; comme les esturgeons l'avalent tout entière et souvent
sans la blesser, il arrive que, déliée, visqueuse et flexible, elle parcourt
toutes les sinuosités de leur canal intestinal, sort par leur anus, et
se dérobe par une prompte natation à une nouvelle poursuite. Il n'est
presque personne qui n'ait vu un lombric avalé par des canards sortir
de même des intestins de cet oiseau, dont il avait suivi tous les replis ;
et cependant c'est le fait que nous venons d'exposer qui a donné lieu
à un conte absurde accrédité pendant longtemps, à l'opinion de
quelques observateurs très peu instruits de l'organisation intérieure
des animaux, et qui ont dit que l'anguille entrait ainsi volontairement
dans le corps de l'esturgeon, pour y aller chercher des œufs dont elle
aimait beaucoup à se nourrir.

Mais voici un trait très remarquable dans l'histoire d'un poisson,
et qui a été vu trop de fois pour qu'on puisse en douter. L'anguille,
pour laquelle les petits vers de prés, et même quelques végétaux,
comme par exemple, les pois nouvellement semés, sont un aliment
peut-être plus agréable encore que des œufs ou des poissons, sort
de l'eau pour se procurer ce genre de nourriture. Elle rampe sur le
rivage par un mécanisme semblable à celui qui la fait nager au milieu
des fleuves ; elle s'éloigne de l'eau à des distances assez considérables,
exécutant avec son corps serpentiforme, tous les mouvements qui
donnent aux couleuvres la faculté d'avancer ou de reculer. Après
avoir fouillé dans la terre avec son museau pointu, pour se saisir des
pois ou des petits vers, elle regagne en serpentant le lac ou la rivière
dont elle était sortie, et vers lequel elle tend avec assez de vitesse,
lorsque le terrain ne lui oppose pas trop d'obstacles, c'est-à-dire de
trop grandes inégalités.

Au reste, pendant que la conformation de son corps et de sa

queue lui permet de se mouvoir sur la terre sèche, l'organisation de ses branchies lui donne la faculté d'être pendant un temps assez long hors de l'eau douce ou salée sans en périr. En effet, nous avons vu qu'une des grandes causes de la mort des poissons que l'on retient dans l'atmosphère est le grand desséchement qu'éprouvent leurs branchies, et qui produit la rupture des artères et des veines branchiales, dont le sang, qui n'est plus alors contrebalancé par un fluide aqueux environnant, tend d'ailleurs sans contrainte à rompre les membranes qui le contiennent. Mais l'anguille peut conserver plus facilement que beaucoup d'autres poissons l'humidité, et par conséquent la ductilité et la ténacité des vaisseaux sanguins de ses branchies ; elle peut clore exactement l'ouverture de sa bouche ; l'orifice branchial, par lequel un air desséchant paraîtrait devoir s'introduire en abondance, est très étroit et peu allongé ; l'opercule et la membrane sont placés et conformés de manière à fermer parfaitement cet orifice ; de plus, la liqueur gluante et copieuse dont l'animal est imprégné entretient la mollesse de toutes les portions des branchies.

Nous devons ajouter que, soit pour être moins exposée aux attaques des animaux qui cherchent à la dévorer, et à la poursuite des pêcheurs qui veulent en faire leur proie, soit pour obéir à quelque autre cause que l'on pourrait trouver sans beaucoup de peine, et qu'il est, dans ce moment, inutile de considérer, l'anguille ne va à terre, au moins le plus fréquemment, que pendant la nuit. Une vapeur humide est très souvent alors répandue dans l'atmosphère ; le desséchement de ses branchies ne peut avoir lieu que plus difficilement ; l'on doit voir maintenant pourquoi, dès le temps de Pline, on avait observé en Italie que l'anguille peut vivre hors de l'eau jusqu'à six jours, lorsqu'il ne souffle pas un vent méridional, dont l'effet le plus ordinaire dans cette partie de l'Europe est de faire évaporer l'humidité avec beaucoup de vitesse.

Pendant le jour, la murène anguille, moins occupée de se procurer l'aliment qu'elle désire, se tient presque toujours dans un repos réparateur et dérobée aux yeux de ses ennemis par un asile qu'elle prépare avec soin. Elle se creuse avec son museau une retraite plus ou moins grande dans la terre molle du fond des lacs et des rivières ; et par une attention particulière, résultat remarquable d'une expérience dont l'effet se maintient de génération en génération, cette espèce de terrier a deux ouvertures, de telle sorte que si elle est attaquée d'un côté, elle peut s'échapper de l'autre. Cette industrie, pareille à celle des animaux les plus précautionnés, est une nouvelle preuve de cette supériorité d'instinct que nous avons dû attribuer à l'anguille dès le moment où nous avons considéré dans ce poisson le volume et la forme du cerveau, l'organisation plus soignée des sièges de l'odorat, et enfin la flexibilité et la longueur du corps et de la queue, qui, souples et continuellement humectés, s'appliquent dans toute leur étendue à presque toutes les surfaces, en reçoivent des impressions que des écailles presque insensibles ne peuvent ni arrêter ni en quelque sorte diminuer, et doivent donner à l'animal un toucher assez vif et assez délicat.

Il est à remarquer que les anguilles, qui, par une suite de la longueur et de la flexibilité de leur corps, peuvent, dans tous les sens, agir sur l'eau presque avec la même facilité et par conséquent reculer presque aussi vite qu'elles avancent, pénètrent souvent la queue la première dans les trous qu'elles forment dans la vase, et qu'elles creusent quelquefois cette cavité avec cette même queue aussi bien qu'avec leur tête.

Lorsqu'il fait très chaud, ou dans quelques autres circonstances, l'anguille quitte cependant quelquefois, même vers le milieu du jour, cet asile qu'elle sait se donner. On la voit très souvent alors s'approcher de la surface de l'eau, se placer au-dessous d'un amas de mousse flottante ou de plantes aquatiques, y demeurer immobile et paraître se plaire dans cette sorte d'inaction et sous cet abri passager. On serait même tenté de croire qu'elle se livre quelquefois à une espèce de demi-sommeil sous ce toit de feuilles et de mousse, M. Septfontaines nous a écrit, en effet, dans le temps, qu'il avait vu plusieurs fois une anguille dans la situation dont nous venons de parler, qu'il était parvenu à s'en approcher, à élever progressivement la voix, à faire tinter plusieurs clefs l'une contre l'autre, à faire sonner très près de la tête du poisson plus de quarante coups d'une montre à répétition, sans produire dans l'animal aucun mouvement de crainte, et que la murène ne s'était plongée au fond de l'eau que lorsqu'il s'était avancé brusquement vers elle, ou qu'il avait ébranlé la plante touffue sous laquelle elle goûtait le repos.

De tous les poissons osseux, l'anguille n'est cependant pas celui dont l'ouïe est la moins sensible. On sait depuis longtemps qu'elle peut devenir familière au point d'accourir vers la voix ou l'instrument qui l'appelle et qui lui annonce la nourriture qu'elle préfère.

Les murènes anguilles sont en très grand nombre partout où elles trouvent l'eau, la température, l'aliment qui leur convienne, et où elles ne sont pas privées de toute sûreté. Voilà pourquoi, dans plusieurs des endroits où l'on s'est occupé de la pêche de ces poissons, on en a pris une immense quantité. Pline a écrit que dans le lac Benaco, des environs de Vérone, les tempêtes, qui, vers la fin de l'automne, en bouleversaient les flots, agitaient, entraînaient et roulaient, pour ainsi dire, un nombre si considérable d'anguilles, qu'on les prenait par milliers à l'endroit où le fleuve venait de sortir du lac. Martini rapporte, dans son dictionnaire, qu'autrefois on en pêchait jusqu'à soixante mille dans un seul jour et avec un seul filet. On lit dans l'ouvrage de Redi sur les animaux vivant dans les animaux vivants, que, lors du second passage des anguilles dans l'Arno, c'est-à-dire lorsqu'elles remontent de la mer vers les sources de ce fleuve de Toscane, plus de deux cent mille peuvent tomber dans les filets, quoique dans un très court espace de temps. Il y en a une si grande abondance dans les marais de Comachio, qu'en 1782 on en pêcha 990,000 kilogrammes. Dans le Jutland, il est des rivages vers lesquels, dans certaines saisons, on prend quelquefois d'un seul coup de filet plus de neuf mille anguilles, dont quelques-unes pèsent de quatre à cinq kilogrammes. Et nous savons, par M. Noël, qu'à Cléon près d'Elbeuf, et même auprès de presque toutes les rives de la basse Seine, il passe des troupes ou plutôt des légions si considérables de petites anguilles, qu'on en remplit des seaux et des baquets.

Cette abondance n'a pas empêché le goût le plus difficile en bonne chère et le luxe même le plus somptueux de rechercher l'anguille et de la servir dans leurs banquets. Cependant sa viscosité, le suc huileux dont elle est imprégnée, la difficulté avec laquelle les estomacs délicats en digèrent la chair, sa ressemblance avec un serpent, l'ont fait regarder dans certains pays comme un animal un peu malsain par les médecins et comme un être impur par les esprits superstitieux. Elle est comprise parmi les poissons en apparence dénués d'écailles, que les lois religieuses des Juifs interdisaient à ce peuple ; et les règlements de Numa ne permettaient pas de les servir dans les sacrifices, sur les tables des dieux. Mais les défenses de quelques législateurs et les recommandations de ceux qui ont écrit sur l'hygiène ont été peu suivies et peu imitées ; la saveur agréable de la chair de l'anguille et le peu de rareté de cette espèce l'ont emporté sur ces ordres ou ces conseils. On s'est rassuré par l'exemple d'un grand nombre d'hommes, à la vérité, laborieux, qui, vivant au milieu des marais et ne se nourrissant que d'anguilles, comme les pêcheurs des lacs de Comachio auprès de Venise, ont cependant joui d'une santé assez forte, présenté un tempérament robuste, atteint une vieillesse avancée. On a, dans tous les temps et dans presque tous les pays, consacré d'autant plus d'instants à la pêche assez facile de cette murène, que sa peau peut servir à beaucoup d'usages, que dans plusieurs contrées on en fait des liens assez forts, et que dans d'autres, comme, par exemple, dans quelques parties de la Tartarie et particulièrement dans celles qui avoisinent la Chine, cette même peau remplace, sans trop de désavantage, les vitres des fenêtres.

Dans plusieurs pays de l'Europe, et notamment à l'embouchure de la Seine, on prend les anguilles avec des *haims* ou *hameçons*. Les plus petites sont attirées par des lombrics ou vers de terre, plus que par toute autre amorce ; on emploie contre les plus grandes des haims garnis de moules, d'autres animaux à coquille, ou de jeunes éperlans. Lorsqu'on pêche les anguilles pendant la nuit, on se sert d'un filet nommé *seine drue*, et pour la description duquel nous renvoyons le lecteur à l'article de la *raie bouclée*.

On substitue quelquefois à cette *seine* un autre filet appelé, dans la rivière de Seine, *dranguel* ou *dranguet dru*, dont les mailles sont encore plus serrées que celles de la *seine drue*. M. Noël nous fait observer, dans une note qu'il nous a adressée, que c'est par une suite de cette substitution, et parce qu'en général on exécute mal les lois relatives à la police des pêches, que les pêcheurs de la Seine détruisent une grande quantité d'anguilles du premier âge et qui n'ont atteint encore qu'une longueur d'un ou deux décimètres, pendant qu'ils prennent peut-être plus inutilement encore, dans ce même dranguet, beaucoup de frai de barbeau, de vaudoise, de brème et d'autres poissons recherchés. Mais l'usage de ce filet à mailles très serrées n'est pas la seule cause contraire à l'avantageuse reproduction, ou, pour mieux dire, à l'accroissement convenable des anguilles dans la Seine ; M. Noël nous en fait remarquer deux autres dans la note que nous venons de citer. Premièrement, les pêcheurs de cette rivière ont recours quelquefois, pour la pêche de ces murènes, à la *vermille*, sorte de corde garnie de vers, à laquelle les très jeunes individus de cette espèce viennent s'attacher très fortement, et par le moyen de laquelle on enlève des milliers de ces petits animaux. Secondement, les fossés qui communiquent avec la basse Seine ont assez peu de pente pour que les petites anguilles, poussées par le flux dans ces fossés, y restent à sec lorsque la marée se retire, et y périssent en nombre extrêmement considérable, par l'effet de la grande chaleur du soleil de juin.

Au reste, c'est le plus souvent depuis le commencement du printemps jusque vers la fin de l'automne qu'on pêche les murènes anguilles avec facilité. On a communément assez de peine à les prendre au milieu de l'hiver, au moins à des latitudes un peu élevées ; elles se cachent, pendant cette saison, ou dans les terriers qu'elles se sont creusés, ou dans quelques autres asiles à peu près semblables. Elles se réunissent même en assez grand nombre, se serrent de très près et s'amoncellent dans ces retraites, où il paraît qu'elles s'engourdissent lorsque le froid est rigoureux. On en a quelquefois trouvé cent quatre-vingts dans un trou de quarante décimètres cubes ; et M. Noël nous mande qu'à Aisiey, près de Quillebeuf, on en prend souvent pendant l'hiver de très grandes quantités, en fouillant dans le sable, entre les pierres du rivage. Si l'eau dans laquelle elles se trouvent est peu profonde, si par ce peu d'épaisseur des couches du fluide elles sont moins à couvert des impressions funestes du froid, elles périssent dans leur terrier, malgré toutes leurs précautions ; et le savant Spallanzani rapporte qu'un hiver fit périr dans les marais de Comachio une si grande quantité d'anguilles, qu'elles pesaient 1,800,000 kilogrammes.

Dans toute autre circonstance, une grande quantité d'eau n'est pas aussi nécessaire aux murènes dont nous nous occupons que plusieurs auteurs l'ont prétendu. M. Septfontaines a pris dans une fosse qui contenait à peine quatre cents décimètres cubes de ce fluide une anguille d'une grosseur très considérable ; et la distance de la fosse à toutes les eaux de l'arrondissement, ainsi que le défaut de communication entre ces mêmes eaux et la petite mare, ne lui ont pas permis de douter que cet animal n'eût vécu très longtemps dans cet étroit espace, des effets duquel l'état de sa chair prouvait qu'il n'avait pas souffert.

Nous devons ajouter néanmoins que si la chaleur est assez vive pour produire une très grande évaporation et altérer les plantes qui croissent dans l'eau, ce fluide peut être corrompu au point de devenir mortel pour l'anguille, qui s'efforce en vain, en s'abritant alors dans la fange, de se soustraire à l'influence funeste de cette chaleur desséchante.

On a écrit aussi que l'anguille ne supportait pas des changements rapides et très marqués dans la qualité des eaux au milieu desquelles elle habitait. Cependant M. Septfontaines a prouvé plusieurs fois qu'on pouvait la transporter, sans lui faire courir aucun danger, d'une rivière bourbeuse dans le vivier le plus limpide, du sein d'une eau froide dans celui d'une eau tempérée. Il s'est assuré que des changements inverses ne nuisaient pas davantage à ce poisson ; sur trois cents individus qui ont éprouvé sous ses yeux ces diverses transmigrations et qui les ont essuyées dans différentes saisons, il n'en a péri que quinze, qui lui ont paru ne succomber qu'à la fatigue du transport et aux suites de leur réunion et de leur séjour très prolongé dans un vaisseau trop peu spacieux.

Néanmoins, lorsque le passage d'un réservoir dans un autre, quelle que soit la nature de l'eau de ces viviers, a lieu pendant des chaleurs excessives, il arrive souvent que les anguilles gagnent une maladie épidémique pour ces animaux, et dont les symptômes consistent dans les taches blanches qui leur surviennent. Nous verrons dans notre Discours sur la manière de multiplier et de conserver les individus des diverses espèces de poisson, quels remèdes on peut opposer aux effets de cette maladie, dont des taches blanches et accidentelles dénotent la présence.

Les murènes dont nous parlons sont sujettes, ainsi que plusieurs autres poissons, et particulièrement ceux que l'homme élève avec plus ou moins de soin, à d'autres maladies dont nous traiterons dans la suite de cet ouvrage, et dont quelques-unes peuvent être causées par une grande abondance de vers dans quelque partie intérieure de leur corps, comme par exemple, dans leurs intestins.

Pendant la plupart de ces dérangements, lorsque les suites peuvent en être très graves, l'anguille se tient renfermée dans son terrier, ou, si elle manque d'asile, elle remonte souvent vers la superficie de l'eau ;

elle s'y agite, va, revient sans but déterminé, tournoie sur elle-même, ressemble par ses mouvements à un serpent prêt à se noyer et luttant encore un peu contre les flots. Son corps, enflé d'un bout à l'autre et par là devenu plus léger relativement au fluide dans lequel elle nage, la soulève et la retient ainsi vers la surface de l'eau. Au bout de quelque temps, sa peau se flétrit et devient blanche; lorsqu'elle éprouve cette altération, signe d'une mort prochaine, on dirait qu'elle ne prend plus soin de conserver une vie qu'elle ne sent plus pouvoir retenir; ses nageoires se remuent encore un peu; ses yeux paraissent encore se tourner vers les objets qui l'entourent, mais sans force, sans précaution, sans intérêt inutile pour sa sûreté, elle s'abandonne, pour ainsi dire, et souffre qu'on l'approche, qu'on la touche, qu'on l'enlève même sans qu'elle cherche à s'échapper.

Au reste, lorsque des maladies ne dérangent pas l'organisation intérieure de l'anguille, lorsque sa vie n'est attaquée que par des blessures, elle la perd assez difficilement; le principe vital paraît disséminé d'une manière assez indépendante, si je puis employer ce mot, dans les diverses parties de cette murène, pour qu'il ne puisse être éteint que lorsqu'on cherche à l'anéantir dans plusieurs points à la fois. De même que dans plusieurs serpents et particulièrement dans la vipère, une heure après la séparation du tronc et de la tête, l'une et l'autre de ces portions peuvent donner encore des signes d'une grande irritabilité.

Cette vitalité tenace est une des causes de la longue vie que nous croyons devoir attribuer aux anguilles, ainsi qu'à la plupart des autres poissons. Toutes les analogies indiquent cette durée considérable, malgré ce qu'ont écrit plusieurs auteurs, qui ont voulu limiter la vie de ces murènes à quinze ans et même à huit années. D'ailleurs, nous savons, de manière à ne pouvoir pas en douter, qu'au bout de six ans une anguille ne pèse quelquefois que cinq hectogrammes; que des anguilles conservées pendant neuf ans n'ont acquis qu'une longueur de vingt-six centimètres; que ces anguilles, avant d'être devenues l'objet d'une observation précise, avaient déjà dix-neuf centimètres, et par conséquent devaient être âgées de cinq ou six ans; qu'à la fin de l'expérience elles avaient au moins quatorze ans; qu'à cet âge de quatorze ans elles ne présentaient encore que le quart ou tout au plus le tiers de la longueur des grandes anguilles pêchées dans les

lacs de Prusse, et qu'elles n'auraient pu parvenir à cette dernière
dimension qu'après un intervalle de quatre-vingts ans. Les anguilles
de trois ou quatre mètres de longueur, vues dans des lacs de la Prusse
par des observateurs dignes de foi, avaient donc au moins quatre-
vingt-quatorze ans; nous devons dire que des preuves de fait et des
témoignages irrécusables se réunissent aux probabilités fondées sur les
analogies les plus grandes pour nous faire attribuer une longue vie à
là murène anguille.

Mais comment se perpétue cette espèce utile et curieuse? L'anguille vient d'un véritable œuf, comme tous les poissons. L'œuf éclôt
le plus souvent dans le ventre de la mère, comme celui des raies, des
squales, de plusieurs blennies, de plusieurs silures ; la pression sur
la partie inférieure du corps de la mère facilite la sortie des petits
déjà éclos. Ces faits bien vus, bien constatés par les naturalistes récents,
sont simples et conformes aux vérités physiologiques les mieux prou-
vées, aux résultats les plus sûrs des recherches anatomiques sur les
poissons et particulièrement sur l'anguille ; cependant combien, depuis
deux mille ans, ils ont été altérés et dénaturés par une trop grande
confiance dans des observations précipitées et mal faites, qui ont séduit
les plus beaux génies, parmi lesquels nous comptons non seulement
Pline, mais même Aristote! Lorsque les anguilles mettent bas leurs
petits, communément elles reposent sur la vase du fond des eaux ;
c'est au milieu de cette terre ou de ce sable humecté qu'on voit fré-
tiller les murènes qui viennent de paraître à la lumière : Aristote a
pensé que leur génération était due à cette fange. Les mères vont quelquefois frotter leur ventre contre des rochers ou d'autres corps durs,
pour se débarrasser plus facilement des petits déjà éclos dans leur
intérieur ; Pline a écrit que par ce frottement elles faisaient jaillir des
fragments de leur corps, qui s'animaient, et que telle était la seule
origine des jeunes murènes dont nous exposons la véritable manière
de naître. D'autres anciens auteurs ont placé cette même origine dans
les chairs corrompues des cadavres des chevaux ou d'autres animaux
jetés dans l'eau, cadavres autour desquels doivent souvent fourmiller
de très jeunes anguilles forcées de s'en nourrir par le défaut de tout
autre aliment placé à leur portée. A des époques plus rapprochées de
nous, Helmont a cru que les anguilles venaient de la rosée du mois de
mai.

Leuwenhoeck a pris la peine de montrer la cause de cette erreur, en faisant voir que dans cette belle partie du printemps, lorsque l'atmosphère est tranquille et que le calme règne sur l'eau, la portion de ce fluide la plus chaude est la plus voisine de la surface, et que c'est cette couche plus échauffée, plus vivifiante et plus analogue à leur état de faiblesse, que les jeunes anguilles peuvent alors préférer. Schwenckfeld, de Breslau en Silésie, a fait naître les murènes anguilles des branchies du cyprin bordelière ; Schoneveld, de Kiel dans le Holstein, a voulu qu'elles vinssent à la lumière sur la peau des grandes morues ou des salmones éperlans. Ils ont pris l'un et l'autre pour de très petites murènes anguilles des gordius, des sangsues, ou d'autres vers qui s'attachent à la peau ou aux branchies de plusieurs poissons. Eller, Charleton, Fahlberg, Gesner, Birckholtz, ont connu, au contraire, la véritable manière dont se reproduit l'espèce que nous décrivons. Plusieurs observateurs des temps récents sont tombés, à la vérité, dans une erreur combattue même par Aristote, en prenant les vers qu'ils voyaient dans les intestins des anguilles qu'ils disséquaient pour des fœtus de ces animaux. Leuwenhoeck a eu tort de chercher les œufs de ces poissons dans leur vessie urinaire, et Vallisnieri dans leur vessie natatoire ; mais Muller et peut-être Mondini ont vu les ovaires ainsi que les œufs de la femelle ; et la laite du mâle a été également reconnue.

D'après toutes ces considérations, on doit éprouver un assez grand étonnement et ce vif intérêt qu'inspirent les recherches et les doutes d'un des plus habiles et des plus célèbres physiciens, lorsqu'on lit dans le *Voyage de Spallanzani* que des millions d'anguilles ont été pêchées dans les marais, les lacs ou les fleuves de l'Italie et de la Sicile, sans qu'on ait vu dans leur intérieur ni œufs ni fœtus. Ce savant observateur explique ce phénomène en disant que les anguilles ne multiplient que dans la mer ; et voilà pourquoi, continue-t-il, on n'en trouve pas, suivant Senebier, dans le lac de Genève, jusqu'auquel la chute du Rhône ne leur permet pas de remonter, tandis qu'on en pêche dans le lac de Neufchâtel, qui communique avec la mer par le Rhin et le lac de Brenna. Il invite, en conséquence, les naturalistes à faire de nouvelles recherches sur les anguilles qu'ils rencontreront au milieu des eaux salées et de la mer proprement dite, dans le temps du frai de ces animaux, c'est-à-dire vers le milieu de l'automne ou le commencement de l'hiver.

Les œufs de l'anguille, éclosant presque toujours dans le ventre de la mère, y doivent être fécondés; il est donc nécessaire qu'il y ait dans cette espèce un véritable accouplement du mâle avec la femelle, comme dans celle des raies, des squales, des syngnathes, des blennies et des silures; ce qui confirme ce que nous avons déjà dit de la nature de ces affections. Et comme la conformation des murènes est semblable en beaucoup de points à celle des serpents, l'accouplement des serpents et celui des murènes doivent avoir lieu à peu près de la même manière. Rondelet a vu, en effet, le mâle et la femelle entrelacés dans le moment de leur réunion la plus intime, comme deux couleuvres le sont dans des circonstances analogues, et ce fait a été observé depuis par plusieurs naturalistes.

Dans l'anguille, comme dans tous les autres poissons qui éclosent dans le ventre de leur mère, les œufs renfermés dans l'intérieur de la femelle sont beaucoup plus volumineux que ceux qui sont pondus par les espèces de poissons auxquelles on n'a pas donné le nom de *vivipares* ou *vipères :* le nombre de ces œufs doit être beaucoup plus petit dans les premiers que dans les seconds, et c'est ce qui a été reconnu plus d'une fois.

L'anguille est féconde au moins dès sa douzième année. M. Septfontaines a trouvé des petits bien formés dans le ventre d'une femelle qui n'avait encore que trente-cinq centimètres de longueur, et qui, par conséquent, pouvait n'être âgée que de douze ans. Cette espèce croissant au moins jusqu'à sa quatre-vingt-quatorzième année, chaque individu femelle peut produire pendant un intervalle de quatre-vingt-deux ans; et ceci sert à expliquer la grande quantité d'anguilles que l'on rencontre dans les eaux qui leur conviennent. Cependant, comme le nombre de petits qu'elles peuvent mettre au jour chaque année est très limité, et que, d'un autre côté, les accidents, les maladies, l'activité des pêcheurs et la voracité des grands poissons, des loutres et des oiseaux d'eau en détruisent fréquemment une multitude, on ne peut se rendre raison de leur multiplication qu'en leur attribuant une vie et même un temps de fécondité beaucoup plus longs qu'un siècle et beaucoup plus analogues à la nature des poissons, ainsi que la longévité qui en est la suite.

Au reste, il paraît que dans certaines contrées et dans quelques circonstances, il arrive aux œufs de l'anguille ce qui survient quelquefois à ceux des raies, des squales, des blennies, des silures, etc.; c'est que la femelle s'en débarrasse avant que les petits soient éclos; et l'on peut le conclure des expressions employées par quelques naturalistes en traitant de cette murène, et notamment par Redi dans son ouvrage des animaux vivant dans les animaux vivants.

Tous les climats peuvent convenir à l'anguille; on la pêche dans des contrées très chaudes, à la Jamaïque, dans d'autres portions de l'Amérique voisines des tropiques, dans les Indes orientales; elle n'est point étrangère aux régions glacées, à l'Islande, au Groenland. On la trouve dans toutes les contrées tempérées, depuis la Chine, où elle a été figurée très exactement pour l'intéressante suite de dessins donnés par la Hollande à la France et déposés dans le Muséum d'histoire naturelle, jusqu'aux côtes occidentales du royaume et à ses départements méridionaux, dans lesquels les murènes de cette espèce deviennent très belles et très bonnes, particulièrement celles qui vivent dans le bassin si célébré de la poétique fontaine de Vaucluse.

Dans des temps plus reculés et antérieurs aux dernières catastrophes que le globe a éprouvées, ces mêmes murènes ont dû être aussi très répandues en Europe, ou du moins très multipliées dans un grand nombre de contrées, puisqu'on reconnaît leurs restes ou leur empreinte dans presque tous les amas de poissons pétrifiés ou fossiles que les naturalistes ont été à portée d'examiner, surtout dans celui que l'on a découvert à Æningen, auprès du lac de Constance, et dont une notice a été envoyée dans le temps par le célèbre Lavater à l'illustre Saussure.

Nous ne devons pas cesser de nous occuper de l'anguille sans faire mention de quelques murènes que nous considérerons comme de simples variétés de cette espèce, jusqu'au moment où de nouveaux faits nous les feront regarder comme constituant des espèces particulières. Ces variétés sont au nombre de cinq : deux diffèrent par leur couleur de l'anguille commune; les trois autres en sont distinguées par leur forme. Nous devons la connaissance de la première à Spallanzani; la notice des autres nous a été envoyée par M. Noël, de Rouen que nous avons si souvent le plaisir de citer.

1º Celle de ces variétés qui a été indiquée par Spallanzani se trouve dans les marais de Chiozza, auprès de Venise. Elle est jaune sous le ventre, constamment plus petite que l'anguille ordinaire, et ses habitudes ont cela de remarquable, qu'elle ne quitte pas périodiquement ses marais, comme l'espèce commune, pour aller, vers la fin de la saison des chaleurs, passer un temps plus ou moins long dans la mer. Elle porte un nom particulier : on la nomme *acerine*.

2° Des pêcheurs de la Seine disent avoir remarqué que les premières anguilles qu'ils prennent sont plus blanches que celles qui sont pêchées plus tard. Selon d'autres, de même que les anguilles sont communément plus rouges sur les fonds de roche et deviennent en peu de jours d'une teinte plus foncée lorsqu'on les a mises dans des réservoirs, elles sont plus blanches sur des fonds de sable. Mais, indépendamment de ces nuances plus ou moins constantes que présentent les anguilles communes, on observe dans la Seine une anguille qui vient de la mer lorsque les marées sont fortes, et qui remonte dans la rivière en même temps que les merlans. Sa tête est un peu menue. Elle est d'ailleurs très belle et communément assez grosse. On la prend quelquefois avec la *seine*, mais le plus souvent avec une ligne dont les appâts sont des éperlans et d'autres petits poissons.

3° Le *pimperneau* est, suivant plusieurs pêcheurs, une autre anguille de la Seine, qui a la tête menue comme l'anguille blanche, mais qui de plus l'a très allongée, et dont la couleur est brune.

4° Une autre anguille de la même rivière est nommée *guiseau*. Elle a la tête plus courte et un peu plus large que l'anguille commune Le guiseau a d'ailleurs le corps plus court; son œil est plus gros, sa chair plus ferme, sa graisse plus délicate. Sa couleur varie du noir au brun, au gris sale, au roussâtre.

On le prend depuis le Hoc jusqu'à Villequier, et rarement au-dessus M. Noël pense que le bon goût de sa chair est dû à la nourriture substancielle et douce qu'il trouve sur les bancs de l'embouchure de la Seine, ou au grand nombre de jeunes et petits poissons qui pullulent sur les fonds voisins de la mer. Il croit aussi que cette murène a beaucoup de rapports, par la délicatesse de sa chair avec l'anguille que l'on pêche dans l'Eure et que l'on désigne par le nom de *breteau*. Les troupes de guiseaux sont quelquefois *détrillées*, suivant l'expression des pêcheurs, c'est-à-dire qu'ils ne sont, dans certaines circonstances, mêlés avec aucune murène ; et d'autres fois on pêche, dans le même temps, des quantités presque égales d'anguilles communes et de guiseaux. Un pêcheur de Villequier a dit à M. Noël qu'il avait pris, un jour, d'un seul coup de filet, cinq cents guiseaux au pied du château d'Orcher.

5° L'*anguille chien* a la tête plus longue que la commune, comme le pimperneau, et plus large, comme le guiseau. Cette partie du corps est d'ailleurs aplatie. Ses yeux sont gros. Ses dimensions sont assez grandes ; mais son ensemble est peu agréable à la vue, et sa chair est filamenteuse. On dit qu'elle a des barbillons à la bouche. Je n'ai pas été à même de vérifier l'existence de ces barbillons, qui peut-être ne sont que les petits tubes à l'extrémité desquels sont placés les orifices des narines. L'*anguille chien* est très goulue ; et de là vient le nom qu'on lui a donné. Elle dévore les petits poissons qu'elle peut saisir dans les nasses, déchire les filets, ronge même les fils de fer des lignes. Lorsqu'elle est prise à l'hameçon, on remarque qu'elle a avalé l'haim de manière à le faire parvenir jusqu'à l'œsophage, tandis que les anguilles ordinaires ne sont retenues avec l'hameçon que par la partie antérieure de leur palais. On la pêche avec plus de facilité vers le commencement de l'automne ; elle paraît se plaire beaucoup sur les fonds qui sont au-dessus de Canteleu. Dans l'automne de 1798, une troupe d'*anguilles chiens* remonta jusqu'au passage du Croisset ; elle y resta trois ou quatre jours, et n'y trouvant pas apparemment une nourriture suffisante ou convenable, elle redescendit vers la mer.

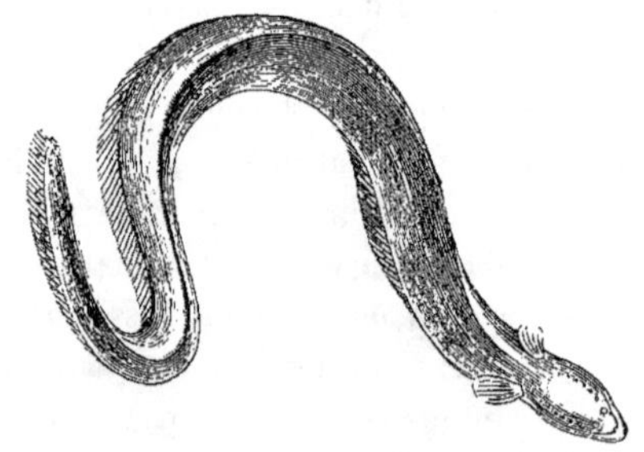

LA MURÉNOPHIS HÉLÈNE

Cette murénophis est la *murène* des anciens. Son histoire est liée avec celle des derniers temps de ce peuple politique et guerrier, qui après avoir étonné et subjugué le monde, perdit l'empire avec ses vertus et fut précipité par la corruption dans l'abîme creusé par la tyrannie la plus avilissante. Mais avant de voir ce que l'homme a fait de cette espèce, voyons ce qu'elle tient de la nature.

Dénuée de pectorales et de nageoires du ventre ; ayant sa dorsale, sa caudale et sa nageoire de l'anus non seulement très basses, mais recouvertes d'une peau épaisse qui empêche d'en distinguer les rayons et la forme ; semblable aux serpents par sa conformation presque cylindrique, ainsi que par ses proportions déliées ; douée d'une grande souplesse et d'une grande force, flexible dans ses parties, agile dans ses mouvements, elle nage comme la couleuvre rampe ; elle ondule dans l'eau comme ce reptile sur la terre ; elle change de place par les contours sinueux qu'elle se donne ; et tendant ou débandant avec énergie les ressorts produits par les diverses portions de sa queue ou de son corps, qu'elle plie, rapproche, déplie, étend en un clin d'œil, elle monte, descend, recule, avance, se roule et s'échappe avec la rapidité de l'éclair.

Aristote et Pline ont même prétendu, et l'opinion de ces grands hommes est assez vraisemblable, que la murénophis pouvait, comme l'anguille et comme les serpents, ramper pendant quelques moments sur la terre sèche et s'éloigner à quelque distance de son séjour habituel.

Tant de rapports avec les vrais reptiles nous ont engagé à joindre le nom d'*ophis*, qui veut dire *serpent*, à celui de la *murène*, pour en faire le nom composé de *murénophis*, lorsque nous avons voulu séparer de l'anguille et de quelques autres osseux auxquels nous avons laissé la dénomination simple de *murène*, les poissons dont nous allons nous occuper.

Les murénophis établissent donc des liens assez étroits entre la classe des poissons et celle des reptiles. Nous terminerons donc l'examen de cette grande classe des poissons, comme nous l'avons commencé, c'est-à-dire en ayant sous nos yeux des animaux qui ont de très grands rapports avec les serpents : les murénophis placées à la fin de la longue chaîne qui rassemble tous les poissons, comme les pétromyzons à son origine, rapprochent avec ces derniers les deux extrémités de cette immense réunion, et après avoir clos, pour ainsi dire, le cercle, le rattachent de nouveau aux véritables reptiles.

Les dents de la murénophis hélène étant fortes, nombreuses et pointues ou recourbées, sa morsure a été souvent assez dangereuse pour qu'on ait cru que ce poisson était venimeux.

Chacune de ses deux narines a deux orifices. L'ouverture antérieure est placée au bout d'un petit tube voisin de l'extrémité du museau ; et comme ce tube flexible ressemble à un barbillon très court, on a écrit que l'hélène avait deux petits barbillons vers le bout de la mâchoire supérieure. Une conformation semblable peut être observée dans presque toutes les espèces du genre que nous décrivons.

L'orifice des branchies est étroit et situé presque horizontalement.

Une humeur visqueuse et très abondante enduit la peau et donne à l'animal la faculté de glisser facilement au milieu des obstacles et de n'être retenu qu'avec beaucoup de peine.

Les femelles ont des couleurs plus variées que les mâles : leurs nuances ne sont pas toujours les mêmes ; mais ordinairement leur museau est noirâtre. Un brun rougeâtre et tacheté de jaune distingue le dessus de la tête ; la partie supérieure du corps et de la queue offre une teinte d'un brun également rougeâtre, et d'autant plus foncée qu'elle est plus près de la caudale ; des points noirs et des taches jaunes, larges et pointillées ou mouchetées de rougeâtre, sont distribuées sur ce fond brun ; la partie inférieure et les côtés de ces mêmes femelles sont d'une couleur fauve, relevée par de petites raies et par des taches brunes.

Telles sont les couleurs que le savant et zélé observateur Sonini a vues sur les hélènes femelles pendant son voyage en Grèce, où il a pu en examiner un très grand nombre de vivantes.

La livrée des mâles diffère de celle que nous venons d'indiquer, en ce que les taches sont très clairsemées sur leur surface, pendant que le corps et la queue des femelles en sont presque entièrement couverts.

Sur quelques individus femelles ou mâles, le fond de la couleur est vert ou blanchâtre, au lieu d'être jaune ou d'un rougeâtre brun.

Lorsque les murénophis hélènes ont atteint une longueur d'un mètre, leur plus grand diamètre n'égale pas tout à fait le douzième de leur longueur.

Leur chair est grasse, blanche, très délicate ; et sans les arêtes courtes et recourbées dont elle est remplie, elle serait très agréable à manger.

Suivant Sonini, les hélènes ont l'estomac assez grand, gris et tacheté de noirâtre vers son origine ; un foie long et d'un rouge jaunâtre ; une vessie natatoire petite, ovale, jaune en dehors, blanche en dedans et formée par une membrane très épaisse.

Le même naturaliste nous apprend que les œufs de ces murénophis sont elliptiques et jaunes.

Ces œufs sont fécondés comme ceux des raies, des squales et d'autres poissons, par l'effet d'une réunion intime du mâle et de la femelle, qui, pendant leur accouplement, semblable à celui des couleuvres, entrelacent leurs queues et leurs corps déliés. Le témoignage de Sonini confirme à cet égard l'opinion d'Aristote et de Pline, et cette conformité entre l'accouplement des couleuvres et celui des hélènes, qui a fait croire à tant de naturalistes et persuade encore aux Grecs modernes que les serpents s'accouplent avec ces murénophis qui leur ressemblent par un si grand nombre de traits extérieurs.

Les œufs des hélènes étant fécondés dans le ventre même de la mère, on doit regarder comme possible et même comme très probable, que dans beaucoup de circonstances ces œufs éclosent dans le corps de la femelle ; et dès lors les murénophis hélènes devraient être comptées parmi les poissons *ovovivipares*.

Ces apodes vivent non seulement dans l'eau salée, mais encore dans l'eau douce. On les trouve dans les mers chaudes ou tempérées de l'Europe et de l'Amérique, particulièrement dans la Méditerranée, et surtout près des côtes de la Sardaigne. Ils se retirent au fond de l'eau pendant que l'hiver règne. Dans toutes les saisons ils aiment à se loger dans les creux des rochers. Quand le printemps commence, ils fréquentent les rivages.

Ils dévorent une très grande quantité de cancres et de poissons. Ils recherchent avec avidité les polypes. Rondelet raconte que le polype le plus grand et le plus fort fuit l'approche de la murénophis hélène; que cependant, lorsqu'il ne peut éviter son attaque, il s'efforce de la retenir au milieu des replis tortueux de ses bras longs et nombreux, de la serrer, de la comprimer, de l'étouffer; mais qu'elle glisse comme une colonne fluide, échappe à ses étreintes et le déchire avec ses dents aiguës.

Les hélènes sont d'ailleurs si voraces, que lorsqu'elles manquent de nourriture, elles rongent la queue les unes des autres. Elles ne meurent pas pour avoir perdu une partie considérable de la queue, non plus que lorsqu'elles sont longtemps hors de l'eau, dont elles peuvent se passer pendant quelques jours, si la sécheresse de l'atmosphère n'est pas trop grande, ou si le froid n'est pas trop violent; mais on a remarqué que pendant l'hiver elles sont sujettes à des maladies. Plusieurs de ces murénophis ont présenté, pendant cette saison, des vessies jaunâtres de diverses formes, et donc chacune contenait un ver, sur la tunique externe de l'estomac, sur la surface extérieure du canal intestinal, sur le foie, ou sur les muscles du ventre, entre les arêtes, dans la tunique extérieure de l'ovaire et dans l'intervalle qui sépare les deux tuniques de la vessie urinaire.

On pêche la murénophis hélène avec des nasses et avec des lignes de fond; mais son instinct la fait souvent échapper à la ruse. Lorsqu'elle a mordu à l'hameçon, elle l'avale pour pouvoir couper la ligne avec ses dents, ou bien elle se renverse et se roule sur cette ligne, qui cède quelquefois à ses efforts. La renferme-t-on dans un filet? elle sait choisir les mailles dans l'intervalle desquelles son corps glissant peut en quelque sorte s'écouler.

Les Romains, voisins de ces temps où la république expirait opprimée par une ambition orgueilleuse, étouffée par une cupidité insatiable et ensanglantée par une horrible tyrannie, recherchaient avec beaucoup de soin la murénophis hélène : elle servait le caprice, le luxe et la cruauté. Ils construisirent à grands frais des réservoirs situés

sur le bord ou très près de la mer, et y élevèrent des hélènes. Columelle, qui savait combien la culture des poissons était utile à la chose
publique, exposa, dans son fameux ouvrage sur l'agriculture, l'art de
construire ces réservoirs et d'y pratiquer des grottes tortueuses, où les
hélènes pussent trouver des abris. Mais ce qu'il fit pour la prospérité
de son pays et pour les progrès de l'économie publique avait été fait
avant lui pour les besoins du luxe et le goût des riches habitants de
Rome. Les murénophis hélènes étaient si multipliées du temps de
César, que, lors d'un de ses triomphes, il en donna six mille à ses
amis. On était parvenu à les apprivoiser au point que Lucinius Crassus
en nourrissait qui venaient à sa voix et s'élançaient vers lui pour
recevoir l'aliment qu'il leur présentait.

La mode et l'art de la parure avaient trouvé dans les formes de
ces poissons des modèles pour des pendants d'oreilles et d'autres ornements des belles Romaines. Le prix qu'on attachait à la possession
de ces animaux avait même fait naître une sorte d'affection si vive,
que ce Crassus que nous venons de citer, et, ce qui est plus étonnant,
Quintus Hortensius, duquel Cicéron a écrit qu'il avait été un orateur
excellent, un bon citoyen et un sage sénateur, ont pleuré la perte de
murénophis mortes dans leurs viviers.

Cela n'est que ridicule; mais ce qui est horrible et ce qui peint
les effets épouvantables de l'excès de la corruption des mœurs, c'est
qu'un *Pollio* qu'il ne faut pas confondre avec un orateur célèbre du
même nom, engraissait ses murénophis hélènes avec la chair et le sang
des esclaves qu'il condamnait à périr. Recevant Auguste chez lui, il
ordonna qu'on jetât dans la funeste piscine un esclave qui venait de
casser involontairement un plat précieux. L'empereur révolté de cette
atroce barbarie, n'osa cependant punir ce monstre qu'en donnant la
liberté à l'esclave, et en faisant casser tous les vases de prix que *Pollio*
avait ramassés. La plume tombe des mains après avoir tracé le nom
de cet exécrable *Pollio*.

LE PÉTROMYSON LAMPROIE

C'est une belle et grande considération que celle de toutes les formes sous lesquelles la nature s'est plu, pour ainsi dire, à faire paraître les êtres vivants et sensibles. C'est un immense et admirable tableau que cet ensemble de modifications successives par lesquelles l'animalité se dégrade en descendant de l'homme et en parcourant toutes les espèces douées de sentiment et de vie jusqu'aux polypes dont les organes se rapprochent le plus de ceux des végétaux et qui semblent être le terme où elle achève de s'affaiblir, se fond et disparaît pour reparaître ensuite dans la sorte de vitalité départie à toutes les plantes. L'étude de ces décroissements gradués de formes et de facultés est le but le plus important des recherches du naturaliste et le sujet le plus digne des méditations du philosophe. Mais c'est principalement sur les endroits où les intervalles ont paru les plus grands, les transitions les moins nuancées, les caractères les plus contrastés, que l'attention doit se porter avec le plus de constance; et, comme c'est au milieu de ces intervalles plus étendus que l'on a placé avec raison les limites des classes des êtres animés, c'est nécessairement autour de ces limites que l'on doit considérer les objets avec le plus de soin. C'est là qu'il faut chercher de nouveaux anneaux pour lier les productions naturelles. C'est là que des conformations et des propriétés intermédiaires, non encore reconnues, pourront, en jetant une vive lumière sur les qualités et les formes qui les précéderont ou les suivront dans l'ordre des dégradations des êtres, indiquer leurs relations, déterminer leurs effets et montrer leur étendue.

Le genre des pétromysons est donc de tous les genres de poissons, et surtout de poissons cartilagineux, l'un de ceux qui méritent le plus que nous les observions avec soin et que nous les décrivions avec exactitude. Placé, en effet, à la tête de la grande classe des poissons, occupant l'extrémité par laquelle elle se rapproche de celle des serpents, il l'attache à ces animaux non seulement par sa forme extérieure et par plusieurs de ses habitudes, mais encore par sa conformation interne, et surtout par l'arrangement et la contexture des diverses parties du siège de la respiration, organe dont la composition constitue l'un des véritables caractères distinctifs des poissons.

On dirait que la puissance créatrice, après avoir, en formant les reptiles, étendu la matière sur une très grande longueur, après l'avoir contournée en cylindre flexible, l'avoir jetée sur la partie sèche du globe et l'y avoir condamnée à s'y traîner par des ondulations successives sans le secours de mains, de pieds ni d'aucun organe semblable, a voulu, en produisant le pétromyson, qu'un être des plus ressemblants au serpent peuplât aussi le sein des mers ; qu'allongé de même, qu'arrondi également, qu'aussi souple, qu'aussi privé de toute partie correspondante à des pieds ou à des mains, il ne se mût au milieu des eaux qu'en se pliant en arcs plusieurs fois répétés et ne pût que ramper au travers des ondes. On croirait que, pour faire naître cet être si analogue, pour donner le jour au pétromyzon, le plonger dans les eaux de l'Océan et le placer au milieu des rochers recouverts par les flots, elle n'a eu besoin que d'approprier le serpent à un nouveau fluide, que de modifier celui de ses organes qui avait été façonné pour l'atmosphère au milieu de laquelle il devait vivre, que de changer la forme de ses poumons, d'en isoler les cellules, d'en multiplier les surfaces et de lui donner ainsi la faculté d'obtenir de l'eau des mers ou des rivières les principes de force qu'il n'aurait dus qu'à l'air atmosphérique. Aussi l'organe de la respiration des pétromysons ne se retrouve-t-il dans aucun autre genre de poissons ; et presque autant éloigné par sa forme des branchies parfaites que de véritables poumons, il est cependant la principale différence qui sépare ce premier genre des cartilagineux de la classe des serpents.

Voyons donc de plus près ce genre remarquable ; examinons surtout l'espèce la plus grande des quatre qui appartiennent à ce groupe d'animaux, et qui sont les seules que l'on ait reconnues jusqu'à présent dans cette famille. Ces quatre espèces se ressemblent par tant de points que les trois les moins grandes ne paraissent que de légères altérations de la principale, à laquelle par conséquent nous consacrons le plus de temps. Observons donc de près le pétromyson lamproie et commençons par sa forme extérieure.

Au-devant d'un corps très long et cylindrique est une tête étroite et allongée. L'ouverture de la bouche, n'étant contenue par aucune partie dure et solide, ne présente pas toujours le même contour; sa conformation se prête aux différents besoins de l'animal; mais le plus souvent sa forme est ovale, et c'est un peu au-dessous de l'extrémité du museau qu'elle est placée. Les dents un peu crochues, creuses et maintenues dans de simples cellules charnues, au lieu d'être attachées à des mâchoires osseuses, sont disposées sur plusieurs rangs et s'étendent du centre à la circonférence. Communément, il y en a vingt rangées et les dents sont au nombre de cinq ou six dans chacune de ces rangées. Deux autres dents plus grosses sont d'ailleurs placées dans la partie antérieure de la bouche; sept autres sont réunies ensemble dans la partie postérieure; et la langue, qui est courte et échancrée en croissant, est garnie sur ses bords de très petits dents.

Auprès de chaque œil sont deux rangées de petits trous, l'une de quatre et l'autre de cinq. Ces petites ouvertures paraissent être les orifices des canaux destinés à porter à la surface du corps cette humeur visqueuse, si nécessaire à presque tous les poissons pour entretenir la souplesse de leurs membres, et particulièrement à ceux qui, comme les pétromysons, ne se meuvent que par des ondulations rapidement exécutées.

La peau qui recouvre le corps et la queue, qui est très courte, ne présente aucune écaille visible pendant la vie de la lamproie et est toujours enduite d'une mucosité abondante qui augmente la facilité avec laquelle l'animal échappe à la main qui le presse et qui veut le retenir.

Le pétromyson lamproie manque, ainsi que nous venons de le voir, de nageoires pectorales et de nageoires ventrales; il a deux nageoires sur le dos, une nageoire au delà de l'anus et une quatrième nageoire arrondie à l'extrémité de la queue; mais ces quatre nageoires sont courtes et assez peu élevées. Ce n'est presque que par la force des muscles de sa queue et de la partie postérieure de son corps, ainsi que par la faculté qu'il a de se plier promptement dans tous les sens et de serpenter au milieu des eaux, qu'il nage avec constance et avec vitesse.

La couleur générale de la lamproie est verdâtre, quelquefois marbrée de nuances plus ou moins vives; la nuque présente souvent une tache ronde et blanche; les nageoires du dos sont orangées et celle de la queue bleuâtre.

Derrière chaque œil, et indépendamment de neuf petits trous que nous avons déjà remarqués, on voit sept ouvertures moins petites, disposées en ligne droite comme celle de l'instrument à vent auquel on a donné le nom de flûte; ce sont les orifices des branchies ou de l'organe de la respiration. Cet organe n'est point unique du côté du corps, comme dans tous les autres genres de poissons; il est composé de sept parties qui n'ont l'une avec l'autre aucune communication immédiate.

Il consiste, de chaque côté, dans sept bourses ou petits sacs, dont chacun répond, à l'extérieur, à l'une des sept ouvertures dont nous venons de parler, et communique du côté opposé avec l'intérieur de la bouche par un ou deux petits trous. Ces bourses sont inclinées de derrière en avant, relativement à la ligne dorsale de l'animal; elles sont revêtues d'une membrane plissée qui augmente beaucoup les points de contact de cet organe avec le fluide qu'il peut contenir; et la couleur rougeâtre de cette membrane annonce qu'elle est tapissée non-seulement de petits vaisseaux dérivés des artères branchiales, mais encore des premières ramifications des autres vaisseaux par lesquels le sang, revivifié, pour ainsi dire, dans le siège de la respiration, se répand dans toutes les portions du corps, qu'il anime à son tour.

Ces diverses ramifications sont assez multipliées dans la membrane qui revêt les bourses respiratoires pour que le sang, réduit à de très petites molécules, puisse exercer une très grande force d'affinité sur le fluide contenu dans les quatorze petits sacs, et que toutes les décompositions et les combinaisons nécessaires à la circulation et à la vie puissent y être aussi facilement exécutées que dans des organes beaucoup plus divisés, dans des parties plus adaptées à l'habitation ordinaire des poissons et dans des branchies telles que celles que nous verrons dans tous les autres genres de ces animaux.

Il se pourrait cependant que ces diverses compositions et décompositions ne fussent pas assez promptement opérées par des sacs ou bourses bien plus semblables aux poumons des quadrupèdes, des oiseaux et des reptiles, que par les branchies du plus grand nombre de poissons; que les pétromysons souffrissent lorsqu'ils ne pourraient pas de temps en temps, quoiqu'à des époques très éloignées l'une de l'autre, remplacer le fluide des mers et des rivières par celui de l'atmosphère; et cette nécessité s'accorderait avec ce qu'ont dit plusieurs observateurs, qui ont supposé dans les pétromysons une sorte d'obligation de s'approcher quelquefois de la surface des eaux et d'y respirer pendant quelques moments l'air atmosphérique. On pourrait aussi penser que c'est à cause de la nature de leurs bourses respiratoires, plus analogue à celle des véritables poumons qu'à celle des branchies complètes, que les pétromysons vivent facilement plusieurs jours hors de l'eau. Mais, quoi qu'il en soit, voici comment l'eau circule dans chacun des quatorze petits sacs de la lamproie.

Lorsqu'une certaine quantité d'eau est entrée par la bouche dans la cavité du palais, elle pénètre dans chaque bourse par les orifices intérieurs de ce petit sac et elle en sort par l'une des quatorze ouvertures extérieures que nous avons comptées. Il arrive souvent au contraire que l'animal fait entrer l'eau qui lui est nécessaire par l'une des quatorze ouvertures et la fait sortir de la bourse par les orifices intérieurs qui aboutissent à la cavité du palais. L'eau parvenue à cette dernière cavité peut s'échapper par la bouche ou par un trou ou évent que la lamproie, ainsi que tous les autres pétromysons, a sur le derrière de la tête. Cet évent, que nous retrouverons double sur la tête de très grands poissons cartilagineux, sur celle des raies et des squales est analogue à ceux que présente le dessus de la tête des cétacés, et par lesquels ils font jaillir l'eau de la mer à une grande hauteur et forment des jets d'eau que l'on peut apercevoir de loin. Les pétromysons peuvent également, et d'une manière proportionnée à leur grandeur et à leurs forces, lancer par leur évent l'eau surabondante des bourses qui leur tiennent lieu de véritables branchies. Sans cette issue particulière qu'ils peuvent ouvrir et fermer à volonté en écartant ou rapprochant les membranes qui en garnissent la circonférence, ils seraient obligés d'interrompre très souvent une de leurs habitudes les plus constantes, qui leur a fait donner le nom qu'ils portent[1], celle de s'attacher par le moyen de leurs lèvres souples et très mobiles

---

1. *Pétromysons* signifie *suce-pierre*.

et de leur cent ou cent vingt dents fortes et crochues aux rochers des rivages, aux bas-fonds limoneux, aux bois submergés et à plusieurs autres corps. Au reste, il est aisé de voir que c'est en élargissant ou en comprimant leurs bourses branchiales, ainsi qu'en ouvrant ou fermant les orifices de ces bourses, que les pétromysons rejettent l'eau de leurs organes ou l'y font pénétrer.

Maintenant, si nous jetons les yeux sur l'intérieur de la lamproie nous trouverons que les parties les plus solides de son corps ne consistent que dans une suite de vertèbres entièrement dénuées de côtes dans une sorte de longue corde cartilagineuse et flexible qui renferme la moelle épinière, et qui, composant l'une des charpentes animales les plus simples, établit un nouveau rapport entre le genre des pétromysons et celui des sépies, et forme ainsi une nouvelle liaison entre la classe des poissons et la nombreuse classe des vers.

Le canal alimentaire s'étend depuis la racine de la langue jusqu'à l'anus presque sans sinuosités et sans ces appendices ou petits canaux accessoires que nous remarquerons auprès de l'estomac d'un grand nombre de poissons. Cette conformation, qui suppose dans les sucs digestifs de la lamproie une force très active, leur donne un nouveau trait de ressemblance avec les serpents.

L'oreillette du cœur est très grosse à proportion de l'étendue du ventricule de ce viscère.

Les ovaires occupent dans les femelles une grande partie de la cavité du ventre et se terminent par un petit canal cylindrique et saillant hors du corps de l'animal, à l'endroit de l'anus. Les œufs qu'ils renferment sont de la grosseur de graines de pavot et de couleur d'orange. Leur nombre est très considérable. C'est pour s'en débarrasser, ou pour les féconder lorsqu'ils ont été pondus, que les lamproies remontent de la mer, dans les grands fleuves, et des grands fleuves dans les rivières. Le retour du printemps est ordinairement le moment où elles quittent leurs retraites marines pour exécuter cette espèce de voyage périodique. Mais le temps de leur passage des eaux salées dans les eaux douces est plus ou moins retardé ou avancé suivant les changements qu'éprouve la température des parages qu'elles habitent.

Elles se nourrissent de vers marins ou fluviatiles, de poissons très jeunes, et, par un appétit contraire à celui d'un grand nombre

de poissons, mais qui est analogue à celui des serpents, elles se contentent aisément de chair morte.

Dénuées de fortes mâchoires, de dents meurtrières, d'aiguillons
acérés, n'étant garanties ni par des écailles dures, ni par des tubercules solides, ni par une croûte osseuse, elles n'ont point d'armes
pour attaquer et ne peuvent opposer aux ennemis qui les poursuivent
que les ressources des faibles, une retraite quelquefois assez constante
dans des asiles plus ou moins ignorés, l'agilité des mouvements et la
vitesse de la fuite. Aussi sont-elles fréquemment la proie des grands
poissons, tels que l'ésoce brochet et le silure mâle, de quadrupèdes
tels que la loutre et le chien barbet, et de l'homme qui les pêche non
seulement avec les instruments connus sous le nom de *nasse*[1] et de
louve[2], mais encore avec les grands filets.

Au reste, ce qui conserve un grand nombre de lamproies malgré
les ennemis dont elles sont environnées, c'est que des blessures graves,
et même mortelles pour la plupart des poissons, ne sont point dangereuses pour les pétromyzons ; par une conformité remarquable d'organisation et de facultés avec les serpents, particulièrement avec la vipère,
ils peuvent perdre de très grandes portions de leur corps sans être à
l'instant privés de la vie. L'on a vu des lamproies à qui il ne restait
plus que la tête et la partie antérieure du corps, coller encore leur
bouche avec force, même pendant plusieurs heures, à des substances
dures qu'on leur présentait.

Elles sont d'autant plus recherchées par les pêcheurs qu'elles parviennent à une grandeur assez considérable. On en a pris qui pesaient
trois kilogrammes (six livres ou environ) ; lorsqu'elles pèsent quinze

1. On nomme ainsi une espèce de panier d'osier ou de jonc, et fait à claire voie, de manière à laisser passer l'eau et à retenir le poisson. La *nasse* a un ou plusieurs goulets composés de brins d'osier que l'on attache en dedans de telle sorte qu'ils soient inclinés les uns vers
les autres. Ces brins d'osier sont assez flexibles pour être écartés par le poisson qui pénètre
ainsi dans la *nasse* ; mais, lorsqu'il veut en sortir, les osiers présentent leurs pointes réunies
qui lui ferment le passage.

2. On appelle *louve* ou *loup* une espèce de filet en nappe. dont le milieu forme une poche
et que l'on tend verticalement sur trois perches, dont deux soutiennent les extrémités du filet,
et dont la troisième, plus reculée, maintient le milieu de cet instrument. On oppose le filet au
courant de la marée ; lorsque le poisson y est engagé, on enlève du sol deux des trois perches
et on amène le filet dans le bateau pêcheur.

Quelquefois on attache le filet sur deux perches par les extrémités. Deux hommes tenant
chacun une de ces perches s'avancent au milieu des eaux de la mer en présentant à la marée
montante l'ouverture de leur filet, auquel l'effort de l'eau donne une courbure semblable à
celle d'une voile enflée par le vent. Quand il y a des poissons pris dans le filet, ils achèvent de
les y envelopper en rapprochant les deux perches l'une de l'autre.

hectogrammes (trois livres ou environ), elles ont déjà un mètre (trois pieds ou à peu près) de longueur[1]. D'ailleurs leur chair, quoiqu'un peu difficile à digérer dans certaines circonstances, est très délicate lorsqu'elles n'ont pas quitté depuis longtemps les eaux salées; mais elle devient dure et de mauvais goût lorsqu'elles ont fait un long séjour dans l'eau douce, et que la fin de la saison chaude ou tempérée ramène le temps où elles regagnent leur habitation marine[2], suivies, pour ainsi dire, des petits auxquels elles ont donné le jour.

L'on pêche quelquefois un si grand nombre de lamproies qu'elles ne peuvent pas être promptement consommées dans les endroits voisins des rivages auprès desquels elles ont été prises; on les conserve alors pour les saisons plus reculées ou des pays plus éloignés auxquels on veut les faire parvenir, en les faisant griller et en les renfermant ensuite dans des barils avec du vinaigre et des épices.

Au reste, presque tous les climats paraissent convenir à la lamproie; on la rencontre dans la mer du Japon aussi bien que dans celle qui baigne les côtes de l'Amérique méridionale; elle habite la Méditerranée, et on la trouve dans l'Océan ainsi que dans les fleuves qui s'y jettent, à des latitudes très éloignées de l'équateur.

1. Suivant Pennant, la ville de Glocester, dans la Grande-Bretagne, est dans l'usage d'envoyer tous les ans, vers les fêtes de Noël, un pâté de lamproies au roi d'Angleterre. La difficulté de se procurer des pétromyzons durant l'hiver, saison pendant laquelle ils paraissent très peu fréquemment près des rivages, a vraisemblablement déterminé le choix de la ville de Glocester. (Pennant, *Zoologie britannique*, t. III, p. 77.)

2. Il est inutile de réfuter l'opinion de Rondelet et de quelques autres auteurs, qui ont écrit que la lamproie ne vivait que deux ans.

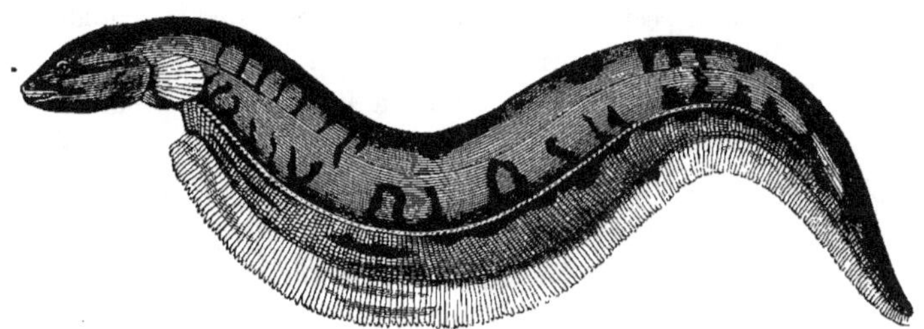

LE GYMNOTE ÉLECTRIQUE

Il est bien peu d'animaux que le physicien doive observer avec plus d'attention que le gymnote auquel on a donné jusqu'à présent le nom d'*électrique*. L'explication des effets remarquables qu'il produit dans un grand nombre de circonstances se lie nécessairement avec la solution de plusieurs questions des plus importantes pour le progrès de la physiologie et de la physique proprement dite. Tâchons donc, en rapprochant quelques vérités éparses, de jeter un nouveau jour sur ce sujet ; mais pour suivre avec exactitude le plan que nous nous sommes tracé et pour ordonner nos idées de la manière la plus convenable, commençons par exposer les caractères véritablement distinctifs du genre auquel appartient le poisson dont nous allons écrire l'histoire

Les écilies ne présentent aucune sorte de nageoires ; les monoptère n'en ont qu'une, qui est située à l'extrémité de la queue ; on n'en voit que sur le dos et auprès de l'anus des leptocéphales. Les trois genres d'osseux que nous venons de considérer sont donc dénués de nageoires pectorales. En jetant les yeux sur les gymnotes, nous apercevons ces nageoires latérales pour la première fois, depuis que nous avons passé à la considération de la seconde sous-classe de poissons. Les gymnotes n'ont cependant pas autant de sortes de nageoires que le plus grand nombre des autres poissons osseux qu'il nous reste à examiner. En effet, ils n'en ont ni sur le dos ni au bout de la queue, et c'est ce dénuement, cette espèce de nudité de leur dos, qui leur a fait donner le nom qu'ils portent, et qui vient du mot grec *gymnotos, dos nu.*

L'ensemble du corps et de la queue des gymnotes est, comme dans les poissons osseux que nous avons déjà fait connaître, très

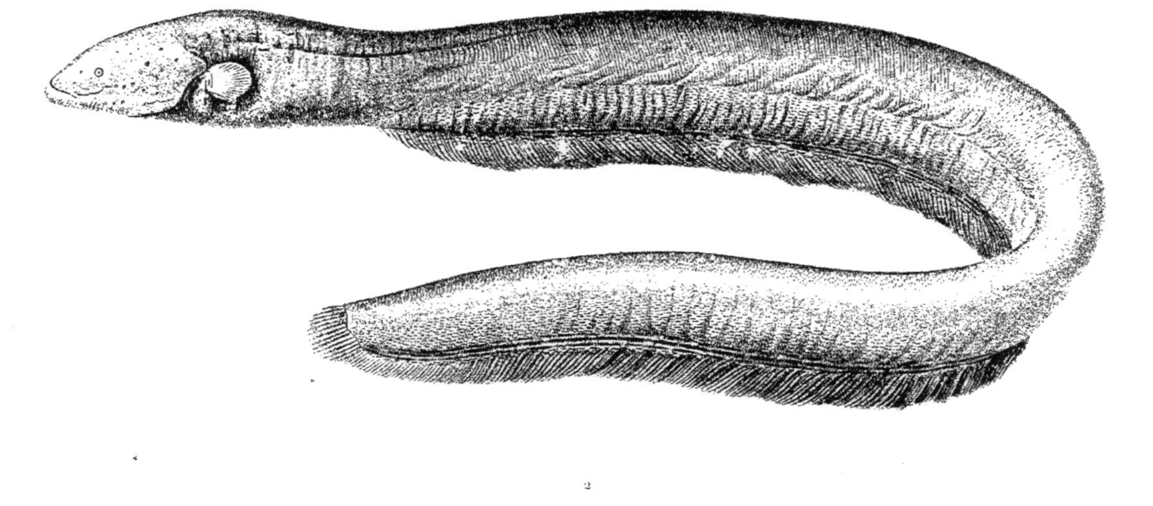

1. LA GYMNOTE ÉLECTRIQUE (Gymnotus electricus) — 2. L'AMMODYTE APPAT (Ammodytes tobianus)

d'après le RÈGNE ANIMAL de Cuvier édition V. Masson

Garnier frères Éditeurs

allongé, presque cylindrique et serpentiforme. Les yeux sont voilés par une membrane qui n'est qu'une continuation du tégument le plus extérieur de la tête. Les opercules des branchies sont très grands ; on compte ordinairement cinq rayons à la membrane branchiale. Le corps proprement dit est très court, souvent un peu comprimé et quelquefois terminé par dessous en forme de carène ; l'anus est, par conséquent, très près de la tête. Et comme cependant, ainsi que nous venons de le dire, l'ensemble de l'animal, dans le genre des gymnotes, forme une sorte de long cylindre, on voit facilement que la queue proprement dite de tous ces poissons doit être extrêmement longue relativement aux autres parties du corps. Le dessous de cette portion est ordinairement garni, presque dans la totalité de sa longueur, d'une nageoire d'autant plus remarquable, que non seulement elle s'étend sur une ligne très étendue, mais qu'elle offre même une largeur assez considérable. De plus, les muscles dans lesquels s'insèrent les ailerons osseux auxquels sont attachés les nombreux rayons qui la composent, et les autres muscles très multipliés qui sont destinés à mouvoir ces rayons sont conformés et disposés de manière qu'ils représentent comme une seconde nageoire de l'anus, placée entre la véritable et la queue très prononcée du poisson, ou pour mieux dire, qu'ils paraissent augmenter de beaucoup, et souvent même du double, la largeur de la nageoire de l'anus.

Tels sont les traits généraux de tous les vrais gymnotes ; quelles sont les formes qui distinguent celui que l'on a nommé *électrique* ?

Cette épithète d'*électrique* a déjà été donnée à cinq poissons d'espèces très différentes : à deux cartilagineux et à trois osseux ; à la raie torpille, ainsi qu'à un tétrodon dont nous avons déjà parlé ; à un trichiure, à un silure, et au gymnote que nous décrivons. Mais c'est celui dont nous nous occupons dans cet article qui a le plus frappé l'imagination du vulgaire, excité l'admiration des voyageurs et étonné le physicien. Quelle a dû être, en effet, la surprise des premiers observateurs, lorsqu'ils ont vu un poisson en apparence assez faible, assez semblable, d'après le premier coup d'œil, à une anguille ou à un congre, arrêter soudain, et malgré d'assez grandes distances, la poursuite de son ennemi ou la fuite de sa proie, suspendre à l'instant tous les mouvements de sa victime, la dompter par un pouvoir aussi invisible qu'irrésistible, l'immoler avec la rapidité de l'éclair au travers d'un très large intervalle, les frapper eux-mêmes comme par enchantement, les engourdir et les enchaîner, pour ainsi dire, dans le moment où ils se croyaient garantis, par l'éloignement, de tout danger et même de toute atteinte.

Le merveilleux a disparu même pour les yeux les moins éclairés ; mais l'intérêt s'est accru et l'attention a redoublé, lorsqu'on a rapproché de ces effets remarquables les phénomènes de l'électricité, que chaque jour l'on étudiait avec plus de succès. Peut-être cependant croira-t-on, en lisant la suite de cette histoire, que cette puissance invisible et soudaine du gymnote ne peut être considérée que comme une modification de cette force redoutable et en même temps si féconde, qui brille dans l'éclair, retentit dans le tonnerre, renverse, détruit, disperse dans les foudres, et qui, moins resserrée dans ses canaux, moins précipitée dans ses mouvements, plus douce dans son action, se répand sur tous les points des êtres organisés, en pénètre toute la profondeur, en parcourt toutes les sinuosités, en vivifie tous les éléments. Peut-être faudrait-il, en suivant ce principe et pour éviter toute erreur, ne donner, avec quelques naturalistes, au poisson que nous examinons, que le nom de *gymnote engourdissant*, de *gymnote torporifique*, qui désigne un fait bien prouvé et indépendant de toute théorie. Néanmoins, comme la puissance qu'il exerce devra être rapportée dans toutes les hypothèses à une espèce d'électricité, comme ce mot *électricité* peut être pris pour un mot générique, commun à plusieurs forces plus ou moins voisines et plus ou moins analogues ; comme les phénomènes les plus imposants de l'électricité proprement dite sont tous produits par le gymnote qui fait l'objet de cet article, et enfin comme le plus grand nombre de physiciens lui ont donné depuis longtemps cette épithète d'*électrique*, nous avons cru devoir, avec ces derniers savants, la préférer à toute autre dénomination.

Mais avant de montrer en détail ces différents effets, de les comparer et d'indiquer quelques-unes des causes auxquelles il faut les rapporter, achevons le portrait du gymnote électrique : voyons quelles formes particulières lui ont été départies, comment et par quels organes il naît, croît, se meut, voyage et se multiplie au milieu des grands fleuves qui arrosent les bords orientaux de l'Amérique méridionale, de ces contrées ardentes et humides, où le feu de l'atmosphère et l'eau des mers et des rivières se disputent l'empire, où tous les éléments de la reproduction ont été prodigués, où une surabondance de force vitale fait naître les végétaux et les animaux venimeux ; où, si je puis employer cette expression, les excès de la nature, indépendamment de ceux de l'homme, sacrifient chaque jour tant d'individus aux espèces ; où tous les degrés du développement, entassés, pour ainsi dire, les uns contre les autres, produisent nécessairement toutes les nuances du dépérissement ; où des arbres immenses étendent leurs branches innombrables, pressées, garnies des fleurs les plus suaves et chargées d'essaims d'oiseaux resplendissants des couleurs de l'iris, au-dessus de savanes noyées, ou d'une vase impure que parcourent de très grands quadrupèdes ovipares, et que sillonnent d'énormes serpents aux écailles dorées ; où les eaux douces et salées montrent des légions de poissons dont les rayons du soleil réfléchis avec vivacité changent, en quelque sorte, les lames luisantes en diamants, en saphirs, en rubis ; où l'air, la terre, les mers, les êtres vivants et les corps inanimés, tout attire les regards du peintre, enflamme l'imagination du poète, élève le génie du philosophe.

C'est, en effet, auprès de Surinam qu'habite le gymnote électrique, et il paraît même qu'on n'a encore observé de véritable gymnote que dans l'Amérique méridionale, dans quelques parties de l'Afrique occidentale et dans la Méditerranée, ainsi que nous le ferons remarquer de nouveau en traitant des notoptères.

Le gymnote électrique parvient ordinairement jusqu'à la longueur d'un mètre un ou deux décimètres ; et la circonférence de son corps, dans l'endroit le plus gros, est alors de trois à quatre décimètres ; il a donc onze ou douze fois plus de longueur que de largeur. Sa tête est percée de petits trous ou pores très sensibles, qui sont les orifices des vaisseaux destinés à répandre sur sa surface une liqueur visqueuse ; des ouvertures plus petites, mais analogues, sont disséminées en très grand nombre sur son corps et sur sa queue ; il n'est donc pas surprenant qu'il soit enduit d'une matière gluante très abondante. Sa peau ne présente d'ailleurs aucune écaille facilement visible. Son museau est arrondi : sa mâchoire inférieure est plus avancée que la supérieure, ainsi qu'on a pu le voir sur le tableau du genre des gymnotes ; ses dents sont nombreuses et acérées ; et on voit des verrues sur son palais, ainsi que sur sa langue qui est large.

Les nageoires pectorales sont très petites et ovales ; celle de l'anus s'étend jusqu'à l'extrémité de la queue, dont le bout, au lieu de se terminer en pointe, paraît comme tronqué.

La couleur de l'animal est noirâtre et relevée par quelques raies étroites et longitudinales d'une nuance plus foncée.

Quoique la cavité du ventre s'étende au delà de l'endroit où est située l'ouverture de l'anus, elle est cependant assez courte relativement aux principales dimensions du poisson; mais les effets de cette brièveté sont compensés par les replis du canal intestinal qui se recourbe plusieurs fois.

Je n'ai pas encore pu me procurer des observations bien sûres et bien précises sur la manière dont le gymnote électrique vient à la lumière; il paraît cependant qu'au moins le plus souvent la femelle pond ses œufs et qu'ils n'éclosent pas dans le ventre de la mère, comme ceux de la torpille, de plusieurs autres cartilagineux et même de quelques individus de l'espèce de l'anguille et d'autres osseux, avec lesquels le gymnote que nous examinons a de très grands rapports.

On ignore également le temps qui est nécessaire à ce même gymnote pour parvenir à son entier développement; mais comme il n'a pas fallu une aussi longue suite d'observations pour s'assurer de la manière dont il exécute ses différents mouvements, on connaît bien les divers phénomènes relatifs à sa natation, phénomènes qu'il était d'ailleurs aisé d'annoncer d'avance, d'après une inspection attentive de sa conformation extérieure et intérieure.

La queue des poissons étant le principal instrument de leur natation, plus cette partie est étendue, et plus, tout égal d'ailleurs, le poisson doit se mouvoir avec facilité. Mais le gymnote électrique, ainsi que les autres osseux de son genre, a une queue beaucoup plus longue que l'ensemble de la tête et du corps proprement dit; la hauteur de cette partie est assez considérable; cette hauteur est augmentée par la nageoire de l'anus, qui en garnit la partie inférieure; l'animal a donc à sa disposition une rame beaucoup plus longue et beaucoup plus haute à proportion que celle de presque tous les autres poissons; cette rame peut donc agir à la fois sur de grandes lames d'eau. Les muscles destinés à la mouvoir sont très puissants; le gymnote la remue avec une agilité très remarquable : les deux éléments de la force, la masse et la vitesse, sont donc ici réunis; et, en effet, l'animal nage avec vigueur et rapidité.

Comme tous les poissons très allongés, plus ou moins cylindriques, et dont le corps est entretenu dans une grande souplesse par une viscosité copieuse et souvent renouvelée, il agit successivement sur l'eau qui l'environne par diverses portions de son corps ou de sa queue, qu'il met en mouvement les unes après les autres, dans l'ordre de leur moindre éloignement de la tête. Il ondule, il partage son action en plusieurs actions particulières, dont il combine les degrés de force et les directions de la manière la plus convenable pour vaincre les obstacles et parvenir à son but ; il commence à recourber les parties antérieures de sa queue, lorsqu'il veut aller en avant ; il contourne, au contraire, avant toutes les autres, les parties postérieures de cette même queue, lorsqu'il désire aller en arrière ; et, ainsi que nous l'expliquerons un peu plus en détail en traitant de l'anguille, il se meut de la même manière que les serpents qui rampent sur la terre ; il nage comme eux ; il *serpente* véritablement au milieu des eaux.

On a cru pendant quelque temps, et même quelques naturalistes très habiles ont publié que le gymnote électrique n'avait pas de vessie aérienne ou natatoire. On a pu être induit en erreur par la position de cette vessie dans l'électrique, position sur laquelle nous allons revenir en décrivant l'organe torporifique de cet animal. Mais, quoi qu'il en soit de la cause de cette erreur, cette vessie est entourée de plusieurs rameaux de vaisseaux sanguins que Hunter a fait connaître, et qui partent de la grande artère qui passe au-dessous de l'épine dorsale du poisson. Il nous paraît utile de faire observer que cette disposition de vaisseaux sanguins favorise l'opinion du savant naturaliste Fischer, bibliothécaire de l'école centrale de Mayence, qui, dans un ouvrage très intéressant sur la respiration des poissons, a montré comment il serait possible que la vessie aérienne de ces animaux servît non seulement à faciliter leur natation, mais encore à suppléer à leur respiration et à maintenir leur sang dans l'état le plus propre à conserver leur vie.

Il ne manque donc rien au gymnote électrique de ce qui peut donner des mouvements prompts et longtemps soutenus ; et comme parmi les causes de la rapidité avec laquelle il nage, nous avons compté la facilité avec laquelle il peut se plier en différents sens, et par conséquent appliquer des parties plus ou moins grandes de son corps aux divers objets qu'il rencontre, il doit jouir d'un toucher plus délicat et présenter un instinct plus relevé que ceux d'un très grand nombre de poissons.

Cette intelligence particulière lui fait distinguer aisément les moyens d'atteindre les animaux marins dont il fait sa nourriture et ceux dont il doit éviter l'approche dangereuse. La vitesse de sa natation le transporte dans des temps très courts auprès de sa proie ou loin de ses ennemis ; et lorsqu'il n'a plus qu'à immoler des victimes dont il s'est assez approché, ou à repousser ceux des poissons supérieurs en force auxquels il n'a point échappé par la fuite, il déploie la puissance redoutable qui lui a été accordée, il met en jeu sa vertu engourdissante, il frappe à grands coups et répand autour de lui la mort ou la stupeur.

Cette qualité torporifique du gymnote électrique découvert, dit-on, auprès de Cayenne, par Van Berkel, a été observée dans le même pays par le naturaliste Richer, dès 1671. Mais ce n'est que quatre-vingts ans ou environ après cette époque, que ce même gymnote a été de nouveau examiné avec attention par La Condamine, Ingram, Gravesand, Allamand, Muschenbroeck, Gronou, Vander-Lott, Fermin, Brankroft et d'autres habiles physiciens qui l'ont vu dans l'Amérique méridionale, ou l'ont fait apporter avec soin en Europe.

Ce n'est que vers 1773 que Williamson à Philadelphie, Garden dans la Caroline, Walsh, Pringle, Magellan, etc., à Londres, ont aperçu les phénomènes les plus propres à dévoiler le principe de la force torporifique de ce poisson. L'organe particulier dans lequel réside cette vertu, et que Hunter a si bien décrit, n'a été connu qu'à peu près dans le même temps, pendant que l'organe électrique de la torpille a été vu par Stenon, dès avant 1673, et peut-être vers la même année par Lorenzini. On ne doit pas être étonné de cette différence entre un gymnote qu'on n'a rencontré en quelque sorte que dans une partie de l'Amérique méridionale ou de l'Afrique, et une raie qui habite sur les côtes de la mer d'Europe. D'un autre côté, le gymnote torporifique n'ayant été fréquemment observé que depuis le commencement de l'époque brillante de la physique moderne, il n'a point été l'objet d'autant de théories plus ou moins ingénieuses, et cependant plus ou moins dénuées de preuves, que la torpille. On n'a eu, dans le fond, qu'une même manière de considérer la nature des divers phénomènes présentés par le gymnote : on les a rapportés ou à l'électricité proprement dite ou à une force dérivée de cette puissance. Et comment des physiciens instruits de l'électricité n'auraient-ils pas été entraînés à ne voir que des faits analogues dans les produits du pouvoir du gymnote engourdissant?

Lorsqu'on touche cet animal avec une seule main, on n'éprouve pas de commotion, ou on n'en ressent qu'une extrêmement faible; mais la secousse est très forte lorsqu'on applique les deux mains sur le poisson, et qu'elles sont séparées l'une de l'autre par une distance assez grande. N'a-t-on pas ici une image de ce qui se passe lorsqu'on cherche à recevoir un coup électrique par le moyen d'un plateau de verre garni convenablement de plaques métalliques et connu sous le nom de *carreau fulminant*? Si on n'approche qu'une main et qu'on ne touche qu'une surface, à peine est-on frappé; mais on reçoit une commotion violente si on emploie les deux mains, et si en s'appliquant aux deux surfaces, elles les déchargent à la fois.

Comme dans les expériences électriques, le coup reçu par le moyen des deux mains a pu être assez fort pour donner aux deux bras une paralysie de plusieurs années.

Les métaux, l'eau, les corps mouillés et toutes les autres substances conductrices de l'électricité transmettent la vertu engourdissante du gymnote; et voilà pourquoi on est frappé au milieu des fleuves, quoiqu'on soit à une assez grande distance de l'animal; et voilà encore pourquoi les petits poissons, pour lesquels cette secousse est beaucoup plus dangereuse, éprouvent une commotion dont ils meurent à l'instant, quoiqu'ils soient éloignés de plus de cinq mètres de l'animal torporifique.

Ainsi qu'avec l'électricité, l'espèce d'arc de cercle que forment les deux mains et que parcourt la force engourdissante peut être très agrandi, sans que la commotion soit sensiblement diminuée. Vingt-sept personnes se tenant par la main et composant une chaîne dont les deux bouts aboutissaient à deux points de la surface du gymnote, séparés par un assez grand intervalle, ont ressenti, pour ainsi dire à la fois, une secousse très vive. Les différents observateurs, ou les diverses substances facilement perméables à l'électricité, qui sont comme les anneaux de cette chaîne, peuvent même être éloignés l'un de l'autre de près d'un décimètre, sans que cette interruption apparente dans la route préparée arrête la vertu torporifique qui en parcourt également tous les points.

Mais pour que le gymnote jouisse de tout son pouvoir, il faut souvent qu'il se soit, pour ainsi dire, progressivement animé. Ordinairement les premières commotions qu'il fait éprouver ne sont pas les plus fortes ; elles deviennent plus vives à mesure qu'il s'évertue, s'agite, s'irrite ; elles sont terribles, lorsque, si je puis employer les expressions de plusieurs observateurs, il est livré à une sorte de rage.

Quand il a ainsi frappé à coups redoublés autour de lui, il s'écoule fréquemment un intervalle assez marqué avant qu'il fasse ressentir de secousse, soit qu'il ait besoin de donner quelques moments de repos à des organes qui viennent d'être violemment exercés, ou soit qu'il emploie ce temps plus ou moins court à ramasser dans ces mêmes organes une nouvelle quantité d'un fluide foudroyant ou torporifique.

Cependant il paraît qu'il peut produire non seulement une commotion, mais même plusieurs secousses successives, quoiqu'il soit plongé dans l'eau d'*un vase isolé*, c'est-à-dire d'un vase entouré de matières qui ne laisse passer dans l'intérieur de ce récipient aucune quantité de fluide propre à remplacer celle qu'on pourrait supposer dissipée dans l'acte qui frappe et engourdit.

Quoi qu'il en soit, on a assuré qu'en serrant fortement le gymnote par le dos, on lui ôtait le libre exercice de ses organes extérieurs et on suspendait les effets de la vertu dite *électrique* qu'il possède. Ce fait est bien plus d'accord avec les résultats du plus grand nombre d'expériences faites sur le gymnote que l'opinion d'un savant physicien qui a écrit que l'aimant attirait ce poisson, et que par son contact cette substance lui enlevait sa propriété torporifique. Mais, s'il est vrai que des nègres soient parvenus à manier et à retenir impunément hors de l'eau le gymnote électrique, on pourrait croire, avec plusieurs naturalistes, qu'ils emploient, pour se délivrer ainsi d'une commotion dangereuse, des morceaux de bois qui, par leur nature, ne peuvent pas transmettre la vertu électrique ou engourdissante, qu'ils évitent tout contact immédiat avec l'animal, et qu'ils ne le touchent que par l'intermédiaire de ces bois non conducteurs de l'électricité.

Au reste, le gymnote torporifique présente un autre phénomène bien digne d'attention, que nous tâcherons d'expliquer avant la fin de cet article et qui ne surprendra pas les physiciens instruits des belles expériences relatives aux divers mouvements musculaires que l'on peut exciter dans leur vie ou après leur mort et que l'on a nommées *galvaniques*, à cause de leur premier auteur, M. Galvani. Il est arrivé plusieurs fois qu'après la mort du gymnote, il était encore, pendant quelque temps, impossible de le toucher sans éprouver de secousse.

Mais nous avons à exposer encore de plus grands rapports entre les effets de l'électricité et ceux de la vertu du gymnote engourdissant. Le premier de ces rapports très remarquables est l'analogie des instruments dont on se sert dans les laboratoires de physique pour obtenir de fortes commotions électriques, avec les organes particuliers que le gymnote emploie pour faire naître des ébranlements plus ou moins violents. Voici en quoi consiste ces organes, que Hunter a très bien décrits.

L'animal renferme quatre organes torporifiques, deux grands et deux petits. L'ensemble de ces quatre organes est si étendu, qu'il compose environ la moitié des parties musculeuses et des autres parties molles du gymnote et peut-être le tiers de la totalité du poisson.

Chacun des deux grands organes engourdissants occupe un des côtés du gymnote, depuis l'abdomen jusqu'à l'extrémité de la queue ; et comme nous avons vu que cet abdomen était très court et qu'on pourrait croire, au premier coup d'œil, que l'animal n'a qu'une tête et une queue très prolongée, on peut juger aisément de la longueur très considérable de ces deux grands organes. Ils se terminent vers le bout de la queue comme par un point ; ils sont assez larges pour n'être séparés l'un de l'autre que vers le haut par les muscles dorsaux, vers le milieu du corps par la vessie natatoire, et vers le bas par une cloison particulière avec laquelle ils s'unissent intimement, pendant qu'ils sont attachés par une membrane cellulaire, lâche, mais très forte, aux autres parties qu'ils touchent.

De chaque côté du gymnote, un petit organe torporifique, situé au-dessous du grand, commence et finit à peu près aux mêmes points que ce dernier, se termine de même par une sorte de pointe, présente par conséquent la figure d'un long triangle, ou, pour mieux dire, d'une longue pyramide triangulaire, et s'élargit néanmoins un peu vers le milieu de la queue.

Entre le petit organe de droite et le petit organe de gauche, s'étendent longitudinalement les muscles sous-caudaux et la longue série d'*ailerons* ou soutiens osseux des rayons très nombreux de la nageoire de l'anus.

Ces deux petits organes sont d'ailleurs séparés des deux grands organes supérieurs par une membrane longitudinale et presque horizontale, qui s'attache d'un côté à la cloison verticale par laquelle les deux grands organes sont écartés l'un de l'autre dans leur partie inférieure, et qui tient, par le côté opposé, à la peau de l'animal.

De plus, cette disposition générale est telle, que lorsqu'on enlève la peau de l'une des faces latérales de la queue du gymnote, on voit facilement le grand organe, tandis que, pour apercevoir le petit qui est au-dessous, il faut ôter les muscles latéraux qui accompagnent la longue nageoire de l'anus.

Mais quelle est la composition intérieure de chacun de ces quatre organes grands ou petits ?

L'intérieur de chacun de ces instruments, en quelque sorte électrique, présente un grand nombre de séparations horizontales, coupées presque à angles droits par d'autres séparations à peu près verticales.

Les premières séparations sont non seulement horizontales, mais situées dans le sens de la longueur du poisson et parallèles les unes aux autres. Leur largeur est égale à celle de l'organe, et, par conséquent, dans beaucoup d'endroits, à la moitié de la largeur de l'animal ou environ. Elles ont des longueurs inégales. Les plus voisines du bord supérieur sont aussi longues ou presque aussi longues que l'organe, les inférieures se terminent plus près de leur origine ; l'organe finit, vers l'extrémité de la queue, par un bout trop aminci pour qu'on puisse voir s'il y est encore composé de plus d'une de ces séparations longitudinales.

Ces membranes horizontales sont éloignées l'une de l'autre, du côté de la peau, par un intervalle qui est ordinairement de près d'un millimètre ; du côté de l'intérieur du corps, on les voit plus rapprochées et même, dans plusieurs points, réunies deux à deux ; elles sont comme onduleuses dans les petits organes. Hunter en a compté trente-quatre dans un des deux grands organes d'un gymnote de sept décimètres, ou à peu près, de longueur, et quatorze dans un des petits organes du même individu.

Les séparations verticales qui coupent à angles droits les membranes longitudinales sont membraneuses, unies, minces et si serrées l'une contre l'autre, qu'elles paraissent se toucher. Hunter raconte qu'il en a vu environ deux cent quarante dans une longueur de vingt-cinq millimètres ou à peu près.

C'est avec ce quadruple et très grand appareil dans lequel les surfaces ont été multipliées avec tant de profusion, que le gymnote parvient à donner des ébranlements violents et à produire le phénomène qui établit le second des deux principaux rapports par lesquels sa vertu engourdissante se rapproche de la force électrique. Ce phénomène consiste dans des étincelles entièrement semblables à celles que l'on doit à l'électricité. On les voit, comme dans un grand nombre d'expériences électriques proprement dites, paraître dans les petits intervalles qui séparent les diverses portions de la chaîne le long de laquelle on fait circuler la force engourdissante.

Ces étincelles ont été vues, pour la première fois, à Londres, par Walsh, Pringle et Magellan. Il a suffi à Walsh, pour les obtenir, de composer une partie de la chaîne destinée à être parcourue par la force torporifique, de deux lames de métal, isolées sur un carreau de verre et assez rapprochées pour ne laisser entre elles qu'un très petit intervalle; et on a distingué avec facilité ces lueurs lorsque l'ensemble de l'appareil s'est trouvé placé dans une chambre entièrement dénuée de toute autre lumière. On obtient une lueur semblable lorsqu'on substitue une grande torpille à un gymnote électrique, ainsi que l'a appris Galvani dans un mémoire que nous avons déjà cité; mais elle est plus faible que le petit éclair dû à la puissance du gymnote, et l'on doit presque toujours avoir besoin d'un microscope dirigé vers le petit intervalle dans lequel on l'attend pour le distinguer sans erreur.

Au reste, pour voir bien nettement comment le gymnote électrique donne naissance à de petites étincelles et à de vives commotions, formons-nous de ces organes engourdissants la véritable idée que nous devons en avoir.

On peut supposer qu'un grand assemblage de membranes horizontales ou verticales est un composé de substances presque aussi peu capables de transmettre la force électrique que le verre et les autres matières auxquelles on a donné le nom d'*idio-électriques*, ou de *non conductrices*, et dont on se sert pour former ces vases foudroyants appelés *bouteilles de Leyde*, ou ces carreaux aussi fulminants, dont nous avons déjà parlé plus d'une fois. Il faut considérer les quatre organes du gymnote comme nous avons considéré les deux organes de la torpille : il faut voir dans ces instruments une suite nombreuse de petits carreaux de la nature des carreaux foudroyants, une batterie composée d'une quantité extrêmement considérable de pièces en quelque sorte électriques.

Comme la force d'une batterie de cette sorte doit s'évaluer par l'étendue plus ou moins grande de la surface des carreaux ou des vases qui la forment, j'ai calculé quelle pourrait être la grandeur d'un ensemble que l'on supposerait produit par les surfaces réunies de toutes les membranes verticales et horizontales que renferment les quatre organes torporifiques d'un gymnote long de treize décimètres, en ne comptant cependant pour chaque membrane que la surface d'un des grands côtés de cette cloison ; j'ai trouvé que cet ensemble présenterait une étendue au moins de treize mètres carrés, c'est-à-dire à peu près de cent vingt-trois pieds également carrés. Si l'on se rappelle maintenant que nous avons cru expliquer d'une manière très satisfaisante la puissance de faire éprouver de fortes commotions qu'a reçue la torpille, en montrant que les surfaces des diverses portions de ses deux organes électriques pouvaient égaler par leur réunion cinquante-huit pieds carrés, et si l'on se souvient en même temps des effets terribles que produisent dans nos laboratoires des carreaux de verre dont la surface n'est que de quelques pieds, on ne sera pas étonné qu'un animal qui renferme dans son intérieur et peut employer à volonté un instrument électrique de cent vingt-trois pieds carrés de surface puisse frapper des coups tels que ceux que nous avons déjà décrits.

Pour rendre plus sensible l'analogie qui existe entre un carreau fulminant et les organes torporifiques du gymnote, il faut faire voir comment cette grande surface de treize mètres carrés peut être électrisée par le frottement, de la même manière qu'un carreau foudroyant ou magique. Nous avons déjà fait remarquer que le gymnote nage principalement par une suite des ondulations successives et promptes qu'il imprime à sa queue, c'est-à-dire à cette longue partie de son corps qui renferme ses quatre organes. Sa natation ordinaire, ses mouvements extraordinaires, ses courses rapides, ses agitations, l'espèce d'irritation à laquelle il peut se livrer, toutes ces causes doivent produire sur les surfaces des membranes horizontales

et verticales un frottement suffisant pour y accumuler d'un côté et
raréfier de l'autre, ou du moins pour y exciter, réveiller, accroître ou
diminuer le fluide unique ou les deux fluides auxquels on a rapporté
les phénomènes électriques et tous les effets analogues.

Comme par une suite de la division de l'organe engourdissant du
gymnote en deux grands et deux petits et de la sous-division de ces
quatre organes ou membranes horizontales et verticales, les communications peuvent n'être pas toujours très faciles ni très promptes entre
les diverses parties de ce grand instrument, on peut croire que le
rétablissement du fluide ou des fluides dont nous venons de parler,
dans leur premier état, ne se fait souvent que successivement dans
plusieurs portions des quatre organes. Les organes ne se déchargent
donc que par des coups successifs; voilà pourquoi, indépendamment
d'autre raison, un gymnote placé dans un vase isolé peut continuer,
pendant quelque temps, de donner des commotions; de plus, voilà
pourquoi il peut rester, dans les organes d'un gymnote qui vient de
mourir, assez de parties chargées pour qu'on en reçoive un certain
nombre de secousses plus ou moins vives.

Et ces fluides, quels qu'ils soient, d'où peut-on présumer qu'ils
tirent leur origine? ou, pour éviter le plus possible toute hypothèse,
quelle est la source plus ou moins immédiate de cette force électrique,
ou presque électrique, départie aux quatre organes dont nous venons
d'exposer la structure?

Cette source est dans les nerfs, qui, dans le gymnote engourdissant,
ont des dimensions et une distribution qu'il est utile d'examiner rapidement.

1° Les nerfs qui partent de la moelle épinière sont plus larges
que dans les poissons d'une grandeur égale, et plus que cela ne paraît
nécessaire pour l'entretien de la vie du gymnote ;

2° Hunter a fait connaître un nerf remarquable qui, dans plusieurs
poissons, s'étend depuis le cerveau jusqu'auprès de l'extrémité de la
queue en donnant naissance à plusieurs ramifications, passe à peu près
à une égale distance de l'épine et de la peau du dos dans la murène
anguille, et se trouve immédiatement au-dessous de la peau dans le
gade morue. Ce nerf est plus large, tout égal d'ailleurs, et s'approche
de l'épine dorsale dans le gymnote électrique, beaucoup plus que
dans plusieurs autres poissons;

3° Des deux côtés de chaque vertèbre du gymnote torporifique
part un nerf qui donne des ramifications aux muscles du dos. Ce nerf
se répand entre ces muscles dorsaux et l'épine; il envoie de petites
branches jusqu'à la surface extérieure du grand organe, dans lequel
pénètrent plusieurs de ces rameaux, et sur lequel ces rameaux déliés se
distribuent en passant entre cet organe et la peau du côté de l'animal.
Il continue cependant sa route, d'abord entre les muscles dorsaux et
la vessie natatoire, et ensuite entre cette même vessie natatoire et
l'organe électrique. Là il se divise en nouvelles branches. Ces branches
vont vers la cloison verticale que nous avons déjà indiquée, et qui
est située entre les deux grands organes électriques. Elles s'y séparent
en branches plus petites qui se dirigent vers les ailerons et les muscles
de la nageoire de l'anus, et se perdent, après avoir répandu des
ramifications dans cette même nageoire, dans ses muscles, dans le
petit organe et dans le grand organe électrique.

Les rameaux qui entrent dans les organes électriques sont, à la
vérité, très petits; mais cependant ils le sont moins que ceux de toute
autre partie du système sensitif.

Tels sont les canaux qui font circuler dans les quatre instruments
du gymnote le principe de la force engourdissante; et ces canaux le
reçoivent eux-mêmes du cerveau, d'où tous les nerfs émanent. Comment,
en effet, ne pas considérer dans le gymnote, ainsi que dans les autres
poissons engourdissants, le cerveau comme la première source de la
vertu particulière qui les distingue, lorsque nous savons, par les
expériences d'un habile physicien, que la soustraction du cerveau
d'une torpille anéantit l'électricité ou la force torporifique de ce
cartilagineux, lors même qu'il paraît encore aussi plein de vie qu'avant
d'avoir subi cette opération, pendant qu'en arrachant le cœur de cette
raie on ne la prive pas, avant un temps plus ou moins long, de la
faculté de faire éprouver des commotions et des tremblements?

Au reste, ne perdons jamais de vue que si nous ne voyons pas
de mammifère, de cétacé, d'oiseau, de quadrupède ovipare, ni de
serpent, doué de cette faculté électrique ou engourdissante, que l'on
a déjà bien constatée au moins dans deux poissons cartilagineux et
dans trois poissons osseux, c'est parce qu'il faut, pour donner
naissance à cette faculté, et l'abondance d'un fluide ou d'un principe
quelconque que les nerfs paraissent posséder et fournir, et un ou plusieurs

instruments organisés de manière à présenter une très grande surface, capables par conséquent d'agir avec efficacité sur des fluides voisins, et composés d'ailleurs d'une substance peu conductrice d'électricité, telle, par exemple, que des matières visqueuses, huileuses et résineuses. Or, de tous les animaux qui ont un sang rouge et des vertèbres, aucun, tout égal d'ailleurs, ne présente, comme les poissons, une quantité plus ou moins grande d'huile et de liqueurs gluantes et visqueuses.

On remarque surtout dans le gymnote engourdissant une très grande abondance de cette matière huileuse, de cette substance non conductrice, ainsi que nous l'avons déjà observé. Cette onctuosité est très sensible, même sur la membrane qui sépare de chaque côté le grand organe du petit; et voilà pourquoi, indépendamment de l'étendue de la surface de ses organes torporifiques, bien supérieure à celle des organes analogues de la torpille, il paraît posséder une plus grande vertu électrique que cette dernière. D'ailleurs, il habite un climat plus chaud que celui de cette raie, et, par conséquent, dans lequel toutes les combinaisons et toutes les décompositions intérieures peuvent s'opérer avec plus de vitesse et de facilité ; de plus, quelle différence entre la fréquence et l'agilité des évolutions du gymnote, et la nature ainsi que le nombre des mouvements ordinaires de la torpille!

Mais si les poissons sont organisés d'une manière plus favorable que les autres animaux à vertèbres et à sang rouge, relativement à la puissance d'ébranler et d'engourdir, étant doués d'une très grande irritabilité, ils doivent être aussi beaucoup plus sensibles à tous les effets électriques, beaucoup plus soumis au pouvoir des animaux torporifiques et, par conséquent, plus exposés à devenir la victime du gymnote de Surinam .

Cette considération peut servir à expliquer pourquoi certaines personnes, et particulièrement les femmes qui ont une fièvre nerveuse, peuvent toucher un gymnote électrique sans ressentir de secousse. Ces faits curieux, rapportés par le savant et infatigable Frédéric-Alexandre de Humboldt, s'accordent avec ceux qui ont été observés dans

1. C'est par une raison semblable que lorsqu'une torpille ne donne plus de commotion sensible, on obtient des signes de la vertu qui lui reste encore, en soumettant à son action une grenouille préparée comme pour les expériences galvaniques.

la Caroline méridionale par Henri Collins Flagg. D'après ce dernier physicien, on ne peut pas douter que plusieurs nègres, plusieurs Indiens et d'autres personnes ne puissent arrêter le cours de la vertu électrique ou engourdissante du gymnote de Surinam et interrompre une chaîne préparée pour son passage : cette interruption a été produite spécialement par une femme que l'auteur connaissait depuis longtemps, et qui avait la maladie à laquelle plusieurs médecins donnent le nom de *fièvre hectique*.

C'est en étudiant les ouvrages de Galvini, de Humboldt et des autres observateurs qui s'occupent de travaux analogues à ceux de ces deux physiciens, qu'on pourra parvenir à avoir une idée plus précise des ressemblances et des différences qui existent entre la vertu engourdissante du gymnote ainsi que des autres poissons appelés *électriques*, et l'électricitéproprement dite.

L'AMMODYTE-APPAT

On n'a encore inscrit que cette espèce dans le genre de l'ammodyte : elle a beaucoup de rapports avec l'anguille, ainsi qu'on a pu en
juger par la seule énonciation des caractères distinctifs de son genre ;
et, comme elle a l'habitude de s'enfoncer dans le sable des mers, elle
a été appelée *anguille de sable* en Suède, en Danemark, en Angleterre,
en Allemagne, en France, et a reçu le nom générique d'*ammodyte*,
lequel désigne un animal qui plonge, pour ainsi dire, dans le sable.
Sa tête, comprimée, plus étroite que le corps, et pointue par devant,
est l'instrument qu'elle emploie pour creuser la vase molle et pénétrer
dans le sable des rivages jusqu'à la profondeur de deux décimètres ou
environ.

Elle s'enterre ainsi par une habitude semblable à l'une de celles que
nous avons remarquées dans l'anguille, à laquelle nous venons de dire
qu'elle ressemble par tant de traits ; deux causes la portent à se cacher
dans cet asile souterrain : non seulement elle cherche dans le sable les
dragonneaux et les autres vers dont elle aime à se nourrir, mais encore
elle tâche de se dérober dans cette retraite à la dent de plusieurs
poissons voraces, et particulièrement des scombres, qui la préfèrent à
toute autre proie. De petits cétacés même en font souvent leur aliment
de choix ; et on a vu des dauphins poursuivre l'ammodyte jusque dans
le limon du rivage, retourner le sable avec leur museau et y fouiller
assez avant pour déterrer et saisir le faible poisson. Ce goût très
marqué des scombres et d'autres grands osseux pour cet ammodyte
le fait employer comme appât dans plusieurs pêches, et voilà d'où
vient le nom spécifique que nous lui avons conservé.

C'est vers le printemps que la femelle dépose ses œufs très près
de la côte. Mais nous avons assez parlé des habitudes de cette espèce ;
voyons rapidement ses principales formes.

Sa mâchoire inférieure est plus avancée que la supérieure; deux os hérissés de petites dents sont placés autour du gosier : la langue est allongée, libre en grande partie et lisse ; l'orifice de chaque narine est double ; les yeux ne sont pas voilés par une peau demi-transparente, comme ceux de l'anguille. La membrane des branchies est soutenue par sept rayons ; l'ouverture qu'elle forme est très grande ; et les deux branchies antérieures sont garnies, dans leur concavité, d'un seul rang d'apophyses, tandis que les deux autres en présentent deux rangées. On voit de chaque côté du corps trois lignes latérales ; mais au moins une de ces trois lignes paraît n'indiquer que la séparation des muscles. Les écailles qui recouvrent l'ammodyte-appât sont très petites ; la nageoire dorsale est assez haute et s'étend presque depuis la tête jusqu'à une très petite distance de l'extrémité de la queue, dont l'ouverture de l'anus est plus près que de la tête.

Le foie ne paraît pas divisé en lobes ; un cæcum ou grand appendice est placé auprès du pylore ; le canal intestinal est grêle, long et contourné, et la surface du péritoine parsemée de points noirs.

On compte ordinairement soixante-trois vertèbres avec lesquelles les côtes sont légèrement articulées ; ce qui donne à l'animal la facilité de se plier en différents sens et même de se rouler en spirale, comme une couleuvre. Les intervalles des muscles présentent de petites arêtes qui sont appuyées contre l'épine du dos. La chair est peu délicate.

La couleur générale de l'ammodyte-appât est d'un bleu argentin, plus clair sur la partie inférieure du poisson que sur la supérieure. On voit des raies blanches et bleuâtres placées alternativement sur l'abdomen, et une tache brune se fait remarquer auprès de l'anus.

TABLE ALPHABÉTIQUE DES MATIÈRES

CLASSEMENT

DES GRAVURES HORS TEXTE

IMPRIMERIE CENTRALE DES CHEMINS DE FER. — IMPRIMERIE CHAIX
RUE BERGÈRE, 20, PARIS. — 42218-4.

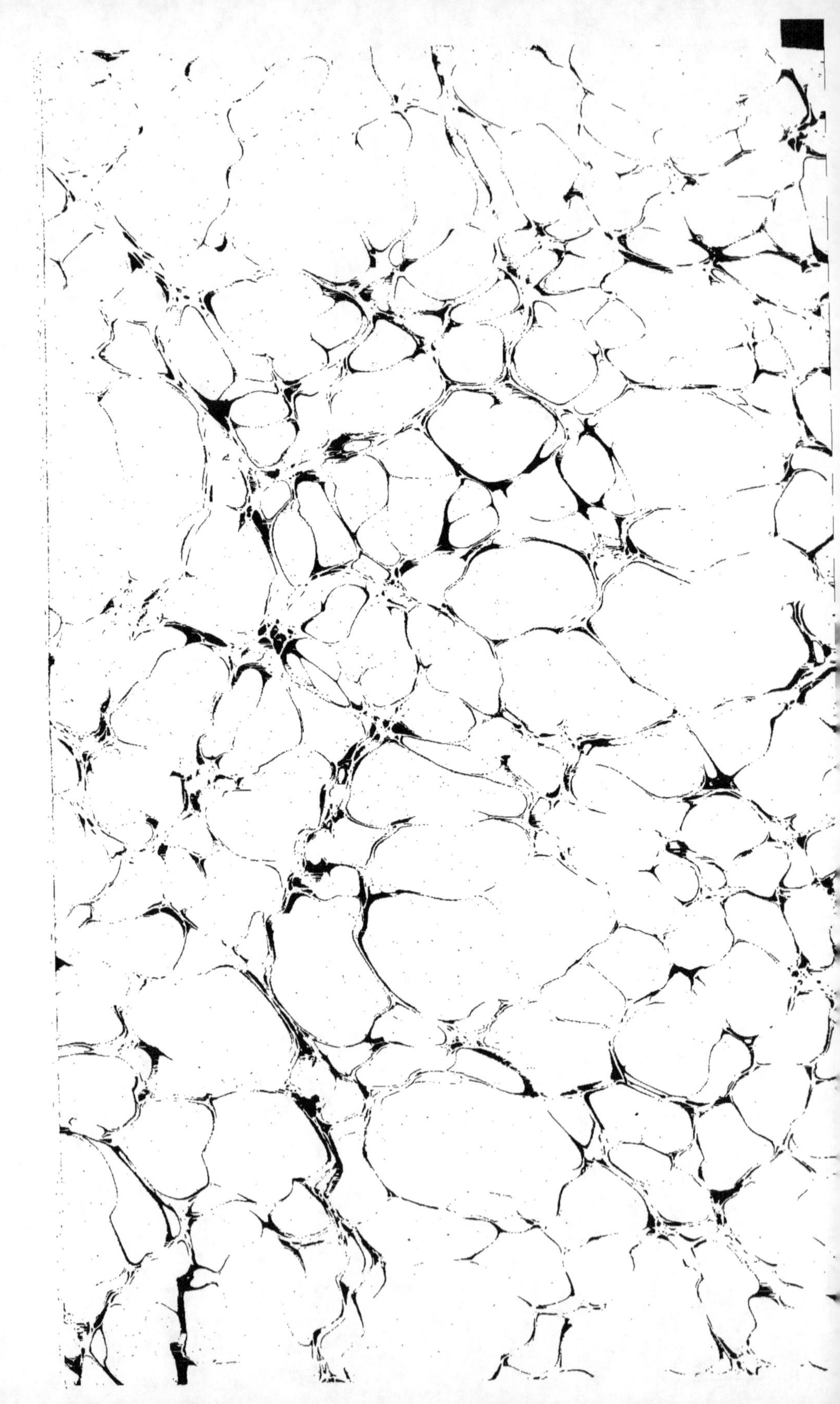

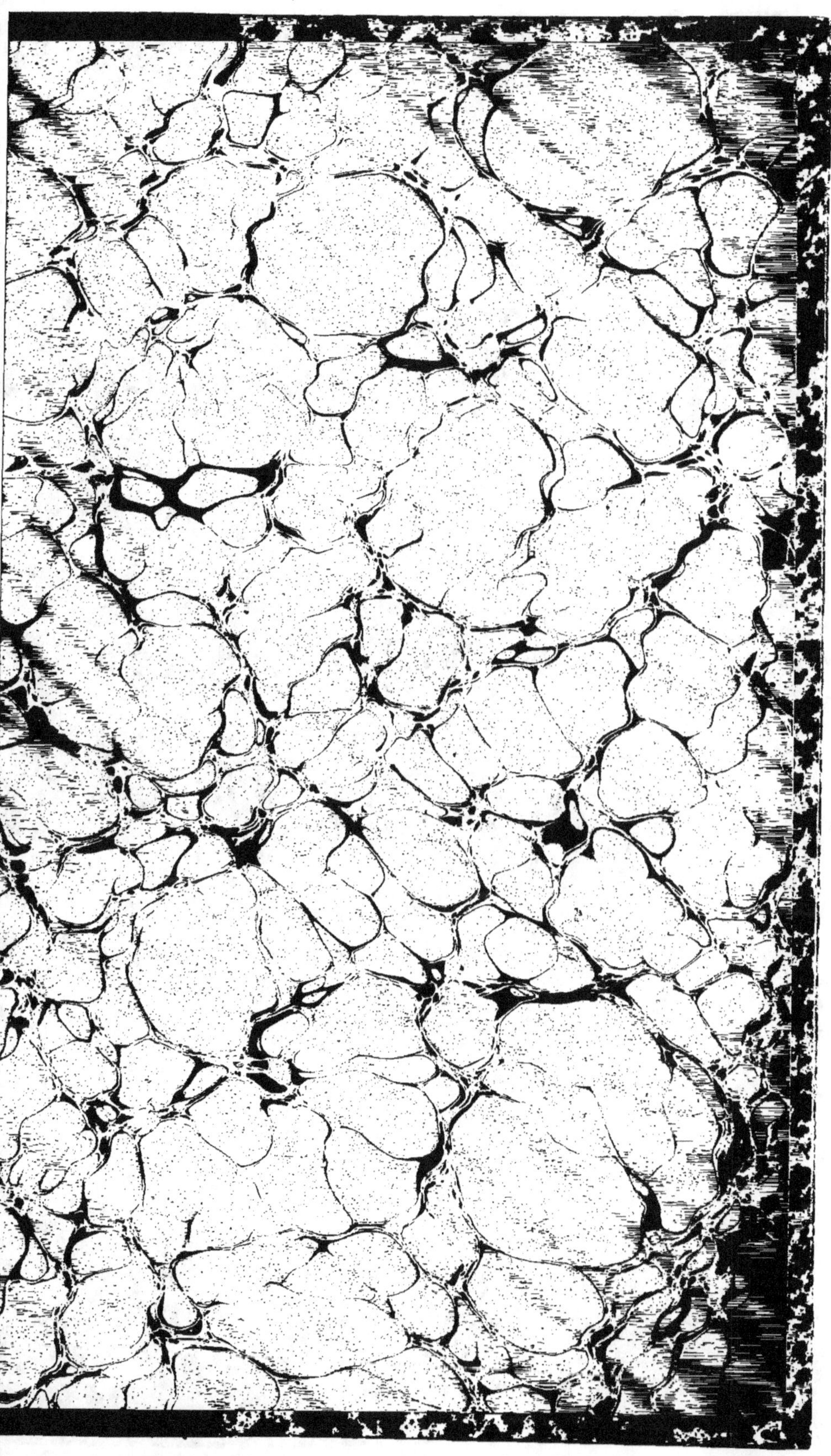

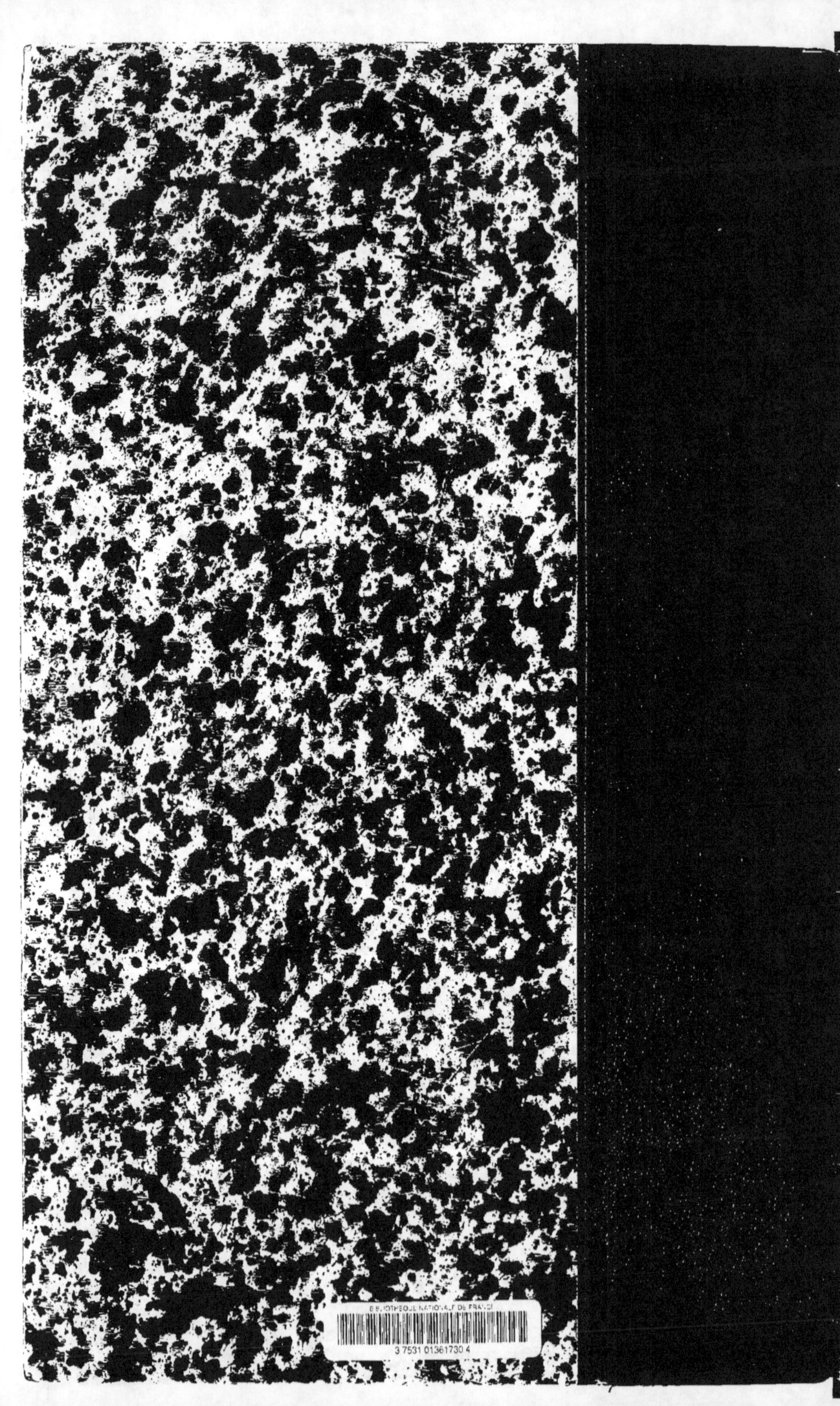

www.ingramcontent.com/pod-product-compliance
Lightning Source LLC
Chambersburg PA
CBHW051224050726